westermann

Werner Beermann, Talke Apholz, Till Müglich, Karl Weinhuber

Fachbuch Maler/-innen und Lackierer/-innen

mit Kundenaufträgen

2. Auflage

Bestellnummer 93411

Die in diesem Produkt gemachten Angaben zu Unternehmen (Namen, Internet- und E-Mail-Adressen, Handelsregistereintragungen, Bankverbindungen, Steuer-, Telefon- und Faxnummern und alle weiteren Angaben) sind i. d. R. fiktiv, d. h., sie stehen in keinem Zusammenhang mit einem real existierenden Unternehmen in der dargestellten oder einer ähnlichen Form. Dies gilt auch für alle Kunden, Lieferanten und sonstigen Geschäftspartner der Unternehmen wie z. B. Kreditinstitute, Versicherungsunternehmen und andere Dienstleistungsunternehmen. Ausschließlich zum Zwecke der Authentizität werden die Namen real existierender Unternehmen und z. B. im Fall von Kreditinstituten auch deren IBANs und BICs verwendet.

Zusatzmaterialien zum Fachbuch Maler/-innen und Lackierer/-innen

Für Lehrerinnen und Lehrer:

Lösungen: 978-3-427-93413-4
Lösungen Download: 978-3-427-93412-7

BiBox westermann inkl. E-Book

BiBox Einzellizenz für Lehrer/-innen (Dauerlizenz): 978-3-427-85486-9
BiBox Kollegiumslizenz für Lehrer/-innen (Dauerlizenz): 978-3-427-85715-0
BiBox Kollegiumslizenz für Lehrer/-innen (1 Schuljahr): 978-3-427-87702-8

Für Schülerinnen und Schüler:

BiBox westermann inkl. E-Book

BiBox Einzellizenz für Schüler/-innen (1 Schuljahr): 978-3-427-93420-2

westermann GRUPPE

Druck und Bindung: Westermann Druck GmbH, Georg-Westermann-Allee 66, 38104 Braunschweig

ISBN 978-3-427-**93411**-0

Hinweise zur 2. Auflage 2021

Das neu überarbeitete Fachbuch nimmt die Anforderungen des Rahmenlehrplans für den Ausbildungsberuf Maler/-in und Lackierer/-in von 2021 auf.

Das Autorenteam hat die Kompetenzorientierung des Rahmenlehrplans beachtet und umfangreiche Änderungen vorgenommen:

- Das Kapitel 1 ist um eine grundlegende Baustellensituation erweitert worden und weist die neuen Auszubildenden praxisnah in den Beruf ein.
- Das Kapitel 2 ist umfänglich in den Bereichen WDVS, energetische Sanierung und Betoninstandsetzung erweitert worden.
- Das Kapitel 9 vertieft den Bereich Trockenbau.
- In Kapitel 11 wurden die Präsentationstechniken neu aufgenommen.
- Die praxisnahe Vermittlung der Auftragstypen mit einer Sprache, die sich am Auszubildenden orientiert, ist beibehalten worden.
- Das Sachwortverzeichnis ist erweitert dargestellt und um ein Normenverzeichnis ergänzt.

Die Autoren

Lernfeldübersicht

Lern-feld- Nr.	Inhalte	Zeitrichtwerte 1. Ausbildungsjahr	2. Ausbildungsjahr	3. Ausbildungsjahr
	Alle Fachrichtungen			
1	Oberflächen vorbereiten und beschichten	80		
2	Nichtmetallische Untergründe bearbeiten und beschichten	80		
3	Metallische Untergründe bearbeiten und beschichten	80		
4	Oberflächen gestalten	80		
5	Überholungs- und Erneuerungsbeschichtungen ausführen		80	
6	Trockenbauelemente verarbeiten		60	
7	Putzoberflächen erstellen und instand setzen		60	
8	Oberflächen bekleiden und gestalten		80	
	Fachrichtung Ausbautechnik und Oberflächengestaltung **Fachrichtung Bauten- und Korrosionsschutz** **Fachrichtung Energieeffizienz- und Gestaltungstechnik** **Fachrichtung Gestaltung und Instandhaltung**			
9	Schutz- und Spezialbeschichtungen ausführen			80
10	Wärmedämmmaßnahmen ausführen			60
11	Fassaden beschichten und gestalten			60
	Fachrichtung Ausbautechnik und Oberflächengestaltung			
12 AO	Ausbau- und Montagearbeiten ausführen			80
	Fachrichtung Bauten- und Korrosionsschutz			
12 BK	Bauten- und Korrosionsschutzmaßnahmen ausführen			80
	Fachrichtung Energieeffizienz- und Gestaltungstechnik			
12 EG	Gebäude energetisch instand setzen			80
	Fachrichtung Gestaltung und Instandhaltung			
12 GI	Innenräume bekleiden und gestalten			80
	Fachrichtung Kirchenmalerei und Denkmalpflege			
9 KD	Wandgebundene Mal-, Fass-und Vergoldetechniken ausführen			60
10 KD	Nicht wandgebundene Mal-, Fass- und Vergoldetechniken ausführen			80
11 KD	Rekonstruktionen und Reproduktionen herstellen			60
12 KD	Instandsetzungsmaßnahmen im Rahmen der Denkmalpflege ausführen			80

Lernfeld

Beruf und Berufsbild

1

1. Ein renovierungsbedürftiges Haus

2. Beschichten von Holzfenstern

3. Aufstellen von Montagewänden

1.1 Das Berufsfeld für Maler und Lackierer

Der Besitzer eines renovierungsbedürftigen Hauses (Bild 1) erkundigt sich bei einem Architekten, welche Arbeiten ausgeführt werden müssen. Der Architekt erstellt eine Mängelliste. Er schlägt dem Hausbesitzer vor, einen Malerbetrieb mit den Arbeiten zu beauftragen. Der Architekt holt bei verschiedenen Malerbetrieben Preisangebote ein und vergibt nach Prüfung der Angebote den Auftrag an eine Malerfirma. Nach den vom Architekten festgestellten Schäden müssen folgende Arbeiten durchgeführt werden:

- Putzausbesserungen
  Beschichten der Fassade
- Beschichten aller Holzteile, Fenster (Bild 2), Dachuntersichten im Außenbereich
- Das Stahlbalkongeländer muss gründlich entrostet werden und erhält ebenfalls einen dauerhaften Anstrich.
- Im Innenbereich sollen in einer Wohnung die Tapeten erneuert und ein Teppichboden verlegt werden.
- Um neuen Wohnraum zu schaffen, entschließt sich der Hausbesitzer, das Dachgeschoss auszubauen. Auch diese Arbeiten (Dämmung der Wände und Montagewände einziehen) übernimmt die Malerfirma (Bild 3).

***Aufgaben des Malers sind:** Schutz der Sachwerte, Verschönerung und Kennzeichnung.*

Neben dem Meister arbeiten noch ein Geselle und ein Auszubildender im Betrieb.

Ausbildungsordnung

Für die Ausbildung zum Maler und Lackierer gibt es gesetzliche Regelungen, die gleichermaßen für den Ausbildenden, den Auszubildenden und für die Berufsschule gültig sind. Die wichtigsten Vorschriften für alle Handwerksberufe sind das Berufsbildungsgesetz und die Handwerksordnung.
Darüber hinaus ist das Berufsbild des Maler und Lackierers in der Verordnung über die Ausbildung zum Maler und Lackierer festgelegt. Die Ausbildung zum Gesellen dauert in der Regel drei Jahre. Die Ausbildung gliedert sich in folgende Bereiche: die Lehre im Betrieb, die überbetriebliche Unterweisung und die Berufsschule.

Ausbildungsinhalte für den Maler und Lackierer

- Arbeitsschutz und Unfallverhütung
- Grundkenntnisse der physikalischen und der chemischen Vorgänge bei Maler- und Lackiererarbeiten
- Grundkenntnisse der Farben- und Formenlehre einschließlich der Stilformen
- Kenntnisse der Werkstoffe, Hilfsstoffe, Anstrichfilme und Untergründe sowie ihres physikalischen und chemischen Verhaltens
- Grundkenntnisse der technischen Vorschriften
- Ausführen von Vorarbeiten
- Vorbereiten der Untergründe
- Behandeln von Oberflächen
- Entwerfen, Zeichnen, Malen und Kleben von Schriften, Zeichen und farbigen Darstellungen

Berufsbild Fahrzeuglackierer

Der Fahrzeuglackierer ist heute ein aktueller kreativer Berufsschwerpunkt innerhalb des Maler- und Lackiererhandwerkes. Fahrzeuglackierer schützen und veredeln Autos. Sie beseitigen Lackschäden, (Bild 4), pflegen Lackoberflächen und spritzen Unterbodenschutz. Serienmodelle werden von Autolackierern zu unverwechselbaren Einzelstücken verwandelt (Bild 5).

Der Autolackierer ist im besonderen Maße gefordert, sich fortzubilden, um den Anschluss an neue Techniken nicht zu verpassen. Die Ausstattung der Betriebe muss stets auf dem neuesten Stand sein, um auf dem Markt konkurrenzfähig bleiben zu können (Bild 6).

Ausbildung

Der Ausbildungsrahmenlehrplan hat für den Maler und Lackierer wie auch für den Fahrzeuglackierer bis zum Ende des ersten Ausbildungshalbjahres die gleichen Ausbildungsinhalte. Ab dem zweiten Ausbildungshalbjahr sind die Ausbildungsschwerpunkte getrennt.

Aufgaben

1. *Nennen Sie die Aufgaben eines Malers.*
2. *Nennen Sie die Aufgaben eines Fahrzeuglackierers.*
3. *Wo ist die Dauer der Ausbildung festgelegt?*

4. Arbeiten in einer Autolackiererwerkstatt

5. Arbeiten in der Lackierkabine

6. Schadenserfassung und Kalkulation erfolgen mithilfe der EDV

1. Gefährliche Werkstoffe auf der Baustelle

1.2 Unfallverhütungsmaßnahmen

Bei Arbeiten auf der Baustelle lauern Unfallgefahren und Gesundheitsgefährdungen durch die zu verarbeitenden Materialien (Bild 1) und die dazu benötigten Geräte und Maschinen.

Um Unfallgefahren und Gesundheitsgefährdungen weitgehend zu vermeiden, müssen Regeln zur Vermeidung von Unfällen und Vorschriften bei der Verarbeitung von gesundheitsgefährdenden Stoffen genau beachtet werden. Arbeitsräume sollen gut belüftet und beleuchtet sein. Verkehrswege sind bis zu 1,10 m Breite freizuhalten, so werden Stolperfallen vermieden.

Viele Unfälle geschehen wegen Unkenntnis der häufigsten Gefahren.

2. Professionelles Arbeiten schützt den Lackierer

Persönliche Schutzausrüstung

Wegen der im Maler- und Lackiererhandwerk auftretenden Unfallgefahren und Gesundheitsgefährdungen ist auf persönliche Schutzausrüstung zu achten (Bild 2):

- Kopfschutz
- Fußschutz
- Augenschutz
- Atemschutz
- Hautschutz

Mitarbeiter müssen die zur Verfügung gestellte persönliche Schutzausrüstung verwenden.

3. Sicherheitskennzeichen

Unfallverhütungsmaßnahmen

Sicherheitskennzeichen (Bild 3) haben den Zweck, schnell und leicht verständlich zu informieren. Die Aufmerksamkeit soll auf Gegenstände und Sachverhalte gelenkt werden, die für die Sicherheit und den Gesundheitsschutz erforderlich sind oder bestimmte Gefahren verursachen können. Sicherheitskennzeichen sind in fünf Gruppen unterteilt:

- Verbotszeichen
- Warnzeichen
- Gebotszeichen
- Rettungszeichen
- Brandschutzzeichen

Die Haut von Malern und Lackierern muss besonders geschützt werden

Die in den Lacken enthaltenen Lösemittel zerstören den Schutzmantel der Haut. Ohne den Fettmantel ist die Haut ihrer Schutzfunktion beraubt. Es können Ekzeme und allergische Reaktionen hervorgerufen werden (Bild 4). Terpene und Terpenoide können die sogenannte „Malerkrätze" auslösen. Auch Kunstharze reizen die ungeschützte Haut. Bei folgenden Veränderungen der Haut sollte ein Arzt aufgesucht werden:

- trockene und rissige Haut
- juckende Hautrötung
- Schwellung
- Bläschenbildung
- nässende Wunden und
- Krustenbildung

Schutzmaßnahmen

- Sicherheitsdatenblätter und Betriebsanweisungen beachten
- Hautschutzplan beachten (Bild 5)
- allergieauslösende Stoffe vermeiden
- Kontakt mit Lösemitteln und anderen Gefahrstoffen durch die richtigen Handschuhe vermeiden
- Hautreinigungs- und Hautpflegemittel verwenden, die auf die jeweilige Gefährdung bzw. Verschmutzung abgestimmt sind (Bild 6)

Besondere Vorsicht ist bei der Verwendung von EP- und PU-Harzen angebracht.

Das Ziel der Hautpflege

Die Wiederherstellung der Schutzfunktion als natürliche Barriereschicht ist eine wesentliche Forderung an die Hautschutzpräparate. Durch Rückführung der Feuchtigkeit wird die Hautelastizität erhalten. Austrocknung und Hautalterung werden vermieden. Die regelmäßige, konsequente Hautpflege gehört ebenso zu einer wirksamen Vorbeugung berufsbedingter Hauterkrankungen wie die konsequente Anwendung von Schutzpräparaten vor hautbelastenden Arbeiten.

Aufgaben

1. *Beschreiben Sie die persönliche Schutzausrüstung eines Malers bzw. eines Fahrzeuglackierers.*
2. *Welche Sicherheitsfarbe und welches Symbol werden für Verbotszeichen verwendet?*
3. *Wo werden Hautschutz-, Hautreinigungs- und Hautpflegemaßnahmen dargestellt?*

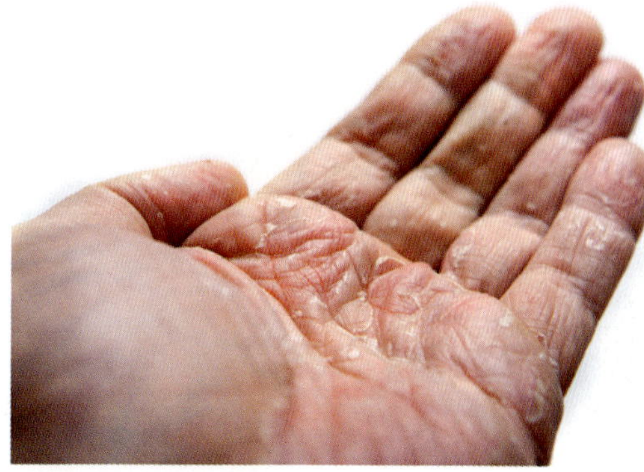

4. Abnutzungsekzem

HAUTSCHUTZPLAN

Firma XYZ	Hautschutz vor der Arbeit	Hautreinigung	Hautpflege nach der Arbeit
Werkstattbereich A	Schutzcreme Produktname	Reiniger Produktname	Pflegecreme Produktname
Werkstattbereich B	Schutzcreme Produktname	Reiniger Produktname	Pflegecreme Produktname
Werkstattbereich C	Schutzcreme Produktname	Reiniger Produktname	Pflegecreme-Produktname

5. Bereichsspezifischer Hautschutzplan

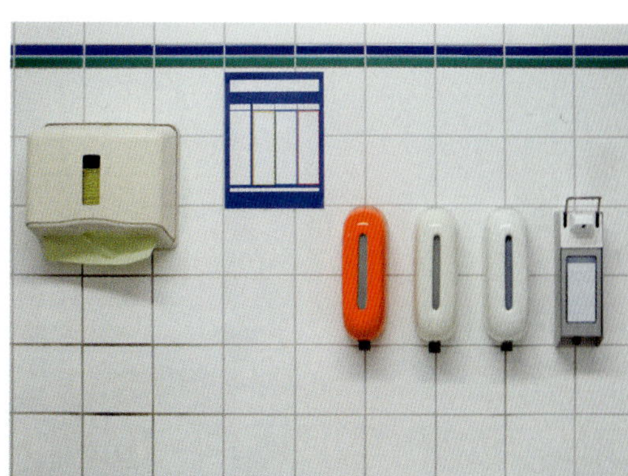

6. Beispiel für eine Spenderstation von Hautschutz-, Hautreinigungs- und Hautpflegemitteln

1. Die Holzverkleidung der ersten Etage soll bearbeitet werden

Checkliste Kundenauftrag

1. Kundenanalyse ☒
2. Unfallverhütungsvorschriften ☒
3. Untergrundprüfung ☒
4. Untergrundvorbereitung ☒
5. Untergrundbeschichtung ☒
6. Qualitätskontrolle ☒

2. Diese Checkliste stellt eine Orientierungshilfe dar, welche Punkte zur Erfüllung des Kundenauftrags zu bedenken sind.

3. Das fast erdgleich montierte Fenster wird mit einer Folie geschützt.

1.3 Oberflächen vorbereiten und beschichten

Das erste Ausbildungsjahr hat begonnen und sogleich erhält der Malerbetrieb den Auftrag, den Holzgiebel eines Ferienhauses zu bearbeiten (Bild 1).

Die Analyse des Kundenauftrags

Nun stellt sich für den Auszubildenden die Frage, welche Informationen wichtig sind und was alles beachtet und geplant werden muss (z. B. Unfallverhütung, Beschichtungsstoffe, Werkzeuge, Geräte usw.), um den Auftrag fachgerecht auszuführen.

Um den Überblick zu behalten, empfiehlt es sich, den Kundenauftrag genau zu analysieren, die weiteren Schritte penibel zu planen und sich für die richtigen Arbeitsschritte zu entscheiden. Die Ausführung des Auftrags sollte am Ende kontrolliert werden, damit sie der geforderten Qualität entspricht (vgl. Kap. 10).

Damit bei der Analyse und Planung des Auftrags nichts vergessen wird, sollte alles Wichtige aufgeschrieben werden (z. B. mithilfe einer Checkliste oder eines Arbeitsablaufplans). Es könnte sonst bei der Auftragserfüllung zu Verletzungen der Mitarbeiter, Beschädigung des Kundeneigentums oder zu Zeitverzögerungen bzw. höheren Kosten für den Betrieb kommen, wenn z. B. einzelne, wichtige Materialien, Werkzeuge usw. vergessen werden (Bild 2, Bild 4).

Die Unfallverhütungsvorschriften

Zunächst ist es unabdingbar, dass sich der Auszubildende mit den gegebenen Unfallgefahren beschäftigt, da in jedem Auftrag ein Gefahrenpotenzial steckt. Der Auszubildende muss sich z. B. darüber informieren, wie der Untergrund beschaffen ist, auf den die Anlegeleitern oder Gerüste gestellt werden sollen, um sicher arbeiten zu können.

Des Weiteren sind Kenntnisse im richtigen Umgang mit den Leitern und Gerüsten unabdingbar (vgl. Kap. 2).

Der Maler sollte sich außerdem fragen, ob es bei Arbeiten an einer Fassade unfallträchtige Abwasser- oder Kellerschächte gibt und wie das umliegende Kundeneigentum (Fenster und Fensterbänke, Blumen und Pflanzen usw.) geschützt werden kann (Bild 3).

Bei Unsicherheiten ist es das A und O, den Chef oder die Gesellen um Rat zu fragen und nichts alleine zu entscheiden.

Die Untergrundprüfung

Die jeweiligen Untergründe müssen vor der Bearbeitung in Bezug auf ihre Beschaffenheit geprüft werden. Beim Hausgiebel muss geprüft werden, um welche Art Altanstrich es sich handelt und welche sonstigen Schäden (Bläuepilz, lose Bretter, Holzrisse usw.) an der Giebelverbretterung vorhanden sind (vgl. Kap. 5).

Sollten dem Malerauszubildenden Schäden an dem Holzgiebel auffallen, die der Maler nicht beheben kann, muss zusammen mit dem Chef entschieden werden, welches Gewerk den Schaden beheben kann, bevor die Malerarbeiten beginnen.

Es besteht eine Hinweispflicht seitens des Auftragnehmers an den Auftraggeber: Er muss ihm mitteilen, welche Schäden am Untergrund vorhanden sind (vgl. Kap. 10).

Um zu überprüfen, um welchen Altanstrich (lösemittelhaltig oder lösemittelfrei) es sich handelt, kann ein mit Nitroverdünnung getränkter Lappen verwendet werden (Bild 5). In diesem Fall muss sich der Auszubildende schon im Vorfeld genau über persönliche Schutzmaßnahmen im Umgang mit dem Produkt informieren und sich von seinem Ausbilder unterweisen lassen (vgl. Kap. 1).

Jeder Hersteller bietet im Internet neben Praxismerkblättern zu den Produkten auch Sicherheitsdatenblätter an, in denen die genauen Gefahren- und Sicherheitshinweise ausgewiesen sind (Bild 6).

Die Untergrundvorbereitung

Mithilfe der Checkliste bzw. des Arbeitsablaufplans sind die Einrichtung und die Ordnung am Arbeitsplatz von dem Malerteam eingeplant und umgesetzt worden. Ein mögliches Gefährdungspotenzial wurde beachtet (vgl. Kap. 1), der Untergrund ist geprüft und ausgebessert worden und umliegende Bereiche sind vor Verschmutzung und Beschädigung gesichert worden.

Nr.	Arbeitsschritt	Materialien	Werkzeuge / Maschinen
1	Arbeitsauftrag erfassen		
2	Unfallverhütungsmaßnahmen beachten		
3	Untergrund prüfen	Nitroverdünnung, Lappen	
4	Verbretterung schleifen	Schleifpapier	Exzenterschleifer
5	...	...	...

4. Dieser Arbeitsablaufplan stellt eine übersichtliche Hilfe für den Auszubildenden dar.

5. Die Nitroverdünnung kann auch zur Prüfung eines Altanstrichs verwendet werden.

Gefahrenhinweise	
H225	Flüssigkeit und Dampf leicht entzündbar.
H304	Kann bei Verschlucken und Eindringen in die Atemwege tödlich sein.
H373	Kann die Organe schädigen bei längerer oder wiederholter Exposition.
H318	Verursacht schwere Augenschäden.
H315	Verursacht Hautreizungen.
Sicherheitshinweise	
P102	Darf nicht in die Hände von Kindern gelangen.
P210	Von Hitze, heißen Oberflächen, Funken, offenen Flammen sowie anderen Zündquellenarten fernhalten. Nicht rauchen.
P260	Dampf nicht einatmen.
P273	Freisetzung in die Umwelt vermeiden.
P312	Bei Unwohlsein GIFTINFORMATIONSZENTRUM oder Arzt anrufen.

6. Auszug aus einem Sicherheitsdatenblatt einer Nitroverdünnung über Gefahren- und Sicherheitshinweise

7. Eine von Bläuepilz befallene Holzkonstruktion

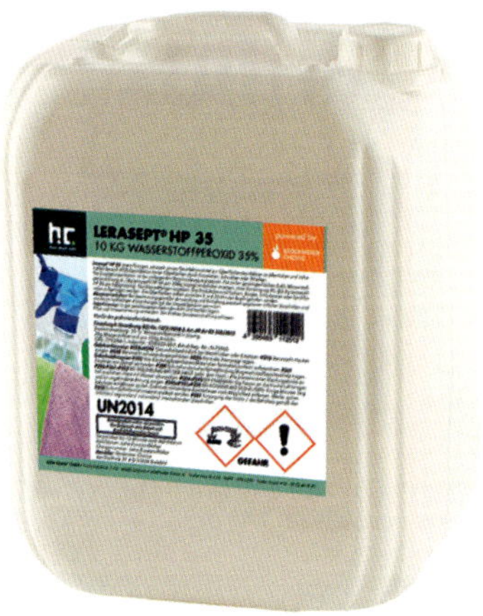

8. Wichtige Informationen stehen neben den Piktogrammen auf dem Kanister des Wasserstoffperoxids.

9. Mit dem Schwingschleifer werden die Flächen des Holzgiebels geschliffen.

Die mit dem Bläuepilz befallenen Stellen (Bild 7) können mit einer 5- oder 10-prozentigen Wasserstoffperoxidlösung behandelt werden, da diese eine abtötende Wirkung auf die Schimmelpilze und gleichzeitig eine bleichende Wirkung hat. Das Wasserstoffperoxid wird entweder als Trockenpulver mit Wasser im richtigen Verhältnis angemischt oder als fertiges Material (Bild 8) mit einem geeigneten Pinsel oder durch Tupfen mit einem geeigneten Schwamm aufgetragen.

Bei jedem verwendeten Werkstoff sind die Sicherheitsratschläge auf den Verpackungen und die Hinweise zum Umweltschutz zu beachten sowie Arbeitsschutzmaßnahmen einzuhalten (persönliche Schutzausrüstung tragen, z. B. undurchlässige Schutzhandschuhe und Schutzbrille, vgl. Kap. 1).

Die Flächen der Verbretterung werden mit einem Schwingschleifer (Bild 9) geschliffen. Auch hierbei sind die Unfallverhütungsvorschriften zu beachten. Neben dem maschinellen Schleifen kann der Maler auch manuell mit einem Schleifbogen schleifen, da er so ein besseres Gefühl für den Holzuntergrund bekommt und die Fugen der Verbretterung besser erreicht.

Es ist wichtig, bei allen Schleifarbeiten Atemschutzmasken zu tragen, um die eigene Gesundheit nicht zu gefährden (vgl. Kap. 1).

Nach dem Schleifen wird die Holzoberfläche gereinigt (von Reststaub befreit) und ggf. mit Wasser abgewaschen, bevor der eigentliche Beschichtungsaufbau aufgetragen wird (vgl. Kap. 5).

Die Untergrundbeschichtung

Nach der Untergrundvorbereitung wird der Beschichtungsaufbau durchgeführt. Um die Holzoberfläche vor einem erneuten Bläuepilzbefall zu schützen, wird zuerst eine dünnflüssige Imprägnierlasur (Bild 10) nach Herstellerangaben mit einem breiten Flächenstreicher (Bild 11) aufgebracht. Der Vorteil einer dünnflüssigen Imprägnierlasur ist, dass sie tief in das Holz einzieht und es so gut schützen kann.

Vor der Beschichtung des Holzgiebels ist unbedingt erneut zu überprüfen, ob alles geschützt ist, was nicht gestrichen werden soll.

Nachdem die Imprägnierlasur ausreichend nach Herstellerangabe getrocknet ist (Gebindeinformationen beachten), wird ein Zwischenschliff ausgeführt (Atemschutz beachten), um die Holzoberfläche anzurauen. Anschließend kann eine Holzlasur im entsprechenden Farbton aufgebracht werden (Bild 12, vgl. Kap. 5).

Die Qualitätskontrolle
Zum Abschluss des Kundeauftrags wird die Oberflächenqualität durch den Auszubildenden und den Ausbilder optisch überprüft, die Baustelle wird geräumt, die Gebinde werden vernünftig geschlossen, der tatsächliche Materialverbrauch wird ermittelt und die Abfälle werden fachgerecht entsorgt.

Als letzte Handlung wird mit dem Kunden ein Abnahmeprotokoll erstellt und alle Mitwirkenden verabschieden sich höflich bei dem zufriedenen Kunden (vgl. Kap. 10).

Aufgaben

1. *Informieren Sie sich im Internet über verschiedene Abdeckmaterialien für Arbeiten an Fassaden. Entscheiden Sie sich begründet für eine geeignete Variante.*
2. *Schreiben Sie einen Arbeitsablaufplan mit allen wichtigen Details zur Bearbeitung eines Holzgiebels.*
3. *Finden Sie mithilfe des Internets heraus, welche weiteren Informationen in Praxis- und Sicherheitsdatenblättern von z. B. Holzlasuren zu finden sind. Machen Sie sich dazu Notizen.*
4. *Erstellen Sie mithilfe des Internets Sicherheitsregeln im Umgang mit elektrischen Geräten. Stellen Sie diese Ihrem Klassenverband vor.*
5. *Informieren Sie sich im Internet bei Beschichtungsstoffherstellern über Holzlasuren. Worüber geben die Praxismerkblätter Auskunft?*
6. *Finden Sie mithilfe des Internets heraus, welche schädlichen Einflüsse Aromate auf die Gesundheit und die Umwelt haben können.*

10. Auf dem Gebinde der Imprägnierlasur befinden sich hilfreiche Informationen, die vor der Verwendung gelesen werden sollten.

11. Mit einem Flächenstreicher können die einzelnen Lasurschichten appliziert werden.

12. Diese Holzlasur ist aromatenfrei und so eingestellt, dass bei ihrer Verarbeitung keine Läufer entstehen.

1. Was verrät die Kennzeichnung?

	GHS01	Explodierende Bombe – Explosive Stoffe
	GHS02	Flamme – z. B Entzündbare Gase
	GHS03	Flamme über einem Kreis – z. B oxidierende Gase
	GHS04	Gasflasche – z. B. Gase unter Druck
	GHS05	Ätzwirkung – z. B. korrosiv gegenüber Metallen
	GHS06	Totenkopf mit gekreuzten Knochen – z. B. akute Toxizität (oral, dermal, inhalativ)
	GHS07	Ausrufezeichen – z. B. Reizwirkung auf die Haut
	GHS08	Gesundheitsgefahr – z. B. Sensibilisierung der Atemwege
	GHS09	Umwelt – z. B. akut gewässergefährdend

2. Die GHS-Piktogramme (GHS = Global harmonisiertes System)

1.4 Gefahrstoffe am Arbeitsplatz

Auf Baustellen und in Werkstätten werden Gefahrstoffe wie Lacke, Isolieranstriche, Lösemittel und andere Werk- und Hilfsstoffe eingesetzt. Die notwendigen Schutzmaßnahmen sind in der Gefahrstoffverordnung und in weiteren Vorschriften beschrieben. Gefahrstoffe müssen erkannt werden, um bei ihrem Einsatz Schutzmaßnahmen zu treffen (Bild 1).

Vorschriften und Regeln

- Arbeitssicherheit basiert auf dem Arbeitsschutzgesetz.
- Der Umgang mit gefährlichen Stoffen und deren Zubereitung unterliegt dem Chemikaliengesetz und nachgeordneten Verordnungen, z. B. der Gefahrstoffverordnung, der TRGS (Technische Regeln für Gefahrstoffe).
- Alle Vorschriften zur Regelung der Emission unterliegen dem Bundes-Immissionsschutzgesetz.
- Die Behandlung von Abfällen jeder Art basiert auf dem Kreislaufwirtschaftsgesetz.

Betriebsanweisungen

In Betriebsanweisungen werden detailliert wichtige Gefahrenhinweise (H-Sätze) und notwendige Schutzmaßnahmen (P-Sätze) zum Verarbeiten von Produkten beschrieben (Bild 1). Darüber hinaus weisen sie Gefahrenpiktogramme auf, die vereinfacht auf verschiedene Gefährdungspotenziale hinweisen (Bild 2). In WINGIS, dem EDV-Gefahrstoff-Informationsprogramm der Berufsgenossenschaft der Bauwirtschaft, wird spezifisch auf unterschiedliche Verarbeitungsformen und Anwendungen der einzelnen Produkte eingegangen.

Beispiele für H-Sätze (Gefahrenhinweise):
- H200 Instabil, explosiv.
- H225 Flüssigkeit und Dampf leicht entzündbar.
- H230 Kann auch in Abwesenheit von Luft explosionsartig reagieren.

Beispiele für P-Sätze (Sicherheitshinweise):
- P103 Vor Gebrauch Kennzeichnungsetikett lesen.
- P261 Einatmen von Staub/Rauch/Gas/Nebel/Dampf/Aerosol vermeiden.
- P304 + P340 BEI EINATMEN: Die Person an die frische Luft bringen und für ungehinderte Atmung sorgen.

Die Gefährdungsbeurteilung

Durch die Gefährdungsbeurteilung werden Gefährdungen und Belastungen der Beschäftigten am Arbeitsplatz ermittelt und bewertet sowie erforderliche Schutzmaßnahmen festgelegt, um Arbeitsun-

fälle, Berufskrankheiten und arbeitsbedingte Erkrankungen zu verringern.
Die Betriebe erhalten durch die Gefährdungsbeurteilung Informationen über Gefährdungen und Belastungen an Arbeitsplätzen, notwendige technische und organisatorische Schutzmaßnahmen, den erforderlichen Einsatz persönlicher Schutzausrüstungen sowie Inhalte für Unterweisungen.

Die Durchführungspflicht der Gefährdungsbeurteilung ist rechtlich im Arbeitsschutzgesetz (§§ 5 und 6) und in der Unfallverhütungsvorschrift „Grundsätze der Prävention" verankert.

Gefährdungen können sich insbesondere ergeben durch:
- mangelhafte Ordnung am Arbeitsplatz,
- Einwirkungen von gesundheitsschädlichen Arbeitsstoffen,
- mangelhafte Auswahl und Einsatz von Maschinen,
- unzureichende Planung von Arbeitsverfahren, Arbeitsabläufen und Arbeitszeiten,
- ungenügende Ausbildung und Unterweisung der Mitarbeiter durch die Vorgesetzten.

Um eine systematische Prüfung zu erleichtern, wird eine Gefährdungsbeurteilung mithilfe von Analysebögen der Berufsgenossenschaft nach den TRBS (Technische Regeln der Betriebssicherheit) durchgeführt (Bild 1).

Das Sicherheitsdatenblatt

Dem Sicherheitsdatenblatt können erste Hinweise darauf entnommen werden, welche Gefährdungen vom verwendeten Produkt ausgehen und welche Schutzmaßnahmen zu ergreifen sind. Darüber hinaus sind Sicherheitsdatenblätter auch eine wertvolle Informationsquelle zu Fragen der Lagerung, des Transports und der Entsorgung (Bild 2).

Aufgaben

1. *Informieren Sie sich im Internet über körperliche Belastungen am Arbeitsplatz und dokumentieren Sie Ihre Ergebnisse.*
2. *Entwickeln Sie eine Mindmap über „Gefahren auf der Baustelle" und präsentieren Sie die Ergebnisse Ihrer Klasse.*

Gefährdungs-/Belastungsanalyse

Gefährdungs-/ Belastungs- **Faktoren**	Fragen/ Hinweise	**Maßnahmen**	Bestehen **Mängel** bezüglich Technik	Organisation	Verhalten der Mitarbeiter	**Mängel beseitigt bis**	Bera- tungs- bedarf
Auf-, Um- und Abbau von System- und Stahlrohrkupplungsgerüsten							
Standort							
	Welche Maßnahmen werden vor Arbeitsbeginn ergriffen gegen – Gefährdung durch vorhandene Anlagen im Arbeitsbereich	Ermitteln der Gefahren durch					
		☐ elektr. Freileitungen	☐	☐	☐		☐
		☐ Rohrleitungen	☐	☐	☐		☐

1. Analysebogen der Berufsgenossenschaft

Sicherheitsdatenblatt gemäß 91/155/EWG

Hersteller: Farben- und Lackfabrik Schonweis
Produkt-Nr. BM V 345-0
Handelsname: Lösemittel DEK
Druckdatum 14.01.2016 überarbeitet am: 28.03.2016

01. Stoff-/Zubereitungs- und Firmenbezeichnung

Handelsname: Lösemittel DEK
Hersteller/Lieferant: Farben- und Lackfabrik Schonweis
Straße/Postfach: Farbengasse 1
Nat.-kenn/PLZ/Ort: D-12345 Farbenhausen
Telefon//Telefax:
Telefon ____________
Telefax ____________
Auskunftgebender Bereich:
Herr/Frau ____________
Notrufnummer ____________

02. Einstufung des Stoffs oder Gemischs

Einstufung gemäß EG-Verordnung 1272/2008 (CLP)
Flam. Liq. 2; H225 Flüssigkeit und Dampf leicht entzündbar.
Eye Irrit. 2; H319 Verursacht schwere Augenreizung.
STOT SE 3; H335, H336 Kann die Atemwege reizen. Kann Schläfrigkeit und Benommenheit verursachen.
(EUH066) Wiederholter Kontakt kann zu spröder oder rissiger Haut führen.

03. Mögliche Gefahren

Gefahrenhinweise:

H225 Flüssigkeit und Dampf leicht entzündbar.
H319 Verursacht schwere Augenreizung.
H335 Kann die Atemwege reizen.
H336 Kann Schläfrigkeit und Benommenheit verursachen.

Sicherheitshinweise:

P210 Von Hitze, heißen Oberflächen, Funken, offenen Flammen sowie anderen Zündquellenarten fernhalten. Nicht rauchen.
P243 Maßnahmen gegen elektrostatische Aufladungen treffen.
P261 Einatmen von Dampf vermeiden.
P280 Schutzhandschuhe/Schutzkleidung/Augenschutz/Gesichtsschutz tragen.

04. Hinweise auf ärztliche Soforthilfe oder Spezialbehandlung

Symptomatische Behandlung. Dekontamination.
Bei Lungenreizung Erstbehandlung mit Dexamethason-Spray. Nachträgliche Beobachtung auf Pneumonie und Lungenödem.

2. Auszug aus einem Sicherheitsdatenblatt

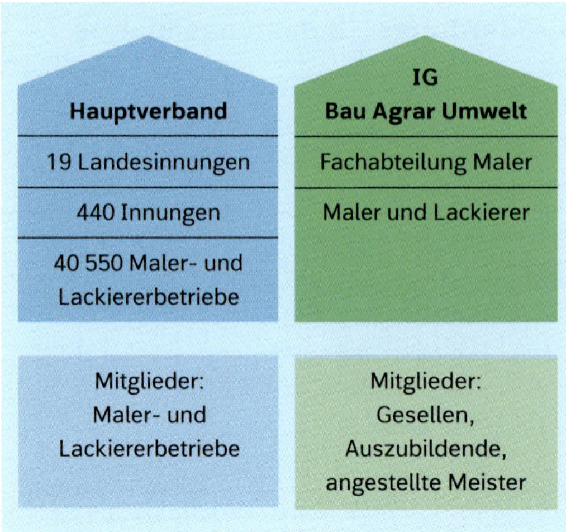

1. Standesorganisationen von Arbeitgebern und Arbeitnehmern

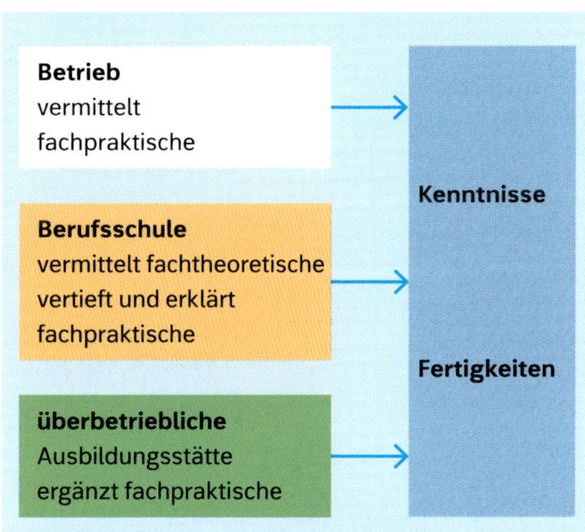

2. Das duale Ausbildungssystem seit 1970

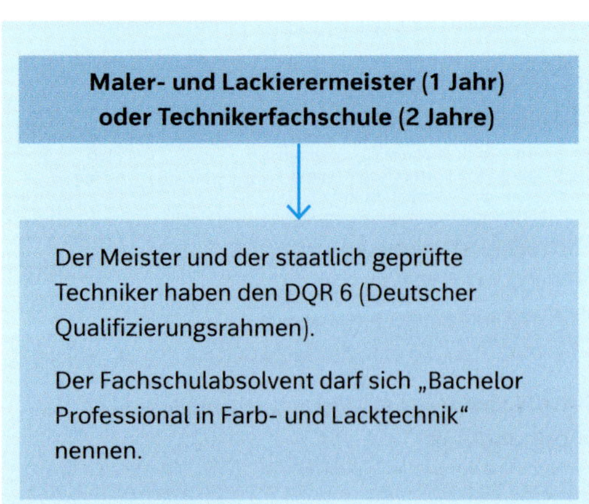

3. Weiterbildungsmöglichkeiten

1.5 Arbeitnehmer- und Arbeitgeberverbände, Aus- und Weiterbildung

Vertreten werden Arbeitnehmer durch ihre Standesorganisationen
- Gewerkschaft,
- Gesellenvertreter in Prüfungsausschüssen und Lehrlingswarte.

Die Arbeitgeber werden vertreten durch
- die Handwerkskammern und
- den Arbeitgeberverband (Bild 1).

Ausbildung

Die tragenden Pfeiler des dualen Systems waren Berufsschule und Betrieb. Ab 1970 wurde die betriebliche Ausbildung durch die überbetriebliche Unterweisung in gesonderten Ausbildungsstätten der Innungen ergänzt (Bild 2). In der Verordnung über die Berufsausbildung zum Maler und Lackierer vom August 2003 sind die Inhalte der Ausbildung im Betrieb verbindlich geregelt.

Fortbildung

Innungen, Akademien, Handwerkskammern, Farbenhersteller und private Schulungsträger bieten Kurse zur Fortbildung von Gesellen an, z. B.:
- Vorarbeiterkurse
- Baustellenleiterkurse
- Korrosionsschutzkurse
- Kurse zur Betonsanierung
- Tapetenseminare
- Kurse zum Erlernen von historischen Techniken
- Maschinenkurse
- Restaurator im Handwerk

Weiterbildung

Die Weiterbildung zum Meister oder Techniker erfolgt in den weiterführenden beruflichen Schulen sowie in Lehrgängen von Meister- und Fachschulen in Vollzeit und Abendkursen (Bild 3). Träger dieser Schulen sind Innungen, Handwerkskammern, Kommunen und der Staat. Wobei an die Schulen der Kommunen und des Staates kein Schulgeld zu entrichten ist.

Struktur der neuen Ausbildung im Maler- und Lackiererhandwerk

Die Berufsausbildung zum Maler und Lackierer erfolgt als dreijährige Ausbildung in den fünf gewählten Fachrichtungen: Ausbautechnik und Oberflächengestaltung, Bauten- und Korrosionsschutz, Energieeffizienz- und Gestaltungstechnik, Gestaltung und Instandhaltung sowie Kirchenmalerei und Denkmalpflege. Für die Fahrzeuglackierer ist die Ausbildung dreijährig mit gemeinsamer Grundbildung im ersten Ausbildungsjahr (Bild 4).

Die Zwischen- und Gesellenprüfung der Maler und Lackierer

Nach circa der Hälfte der Ausbildungszeit legen die Auszubildenden eine Zwischenprüfung in Theorie und Praxis ab, um ihren bisherigen Ausbildungsstand zu ermitteln. Die Gesellenprüfung zum Maler und Lackierer oder zum Fahrzeuglackierer wird als handlungsorientierte Prüfung durchgeführt. Die Maler und Lackierer werden im dritten Ausbildungsjahr in den Fachrichtungen geprüft (Bild 4).

Neuordnung der Fortbildung

Im Rahmen der Neuordnung der Meisterprüfungsverordnung werden parallel neue Fortbildungsverordungen zu der/die Vorarbeiter/-in (Bild 5), Baustellenleiter/-in bzw. Werkstattleiter/-in (Bild 6) erarbeitet.

Zur Vorarbeiterprüfung wird nur zugelassen, wer
- die Gesellenprüfung und ein Jahr Gesellenzeit nachweist,
- die Qualifikationsprüfung hat und drei Jahre im Maler- und Lackiererhandwerk tätig war,
- mindestens fünf Jahre ununterbrochen im Maler- und Lackiererhandwerk tätig war.

Zur Baustellenleiter- bzw. Werkstattleiterprüfung wird nur zugelassen, wer
- die Gesellenprüfung und zwei Jahre Gesellenzeit nachweist,
- die Vorarbeiterprüfung erfolgreich abgelegt hat und mindestens ein Jahr als Vorarbeiter tätig war.

Aufgaben

1. Bei der Renovierung eines Hauses ist der Maler in vielen Bereichen tätig. Nennen Sie vier.
2. Nennen Sie die Standesorganisationen der Betriebe.
3. Nennen Sie die Arbeitnehmervertretung.
4. Welche Möglichkeiten der Weiterbildung hat der Maler?
5. Wie werden die neuen Abschlussprüfungen durchgeführt?

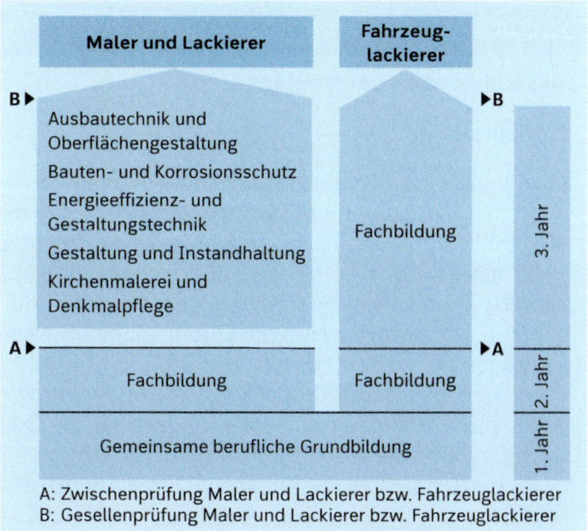

4. Struktur der Neuordnung der Ausbildungsberufe Maler und Lackierer und Fahrzeuglackierer

5. Vorarbeiter beim Prüfen der Lagerbestände

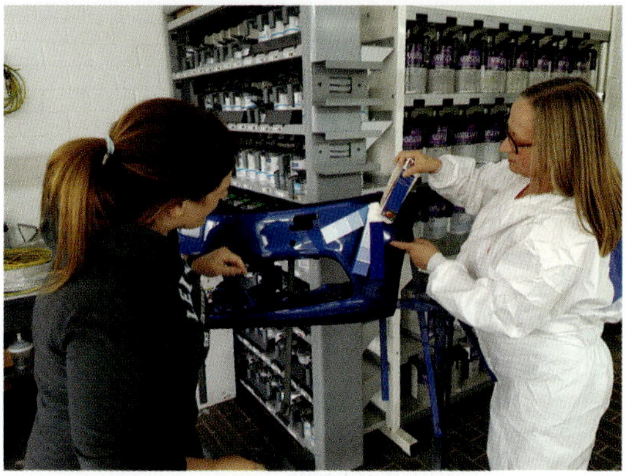

6. Kundenberatung in einer Werkstatt

EXKURS Teambildung

passend zu allen Lernfeldern

1. Teamarbeit

Die Fähigkeit, mit einem Kollegen oder in einer Gruppe zusammenzuarbeiten, ist grundlegend für eine qualitative und wirtschaftliche Arbeitsweise. Wichtig ist in diesem Zusammenhang die gegenseitige Akzeptanz unterschiedlicher Meinungen. Über die Aufgaben und Rollenverteilung in einem Team sind Regelungen zu treffen. Diese betreffen auftretende Fehlzeiten, das Arbeits- und Sozialverhalten und individuelle Problemlagen. Insbesondere ist die Bewertung der Teamarbeit und dabei deren Benotung zu regeln. Versuchen Sie bei den im Buch dargestellten Kundenaufträgen, jeweils ein Team nach den Kriterien, die auf dieser Seite zusammengestellt sind, zu bilden.

2. Teamvertrag

Erstellen Sie einen Teamvertrag, der mindestens folgende Inhalte berücksichtigt:

- Teammitglieder
- Regeln der Zusammenarbeit
- Rollenverteilung
- Arbeitsauftrag/Kundenauftrag aus dem Buch
- Informationsbedarf
- Ablaufplanung, Arbeitsschritte, Materialbedarf
- Präsentationstermin und Ort
- Einverständniserklärung
- Ort, Datum und Unterschrift der Teammitglieder

3. Arbeitsprotokoll

Entwickeln Sie ein Arbeitsprotokoll zum Kundenauftrag.

Folgende Punkte sollen als Hilfe dienen:

- Arbeitsauftrag
- Planungsschritte, Zeitplanung
- Arbeitsschritte
- Hilfsmittel
- Besonderheiten
- Qualitätssicherung
- Präsentation

4. Informationsbeschaffung zu den Kundenaufträgen im Buch

- Fachbuch
- Technische Merkblätter
- Sicherheitsdatenblätter
- Normen
- Internet
- Produktbeschreibungen
- Informationen der Berufsgenossenschaften
- Fachzeitschriften

5. Bewertung der Teamarbeit und der Teammitglieder

Erstellen Sie jeweils einen Bewertungsbogen zur Selbstbewertung und einen zur Bewertung des Teams.

Selbstbewertung

Folgende Bewertungskriterien sollten Berücksichtigung finden:

- Mitarbeit im Team
- Informationsbeschaffung und -verarbeitung
- Zusammenarbeit mit den anderen Teammitgliedern
- Umgangston bei der Teamarbeit

6. Teambewertung

Folgende Bewertungskriterien sollten Berücksichtigung finden:

- Mitarbeit aller im Team
- Zusammenarbeit im Team
- Informationsbeschaffung und -verarbeitung im Team
- Umgangston im Team

Möglichkeiten, die Teamarbeit zu verbessern:

- *Einander zuhören*
- *die Leistungen anderer anerkennen*
- *freundliche Umgangsformen*
- *gemeinsam nach Verbesserungen suchen*
- *Kritik mit Verbesserungsvorschlägen verbinden*

Beschichten von mineralischen Untergründen

2

1. *Silikat: Ein Mineral, das zur Herstellung mineralischer Farben verwendet wird.*

2. *Sammlung verschiedener Natursteine*

3. *Hochlochziegel als Beispiel für einen modernen gebrannten Baustoff*

2.1 Malerarbeiten auf mineralischen Untergründen

Mineralische Untergründe gehören für den Maler und Lackierer zu einem der am häufigsten zu bearbeitenden Untergründe.

Was sind mineralische Untergründe?

Mineralien sind Bestandteile der Erdkruste, z. B. Oxide, Quarz, Silikate (Bild 1), Kreide. Der Begriff „mineralische Untergründe" ist ein Sammelbegriff für Kunst- und Natursteine, Beton, Putz, Plattenwerkstoffe und Glas.
Mineralische Untergründe lassen sich wie folgt einteilen:

- **Natursteine**: z. B. Granit, Sandstein, Basalt (Bild 2)
- **gebundene Untergründe**: z. B. Beton, Porenbeton, Gipsfaserplatten
- **gebrannte Untergründe**: z. B. Klinker, Hochlochziegel, Ziegelsteine

Die Arbeit mit mineralischen Untergründen

Die Arbeit mit mineralischen Untergründen ist im Maler- und Lackiererhandwerk mit vielen verschiedenen Aufgabenbereichen verknüpft, z. B.:

- Beschichtung von bestehenden mineralischen Untergründen
- Verputzen
- Reparatur beispielsweise bei Rissen
- Sanierung (Beton- oder Natursteinsanierung)
- Dämmen (WDVS)
- Arbeiten mit mineralisch gebundenen Platten (Trockenbau)

Eigenschaften der mineralischen Untergründe

Bei der Vielzahl der mineralischen Untergründe liegt es auf der Hand, dass die einzelnen Materialien unterschiedliche Eigenschaften aufweisen. Um die verschiedenen Untergründe jedoch fachgerecht bearbeiten zu können, sollte ein Bewusstsein für die Eigenschaften der unterschiedlichen Untergründe vorhanden sein.

Wesentliche Unterscheidungsmerkmale mineralischer Baustoffe sind:

- Festigkeit (druckfest oder druck- und zugfest)
- Saugfähigkeit (Grad der Wasseraufnahme durch Kapillarwirkung)
- Härte (abhängig von Bindemittel, Zuschlagstoffen und der Dichte)
- Alkalität
- Wetterbeständigkeit (Zerstörung durch Säuren und Salze)
- Dämmverhalten (poröse Baustoffe dämmen besser als dichte)

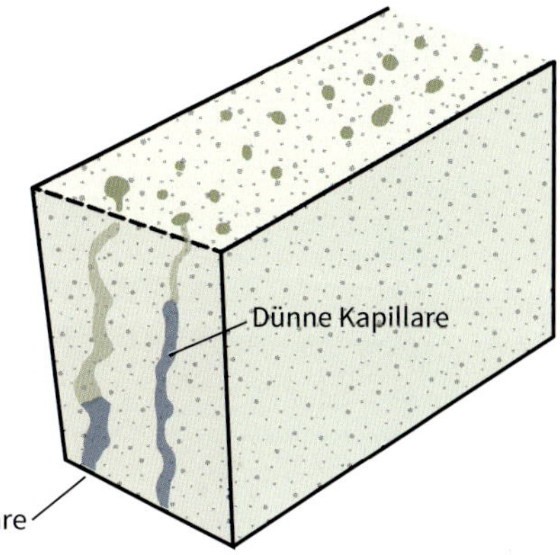

4. Die Saugfähigkeit eines Stoffes ist abhängig von seiner Kapillarität. Je enger die Kapillare sind, desto mehr saugt ein Material. Ein poröser Porenbetonstein nimmt demnach mehr Wasser auf als ein Klinker.

Die Untergrundprüfung

In Anbetracht der Tatsache, dass die mineralischen Untergründe verschiedene Eigenschaften aufweisen, muss der Bearbeitung eine gründliche Untergrundprüfung vorangehen. Dies ist erforderlich, um die Besonderheiten und Schwächen des Untergrundes zu erkennen, zu dokumentieren und um entsprechende Untergrundvorbereitungsmaßnahmen ableiten zu können.

Nur eine fachgerechte Untergrundprüfung ermöglicht eine einwandfreie Planung und Durchführung der Arbeit. Nur so lässt sich eine qualitativ hochwertige Arbeit erstellen.

5. Es ist deutlich zu sehen, dass das Wasser im Porenbetonstein durch die Kapillarkraft höher steigt als der Wasserspiegel.

Viele Eigenschaften lassen sich allein durch eine augenscheinliche Prüfung oder eine Tastprobe erkennen. Andere Eigenschaften müssen mit geeigneten Prüfverfahren und -geräten ermittelt werden.

Die Untergrundvorbereitung

Als Resultat der vorangegangenen Untergrundprüfung ergeben sich die Vorbereitungsmaßnahmen, die vor einer Beschichtung auszuführen sind. Zu den Maßnahmen der Untergrundvorbereitung gehören u. a. die Reinigung, die Schadstoffbeseitigung, die Erneuerung bzw. Verfestigung sowie die chemische Vorbehandlung des Untergrundes.

Aufgaben

1. *Woher stammen die Grundbestandteile aller mineralischen Untergründe?*
2. *In welche Gruppen lassen sich die mineralischen Untergründe einteilen?*
3. *Was ist mit der Kapillarwirkung gemeint?*
4. *Warum ist die Untergrundprüfung ein wichtiger Bestandteil des Arbeitsprozesses?*

1. Bürogebäude mit KS-Sichtmauerwerk

2. Bimsbeton-Hohlblocksteine werden für das tragende Mauerwerk eingesetzt.

3. Porenbeton hat viele luftgefüllte Poren, die ein hohes Wärmedämmvermögen ergeben.

2.2 Bauen mit künstlichen Bausteinen

Die Fassade eines Bürogebäudes (Bild 1) wurde in Kalksandstein-Sichtmauerwerk ausgeführt. Durch das plastische Vermauern der Kalksandsteine entstand eine interessante, lebhafte Fassadengestaltung, wie sie mit einem Außenputz nur schwer zu erreichen gewesen wäre.

KS-Steine sind weiß bis hellgrau, haben scharfe Kanten und eine gleichmäßige Oberfläche. Sie sind alkalisch und saugen aufgrund ihrer Porenstruktur stark. Kalksandsteine besitzen wegen ihrer großen Dichte eine hohe Festigkeit und gute Schalldämmeigenschaften.

Wegen des großen Saugvermögens muss wetterbeanspruchtes KS-Mauerwerk durch Beschichtungen vor Feuchtigkeit geschützt werden.

Normalerweise wird KS-Mauerwerk verputzt. Beschichtungssysteme für KS-Steine müssen alkalibeständig sein.

Für Sichtmauerwerk müssen unbedingt frostbeständige KS-Verblender verarbeitet werden. Der Maler kann die Verwendung solcher Steine nicht unmittelbar erkennen.

Farblose Imprägnierungen belassen dem Sichtmauerwerk das charakteristische naturweiße Aussehen der Steine und der grauen Mörtelfugen.

Steine aus Leichtbeton

Solche Steine werden aus Zement und leichten, porösen Zuschlägen hergestellt. Zuschläge sind Bims, Blähton, Ziegelsplitt, poröse Lava oder andere leichte Stoffe. Sie werden sowohl als Hohlblocksteine (Bild 2) als auch als Vollsteine verarbeitet. Wegen der porösen Zuschläge und des porigen Gefüges haben sie ein gutes Wärmedämmvermögen bei relativ geringem Gewicht. Wie die meisten künstlichen Mauersteine müssen auch sie verputzt oder verkleidet werden.

Porenbeton

Die großformatigen Steine und Platten werden aus Kalk, Zement, Quarzsand und Porenbildnern hergestellt. Sie haben ein stark poröses Gefüge, eine geringe Dichte und dadurch sehr gute Wärmedämmeigenschaften (Bild 3). Wegen ihrer großen Porigkeit saugen sie stark und müssen deshalb im Außenbereich unbedingt beschichtet oder verkleidet werden.

Faserzement

Er besteht zum größten Teil aus Zement, der mit mineralischen Fasern armiert ist. Faserzement wird meist in Form von ebenen Fassadenplatten und gewellten Dachplatten verarbeitet (Bild 4). Aufgrund des hohen Zementanteils sind sie stark alkalisch.

Faserzementbauteile haben eine glatte, dichte Oberfläche, die häufig schon werksseitig beschichtet ist. An älteren Gebäuden sind häufig noch Asbestzementbauteile anzutreffen.

Die Verwendung von Asbestzementbauteilen ist heute verboten, weil Asbestfasern als krebserregend bekannt sind.

Durch Beschichtungen kann verhindert werden, dass freiliegende Asbestfasern in die Atemluft gelangen.

Ziegel werden aus Ton gebrannt

Ziegel (Backsteine) werden aus natürlichen Rohstoffen hergestellt. Durch ihr hohes Saugvermögen können sie Feuchtigkeit aus der Luft aufnehmen und auch wieder abgeben.

Ziegel werden umweltverträglich hergestellt und führen zu einem angenehmen Wohnklima.

Als **Mauerziegel** werden heute meist hoch wärmedämmende Leichtziegel mit einem hohen Anteil an Luftporen verbaut (Bild 5). Sie werden im Außenbereich normalerweise verputzt oder verkleidet. Altes Ziegel-Sichtmauerwerk muss wegen der großen Saugfähigkeit, besonders der Fugen, vor Feuchtigkeit und Neuverschmutzung geschützt werden.

Klinker sind regendicht und saugen kaum. Klinker werden häufig als Sichtschale vor das tragende Mauerwerk gemauert. Sie brauchen nicht beschichtet zu werden (Bild 6). Durch große Feuchtigkeit kann es zu Salzausblühungen kommen.

Aufgaben

1. *Nennen Sie drei wichtige Eigenschaften von KS-Steinen.*
2. *Worauf ist bei außen verbauten Porenbetonsteinen unbedingt zu achten?*
3. *Welche Gefahren gehen von Asbestzementbauteilen aus?*

4. Solche Asbestzementplatten finden sich weiterhin an vielen Hausfassaden.

5. Tragendes Mauerwerk aus Hochloch-Leichtziegeln

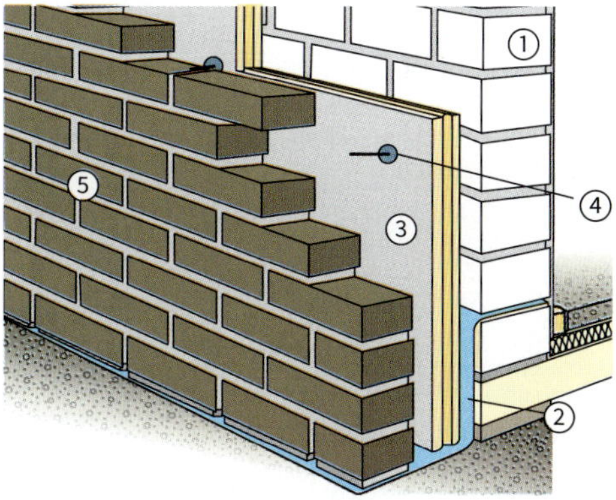

① tragende Innenschale
② Fundament-Feuchtesperre
③ Kerndämmung
④ Drahtanker mit Abtropf- und Klemmscheiben
⑤ Vormauerschale

6. Aufbau einer mit Klinkern verblendeten zweischaligen Wand

1. *Eine Fassade in diesem Zustand kann nur durch einen neuen Putz saniert werden, um wieder ein schönes Aussehen zu erhalten.*

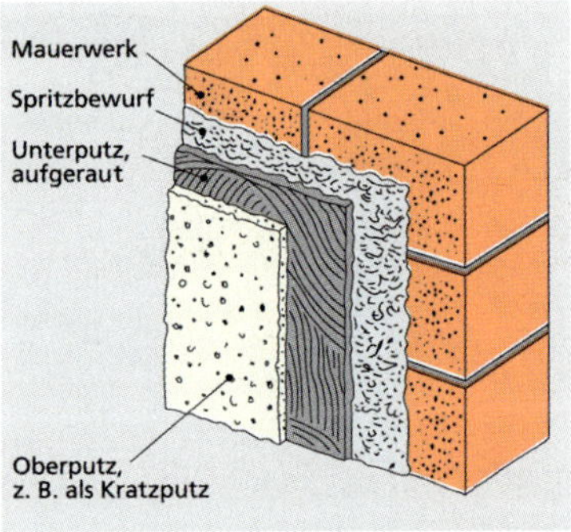

2. *Mehrlagiger Aufbau eines mineralischen Außenputzes*

Putzmörtel-gruppe	Mörtelart
P I	Luftkalkmörtel, Mörtel mit hydraulischem Kalk
Kalkputze der Mörtelgruppe 1 härten sehr langsam aus und dürfen deshalb nur mit hoch diffusionsfähigen Beschichtungen (Silikat-, Silikonharzfarben...) beschichtet werden.	
P II	Kalkzementmörtel, Mörtel mit hochhydraulischem Kalk oder mit Putz- und Mauerbinder
P III	Zementmörtel mit oder ohne Zusatz von Kalkhydrat
P IV	Gipsmörtel und gipshaltige Mörtel

3. *Putzmörtelgruppen nach DIN 18550*

Putzmörtelart	Kurzzeichen
Normalmörtel	GP
Leichtmörtel	LW
Edelputzmörtel	CR
Einlagenputzmörtel für außen	OC
Sanierputzmörtel	R
Wärmedämmputzmörtel	T

4. *Putzmörtelarten mit genormten Kurzzeichen*

2.3 Putze schützen und verschönern

Malermeister Köhler wird gebeten, ein Angebot für die Fassadensanierung des alten, denkmalgeschützten Herrenhauses (Bild 1) abzugeben. Nach kurzer Besichtigung kommt er zu dem Ergebnis, dass eine fachgerechte Sanierung nur mit einem neuen Putz zu leisten ist.

Außenputze *schützen das Gebäude vor Witterungseinflüssen und sorgen in Verbindung mit der Farbgestaltung für ein schönes Aussehen des Gebäudes.*
Innenputze *sorgen für ebene glatte Flächen, damit Wandbekleidungen oder dekorative Gestaltungen aufgebracht werden können.*

Putze werden aus **Putzmörtel** hergestellt. Je nach Art und Beanspruchung können Putze ein- oder mehrlagig aufgebaut sein (Bild 2). Auf das Mauerwerk wird ein Spritzbewurf zur Verbesserung der Haftung aufgebracht. Der **Unterputz** soll Mauerwerksunebenheiten ausgleichen und den Feuchtigkeitsschutz sicherstellen.
Die äußere Lage oder Sichtseite des Putzes wird **Oberputz** genannt. Hier wird oft ein sogenannter Edelputz verarbeitet.
Edelputze geben der Wand die Oberflächenstruktur und damit das dekorative Aussehen.
Putzsysteme aus Unter- und Oberputz müssen in ihren Eigenschaften unbedingt aufeinander abgestimmt sein, deshalb sollten nur Systeme eines Herstellers verarbeitet werden.
Auf einem mineralischen Unterputz können als Oberputz auch **Kunstharzputze** eingesetzt werden. Sie unterscheiden sich in ihren Eigenschaften deutlich von mineralischen Putzen.

Mineralische Außenputze

Mineralische Putzmörtel bestehen im Wesentlichen aus anorganischen Bestandteilen.

- **Mineralische Bindemittel** wie Kalk, Zement oder Kalk und Zement (Bild 3): Sie verbinden die Sandkörner miteinander und bestimmen die Härte und Festigkeit des Putzes.
- **Körnige Zuschlagstoffe** wie Sande, Splitt, ... bis 4 mm ⌀: Sie bestimmen in erster Linie die Oberflächenstruktur und damit das Aussehen des Putzes.
- **Füll- und Zusatzstoffe**: Sie dienen der Verbesserung von Eigenschaften
- **Anmachwasser**: Macht den Putzmörtel verarbeitbar und sorgt für die hydraulische Erhärtung und damit zum Abbinden/Erhärten des Putzes.

Ihre Endfestigkeit erhalten Putze erst nach dem Auftragen und dem Erhärten an der Fassade.

Putznormung

Die **DIN 18550, Putz und Putzsysteme – Ausführung** teilt mineralische Putze nach ihren Bindemitteln in Putzmörtelgruppen ein (Tabelle 3). Ebenso gilt die neue europäische Norm **DIN EN 998-1, Festlegungen für Mörtel im Mauerwerksbau, Teil 1: Putzmörtel** (als teilweiser Ersatz für die DIN 18550). In dieser Norm werden zur Kennzeichnung der Eigenschaften und Verwendungsmöglichkeiten die Putzmörtel nach **Druckfestigkeit, kapillarer Wasseraufnahme und Wärmeleitfähigkeit** klassifiziert und mit neuen Kurzzeichen gekennzeichnet (Tabelle 4). Für den praktischen Einsatz ist die **Druckfestigkeit** des Festmörtels (nach Erhärtung) eine entscheidende Größe. Daraus ergeben sich vier Druckfestigkeitsklassen.

Aufgaben

1. *Welche drei Ausgangsstoffe sind zur Herstellung eines Putzmörtels mindestens erforderlich?*
2. *Beschreiben Sie den mehrlagigen Aufbau eines mineralischen Außenputzes und nennen Sie die Aufgabe der einzelnen Schichten.*
3. *In einem Technischen Merkblatt wird ein Putz mit CS I klassifiziert. Welche Druckfestigkeit weist dieser Putz nach 28 Tagen auf?*

Eigenschaften	Kategorie	Werte
Druckfestigkeit nach 28 Tagen	CS I	0,4–2,5 N/mm^2
	CS II	1,5–5,0 N/mm^2
	CS III	3,5–7,5 N/mm^2
	CS IV	≥ 6 N/mm^2
Kapillare Wasseraufnahme	W 0	Nicht festgelegt
	W 1	$c \leq 0{,}40\ kg/(m^2\ min^{0{,}5})$
	W 2	$c \leq 0{,}20\ kg/(m^2\ min^{0{,}5})$
Wärmeleitfähigkeit	T 1	≤ 0,1 W/(mK)
	T 2	≤ 0,2 W/(mK)

4. Klassifizierung der Putzmörtel nach Eigenschaften nach DIN EN 998-1 Eigenschaften

5. Mit diesem CE-Zeichen sind alle europäisch genormten Putzmörtel gekennzeichnet

EXKURS Wasser schadet dem Bauwerk

Je nach Temperatur nimmt Wasser unterschiedliche **Aggregatzustände** ein:
- bei Normaltemperatur (0 °C bis 100 °C): **flüssig**
- bei Temperaturen unter 0 °C: **fest**
- bei Temperaturen über 100 °C: **gasförmig**

In jedem dieser Aggregatzustände kann das Wasser dem Bauwerk Schaden zufügen:
- Putze haben zwischen den Sandkörnern Hohlräume, die **Poren.** Durch Schlagregen dringt Wasser in die Poren ein.

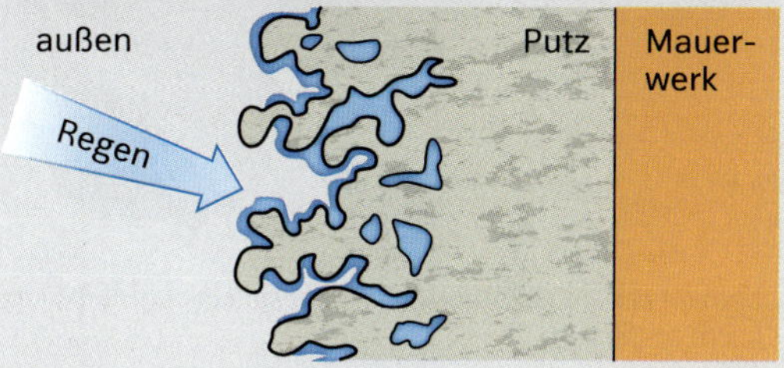

- In sehr engen Poren, den **Kapillaren,** steigt das Wasser von alleine hoch.
- Aufgrund dieser **Kapillarwirkung** saugen auch sehr feine Risse die Feuchtigkeit stark in sich auf.
- **Wasserdampf** kann die Wand durchdringen oder in ihr **kondensieren,** d. h. wieder zu Wasser werden.
- Feuchte Wände haben eine **verringerte Wärmedämmung,** weil Wasser die Wärme gut leitet.

- **Wasser zieht sich bei Abkühlung auf +4 °C zusammen. Als einziger Stoff dehnt es sich bei weiterer Abkühlung wieder aus. Deshalb hat Eis ein größeres Volumen als Wasser.** Wenn Wasser ins Mauerwerk eindringt und gefriert, vergrößert sich also sein Volumen. Dadurch kann es zu Absprengungen von Putzen und Beschichtungen kommen. Durch die entstandenen Schäden kann nun noch mehr Wasser ins Bauwerk eindringen und zu weiteren Schäden führen.

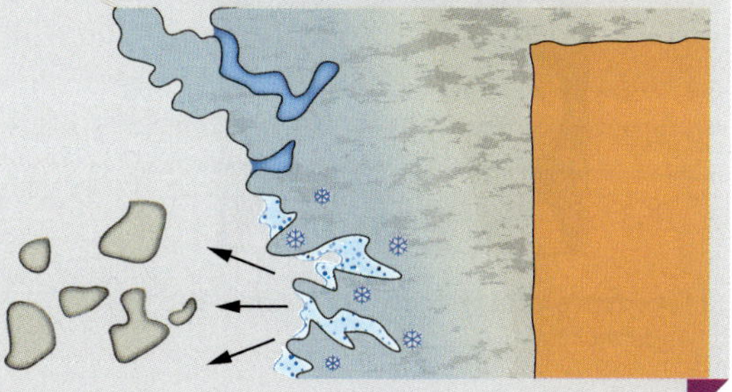

1. Diese Porenbetonfassade soll einen Außenputz erhalten.

2. Mithilfe eines Straßenbesens lässt sich grober Schmutz leicht entfernen.

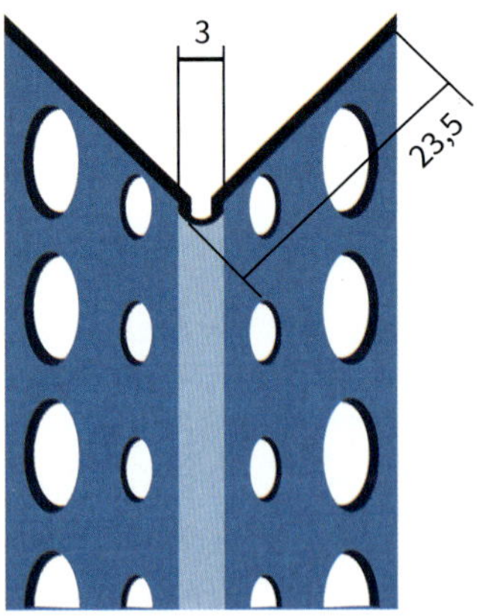

3. Eckschutzprofile ermöglichen saubere und stabile Außenecken.

2.4 Putze auf modernen Leichtbaustoffen

Die Fassade eines Neubaus aus Porenbeton muss verputzt werden. Der beauftragte Malermeister steht nun vor der Frage, welcher Putz zu wählen ist.

Porenbeton als hochdämmender Baustoff hat viele eingeschlossene Luftporen und saugt Wasser stark auf. Ein Schutz durch einen geeigneten Putz ist deshalb unbedingt nötig.

Welches ist der geeignete Putz?

Nach der ausführlichen Beratung durch einen Fachberater entscheidet sich der Malermeister für ein mineralisches Leichtputzsystem, welches in seinen physikalischen Eigenschaften optimal auf die Porenbetonfassade abgestimmt ist. Im Vergleich zu einem PII-Putz herkömmlicher Zusammensetzung ergeben sich folgende Vorteile:

- **geringere Festigkeit**: Was auf den ersten Blick negativ wirkt, ist in diesem Fall positiv. Der Wandaufbau soll beim Verputzen immer von der Wand bis zum Oberputz in seiner Festigkeit abnehmen, um Spannungen ausgleichen zu können.
- **bessere Elastizität**: Der gewählte Putz hat ein geringeres E-Modul (Maß für die Elastizität eines Stoffes). Dadurch entwickeln sich weniger Spannungen durch Feuchtegehalt- und Temperaturänderungen.
- **Material- und Kosteneinsparungen**: Leichtputzsysteme erfüllen schon ab einem Aufbau von 15 mm alle Anforderungen der DIN 18550.

Die Untergrundprüfung

Vor Beginn der Putzarbeiten ist der Untergrund gemäß VOB Teil C DIN 18350 zu prüfen.

Es können nur Untergründe verputzt werden, die fest, frostrei, frei von Staub und losen Teilen sowie trennenden Substanzen sind.

Die Vorarbeiten

Zum Schutz der Ecken werden spezielle Eckschutzprofile eingesetzt. Es gibt sie aus verschiedenen Materialien und für verschiedene Einsatzgebiete. Für den Außenputz dürfen keinesfalls Materialien verwendet werden, die für Innenputze konzipiert wurden. Insbesondere an der Westseite, bei geringen Dachüberständen oder in oberen Geschossen sollten aufgrund der höheren Witterungsbelastung Materialien wie Edelstahl oder Kunststoff verwendet werden (Bild 3).

Was ist zu bedenken?

Werden zwei unterschiedliche Materialien mit einem Putz überzogen, so spricht man von einem **kritischen Untergrund.** Dies ist z. B. der Fall, wenn gedämmte Rollländenkästen übergeputzt werden müssen. In diesem Fall sollte im oberen Drittel des Putzes ein Armierungsgewebe eingearbeitet werden. Dieses Gewebe erhöht die Zugfestigkeit und verteilt auftretende Spannungen gleichmäßig auf der Fläche. Dadurch entsteht nicht etwa ein großer Riss, sondern viele kleine Haarrisse, die sich optisch und bauphysikalisch (wenn überhaupt) nur gering auswirken (Bild 4).

Wie werden Leichtputzsysteme verarbeitet?

Vor Beginn der Arbeiten muss das Technische Merkblatt des Herstellers beachtet werden. Je nach Hersteller und Untergrund muss der Porenbeton vor dem Verputzen vorgenässt, grundiert oder sogar mit einem Spritzbewurf versehen werden.

Beim Anrühren des Putzes ist die Wasserzugabe pro Sack exakt einzuhalten.

Der Auftrag eines Leichtputzes erfolgt ein- oder zweilagig. Wie andere Putze können Leichtputze auch händisch (Bild 5) oder per Putzfördersystem aufgetragen werden. Werden sie von Hand aufgetragen, erfolgt der Auftrag per Glättkelle, anschließend wird der Putz mit einem Glätter, der sogenannten Kartätsche, glattgezogen (Bild 6).

Aufgaben

1. *Welche Vorteile bieten Leichtputzsysteme auf Porenbeton?*
2. *In welchen Fällen muss beim Verputzen ein Armierungsgewebe verarbeitet werden?*
3. *Informieren Sie sich über die Klassifizierung von Leichtputzen.*

4. Die Rolladenkästen müssen mit einem Armierungsgewebe überzogen werden, um spätere Schäden aufgrund unterschiedlicher Ausdehnung der Materialien zu vermeiden.

5. Die erste Putzlage wird mit der Traufel bzw. einer Glättkelle aufgetragen.

6. Abschließendes Glätten des Putzes

2.5 Putzfördertechnik

„Früher wurde das alles noch von Hand gemacht", wundert sich der Kunde, als der Malerbetrieb beim Verputz seines Hauses ein Silo aufstellen lässt und diverse Maschinen daran anschließt. Die Gesellen klären ihn über die Vorteile des Maschineneinsatzes auf.

Fertig gemischte Werktrockenmörtel (Maschinenputze) aus dem Silo oder dem Sack sind mit moderner Maschinentechnik effektiver und kostengünstiger zu verarbeiten.

Der anstrengende, kostenintensive Mörtelauftrag von Hand wird durch das Auftragen mit Putzmaschinen sehr erleichtert. Neben der Zeitersparnis bedeutet es auch weniger körperliche Belastungen für die Verarbeiter.

1. Der Einsatz der Silo- und Putzfördertechnik rationalisiert die Arbeit auch bei kleinen Objekten.

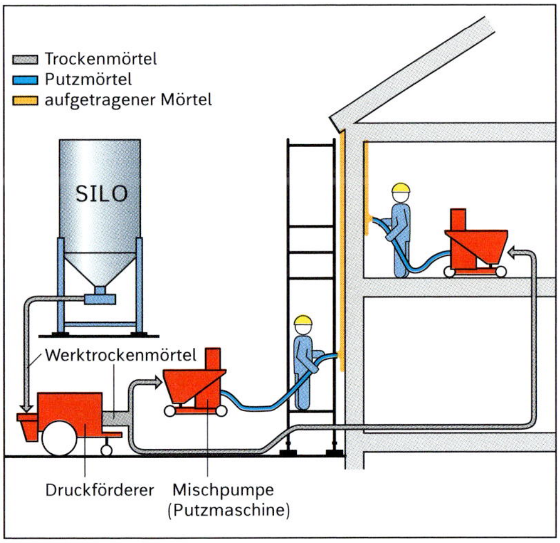

2. Schematischer Aufbau einer Putzförderanlage

3. Damit der Putzmörtel gut haftet, wird er maschinell an das Mauerwerk angeworfen.

Fördern, mischen, pumpen, auftragen

Für Spachtel- und Putzarbeiten sowie das Kleben und Armieren von WDVS stellt die Industrie eine Reihe von abgestimmten Geräten unterschiedlicher Leistung bereit.
Ausgehend von Behältern für den Werktrockenmörtel (Silo, Container ...) transportiert eine **Förderanlage** den Trockenmörtel zu einem **Durchlaufmischer**, wo er unter Zugabe von Wasser zu Frischmörtel verarbeitet wird. Eine nachgeschaltete **Pumpe** fördert ihn dann über einen Schlauch zum **Spritzgerät** (Spritzlanze). Dort wird mithilfe von Druckluft das Material aufgetragen und verteilt (Bilder 1 bis 3).

- Bei **offenen Systemen** wird der Mörtel im Durchlaufmischer kontinuierlich angemischt und von einer Förderpumpe zur Verwendungsstelle gepumpt. Die Steuerung erfolgt vom Verarbeiter von Hand.
  Diese Systeme haben den Vorteil, dass der Durchlaufmischer bei nicht pumpfähigem Mörtel oder für kleinere Flächen auch alleine eingesetzt werden kann.
- Beim **geschlossenen System** übernimmt eine Maschine das Anmischen und das kontinuierliche Pumpen. Diese Putzmaschinen haben den Vorteil, dass nur eine Maschine aufgestellt und gereinigt werden muss.

Putzmaschinen sorgen für eine homogene Mischung und einen gleichmäßigen Auftrag des Putzmörtels.

Die Materialien können der Putzmaschine sowohl über die Silotechnik als auch direkt über Sackware zugeführt werden. Neben großen Baustellensilos werden vermehrt Kleinsilos und Container, auch Einwegcontainer eingesetzt (Bild 4).

Einsatzmöglichkeiten

Der Einsatz der Putzfördertechnik bietet dem Malerhandwerk eine Reihe von Arbeitserleichterungen:

- Kleber- und Armierungsmörtelauftrag bei WDVS
- großflächige Spachtelarbeiten
- Auftragen von Grund- und Oberputzen (Bild 5)
- Auftragen von Dekorputzen
- Auftragen von Brandschutzmaterialien
- Arbeiten im Bereich der Riss- und Betonsanierung
- Verarbeitung von Injektionsmassen

Auf der Baustelle

Damit ein reibungsloser Arbeitsablauf ohne Unfälle und Betriebsstörungen stattfinden kann, sind unbedingt die Sicherheits- und Herstellervorschriften zu beachten!

- Vor Beginn der Arbeiten Hauptschalter auf „0“ stellen.
- Netzkabel vollständig ausrollen und an Baustromverteiler mit FI-Schutzschalter anschließen.
- Mörtel-Förderschlauch so verlegen, dass Verstopfungen und Beschädigungen vermieden werden.
- Förderschläuche nur mit gesäuberten Sicherheitskupplungen und Dichtung verbinden.
- Nur für die Maschine geeignete Schläuche verwenden (Kennzeichnung beachten!). Je nach Schlauchlänge kann ein Druck bis zu 30 bar entstehen.
- Wassereingangsmanometer muss mindestens 3 bar anzeigen.
- Die Mörtelkonsistenz zunächst etwas dünnflüssiger einstellen und dann bei laufender Maschine richtig einregulieren.
- Vor Beginn der Pumparbeiten Mörtelschlauch mit Wasser durchspülen bzw. mit 3 bis 4 l Anpumpschlämme füllen (Trockene Schläuche können zur Verstopfung führen!).
- Vor dem Abkuppeln der Schläuche Maschine drucklos machen und Drucklosigkeit überprüfen (Manometer!).
- Maschinen- und Schlauchreinigung nach Herstellervorschrift sorgfältig durchführen (Bild 6).

Aufgaben

1. *Aus welchen Bestandteilen besteht eine Putzförderanlage mindestens?*
2. *Tragen Sie Argumente zusammen, die die Anschaffung einer Putzförderanlage für Ihren Betrieb rechtfertigen.*
3. *Erstellen Sie eine schriftliche Aufbau- und Reinigungsanleitung für eine Putzförderanlage. Informieren Sie sich vorher.*

4. Bei der Verarbeitung direkt aus Kleinsilos oder kompakten Einweg-Containern entfällt das Tragen von Säcken oder Eimern.

5. Auftrag eines Putzes auf eine Wand.

6. Reinigen nach dem Gebrauch ist unbedingt nötig, damit keine Mörtelreste in der Maschine und im Schlauch erhärten.

1. Fachgerecht aufgebautes Systemgerüst

2.6 Einsatz von Systemgerüsten

Ein Fassadenanstrich an dem Gebäude in Bild 1 wäre ohne die Hilfe eines Gerüstes heute nicht denkbar. Das abgebildete Systemgerüst bietet dem Maler eine Reihe von Vorteilen.

Systemgerüste

Leitergerüste stellten die ersten Systemgerüste dar. Heutzutage werden im Hochbau in der Regel Rahmengerüste eingesetzt. Sie sind aufgrund der genormten, vorgefertigten Bauteile leicht und schnell aufzustellen und ermöglichen ein sicheres Arbeiten. Durch aufeinander abgestimmte Systembauteile lassen sich Systemgerüste flexibel an die unterschiedlichsten Bauformen und Geländesituationen anpassen.
Bild 2 zeigt ein Systemgerüst mit den wesentlichen Bauteilen. Auf der folgenden Seite wird der Aufbau eines solchen Gerüstes gezeigt.

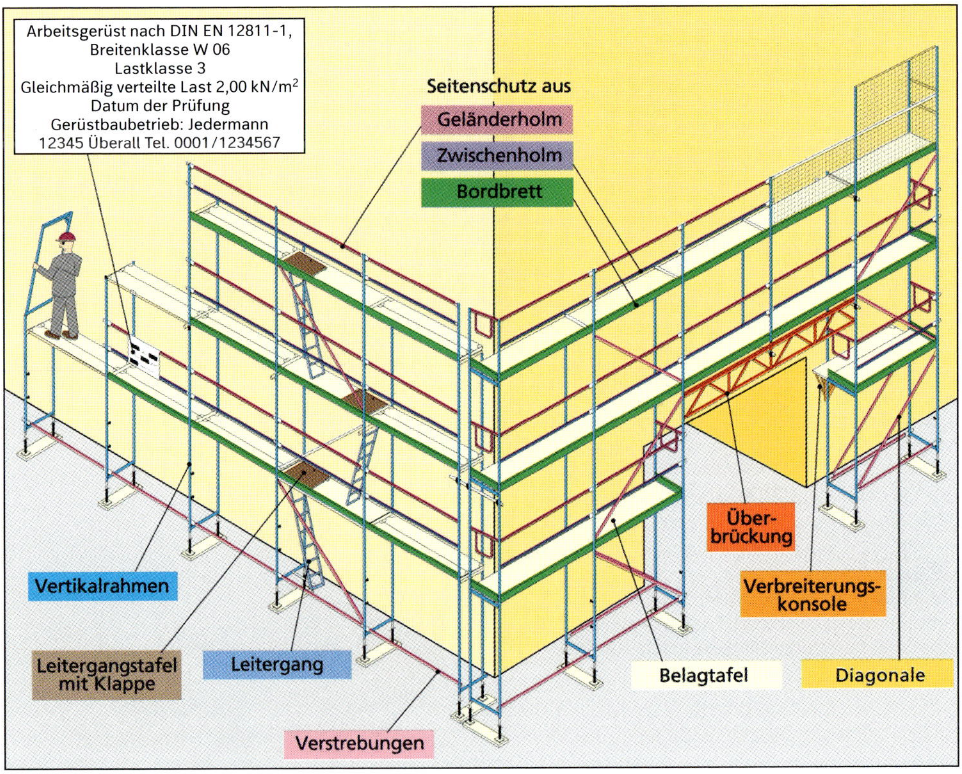

2. Bauteile eines Systemgerüstes

⚠Beim Aufbau von Gerüsten müssen Sicherheitsabstände zu elektrischen Freileitungen eingehalten werden!

Nennspannung	Sicherheitsabstand	Nennspannung	Sicherheitsabstand
bis 1000 V	1,0 m	über 220 kV	5,0 m
über 1000 V bis 110 kV	3,0 m	bei unbekannter Spannung	5,0 m
über 110 kV bis 220 kV	4,0 m		

Der Aufbau eines Systemgerüstes

Beim Auf- und Abbau von Gerüsten müssen Schutzmaßnahmen unter Beachtung der Gefährdungsbeurteilung ergriffen werden!

① Der Aufbau beginnt an der höchsten Stelle des Geländes: Gewinde-Fußplatten auslegen. Abstand durch Geländerholm ermitteln. Feldweise Montage von Rahmen und Seitenschutz.

⚠ Der Untergrund muss eben und tragfähig sein. Ist dies nicht der Fall, müssen lastverteilende Unterbauten, wie beispielsweise Bohlen, eingesetzt werden.

② Vertikalrahmen aufstellen. Im ersten Gerüstfeld Schutzgeländer als Aufbauhilfe. Wandabstand einhalten, aber nicht zu groß, **max. 30 cm!**

③ Diagonale im ersten Feld einhängen. Unterstes Gerüstfeld durch Drehen der Spindelmutter an der Gewinde-Fußplatte genau ausrichten.

⚠ Die Aussteifung des Gerüstes durch Diagonalen muss genau nach den Vorgaben des Gerüstherstellers erfolgen.

④ Beläge (Belagtafeln, Vollholzbohlen, Aluböden) auflegen. Es muss darauf geachtet werden, dass die Auflageprofile (Krallen) in das Aufnahmeprofil der Vertikalrahmen greifen.

⚠ Systembeläge sind aussteifende Bauteile und müssen auf **voller Gerüstbreite** eingebaut werden.
Diagonalen und Beläge sind fortlaufend mit einzubauen!

⑤ Aufbau weiterer Gerüstfelder: Für fünf nebeneinander liegende Felder muss jeweils eine Diagonale zur Aussteifung eingebaut werden.

⚠ Die meisten Systeme besitzen sogenannte „selbstsichernde Kippfinger". Es muss darauf geachtet werden, dass diese auch wirklich verriegeln!

⑥ und ⑦ Seitenschutz aus **Geländerholm, Zwischenholm** und **Bordbrett** einbauen, auch an den Stirnseiten, wenn der Gerüstbelag 2,00 m über dem Boden liegt. Bordbretter auch an den Stirnseiten einhängen!

⚠ Schutzgeländer und Bordbretter müssen in allen Gerüstlagen eingebaut werden. Beträgt der Wandabstand mehr als 30 cm, auch an der Innenseite Seitenschutz anbringen!

⑧ Das Gerüst muss fortlaufend mit dem Aufbau, zug- und druckfest an tragfähigen Bauteilen verankert werden.

⚠ Jede verwendete Gerüstlage muss über einen sicheren Zugang (Treppe oder innenliegender Leitergang mit Klappe) erreichbar sein.

Aufgaben

1. Welche Aufgaben übernehmen die Diagonalen im Gerüst?

2. Warum muss das Gerüst an der Wand verankert werden?

3. Wie müssen die Aufstiege für Gerüste beschaffen sein?

1. Stahlrohr-Kupplungsgerüste lassen sich variabel an unregelmäßige Gebäudeformen anpassen.

2. Fahrgerüst

3. Vorschriftsmäßiges Anziehen der Schraubverschüsse verhindert Unfälle.

2.7 Fassadengerüste

Fassadengerüste müssen die beschäftigten Personen, ihre Werkzeuge und das für die jeweiligen Arbeiten erforderliche Material tragen.

Die DIN EN 12811-1 teilt Gerüste in folgende Klassen ein:
- *Breitenklassen W06 bis W24 (von 0,6 bis 2,4 m)*
- *Lastklassen 1 bis 6 (gleichmäßig verteilte Last von 0,75 kN/m² bis 6,00 kN/m²)*
- *Höhenklassen H1 (Schulterhöhe ≥ 1,60 m) bis H2 (Schulterhöhe ≥ 1,75 m)*

Der Gerüsthersteller darf beliebige Kombinationen dieser Klassen wählen.

Bauarten von Arbeitsgerüsten

Die DIN unterscheidet Standgerüste, Hängegerüste, Auslegergerüste und Konsolgerüste. Im Maler- und Lackiererhandwerk werden hauptsächlich Standgerüste in folgenden Ausführungsarten eingesetzt:
- Rahmengerüste als Systemgerüste
- Stahlrohr-Kupplungsgerüste
- Mastkonsolengerüste
- Leitergerüste aus Holz
- Fahrgerüste

Stahlrohr-Kupplungsgerüste (Bild 1) werden aus Stahlrohren, Kupplungen und anderen abgestimmten Gerüstbauteilen erstellt. Die Stahlrohre werden in aufklappbare Halbschalen eingelegt und miteinander verschraubt. Rechtwinklig kreuzende Rohre werden mit Normalkupplungen verbunden. Für die Verbindung von schräg verlaufenden Rohren werden schwenkbare Drehkupplungen verwendet.

Kupplungen mit Schraubverschluss müssen mit einem Drehmoment von 50 Nm angezogen werden, d. h., dass bei einer Hebelarmlänge von 25 cm eine Kraft von 20 kg aufgebracht werden muss (Bild 3).

Mastkonsolengerüste bestehen aus Aluminiummasten, an die Konsolen als Träger für die Arbeitsbühnen gehängt werden. Dadurch können die Arbeitsbühnen dort angehängt werden, wo sie gebraucht werden. Dadurch lässt sich das Gerüst sehr flexibel an bauliche Gegebenheiten anpassen.
Holz-Leitergerüste bestehen aus Holz-Gerüstleitern, Holzbohlenbelag, Seitenschutz, Bordbrettern und Zubehörteilen. Die verwendeten Bauteile sind genormt und müssen der **DIN EN 4420-2: Leitergerüste – sicherheitstechnische Anforderungen** sowie **DIN EN 4420-3: Gerüstbauarten, ausgen. Leiter- und Systemgerüste – sicherheitstechnische Anforderungen**

und Regelausführungen entsprechen und nach diesen Vorschriften aufgebaut werden.

Sonstige Gerüste und Zubehör

Schutzgerüste sollen als Fanggerüste Personen gegen tieferen Absturz sichern oder als Schutzdächer Personen, Maschinen und Geräte vor herabfallenden Gegenständen und Verschmutzungen schützen.
Gerüstplanen und -netze (Bild 4) schützen die frisch bearbeitete Fassade und die auf dem Gerüst Arbeitenden vor Witterungseinflüssen und verhindern, dass herabfallende Gegenstände Schäden anrichten. Darüber hinaus lassen sie sich zu Werbezwecken großflächig bedrucken.

Sicherheit geht vor!

Jeder Unternehmer, der Gerüste benutzt, ist für die bestimmungsgemäße Verwendung und die Erhaltung der Betriebssicherheit der Gerüste verantwortlich. Er hat dafür zu sorgen, dass sie vor ihrer endgültigen Fertigstellung nicht benutzt werden. Dazu gehört auch ein Gerüstschild mit den erforderlichen Angaben an gut sichtbarer Stelle.

Für den betriebssicheren Auf- und Abbau ist der Gerüstbauer, für die Erhaltung und sichere Verwendung ist der Benutzer verantwortlich.

Für alle Gerüste gilt: Sie müssen unbedingt nach Herstellervorschrift ausgesteift werden (Bild 5). Gerüste, die freistehend nicht standsicher sind, müssen am Gebäude verankert werden. Dabei müssen die Verankerungskräfte über Gerüsthalter und Befestigungsmittel in tragfähige Gebäudeteile, z. B. Stahlbetondecken, eingeleitet werden.

Auf Gerüsten sind keine zusätzlichen Leitern und Bockgerüste erlaubt!

Nach der Betriebssicherheitsverordnung (BetrSichV) muss auch für die Arbeit mit Gerüsten eine Gefährdungsbeurteilung erfolgen (Bild 6).

Aufgaben

1. *Informieren Sie sich über eine zug- und druckfeste Gerüstverankerung und fertigen Sie davon eine Beispielskizze an.*
2. *In welchem Fall muss auch an der Gerüstinnenseite ein Seitenschutz angebracht werden?*
3. *Informieren Sie sich im Internet über Arbeitssicherheit und Gesundheitsschutz am Bau (www.bgbau-medien.de).*

4. Fassadenschutz und Verkehrssicherung mit Gerüstschutznetzen

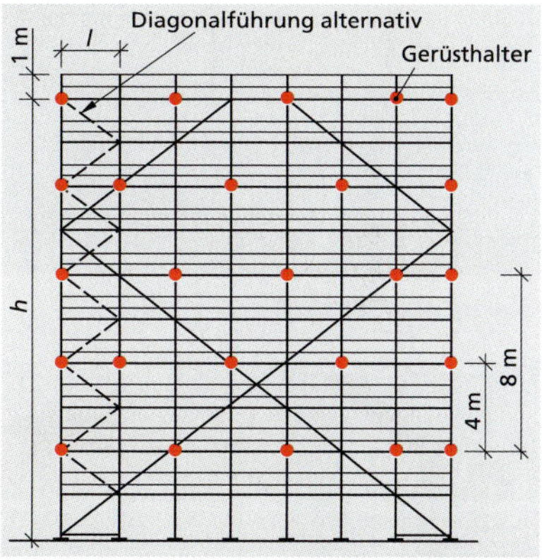

5. Aussteifung und Verankerung eines Systemgerüsts. Die Verankerungspunkte sind rot markiert.

Die **Betriebssicherheitsverordnung** (BetrSichV) regelt die Bereitstellung von Arbeitsmitteln durch den Arbeitgeber und deren Benutzung durch die Beschäftigten bei der Arbeit.
Bei einer **Gefährdungsbeurteilung** werden die Arbeitsmittel und -verfahren sowie die Arbeitsumgebung beurteilt, um Sicherheit und Gesundheitsschutz bei der Arbeit zu gewährleisten. Hierbei müssen folgende allgemeine Grundsätze berücksichtigt werden:
- Die Arbeit ist so zu gestalten, dass eine Gefährdung für Leben und Gesundheit möglichst vermieden und die verbleibende Gefährdung möglichst gering gehalten wird,
- Gefahren sind an ihrer Quelle zu bekämpfen,
- bei den Maßnahmen sind der Stand der Technik, Arbeitsmedizin und Hygiene sowie sonstige gesicherte arbeitswissenschaftliche Erkenntnisse zu berücksichtigen,
- Maßnahmen sind mit dem Ziel zu planen, Technik, Arbeitsorganisation, sonstige Arbeitsbedingungen, soziale Beziehungen und Einfluss der Umwelt auf den Arbeitsplatz sachgerecht zu verknüpfen,
- individuelle Schutzmaßnahmen sind nachrangig zu anderen Maßnahmen,
- spezielle Gefahren für besonders schutzbedürftige Beschäftigtengruppen sind zu berücksichtigen,
- den Beschäftigten sind geeignete Anweisungen zu erteilen.

6. Der Arbeitgeber oder von ihm beauftragte Personen müssen die Arbeitsbedingungen bewerten, Gefährdungen minimieren und Maßnahmen zur Verbesserung vornehmen.

1. *Ausziehbare Anlegeleitern*

2. *Mithilfe von Sonderzubehör lassen sich Leitern an verschiedene Arbeitssituationen anpassen und werden dadurch sicherer.*

2.8 Einsatz von Leitern

Die Verbindungsblenden zwischen den Fenstern (Bild 1) wurden farblich an die gelben Fenster angepasst. Der beauftragte Malergeselle führt diese Arbeiten von der in Bild 1 gezeigten, mehrteiligen Anlegeleiter aus. Dieses Vorgehen widerspricht nicht den Sicherheitsvorschriften, weil diese Arbeiten nur kurze Zeit dauern und er nur wenig Werkzeug und Material benötigt.

Anlegeleitern bieten keinen sicheren Stand für Arbeiten an hochgelegenen Stellen. Deshalb dürfen von diesen Leitern aus nur kurzzeitige Arbeiten ausgeführt werden.

Maler und Lackierer verwenden Leitern hauptsächlich als Aufstiegshilfe, um an höher gelegene Arbeitsplätze, z. B. auf Gerüste, zu gelangen.
Damit die Unfallgefahren auf ein Minimum reduziert werden, müssen Anlegeleitern sachgerecht verwendet werden:

Sicherer Umgang mit Leitern

- Anlegeleitern in **richtigem Anlegewinkel** aufstellen: Sprossenanlegeleitern *65 bis 75° (Bild 2),* Stufenanlegeleitern *60 bis 70°*.
- Anlegeleitern gegen Ausgleiten, Umfallen, Abrutschen und Einsinken sichern, z. B. durch Fußverbreiterungen, dem Untergrund angepasste Leiterfüße, Einhängevorrichtungen oder durch Anbinden des Leiterkopfes oder der untersten Sprosse.
- Leitern nur an sichere Stützpunkte anlehnen. Mindestens 1,00 m über die Austrittsstelle hinausragen lassen.
- Bei Bauarbeiten darf kein höherer Standplatz als *7,00 m* eingenommen werden.
- Bei einer Standhöhe von mehr als 2,00 m darf nicht länger als 2 Stunden gearbeitet werden.
- Das Gewicht des mitzuführenden Werkzeugs und Materials darf 10 kg nicht überschreiten.
- Schadhafte Holzleitern mit angebrochenen Holmen und Sprossen oder verbogene und angeknickte Metallleitern nicht verwenden!
- Angebrochene Holme, Wangen und Sprossen von Holzleitern *nicht flicken!*
- Von Anlegeleitern darf nicht gearbeitet werden, wenn von vorhandenen oder verwendeten Stoffen und Arbeitsverfahren zusätzliche Gefahren ausgehen, z. B. Arbeiten mit Säuren oder Laugen.

Kleingerüste

Bei kleineren Arbeiten sind Kleingerüste eine gute Alternative zu Leitern oder Behelfsgerüsten aus 2 Stehleitern mit aufgelegten Bohlen. Solche Kleingerüste sind gerüstähnliche Konstruktionen mit mehr als 1,00 m Standhöhe, die aus einer Gerüstlage mit fester Länge und Breite bestehen und freistehend verwendet werden können. Ihre Standhöhe ist konstruktiv auf höchstens 2,00 m begrenzt. Sie müssen eine Belagbreite von mindestens 0,50 m haben (Bild 3).

3. Kleingerüst in der Ausführung als Fahrgerüst. Bei Arbeiten mit erhöhtem Gefährdungspotenzial ist bei einer Standhöhe über 1,00 m eine dreiteilige Absturzsicherung aus Bordbrett, Zwischenholm und Geländerholm vorgeschrieben.

Stehleitern

△ **Für Stehleitern gelten besondere Regeln!**	
• Stehleitern nicht als Anlegeleitern verwenden!	• Von Stehleitern nicht auf andere Arbeitsplätze und Verkehrswege übersteigen.
• Nur Stehleitern verwenden, die fest angebrachte Spreizsicherungen haben.	• Oberste Sprosse bzw. Stufe nicht besteigen. Dies ist nur bei Leitern mit Sicherheitsbrücke und Haltevorrichtung zulässig.
• Auf Treppen und schiefen Ebenen nur Stehleitern mit Holmverlängerungen einsetzen.	

Aufgabe

Formulieren Sie für die fünf dargestellten Nutzungen der Anlegeleitern jeweils was erlaubt und was verboten ist. Was kann bei unsachgemäßer Nutzung passieren?

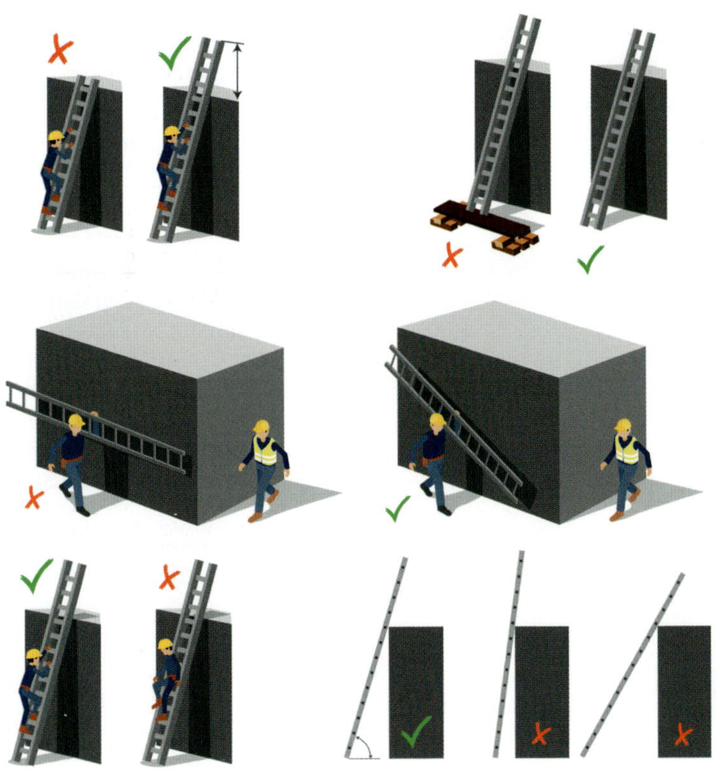

1. Dieser unansehnlich gewordene Putz soll gestrichen werden.

2. Hier sieht man sehr gut die durch Feuchtigkeit hervorgerufenen Putzschäden im Sockelbereich.

3. Absandender, mürber Putz

2.9 Prüfung von unbeschichteten Untergründen

Bei der Objektbesichtigung mit dem Kunden informiert sich der Malermeister erstmalig über den Zustand des Gebäudes (Bild 1). Die großflächigen Verschmutzungen, Schmutzränder von ablaufendem Regenwasser und Moosflächen fallen ihm sofort auf.

Untergrundmängel können nachfolgende Beschichtungen beeinträchtigen. Deshalb müssen sie vor Beginn der Beschichtungsarbeiten beseitigt werden.

Wenn dies umfangreiche Arbeiten sind, müssen sie vom Kunden zusätzlich bezahlt werden. Will der Kunde dies nicht, muss der Malermeister seine Bedenken schriftlich seinem Auftraggeber mitteilen. Versäumt er das, muss er auch dann die Gewährleistung übernehmen, wenn spätere Schäden nicht von ihm verschuldet wurden.

Regen und Feuchtigkeit setzen der Fassade zu

Bei der weiteren Untergrundprüfung fallen großflächige Wasserränder und Putzabplatzungen am Sockel auf (Bild 2).

In den ungestrichenen Putz konnten im Laufe der Zeit Regen und Bodenfeuchtigkeit eindringen und zu diesen Schäden führen.

Einer der Hauptfeinde des Gebäudes ist die Feuchtigkeit.

Alte Putze sind oft nicht mehr tragfähig

Eine Beschichtung kann sich nur auf einem festen, tragfähigen Putz verankern.

An der Westseite der Fassade stellt der Malermeister durch einfaches Darüberwischen mit der Hand mehlenden Putz fest. Es lässt sich auch mit einem Staubbesen feststellen (Bild 3).

Mit der Kratzprobe prüft der Meister die Festigkeit des Putzes:

- Putz an mehreren Stellen bis zur Sättigung annässen.
- Die mit Wasser gesättigte Stelle mit einem Spachtel oder einer Kelle ankratzen, dabei zeigt sich, ob er weich und mürbe ist.

Wenn der Putz durchgehend weich ist, muss er abgeschlagen und erneuert werden, wobei das aktuelle Gebäudeenergiegesetz GEG zu beachten ist.
*Wenn **nur** die Oberfläche weich ist, kann mithilfe eines Grundbeschichtungsstoffes eine Oberflächenverfestigung erreicht werden.*

Mürbe Putze saugen stark

Wenn der Putz wie in Bild 3 stark absandet, saugt er meist auch stark. Dies prüft man mit der Benetzungsprobe. Dabei beobachtet man, wie schnell und in welcher Menge der Putz Wasser aufsaugt (Bild 4):

- Die Saugfähigkeit ist korrekt, wenn das Wasser herunterläuft, der Putz sich aber dennoch langsam dunkel färbt.
- Bei zu geringer Saugfähigkeit fließt das Wasser an der Fassade herunter, ohne dass sich der Putz verfärbt.
- Eine starke Saugfähigkeit liegt vor, wenn sich der Putz durch die schnelle Wasseraufnahme dunkel färbt.

Die Saugfähigkeit des Putzes bestimmt die Auswahl und die Ausführung der Grundierung.

Neuer Putz ist alkalisch

Bei der weiteren Untergrundprüfung finden sich frische Putzausbesserungen. Bei der Prüfung mit **Indikatorpapier** zeigt sich eine **Blaufärbung** (Bild 5). Dies weist auf eine hohe Alkalität der Ausbesserungsstellen hin. Sie kann nicht alkalibeständige Beschichtungen angreifen und verfärben.

Salzausblühungen

Wenn Putze oder Sichtmauerwerk durch Schlagregen stark durchfeuchtet wurden, kann es zu **Ausblühungen** kommen (Bild 6). Dabei können wasserlösliche Salze aus dem Mörtelbindemittel oder aus gebrannten Steinen ausgewaschen werden. Sie dringen durch Poren und Risse an die Oberfläche und setzen sich dort in Form von weißen Ablagerungen ab.

Aufgaben

1. *Welche Auswirkungen haben Regen und eingedrungene Feuchtigkeit auf ungestrichene Putze?*
2. *Beschreiben Sie ein Verfahren zur Prüfung der Festigkeit und Tragfähigkeit von mineralischen Putzen.*
3. *Welche Auswirkungen können frische Putzausbesserungsstellen auf Anstriche haben? Nennen Sie eine Prüfmethode.*

4. Prüfung der Saugfähigkeit mittels Benetzungsprobe

5. Die Alkalitätsprüfung des frischen Putzes erfolgt durch das Benetzen der Oberfläche mit destilliertem Wasser und das anschließende Andrücken des Indikatorpapiers.

6. Kalkausblühungen auf Ziegelmauerwerk

1. *Auf diesem verschmutzten Außenputz können sich Beschichtungen nicht ausreichend verankern.*

©Caparol Farben Lacke Bautenschutz

2. *Hochdruck-Flüssigkeitsstrahler mit Beheizung ermöglichen eine porentiefe Reinigung stark verschmutzter Fassaden.*

©Caparol Farben Lacke Bautenschutz

3. *Rotordüsen lösen auch hartnäckige Schmutzkrusten und können zum Entschichten eingesetzt werden.*

2.10 Verfahren zur Reinigung von Fassadenflächen

Der bislang unbeschichtete Putz dieser Fassade (Bild 1) muss vor Beginn der Beschichtungsarbeiten gereinigt werden. Bei der Untergrundprüfung stellt die Malermeisterin fest, dass die meisten Verschmutzungen lose aufliegen. An einigen Stellen finden sich auch fest sitzende Schmutzkrusten und -fahnen, die von ablaufendem verschmutzten Regenwasser herrühren.

Beschichtungen können sich nur verankern und haften, wenn die Putzoberfläche frei ist von Staub, Schmutz und sonstigen nicht fest haftenden Rückständen. Auf öl- und fetthaltigen Untergründen haften keine Beschichtungen.

Trockenes mechanisches Reinigen

Bei dieser Fassade (Bild 1) bietet es sich an, den oberflächlich sandenden Putz zunächst trocken abzukehren oder abzubürsten. Dabei wird schon ein Großteil der Verschmutzungen sowie lose Sandkörner entfernt.

Im Sockelbereich finden sich an mehreren Stellen weiße Ablagerungen. Das sind Salzausblühungen, die durch zu große Feuchtigkeit hervorgerufen wurden.

Wasserlösliche Salze dürfen nur durch trockenes Abbürsten entfernt werden.

Nassreinigung durch Wasserstrahlen

Nach dem trockenen Reinigen wird die Fläche durch Abstrahlen mit Wasser vom restlichen Schmutz befreit. Dies kann bei weichen Putzen mit normalem Wasserstrahl erfolgen. Mithilfe des **Hochdruckwasserstrahlens** (Bild 2) können auch fest sitzende Schmutzschichten porentief gelöst und abgespült werden.

Schwer löslicher Schmutz wie Mischungen aus Staub, Ruß, Öl, Fett und Gummiabrieb verkrusten im Laufe der Zeit und verbinden sich mit der Baustoffoberfläche. Flecken können auch von Kupfer- oder Rostläufern herrühren, die durch Reaktion mit metallischen Fassadenbestandteilen entstanden sind. Solche Verschmutzungen entfernt das **Hochdruck-Heißwasserstrahlen**. Die Verwendung eines Spritzrohres mit Dreckfräser (Bild 3) kann den Reinigungserfolg noch steigern. Dabei wird festsitzender Schmutz durch einen rotierenden Punktstrahl entfernt.

Vorsicht bei der Arbeit mit Hochdruckreinigern

- Die Schneidwirkung des Strahls von Hochdruckreinigungsgeräten ist gefährlich. Deshalb Hochdruckstrahl nie auf Personen richten!
- Schlauchleitungen und Spritzpistole auf Schäden überprüfen, sie müssen dem Betriebsüberdruck der jeweiligen Pumpe entsprechen.
- Schläuche müssen für die max. Betriebstemperatur zugelassen sein.
- Schläuche nicht über scharfe Kanten ziehen!
- Wegen des Rückstoßes nicht von Anlegeleitern aus arbeiten!
- Persönliche Schutzausrüstung aus Schutzanzug, Stiefeln, Handschuhen, Schutzhelm mit Visier und Gehörschutz verwenden (Bild 4)!
- Geräte bei Arbeitsunterbrechung gegen unbeabsichtigtes Einschalten sichern!
- Hochdruckstrahlgeräte müssen diese elektrische Sicherheitskennzeichnung aufweisen: ⚠⚠

4. Zu einer professionellen Ausrüstung gehört funktionelle Spritzschutzbekleidung.

Reinigen mit chemischen Reinigungsmitteln

Weil die Nordseite der Fassade langsamer abtrocknet, haben sich dort grüne Moosansätze gebildet. Feuchter Staub und Schmutz sind Nährboden für Bakterien, Moose und Algen. Sie können durch die Beschichtung hindurch wachsen und diese beschädigen. Der Bewuchs hält die Feuchtigkeit wie ein Schwamm fest und verhindert die Austrocknung des Putzes.

Wegen der festen Haftung der Moose führt das Abstrahlen oft nicht zum gewünschten Erfolg. Der Handel bietet eine Vielzahl von speziellen Reinigungsmitteln für die Beseitigung von Verunreinigungen, Moosen, Algen und Schimmel an.

Im Zweifelsfall sollte eine Musterfläche gereinigt und überprüft werden.

Chemische Reiniger müssen unbedingt nach Herstellervorschrift verarbeitet werden. Dabei müssen die örtlichen Abwasservorschriften eingehalten werden. Diese schreiben oft vor, dass abgestrahltes, verschmutztes Wasser gesammelt und als Sondermüll entsorgt werden muss.

Aufgaben

1. *Beschreiben Sie untergrund- und umweltschonende Reinigungsverfahren.*
2. *Wie müssen Salzausblühungen von der Fassade entfernt werden?*
3. *Worauf ist beim Einsatz von Chemikalien zur Reinigung unbedingt zu achten?*

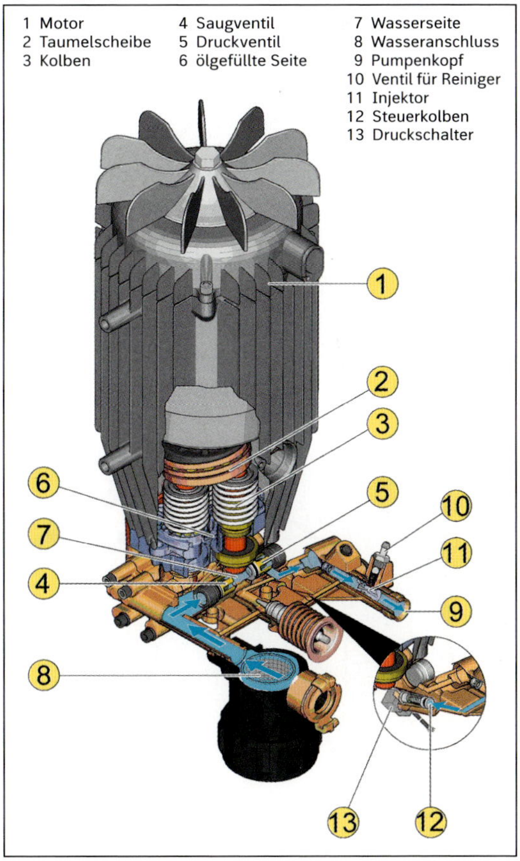

5. Hochdruckreiniger haben eine komplexe Technik, weshalb eine regelmäßige Pflege und Wartung durch den Fachmann wichtig ist.

1. *Diese Fassade braucht dringend einen Erneuerungsanstrich.*

2. *Hier löst sich der Altanstrich großflächig vom nicht tragfähigen Untergrund ab.*

©Caparol Farben Lacke Bautenschutz

3. *Aufsteigende Feuchtigkeit aus dem Erdreich hat diesen Anstrich zerstört.*

2.11 Prüfung von beschichteten Untergründen

Von der ursprünglichen Schönheit dieser Historismusfassade (Bild 1) ist nicht mehr viel zu sehen. Die Beschichtung zeigt diverse Schäden. Beim ersten Hinsehen stellt man fest, dass der Altanstrich an verschiedenen Stellen der Fassade großflächig abblättert (Bild 2).

Auf dem Bild erkennt man, dass sich die abblätternde Beschichtung zusammenhängend ablöst. Dies lässt darauf schließen, dass sie sich nicht ausreichend auf dem Untergrund verankern konnte. Was aber sind die Gründe für die großflächige Ablösung des Anstriches?

Bei allen Schäden ist es wichtig, nach der Schadensursache zu suchen. Nur so kann man einen gezielten Beschichtungsaufbau planen.

Was sagen die Vorschriften?

Der Sockel des Gebäudes zeigt im Bereich der Treppen großflächige Abplatzungen und Wasserränder (Bild 3). Sie lassen auf vorhandene oder frühere Feuchtigkeit schließen. Bei genauer Betrachtung erkennt man, dass dieser Schaden wahrscheinlich durch aufsteigende Feuchtigkeit hervorgerufen wurde.

Nach der Vergabe- und Vertragsordnung für Bauleistungen (VOB) muss vor Aufnahme der Beschichtungsarbeiten eine Prüfung des Untergrundes mit „baustellenüblichen Methoden“ durchgeführt werden.

Aufsteigende Feuchtigkeit kommt daher, dass Wasser aus dem Erdreich in die Wand eingedrungen ist. Sie ist im Kapillargefüge der Mauersteine und des Putzes nach oben gestiegen und versuchte, wieder aus der Wand auszutreten. Weil der Anstrich die Feuchtigkeit nicht schnell genug nach außen dringen ließ, kam es zu einer Wasseransammlung hinter dem Anstrich. Der entstehende **Dampfdruck** kann Anstrichfilme abdrücken. Durch das Zusammentreffen mehrerer Schäden (Wasseransammlung, mürber Putz, schlechte Haftung des Altanstriches) kam es dann zu diesem Schaden (Bild 3).

Weitere Anzeichen für **Untergrundfeuchtigkeit** sind großflächige dunkle Verfärbungen auf dem Anstrich und geschlossene oder aufgeplatzte Blasen.
Die **Tragfähigkeit** und **Haftung** von Altbeschichtungen lässt sich durch eine Kratzprobe mithilfe eines Spachtels überprüfen.

Eine weitere Möglichkeit besteht im ruckartigen Abziehen eines fest aufgedrückten Kreppbandes. Zeigen sich auf der Rückseite des Klebestreifens größere Anstrichrückstände, so sind Haftung und Tragfähigkeit unzureichend.
Kreidende Beschichtungen sind nicht mehr wasch- oder scheuerbeständig und werden von der Witterung nach und nach abgetragen.

Wenn die Pigmente nicht mehr ausreichend im Bindemittel eingebunden sind, kreidet die Beschichtung (Bild 4).

©Caparol Farben Lacke Bautenschutz

4. Kreidende Anstriche lassen sich mit der bloßen Hand erkennen.

Weitere Untergrundprüfungen

BFS-Merkblatt Nr. 20 nennt u.a. folgende Untergrundprüfungen:

- **Verschmutzungen** des Altanstriches lassen sich durch Augenschein leicht erkennen.
- **Fett- und Ölrückstände** lassen Wasser abperlen.
- **Saugfähigkeit**: Nach dem Benetzen mit Wasser färbt sich die Fläche dunkel.
- **Sinterschichten** sind Bindemittelanreicherungen, sie glänzen, saugen aber nicht.
- **Grünfärbungen** an der Nordseite einer Fassade weisen auf Moose und Algen hin, die sich gerne auf dauerfeuchten Untergründen ansiedeln.
- **Dichtstoffe** dürfen sich nicht von den Fugenflanken gelöst haben oder Risse aufweisen.

Erkennen des vorhandenen Altanstriches

Damit es nicht zu unerwünschten Reaktionen mit der Neubeschichtung kommt, muss man wissen, welcher Altanstrich vorliegt. Mithilfe der Tabelle 5 lassen sich die wichtigsten Fassadenfarben einigermaßen sicher bestimmen.

Prüfungen zur Erkennung des vorhandenen Anstriches müssen an verdeckten Stellen durchgeführt werden!

Beschichtungsstoff	Erkennungsmerkmale
Rein-Silikatfarben (zweikomponentig)	• **Löseprobe.** Lappen mit Nitroverdünnung tränken und über den Anstrich wischen: **keine Anlösung** • Sie brennen nicht. • Sie werden von Abbeizfluiden nicht angegriffen. • Dunkelfärbung beim Annässen
Dispersions-Silikatfarben	• Beim Betropfen mit Salzsäure schäumen sie schwach auf. • Sie werden von Dispersionsabbeizmitteln nur leicht angelöst.
Kunststoff-Dispersionsfarben (KD)	• **Löseprobe.** Lappen mit Nitroverdünnung tränken und über den Anstrich wischen: **Anlösung** • Sie können mit Abbeizfluiden abgebeizt werden. • Keine Dunkelfärbung beim Annässen. • Schwarzfärbung bei Brennprobe
Silikonharzfarben	• Wasser perlt stark ab. • Sie können mit Abbeizfluiden abgebeizt werden.
Polymerisatharzfarben (lösemittelverdünnbar)	• **Löseprobe.** Lappen mit Nitroverdünnung oder Testbenzin tränken und über den Anstrich wischen: **Anlösung** • Sie verbrennen.

5. Die Erkennung von Altanstrichen

Aufgaben

1. *Nennen Sie Prüfmöglichkeiten und typische Erkennungsmerkmale, die auf Untergrundfeuchtigkeit schließen lassen.*
2. *Beschreiben Sie die Durchführung einer Haftungsprüfung auf einem Altanstrich.*
3. *Mit welcher Methode lässt sich einigermaßen sicher feststellen, dass es sich bei dem Altanstrich um eine KD-Farbe handelt?*

1. Bei solchen Untergründen ist es offensichtlich, dass sie entschichtet werden müssen.

2. Wirksames Entschichten mit einem Saugkopf-Strahler

3. Mithilfe dieser „Duofräse" mit Absaugung lassen sich sehr fest sitzende Beschichtungen entfernen.

2.12 Entschichten von Fassadenflächen

Beschädigte und nicht mehr tragfähige Beschichtungen wie in Bild 1 müssen vor einer Neubeschichtung entfernt werden.

Wirkungsvolle Entschichtungsverfahren

Wegen der unterschiedlichen Haftung der Altbeschichtungen werden zunächst die losen Bestandteile abgestrahlt. Hierfür eignet sich das Hochdruck-Wasserstrahlen mit kaltem oder heißem Wasser oder mit Heißdampf (Bild 2).

Da eine Erneuerungsbeschichtung des stark geschädigten Sockels gefordert ist, muss die Altbeschichtung vollständig entfernt werden. Solche Schichten lassen sich mit einem Saugkopf-Strahler oder mit einer Fräserdüse gut entfernen (Bild 2).

Das Wasser-Sandstrahlen hat sich wegen der geringen Staubentwicklung und der hohen Abtragsleistung ebenfalls gut bewährt.

Zum Entfernen fest anhaltender Beschichtungen eignet sich die in Bild 3 gezeigte Duofräse.

Schonende Entschichtungsverfahren

Die vorgenannten Verfahren können auf weichen und mürben Putzschichten, wie sie häufig bei denkmalgeschützten Gebäuden anzutreffen sind, nicht eingesetzt werden. Sie greifen Putz und Natursteine zu stark an und tragen diese ab.

Bei empfindlichen Untergründen sollten zuerst Musterflächen gereinigt werden, um das schonendste Verfahren zu ermitteln.

Zum Entschichten empfindlicher Untergründe bieten sich auch das **Niederdruck-Feuchtstrahlen** oder das **Niederdruck-Rotationswirbelstrahlen** an. Der Untergrund wird kaum durchfeuchtet und der abgestrahlte Schmutz kann zusammengefegt werden (Bild 4).

Entschichten mit chemischen Abbeizmitteln

Abbeizer sollten nur dann eingesetzt werden, wenn mit mechanischen Verfahren keine zufriedenstellenden Ergebnisse erzielt werden. Die üblichen KD-Fassadenfarben können fast nur mit Abbeizchemikalien auf lösemittelhaltiger oder alkalischer Grundlage entfernt werden. Dichlormethanhaltige Abbeizer dürfen seit dem 06.06.2012 nicht mehr verwendet werden, da sie zu schweren gesundheitlichen Schäden beim Menschen führen.

*Die **TRGS 612** verweist auf Ersatzstoffe, Ersatzverfahren und Verwendungsbeschränkungen für dichlormethanhaltige Abbeizmittel.*

Alternativen zu dichlormethanhaltigen Abbeizmitteln verwenden idealerweise natürliche Rohstoffe. Nach kurzer Standzeit verbinden sich im Abwasser die Lösemittel mit den Feststoffen und es entsteht ein lösemittelfreies Abwasser (siehe GISBAU: Chemisches Entschichten ohne Dichlormethan).

Abbeizmittel greifen Augen und Haut an. Die unterschiedlichen Zusammensetzungen der Abbeizer haben Auswirkungen auf die persönliche Schutzausrüstung, die unbedingt getragen werden muss.

Abbeizarbeiten

Nach dem Auftragen des Abbeizers und der vorgeschriebenen Einwirkzeit wird die Altbeschichtung zunächst mechanisch entfernt. Anschließend wird die Fassade mit einem Hochdruckreiniger gereinigt. Ablaufendes Wasser muss wie in Bild 5 gezeigt, aufgefangen werden.

Der Einsatz von Sprüh-Saug- Systemen

Sprüh-Saug-Systeme bieten die Möglichkeit, nach dem mechanischen Entfernen des Abbeizers die Oberfläche zu reinigen ohne Rinnensysteme zu installieren, da verunreinigtes Wasser direkt vom Gerät abgesaugt wird (Bild 6). Diese Geräte fördern das Wasser mittels Hochdruckreiniger und reinigen und entschichten über eine Reinigungshaube spritzfrei den Untergrund.

Entsorgung und Umweltschutz

Aufgefangene schadstoffbelastete Schlämme müssen vorschriftsmäßig entsorgt werden, deshalb:

Vor Beginn der Arbeiten sollte bei der zuständigen Behörde nachgefragt werden, welche örtlichen Abwasservorschriften eingehalten werden müssen.

Genaue Informationen über die höchstzulässige Verunreinigung des Abwassers sind in den Arbeitsblättern der **Abwassertechnischen Vereinigung e.V.** (ATV) enthalten.

Aufgaben

1. *Worauf ist bei der Auswahl des Entschichtungsverfahrens zu achten?*
2. *Suchen Sie im Internet „Betriebsanweisungen zum Umgang mit Abbeizmitteln".*
3. *Welche Vorkehrungen sind vor dem Abbeizen von Fassadenfarben zu treffen und wo erhält man genaue Informationen über einzuhaltende Vorschriften?*

4. Solche empfindlichen Sandsteinuntergründe lassen sich mithilfe des Niederdruck-Feuchtstrahlens behutsam entschichten und reinigen.

5. Schadstoffhaltige Flüssigkeiten müssen mit einer Rinne aufgefangen, gesammelt und entsorgt werden.

6. Sprüh-Saug-Systeme eignen sich auch zur Reinigung von Fassaden.

©Caparol Farben Lacke Bautenschutz

1. Bei dieser Altbaufassade wurden die Ausbruchstellen schon aufgefüllt und für die Aufnahme des Strukturputzes angeraut.

©Caparol Farben Lacke Bautenschutz

2. Der lose Mörtel dieser ausgebrochenen Putzecke muss vor Beginn der Ausbesserungsarbeiten bis auf tragfähigen Grund entfernt werden.

©Caparol Farben Lacke Bautenschutz

3. Nach dem Aufziehen der Spachtelmasse muss die Oberfläche an die vorhandene Putzstruktur angepasst werden.

2.13 Beseitigen von Putzschäden

Bevor mit dem eigentlichen Beschichtungsaufbau begonnen werden kann, müssen zunächst die Putzschäden beseitigt werden (Bild 1). Hier muss zuallererst die ausgebrochene Putzfläche aufgeputzt und dann in ihrer Struktur an den Altputz angeglichen werden.

Vorbereitende Arbeiten

Damit sich die Außenspachtelmasse gut auf dem Untergrund verankern kann, müssen zunächst alle losen und mürben Putzteile entfernt werden (Bild 2). Nach dem Entstauben und Vornässen kann mit dem Auffüllen des Schadens begonnen werden.

Untergründe, die schon mit KD-Farben beschichtet sind, müssen mit Putzgrund vorgestrichen werden, damit die Spachtelmasse sich richtig verankern kann.

Außenspachtelmassen und deren Verarbeitung

Die handelsüblichen Außenspachtelmassen sind mineralisch gebunden (durch Kalk und Zement) und lassen sich in Schichtdicken bis zu 20 mm auftragen. Sie haften gut, sind wetterbeständig, quellen nicht und sinken bei der Trocknung nicht ein. Sie werden mit der Kelle aufgezogen und können nach dem Abziehen sowohl mittels einer rostfreien Glättkelle abgeglättet, als auch nass gefilzt werden (Bild 3).

Außen dürfen keine gipshaltigen Spachtelmassen verarbeitet werden, weil sie Feuchtigkeit aufnehmen, mürbe werden und abbröckeln.

Bei der Ausbesserung von Sockelputzen ist darauf zu achten, dass hier meistens Putze der Mörtelgruppe III (Zementmörtelputz) verarbeitet wurden. Stellt sich heraus, dass der ganze Putz mürbe ist und stark sandet, ist ein Neuverputz kaum zu vermeiden. Durch Verwendung eines Armierungsgewebes in Verbindung mit abgestimmten Spachtelmassen kann auch eine vollflächige Putzerneuerung vorgenommen werden (Bild 4).

Was ist bei der Verarbeitung noch wichtig?

Damit die Spachtelmasse nicht zu schnell austrocknet und es nicht zu Oberflächenrissen kommt, muss die Ausbesserungsstelle eventuell nachgenässt werden. Die ausgebesserten und gespachtelten Stellen sind alkalisch und können deshalb das Bindemittel von Anstrichfilmen angreifen und verfärben.

Das lässt sich durch eine Neutralisierung mit Fluat vermeiden.

Obwohl nach der VOB Fassadenfarben alkalibeständig sein müssen, schreiben viele Hersteller eine Neutralisierung frischer mineralischer Putze und Ausbesserungsstellen vor. Das liegt daran, dass sich die Alkalität je nach verwendetem mineralischem Bindemittel unterschiedlich schnell abbaut (Bild 5).

Fluate können nur auf alkalischen Untergründen (Mörtelgruppe PI bis PIII, Beton ...) eingesetzt werden.

Das Fluatieren

Fluat ist eine Säure, die zur Verarbeitung nach Herstellervorschrift mit Wasser verdünnt werden muss. Dazu gibt man **zuerst** das Wasser in einen sauberen Kunststoffeimer, **nicht in Blechgefäße**. Erst dann wird die Säure hinzugegeben.

Erst das Wasser, dann die Säure, sonst geschieht das Ungeheure!
Fluat ist ätzend, deshalb Gefahren- und Sicherheitshinweise beachten!

Das verdünnte Fluat wird mit einer Streichbürste ohne Metallfassung aufgetragen. Während der Einwirkzeit ist der Ablauf der chemischen Umsetzung an leichtem Schäumen (Bläschenbildung) zu erkennen. Wenn sich keine Bläschen mehr bilden, ist die Reaktion abgeschlossen. Ein Säureüberschuss wird durch Nachwaschen mit Wasser entfernt.

Neben der Neutralisierung leisten Fluate weitere gute Dienste bei der Vorbereitung mineralischer Untergründe:
- Festigung und nachträgliche Härtung mürber, sandender Putze
- Abdichtung gegen Feuchtigkeit (Verkieselung) unter Beibehaltung der Atmungsaktivität

Aufgaben

1. Wie muss eine Ausbruchstelle im Putz vorbereitet werden?

2. Welche Spachtelmassen dürfen außen nicht verarbeitet werden?

3. Welchen Zweck verfolgt das Neutralisieren von frischen Nachputzstellen?

4. Womit wird neutralisiert und welche Sicherheitsregeln sind dabei zu beachten?

©Caparol Farben Lacke Bautenschutz

4. Mithilfe einer vollflächigen Gewebeeinbettung lässt sich die Putzfläche stabilisieren.

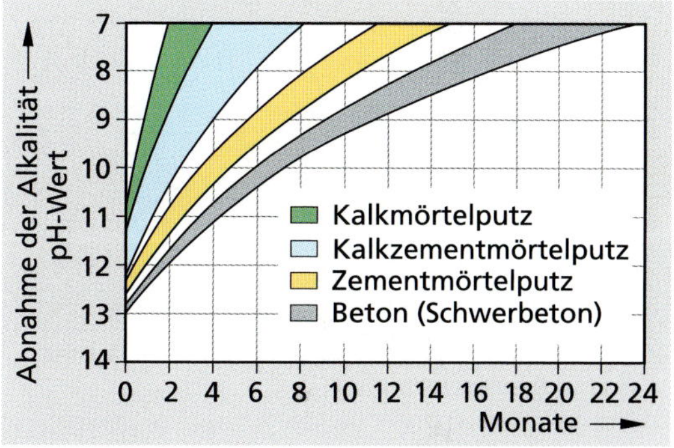

5. Bei den verschiedenen mineralischen Untergründen dauert der Alkalitätsabbau unterschiedlich lang.

©Caparol Farben Lacke Bautenschutz

6. Eine solche Nachputzstelle muss neutralisiert werden, damit nachfolgende Beschichtungen nicht angegriffen werden.

1. *Diese Risse sind Bauschäden, die fachgerecht beseitigt werden müssen.*

2. *Risse der Rissgruppe 1: Haar-, Netz- oder Schwundrisse saugen sehr stark*

©Caparol Farben Lacke Bautenschutz

3. *Risse der Rissgruppe 2: Diese Risse gehen durch die Putzschicht und zeigen den Verlauf der Mauerwerksfugen*

2.14 Putz- und Mauerwerksschäden – Risse

Bevor diese Altbaufassade (Bild 1) mit einem Anstrich versehen werden kann, müssen zunächst die Putzschäden beseitigt werden. Bei der Untergrundprüfung werden Risse mit unregelmäßigem Verlauf und unterschiedlicher Breite festgestellt. Die in Bild 2 gezeigten Risse sind eher unauffällig, in ihrer Wirkung aber nicht zu unterschätzen.

Auch wenn man Risse nur in der obersten Schicht (Putz oder Beschichtung) sieht, so haben doch fast alle Risse tieferliegende Ursachen.

Das BFS-Merkblatt Nr. 19 teilt Risse in drei Gruppen ein:

1. Putzrisse, die nicht vom Putzträger ausgehen

Bei der Benetzung mit Wasser zeichnen sich diese sehr feinen, oft kaum sichtbaren Risse dunkel ab (Bild 2). Sie bewegen sich nur geringfügig, saugen aber stark.

- **Putzoberflächenrisse** werden auch Haar-, Netz- oder Schwundrisse genannt. Sie sind haarfein und verlaufen netzartig in der obersten Zone der Putzschicht.
- **Durch Putzlagen gehende Risse** ähneln in ihrem Verlauf den Putzoberflächenrissen, gehen aber durch die gesamte Putzschicht. Sie zeichnen sich deutlicher auf der Oberfläche ab.

Je enger ein Riss ist, desto besser saugt er Feuchtigkeit in sich auf. Das liegt an der Kapillarwirkung. Das bedeutet, dass Flüssigkeiten in sehr engen Röhren von alleine hochsteigen.

2. Risse, die vom Putzträger ausgehen

Bei weiterer Untersuchung der Fassade fallen Risse auf, in denen sich der Verlauf der Mauerwerksfugen abzeichnet. Diese Risse sind breiter und bewegen sich stärker als die reinen Putzrisse.

- **Risse an Stoß- und Lagerfugen** (Bild 3) bilden auf der Putzoberfläche den Verlauf der Mauerwerksfugen ab. Sie sind breiter als Putzoberflächenrisse, gehen meist durch alle Putzlagen hindurch und oft in die Fugen hinein.
- **Risse durch Formveränderung des Wandbildners** können bei Mischmauerwerk oder bei Anschlüssen an andere Bauteile entstehen.
- **Kerbrisse** gehen diagonal von Mauerecken aus. Sie entstehen, wenn es aufgrund von Temperaturänderungen oder Feuchtigkeit zu Spannungen und Längenänderungen in Putz oder Mauerwerk kommt (Bild 4).

3. Baudynamische Risse

Am schwerwiegendsten sind solche Risse wie in Bild 5 gezeigt. Sie treten an den Schwachstellen der Gebäude auf und gehen immer tief ins Mauerwerk hinein, oft sogar hindurch. Im schlimmsten Fall kann sogar die Standsicherheit des Gebäudes gefährdet werden.

Baudynamische Risse verlaufen meist geradlinig gezackt und sind eng bis weit aufklaffend.

- **Bautechnische und konstruktionsabhängige Risse** entstehen durch fehlende Bewegungsfugen, Windbelastung oder Schwundbewegungen. Diese erkennt man beispielsweise an waagerecht verlaufenden Rissen auf Höhe der Geschossdecken.
- **Baugrundbedingte Risse** (Bild 5) können durch Senkungen des Baugrundes oder von Erschütterungen durch Straßenverkehr hervorgerufen werden.

Jeder Riss ist ein ernst zu nehmender Schaden, denn durch Risse kann Wasser tief in die Wand eindringen und die Wärmedämmung herabsetzen. Bei Frost kann der Putz abplatzen.

Schäden an Sichtmauerwerk

Bei der Begutachtung von Sichtmauerwerk aus natürlichen oder künstlichen Bausteinen sollte man auf folgende Schadensbilder achten:

- Fugenrisse (Abriss der Vermörtelung vom Stein)
- mürbe, ausgewaschene und ausgebrochene Mörtelfugen von Sichtmauerwerk lassen Feuchtigkeit eindringen (Bild 6)
- Steinabplatzungen, hervorgerufen durch Frost
- Vergrünungen durch Moose und Algen
- Natursteinschädigung durch Frostabsprengung der äußeren Steinschichten

Aufgaben

1. *Nennen Sie Erkennungsmerkmale von Putzrissen, die nicht vom Putzträger ausgehen.*
2. *Welche Auswirkung haben Risse auf die Wärmedämmung?*
3. *Welcher Zusammenhang besteht zwischen der Rissweite und der Saugfähigkeit?*
4. *An welchen Merkmalen erkennen Sie baudynamische Risse?*
5. *Informieren Sie sich über weitere Putz- und Mauerwerksschäden und listen Sie diese nach ihrer Gefährlichkeit für das Gebäude auf.*

4. Kerbrisse durch Formveränderungen des Wandbildners

5. Zwischen den beiden Fenstern haben sich zwei tiefe, durch das Mauerwerk gehende Risse (baudynamische Risse) gebildet.

6. Stein- und Mörtelfugenschäden durch Frost

1. Die Putzrisse auf dieser Fassade müssen unbedingt beseitigt werden, damit keine Feuchtigkeit mehr in den Putz eindringen kann.

2. Phasen einer Rissüberbrückung mit einem elastischen System

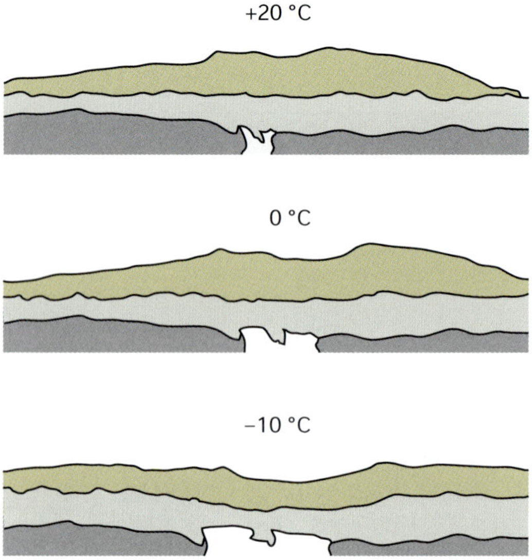

3. So stark verändert sich die Rissbreite in Abhängigkeit von der jeweiligen Temperatur.

2.15 Beseitigen von Putzrissen

Bei der Untergrundprüfung dieser Fassade (Bild 1) findet der Malermeister sowohl Haarrisse als auch baudynamische Risse.

Risse arbeiten immer, sie lassen sich nicht vollständig beseitigen, wohl aber überbrücken.

Rissüberbrückung

Die feinen Haarrisse werden mit einer speziellen hochelastischen Beschichtung überbrückt.

Systemaufbau (Bild 2)

- Grundanstrich mit einem tief eindringenden Grundiermittel, meist lösemittelhaltig oder Spezialgrundierung
- Zwischen- und Schlussbeschichtung mit einer plastoelastischen Fassadenfarbe

Wichtig: Nur ein ausreichend dicker Beschichtungsaufbau ist in der Lage, Bewegungen des Untergrundes aufzunehmen.

Bild 3 zeigt, wie sich die Rissbreite in Abhängigkeit von der Temperatur ändert. Man sieht auch, wie sich die dicke Beschichtung elastisch verformt und bei großer Dehnung dünner wird.

Rissarmierung

Sie ist bei Stoß- und Lagerfugenrissen nötig. Damit die größeren Kräfte aufgefangen werden können, muss die rissüberbrückende Schicht zusätzlich verstärkt werden.

Systemaufbau:

- Grundanstrich mit einem tief eindringenden Grundiermittel
- Zwischenbeschichtung mit einer hochelastischen, eventuell faserverstärkten Spachtelmasse
- Bei strukturierten Putzen muss ggf. die Putzstruktur angeglichen werden
- Schlussanstrich mit einer hochelastischen Spezialbeschichtung

Gewebearmierung mit Rissauffüllung

Bei Rissen, die tief ins Mauerwerk hinein- oder hindurchgehen, ist eine Gewebearmierung nötig. Die auftretenden Kräfte können nicht mehr von den zuvor beschriebenen Systemen aufgenommen werden. Unter dieser **gleitenden Armierung** kann der Riss arbeiten, ohne dass die Oberfläche beschädigt wird (Bild 5).

Vorarbeiten

- Riss aufweiten, entstauben und tiefgrundieren (Bild 4)
- je nach Breite und Tiefe des Risses Rissgrund mit einer Schaumstoffschnur oder einem Kompressionsband bis etwa 1 cm unterhalb der Oberfläche auffüllen
- restliche Rissöffnung mit einer plastoelastischen Füllmasse auffüllen und überspachteln

Streifenarmierung bei einzelnen Rissen

- Gewebe-Einbettungskleber in Streifenbreite auf den Riss auftragen
- Spezial-Rissband einlegen und andrücken
- mit Spezial-Rissspachtelmasse überspachteln; Putzstruktur, wenn nötig, angleichen
- Zwischen- und Schlussbeschichtung mit hochelastischer Spezialbeschichtung

Voll- oder Flächenarmierung

Wenn große Teile der Fassade mit Rissen überzogen sind, sollte eine Flächenarmierung ausgeführt werden. Dabei wird die gesamte Wandfläche mit einem Armierungssystem beschichtet.

Nach den Vorarbeiten:
- Gewebe-Einbettungskleber vollflächig auftragen
- Spezial-Elastik-Gewebe etwa 10 cm überlappend in Kleberbett einlegen und andrücken
- den durchdringenden Einbettungskleber gleichmäßig über die Fläche verspachteln
- nach der vollständigen Trocknung erfolgt eine Zwischenbeschichtung mit einem evtl. faserverstärkten, hochelastischen Beschichtungsstoff
- Schlussbeschichtung mit einer plastoelastischen Fassadenfarbe oder mit Kunststoffputz

Es dürfen nur besonders aufeinander abgestimmte Beschichtungsmaterialien eines Herstellers in einem System zum Einsatz kommen.

Aufgaben

1. *Geben Sie an, welches System sich zur Überbrückung von Stoß- und Lagerfugenrissen gut eignet.*
2. *Beschreiben Sie den kompletten Arbeitsablauf einer Gewebearmierung mit Rissauffüllung.*
3. *Wann ist eine vollflächige Gewebearmierung einer Fassade angebracht?*

4. Einzelne baudynamische Risse werden aufgeweitet.

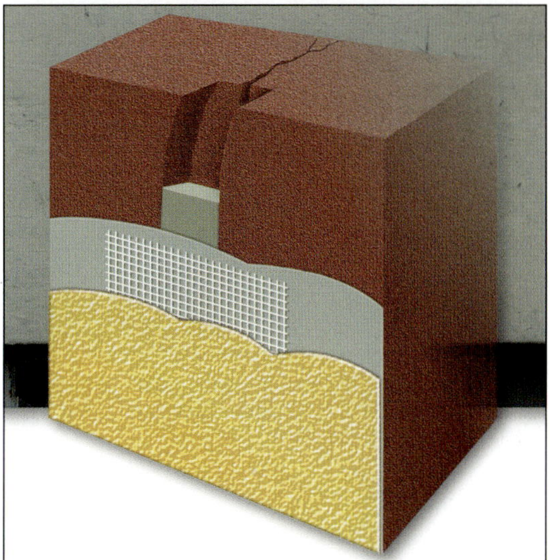

1. Risse im Wandbildner in Breite und Tiefe min. auf 1 cm aufweiten und tiefgrundieren
2. mit Rissspachtelmasse oberflächenbündig verspachteln
3. Armierungskleber auftragen
4. Elastik-Gewebe einbetten
5. mit Elastik-Fassadenfarbe endbeschichten

5. Systemaufbau einer Gewebearmierung mit Rissauffüllung

6. Hochdehnfähiges Fugenband zur Streifenarmierung

1. *Fugenschäden am Plattenbau: links Riss der Dichtstofffuge; rechts zerstörtes Fugenband*

2. *Die Fugen zwischen den Fertigbetonteilen der Plattenbauten sind im Laufe der Zeit gealtert und teilweise undicht geworden.*

Anwendungsfall	Geeigneter Dichtstoff	Bemerkungen
• Anschlussfugen, • Risse	**Acryldispersion** • elastisch • plastisch	• 7,5 bis 20% zulässige Gesamtverformung • überstreichbar
• Dehnungsfugen • Anschlussfugen • Sanitärfugen • Glasfugen	**Silikon** (Silikonkautschuk) sauer-, alkalisch- und neutralhärtend	• 25% zulässige Gesamtverformung • reagiert schneller als Polysulfid • nicht überstreichbar • in vielen Farbtönen lieferbar
• Dehnungsfugen • Anschlussfugen • Fensterverglasung	**Polysulfid** (Thiokol) ein- und zweikomponentig	• 25% zulässige Gesamtverformung • Anstrich verträglich
• Dehnungsfugen • Anschlussfugen • Fugen in WDVS	**Polyurethan** ein- und zweikomponentig	• 25% zulässige Gesamtverformung • haftet gut
• Anschlussfugen • Fugen in WDVS	**Polyurethanschaum** ein- und zweikomponentig	• keine Wasseraufnahme • haftet sehr gut • nicht UV-beständig

3. *Auswahltabelle für spritzbare Dichtstoffe*

2.16 Fugen und Dichtstoffe

Eine Wohnungsgesellschaft beabsichtigt die Gesamtsanierung eines Plattenbaus. Bei der Inspektion der Waschbetonfassade, die erhalten werden soll, stellt der beauftragte Maler-meister verschiedene Schäden fest (Bild 1 und 2):

- Dichtstoffabrisse an den Fugenflanken zwischen den Platten und z. T. an Bauteilanschlüssen wie z. B. Fenstern,
- Risse in den Dichtstofffugen,
- gerissene und zerstörte Fugenbänder am Übergang zu Putzflächen.

Welche Vorschriften zieht der Maler zurate?

Wegen der komplexen Problematik zieht der Malermeister verschiedene Informationsquellen zurate:

- DIN 18540 Abdichten von Außenwandfugen im Hochbau mit Fugendichtstoffen (www.beuth.de)
- DIN 52460 Fugen- und Glasabdichtungen – Begriffe
- DIN EN ISO 11600 Ermittlung der zulässigen Gesamtverformung
- BFS-Merkblatt Nr. 23: Technische Richtlinien für das Abdichten von Fugen im Hochbau und von Verglasungen
- IVD-Merkblätter (Industrie Verband Dichtstoffe)
- Technische Merkblätter der Dichtstoffhersteller

Aufgaben von Fugen und Dichtstoffen

Eine Fuge ist ein notwendiger oder toleranzbedingter Abstand zwischen Bauteilen. In fast jeder Fuge tritt eine gewisse Bewegung durch z. B. temperaturbedingte Längenänderungen der Bauteile, Schwingungen, Erschütterungen, Quellen oder Schwinden auf. Deshalb muss eine Abdichtung mit bewegungsausgleichenden Materialien vorgenommen werden. Dichtstoffe sollen die Bewegungen der Fuge mitmachen und das Eindringen von Feuchtigkeit und Schmutz verhindern.

Fugenart	Merkmale
Bauteilfugen (Dehnungsfugen)	müssen auftretende Bewegungen zwischen Bauteilen auffangen und ausgleichen
Anschlussfugen	Abdichtung zwischen unterschiedlichen Bauteilen (Wand/Fenster)
Sanitärfugen	Abdichtung in Feuchträumen

Dichtstoffe und Fugenbänder

Fugen im Außenbereich werden durch Schlagregen beansprucht. Deshalb muss sichergestellt werden, dass kein Niederschlagswasser in die Fuge eindringt.

Zur Abdichtung eignen sich hauptsächlich elastische Dichtstoffe mit einer zulässigen Gesamtverformung von etwa 20–25 %. Entsprechend der Fugenart, der Beanspruchung und der Fugengröße müssen die geeigneten Dichtstoffe oder/und Dichtbänder ausgewählt werden.

Eine Übersicht über die im Hochbau gebräuchlichen pastenförmigen Dichtstoffe mit ihren speziellen Eigenschaften und Einsatzbereichen bietet Tabelle 3. Neben spritzbaren Fugendichtstoffen werden z. B. bei WDVS vorgefertigte Fugenbänder verschiedenster Dimensionierungen eingesetzt. Man unterscheidet:

- plastische Fugenbänder (Butylkautschuk, Bild 4)
- elastische Fugenbänder (Silikon, Polyurethan, Polysulfid)
- vorkomprimierte Fugenbänder (Kompribänder) bestehen aus PUR-Schaumstoff, der nach einiger Zeit expandiert und die Fuge verschließt (Bild 5). Kompribänder besitzen keine ausreichende Schlagregensicherheit und erfordern daher eine zusätzliche Abdeckung durch einen spritzbaren Dichtstoff oder ein elastisches Fugenband.

Eine Schlagregendichtigkeit wird oft erst durch eine Kombination mehrerer Systeme erreicht.

Ausführung von Verfugungen

Damit die Fugenabdichtung lange Zeit ihre Aufgabe erfüllen kann, müssen folgende Bedingungen erfüllt werden:

- **Haftvermittlung:** Es gibt keinen Dichtstoff, der auf allen Untergründen selbsthaftend ist. Deshalb sollte nach Reinigen und Entstauben des Untergrundes (Bild 6a) ein vom Dichtstoffhersteller empfohlener, abgestimmter Haftvermittler (Primer) eingesetzt werden (Bild 6b).
- **Fugenausbildung und -dimensionierung:** Um Bewegungen in der Fuge aufnehmen zu können, muss die Fuge richtig dimensioniert sein (Bild 6c):

Faustformel: ***Fugentiefe (t) = 0,5 x Fugenbreite (b)***

Der Dichtstoff darf nur an den seitlichen Bauteilflanken haften. Dabei darf die Fugenhaftfläche 6 mm nicht unterschreiten.

Zur Vermeidung einer Dreiflankenhaftung muss im Fugengrund zur Begrenzung der Fugentiefe ein Hinterfüllmaterial, z. B. eine Rundschnur oder eine Trennfolie, eingebracht werden (Bild 6 und 7).

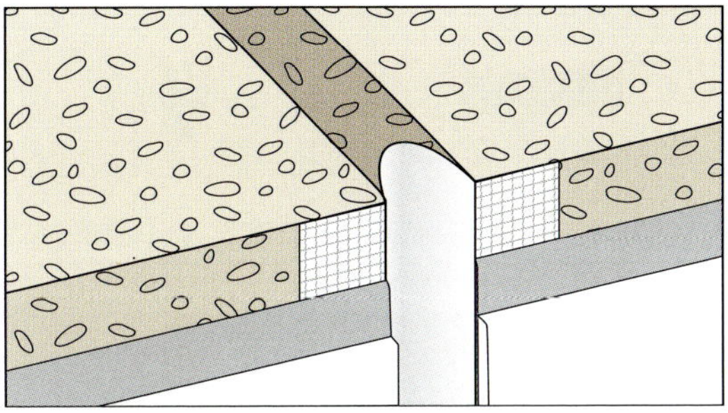

4. Schlaufenförmig verlegtes Dehnfugenprofil mit beidseitigem Gewebestreifen zum Einputzen

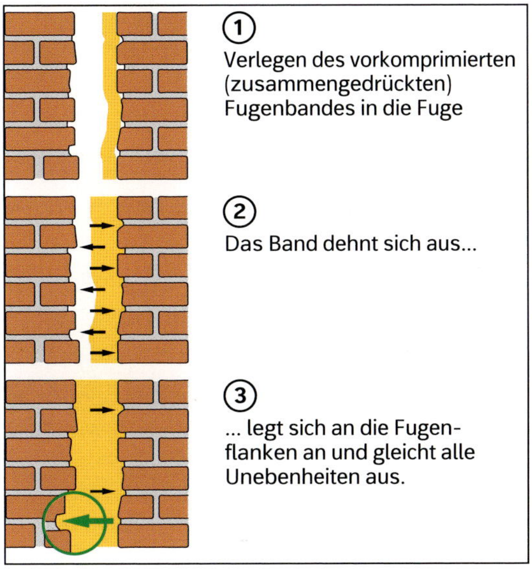

5. Funktionsweise eines vorkomprimierten Fugendichtbandes

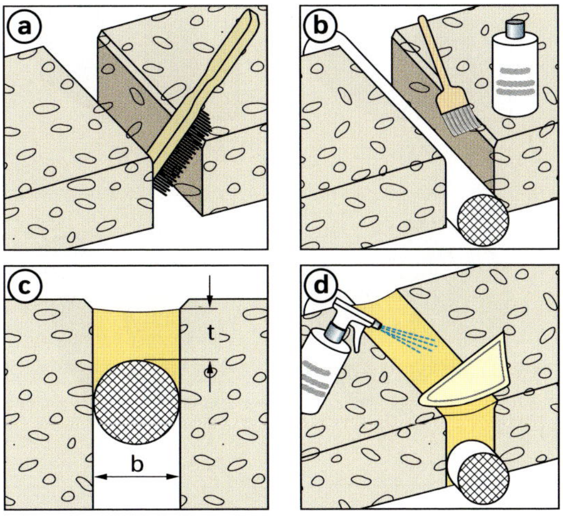

6. So sieht eine vorschriftsmäßige Fugenausbildung aus.

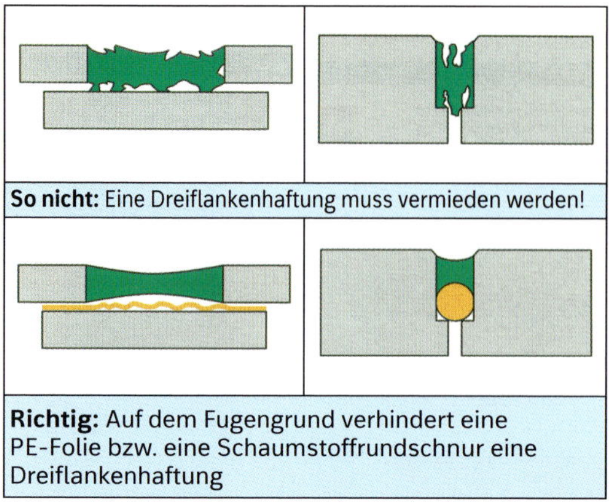

7. Vorschriftsmäßige Fugenausführung

8. Fugenglättung mit einem Fugenspachtel bzw. Fugenglätter

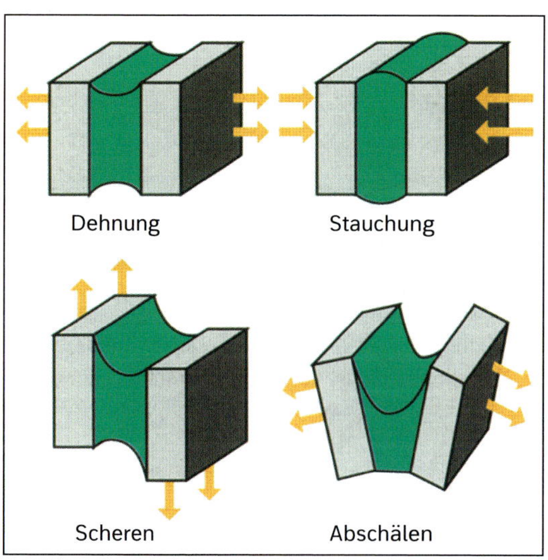

9. Beanspruchung einer Dehnungsfuge durch Dehnung, Stauchung, Scheren, Abschälen

- **Hinterfüllmaterialien**, meist Rundschnüre (Bild 6c), können aus offenporigem PUR, geschlossenzelligem, nicht Wasser saugendem PE oder aus Kunststoffschaum bestehen.
- **Materialbedarf**: Die Verarbeitung von spritzbaren Dichtstoffen kann mit hand- oder druckluftbetätigten Pistolen erfolgen. Die Dichtstoffe werden in standardisierten Kartuschen (z.B. 310 ml) oder in Schlauchbeuteln in verschiedenen Größen (z.B. 400, 600 ml) geliefert. Anhand der folgenden Tabellen lässt sich ungefähr die erreichbare Fugenlänge je Kartusche/Schlauchbeutel ermitteln (Fugenbreite und -tiefe sind jeweils in mm angegeben).

Ergiebigkeit in Meter pro 300/310 ml-Kartusche

Breite / Tiefe	5	7	10	12	15	20	25
5	12,00	8,00	6,00				
7		6,00	4,00	3,00			
10			3	2,50	2,00	1,50	
12				2,10	1,70	1,20	1,00
15					1,30	1,00	0,80

Ergiebigkeit in Meter pro 400 ml-Folienbeutel

Breite / Tiefe	5	7	10	12	15	20	25
5	15	10	8				
7		8	5	4			
10			4	3	2,6	2,0	
12				2,7	2,2	1,6	1,3
15					1,7	1,3	1,0

- **Fugenglättung**: Dichtstoffe werden im Allgemeinen direkt nach dem Ausspritzen an der Oberfläche mit dem Finger oder Glättespachteln (Bild 8) nachgeglättet. Bei Acryldispersionen verwendet man klares Wasser, bei Silikondichtstoffen Wasser mit Netzmittelzusatz, z.B. Spülmittel oder spezielle Dichtstoffglättmittel. Hier bitte auch die Herstellervorgaben beachten!

Ursachen für Fugenschäden

Fugenschäden entstehen, wenn die Dichtstofffuge die durch Dehn- und Stauchbewegungen oder durch Scher- und Schälbewegungen entstehenden Kräfte nicht mehr aufnehmen kann (Bild 9). Die Folge sind Dichtstofffugenrisse oder -abrisse (Bild 2). Schäden entstehen auch durch falsche Dichtstoffwahl, Unverträglichkeiten zwischen Dichtstoff und Untergrund oder durch Alterung der Dichtstoffe.

Dichtstoff und Beschichtung müssen sich vertragen

Dichtstoffe haften nicht auf jedem Untergrund gleich gut. Besonders wenn der Dichtstoff sich nicht mit einer vorhandenen Beschichtung verträgt oder wenn vorhandene Anstriche vor Beginn der Versiegelungsarbeiten nicht abgebunden sind, kann dies zu Blasenbildung, schlechter Haftung oder Farbveränderungen führen.

Die meisten Silikondichtstoffe lassen sich nicht überstreichen. Bei übersteichbaren Silikondichtstoffen besteht die Gefahr, dass die Beschichtungsstoffe die Bewegungen der Fuge nicht mitmachen können und reißen.
Die wenigsten Probleme bestehen zwischen Dichtstoffen und Beschichtungssystemen auf Dispersionsbasis (Acryldichtstoff <> Wand- und Fassadenfarben, Acryllacke ...).

Ein sofortiges Überstreichen von Acryldichtstoffen nass-in-nass, ohne Einhaltung von Trockenzeiten, führt nach der vollständigen Trocknung des Dichtstoffes zu starken Rissen in der Dispersionsfarbenbeschichtung (Bild 10).

Deshalb sollte unbedingt eine Trockenzeit von mindestens einer Woche bei Normalklima (23 °C bei 50 % rel. Luftfeuchtigkeit) vor dem Überstreichen eingehalten werden.
Bei höherer Luftfeuchtigkeit und/oder niedrigeren Temperaturen verlängern sich die Trockenzeiten entsprechend.

Schimmelpilzbefall auf Dichtstoffen

In Innenräumen sieht man häufig dunkle Flecken auf den Oberflächen von Dichtstofffugen (Bild 11). Diese schwarzen, bräunlichen, gelblichen, violetten oder rosa Flecken rühren von Schimmelpilzen her (Bilder 12, 13).

Ursachen für Schimmelpilzbefall:
- *Hohe Luftfeuchtigkeit bei gleichzeitiger schlechter Durchlüftung, z. B. in Küchen, Bädern, Duschen etc.*
- ***Organische Rückstände,** z. B. Ablagerungen von Körperpflegemitteln, wie Seife, Duschgel etc.*
- ***Wärme***

Ratschläge für den Kunden

Neben guter Raumlüftung ist regelmäßiges Reinigen die beste Vorbeugung gegen Schimmelpilzbefall auf Dichtstoffen. Die Anwendung eines Desinfektionsmittels kann dies noch unterstützen. Schon stark geschädigte Fugen müssen herausgetrennt und erneuert werden. Bei der Neuverfugung sollte ein fungizid ausgerüsteter Dichtstoff verwendet werden.

Aufgaben

1. *Erklären Sie die Ursache für den Dichtstoffabriss in Bild 2.*
2. *Ermitteln Sie mithilfe von Technischen Merkblättern die erforderliche Dichtstoffdicke für eine Fugenbreite von 30 mm.*
3. *Welche Trockenzeit sollte vor der Beschichtung von Acryldichtstoffen idealerweise eingehalten werden?*

10. Der graue Dispersionsacrylat-Dichtstoff wurde unmittelbar nach der Verfugung ohne Einhaltung von Trocknungszeiten mit einer weißen Dispersionsfarbe überstrichen. Die Rissbildung ist deutlich zu sehen.

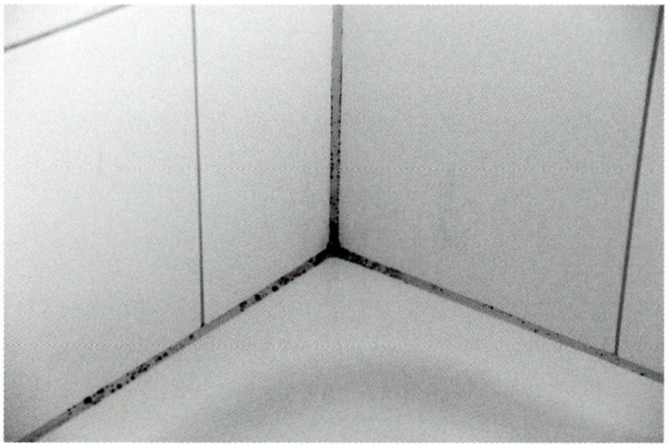

11. Schimmelpilz auf einer Silikondichtstofffuge

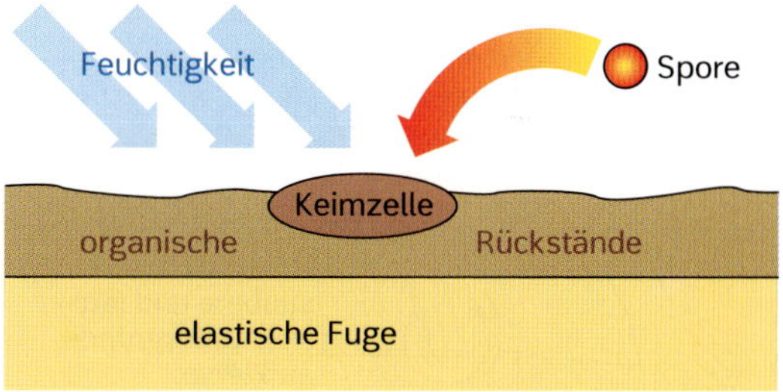

12. Schimmelpilzsporen lagern sich auf dem Schmutz über einer Dichtstofffuge an und beginnen sich auszubreiten.

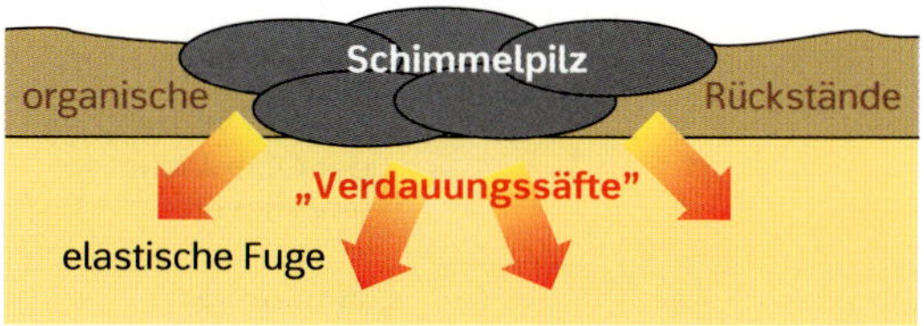

13. Das entstehende Keimgeflecht breitet sich schnell auf dem Dichtstoff aus, dringt in ihn ein und führt zu den unschönen Flecken.

1. *Im Außenbereich müssen wetterbeständige Abdeckbänder verwendet werden.*

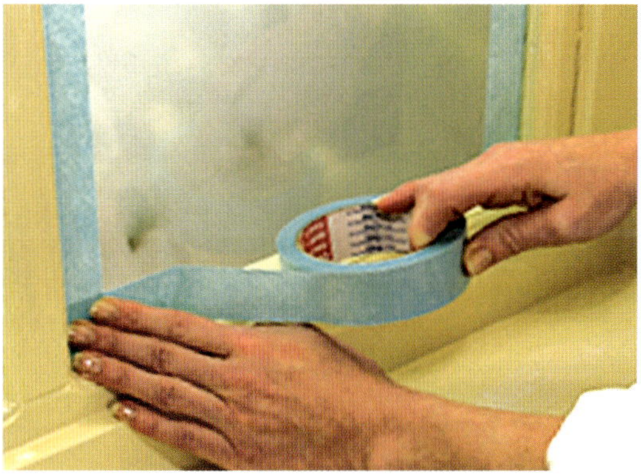

2. *Spezielles Fensterkreppband lässt sich auch nach langer Sonnenbestrahlung rückstandsfrei vom Glas ablösen.*

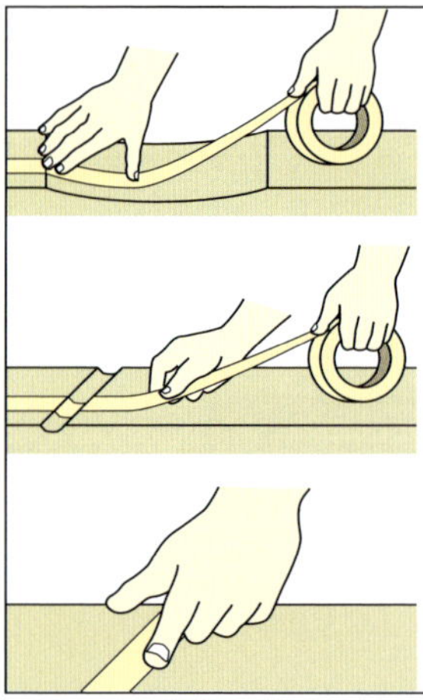

- Nur auf trockene, saubere und fettfreie Untergründe aufkleben!
- Verarbeitungstemperatur zwischen + 5 °C und + 40 °C.
- Banddehnung vermeiden!
- Band in Vertiefungen der Oberfläche eindrücken!
- Bandränder fest andrücken!

3. *So verarbeitet erfüllt das Klebeband seinen Zweck optimal.*

2.17 Abdecken und Abkleben

Zwei Auszubildende des ersten Ausbildungsjahres werden von ihrem Chef beauftragt, an einem Einfamilienhaus die Abklebearbeiten auszuführen. Beim Abkleben der Fenster stellen sie fest, dass das normale Kreppband auf dem rauen Putz schlecht haftet. Was ist zu tun?
Im Firmenwagen entdecken sie neben den bekannten Kreppbändern auch blaue, weiße, gelbe geriffelte und silberne Abdeckbänder. Aber wofür werden die verschiedenen Klebebänder eigentlich eingesetzt?

Die Vielzahl der am Bau vorkommenden Untergründe erfordert speziell abgestimmte Klebebänder, damit saubere Beschichtungskanten entstehen und eine rückstandsfreie Ablösung möglich ist.

Als der Chef die Unsicherheit der Auszubildenden bemerkt, beschließt er, ihnen zu helfen und sie über den richtigen Einsatz der verschiedenen Bänder und Abdeckmaterialien aufzuklären.

Das Abkleben im Außenbereich

Weil die Fassade mit einer Reinsilikatfarbe gestrichen werden soll, deckt der Meister die Fenster und den Fliesensockel des Hauses besonders gut ab. Er erklärt den Auszubildenden, dass Silikatfarben stark ätzend sind und Spritzer hässliche, bleibende Flecken auf Glas- und Keramikflächen hinterlassen.
Beim späteren Abkleben der Fensterrahmen zum Putz hin verwendet der Meister ein spezielles **Putzband** (Bild 1). Er erklärt, dass dieses Band feuchtigkeits- und UV-beständig ist und auch nach längerer Zeit wieder ohne Rückstände ablösbar ist.
Für die Abklebung der Fenstersprossen setzt er ein besonderes **Oberflächenschutzband** ein, das auch bei intensiver Sonneneinstrahlung nicht die Form verliert. Diese Bänder sind auch für andere empfindliche Oberflächen (Kunststoff, Alu, Acryllacke) geeignet. Sie lassen sich noch Wochen später spurlos von solchem Untergrund ablösen (Bild 2).

Auch bei längerer Bewitterung durch Regen und UV-Strahlung dürfen Klebebänder nicht brüchig werden und müssen sich wieder rückstandsfrei ablösen lassen.

Schon beim Abkleben sollte man das spätere Abziehen des Klebebandes berücksichtigen. Bei falsch vorbehandelten, beschichteten verzinkten Stahlbauteilen (Stahlzargen, Garagentore) oder bei nicht durchgetrockneten Acryllacken kann es beim späteren Abziehen zu großflächigen Beschichtungsablösungen kommen (Bild 4).

Das Abdecken und Abkleben im Innenbereich

Mit Kombinationsmaterialien aus Abklebeband und Abdeckmaterial (Folie, Papier) lässt sich ein Arbeitsgang und damit Zeit einsparen (Bild 5). Eine weitere Erleichterung bringt der Einsatz eines Handabrollers mit Abtrennmesser.

Für empfindliche Oberflächen (Tapeten, frisch gestrichene Flächen) stehen spezielle schwach klebende Klebebänder zur Verfügung. Sie lassen sich ohne Rückstände oder Beschädigungen von solchen Flächen leicht wieder abziehen.

Beim Abdecken von Bodenflächen haben sich Antirutschvliese mit einer Unterseite aus PE-Folie und einer Oberseite aus rutschhemmend beschichteten Polyesterfasern bewährt (Bild 6). Sie schützen den Boden sowohl vor Beschichtungsspritzern als auch vor mechanischen Beschädigungen durch herabfallende Werkzeuge.

Entfernen von Klebebändern

Um saubere Beschichtungskanten zu erhalten, muss das Klebeband sofort nach dem Antrocknen des Anstriches unter einem Winkel von etwa 30–45° abgezogen werden (Bild 7). Sind Klebebänder im Außenbereich nur schwer ablösbar, sollten sie langsam und gleichmäßig, evtl. unter Veränderung des Abzugswinkels, abgezogen werden.

Die meisten Kleber verspröden bei Kälte. Deshalb sollten bei Temperaturen unter +5 °C spezielle „Winterbänder" eingesetzt werden.

Die Entfernung von Kleberrückständen ist oft zeitaufwendig und kann den Untergrund beschädigen. Die Tabelle gibt Hinweise über Entfernungsmöglichkeiten von Klebebandrückständen.

Kleberrückstände	Entfernung
Kleber noch weich	Mit Reinigungsbenzin
Träger spröde, reißt ein, Kleber etwas erhärtet	• Mit Föhn erwärmen und vorsichtig abziehen. • Rückstände mit Reinigungsbenzin entfernen. • Evtl. Reinigungsbenzin mit Pinsel auftragen, kurz einwirken lassen, dann Reste mit Kunststoffspachtel abschieben.
Kleber hart	Wie vor, aber anstelle von Reinigungsbenzin Universalverdünner einsetzen

Aufgaben

1. Worauf ist beim Abkleben von lackierten, verzinkten Stahlzargen zu achten?
2. Welche Klebebänder setzen Sie für folgende Abdeckarbeiten ein: a) Mustertapete; b) Putzfassade bei Temperaturen unter +5 °C; c) Treppenstufen. Informieren Sie sich mithilfe von Herstellerprospekten.

4. Lackabriss eines nicht durchgetrockneten Acryllacks

5. Abdeckfolie mit direkt angebrachtem Klebeband rationalisiert das Abdecken.

6. Abdeckvlies bietet einen wirksamen Schutz des Untergrundes gegen Schmutz, Feuchtigkeit und mechanische Beschädigungen.

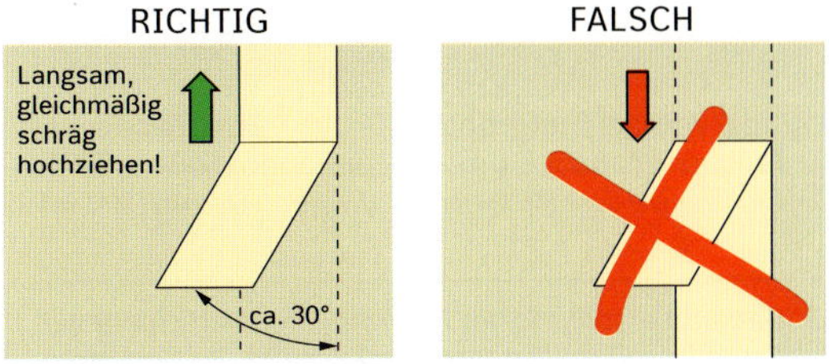

7. Der richtige Abzugswinkel entscheidet über eine rückstandsfreie Oberfläche.

1. Gereinigte und für den Fassadenanstrich vorbereitete Fassade

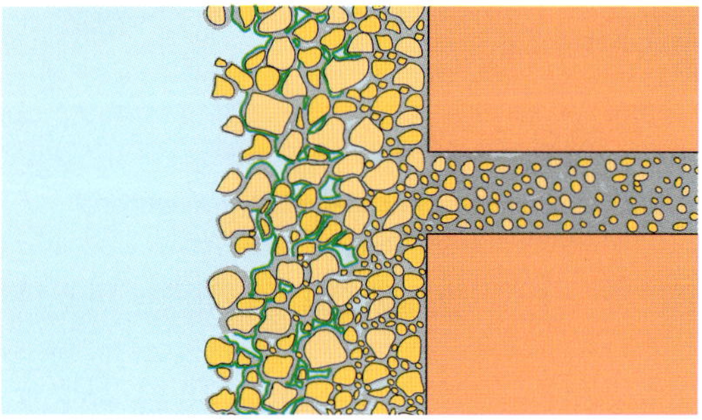

2. Die Grundierung dringt in die Poren des Putzes ein und verklebt die Sandkörner neu miteinander.

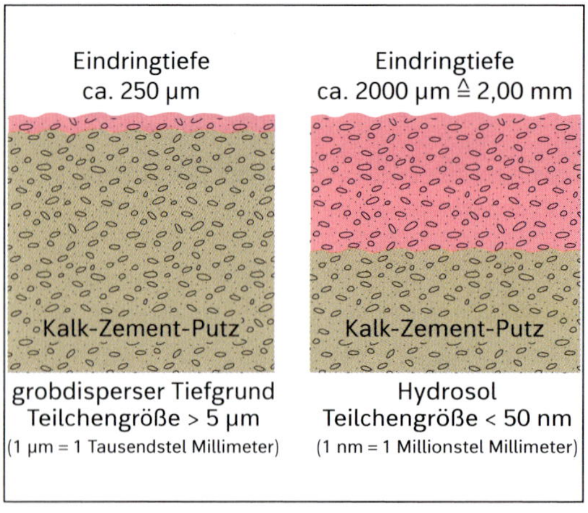

3. Gegenüberstellung der Eindringtiefen verschiedener Grundierungen (Der rote Bereich zeigt die eingedrungene Grundierung.)

2.18 Grundbeschichtung von Fassadenflächen

Damit ein Systemwechsel vermieden wird, soll diese Fassade (Bild 1) wieder mit einer Fassadenfarbe auf Kunststoff-Dispersions-Basis (KD-Fassadenfarbe) beschichtet werden.

Eine Grundierung ist unumgänglich

Damit die neue Beschichtung sich überall gut verankern kann, ist eine Vorbehandlung mit einer abgestimmten Grundierung unerlässlich.

Die Fassade hat nach den Reinigungs- und Ausbesserungsarbeiten sehr unterschiedliche Teilbereiche:

- solche mit frischen Nachputzstellen,
- freigelegte Stellen mit sandendem, stark saugendem alten Putz,
- großflächige Bereiche mit noch fest haftendem, doch kreidendem Altanstrich.

Die Grundierung hat viele Aufgaben zu erfüllen

Die Grundierung muss in der Lage sein, den Untergrund sicher für die Aufnahme der nachfolgenden Beschichtungen vorzubereiten:

- Die fluatierten Nachputzstellen und die stark saugenden Partien sollen in ihrer Saugfähigkeit egalisiert werden. Zu große Saugfähigkeit entzieht der Beschichtung Lösemittel und Bindemittel, was deren Qualität stark mindert.
- Die sandenden Putzflächen und der kreidende Altanstrich sollen gefestigt werden (Bild 2).
- Auf festen Altbeschichtungen muss die Grundbeschichtung eine gute Haftbrücke zum Untergrund aufbauen.

Wässrig oder lösemittelhaltig?

Für die vorliegende Fassade hat der Malermeister einen Hydrosol-Tiefgrund ausgewählt. Diese Produkte haben ein sehr hohes Eindringvermögen, sind beständig gegen alkalische Putze, hydrophobierend und gut wasserdampfdurchlässig.

Hydrosole sind besonders fein verteilte, wasserverdünnbare Dispersionen, deren Teilchengröße fast schon der von echten Lösungen nahe kommt. Sie werden für unpigmentierte Grundierungen verwendet. Die modernen wasserverdünnbaren Grundiermittel eignen sich sehr gut für die meisten mineralischen Untergründe und machen den Einsatz von lösemittelhaltigen Grundierungen für Fassadenbeschichtungen weitgehend überflüssig. Dies entspricht auch den Vorgaben der VOC-Verordnung (Exkurs, S. 187).

Wässrige Grundbeschichtungsstoffe (LF) können auf fast allen Fassaden eingesetzt werden. Sie verleihen festen, aber unterschiedlich stark saugenden Untergründen eine gleichmäßige Saugfähigkeit und bilden eine gute Haftbrücke für nachfolgende Beschichtungen. Sie haben ein gutes Eindringvermögen (Bild 4). Im Gebinde haben sie ein weißliches oder leicht farbiges Aussehen, trocknen aber farblos auf.

Lösemittelhaltige Tiefgründe werden nur bei besonderen Untergründen, z.B. Beton, bzw. für Spezialbeschichtungen eingesetzt. Bei lösemittelhaltigen Grundierungen erkennt man das Eindringen an der Dunkelfärbung der Fläche (Bild 5).

Es gibt keine Universalgrundierung für alle Untergründe und Beschichtungsstoffe. Die Grundierung muss unbedingt auf den vorliegenden Untergrund, den Anwendungszweck und auf das gesamte Beschichtungssystem abgestimmt werden.

Verarbeitung von Grundierungen

Grundbeschichtungsstoffe müssen tief in das Kapillargefüge des Untergrundes eindringen. Dies lässt sich am besten mit einer Streichbürste, einem Sprüh- und Flutgerät (Bild 6) oder mithilfe eines Airlessspritzgerätes erreichen. Wenn der Untergrund sehr stark saugt, muss eine mehrmalige Grundierung nass-in-nass erfolgen.

Die Grundierung muss satt aufgetragen werden, es darf sich aber kein glänzender Grundierungsfilm auf der Oberfläche bilden!

Manche wässrigen Grundierungen sind weiß vorpigmentiert. Das hat den Vorteil, dass Farbtonunterschiede im Untergrund ausgeglichen werden und ein gleichmäßig heller Untergrund erreicht wird.

Es darf nur auf gut durchgetrockneten Grundierungen weitergearbeitet werden.

Für geplante Silikat- oder Silikonharzfarbenbeschichtungen dürfen weder LH-Kunstharzgrundierungen noch LF-Grundierungen auf Dispersionsbasis eingesetzt werden. Hierfür gibt es besonders abgestimmte Spezialgrundierungen.

Aufgaben

1. *Nennen Sie drei Aufgaben von Grundierungen.*
2. *Begründen Sie, warum Hydrosoltiefgründe eine höhere Eindringtiefe als herkömmliche lösemittelfreie Tiefgründe haben.*
3. *Formulieren Sie Verarbeitungshinweise für Grundierungen.*

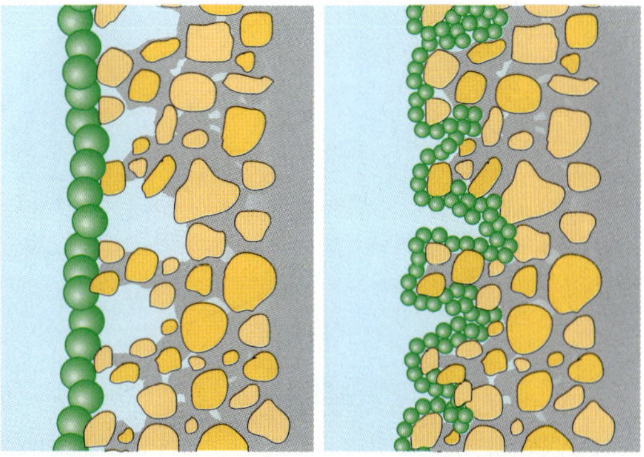

4. Links: Die großen Bindemittelteilchen einer normalen Dispersion können nicht in die Poren eindringen. Rechts: Die sehr feinteilige Kunststoff-Dispersion (Hydrosol) dringt auch in sehr feine Poren ein.

5. Die Grundierung muss satt aufgetragen werden.

6. Sprüh- und Flutgerät zum Aufbringen von Grundierungen und Imprägnierungen

1. *Dieses Haus wurde vor vielen Jahren mit einer Kunststoff-Dispersionsfarbe gestrichen.*

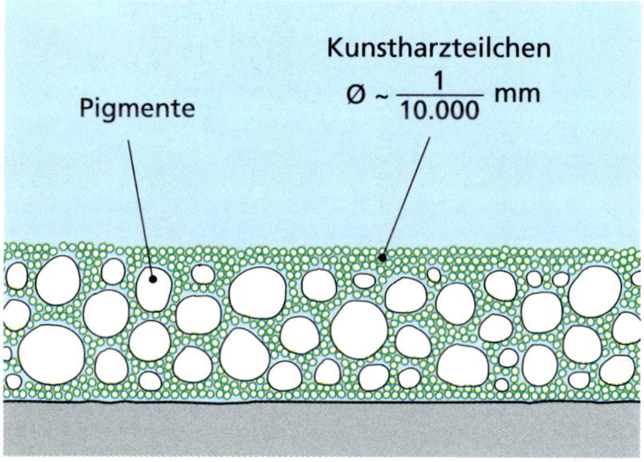

2. *Beim KD-Anstrichfilm sind die Pigmente und Füllstoffe vollständig vom Bindemittel umhüllt.*

3. *KD-Farben verfügen über eine gute Schlagregendichtigkeit bei zufriedenstellender Wasserdampfdurchlässigkeit.*

2.19 Fassadenbeschichtung mit Kunststoff-Dispersionsfarben

Dieses Wohn-Geschäftshaus (Bild 1) wurde vor 15 Jahren mit einer Fassadenfarbe auf Kunststoff-Dispersionsbasis gestrichen. Nach vorangegangener Beratung durch den Malermeister soll nun wieder ein Dispersionsfarbanstrich erfolgen.

Grundieren

Da der Altanstrich weitgehend fest haftet, kommt als Grundbeschichtungsstoff eine **wasserverdünnbare** Grundierung auf Dispersionsbasis zum Einsatz. Dieses Material sorgt für eine gute Verankerung des neuen Anstriches auf dem Altanstrich. Für den sandenden, ungestrichenen Putz des Anbaus setzt der Malermeister einen **lösemittelhaltigen** Tiefgrund ein.

KD-Farben

Unter dem Oberbegriff Kunststoff-Dispersionsfarben werden eine Vielzahl unterschiedlichster Beschichtungsstoffe angeboten. Ihr Qualitätsanforderungen sind in der **DIN 55945** und in der **DIN EN ISO 4618** geregelt. Allen KD-Farben gemeinsam ist die **Wasserverdünnbarkeit**.

Auf Anraten des Malermeisters kommt eine hochwertige Reinacrylatfarbe zum Einsatz. Diese Beschichtungsstoffe zeichnen sich durch eine Reihe guter Eigenschaften aus:

- KD-Farben bilden einen geschlossenen und abriebfesten Anstrichfilm (Bild 2). Die Beschichtung ist etwa fünf- bis zehnmal wasserdichter als mineralische Farben. Dadurch wird verhindert, dass Schlagregen eindringt und es zu Feuchteschäden kommt.
- Die Wasserdampfdurchlässigkeit ist noch zufriedenstellend (Bild 3 und 4). Frische hydraulische Kalkputze (PMG I) können durch die Beschichtung hindurch noch aushärten.

  Je mehr Anstrichschichten übereinanderliegen, desto geringer wird die Wasserdampfdurchlässigkeit. Es besteht die Gefahr eines Feuchtigkeitsstaus unter der Beschichtung, der zu Blasenbildung und Rissen führen kann (Tabelle 5).
- KD-Farben haben eine hohe Vergilbungs- und Alkalibeständigkeit.
- Die relativ hohe CO_2-Dichtigkeit kann die Karbonatisierung des Betons verlangsamen.
- KD-Farben sind elastisch, sie können feine Risse (bis max. 0,2 mm Breite) überbrücken und machen geringe Untergrundbewegungen mit.
- Sie lassen sich mit dem Farbroller oder dem Airlessspritzgerät leicht und ansatzfrei verarbeiten.

Überlegungen vor Beginn der Beschichtungsarbeiten

Bevor mit den Beschichtungsarbeiten begonnen wird, sollte geprüft werden, ob alle Materialien in ausreichender Menge und alle Werkzeuge vorhanden sind. Dies ist wichtig, damit es nicht zu Arbeitsunterbrechungen kommt, die zu Ansätzen auf der Fläche führen können.

Die Farbtöne der angelieferten Beschichtungsstoffe müssen vor Beginn der Arbeiten mit den Farbmustern des Farbvorschlags verglichen werden.

Damit sich die KD-Farbe nach dem Auftragen richtig verfilmen kann, muss sie vor Beginn der Arbeiten im Eimer gut durchgerührt – **homogenisiert** – werden. Hierfür sind elektrische Rührwerke besonders gut geeignet (Bild 6). Wenn die **Grundbeschichtung durchgetrocknet** ist, können Zwischen- und Schlussanstrich aufgebracht werden.

Bei der Verarbeitung von Fassadenfarben ist es wichtig, dass die richtigen Witterungsbedingungen herrschen:

- Die Luft- und Wandoberflächentemperatur darf weder zu hoch noch zu niedrig sein. Bei zu hohen Temperaturen und bei Wind trocknen die Farben zu schnell und es kann zu Ansätzen und Rissen kommen.
- Bei zu hoher Luftfeuchtigkeit kann sich ebenfalls kein haltbarer Anstrichfilm ausbilden. Besonders, wenn bei niedrigen Temperaturen und hoher Luftfeuchtigkeit gearbeitet wird, dauert es mehrere Tage, bis der Anstrichfilm durchtrocknet. Bei einer relativen Luftfeuchtigkeit von 100%, das heißt, wenn sich auf dem frischen Anstrich Tau bildet, kann es zu glänzenden Streifen oder weißen Ablagerungen kommen.

*KD-Farben dürfen nicht bei Temperaturen unter +5 °C verarbeitet werden, weil sich sonst kein stabiler Anstrichfilm bilden kann. Diese Verarbeitungsgrenze wird auch Minimale Filmbildungs-Temperatur **(MFT)** genannt.*

Beschichtungsverfahren

Weil die Fassade eine reiche Stuckverzierung hat, müssen die Beschichtungsarbeiten mit **Farbroller** und **Pinsel** vorgenommen werden.

Farbroller ermöglichen ein rationelles Arbeiten. Die Beschichtungsstoffe lassen sich mit ihnen gleichmäßig auftragen und ansatzfrei verteilen.

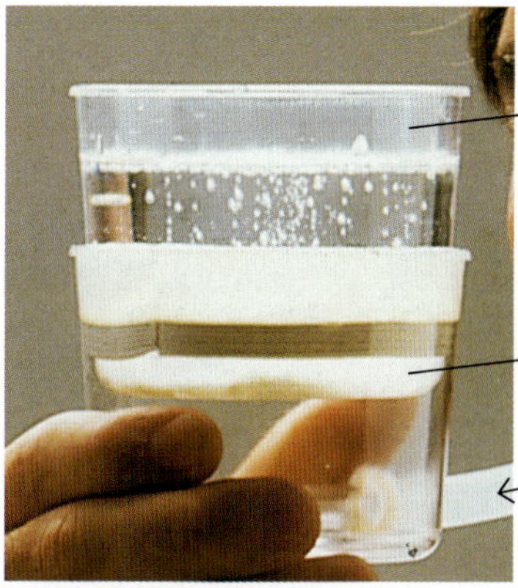

4. *An den aufsteigenden Blasen ist zu erkennen, dass der Wasserdampf die Beschichtung relativ leicht durchdringen kann.*

EXKURS Wasserdampfdurchlässigkeit

Ist der Dampfdiffusionswiderstand einer Beschichtung größer als der des Untergrundes, so kommt es zu einem Feuchtigkeitsstau, der Beschichtungen abdrücken kann.

Der s_d-Wert (diffusionsäquivalente Luftschichtdicke) ist der Widerstand, den eine Beschichtung gegenüber dem Wasserdampfdurchgang (Wasserdampfdiffusion) besitzt. Je niedriger der s_d-Wert ist, desto mehr Feuchtigkeit kann durch die Beschichtung hindurchgehen.

Einstufung	s_d-Wert	• Klasse • Beispiel
wasserdampfdurchlässig und mikroporös	$s_d < 0{,}1$ m	I Sililkat- und Silikonharzfarben
wasserdampfdurchlässig	s_d 0,1 m bis 0,5 m	II Dispersionsfarben
wasserdampfdurchlässig	s_d 0,5 m bis 2,0 m	III Polymerisatharzfarben, z. B. Acrylharz
wasserdampfdicht	$s_d > 2{,}0$ m	IV Epoxidharz

5. *Wasserdampfdurchlässigkeit von Beschichtungen*

6. *Vor Beginn der Arbeiten müssen KD-Farben homogenisiert werden.*

7. Sogenannte Waschrohre haben einen direkten Wasseranschluss. Je nach Ausführung und Farbmenge erfolgt die Reinigung in nur 2 Minuten und mit nur einem Zehntel der sonst benötigten Wassermenge.

8. Airlesssprizgerät mittlerer Leistungsfähigkeit zur Verarbeitung von Dispersionen und Lacken

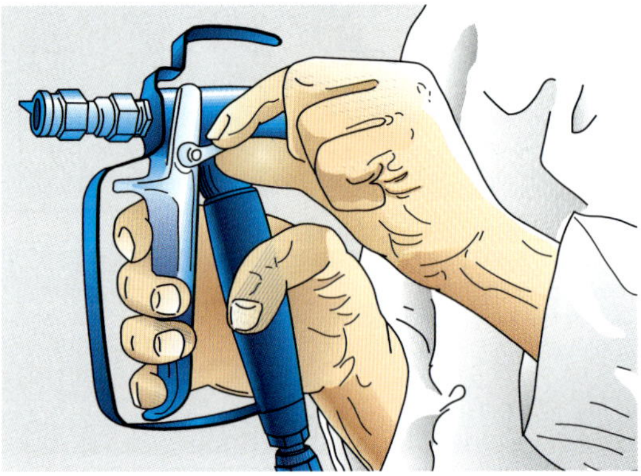

9. Airlesssprizpistole bei Arbeitsunterbrechung immer sichern!

Als Bezugsmaterial für die Walzen werden sowohl Lammfell- als auch Synthetikbezüge aus Kunstfaserplüsch verwendet.

- **Lammfellwalzen** können viel Beschichtungsstoff aufnehmen; mit ihnen ist ein dickschichtiger, gleichmäßiger Materialauftrag möglich.
- Der Lammfellbezug hat eine lange Lebensdauer und hält von allen verwendeten Bezügen am besten den Beschichtungsstoff.
- Das Lammfell wird von stark alkalischen Farben wie Silikatfarben angegriffen und langfristig zerstört.
- **Synthetikbezüge** aus Kunstfaserplüsch haben ebenfalls gute Gebrauchseigenschaften. Sie halten länger als Lammfell und sind alkalibeständig. **Achtung**! Bei Billigprodukten legen sich die Fasern gerne flach. Das verringert die Auftragsleistung.

Beim Farbauftrag auf rauen Putzen muss die Farbe gut ausgerollt werden, damit in den Vertiefungen des Putzes nicht zu viel Farbe stehen bleibt. Dies kann zu Trocknungsrissen führen.

Die Verwendung von **Zubehör** erleichtert das Arbeiten mit Rollwerkzeugen.

- Mit der **Teleskopstange** lässt sich die Reichweite erheblich vergrößern und damit Zeit einsparen.
- Mithilfe eines **Farbreinigungsgerätes** (Waschrohr) lässt sich die Reinigung der Walzen mühelos erledigen (Bild 7).
- Farbwalzen mit Synthetikbezug kann man in der **Farbrollerbox** bis zum nächsten Tag ohne Reinigung aufbewahren.

Das formgenaue Beschneiden der Stuck- und Zierelemente muss mit dem Pinsel geschehen. Je nach Größe der Flächen eignen sich hier spezielle Fassadenpinsel, Flächenstreicher oder Heizkörperpinsel.

Das Airlessspritzen

An der Gebäuderückseite und beim Anbau setzt der Malermeister ein **Airlessspritzgerät** ein (Bild 8 und 9). Da hier große zusammenhängende Flächen vorliegen, lohnt sich der Einsatz. Beim Airlessspritzen wird der Luftdruck durch den **Materialdruck** ersetzt. Der Beschichtungsstoff wird über eine Kolben- oder Membranpumpe direkt aus dem Eimer oder einem Vorratsbehälter angesaugt, unter einem **Druck von etwa 150 bis 300 bar** zur Spritzpistole geführt und ohne Druckluft zerstäubt. Wegen des hohen Drucks brauchen auch hochviskose Materialien nicht verdünnt zu werden. Durch die spezielle Bauart der Airlesspistole und durch die Düsenform wird der Beschichtungsstoff ohne Zuhilfenahme von **Luft** (airless) in feinste Tröpfchen zerstäubt.

Vorsicht! Während des Betriebs stehen Schlauch und Pistole unter sehr hohem Druck. In der Nähe der Düse besteht erhebliche Verletzungsgefahr durch den scharfen Sprühstrahl. Pistole niemals auf Personen richten, Verletzungsgefahr! Bei Arbeitsunterbrechungen Abzugshebel sichern (Bild 9)!

Vorteile:
- hohe Flächenleistung
- auch hochviskose Beschichtungsstoffe können ohne Verdünnung verarbeitet werden
- wenig Sprühnebelbildung

Wegen der geringeren Oberflächenqualität eignet sich das Airlessverfahren weniger für hochwertige Lackierarbeiten.

Aufgaben

1. *Nennen Sie drei vorteilhafte Eigenschaften von KD-Farben.*
2. *Welchen Einfluss hat die Witterung auf die Verarbeitung von KD-Farben?*
3. *Beschreiben Sie die Vorgänge bei der Filmbildung (Trocknung) von Kunststoff-Dispersionen und geben Sie die typische Bezeichnung dieses Vorganges an.*
4. *Erklären Sie die Bedeutung der MFT für die Verarbeitung von KD-Farben.*
5. *Welche Rollwerkzeuge eignen sich besonders für die Verarbeitung von KD-Farben? Begründen Sie Ihre Antwort.*
6. *Beschreiben Sie die Funktionsweise des Airlessspritzverfahrens.*

EXKURS Kunststoff-Dispersion

Die Bindemittel der heutigen Kunststoff-Dispersionsfarben sind **Suspensionen**. In ihnen sind kleine Kunststoffteilchen in Flüssigkeiten, hauptsächlich Wasser, feinst verteilt. Die Filmbildung (Trocknung) dieser Suspensionen wird **Kalter Fluss** genannt.

Nach dem Auftragen der KD-Farbe verdunstet das Wasser und die einzelnen Kunststoffteilchen fließen zusammen, bis sie sich berühren. Dann beginnt die Verschmelzung der etwa 0,1 bis 1 µm großen Teilchen miteinander, bis ein gleichmäßiger Anstrichfilm entstanden ist. Dabei umhüllen die viel kleineren Kunststoffteilchen die größeren Pigmente. Zwischen den einzelnen Teilchen verbleiben noch winzige Poren. Das ist der Grund dafür, dass Dispersionsfarben eine größere Wasserdampfdurchlässigkeit besitzen als Lacke. Je kleiner die Kunststoffteilchen einer Suspension sind, desto mehr glänzt der Anstrichfilm.

Lösung | **Suspension**

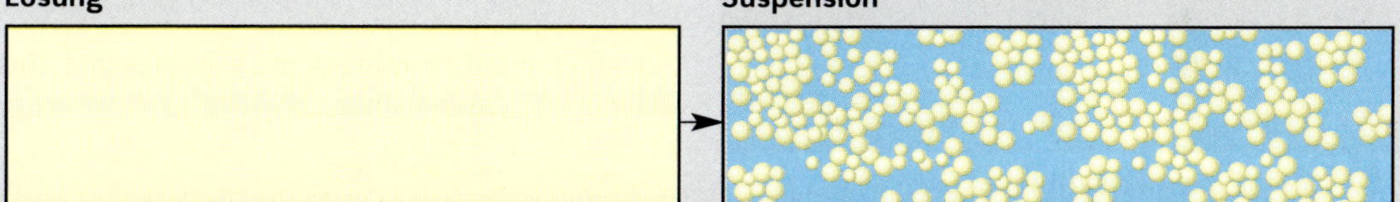

Lösung: Hier hat sich das Acrylharz im Lösemittel vollständig aufgelöst, wie z.B. bei einem Acrylharz-Klarlack.

Suspension: Hier liegt das Harz in Form kleiner klebriger Kunststoffteilchen vor, die in Wasser feinst verteilt sind.

Der Kalte Fluss (Filmbildung einer unpigmentierten Suspension)

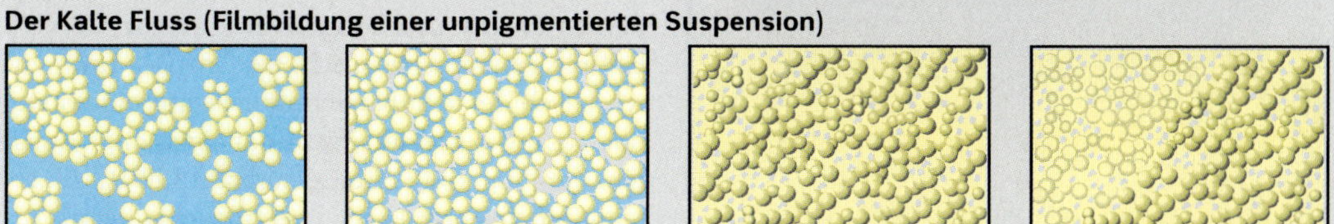

1. Das Wasser verhindert, dass sich die Kunststoffteilchen im Eimer berühren und miteinander verschmelzen.
2. Nach dem Auftragen beginnt die Verdunstung des Wassers und die Kunststoffteilchen fließen näher zusammen.
3. Hier hat der Verschmelzungsprozess schon begonnen. Die Kunststoffteilchen berühren sich und gehen ineinander über.
4. Der Filmbildungsprozess, – der **Kalte Fluss** – ist schon teilweise abgeschlossen. Ein zusammenhängender Film bildet sich aus.

Damit der Kalte Fluss stattfinden kann, muss die **M**inimale **F**ilmbildungs-**T**emperatur (**MFT**) von + 5 °C eingehalten werden. Bei Arbeiten unterhalb dieser Temperatur kann sich kein zusammenhängender, haltbarer Anstrichfilm bilden.

©Caparol Farben Lacke Bautenschutz

1. Mineralfarben werden häufig für historische Gebäude vorgeschrieben.

2. Bei Mineralfarbanstrichen müssen Glas- und Keramikflächen abgedeckt werden.

3. Reinsilikatfarben müssen vor der Verarbeitung aus Fixativ und Farbpulver angemischt werden.

2.20 Beschichtungen mit mineralischen Farben

Historische Gebäude (Bild 1) müssen im Laufe ihres langen Lebens öfter gestrichen werden. Damit die Putzstruktur durch die vielen Schichten nicht immer mehr zugeschlämmt wird, sollten auf solchen Fassaden dünnfilmige Anstrichsysteme eingesetzt werden.

Silikatfarben schützen historische Gebäude

Eine Untergrundprüfung ergibt, dass der Altanstrich mit einer mineralischen Farbe ausgeführt wurde. Auf Vorschlag des Denkmalpflegers soll die Neubeschichtung mit einer **Silikatfarbe** ausgeführt werden. Solche Beschichtungen schlämmen die Putzstruktur nur wenig zu und passen in ihrem kalkmatten Aussehen gut zum Charakter historischer Gebäude.

Nur rein mineralische Untergründe oder solche mit einem Mineralfarbenanstrich können mit Reinsilikatfarben beschichtet werden.

Silikatfarben wirken ätzend

Das Bindemittel der Silikatfarben **Kaliwasserglas** ist mit einem pH-Wert von etwa 12 bis 13 stark alkalisch.

Vor Beginn der Beschichtungsarbeiten müssen Glas- und Keramikflächen sorgfältig abgedeckt werden (Bild 2). Farbspritzer führen zu Verätzungen.

Selbstverständlich müssen auch Augen und Haut der verarbeitenden Maler gegen Silikatfarbenspritzer geschützt werden.

Reinsilikatfarben sind nicht verarbeitungsfertig

Reinsilikatfarben können nicht verarbeitungsfertig geliefert werden. Sie müssen aus den beiden Komponenten **Fixativ** und **Farbpulver** kurz vor der Verarbeitung zusammengemischt werden. Das Farbpulver wird nach Herstellervorschrift in Fixativ eingesumpft und anschließend mit Fixativ auf die richtige Konsistenz verdünnt (Bild 3). Eingesumpfte Silikatfarbe sollte innerhalb von 10 Tagen verarbeitet werden.

*Zum Abtönen von Silikatfarben sind besondere **alkalibeständige** Abtönfarben erforderlich.*

Die Verarbeitung

Der Grundanstrich wird mit verdünnter Silikatfarbe oder mit speziellem Grundierkonzentrat mittels Streichbürste ausgeführt.

*Tiefgründe auf Kunstharzbasis (LM-haltig) oder auf Dispersionsbasis (wasserverdünnbar) lassen eine Verkieselung **nicht mehr zu**.*

Damit es nicht zu Ansätzen auf der Fläche kommt, sollte immer die ganze Fläche **„nass-in-nass"** mit mehreren Gesellen auf jeder Gerüstlage beschichtet werden. Silikatfarben können sowohl gestrichen, gerollt als auch airless gespritzt werden. Zwischen zwei Anstrichen muss eine Trockenzeit von mindestens 12 Stunden eingehalten werden.

Silikatfarben trocknen durch Verkieselung

Bild 4 zeigt, wie das Bindemittel Kaliwasserglas tief in das Porengefüge des mineralischen Untergrundes eindringt. Dort reagiert das Wasserglas mit dem CO_2 der Luft und verbindet sich mit dem mineralischen Untergrund. Es entsteht ein untrennbares Gefüge zwischen Putz und Beschichtung und keine nur oberflächlich anhaftende Beschichtung.

Eigenschaften von Silikatfarben

Silikatfarben besitzen eine gute Lichtbeständigkeit und ergeben hoch wasserdampfdurchlässige, sehr haltbare und unbrennbare Beschichtungen (Bilder 5 und 6). Sie sind beständig gegen viele Säuren und verhindern die Ansiedlung von Schimmelpilzen und Bakterien. Wegen der geringen Schlagregendichtigkeit von Silikatfarben sollten stark wetterbeanspruchte Flächen zusätzlich hydrophobiert werden.

Dispersionssilikatfarben sind **verarbeitungsfertige** Silikatfarben mit geringen Beimischungen (max. 5 %) einer Kunststoff-Dispersion. Sie haben sehr ähnliche Eigenschaften wie die Reinsilikatfarben, bieten aber einen besseren Schutz gegen Schlagregen. Bei den **Sol-Silikatfarben** kommt durch die Kombination von Kieselsol und Wasserglas ein weiterer Vorteil hinzu: Sie haften gut auch auf nicht mineralischen Untergründen (KD-Farbe, Silikonharzfarbe ...). Mit mineralischen Untergründen verkieseln sie wie Reinsilikatfarben.

Aufgaben

1. *Nennen Sie das Bindemittel von Reinsilikatfarben.*
2. *Aus welchen Komponenten werden Reinsilikatfarben zusammengemischt?*
3. *Welche Voraussetzungen müssen Untergründe erfüllen, die mit Silikatfarben beschichtet werden?*
4. *Warum müssen Glas und Keramikflächen vor Silikatfarbenspritzern geschützt werden?*

4. Verkieselung: Hier sieht man, wie sich die Silikatfarbe mit dem Untergrund fest verbunden hat.

5. Wegen ihrer sehr guten Lichtbeständigkeit verblassen Silikatfarben weit weniger als die hier gezeigte Fassadenfarbe. Ihr Farbton hat sich nur hinter den geöffneten Fensterläden gehalten, daneben ist er stark verblasst.

6. Wie dieser Versuch zeigt, sind Silikatfarben unbrennbar.

1. Dieses Kalksandstein-Sichtmauerwerk soll weiß gestrichen werden.

2. Silikonharzfarben lassen sich leicht und ansatzfrei verarbeiten.

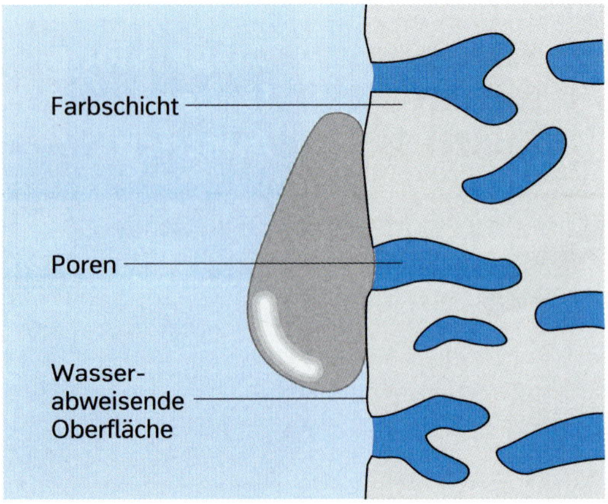

3. Abperleffekt der Silikonharzfarbe

2.21 Beschichtungen mit Silikonharzfarben

Das in Bild 1 gezeigte Wohnhaus mit KS-Sichtmauerwerk war ursprünglich farblos imprägniert worden, damit das graue Fugenmuster besser zur Geltung kam. Nachdem es zu einigen Durchfeuchtungen kam, wünscht der Eigentümer nun eine deckende weiße Beschichtung.

Kalksandsteinmauerwerk saugt stark

Bei der Untergrundprüfung stellt die beauftragte Malermeisterin fest, dass das Mauerwerk an einigen Stellen nicht richtig verfugt ist. Diese Mängel müssen vor Beginn der Beschichtungsarbeiten behoben werden. Weil Kalksandsteine Feuchtigkeit stark aufsaugen, müssen an das Beschichtungssystem besondere Anforderungen gestellt werden. Deshalb empfiehlt die Malermeisterin einen **Silikonharzfarbenanstrich**, der sehr regendicht und trotzdem sehr diffusionsoffen ist.

Silikonharzfarben erfordern spezielle Grundierungen

Für die Grundierung des bislang ungestrichenen KS-Sichtmauerwerks wird eine Spezialgrundierung auf Silikonharzbasis gewählt. Sie hat eine hydrophobierende, porenauskleidende Wirkung.

Das Grundierkonzentrat wird nach Herstellervorschrift verdünnt und mit einer Streichbürste oder durch Fluten satt aufgetragen. Es darf aber nicht glänzend auf der Oberfläche stehen bleiben.

Für glatte und wenig saugende Untergründe werden weiß vorpigmentierte **Haftgrundierungen** eingesetzt.

Silikonharzfarben lassen sich leicht verarbeiten

Für die Zwischen- und die Schlussbeschichtung wird die Silikonharzfarbe nach Herstellerangabe, meist mit 5 bis 10% Wasser, verdünnt.

Wegen ihrer sahnigen Konsistenz lassen sich Silikonharzfarben gut mit der Rolle auftragen (Bild 2).

Damit eine Verfilmung stattfinden kann, dürfen Silikonharzfarben nicht bei einer Luft- oder Objekttemperatur unter + 5 °C verarbeitet werden.

Der Anstrich trocknet tuchmatt auf. Silikonharzfarben können auch airless gespritzt werden. Es gibt keine Ansätze und Flecken. Auch bei Materialansammlungen in den Vertiefungen von rauen Putzen kommt es kaum zu Schrumpfrissen.

Eigenschaften von Silikonharzfarben

Fassadenfarben auf Silikonharzbasis bieten eine Reihe von Vorteilen:

- Sie sind sehr wasserabweisend, bilden aber keinen dichten Anstrichfilm (Bild 3 und 4). Schadstoffbelasteter Regen kann nicht in die Fassade eindringen.
- Die sehr feinporige Beschichtung (Bild 5) ist sehr wasserdampfdurchlässig. Das hat den Vorteil, dass eingedrungende Feuchtigkeit leicht ausdünsten kann, ohne dass es zu Wasseransammlungen (Wasserblasen) unter dem Anstrichfilm kommt.
- Silikonharzfarben sind sehr beständig gegen Abrieb und UV-Strahlung.
- Der Anstrich ist nicht thermoplastisch und neigt deshalb weniger zu Verschmutzung.
- Mineralische Putze, die noch nicht vollständig abgebunden sind, können durch den Anstrich hindurch Kohlendioxid aufnehmen und dadurch vollständig aushärten.
- Der Anstrichfilm entwickelt beim Trocknen kaum Eigenspannungen, ist aber auch nicht elastisch.
- Durch ihre feinporöse Oberfläche erinnern Silikonharzfarben in ihrem Aussehen an einen Mineralfarbenanstrich (Bild 5).

Einsatz und Grenzen von Silikonharzfarben

Silikonharzfarben haften auf fast allen tragfähigen bauüblichen Untergründen.

Als Betonschutzbeschichtungen sind sie weniger geeignet, weil sie die Karbonatisierung nicht genügend unterbinden.

Der Anstrichfilm ist sehr diffusionsoffen, aber wenig elastisch, weshalb Silikonharzfarben kaum zur Rissüberbrückung geeignet sind. Silikonharzfarben vereinen die Eigenschaften von Silikat- und KD-Farben. Wie Diagramm 6 zeigt, haben Silikonharzfarben eine etwas höhere Wasserdampfdichtigkeit als Silikatfarben. Ihre Wasseraufnahme ist im Vergleich zur Silikatfarbe aber sehr gering.

Aufgaben

1. *Begründen Sie, warum Silikonharzfarben für stark wasserbelastete Fassaden besonders geeignet sind.*
2. *Womit werden Silikonharzfarben verdünnt?*
3. *Warum eignen sich Silikonharzfarben nicht zur Rissüberbrückung?*
4. *Vergleichen Sie Eigenschaften und Verarbeitung von Silikonharzfarben und Silikatfarben.*

4. Die wasserabweisende Wirkung der Silikonharzfarben ist so stark, dass das Wasser wie von einer Glasscheibe abperlt.

©Caparol Farben Lacke Bautenschutz

5. Bei 1000-facher Vergrößerung einer Silikonharzfarbe erkennt man deren poröse, mineralähnliche Struktur.

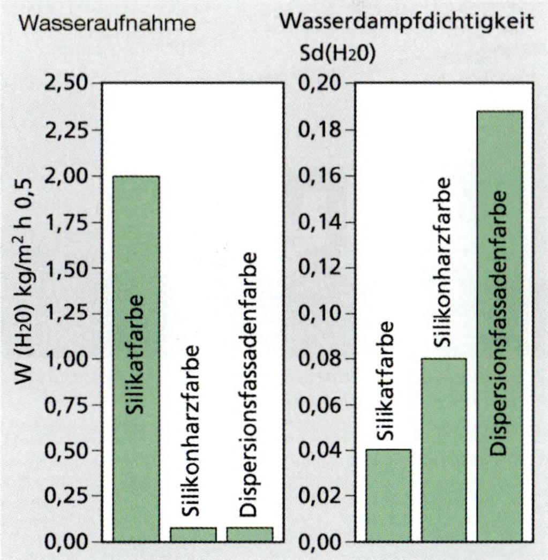

6. Anhand der Diagramme erkennt man die Zwischenstellung der Silikonharzfarben zwischen Silikat- und KD-Farben.

1. Freistehende, verschmutzte Carportwand

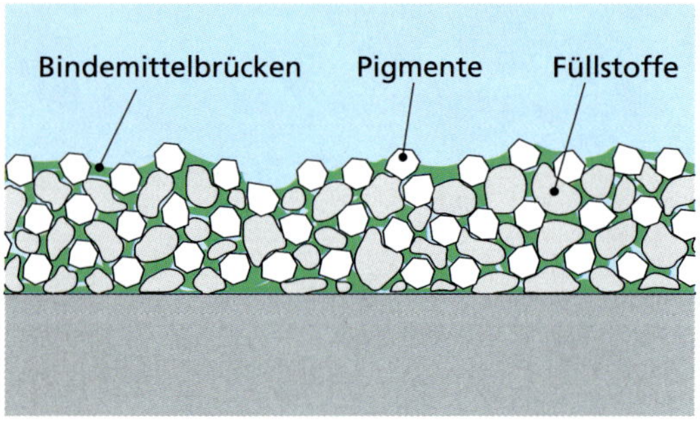

2. Im Anstrichfilm der Polymerisatharzfarbe sind die Pigmente und Füllstoffe durch Bindemittelbrücken verbunden.

3. Gebäude aus Porenbeton müssen vor der Witterung besonders geschützt werden.

2.22 Fassadenfarben mit besonderen Eigenschaften

Die Wand eines Carports (Bild 1) aus Kalksandsteinen ist im Laufe der Zeit stark verwittert. Aufgrund starker Durchfeuchtung wurden Salze aus den Steinen und Mörtelbindemittel ausgewaschen. Weil die Wand zum Teil beidseitig bewittert wird, führt der beauftragte Malerbetrieb eine Beschichtung mit Polymerisatharzfarbe durch.

Polymerisatharzfarben

Polymerisatharzfarben sind wasserfreie, **lösemittelverdünnbare** Fassadenfarben (Bild 2). Sie eignen sich besonders zum Schutz von Beton-, KS- und Asbestzementflächen.

Damit sich auf der Wand nicht so schnell wieder Moose und Algen ansiedeln, wird eine fungizid ausgerüstete Polymerisatharzfarbe verarbeitet.

Fassadenfarben können vom Hersteller fungizid oder algizid, das heißt pilz- und algenwidrig, ausgerüstet werden.

Eigenschaften von Polymerisatharzfarben

Polymerisatharzfarben eigenen sich gut als Betonschutzbeschichtung. Aufgrund ihrer Bindemittelzusammensetzung verhindern sie die schädliche Karbonatisierung des Betons. Ein weiterer Vorteil liegt darin, dass sie spannungsfrei auftrocknen und unempfindlich gegen Frost sind.
Polymerisatharzfarben können überall dort eingesetzt werden, wo die Eigenschaften der wasserverdünnbaren Beschichtungsstoffe nicht ausreichen:

- auf Flächen mit wasserlöslichen Verschmutzungen im oder auf dem Untergrund
- auf Flächen mit Salzausblühungen; eine wasserhaltige Beschichtung würde die Salze wieder lösen
- auf Flächen, die durch Ruß oder Industrieabgase verschmutzt sind
- in Innenräumen auf nikotinverschmutzten (nikotinverseuchten) Untergründen

Polymerisatharzfarben können auch bei Temperaturen unterhalb von 0 °C verarbeitet werden.

Polymerisatharzfarben lassen sich mit den üblichen Werkzeugen für Fassadenfarben verarbeiten. Die verwendeten Werkzeuge müssen mit Lösemitteln, beispielsweise Testbenzin, gereinigt werden. Das ist für die Gesundheit und die Umwelt nachteilig.

Porenbetonbeschichtungen

Das in Bild 3 gezeigte Firmengebäude wurde aus großformatigen Porenbetonplatten gebaut. Dieses Material hat eine gute Wärmedämmung, weil es viele kleine luftgefüllte Poren besitzt. Es muss vermieden werden, dass die sehr offenporige Oberfläche den Regen in sich aufsaugt.

Es dürfen nur solche Beschichtungen zum Einsatz kommen, die vom Hersteller ausdrücklich für Porenbeton zugelassen sind. Sie müssen die Wasseraufnahme des Porenbetons so weit wie möglich unterbinden und alkalibeständig sein.

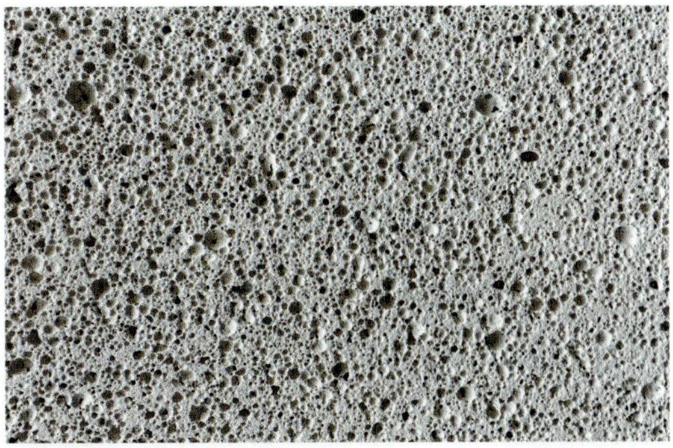

4. Die Poren des Porenbetons müssen mit dem Beschichtungsstoff porenfüllend verschlossen werden. Hierzu eignet sich insbesondere eine Streichbürste.

Auf die richtige Verarbeitung kommt es an

Damit ein dichter, schützender Film entsteht, muss der Beschichtungsstoff **porenfüllend** eingearbeitet werden (Bild 4).
Die Schlussbeschichtung kann mit Streichbürste, Lammfellroller oder im Spritzverfahren (z. B. mit der Trichterpistole) erfolgen. Je nach verwendetem Rollwerkzeug erhält die beschichtete Oberfläche ihre Struktur (Bild 5).

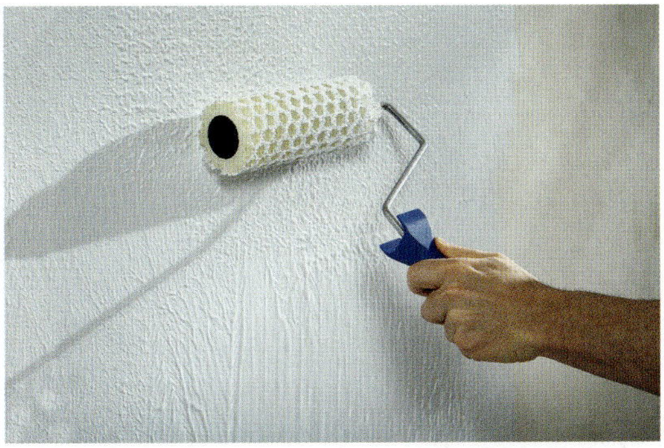

5. Strukturierung der Schlussbeschichtung mit der Erbslochwalze

Sonstige Fassadenfarben

Einige Firmen nutzen die **Nanotechnologie**, um zu erreichen, dass Fassadenfarben weniger verschmutzen, farbtonstabiler sind und weniger kreiden.

Die Nanotechnologie befasst sich mit der Welt der allerkleinsten Dinge. Ein Nanometer ist der millionste Teil eines Millimeters. Der Durchmesser eines menschlichen Haares ist fünfzigtausendmal größer.

Fotokatalytische Fassadenfarben in Nanotechnologie sind modifizierte Acryl-Fassadenfarben mit „Katalysatoren". Das sind lichtaktive Nanopartikel, die unter Lichteinwirkung chemisch mit dem Fassadenschmutz, besonders mit organischen Ablagerungen wie Ruß und Blütenstaub, reagieren. Die Katalysatoren zersetzen den Schmutz in winzige Partikel, ohne dabei selbst zu verschleißen. Die zersetzten Rückstände können dann vom Regen abgewaschen werden. Damit eignen sich solche Fassadenfarben besonders für Häuser an verkehrsreichen und damit abgasbelasteten Straßen (Bild 6).

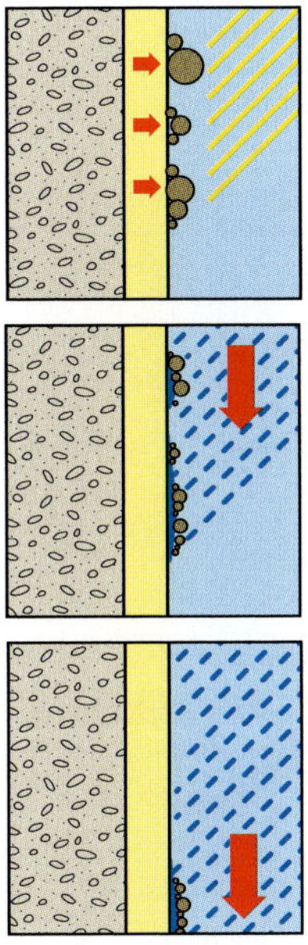

1. Das Sonnenlicht aktiviert den Katalysator in der Beschichtung und zersetzt den Schmutz in winzige Partikel.
2. Die zersetzten Schmutzpartikel werden vom Regen unterspült und lösen sich von der Fassade.
3. Das Regenwasser transportiert den Schmutz ab.

6. Wirkungsweise einer fotokatalytischen Fassadenfarbe in Nanotechnologie

Hybrid-Fassadenfarben

Als Hybrid-Fassadenfarben werden jene Beschichtungsstoffe bezeichnet, die aus verschiedenen Bindemitteln bestehen. Dadurch werden die positiven Eigenschaften der verschiedenen Bindemittel in einem Produkt vereint.

7. Der Kunde wünscht sich für seine helle, mit einem WDVS versehene Fassade einen Überholungsanstrich in einer modernen dunklen Farbe.

RAL-Farbton Nr.	Farbton	Temperatur	Tönung
9001	Weiß	40–50 °C	hellgetönt
1004	Gelb		
1015	Hellelfenbein		
2002	Blutorange	50–65 °C	mittelgetönt
3000	Feuerrot		
3003	Rubinrot	65–80 °C	dunkelgetönt
5007	Brillantblau		
5010	Enzianblau		
6001	Resedagrün		
7001	Silbergrau		
7011	Eisengrau		
7031	Blaugrau		
8003	Siena		
9005	Schwarz		

8. Abhängigkeit zwischen der Aufheizung einer Fassadenfläche und ihres Farbtons

9. Aufheizung des WDVS bei dunklen Beschichtungen auf über 70 °C

Problemfall: Dunkle Beschichtungen auf WDVS

Je nach Farbton der Beschichtung heizt sich die Oberfläche der Fassade unterschiedlich auf (Tabelle 8).

Bei einem WDVS aus EPS (Expandiertes Polystyrol) führt ein wiederholtes Ansteigen der Oberflächentemperatur auf über 70 °C zu Schäden in der Dämmschicht und an der Putzoberfläche (Bild 9).

Deshalb wird der Hellbezugswert (HBW) der Beschichtung laut DIN 55699 und dem BFS-Merkblatt Nr. 18 auf den HBW 20 begrenzt.

In der Vergangenheit konnte dem Wunsch des Kunden nach intensiven Beschichtungen also nur im Neubaubereich durch rein mineralische Dämmung oder durch spezielle Armierungsmassen nachgekommen werden. Im Sanierungsfall konnten dunkle Farben auf EPS-Systemen bisher keine Verwendung finden (Bild 7).

Hellbezugswert kontra TSR-Wert

Der Hellbezugswert drückt aus, welche Helligkeit eine Farbe für das menschliche Auge im Vergleich zu reinem Weiß (HBW 100) bzw. zu tiefem Schwarz (HBW 0) hat.

Auf einer Fassade führt die gesamte Sonnenenergie zu einer Aufheizung, wobei der für den Menschen sichtbare Bereich des Lichtes nur ca. 39 % der Sonnenenergie ausmacht (Bild 10).

Der Hellbezugswert hat demnach keine ausreichende Aussagekraft über das Aufheizverhalten einer Fassade.

Eine Beschichtung, die auf ein WDVS aufgebracht werden soll, muss folglich auch im Infrarotbereich eine gute Reflexion aufweisen. Der Wert, der die gesamte solare Reflexion misst, ist der TSR-Wert.

TSR steht für Total Solar Reflectance. Die Werte variieren wie beim Hellbezugswert von 0 bis 100, wobei ein hoher Wert eine gute und ein niedriger entsprechend eine schlechtere Reflexion bedeutet.

Wärmereflektierender Anstrich zur Reduktion der solaren Aufheizung

Beschichtungen nach der TSR-Formel, die auch Nahinfrarot-reflektierende Beschichtungen (NIR-Beschichtungen) genannt werden, haben durch ihre speziellen Pigmente die Fähigkeit, Teile des Sonnenlichtes im nicht sichtbaren Infrarotbereich zu reflektieren. Dadurch verringert sich die Oberflächentemperatur um ca. 15 bis 20 % im Vergleich zu herkömmlichen Pigmenten, sodass dunkle Farben auch auf WDVS eingesetzt werden können (Bild 11).

Das Bindemittel dieser Farben ist in der Regel Reinacrylat, da dieses auch bei hohen Temperaturen eine maximale Adhäsion (Anhangskraft) und Langlebigkeit sicherstellen kann. Aber auch Silikonharze werden zunehmend angeboten, allerdings zulasten der Farbtonvielfalt.

Der Beschichtungsaufbau

In der Medizin werden Infrarotstrahlen für ihr tiefes Eindringen geschätzt (Tiefenwärme). Aber auch Anstriche werden von Infrarotstrahlen teilweise durchdrungen, weshalb der Untergrund eine maximale Reflexion haben sollte. Demnach müssen die infrarotreflektierenden Farben generell auf weiße Untergründe aufgebracht werden, damit es zu keiner Verschlechterung des gewünschten Effektes kommt.

Neben den optischen Vorteilen verbessert sich auch der sommerliche Wärmeschutz der Objekte.

Geringere Oberflächentemperaturen verringern den Bedarf an Klimatisierungsmaßnahmen und ermöglichen so erhebliche Energieeinsparungen.

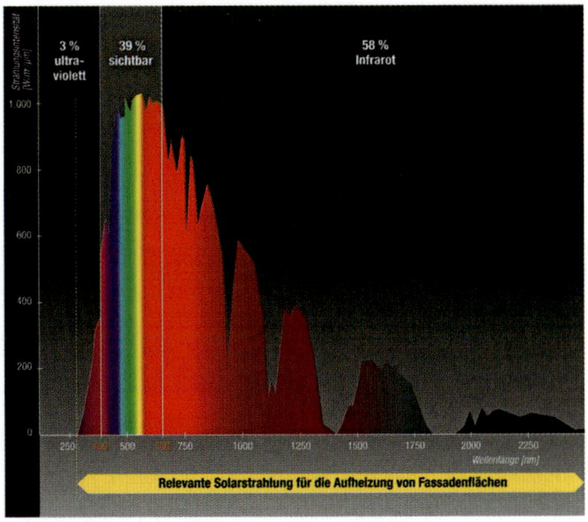

10. Sichtbare und nicht sichtbare Bestandteile des Sonnenlichtes

11. Durch einen wärmereflektierenden Anstrich konnte der Überholungsanstrich auf dem WDVS mit einem Hellbezugswert < 20 ausgeführt werden.

Aufgaben

1. *Nennen Sie drei Einsatzmöglichkeiten von Polymerisatharzfarben.*
2. *Welche wichtigen Anforderungen müssen Porenbetonbeschichtungen erfüllen?*
3. *Informieren Sie sich mithilfe des Internets und Technischer Merkblätter über Fassadenfarben in Nanotechnologie.*
4. *Was sind Hybrid-Fassadenfarben und welche Vorteile bieten sie?*
5. *Beschreiben Sie den Unterschied zwischen dem Hellbezugswert und dem TSR-Wert.*
6. *Erklären Sie die Funktionsweise eines wärmereflektierenden Anstrichs. Welche Vorteile ergeben sich daraus?*

1. Bäume und Sträucher begünstigen das Auftreten von biologischem Befall, da auf ihnen immer Algen und Pilze vorhanden sind, die das Haus infizieren.

2. Eine Detailaufnahme einer von Algen und Moosen befallenen Fassade.

3. Pilzbefall einer Fassade. Die Nord- und Westseite eines Hauses ist überwiegend betroffen. Im Norden trocknet aufgrund der geringen Sonneneinstrahlung anfallende Feuchtigkeit nur schlecht ab. Die Westseite, in Deutschland auch Wetterseite genannt, wird hingegen durch Regen am häufigsten nass.

2.23 Biologischer Befall durch Algen und Pilze

Dieses von Bäumen und Sträuchern umgebene Haus ist über die Jahre unansehnlich geworden. Der zur Sanierung herbeigerufene Malermeister stellt starken biologischen Bewuchs mit Algen und Pilzen fest (Bild 2).

Was sind Algen und Pilze?

Algen und Pilze gehören zu den ältesten Organismen auf der Erde. Zum Leben und zur Vermehrung brauchen sie nur Licht, Feuchtigkeit und Mineralien bzw. organische Substanzen aus dem Untergrund.

Algen und Pilze an Fassaden

Pilzsporen und sogenannte Luftalgen haben eine Größe von ca. 10 µm (0,01 mm). Sie werden durch den Wind an Fassaden befördert und lagern sich dort an. Ist dort genügend Feuchtigkeit vorhanden, beginnen sie sich zu vermehren.

Algen und Pilze benötigen Feuchtigkeit zum Wachsen. Aber selbst wenn der Untergrund einmal austrocknet, sterben sie nicht.

Wann vermehren sich Algen und Pilze an der Fassade?

Algen und Pilze vermehren sich, wenn die Fassade über einen längeren Zeitraum feucht ist.
Als Gründe für eine feuchte Fassade sind folgende Faktoren zu nennen:

- hohe Niederschläge
- aufsteigende Feuchtigkeit aus dem Erdreich
- Spritzwasserbelastung (z. B. im Sockelbereich)
- starker Baumbestand (Bild 1)
- schattige bzw. windgeschützte Flächen, da dort anfallende Feuchtigkeit schlechter abtrocknet
- niedrige Temperatur der Fassade (Bild 4)
- konstruktive Gegebenheiten, z. B. geringe Dachüberstände

Bei entsprechenden Rahmenbedingungen, kann es an jedem Gebäude zum Wachstum von Algen- und Pilzkolonien kommen.

Die Vorbehandlung

Die Untergrundvorbereitung betroffener Flächen muss sehr sorgfältig erfolgen:

- eventuell vorhandene Pflanzen- und Saugpollen von Rankgewächsen mechanisch oder durch Abflammen entfernen
- Reinigung der Fassade durch Nassstrahlen unter Beachtung der gesetzlichen Vorschriften
- nachwaschen der Fassade mit bioziden Mitteln, die Pilzsporen und Algen wirksam vernichten oder, wenn nötig, Anwendung eines speziellen biozid eingestellten Grundbeschichtungsstoffes (Bild 5)

Die Beschichtung gefährdeter Flächen

Die anschließende Beschichtung der Fassade sollte mit einer Fassadenfarbe erfolgen, die eine geringe Wasseraufnahme hat, um schnell abtrocknen zu können. In der Praxis haben sich folgende Systeme bewährt:

- werkseitig biozid eingestellte Farben zur temporären Vermeidung eines erneuten Befalls
- biozide Zusatzmittel, die in herkömmliche Silikonharz- bzw. Dispersionsfarben eingerührt werden
- spezielle Farben mit hydrophober, mikrostrukturierter Oberfläche, an der sich Algen und Pilze schlecht verankern können (Bild 6)

Der Maler hat nach geltendem Recht nicht nur die Pflicht, seine Arbeit nach den Regeln der Technik auszuführen, sondern er schuldet dem Kunden auch ein Erfolgssoll.

Im Falle der Beseitigung von Algen und Pilzen sollte der Maler dem Kunden schriftlich mitteilen, dass eine ausschließliche Beschichtung nur einen temporären Schutz darstellt.

Aufgaben

1. *Warum werden insbesondere Nord- und Westfassaden befallen?*
2. *Welche Faktoren, die zur Entstehung von Algen und Pilzen führen, kann der Maler beeinflussen?*
3. *Beschreiben Sie die fachgerechte Sanierung einer von Pilzen und Algen befallenen Fassade.*
4. *Informieren Sie sich über Fassadenfarben mit bioziden Zusatzstoffen.*

4. Je besser eine Fassade gedämmt ist, desto kälter ist die Fassade, wodurch Feuchtigkeit schlechter abtrocknet. Bei diesem WDVS ist deutlich zu sehen, dass die Dübel eine Wärmebrücke darstellen.

5. Das Nachwaschen bzw. Durchwaschen der Fassade mit biozid eingestellten Grundbeschichtungsstoffen darf nicht mit einem Airlessgerät erfolgen, da einerseits Aerosole eingeatmet würden und andererseits die grundierende Wirkung nicht zufriedenstellend wäre.

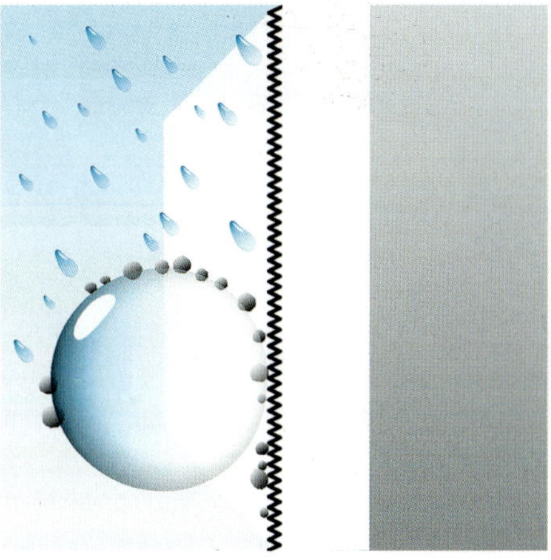

6. Durch die hochhydrophobe Oberfläche tropft der Regen sofort ab und schwemmt schlecht anhaftende Algen und Pilzsporen mit.

1. Der Sandstein an der Fassade dieses Schlosses ist durch Abgase und Verwitterung dunkel geworden.

2. Durch ablaufenden Regen und Spritzwasser hat sich dieser Sandsteinsockel verfärbt.

3. Schmutzkrusten und sich abschälende Steinoberfläche auf Sandstein

2.24 Natursteine als Baustoff

Historische Gebäude, wie das Schloss in Bild 1, wurden häufig mit Natursteinen gebaut. Auf dem gelben Elbsandstein haben sich im Laufe der Jahre dunkle Schmutzkrusten abgesetzt.

Die Verschmutzung und Verwitterung von Natursteinen ist ein natürlicher Vorgang der Alterung, der langfristig den Stein schädigt.

Wie man sieht, finden die Staub- und Schmutzablagerungen auf der relativ rauen Oberfläche des Sandsteines, besonders an den vorstehenden Teilen der Fassade, guten Halt (Bild 2). Durch Regen kommt es zu Ablauffahnen, welche die mitgeführten aggressiven Schadstoffe noch weiter auf der Steinoberfläche verteilen. Dies führt zu chemischen Reaktionen zwischen Stein, Schmutz und aggressivem Regen, die den Stein zerstören. Die Folgen davon sind dunkle Schmutzkrusten (Bild 3).

Sandstein

Zu den häufigsten bei uns verbauten Natursteinen gehören die vielen Sandsteinarten. Sandstein war wegen seines vielfältigen Vorkommens und seiner guten Bearbeitbarkeit ein beliebtes Baumaterial.

Es gibt verschiedene Sandsteinarten, die sich durch ihre Eigenschaften (insbesondere ihr Saugvermögen) und Farbabstufungen unterscheiden.

Die Farbskala von Gelb über Brauntöne, Rot, Graugrün bis hin zu Graublautönen bietet vielfältige Gestaltungsmöglichkeiten.

Sandstein lässt sich gut steinmetzmäßig bearbeiten, was sich an vielen bedeutenden großen, reich verzierten Gebäuden zeigt. Er ist relativ weich und empfindlich gegen aggressive Luft und Witterungseinflüsse. Deshalb zeigen diese Fassaden häufig starke Verschmutzungen und auch Moosbefall (Bild 4).

Tonschiefer

Dünne Platten aus Tonschiefer wurden und werden in manchen Gegenden Deutschlands bevorzugt zur Dacheindeckung und besonders zur Fassadenverkleidung eingesetzt. Tonschiefer ist sehr wetterfest, aber empfindlich gegen dauernde Durchfeuchtung. Dies ist auch der Grund, weshalb manchmal ältere Schieferfassaden beschichtet werden.

Kalkstein

Kalksteine haben ein Farbspektrum von Weiß, Gelb, über Beigebraun bis zu verschiedensten Grautönen. Sie lassen sich gut bearbeiten und sind gut wetterbeständig, aber empfindlich gegen Industrieabgase und sauren Regen.

Muschelkalk, Jurakalk (Solnhofener Platten) und Travertin finden vielfältige Verwendung am Bau.

Steinschädigung

Natursteine haben aufgrund ihrer Entstehung keine gleichmäßige Zusammensetzung wie künstliche Steine. Deshalb gehören sie zu den problematischen Beschichtungsuntergründen. Jede aufgebrachte Beschichtung verändert das innere Gleichgewicht der Steine. Daraus folgt, dass Natursteine möglichst nicht beschichtet werden sollten.

Beschichtungen verändern das bauphysikalische Verhalten von Natursteinen und können zu Schäden führen.

Deckende Beschichtungen verändern darüber hinaus das typische, vom Architekten gewollte Aussehen der Gebäude bzw. Bauteile.

Natursteinmauerwerk

Der Maler und Lackierer trifft an Bauwerken auf schon verarbeitete Natursteine. Die meisten Steine wurden vor dem Vermauern entweder von Hand oder maschinell behauen oder gesägt. Viele wurden an ihrer Oberfläche auch noch mit einer Struktur versehen (Bild 5).

Bei der Arbeit an Natursteinmauerwerk ist auch auf den Zustand der Fugen zu achten.

Beschädigte Verfugungen müssen vor Beginn der Beschichtungsarbeiten erneuert werden.

Wenn bei Neuverfugungen falsche Mörtel verarbeitet werden, kann es zu einer weiteren Steinschädigung kommen (Bild 6).

Aufgaben

1. *Nennen Sie Natursteinarten, die häufig an Bauwerken anzutreffen sind.*
2. *Warum sind deckende Beschichtungen von Natursteinen problematisch?*
3. *Welchen Einfluss haben defekte Mauerwerksfugen auf das Natursteinmauerwerk?*

4. Moos- und Algenbewuchs halten die Feuchtigkeit im Stein.

5. Durch die Art der Bearbeitung entstanden die unterschiedlichen Oberflächenstrukturen.

6. Hier entstanden Risse durch Verarbeitung von zu hartem Fugenmörtel.

1. Dieses Sandsteinrelief zeigt deutliche Verwitterungsspuren und Schmutzkrusten.

2. Schmutzkrusten auf der Sandsteinoberfläche verstopfen die Poren.

3. Schonende Natursteinreinigung mit dem Niederdruck-Rotationswirbelstrahlen

2.25 Reinigung von Natursteinen

Auf dem Sandsteinrelief in Bild 1 haben sich im Laufe der Zeit Schmutz und aggressiver Vogelkot abgesetzt. Durch eine Reinigung soll das Sandsteinrelief wieder in seinen ursprünglichen Zustand versetzt werden.

Welches Verfahren ist das geeignete?

Der weiche Sandstein ist mit fest haftenden Schmutzkrusten überzogen (Bild 2). Diese sind mit einer trockenen mechanischen Reinigung nicht zu entfernen.

Bei der Wahl des Reinigungsverfahrens muss darauf geachtet werden, dass die Steinoberfläche nicht oder so wenig wie möglich beschädigt, aufgeraut oder abgetragen wird.

Nassreinigungsverfahren

In vielen Fällen ist die kalte oder heiße Nassreinigung mittels Hochdruckreiniger ein wirkungsvolles Reinigungsverfahren. Bei dem Relief kam es allerdings zu merklichem Steinabtrag. Nach eingehender Information wurde das **Niederdruck-Rotationswirbelstrahlen** (JOS-Verfahren) eingesetzt. Erst als die Reinigung einer Probefläche an wenig auffälliger Stelle zufriedenstellend verlief, wurde das gesamte Relief gereinigt.

Beim **Niederdruck-Rotationswirbelstrahlen** wird ein Strahlgut unter sehr geringem Luftdruck (0,5–1,0 bar) mit wenig Wasser vermischt und auf den Untergrund gebracht. Mit einer speziellen Strahldüse wird das Strahlgut in Rotation versetzt und trägt so unter gleichmäßigem Druck die Verschmutzungen ab. Eine geringe Wasserzumischung bindet das Strahlgut und die abgetragenen Partikel. Ähnliche Verfahren sind das **Niederdruck-Feuchtstrahlen** sowie das Nebelstrahlen. Hier wird feines Strahlmittel mit geringem Luftdruck (5 bis 8 bar) und großer Luftmenge, etwa 1000 bis 8000 l/min, auf die Steinoberfläche geblasen. Alle diese Verfahren arbeiten sehr steinschonend (Bilder 3 und 4).

Andere Strahlverfahren

Bei harten Steinarten und stärkerer Verschmutzung können auch andere Strahlverfahren eingesetzt werden. Dazu gehören das Nass- oder Wasser-Sandstrahlen (Bild 5) und das Strahlen mit Strahlmitteln. Dabei ist darauf zu achten, dass nur zugelassene Strahlmittel (mineralisches Granulat, Glasgranulat) eingesetzt werden, Quarzsand ist verboten!

Persönliche Schutzausrüstung verwenden!

Reinigen mit Chemikalien

- **Alkalische Reiniger** eignen sich für kalkhaltige Untergründe (Kalkstein, Marmor, Travertin, Muschelkalk).
- **Saure Reiniger** eignen sich für säurebeständige Steine (Sandstein, Granit, Schiefer, Tuffstein).
- **Reiniger mit waschaktiven Substanzen** nutzen die Reinigungswirkung von Netzmitteln und Phosphaten. Sie eignen sich für viele Steinarten.

__Vorsicht!__ Chemische Reiniger können mit Natursteinen reagieren und zu Schäden führen.

4. Ein Sandsteinrelief nach der Reinigung

Die Verarbeitung chemischer Reinigungsmittel

- Alle Flächen, die nicht gereinigt werden sollen, besonders Glas und Alubauteile, aber auch Pflanzen im Arbeits- und Spritzbereich, müssen dicht abgedeckt werden. Spritzer und Ablauffahnen können bleibende Spuren hinterlassen!
- Die Arbeitskräfte müssen selbstverständlich geeignete Schutzbekleidung tragen.
- Reinigen von unten nach oben, damit der ablaufende Reiniger keine unterschiedlich lange Einwirkzeit erhält.
- Bei sauren Reinigern muss vorgenässt werden!
- Nach der vorgeschriebenen Einwirkzeit des Reinigers muss die Fläche mit einem Flüssigkeitsstrahler (kalt oder heiß) abgestrahlt werden.

5. Dieser härtere Stein wird mit dem Wasser-Sandstrahl-Verfahren optimal gereinigt.

Die Verarbeitungs- und Sicherheitshinweise des Herstellers müssen unbedingt eingehalten werden! Sicherheitsdatenblätter beachten!

Es ist darauf zu achten, dass im Spritzbereich parkende Autos entfernt und vorbeigehende Fußgänger durch Sprühnebel nicht gefährdet werden.

Graffitientfernung

Die Entfernung von Graffiti stellt eine besondere Problematik dar, weil hier die verschiedensten Beschichtungsstoffe versprüht werden. Für den vorbeugenden Schutz solcher gefährdeten Flächen gibt es spezielle Imprägnierungen. Sie verhindern die Verankerung der aufgesprühten Farben, sodass diese relativ leicht zu entfernen sind (Bild 6).

6. Hier wird eine mit Graffitischutz versehene Fläche gereinigt.

Aufgaben

1. *Nennen und beschreiben Sie ein steinschonendes Reinigungsverfahren für Sandstein.*
2. *Welche chemischen Reiniger sind für Sandstein nicht geeignet?*
3. *Begründen Sie, warum eine chemische Reinigung von unten nach oben erfolgen soll.*

1. Dieser Natursteinsockel weist großflächige Abschalungen mit schichtweise absandenden Bereichen sowie starke Verkrustungen auf.

2. Chemische Korrosion hat dem Sockel einer Fassade starke Schäden zugefügt, die nur noch durch eine Steinergänzung mit geeignetem Restauriermörtel oder durch einen Steinaustausch behoben werden können.

3. Der Sockel nach der Natursteinsanierung

2.26 Natursteinsanierung

Betrachtet man verwitterte Natursteine, so sind häufig folgende Schadensbilder zu erkennen:

- Absanden
- Bröckelzerfall
- Schalenbildung
- Rissbildung
- Abschuppen
- Krustenbildung (Bild 1)

Diese Schadensbilder sind als Folge verschiedener Verwitterungsprozesse zu sehen.

Ursachen der Natursteinverwitterung

Natursteine werden immer dann geschädigt, wenn sie

- Wasser und
- Schadstoffe in Form von in Wasser gelösten Salzen oder
- in Wasser gelöste saure Gase wie SO_2

aufnehmen.

Ziel der Natursteinsanierung muss es demnach sein, den Stein vor diesen schädigenden Faktoren zu schützen.

Die Verwitterungsprozesse

Seit jeher führt die Witterung bei Natursteinen zu Verwitterungsprozessen. Mit zunehmender Industrialisierung kamen weitere Faktoren hinzu, sodass die Natursteinkorrosion in die drei folgenden Arten eingeteilt werden kann:

Chemische Korrosion

Diese Art der Korrosion entsteht durch die Reaktion des Natursteins mit bspw. saurem Regen. Durch die im sauren Regen vorhandene Schwefelsäure wandelt sich der im Stein vorhandene Kalk in Gips um.

Kalk + Schwefelsäure → Gips + Wasser + CO_2

Vorerst kommt es zu einer Volumenvergrößerung um ca. 100 %. Anschließend wird der Gips, der bekanntlich nicht wetterfest ist, durch die Witterung zersetzt (Bild 1 und 2). Die Umwandlung von Kalk zu wasserlöslichem Gips stellt somit einen Bindemittelverlust für den Stein dar.

Physikalische Korrosion

Unter physikalischer Korrosion werden folgende schädigenden Faktoren zusammengefasst: Frost-Tau-Wechsel, Winderosion, Salzkristallisation, Salzhydration, hygrisches Quellen und Schwinden.

Biologische Korrosion

Nehmen Natursteine viel Wasser auf, stellen sie einen idealen Nährboden für Algen und Pilze dar, deren Stoffwechselprodukte (Säuren) den Stein chemisch angreifen.

Die Konsequenz aller Korrosionsarten liegt in einem Festigkeitsverlust des Steines in oberflächennahen oder tiefen Schichten.

Die Natursteinsanierung

Vor der eigentlichen Sanierung müssen die Steinoberflächen von Schmutz und biozidem Befall, wie Algen, Moosen und Pilzen, gereinigt werden (Bild 4). Die Natursteinsanierung umfasst eine ganze Reihe von Maßnahmen und Verfahren mit konservierendem, restaurierendem und prophylaktischem Charakter (Bild 5). Folgende Sanierungsmaßnahmen sind – neben der Beschichtung der Natursteine – im Maler- und Lackiererhandwerk anzutreffen:

Steinfestigung: Durch Verwitterung wird der Naturstein porös, d. h., im Inneren und an der Oberfläche bilden sich Poren, die die Festigkeit mindern. Zur Steinfestigung haben sich Produkte auf Basis von Kieselsäureester bewährt, da sie bei Reaktion mit Wasser Kieselgel abgeben, das den Stein festigt. Um dem Ziel, das ursprüngliche Festigkeitsniveau wiederherzustellen nachzukommen, muss der Stein hierbei komplett, d. h. bis zum unbewitterten Kern durchtränkt werden.

Hydrophobierung: Um die Aufnahme von Wasser und Schadstoffen zu reduzieren und den Stein zu konservieren, wird er hydrophobiert. Hydrophobierungen sind oft auf Basis von Silanen hergestellt und vermindern die Wasseraufnahme saugfähiger Steine.

4. Natursteine müssen schonend, aber gründlich gereinigt werden. Hierzu gibt es spezielle Systeme, die beispielsweise mit der Niederdruck-Wirbelstrahltechnik arbeiten.

Die wichtigsten Maßnahmen im Überblick		
Steinfestigung	Ausgleich von Festigkeitsverlusten durch gezielte Bindemittelzufuhr	**konservierend**
Steinergänzung	Ergänzung fehlender Steinbereiche bzw. Teile mit geeigneten Restauriermörteln	**restaurativ**
Steinaustausch	Austausch ganzformatiger Steine oder Werkstücke	**restaurativ**
Hydrophobierung	Verminderung der Wasser- und Schadstoffaufnahme als vorbeugender Korrosionsschutz	**konservierend – prophylaktisch**
Beschichtung	Wiederherstellung der ursprünglichen Optik; Schutz vor Abwitterung; Schutz vor Wasseraufnahme	**restaurativ – prophylaktisch**

5. Unterschiedliche Verfahren der Natursteinsanierung

Aufgaben

1. *Nennen Sie Ursachen der Natursteinschädigung.*
2. *Warum verwittern Natursteine heutzutage stärker als früher?*
3. *Beschreiben Sie Möglichkeiten der Natursteinsanierung.*
4. *Informieren Sie sich über die physikalische Korrosion von Natursteinen.*

1. Diese gereinigte Fassade muss vor Neuverschmutzung geschützt werden.

2. Fassade die noch nicht hydrophobiert wurde.

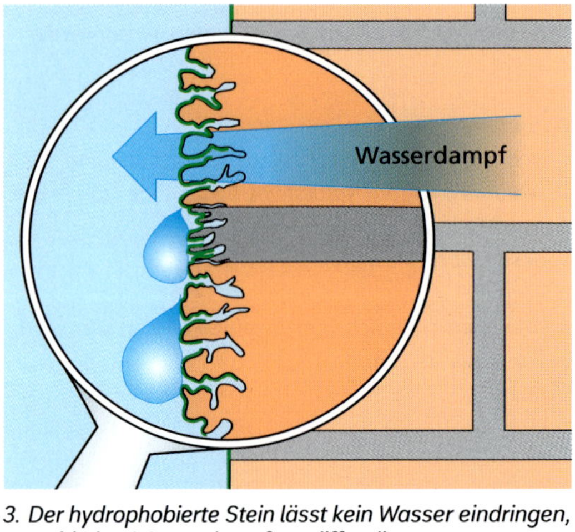

3. Der hydrophobierte Stein lässt kein Wasser eindringen, wohl aber Wasserdampf ausdiffundieren.

2.27 Hydrophobieren

Nachdem die Ziegelfassade (Bild 1) gereinigt wurde, muss verhindert werden, dass sie schnell wieder verschmutzt. Die durch die Reinigung geöffneten Poren saugen Feuchtigkeit und auf der Fassade liegenden Staub stark auf. Dies führt schnell zu neuer Verschmutzung. Durch Regen eingetragene Schadstoffe aus der Luft greifen den Stein an und führen zu seiner Zerstörung.
Diese Nachteile lassen sich mit einer hydrophobierenden Imprägnierung vermeiden.

> ***Hydrophobieren** heißt: wasserabweisend machen.*
> ***Imprägnieren** heißt: tränken, durchtränken.*

Welches ist das geeignete Imprägniermittel?

Die meisten der heute eingesetzten Imprägniermittel gehören zur Gruppe der Silikonharze, Siloxane, Silane und Silikonate. Diese Mittel haben eine Reihe guter Eigenschaften und verzichten vollständig auf organische Lösemittel, was der Gesundheit und der Umwelt zugute kommt:

- Sie dringen tief ein und kleiden die Poren sehr gut aus (Bild 3).
- Sie trocknen klebfrei auf, sodass sich kein Schmutz auf der Oberfläche festsetzen kann.
- Sie verfärben sich nicht unter UV-Einfluss und lassen den Untergrund in seinem ursprünglichen Aussehen unverändert (Bild 5).

Hydrophobierungscremes oder **-pasten** sind hochviskose wasserverdünnbare Imprägniermittel auf Basis von Siloxanen und Silanen. Neben einer guten Schutzwirkung gegen das Eindringen von Feuchtigkeit lassen sie sich auch gut verarbeiten. Sie werden mittels Rolle, Bürste oder Airlessgerät aufgebracht und lassen sich wegen ihrer pastösen Konsistenz einfacher über Kopf verarbeiten.
Imprägnieremulsionen und Mikroemulsionen sind wasserverdünnbar und neben den pastenförmigen Imprägniermitteln auf dem Stand der neusten Entwicklung. **Imprägnierlösungen**, lösemittelverdünnbar, sind Alkoxysiloxane, die in Benzin oder ähnlichen organischen Lösemitteln gelöst sind. Wegen ihrer hohen Lösemittelanteile sind sie heute nicht mehr zeitgemäß.

> *Vorsicht! Manche Imprägniermittel (Silikonate) werden von stark alkalischen Untergründen angegriffen oder gar zerstört. Sie sind deshalb für frische mineralische Putze und Beton nicht geeignet.*

Die Wirkungsweise von Imprägniermitteln

Imprägniermittel müssen tief in den porösen mineralischen Baustoff eindringen. Sie kleiden die Wände der Kapillaren aus. Wasser kann aufgrund seiner hohen Oberflächenspannung nicht eindringen (Bild 4). Es perlt von der hydrophobierten Fläche ab. Trotzdem kann Feuchtigkeit (Wasserdampf) durch die Kapillaren nach außen hindurchdiffundieren.

Imprägnierungen schützen Oberflächen vor einer schnellen Wiederverschmutzung, besonders wenn sie durch die vorangegangene Reinigung aufgeraut wurden.

Das Imprägnieren

Imprägniermittel werden auf trockene, staubfreie, saugfähige Flächen nach Herstellervorschrift satt aufgetragen. Es muss darauf geachtet werden, dass der Untergrund gleichmäßig getränkt wird, damit überall die vorgeschriebene Menge des Imprägniermittels eingebracht wird.

Zum Auftragen von niedrig viskosen Hydrophobierungsmitteln eignet sich am besten das Sprüh-Flutverfahren.

Dabei wird mittels eines Sprühgerätes das Imprägniermittel so aufgebracht, dass sich der Untergrund bis zur Sättigung vollsaugen kann.

Nur eine ausreichende Materialmenge bewirkt die nötige Mindesteindringtiefe, die für eine schlagregendichte Fassade erforderlich ist.

Bei sehr stark saugenden Untergründen muss dies evtl. mehrmals hintereinander, , geschehen. Es darf aber auch nicht zu viel Imprägniermittel aufgebracht werden, denn überschüssiges Material kann auf der Oberfläche zu Glanzstellen führen.

4. So perlt das Wasser von hydrophobiertem Ziegelsichtmauerwerk ab.

5. Nach dem Reinigen und Imprägnieren hat dieses denkmalgeschützte Gebäude wieder sein ursprüngliches Aussehen erhalten.

Aufgaben

1. *Erklären Sie die hydrophobierende Wirkung von Imprägniermitteln mithilfe einer Skizze.*
2. *Nennen Sie drei gebräuchliche Imprägniermittel. Informieren Sie sich vorher mittels Prospekten und Technischen Merkblättern.*
3. *Welches Auftragsverfahren eignet sich besonders für Imprägniermittel?*
4. *Welche Gefahr besteht, wenn zu viel Imprägniermittel aufgetragen wurde?*

EXKURS Werkzeuge zum Putzen und Rollen

Die Bearbeitung mineralischer Untergründe ist für den Maler und Lackierer ein Aufgabenbereich mit vielen verschiedenen Facetten. Je nach Aufgabenbereich – von der aufwendigen Wärmedämmung bis zum einfachen Anstrich – werden unterschiedliche Werkzeuge benötigt, die im Folgenden vorgestellt werden.

Werkzeuge zum Armieren, Spachteln und Verputzen

Stuckateurspachtel
Der Stuckateurspachtel, der auf der Baustelle meist als Schwälbchen bezeichnet wird, besteht aus rostfreiem Stahl und wird zum Entnehmen von WDVS-Klebstoffen, Mörteln, Putzen und Spachtelmassen verwendet. Er eignet sich aber auch zum Spachteln von Fugen und zum Strukturieren von Roll- und Modellierputzen.

Edelstahlglätter bzw. Edelstahlglättkellen
Diese Werkzeuge bestehen aus einem rostfreien, gehärteten Stahlblatt. Sie eignen sich hervorragend zum Aufziehen und Glätten von WDVS-Klebstoffen, Putzen, Spachtelmassen, können aber auch zum Strukturieren von Putzen eingesetzt werden. In der Praxis sind gut eingearbeitete Glätter zu bevorzugen, deren Ecken leicht nach oben geschüsselt sind, wodurch Ansätze vermieden werden. Eine lange Lebensdauer der Werkzeuge wird dadurch erreicht, dass sie nach jedem Gebrauch sorgfältig mit Wasser und Pinsel gereinigt werden.

Flächenspachtel
Rostfreie Flächenspachtel, auch als Rakel bezeichnet, gibt es in unterschiedlichen Breiten von 25 bis 60 cm. Sie dienen beispielsweise zum Verschlichten von Spachtelmassen oder zum Glätten von Armierungsmassen. Um ein ansatzloses Arbeiten zu gewährleisten, sind die Ecken werksseitig abgerundet.

Außeneckenkellen
Außeneckenkellen dienen der sauberen und rationellen Ausbildung von Außenecken bei Spachtel- und Putzarbeiten.

EXKURS Werkzeuge zur Fassadenbeschichtung

Lammfell-Farbwalzen

Lammfellrollen haben eine Schurhöhe von ca. 20 mm. Im Handel sind gepolsterte und ungepolsterte Varianten erhältlich, wobei die gepolsterte Variante für raue, strukturierte Untergründe und die ungepolsterte für glatte Untergründe verwendet wird. Die Ecken sind ausrollend gefertigt, d. h. sie sind abgerundet und ermöglichen so einen ansatzlosen Farbauftrag. Um eine Verfilzung des Naturproduktes zu vermeiden, dürfen lösemittelhaltige oder alkalische Beschichtungsstoffe (Silikatfarben) nicht mit Lammfellrollen verarbeitet werden.

Polyamid-Farbwalzen

Auch diese Farbwalzen gibt es für raue und glatte Untergründe in gepolsterter und ungepolsterter Ausführung und mit ausrollend gefertigten Enden. Die ca. 20 mm langen Kunstfasern dieser Farbwalzen wurden so gefertigt, dass eine maximale Farbaufnahme bei guter Farbabgabe realisiert werden kann. Hierzu werden die einzelnen auf einen Träger gewebten Fasern gezwirnt und an den Spitzen angeraut.

Polyamid-Farbwalzen sind universell für alle Fassadenfarben einsetzbar.

Polyamid-Kurzflor-Farbwalzen

Diese Farbroller finden immer dann Verwendung, wenn glatte Untergründe beschichtet werden, der Kunde aber keine Rollenstruktur wünscht. Auf Grund der geringen Florhöhe von ca. 12 mm ist die Farbaufnahme vergleichsweise gering.

Heizkörperpinsel

Heizkörperpinsel finden universellen Einsatz im Bereich der Fassadenbeschichtung, weshalb der Handel unterschiedliche Breiten mit unterschiedlichen Borstenlängen bereithält. Mithilfe ihres gebogenen Kopfes und des langen Stiels lassen sich auch schwer erreichbare Stellen beschichten.

Bei den Borsten handelt es sich um reine Chinaborsten. Die einzelnen Borsten sind innen hohl (Kapillare), haben eine schuppige Haarstruktur und eine gespleißte Spitze. Diese Merkmale bewirken eine gute Farbaufnahme und Oberflächenqualität.

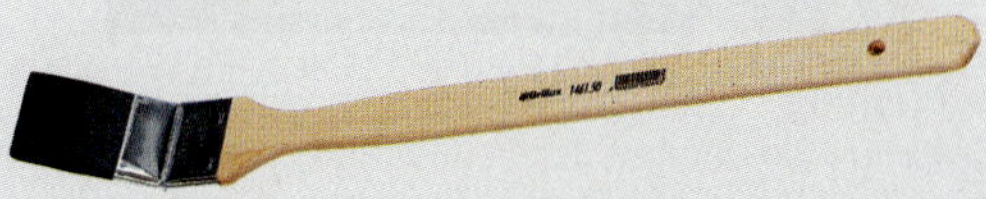

Flachpinsel

Flachpinsel bestehen ebenfalls aus Chinaborsten. Es gibt sie in gerader oder in gebogener Ausführung. Sie werden immer dann eingesetzt, wenn kleine, schwer zugängliche Flächen, die sich nicht mit dem Heizkörperpinsel erreichen lassen, beschichtet oder sehr sauber beschnitten werden müssen. Weiterhin lassen sich mit ihnen, in Verbindung mit einem Malstock, auch feine gerade Striche ziehen.

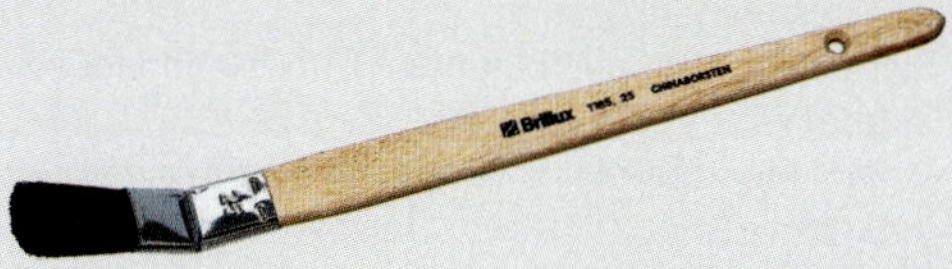

KUNDENAUFTRAG Beschichten einer bemoosten Fassade

passend zu Lernfeld 5: Überholungs- und Erneuerungsbeschichtungen ausführen
Lernfeld 11: Fassaden beschichten und gestalten

1. Vorstellung

Die Fassade dieses etwa 50 Jahre alten Einfamilienhauses war bisher nicht gestrichen und befindet sich in einem schlechten optischen und teilweise auch baulichen Zustand. Aus Kostengründen soll jedoch nur ein Fassadenanstrich ausgeführt werden. Besonders an der Nordseite zeigt die Fassade viele Flecken und Moosansatz.

Zustand der Fassade:

- Mineralischer Kratzputz, Putzmörtelgruppe P II b
- unbeschichtet, kleine Putzabplatzungen
- Risse der Rissgruppe 1
- Verschmutzungen und Moosansatz auf der Wetterseite

2. Foto

3. Planung

Erstellen Sie anhand der Schadensbeschreibung und des Objektfotos eine kurze Übersicht über die auszuführenden Arbeiten.

Informieren Sie sich!

- Tragen Sie grundlegende Informationen aus den Kapiteln über beschichtete und unbeschichtete Untergründe, Untergrundvorbereitung und Fassadenfarben zusammen.
- Ziehen Sie auch die folgenden Informationsquellen zurate:
  - BFS-Merkblatt **Nr. 9** – Beschichtungen auf Außenputze
- Die Internetseiten der Farben- und Lackindustrie bieten eine Vielzahl von Technischen Informationen/Technischen Merkblättern mit ausführlichen Angaben zu den Werkstoffen und deren Verarbeitung.

4. Prüfen des Untergrundes

Nach VOB muss vor Beginn der Beschichtungsarbeiten eine Untergrundprüfung erfolgen. Welche Prüfungen müssen Sie an dieser Fassade durchführen?
Stellen Sie die erforderlichen Prüfungen in einer Tabelle nach folgendem Muster zusammen:

Prüfung auf ...	Prüfmethode Prüf und Messwerkzeuge/ -geräte	Schadensmerkmale/ -erkennung

5. Gegenüberstellung der Beschichtungssysteme

Erklären Sie dem Kunden die wesentlichen Unterschiede der drei wichtigsten Fassadenfarben und erstellen Sie eine Liste mit Vorteilen (+) und Nachteilen (–) der jeweiligen Fassadenfarbe.
Machen Sie dem Kunden einen begründeten Vorschlag für eines der untersuchten Systeme und beschreiben Sie ihn unter Punkt 6.

6. Ausführung der Beschichtungsarbeiten

Listen Sie alle erforderlichen Arbeiten in richtiger Reihenfolge auf. Beginnen Sie mit der Baustelleneinrichtung.

Nr.	Arbeiten und Werkstoffe	Werkzeuge
1.		
2.		

Geben Sie auch Sicherheits- und Arbeitsschutzhinweise.

7. Berechnungen

In den Technischen Merkblättern finden Sie Angaben über den m^2-Verbrauch von Grundierungen und Schlussbeschichtungsmaterialien. Berechnen Sie mit deren Hilfe die zu bestellenden Materialmengen für eine Fassadenfläche von **154,80 m^2**.
Berücksichtigen Sie die Anzahl der Schichten, den Materialverbrauch pro m^2 und die lieferbaren Gebindegrößen (Es dürfen nur ganze Gebinde bestellt werden!).

KUNDENAUFTRAG Renovieren einer Historismusfassade

passend zu Lernfeld 5: Überholungs- und Erneuerungsbeschichtungen ausführen
Lernfeld 7: Putzoberflächen erstellen und instand setzen
Lernfeld 11: Fassaden beschichten und gestalten

1. Vorstellung

Der Rentner Herr Siegel möchte die Fassade seines etwa 100 Jahre alten Wohnhauses neu streichen lassen. Bei der Objektbesichtigung stellt Ihre Meisterin Frau Sander fest, dass noch einige Zusatzarbeiten durchgeführt werden müssen, bevor mit dem eigentlichen Fassadenanstrich begonnen werden kann.

Während des Kundengespräches erkennt Frau Sander, dass Herr Siegel nur vage Vorstellungen vom künftigen Aussehen seines Hauses hat.
Damit er sich ein Bild vom späteren Aussehen der Fassade machen kann, beauftragt die Chefin Sie, einige Farbentwürfe für den Kunden anzufertigen. Als Vorlage hat Sie den Ausschnitt der Fassade aufgezeichnet.

Zustand der Fassade:
Als Ergebnis der Untergrundprüfung hat Frau Sander sich folgende Mängel notiert:
- Baudynamischer Riss oberhalb eines Fensters neben dem Eingang
- Fassadenfarbe blättert an mehreren Stellen großflächig ab
- Frei liegende Putzflächen sanden
- Stellenweise Putzabplatzungen am Sockel (max. 0,50 m²)

2. Abbildung

3. Farbgestaltung

Fertigen Sie mindestens zwei Farbvorschläge entsprechend der Vorlage an.
Informieren Sie sich vorher über historische Baustile wie z. B. den Historismus und deren Farbgebungen.

4. Arbeitsplanung

Erstellen Sie einen Arbeitsplan für alle anfallenden Vorarbeiten. Fertigen Sie eine Tabelle nach folgendem Muster an:

Schaden	Schaden-beseitigung	Werkstoffe	Werkzeuge

5. Zusätzliche Problemstellung:

Dem Kunden Herrn Siegel wurde von Bekannten geraten, die Fassade mit Silikatfarbe beschichten zu lassen. Da er mit diesem Begriff nichts anfangen kann, bittet er Sie, ihm die Eigenschaften einer Silikatfarbe zu erklären.

- Informieren Sie sich über Silikatfarben (z. B. in Kap. 2.20) und erstellen Sie ein Merkblatt mit Eigenschaften der verschiedenen Silikatfarbenarten und empfehlen Sie dem Kunden das geeignete Beschichtungssystem. Auch hier sollten Sie der besseren Übersicht wegen eine Tabellenform wählen.

Ihre Meisterin weist Sie darauf hin, dass Sie bei Ihrer Werkstoffempfehlung berücksichtigen sollen, dass das Haus einen Altanstrich mit KD-Fassadenfarbe besitzt.

- Was meint Sie damit?
- Wie konnte Frau Sander feststellen, dass es sich um KD-Fassadenfarbe handelt?

6. Präsentation

Stellen Sie die Ergebnisse Ihrer Arbeit in einem für Laien verständlichen Informationsblatt zusammen.

1. *Dieses Haus soll eine Wärmedämmung erhalten.*

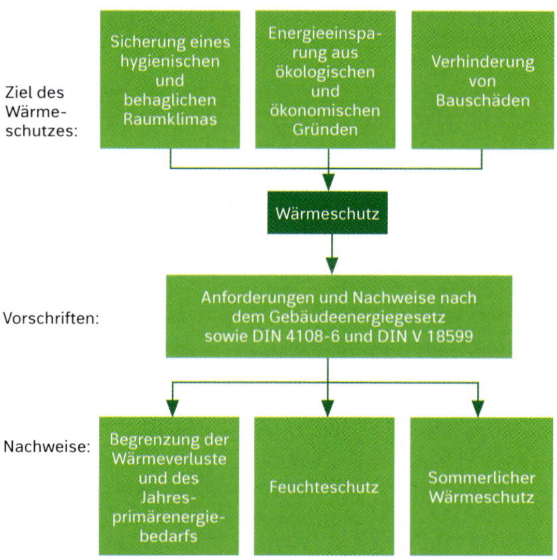

2. *Ziele des Wärmeschutzes.*

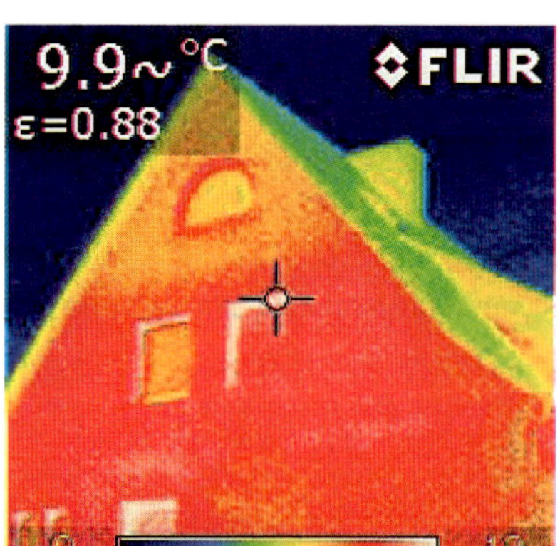

3. *Eine Infrarotaufnahme der Wärmebildkamera zeigt im oberen Bereich des Giebels eine kühlere Temperatur an als darunter. Dort oben ist eine Wärmedämmung vorhanden.*

2.28 Eine Wärmedämmung planen

Das Wohnhaus (Bild 1) von 1949 hat eine 36,5 cm Vollziegel-Außenwand und soll eine Wärmedämmung erhalten. Welche Planungsschritte sind einzuhalten?

Die Beachtung des Gebäudeenergiesetzes

Grundlage jeder umfangreichen Wärmedämmmaßnahme ist die Einhaltung des aktuellen Gebäudeenergiegesetzes. Neben der Energieeinsparung von Gas, Heizöl oder Holz gilt es auch, den CO_2-Ausstoß zu begrenzen und Bauschäden zu verhindern (Bild 2).

Der Maler muss die Anforderungen des GEG bei der Planung einer Wärmedämmung umsetzen.

Der Energieeffizienz-Experte

Dieser Energieberater kann z. B. ein Malermeister sein, der auf Fortbildungen intensiv in Bezug auf die Maßnahmen und Berechnungsmethoden, die das GEG fordert, geschult wurde. Er führt beim Bauherrn eine Vor-Ort-Energieberatung durch, erstellt ein Gutachten, kann das Bauvorhaben neutral begleiten und auf die Einhaltung der Normen achten. Er erstellt auch Infrarotaufnahmen mit der Wärmebildkamera und kann damit den Wärmefluss und Wärmebrücken sehen.

Die Zuschüsse

Die Bundesregierung und auch einige Bundesländer fördern mit Zuschüssen bzw. mit günstigen Krediten der KfW-Bank die energetische Sanierung im Bestand, aber auch bei Neubauten. Der Energieberater muss hinzugezogen werden, wenn staatliche Zuschüsse in Anspruch genommen werden.

Das Angebot

Im Gutachten des Energieberaters findet der Bauherr viele wichtige Hinweise: Welche Maßnahme sollte zuerst erfolgen? Der Austausch des Heizungskessels oder der Einbau neuer Fenster? Eine neue Außendämmung oder erst die Dachgeschossdämmung durchführen? Wie dick soll die Dämmplatte sein, aus welchem Material muss oder darf sie bestehen?

Der Bauherr des Beispielhauses (Bild 1) fordert auf Grundlage des Gutachtens des Energieberaters Angebote von Malerbetrieben ein.

Der Malermeister kann, wenn der Bauherr keine öffentlichen Zuschüsse erhält, die Berechnungen zur Erstellung eines Wärmedämmverbundsystems selber durchführen. Er braucht hierzu keinen Energieberater nehmen.

Die *U*-Wert Berechnung

Der *U*-Wert (auch Wärmedurchgangskoeffizient) gibt an, wie viel Wärme pro Stunde und Quadratmeter Fläche bei einem Temperaturunterschied zwischen innen und außen von 1° C abfließt. Die Einheit ist Watt pro m^2 pro Kelvin. Je niedriger der Wert, umso besser ist die Dämmeigenschaft der Wand (Bild 4).

Die *U*-Wert Berechnung stellt jedoch bei der Errichtung eines Neubaus nur einen kleinen Teil eines umfangreichen Berechnungsumfangs dar. Mittels marktüblicher Softwareprogramme muss der Architekt nachweisen, dass die Konstruktion aller Bauteile einschließlich der Heizung den umfangreichen Anforderungen des GEG genügt.

Der Malermeister darf unter bestimmten Voraussetzungen den U-Wert der Außendämmung selber berechnen.

Aufgaben

1. *Informieren Sie sich über die Ausbildung und die Aufgaben des Energieberaters.*
2. *Welche Leistung erbringt der Energieberater bei der sogenannten Vor-Ort-Energieberatung? (Informieren Sie sich unter www.bafa.de.)*
3. *Welche Aussagen macht das GEG in der Anlage 1 zur Dachdämmung?*
4. *Berechnen Sie mit einem U-Wert-Rechner online, ob bei dem hier vorgestellten Beispielhaus eine Dämmschichtdicke von 5 cm Mineralschaumplatte/Mineralfaserplatte ausreichend ist.*
5. *Recherchieren Sie bei einem Hersteller von Wärmebildkameras deren Funktion.*

Problemstellung: Welche Dämmschichtdicke ist bei dem Beispielhaus von 1949 erforderlich, um das Gebäudeenergiegesetz von 2020 zu erfüllen?
Gegeben: Mauerbildner mit 1600 kg/m^3 nach DIN 105, Vollziegel

Außenputz 2 cm Kalkzementputz | Vollziegel 36,5 cm Wanddicke | Innenputz 1 cm Kalkputz

Der Wandaufbau hat einen *U*-Wert von 1,35 W/m^2K. Das GEG fordert einen *U*-Wert von 0,24. Dieser Wert wird nicht erreicht. Der Wert bedeutet: Pro Quadratmeter Wandfläche werden bei einem Grad Temperaturunterschied zwischen innen und außen 1,35 Watt Wärmefluss gemessen.

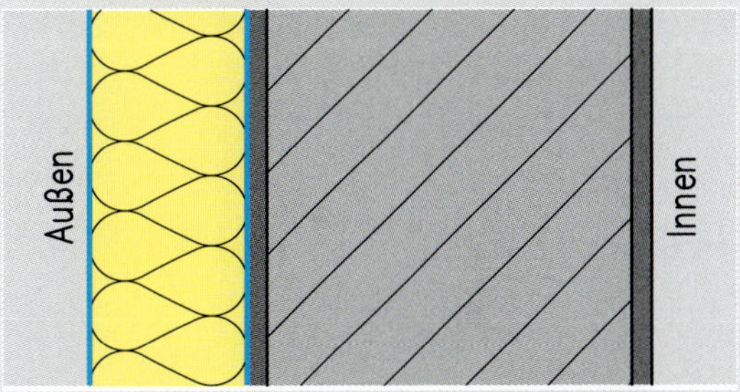

Diese Standard-Polystyrolplatte hat eine Dicke von 120 mm. Der neue Wandaufbau hat einen *U*-Wert von 0,24 und erreicht damit soeben den geforderten Wert nach GEG 2020.

4. Der U-Wert einer Außenwand ist abhängig von den verwendeten Baustoffen.

1. Bei diesem linken Reihenhaus findet eine Überwachung der Arbeiten durch einen neutralen Energieberater statt.

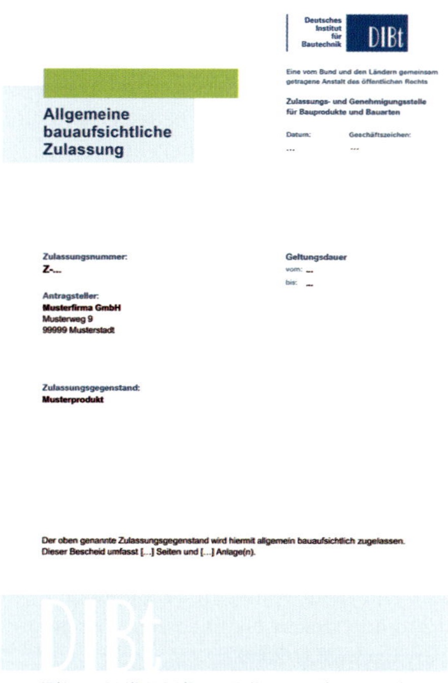

Deutsches Institut für Bautechnik DIBt

Eine vom Bund und den Ländern gemeinsam getragene Anstalt des öffentlichen Rechts

Zulassungs- und Genehmigungsstelle für Bauprodukte und Bauarten

Datum: ...

Geschäftszeichen: ...

Allgemeine bauaufsichtliche Zulassung

Zulassungsnummer:
Z-...

Geltungsdauer
vom: ...
bis: ...

Antragsteller:
Musterfirma GmbH
Musterweg 9
99999 Musterstadt

Zulassungsgegenstand:
Musterprodukt

Der oben genannte Zulassungsgegenstand wird hiermit allgemein bauaufsichtlich zugelassen.
Dieser Bescheid umfasst [...] Seiten und [...] Anlage(*n*).

DIBt

DIBt | Kolonnenstraße 30 B | D-10829 Berlin | Tel.: +49 30 78730-0 | Fax: +49 30 78730-320 | E-Mail: dibt@dibt.de | www.dibt.de

2. Das Deutsche Institut für Bautechnik Berlin erstellt die „Allgemeine bauaufsichtliche Zulassung" für ein WDVS.

EOTA®

European Organisation for Technical Assessment

3. Die Europäische Technische Bewertung wird von einer Technischen Bewertungsstelle, also einem Mitglied der Europäischen Organisation für technische Bewertung, ausgestellt.

2.29 Die Zulassungen und Gesetze bei der Planung von WDVS

Die Verarbeitung von Wärmedämmverbundsystemen ist umfangreich und viele Dinge sind zu beachten. Ein Malerteam verarbeitet ein WDVS an einem Mehrfamilienhaus (Bild 1). Bei diesem Objekt ist auch ein Energieberater zugegen, der die Verarbeitung im Auftrag des Bauherrn überwacht.

Das Malerteam erfährt von ihm, dass die Anzahl der Dübel pro m^2 nicht den Vorschriften entspricht und entsprechend erhöht werden muss.

Der Maler kann sich über die Verarbeitung in zwei verbindlichen Vorschriften informieren.

Die Allgemeine bauaufsichtliche Zulassung

Diese Zulassung wird vom Deutschen Institut für Bautechnik verantwortet und gilt für nicht geregelte Bauprodukte (Bild 2). Darin sind alle Hinweise zur Verarbeitung des WDVS enthalten, sodass der Maler z. B. Antworten auf folgende Fragen findet:

- Mit welchem Klebemörtel bzw. Klebeschaum darf man die Platten kleben?
- Wie viel Prozent der Fläche einer Dämmplatte muss der Klebemörtel bedecken?
- Wo müssen am Gebäude Brandriegel gesetzt werden?

Der Maler findet in der Allgemeinen bauaufsichtlichen Zulassung Antworten auf viele Verarbeitungsprobleme.

Die Europäische Technische Bewertung

Eine Europäische Technische Bewertung enthält die Informationen über die Leistungen eines Produkts (z.B. Dübel, Platten, aber auch vollständige WDVS) in Bezug auf bestimmte Produktmerkmale. Sie wird von einer dafür benannten Technischen Bewertungsstelle ausgestellt. Aufgrund einer solchen Bewertung kann der Hersteller eine Leistungserklärung aufstellen und sein Produkt im gesamten europäischen Markt in Verkehr bringen (Bild 3).

Weitere Vorschriften

Die Nachbarschaftsgesetze der Länder regeln, dass ein aufgebrachtes WDVS nicht ohne Weiteres auf das Grundstück des Nachbarn ragen darf. Dies ist vor allem bei einer Grenzbebauung der Fall.

Sollte der Eigentümer eines Reihenhauses ein WDVS vom Maler erstellen lassen, ist es in vielen Fällen notwendig, die Genehmigungen von den Nachbarn einzuholen. Bei Bild 1 ist das der rechte Nachbar.

Die Bauordnung

Die Bauordnungen der Kommunen sind im Länderrecht geregelt. Darin finden sich für die Erstellung eines WDVS wesentliche Aussagen zu folgenden Themen:

- Eine Überschreitung des Grenzabstandes des Hauses zur Grenze durch Aufbringen eines WDVS ist je nach Länderrecht z. B. bis 25 cm möglich.
- Es dürfen nur Bauprodukte wie ein WDVS verwendet werden, für die eine Allgemeine bauaufsichtliche Zulassung vorliegen.
- WDVS dürfen den Brandschutz der Außenwand nicht beeinträchtigen. Das wird z. B. durch Brandriegel umgesetzt.

Eine geordnete Planung vermeidet Doppelarbeiten und Baustillstand (Bild 4).

Das Kreislaufwirtschaftsgesetz

Das Gesetz regelt u. a. den Materialfluss bei Abfällen. Bei jedem Aufbau eines WDVS fallen Materialien an, die einer stofflichen Verwertung (Recycling) zugeführt werden sollen. Abfälle von Polystyrolplatten werden in Big Bags gesammelt und dann gemahlen. Falls eine stoffliche Verwertung nicht erfolgen kann, kann eine energetische Verwertung oder Deponierung erfolgen.

Was	Wer	Abfolge-Nr.
Festlegung der baulichen Voraussetzungen	Malermeister/ Energieberater	1
Feststellung des energetischen Sanierungsumfangs	Malermeister/ Energieberater	1
Bemessung des WDVS und Systemauswahl	Malermeister	2
Beachtung der AbZ	Malermeister	3
Anschlussdetails klären, Schnittstellen mit anderen Gewerken, z. B. Dachanschlüsse	Malermeister mit anderen Gewerken	4
Bauordnungsfragen und Nachbarschaftsfragen klären	Kunde und Malermeister	5, aber auch nach 1
Kreditbeantragung	Kunde mit Energieberater	6
Ausschreibung	Energieberater/ Architekt/ Malermeister	7
Materiallisten / Bestellungen	Malermeister und Maler	8
Baustelle einrichten– Entsorgung klären	Maler	9
Bauüberwachung festlegen	Kunde	10, aber auch nach 7
Ausführung	Maler	11
Abnahme	Malermeister Maler	12
Rechnungserstellung	Malermeister	13
Nachkalkulation	Malermeister	14

4. Planungsabfolge für ein WDVS

Aufgaben

1. *Erklären Sie den Unterschied zwischen der ETA und der AbZ bei einem WDVS.*
2. *Suchen Sie auf der Homepage eines Herstellers eine AbZ für ein WDVS und schreiben die wesentlichen Verarbeitungshinweise heraus.*
3. *Mit welchem Klebemörtel bzw. -schaum dürfen die Platten aus Aufgabe 2 geklebt werden? Wie viel Prozent der Fläche einer Dämmplatte muss der Klebemörtel bedecken?*
4. *Listen Sie die Materialien auf, die Sie für ein WDVS benötigen. Informieren Sie sich bei Ihrem Entsorger und dortigen Abfallberater über die Entsorgung.*

1. *Diese Fassade braucht Schutz und eine Verschönerung.*

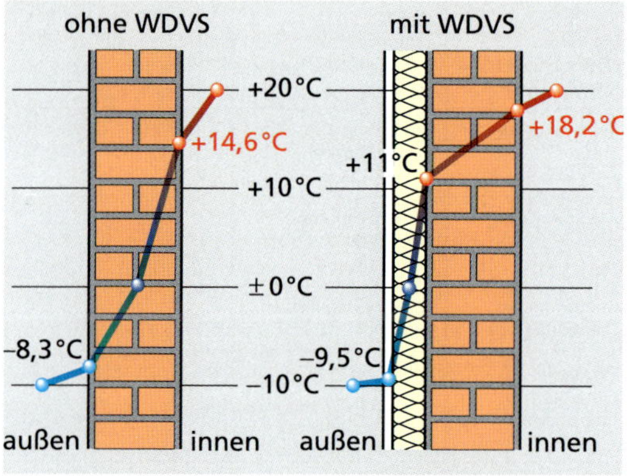

2. *Links ist der Temperaturverlauf in einer ungedämmten, rechts der in einer Wand mit außen liegender Wärmedämmung dargestellt.*

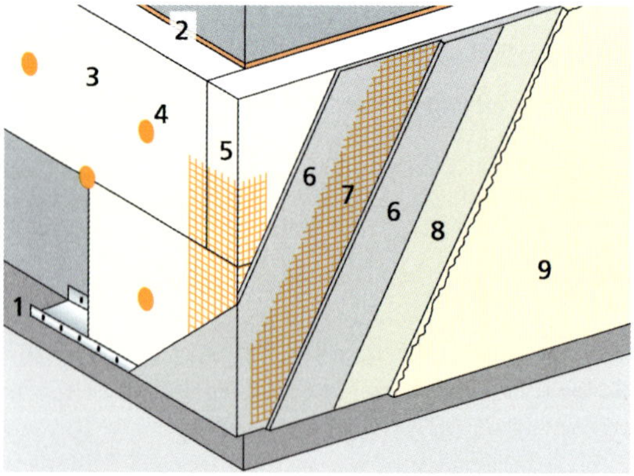

① Sockelschiene
② Plattenkleber
③ Dämmplatte
④ Tellerdübel
⑤ Eckschutzschiene
⑥ Armierungsmasse
⑦ Armierungsgewebe
⑧ Putzgrund
⑨ Schlussbeschichtung (KD-Putz oder Mineralischer Putz)

3. *Aufbau eines Wärmedämmverbundsystems*

2.30 Der Aufbau einer Wärmedämmung

Die Fassade des abgebildeten Mehrfamilienhauses (Bild 1) ist im Laufe der Zeit durch Bewitterung unansehnlich geworden. Weil ein Überholungsanstrich fällig ist, empfiehlt der beauftragte Malerbetrieb im Rahmen der anstehenden Arbeiten gleichzeitig die Wärmedämmung zu verbessern.
Wärmedämmverbundsysteme (WDVS) bieten die Möglichkeit, nachträglich die Wärmedämmung von Gebäuden zu verbessern. Da die Wände schadhaft sind, wären vor einem Neuanstrich aufwendige Ausbesserungsarbeiten nötig. Diese Arbeiten können nun entfallen, weil das WDVS diese Schäden überdeckt.

Wärmedämmung hilft, Energie und damit Kosten zu sparen. Gleichzeitig wird auch die Belastung der Umwelt durch Heizungsabgase verringert.

Bei der Objektbesichtigung erläutert der Malermeister dem Hauseigentümer die Vorteile einer zusätzlichen Wärmedämmung anhand eines Firmenprospekts (Bild 2). Darin wird dem Temperaturverlauf einer ungedämmten Wand der einer *außen* gedämmten Wand gegenübergestellt. Daraus ist zu sehen, dass bei einer Außentemperatur von 10 °C die Temperatur auf der wärmegedämmten Wand innen um 3,6 °C höher liegt als auf der ungedämmten Wand. Daraus ergeben sich viele Vorteile:

- Heizkostenersparnis
- Das Mauerwerk liegt in seiner gesamten Dicke im warmen Bereich und kann Wärme speichern.
- Putzrisse werden vermieden, weil es kaum zu Temperaturschwankungen kommt.
- Die höhere Temperatur auf der Innenwand vermittelt ein behagliches Wohnklima.

Systemaufbau eines klassischen WDVS

Aufgrund der Beratung durch den Meister einigt man sich auf ein System mit außen liegender Wärmedämmung. Damit der Kunde eine Vorstellung von den zu erwartenden Arbeiten bekommt, zeigt ihm der Malermeister den mehrschichtigen Systemaufbau anhand eines Schaubildes (Bild 3). Bei dieser Ausführung werden **Polystyrol-Hartschaumplatten** als Wärmedämmstoff verwendet.

Der Aufbau aller Wärmedämmverbundsysteme ist ähnlich. Die Unterschiede liegen im verwendeten Wärmedämmstoff und der Befestigung der Platten am Untergrund.

Die Dämmplatten werden mithilfe eines Klebers und, je nach Beanspruchung, zusätzlich mit Spezialdübeln auf dem Untergrund befestigt. Darauf wird in eine Armierungsmasse ein Armierungsgewebe eingebettet und verspachtelt. Auf diesem Untergrund kann dann die Schlussbeschichtung in Form eines Edelputzes oder mit Flachverblendern erfolgen.

Gesetzliche Vorgaben zur Wärmedämmung

Das Gebäudeenergiegesetz von 2020 gibt die Anforderungen an die Dämmeigenschaften eines WDVS vor.

Wie unterschiedlich die Dämmwirkung einzelner Stoffe ist, zeigt dieses Beispiel: Eine 10 cm dicke Mineralwollplatte (Bild 5) hat in etwa den gleichen Wärmedurchgang wie ein 2 m dickes Massivmauerwerk. Der **Wärmedurchgangskoeffizient** U ist ein Maß für Wärmedurchgang durch einen ein- oder mehrschichtigen Wandaufbau. Er hängt von der Dicke und der Wärmeleitfähigkeit der einzelnen Schichten des WDVS ab. Der ***U*-Wert** in $W/(K \cdot m^2)$ gibt den stündlichen Wärmestrom durch ein Bauteil mit 1 m^2 Oberfläche bei einem Grad Temperaturdifferenz zwischen Innen- und Außenseite an.

*Der **U-Wert** ist der Wärmedurchgangskoeffizient. Je kleiner dieser Wert ist, desto besser ist der Wärmeschutz. Das GEG 2020 schreibt z. B. für die Außenwand einen U-Wert von 0,24 $W/(m^2 \cdot K)$ vor. Das bedeutet je nach Mauerwerk eine EPS-Dämmplatte von 12–16 cm.*

Systemausführungen

Die am Markt befindlichen WDVS unterscheiden sich hauptsächlich in der Art der Befestigung und den verwendeten Wärmedämmstoffen.

Zusätzlich zu den üblichen Klebemörteln wurden neue, rationelle Klebetechniken entwickelt, bei denen ein spezieller Schaumkleber auf PU-Basis eingesetzt wird. Der Vorteil liegt darin, dass der Klebeschaum verarbeitungsfertig in handlichen Dosen geliefert wird und leicht verarbeitet werden kann (Bild 4).

Die bekannten WDVS mit PS-Hartschaumdämmung bzw. Mineralfaserdämmung und Klebe- bzw. Klebe- und Dübelbefestigung benötigen tragfähige Untergründe. Bei nicht tragfähigen, unebenen Untergründen, die eine sichere Klebung nicht erlauben, müssen die Dämmplatten rein mechanisch befestigt werden: Bei beschädigten und nicht tragfähigen Untergründen werden bevorzugt **WDVS** mit **Schienenbefestigung** verwendet (Bild 6). Speziell abgestimmte Kunststoff- oder Metallschienen werden an die Wand gedübelt. Sie greifen in eine umlaufende Nut an den Dämmplatten (EPS-Hartschaum- oder Mineralfaserplatten) ein und halten diese sicher fest. Eine zusätzliche Verklebung mit einem Batzen Klebemörtel auf der Plattenrückseite ist vorgeschrieben! Der übrige Systemaufbau gleicht dem des normalen WDVS.

4. Der PU-Schaumkleber wird aus handlichen Sprühdosen verarbeitet. Dadurch entfällt der aufwendige Transport des Klebemörtels auf das Gerüst.

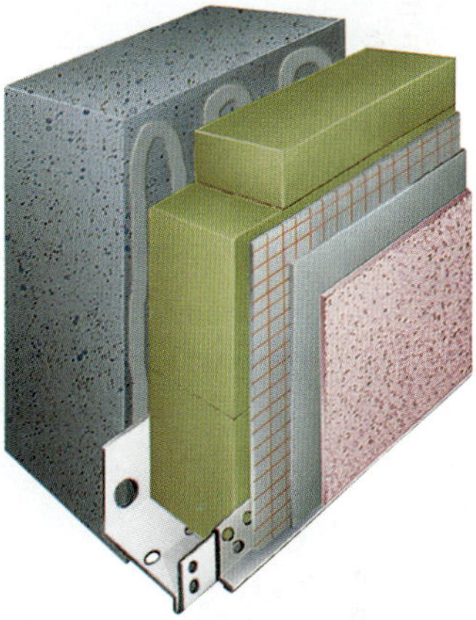

5. WDVS mit nicht brennbarer mineralischer Dämmplatte Baustoffklasse A 1.

6. Auf nicht tragfähigen Untergründen werden die Dämmplatten mittels eines Schienensystems sicher befestigt.

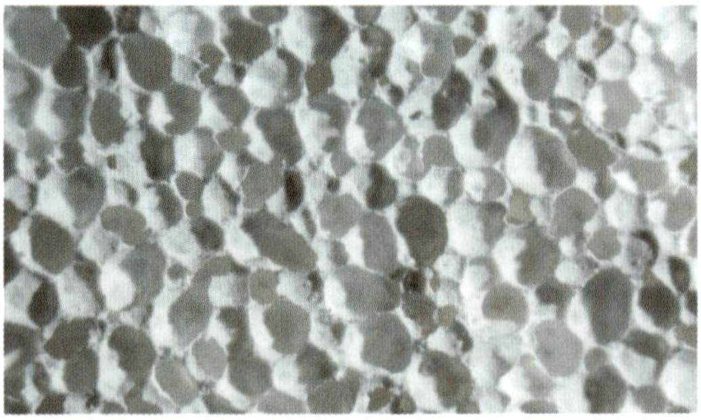

7. Die Mineralschaumplatte ist ähnlich wie eine Wabe aufgebaut und hat deshalb eine hohe Stabilität bei geringem Gewicht.

8. WDVS mit einschichtigen Holzfaserplatten bis 160 mm Dämmstärke

9. WDVS mit einer Dämmung aus Schilfrohr-Leichtbauplatten

10. WDVS mit natürlicher Korkdämmung

Mineralische Wärmedämmung wird dann eingesetzt, wenn Auftraggeber oder Bauvorschriften ein unbrennbares WDVS verlangen (Bild 5). Das ist bei Geschosshöhen über 22 Meter vorgeschrieben. Die Verarbeitung ähnelt der zuvor gezeigten. Die Mineralfaserplatten müssen geklebt **und** gedübelt werden, da sie keine so große Festigkeit wie PS-Hartschaumplatten besitzen und schwerer sind. Die weiteren Arbeitsgänge sind mit dem vorangegangenen System identisch, es werden aber z. T. andere Klebe- und Spachtelmassen verwendet.

Zu den **mineralischen Dämmstoffen** gehören auch die faserfreien **Mineraldämmplatten** oder **Mineralschaumplatten** (Bild 7). Sie bestehen aus den natürlichen Komponenten Kalk, Zement, Quarzsand sowie einer wässrigen Hydrophobierung. Durch ihren wabenartigen Aufbau besitzen sie einen hohen Anteil an Luftporen bei geringem Gewicht, weshalb sie sehr gut dämmen. Sie sind leicht, wetterfest, wasserdampfdurchlässig, lassen sich gut bearbeiten und sind unbrennbar (Baustoffklasse A1 nach DIN 4102). Weil sie frei von Fasern sind, sind sie gesundheitlich unbedenklich.

Die Platten werden, wie die übrigen Dämmplatten, mit vom Hersteller vorgeschriebenen Klebemörteln und Spachtelmassen verarbeitet und ergeben so ein vollmineralisches System.

Ökologische WDVS verwenden Dämmungen aus Holzfaserplatten (Bild 8), Schilfrohr (Bild 9) oder Kork (Bild 10). Sie werden dann eingesetzt, wenn ein natürlicher Wärmedämmstoff verlangt wird. Der Aufbau und die Verarbeitung sind ähnlich wie bei den anderen Systemen, jedoch müssen speziell auf die Dämmstoffe abgestimmte Befestigungssysteme verwendet werden.

Holzfaserdämmplatten werden aus Tannen- und Fichtenholz hergestellt und gehören deshalb zu den besonders wohngesunden Dämmmaterialien. Sie sorgen für eine hohe Schalldämmung, sind stoßsicher, dampfdiffusionsoffen, baubiologisch unbedenklich und recyclingfähig (Bild 8).

Dickputz-Fassadendämmsysteme aus schwereren Dämmplatten mit Holzwolle-Deckschichten ergeben bessere Schalldämmwerte sowie stoß- und schlagfestere Oberflächen. Daneben wird der Brandschutz verbessert (Brandklasse A2).

Wärmedämmputze (Kurzzeichen: T) eignen sich als Unterputze für einschalige oder extrem unebene, gerissene Außenwände oder Wände mit Mischmauerwerk (Mauerwerk aus verschiedenen Werkstoffen mit unterschiedlicher Wärmeleitfähigkeit). Sie enthalten dämmende Zuschlagstoffe, wie z. B. Kügelchen aus geschäumtem Polystyrol (Bild 11).

Wärmedämmputze bieten die Möglichkeit, auch dort die Wärmedämmung zu verbessern, wo das äußere Erscheinungsbild des Gebäudes nicht verändert werden darf (z. B. Fachwerk, denkmalgeschützte Gebäude ...).

Vor dem Auftrag der Dämmputzschicht muss der Untergrund mit einem Vorspritz oder einer Zementhaftbrücke vorbehandelt werden. Der Dämmputz kann anschließend einlagig bis 60 mm und zweilagig bis etwa 100 mm dick aufgetragen werden. Die Druckfestigkeit dieser Putze entspricht der Festigkeitsklasse CS I (0,4 bis 2,5 N/mm^2).
Damit der weiche Dämmputz vor mechanischer Beanspruchung und Durchfeuchtung geschützt wird, muss ein wasserabweisender Oberputz mit höherer Druckfestigkeit aufgebracht werden.

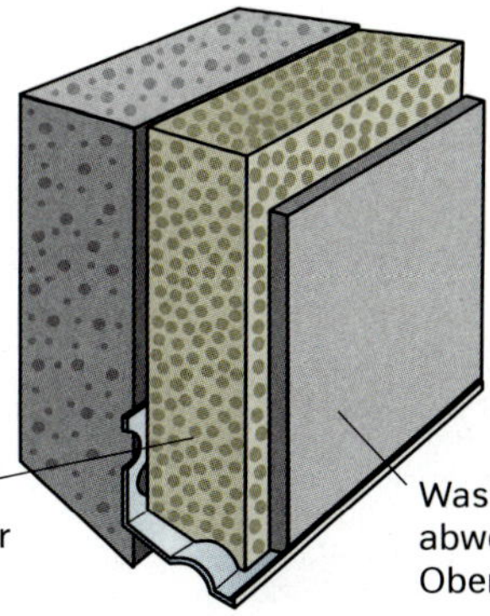

11. Schnitt durch ein Wärmedämmputz-System: Unterputz mit eingelagerten EPS-Kügelchen (EPS-Dämmputz)

Neue Entwicklungen

Bei der Transparenten Wärmedämmung (TWD) fällt Sonnenlicht und damit Wärme durch die spezielle transparente (lichtdurchlässige) Dämmschicht und heizt eine dahinter liegende, schwarze Speicherschicht auf. Da die transparente Dämmung außen liegt, fließt die Wärme zum Innenraum und heizt diesen auf (Bild 12).
Eine andere Innovation arbeitet mit gekapselten Paraffin-(Wachs-)kügelchen, die in Beschichtungen eingelagert sind und der Wärmespeicherung dienen. Bei Aufheizung gespeicherte Wärmeenergie wird bei Abkühlung wieder abgegeben.

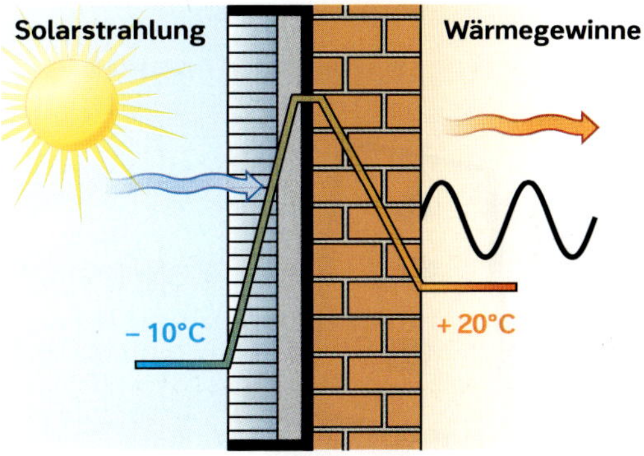

12. Wände, die von der Sonne beschienen werden, eignen sich besonders für die Anbringung einer transparenten Wärmedämmung.

EXKURS Verarbeitung eines Wärmedämmverbundsystems

Auf den folgenden Seiten wird die Verarbeitung eines Wärmedämmverbundsystems mit Polystyrol-Hartschaumplatten als Dämmstoff sowie mit Klebe- und Dübelbefestigung gezeigt.

Vorbereitende Arbeiten
Da das Flachdachgebäude (Bild 1) eine relativ einfache Bauform hat, bereitet das Anbringen des Wärmedämmverbundsystems keine Schwierigkeiten. Um die Anforderungen des Gebäudeenergiegesetzes (GEG) zu erfüllen, sind hohe Dämmstoffdicken nötig. Dadurch kann die Wand um bis zu 15 cm dicker werden. Deshalb sind einige wichtige Vorarbeiten an der Fassade erforderlich.

Die Vorarbeiten sind tabellarisch in der nebenstehenden Checkliste zusammengefasst.

Selbstverständlich sollten auch die benötigten Werkzeuge und Geräte sowie die erforderlichen Materialien bereitliegen, damit die Arbeiten zügig ausgeführt werden können.

Checkliste: Vorarbeiten
- Regenfallrohre u. Blitzableiter auf Abstand setzen.
- Außen-Lichtschalter, -Steckdosen und -Lampen abnehmen, evtl. neue Leerdosen und Abstandhalter anbringen.
- Hausnummern abnehmen.
- Außenwasserhahn verlängern.
- Klingelanlage, Briefkastenblenden, Lüftungsgitter auf Abstand montieren.
- Schilder der Stadtwerke, Straßenschilder usw. nur nach Rücksprache mit den Behörden entfernen.
- Prüfen, ob der giebelseitige Dachüberstand oder der Flachdachüberstand ausreichen.
- Ist der Überstand der Außenfensterbänke noch ausreichend (ca. 3 cm vor der fertigen Fassade)?
- Reicht der Abstand von Geländern und Handläufen von der Wand aus?

1. Zuerst Sockelschienen ausrichten und andübeln. Möglichst tief ansetzen, um Kellerdecke mitzudämmen.

2. Meist müssen neue Fensterbänke montiert werden, um einen Überstand von 3 bis 4 cm zu erhalten.

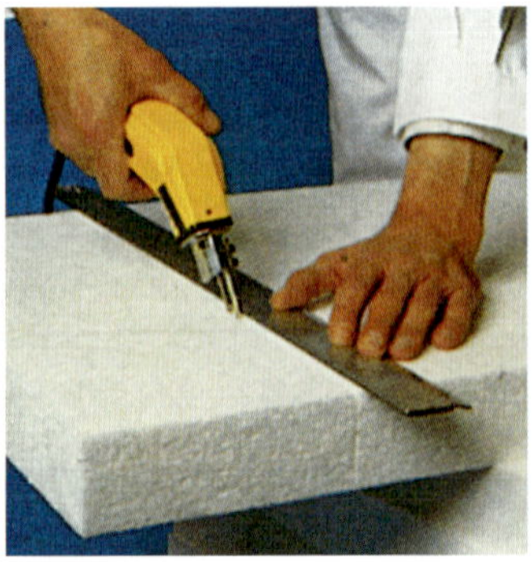

3. Zuschneiden der Platten mit einer Thermosäge, einer fein gezahnten Säge oder Hartschaumsäge.

4. Der Plattenkleber kann sowohl wie in obigem Bild gezeigt, als auch mit einer Zahnkelle vollflächig aufgetragen werden.

5. Platten im Verband kleben und an Gebäudeecken verzahnen.

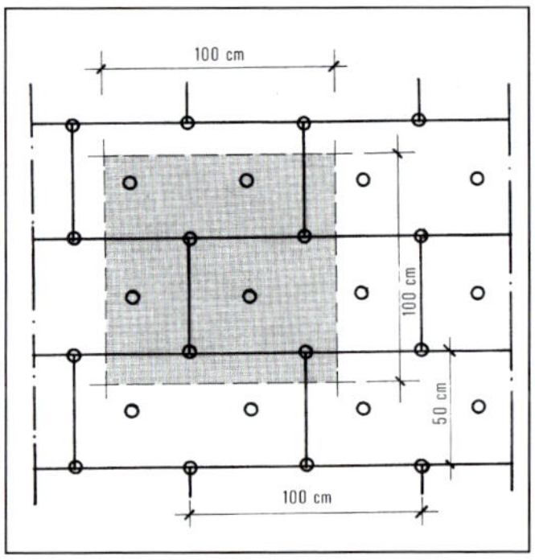

6. Die Anzahl der zu setzenden Dübel richtet sich nach den Herstellervorgaben. Überlicherweise werden die Dübel nach obigem Schema (8 Dübel je m²) verteilt.

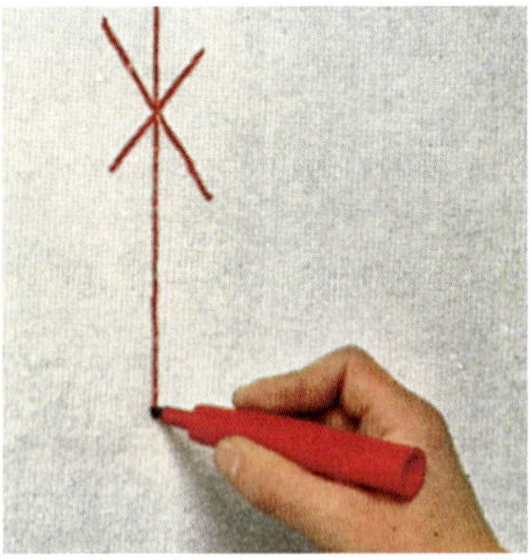

7. Auf der Wand liegende Leitungen markieren, damit sie nicht angebohrt werden.

8. Die Dübelart richtet sich nach dem Untergrund. Hier wird ein Tellerdübel versenkt eingeschlagen.

9. Zur Vermeidung von Wärmebrücken durch den besser leitenden Dübel wird ein Stopfen aus Wärmdämmstoff in die Aussparung eingesetzt.

Aufgaben

1. Nennen Sie vier Vorteile, die für das Anbringen eines WDVS sprechen.

2. Skizzieren Sie den typischen Aufbau eines WDVS und benennen Sie die einzelnen Schichten.

10. Damit sich auf dem Oberputz keine Farbveränderungen abzeichnen oder Risse entstehen, werden offene Fugen (2 – 4 mm) mit Füllschaum, breitere Fugen mit Dämmstoffstreifen verschlossen.

11. Um eine ebene, gleichmäßige Putzoberfläche zu erhalten, werden Versätze zwischen den Dämmplatten und vorstehende Dübelstopfen abgeschliffen. Nicht vergessen, den Schleifstaub von der Fassade zu entfernen.

12. Auf die Dämmplatten wird der Unterputz von Hand oder maschinell in einer Schichtdicke von ca. 3 mm aufgetragen.

13. Der Gewebe-Eckwinkel wird mit einer Eckenkelle in den Unterputz eingedrückt.

14. In den noch feuchten Unterputz wird das Armierungsgewebe mit 10 cm Überlappung eingebettet. Es muss darauf geachtet werden, dass die Armierung mindestens 1 mm vom Unterputz überdeckt wird.

15. Der Anschluss des WDVS an Fenster- und Türöffnungen erfolgt mittels Anputzleisten und unter Verwendung von speziellen Dichtbändern, um Dehnungsbewegungen der verschiedenen Materialien auszugleichen.

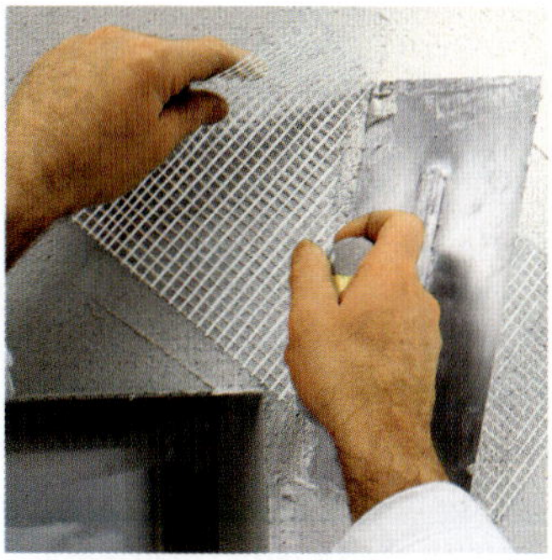

16. Dort, wo Spannungen zu Rissen führen können, z. B. an Fensterausschnitten, wird eine Diagonalarmierung (ca. 40 x 20 cm) unter 45° in den Unterputz eingebettet.

17. Als Oberputz werden in der Regel mineralische Edelputze, Kunstharz- oder Silikonharz-/Silikatputze aufgetragen.

18. Durch Flachverblender erhält die Wand das Aussehen einer Klinkerfassade.

3. Geben Sie an, welche Wärmedämmstoffe zum Einsatz kommen.
4. Nennen Sie die verschiedenen Befestigungsmöglichkeiten für Wärmedämmplatten.

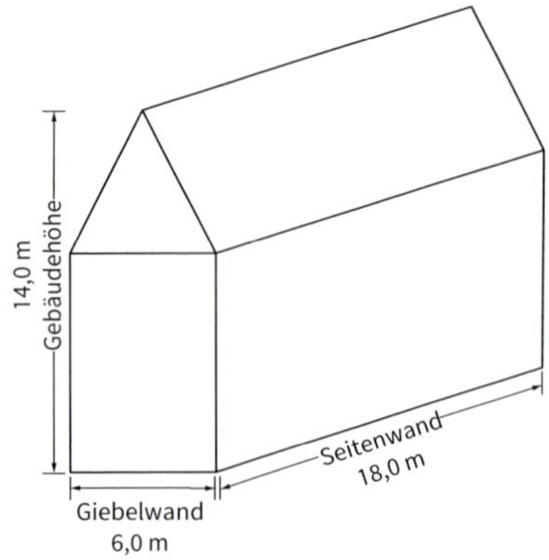

1. *Das Malerteam hat an der Fassade Dämmplatten geklebt. Es soll nun die Dübel setzen.*

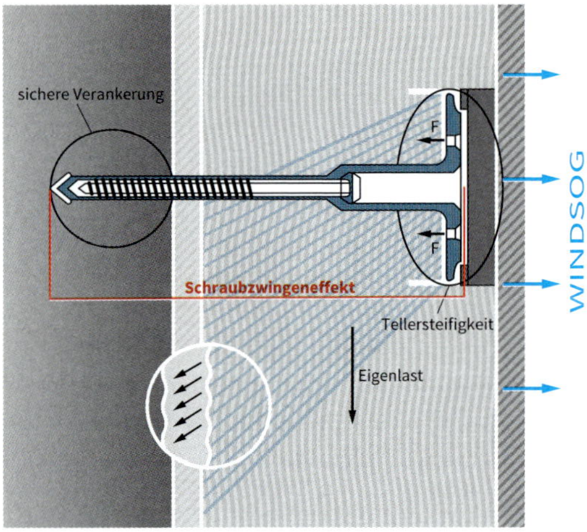

2. *Die Verankerung des Dübels in den Verankerungsuntergrund sorgt dafür, dass der Windsog die Platte nicht abzieht. Die Abbildung zeigt die vertiefte Montage.*

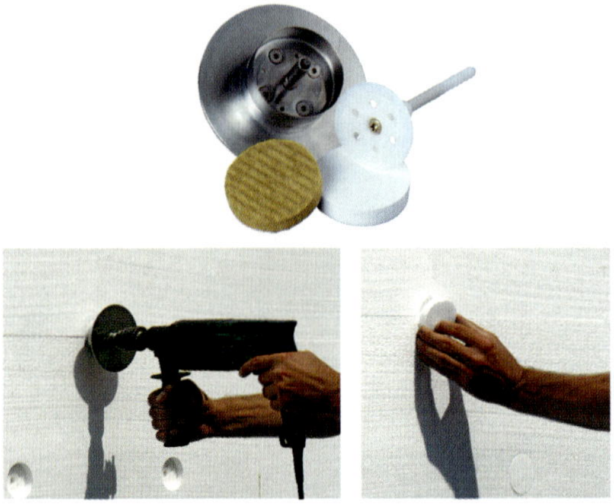

3. *Die Arbeitsabfolge bei der Montage der versenkten Dübel bei der Polystyrolplatte. Das kleine Bild links unten zeigt das Spezialwerkzeug, rechts unten ist die Rondelle zu sehen.*

2.31 Die WDVS-Dübel

Das Malerteam hat bei einem Altbau (Bild 1) in Steinfurt die Dämmplatten geklebt und soll nun nach vier Tagen Erhärtungszeit des Klebers dübeln. Doch welche Dübelart soll das Team nehmen? Welche Dübellänge soll bestellt werden? Und vor allem: Wie viele Dübel pro m² sind zu setzen?

Die Zulassungen

Dübel bedürfen ab einem Einsatz von zwei Vollgeschossen bzw. ab 8 m oberster Geschossdeckenhöhe einer allgemeinen bauaufsichtlichen Zulassung vom Deutschen Institut für Bautechnik bzw. einer europäischen technischen Zulassung (ETA). Dübel ohne Zulassung sind sog. konstruktive Dübel und dürfen bis 8 m eingesetzt werden.
In diesen Zulassungen für die statisch relevanten Dübel ist festgelegt, für welchen Verankerungsuntergrund (z.B. Porenbeton, Beton, Vollziegel, Hochlochziegel) welche Verankerungstiefe vorzusehen ist. Entsprechend ist der Dübel aufgebaut, entsprechend tief muss vorgebohrt werden (Bild 2).

Putzschichten und Fliesen zählen nicht zur Tiefe des Verankerungsuntergrundes. Deren Dicke muss zur Dübellänge hinzugerechnet werden.

Die Montage von versenkten Dübeln

Die Montage erfolgt in mehreren Schritten. Das Dübelloch wird vorgebohrt, der Tellerdübel wird hineingesteckt. Anschließend wird der Tellerdübel mit dem Spezialwerkzeug (Bild 3 links unten) hineingeschraubt. Der Dübelteller wird tiefer in die Dämmplatte reingezogen, so dass die mitgelieferte Rondelle in die Vertiefung gesteckt werden kann. Es entsteht so eine homogene Fläche ohne Wärmebrücke.
Beispiel: Dämmplattendicke: 100 mm, Verankerungstiefe lt. Hersteller: 25 mm, Putzschicht: 20 mm, Armierungsschicht: 10 mm, ergibt eine Dübellänge von 155 mm. Die Bohrlochtiefe ist am Tiefenanschlag der Bohrmaschine einzustellen und beträgt die Dübellänge plus 25 mm Zugabe bei der versenkten Montage, im Beispiel also 180 mm.

Die Berechnung der Dübelanzahl

Seit dem 1.12.2010 ist die DIN EN 1991-1-4/NA Windlasten maßgebend für die Berechung der Dübelanzahl. Die alte Regel, nach der man in der Plattenmitte einen Dübel und an allen Ecken der Platten einen weiteren setzt, gilt nicht mehr.

Unter Windsog versteht man die Krafteinwirkung einer Windströmung an einem Gebäude. Wo sich z. B. die Windströmung an den Gebäudekanten ablöst, entstehen Wirbel, die auf die Dämmplatten einen Sog auslösen.

Die Dübel leiten die Windsoglasten (und das Eigengewicht im Versagensfall der Verklebung) in den Untergrund ab.

Das vereinfachte Verfahren

Für Gebäude <25 m (die Hochhausgrenze) und **nur** mit einem rechteckigen Grundriss kann das vereinfachte Verfahren durchgeführt werden.

1. Schritt: Feststellung der Windzone, in der das Gebäude liegt, z. B. über das Internet (Bild 4): Windzone 2
2. Schritt: Division der Gebäudehöhe durch die Giebelwandbreite (Bild 1): 14,00 : 6,00 = 2,33
3. Schritt: Division der Gebäudehöhe durch die Seitenwandbreite: 14,00 : 18,00 = 0,77
4. Schritt: Für das verwendete WDVS halten die Hersteller Tabellen im Merkblatt bereit, die die Dübelanzahl angeben (Bild 5).
   Daraus folgt: Das Malerteam muss 6 Dübel pro m² in der Fläche setzen.
5. Schritt (ohne Bild): Berechnung der Breite des Randbereiches des Gebäudes. Da an den Gebäudeecken verstärkt Windkräfte wirken, sind diese besonders zu dübeln. Die Tabelle weist 8 Dübel pro m² im Randbereich aus. Die Breiten des Randbereichs sind: an der Giebelwand: 3,60 m, an der Seitenwand: 1,20 m. Damit ist die gesamte Giebelwand ein Randbereich und muss mit 8 Dübeln pro m² gedübelt werden.

*Die Anzahl der Dübel und die Randbereichbreiten für **alle anderen** Gebäudegrößen und Grundrisse sind durch einen Statiker zu berechnen.*

Aufgaben:

1. Unterscheiden Sie statische und konstruktive Dübel.

2. Nennen Sie Vor- und Nachteile der versenkten und der flächenbündigen Dübelmontage.

3. Warum muss der Randbereich bei Gebäuden besonders gedübelt werden?

5 Nordrhein-Westfalen			
5.1	Münster		
5.1.1	Kreis Recklinghausen	Windzone 1	Städte Bottrop, Gelsenkirchen, Gemeinde Gladbeck
		Windzone 2	alle Gemeinden, soweit nicht in Windzone 1
5.1.2	Kreise Steinfurt, Borken, Coesfeld, Warendorf, kreisfreie Stadt Münster	Windzone 2	alle Gemeinden

4. Auszug aus der Windzonentabelle (einzusehen unter: www.dibt.de, Stichwort Windzone). Das Gebäude des Beispiels liegt in Steinfurt, also in der Windzone 2.

Windzone nach DIN EN 1991	errechneter h/d-Wert	Gebäudehöhe 10 < h < 18 m Fläche	Gebäudehöhe 10 < h < 18 m Randbereich
2	< 5	6	10
	< 2,55	**6**	**8**

5. Auszug aus einer Tabelle für das Ablesen der Dübelanzahl für das vereinfachte Verfahren. Diese Tabelle gilt nur für ein System, hier: das Polystyrol-Dämmplattensystem geklebt und gedübelt des Herstellers xy.

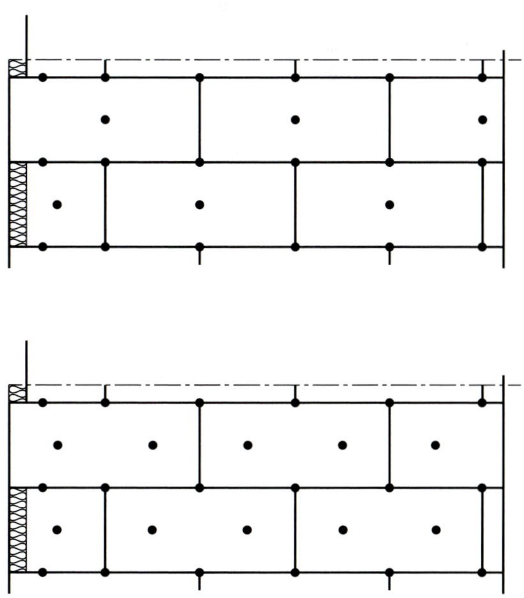

6. Das Dübelschema muss das Malerteam bei 6 (obere Zeichnung) und 8 Dübeln pro m² einhalten.

1. Der Anschluss des WDVS an die Dachrinne ist hier das Problem: Es wurde mit Kompriband abgedichtet.

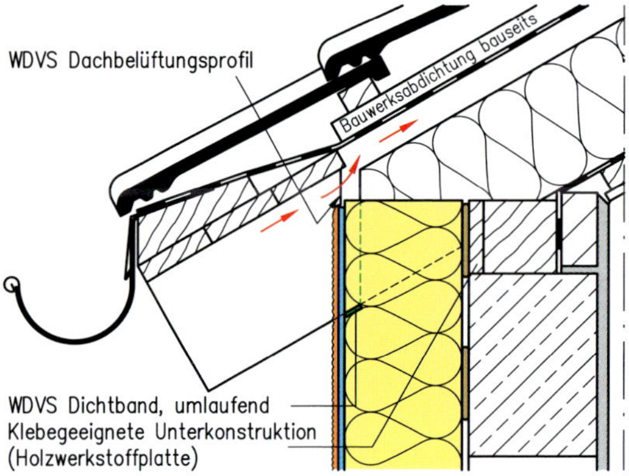

2. Die Detailausbildung zeigt: Es muss ein Belüftungsprofil gesetzt werden, damit der Luftstrom von der Traufe bis zum First nicht unterbrochen wird.

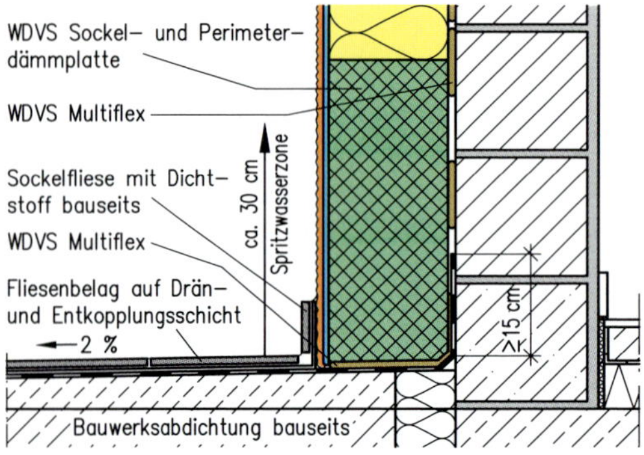

3. Die Fassade vor einem Balkon mit Fliesenbelag ist zu dämmen.

2.32 Anerkannte Konstruktionen verbessern das WDVS

Die Gesellen eines Malerbetriebs sollen ein WDVS bis an die Unterseite der Dachkonstruktion verarbeiten. Sie sind aber ratlos, wie sie es im Detail umsetzen sollen (Bild 1).

Der obere Systemanschluss

Das WDVS endet im oberen Bereich der Fassade z. B. an ein geneigtes Dach wie im Fall von Bild 1 oder aber auch in der Höhe einer Attika. In diesen und auch weiteren Fällen sind die Detail-Ausbildungen sehr wichtig.

Das Dach (Bild 1) ist ein sogenanntes „belüftetes Dach", das bedeutet, dass ein Luftstrom von der Traufe bis zum First zwischen der Dachdämmung und den Pfannen verläuft. Dieser Luftstrom sorgt für den Abtransport von Feuchte. Er darf nicht zugebaut werden im Bereich der Traufe. Die Lösung: An dem oberen Ende des WDVS wird ein Lochprofil aus Edelstahl gesetzt. Es kann an die Dachkonstruktion geschraubt werden.

Mit durchdachten Konstruktionen werden Details sicher ausgebildet.

Das WDVS am Balkon

Der Balkon (vgl. Bild 3) wird im Zuge einer Fassadendämmung auch mit einem WDVS bearbeitet. Dieses Fassadenteil am Balkon ist jedoch problematisch, weil Regen auf die Fliesen auftrifft und von dort Spritzwasser gegen den WDVS Putz drückt. Es ist oft nur eine Frage der Zeit, dass die untere Plattenreihe durchfeuchtet und im Innenbereich Schimmel auftritt. Abhilfe schafft hier die Verwendung von Perimeterplatten (grün dargestellt), die keine Feuchte aufnehmen. Die erste Reihe wird mit ihnen erstellt. Sie werden wie „normale" Polystyrol-Platten in das WDVS eingebunden. Zu beachten ist jedoch, dass die Sockelfliese dauerelastisch mit Silikon o.ä. Dichtstoff abgedichtet wird.

Die Dehnungsfuge in der Fassadenfläche

Eine Fuge ist eine Unterbrechung der Fassade und wird in der Regel senkrecht, also vertikal, vom Bauhauptgewerbe gesetzt. Bei diesem Detail müssen Maler einige Dinge beachten:
Information:
a) Sie müssen in der Allgemeinen bauaufsichtlichen Zulassung (AbZ) für das von ihnen verarbeitete WDVS nachlesen, ob die Dehnungsfugen z. B. bei Plattenbauten überbrückt werden dürfen. Wenn ja: Es sind besondere Materialien zu verwenden, um die Bewegungen des Baukörpers aufzunehmen. Bei einigen AbZ werden auch bestimmte maximale Abstände zwischen den Dehnungsfugen angegeben.
b) Ansonsten gilt, dass Dehnungsfugen zwischen Gebäudeteilen immer übernommen werden müssen. Die Ausbildung erfolgt mit einem Dehnungsprofil (Bilder 4 und 5).

Die AbZ, aber auch die Technischen Merkblätter des Herstellers, geben verbindliche Auskunft über die Bearbeitung von Fugen.

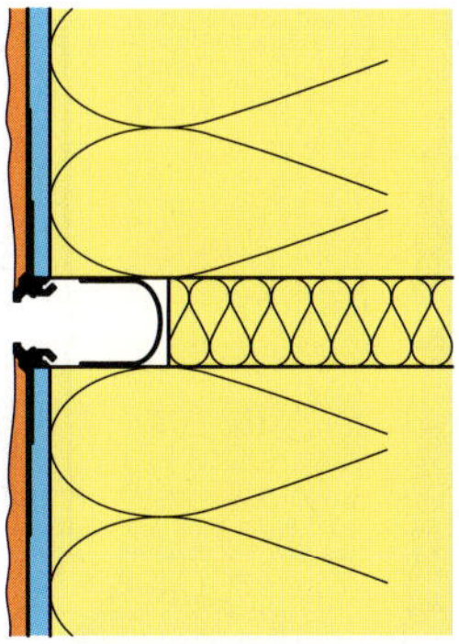

4. Zwischen zwei Gebäudeteilen eines Doppelhauses ist eine Dehnungsfuge vorhanden. Diese ist mit einem Dehnungsprofil auszubilden. Die Zeichnung zeigt eine Draufsicht.

5. Das Dehnungsprofil, hier in der Seitenansicht gezeigt.

Die Ausbildung des Sockelbereichs

Im Sockelbereich gilt bislang die Regel, dass das WDVS ca. 30 cm oberhalb des Kiesbettes endet. Das Problem ist aber, dass in diesem nicht gedämmten Bereich eine Wärmebrücke entsteht, die zu einer Abkühlung der Innenwandfläche führt. Tauwasserausfall und Schimmelbildung sind möglich. Abhilfe schafft die Verarbeitung einer Perimeterplatte im Sockelbereich, die auch in das Erdreich gehen darf (Bild 6).

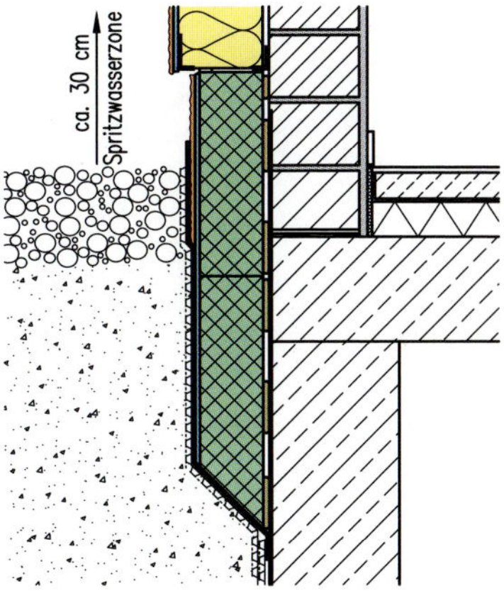

6. Durch die Perimeter-Platte (grün) wird eine Wärmebrücke in das Rauminnere verhindert. Außerdem wird durch diese Ausbildung eines fassadenbündigen Sockels das Haus optisch aufgewertet.

Aufgaben

1. *Welche Aufgaben haben Dachbelüftungsprofile?*
2. *Welche Punkte müssen Sie bei einer Dämmung auf einem Balkon beachten?*
3. *Es gibt für Dehnungsfugen in der Fläche offene und geschlossene Profile. Suchen Sie bei einem Hersteller Informationen.*
4. *Die Perimeterplatte XPS (extrudierter Polystyrol Hartschaum) wird vielseitig eingesetzt. Erkundigen Sie sich bei bekannten Herstellern über weitere Einsatzgebiete.*

1. Schlagregen stellen ein WDVS vor eine hohe Belastung – an drei Stellen ist die Gefahr sehr hoch

Als unterer Abschluss des WDVS muss ein Sockelprofil befestigt werden, sofern nicht ein vorspringender Sockel oder ein Übergang zu einer Sockeldämmung vorliegt. Die Anwendung im Spritzwasserbereich (H ca. 300 mm) bedarf besonderer Maßnahmen.

Die Fensterbänke müssen regendicht z. B. mit Hilfe von eingeputzten U-Profilen ohne Behinderung der Dehnung eingepasst werden.

Der obere Abschluss des WDVS muss gegen Witterungseinflüsse abgedeckt werden.

2. Auszug aus der Allgemeinen bauaufsichtlichen Zulassung eines WDVS: Die Dämmung muss regendicht ausgebildet werden.

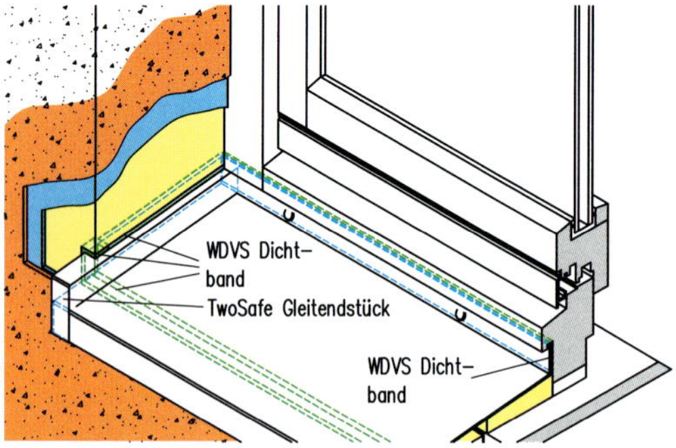

3. Der Anschluss der Fensterbank an ein WDVS.

2.33 Schlagregen und Brandschutz – wichtige Vorgaben bei WDVS

Der Eigentümer des Hauses ist sehr ungehalten, als er nach einem heftigen Regen feststellt, dass Wasser auf der Innenseite eines Fensters vorhanden ist. Monate vorher haben Maler ein WDVS auf die Fassade aufgebracht (Bild 1).

Schlagregen – eine schwer einzuschätzende Wetterlage

Das Gebäude ist schlagregendicht zu dämmen, schreibt die Allgemeine bauaufsichtliche Zulassung in ihren Verarbeitungshinweisen vor (Bild 2). Das bezieht sich auf:

- den unteren Abschluss des WDVS gegen das Spritzwasser, was bei Regenfällen von Platten oder Kiesbetten hochspritzt und die erste Plattenlage durchfeuchtet.
- die Anschlüsse beim Fenster, aber auch bei Rolladenkästen.
- den oberen Abschluss z. B. im Traufenbereich oder bei einer Attika.

Die Schlagregendichtigkeit wird durch sehr sorgfältige Ausbildung der Anschlüsse und Abschlüsse eines WDVS hergestellt.

Der Anschluss der Fensterbank

Die Fensterbank wird auf Länge abgeschnitten. An den Enden wird ein U-förmiges Pass-Stück aufgesetzt (Bild 3). Diese U-Form sorgt dafür, dass das Wasser nicht gegen die Dämmung fließt, sondern gegen das U-Stück. Um Zwängungen zu vermeiden, wird auf dem U-Stück ein Dichtband geklebt und darauf die Dämmplatte aufgesetzt. Das Dichtband sorgt bei Längenausdehnungen des Fensterbank für eine Entkoppelung.

Der Brandschutz

Aufgrund einiger Brände an Fassaden, die mit Polystyrol-Platten gedämmt worden sind, hat der Gesetzgeber die Anforderungen erhöht (Bild 4). Bei einem WDVS mit EPS-Platten mit Dicken bis 300 mm müssen die folgenden Maßnahmen umgesetzt werden.

Brandriegel (BR)

Sie bestehen aus Mineralwolle mit einer Höhe von größer 200 mm, vollflächig geklebt mit einem mineralischen Klebemörtel (Kalk, Kalkzement) und verdübelt mit zugelassenen WDVS Tellerdübeln. Die Anordnung der umlaufenden BR erfolgt in Höhe der Decken.

Brandriegel bei Stürzen und Leibungen

Sollte das Haus höher sein als die Höhe des 3. Brandriegels und die Plattendicke liegt zwischen 100 mm und 300 mm, so sind folgende Brandriegel zu setzen:

Die Fensterstürze werden mit einem Brandriegel versehen, der links und rechts mindestens 30 cm überragt. Dieser Brandriegel wird wie eben beschrieben verarbeitet. Die Leibung des Fenstersturzes ist ebenfalls mit einer Mineralwollplatte zu dämmen. Im Bild 4 sind diese Stürze mit rot gekennzeichnet.

Möchte der Bauherr bzw. der Malermeister diese Bauform nicht umsetzen, gibt es die folgende Alternative:

In jedem zweiten Geschoss wird oberhalb des Sturzes in einem Abstand von 0,5 Metern ein umlaufender Brandriegel gesetzt. Im Bild 4 ist diese Anordnung in blau gekennzeichnet.

Der Maler muss sich vor Beginn der Arbeiten einen Plan über die Platzierung der Brandriegel machen.

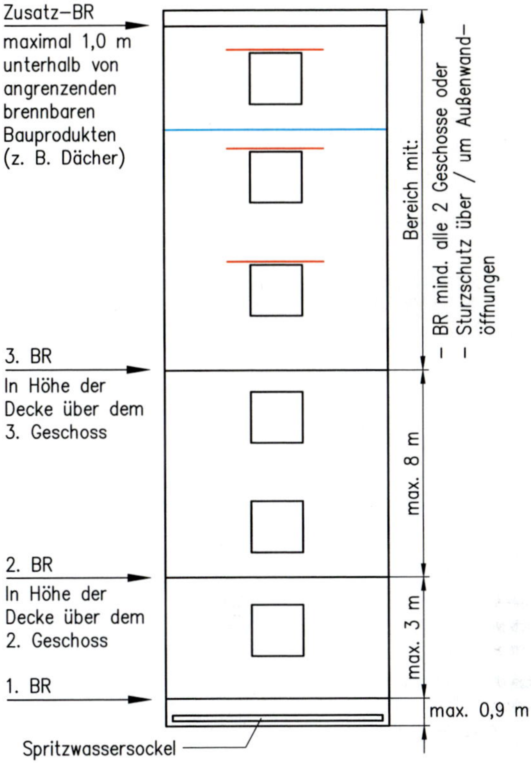

4. Die Anordnung der Brandriegel (BR) erfolgt nach diesem Schema.

Legende: BR= Brandriegel
Rote Linie: Ein Brandriegel im Bereich des Fenstersturzes.
Blaue Linie: Ein umlaufender Brandriegel oberhalb des Fenstersturzes. Dadurch entfällt der Brandriegel oberhalb eines jeden Fensters.
Zusatz BR: Der umlaufende Brandriegel soll das Übergreifen eines Feuers auf die Polystyrol- Dach-Dämmung verhindern.
Der „1.BR" wird im Sockelbereich in der Regel oberhalb der Sockelschiene montiert. Er soll ein „hochwandern" des Brandes verhindern, wenn z. B. Büsche am Haus brennen.
Der Spritzwassersockel besteht in der Regel aus nicht saugenden Perimeter-Platten.

Aufgaben:

1. *Finden Sie in einer AbZ eines WDVS die Textstellen zum Thema Brandschutz. Welche Vorschriften gelten für ein zweigeschossiges Haus?*
2. *Welche Profile werden wird die Anschlussfuge des Fensterrahmens an eine Leibung angeboten?*

1. *Dieses Mehrfamilienhaus wurde mit einem WDVS versehen und soll nun einen dekorativen Oberputz erhalten.*

2. *Fein strukturierter Reibeputz mit einer Körnung bis 4 mm ergibt ein sehr edles Oberflächenbild.*

3. *Kratzputze ergeben durch ihr Licht- und Schattenspiel ein ausdrucksstarkes Bild. Grobe Körnungen wirken rustikal.*

2.34 Oberputze für WDVS

Das endgültige Aussehen der mit einem WDVS versehenen Fassade (Bild 1) wird mit dem **Oberputz** erreicht. Auf einem Wärmedämmverbundsystem kann sowohl ein **mineralischer Edelputz** als auch ein **kunstharzgebundener Putz** zum Einsatz kommen.

Mineralische Oberputze

Als Oberputze kommen heute meist fertig gemischte mineralische **Edelputze** (Kurzzeichen **CR**) in Form von Werkmörtel zum Einsatz. Die farbigen Edelputze bestehen aus Gesteinskörnungen (Zuschläge) und Füllstoffen aus Quarzsand und/oder Kalkstein, mineralischen Bindemitteln (Baukalke und/oder Zemente) und alkalibeständigen Pigmenten.
Die Putzweise richtet sich nach dem gewünschten Aussehen des Oberputzes: Je nachdem wie der Putz aufgebracht und strukturiert wird, unterscheidet man z. B. **Kratzputz**, **Reibeputz** (Bild 2, 3), **Spritzputz**, **Waschputz** (ähnlich Bild 6). Der Putz kann zur farbigen Gestaltung entweder vorher eingefärbt oder nachträglich mit einer farbigen Beschichtung versehen werden.

Putze in dunklen Farben heizen sich stärker auf und können dadurch zu Spannungen führen. Empfehlenswert sind Hellbezugswerte unter 30, besonders auf wärmegedämmtem Putzgrund.

Die Putzstruktur beeinflusst die spätere Verschmutzungsneigung und auch die Fähigkeit der Selbstreinigung durch Regen.

Edelputze

Edelputze erhalten durch die beim Strukturieren entstehende Licht- und Schattenwirkung ein edles Aussehen.
Dünnschichtige Edelputze werden in Korndicke aufgetragen und strukturiert, z. B. Rillenputz, Reibeputz, Münchner Rauputz, Scheibenputz usw. Ihre Schichtstärke ergibt sich aus der Korngröße des Strukturkorns (ca. 2 bis 5 mm).
Dickschichtige Edelputze werden dicker aufgetragen als ihre größten Körner sind. Dazu gehören Kratzputze, frei strukturierbare Modellierputze (Bild 4), gefilzte Putze oder Kellenwurf. Bei **Kratzputz** wird die verputzte Fläche nach dem Anhärten (ca. einen Tag nach dem Aufbringen) mit einem „Kratz-Igel" bearbeitet, um die typische raue, gleichmäßig strukturierte Oberfläche zu erhalten. **Kellenwurfputz** erhält seine Struktur durch das Anwerfen eines Putzmörtels mit grober Gesteinskörnung.

Leichtputze werden sowohl als Oberputze als auch als Unterputze auf hoch wärmedämmenden Wandbaustoffen eingesetzt. Sie enthalten natürliche oder industriell hergestellte leichte Zuschläge wie Bims, Perlite, Blähton, Blähglas oder Kügelchen aus geschäumtem Polystyrol (EPS).

Kunstharzputze

Kunstharzputze besitzen organische Bindemittel und sind nach Norm **Beschichtungen mit putzartigem Aussehen**. Sie sind schlagregendicht, frostbeständig, schwer entflammbar und lassen sich leicht verarbeiten. Sie können vielfältig strukturiert werden und haften gut auf fast allen tragfähigen Untergründen. Wegen ihrer Elastizität eignen sie sich gut zur Schlussbeschichtung von WDVS.

Arten und Typen

Kunstharzputze werden in verschiedenen Körnungen und Zusammensetzungen verarbeitungsfertig im Eimer geliefert. Sie sind wasserverdünnbar und lassen sich fast beliebig strukturieren (Bild 4). Bei der Auswahl des Putzes muss unbedingt darauf geachtet werden, dass dieser für den Außeneinsatz geeignet ist. Man unterscheidet zwei Typen:

- **P Org. 1**: geeignet als Innen- und als Außenputz
- **P Org. 2**: nur als Innenputz geeignet

*Für außen dürfen nur wetterbeständige Putze des Typs **P Org. 1** eingesetzt und nicht bei Temperaturen unter +5 °C verarbeitet werden.*

Sonstige Oberputze

Silikatputze und Silikonharzputze ähneln in ihren Eigenschaften den Kunstharzputzen.

Silikatputze haben vergleichbare Eigenschaften wie Dispersions-Silikatfarben, benötigen aber mineralische Untergründe zum Verkieseln. Die relativ harte, nicht thermoplastische Putzoberfläche verschmutzt nicht so leicht.

Silikonharzputze sind wie Silikonharzfarben sehr wetterbeständig, schlagregenfest sowie gut wasserdampf- und CO_2-durchlässig.

Buntsteinputze enthalten farbige Sande, Kiesel oder Splitte als Zuschlagstoffe (Bild 6). Im Sockelbereich sollte wegen der höheren Belastung ein spezieller Sockelputz als Unterputz gewählt werden.

Aufgaben

1. *Für welche Einsatzbereiche eigenen sich Putze mit dem Kurzzeichen CR?*
2. *An welcher Kennzeichnung erkennen Sie, dass ein Kunstharzputz als Außenputz geeignet ist?*

4. Bei der Strukturierung von Oberputzen sind der Kreativität des Malers und Lackierers keine Grenzen gesetzt.

5. Vor der Verarbeitung müssen Kunstharz-, Silikonharz- und Silikatputze unbedingt mit geeigneten Rührwerkzeugen homogenisiert werden, damit es zu einer haltbaren Verfilmung kommt.

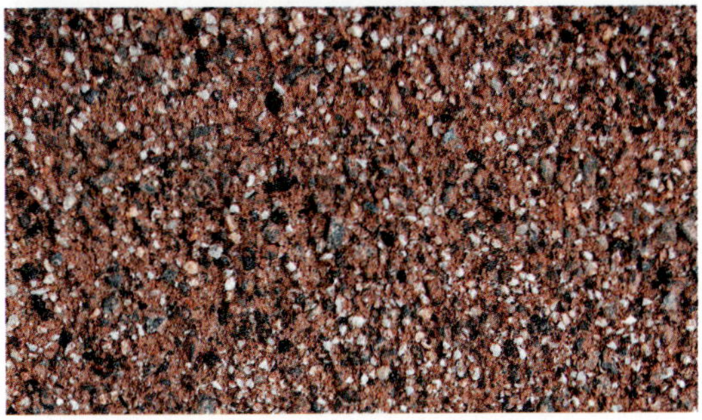

6. Buntsteinputze sind in vielen Farben, Nuancen und Körnungen lieferbar und erlauben vielfältige Gestaltungsmöglichkeiten.

1. *Bei dieser Fassade wurden die defekten Stuckgesimse abgeschlagen.*

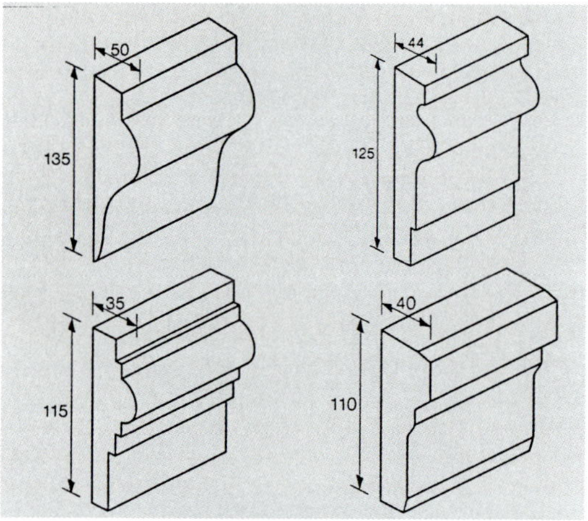

2. *Die Gesimsprofile können nach Katalog ausgesucht werden und sind in Längen bis zu 2 m lieferbar.*

3. *Das Anbringen der Fensterprofile erfordert ein sorgfältiges Arbeiten.*

2.35 Fassadengestaltung mit Dekorprofilen und -elementen

Das in Bild 1 gezeigte Wohnhaus soll mit einem Wärmedämmverbundsystem geschützt werden. Die abgeschlagenen Stuckgesimse sollen auf der neuen Fassade wieder im Originalzustand nachgebildet werden. Weil Stuckarbeiten an der Fassade sehr aufwendig sind, empfiehlt der hinzugezogene Malerbetrieb das Anbringen von fertigen Stuckelementen.

Fertigelemente

Aus einem Katalog für Fassaden-Dekorprofile wählen Kunde und Architektin die geeigneten Profilformen aus (Bild 2). Besonders bei Stilfassaden sind hierfür fundierte Baustilkenntnisse erforderlich.

Die Profilform muss auf den Baustil des Gebäudes abgestimmt sein.

Bei dieser Fassade gibt es keine großen Probleme, weil die ursprüngliche Profilform noch erkennbar ist. Der Elementhersteller hat ein vergleichbares Profil im Angebot. Um die Gestaltung komplett zu machen, sollen auch die Fensterumrandungen mit Dekorprofilen gestaltet werden.

Kunststoff, Mineralschaum oder echter Zementstuck?

Weil Dekorprofile im Außenbereich wetterbeständig sein müssen, entscheidet sich der Malermeister für leichte, einfach zu bearbeitende Kunststoffprofile. Diese Fassaden-Dekorprofile haben einen Kern aus Hartschaum (PS oder PU), der mit einer mineralischen Ummantelung versehen ist. Dadurch sind die Profile weitgehend stoß- und kratzfest sowie wetterbeständig. Wegen ihres geringen Gewichtes lassen sie sich einfach befestigen.

Verarbeitung der Profile

Es ist wichtig, den Profilbedarf vor Beginn der Arbeiten genau zu ermitteln.

- Nach dem genauen Ausmessen der Längen Profile mit einer Gehrungssäge zuschneiden.
- Klebemörtel vollflächig auftragen und Profile leicht schiebend an den Untergrund drücken, bis der Klebemörtel herausquillt; diesen mit der Kelle entfernen.
- Profilstücke bis zur Erhärtung des Klebers mit geeigneten Mitteln (Nägel, Leisten, o. Ä.) fixieren.

- Profile an Gehrungen und Stoßfugen mit PU-Schaum verkleben.
- Alle Fugen, auch die zur Putzfläche hin, mit Fugendichtstoff beiarbeiten.
- Wenn die Fassadenputzarbeiten abgeschlossen sind, werden die Stuckprofile farbig gefasst.

Sonstige Gestaltungselemente

In den letzten Jahren ist die Fassadendekoration wieder stärker ins Blickfeld der Fassadengestaltung gerückt. **Fertigteile** aus **zementgebundenem Stuck** und **Mineralschaum** (Blähglasgranulat, welches aus Altglas hergestellt wird) erlauben die Umsetzung vielfältiger Gestaltungsideen.
Mineralschaumprofile sind leicht, einfach zu bearbeiten und voll mineralisch. Die Hersteller bieten ein großes Standardsortiment von Fertigelementen an, können aber auch beliebige Formen nach Muster oder Zeichnung fertigen. Hierdurch besteht die Möglichkeit, Stuckteile für historische Gebäude nach alten Vorlagen vorzufertigen.

Echter zementgebundener Stuck muss manchmal direkt an der denkmalgeschützten Fassade hergestellt werden. Solche Arbeiten übernimmt das Stuckateurhandwerk.

Bossensteinfassaden waren in der Renaissance, im Klassizismus und auch im Historismus beliebt. Mithilfe von vorgefertigten Blähglaselementen (Bild 5) werden solche Fassaden heute bei modernen Bauwerken zur Fassadenbelebung und -gliederung eingesetzt.
Ein vergleichbarer Effekt lässt sich mit speziell geformten Dämmplatten bei der Anbringung eines Wärmedämmverbundsystems erreichen (Bild 6). Diese Form der Fassadengestaltung hat zusätzlich den Vorteil einer verbesserten Wärmedämmung.

Flachverblender aus Dispersionsmaterial oder gebranntem Ton geben ungedämmten und gedämmten Fassaden das Aussehen eines verklinkerten Hauses.

Aufgaben

1. *Worauf ist bei der Auswahl der Dekorprofile unbedingt zu achten?*
2. *Geben Sie an, aus welchen Materialien die angebotenen Fassadenprofile hergestellt werden.*
3. *Beschreiben Sie stichwortartig die Anbringungen einer Fensterumrandung aus Dekorprofilen.*
4. *Welche anderen Gestaltungsmöglichkeiten für Fassaden sind Ihnen bekannt?*

4. Fensterbankprofil mit Konsolenprofil nach der Schlussbeschichtung

5. Moderne Bossenfassade aus Blähglasprofilen

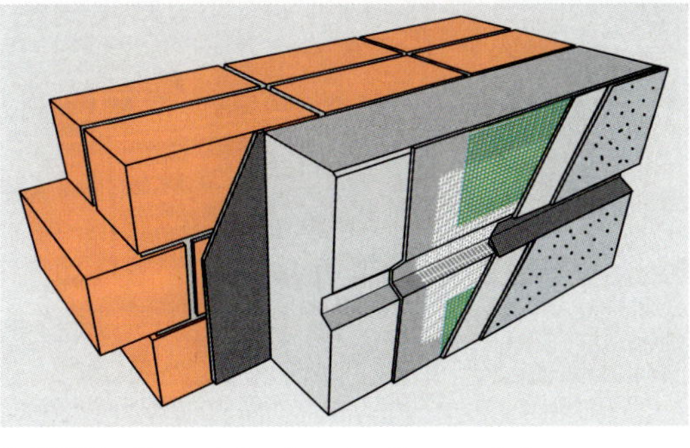

6. WDVS mit speziell geformten Bossenplatten aus Hartschaum

1. Dieses in Sichtschalung hergestellte Betonbauwerk zeigt deutliche Spuren der Verwitterung.

©Caparol Farben Lacke Bautenschutz

2. Bei der Brettschalung zeichnet sich auf der Betonoberfläche die Holzmaserung der Schalung ab.

3. Schalung mit großformatigen Wandschalungselementen

2.36 Beton – ein moderner Baustoff

Das in Bild 1 gezeigte Gebäude wurde in einer Stahlbeton-Skelettbauweise mit einer Sichtbetonfassade hergestellt. Bei einer Routineüberprüfung des Gebäudes fallen den Fachleuten die starke Verschmutzung und verschiedene Betonschäden auf.

Auch Beton hält nicht ewig

Zwischen 1965 und 1975 wurden viele Gebäude mit einer Sichtbetonfassade hergestellt. Der unbeschichtete, graue Sichtbeton sollte als architektonisches Stilelement für sich wirken. Dabei wurden durch die Auswahl des Schalungsmaterials die Oberflächenstrukturen bestimmt. So hinterließen sägeraue Bretter das Maserungsbild des Holzes auf der Betonoberfläche (Bild 2). Heute müssen viele dieser Gebäude mit großem Arbeits- und Kostenaufwand instand gesetzt werden.

Beton ist ein künstlicher Stein aus einem Gemisch von Zement, Kies, Sand und Wasser, das in Schalungen gegossen wird.

Beton besitzt eine hohe Druckfestigkeit. Deshalb wird er für Fundamente, Stützen, Decken und sonstige tragende Bauteile eingesetzt.

Stahl macht den Beton erst stabil

Beton kann schlecht Biege- und Zugspannungen aufnehmen. Deshalb müssen Geschossdecken, Tür- und Fensterstürze sowie alle Bauteile, die Öffnungen überbrücken, mit Stahl verstärkt werden. Diese Verstärkungen nennt man auch **Bewehrung** oder **Armierung**.
Beton und Stahl dehnen sich bei Temperaturerhöhung gleich aus, bei Abkühlung ziehen sie sich wieder gleich zusammen. Deshalb hat der Verbundwerkstoff **Stahlbeton** sowohl die guten Eigenschaften des Betons als auch die des Stahls.
Diese gemeinsamen Eigenschaften sind wichtig, denn sonst könnte es durch Temperaturänderungen zu Spannungen und damit Schäden im Betonbauteil kommen (Bild 4).

Wie entsteht ein Betonbauwerk?

Zunächst wird eine Schalung, welche die spätere Form des Gebäudeteils hat, aufgestellt (Bild 3). In diese werden dann entweder ein Stahlgeflecht oder Stahlmatten eingelegt und mit Drähten oder speziellen Befestigungselementen fixiert.

Danach wird die Schalung mit flüssigem Beton gefüllt und verdichtet, damit keine Hohlräume (Lunker) entstehen. Die Oberflächenqualität von gegossenen Betonwänden und -decken hängt hauptsächlich von der Schalung und der Verarbeitung des Betons ab.

Warum rostet der Stahl im Beton nicht weiter?

Das fragt man sich, wenn man auf einer Baustelle die eingebauten verrosteten Stahlstäbe und Stahlmatten sieht. Diese Sorge ist unbegründet, denn sobald sich der Zementleim, das ist das Zement-Wasser-Gemisch, um die Bewehrung legt, ist sie vor weiterer Korrosion geschützt (Bild 5). Dieser „natürliche“ Korrosionsschutz entsteht dadurch, dass frischer Beton eine hohe Alkalität aufweist.

Frischer Beton hat einen pH-Wert von ungefähr pH 13, er ist also eine starke Lauge.

In dieser Umgebung bildet sich auf der Stahloberfläche eine schützende Schicht, die den Beton lange Zeit vor Korrosion (Rost) schützt.

Beton hat nicht nur gute Eigenschaften

Wegen seiner hohen Dichte hat Beton ein schlechtes Wärmedämmvermögen. Betonbauteile dämmen den Luftschall sehr gut, den Trittschall dagegen schlecht. Unbeschichtete Beton- und Sichtbetonflächen sind durch Umwelteinflüsse mehr gefährdet als beschichtete. Die Saugfähigkeit des Betons hängt von den Poren im Betongefüge ab. Die Porigkeit wird durch die Zuschlagstoffe, besonders durch den Zementanteil, bestimmt: Je geringer der Zementanteil ist, desto höher ist seine Saugfähigkeit (Bild 6).
Schäden können aber auch durch falsche Konstruktion und durch falsche Verarbeitung des Betons entstehen.

Aufgaben

1. *Welche Bestandteile sind erforderlich, um ein armiertes Betonbauteil herzustellen?*
2. *Warum kommt es nicht zu Schäden, wenn sich ein Betonbauteil ausdehnt bzw. zusammenzieht?*
3. *Begründen Sie, warum der verrostete Stahl, nachdem er im Beton eingebettet ist, nicht weiterrostet.*
4. *Welche Bestandteile des Betons bestimmen seine Saugfähigkeit?*

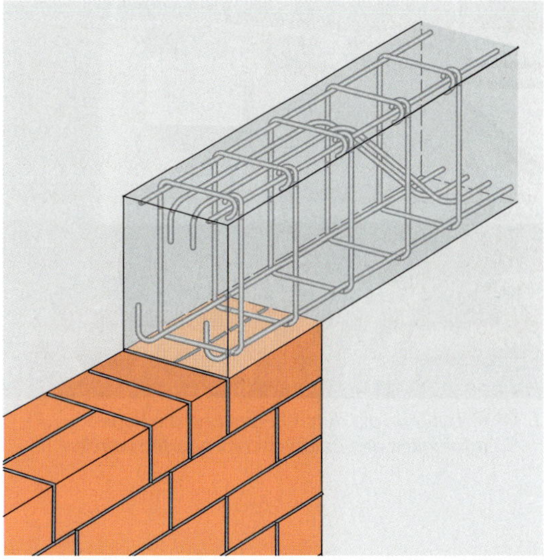

4. Hier sieht man, wie Bewehrungsstähle in einem Türsturz eingearbeitet sind.

5. Durch die vollständige Umhüllung des Bewehrungsstahls mit hoch alkalischem Beton findet keine weitere Korrosion statt.

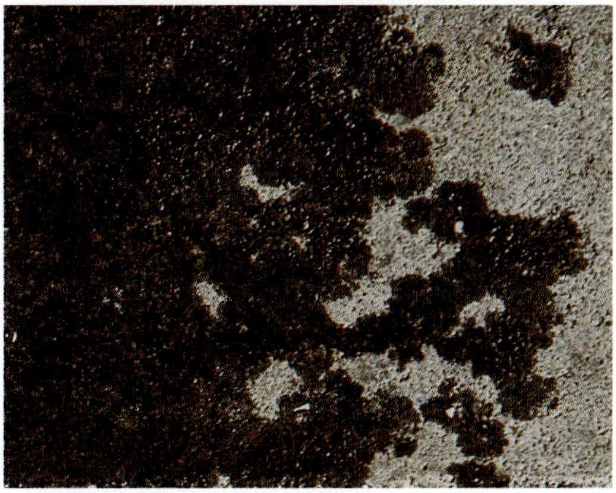

6. Unbeschichtete, durchfeuchtete Betonoberfläche

1. Verfärbungen, die durch Regen und die hohe Saugfähigkeit des Betons hervorgerufen wurden

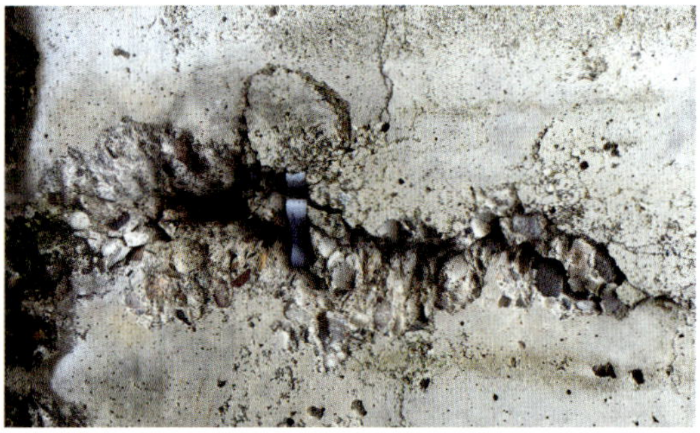

2. Großflächige Betonabsprengungen im Sockelbereich

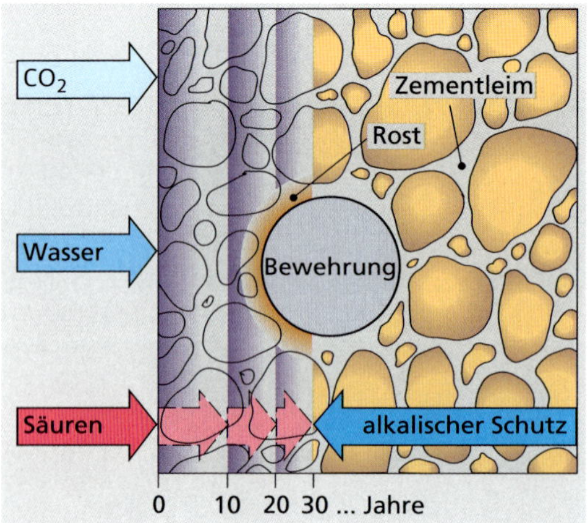

3. Fortschreitende Karbonatisierung bei unzureichender Betonüberdeckung

2.37 Die Betonschädigung

Bei der unbeschichteten Sichtbetonoberfläche (Bild 1) sieht man die Bewitterungsspuren sehr gut. Eingedrungener Regen führte zur Dunkelfärbung, ablaufender Regen hinterließ Ablaufspuren. Bei oberflächlicher Betrachtung sind hier noch keine Schäden erkennbar.

Da sich die Schädigung des Betons in seinem Innern abspielt, erkennt man die Schäden meist erst dann, wenn es schon zu spät ist.

Der hinzugezogene Malermeister stellt bei einer eingehenden Untergrundprüfung weitere Mängel fest:
- Die gesamte Sichtbetonoberfläche hat feine Risse und stellenweise auch ausgewaschene Kiesnester.
- Im Bereich der waagerechten Fugen zeigen sich rostige Schmutzfahnen.
- Im Sockelbereich ist der Beton an mehreren Stellen abgeplatzt, sodass der Armierungsstahl freiliegt (Bild 2).

Wenn die Betonschädigung solche Ausmaße angenommen hat, ist eine Instandsetzung dringend erforderlich.

Was spielt sich im Innern des Betons ab?

Der bei der Betonherstellung entstandene Zementstein und der gelöschte Kalk schützen durch ihre hohe Alkalität die Stahlarmierung vor Rost. Über dem Stahl bildet sich eine passivierende Schicht aus Eisenoxid. Dieser Schutz ist aber nur so lange gewährleistet, wie der pH-Wert des Betons über pH 9,5 liegt.

Der Rostschutz des Betons beruht auf der hohen Alkalität des Zementsteins von ca. pH 13.

Betonzerstörung durch Karbonatisierung

Durch die Einwirkung von Regen, CO_2 und Luftschadstoffen wird der Beton neutralisiert. Bei der **Karbonatisierung** verbindet sich der im Beton gelöschte Kalk $Ca(OH)_2$ mit dem CO_2 der Luft zu Kalkstein $CaCO_3$ mit geringer Alkalität. Die bei der Karbonatisierung im Betongefüge ablaufenden Vorgänge (Bild 3 und 5) sind äußerlich nicht erkennbar.

Wenn durch die Karbonatisierung die Alkalität des Betons unter pH 9,5 sinkt, ist der Armierungsstahl nicht mehr ausreichend gegen Rost geschützt.

Betonüberdeckung

Ein weiterer Grund für die Langlebigkeit von Stahlbeton liegt darin, dass die Armierung von einer ausreichend dicken Betonschicht überdeckt ist.

Je dünner die Betonschicht ist, die den Armierungsstahl überdeckt, desto eher kommt es zur Schädigung des Betons.

Beton wird nach seiner Druckfestigkeit in verschiedene Klassen eingeteilt. Je höher die Betonfestigkeit ist, desto langsamer schreitet die Karbonatisierung von außen nach innen fort. Die Geschwindigkeit der Karbonatisierung wird wesentlich durch den Zementgehalt und die Dichtigkeit des Betons bestimmt. Sie nimmt von der Oberfläche nach innen hin ab. In Bild 4 erkennt man, dass beispielsweise ein Beton der Festigkeitsklasse C20/25 nach 16 Jahren eine Karbonatisierungstiefe von 12 mm erreicht hat. Die Erfahrung hat gezeigt, dass normalerweise eine Mindestbetonüberdeckung von 25 bis 30 mm ausreichend ist.

*Die **Karbonatisierungstiefe** ist der Bereich in mm, den die Karbonatisierung von der Oberfläche ausgehend erreicht hat.*

Ist der Beton in seinem Innern so weit geschädigt, dass die Alkalität den Stahl nicht mehr vor Rost schützt, kommt es zum Rosten des Armierungsstahls. Durch das Rosten vergrößert sich das Volumen des Stahls, wodurch die darüberliegende, zu dünne Betonschicht abgesprengt wird (Bild 6).
Der dann freiliegende Stahl kann jetzt ungehindert bis zu seiner vollständigen Zerstörung weiter rosten, wenn nicht vorher schützende Maßnahmen ergriffen werden (Bild 7).

Weitere Ursachen für schadhaften Beton

Neben den Umwelteinflüssen sind häufig Bauausführungsfehler für die Betonschädigung verantwortlich. An Stellen, wo schon Poren, Lunker, Kiesnester und Risse vorhanden sind, können Schadstoffe besser eindringen und die Zerstörung des Betons beschleunigen.

Aufgaben

1. *Welche Bedingungen müssen erfüllt sein, damit der Bewehrungsstahl im Beton vor Rost geschützt ist?*
2. *Ab welchem pH-Wert beginnt der Bewehrungsstahl zu rosten?*
3. *Beschreiben Sie den Ablauf der Karbonatisierung einer Betonoberfläche. Geben Sie die Erkennungsmerkmale für die unterschiedlichen Schädigungsstufen an.*
4. *Welchen Einfluss hat die Betonfestigkeitsklasse auf den Fortschritt der Karbonatisierung?*

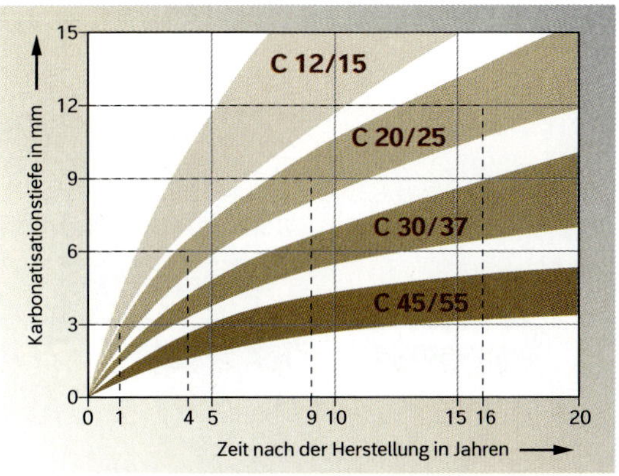

4. *Je höher die Druckfestigkeit des Betons ist, desto langsamer schreitet die Karbonatisierung voran.*

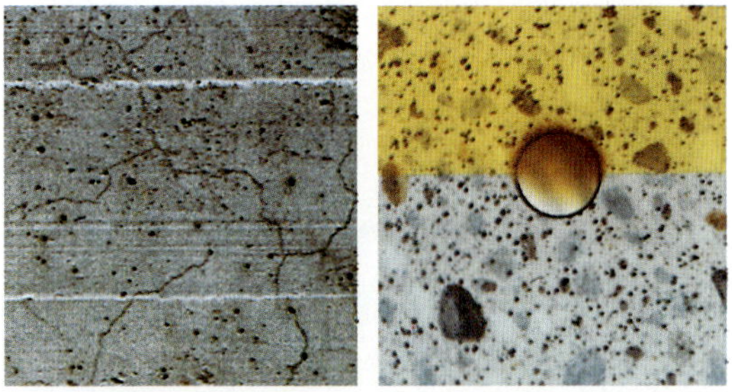

5. *An der Betonoberfläche ist noch kein Schaden zu erkennen, obwohl der Alkalitätsabbau schon stark fortgeschritten ist.*

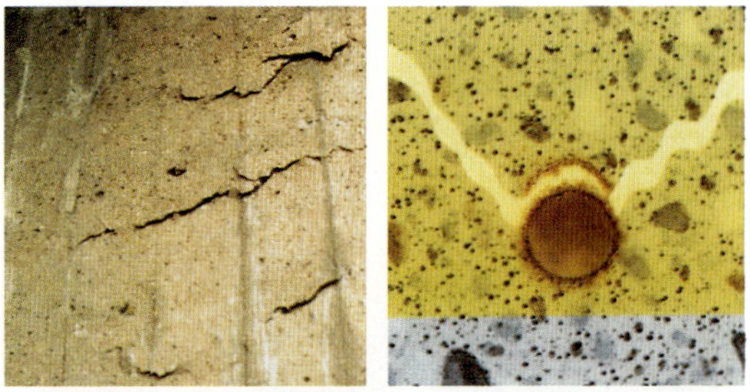

6. *Der Stahl hat durch das Rosten sein Volumen vergrößert und sprengt die darüberliegende Betonschicht ab.*

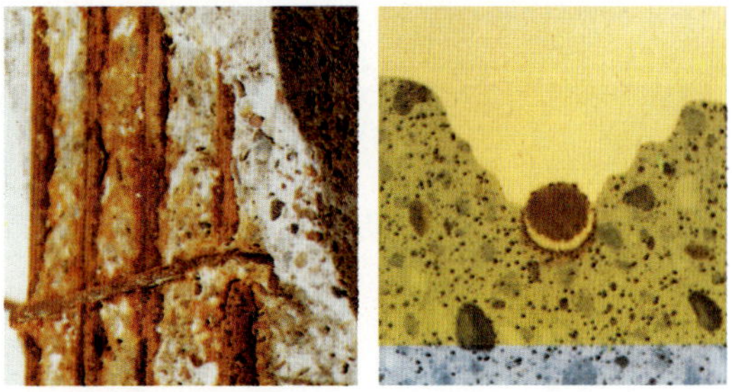

7. *Hier zeigt sich für jeden sichtbar die freiliegende Bewehrung.*

1. Hier hat die rostende Bewehrung den überdeckenden Beton großflächig abgedrückt.

2. Bindemittelausblühungen auf Beton

2.38 Betonschäden erkennen und beurteilen

Wenn eine Betonoberfläche erst so geschädigt ist wie die Balkonbrüstung in Bild 1, wird eine große Instandsetzung erforderlich.

Fast jeder Schaden fängt klein an. Wird er rechtzeitig erkannt, kann er mit wenig Aufwand behoben werden. Aus diesem Grund ist das wirksamste Prüfverfahren eine aufmerksame und gründliche Sichtprüfung.

Die Ursache für den gezeigten Schaden liegt wahrscheinlich in einer zu geringen Betonüberdeckung des Bewehrungsstahls.

Bautechnische Voraussetzungen

Bevor mit aufwendigen Prüfungen begonnen wird, sollte geklärt werden, ob der Beton vor aufsteigender und rückseitiger Feuchtigkeit geschützt ist.

In Bild 2 hat drückendes Wasser aus dem Erdreich das Bindemittel im Beton gelöst und an die Oberfläche transportiert.

Hier muss zuerst die Ursache beseitigt werden, indem die Mauerrückseite abgedichtet wird.

Prüfung von Betonoberflächen

Die folgenden Schäden lassen sich durch aufmerksames Betrachten der Betonoberfläche oder mit einfachen Prüfmethoden feststellen.

Durch Sichtprüfung erkennbare Betonschäden

Verschmutzungen, Moose, Algen

Risse zeichnen sich nach der Benetzungsprobe mit Wasser dunkel ab.

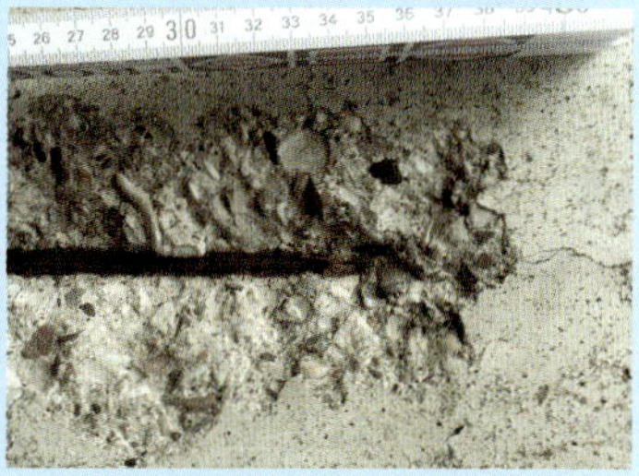

Betonabplatzungen

Abgebrochene Ecken und Kanten

Nicht tragfähige Altanstriche

Poren, Lunker, Kiesnester

Prüfverfahren für Betonoberflächen mit den zugehörigen Prüfgeräten und -werkzeugen

Die Oberflächenfestigkeit des Betons wird durch Ankratzen mit einem Meißel geprüft.

Die Betonfestigkeit lässt sich mit dem Rückprallhammer (Schmidthammer) prüfen.

Hohlstellen hört man beim Abklopfen mit einem Fäustel.

Die Betonüberdeckung über der Bewehrung wird mit einem elektronischen Messgerät, dem Profometer, gemessen.

Betonhaftung: Mit der Abrissmethode wird die innere Festigkeit (Kohäsion) des Betons gemessen.

Durch eine Laboruntersuchung eines Bohrkerns lassen sich genaue Informationen über den Betonzustand erhalten.

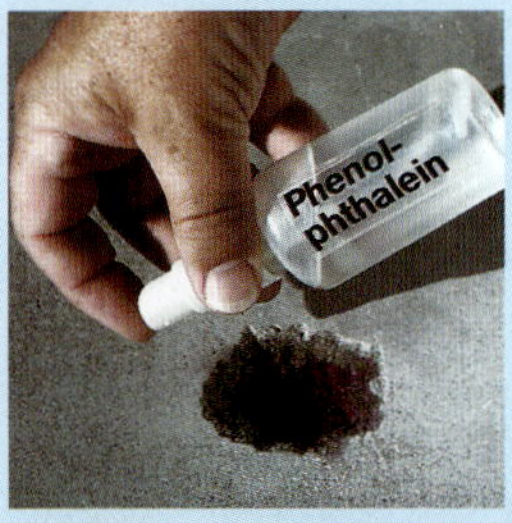

Karbonatisierungsprüfung: Durch Benetzung mit der Indikatorflüssigkeit Phenolphthalein lässt sich feststellen, wie weit der Alkalitätsabbau im Beton fortgeschritten ist. Der Beton muss so weit abgeschlagen werden, bis sich die Indikatorflüssigkeit rot färbt. Dann liegt der pH-Wert des Betons im sicheren Bereich.

Feuchtigkeitsaufnahme: Mithilfe des Karsten'schen Röhrchens lässt sich die Feuchtigkeitsaufnahme des Betons prüfen.

Nicht alle Schäden lassen sich mit einfachen baustellenüblichen Prüfmethoden feststellen.
Bei den oben gezeigten Prüfverfahren werden sowohl einfache als auch spezielle Prüfwerkzeuge und -geräte eingesetzt, um ein genaues Bild vom Schadensumfang zu erhalten.

Nur durch genaue Schadensermittlung lässt sich eine Betoninstandsetzung wirksam planen und durchführen.

Aufgaben

1. *Welche Ursachen können Bindemittelausblühungen auf einer Betonstützmauer haben?*
2. *Mit welchen einfachen Verfahren lässt sich eine Betonoberfläche auf Oberflächenfestigkeit und Hohlstellen überprüfen?*
3. *Beschreiben Sie die Überprüfung der Karbonatisierungstiefe. Geben Sie an, in welchem Zustand der Beton ist, wenn sich die Indikatorflüssigkeit nicht verfärbt.*

1. Beton mit einer groben Oberfläche, Kiesnestern und Lunkern

2. Die geschädigte Oberfläche wird durch Granulat-Strahlen vorbereitet.

3. Der verrostete Stahl muss allseitig freigelegt werden.

2.39 Vorbereiten des geschädigten Betons

Diese raue Betonoberfläche (Bild 1) mit Verschmutzungen, Kiesnestern und Lunkern kann ohne eine sachgerechte Vorbereitung nicht beschichtet werden.

Wenig geschädigter Beton

Im vorliegenden Fall ist eine gründliche Reinigung erforderlich. Je nach Zustand kann dies trocken durch Abbürsten oder nass durch Strahlen mit Wasser, Heißdampf oder Strahlmitteln (Bild 2) erfolgen. Dabei ist es wichtig, allen Schmutz und alle losen Bestandteile zu entfernen, damit sich die Beschichtung gut im gesunden Beton verankern kann.

Glatte Betonflächen lassen sich durch Strahlen mit Strahlmitteln aufrauen, damit Beschichtungen besser halten.

Schichten von Zementschlämmen, die beim Gießen des Betons entstanden sind, und Kalksinterschichten müssen durch Abstoßen mechanisch entfernt werden.

Altanstriche müssen, wenn sie nicht mehr tragfähig sind, entfernt werden.

Ausgeräumte Kiesnester, Poren und Lunker müssen mit geeigneten Spachtelmassen verschlossen werden.

Stark geschädigte Betonflächen

Bei großflächigen Betonabsprengungen (Bild 3) ist eine umfassende Betoninstandsetzung nicht mehr zu umgehen. Hier müssen alle losen Betonteile abgestemmt und der verrostete Armierungsstahl freigelegt werden. Der geschädigte Beton muss so weit weggestemmt werden, bis wieder ausreichend alkalische Bereiche erreicht werden. Dies muss mithilfe von Indikatorflüssigkeit Phenolphthalein überprüft werden.

Solange sich die aufgebrachte Indikatorflüssigkeit nicht rot verfärbt, hat der Beton keine ausreichende Alkalität und es muss weiter gestemmt werden.

Die Armierungsstähle sollten nach Möglichkeit rundum freigelegt werden. Dies ermöglicht eine allseitige Entrostung und einen vollständigen Korrosionsschutz.

Zum Freilegen der Armierungsstähle werden oft druckluftbetriebene Meißel oder Nadelpistolen eingesetzt (Bild 4).

Entrosten

Damit die freigelegten Armierungsstähle nicht weiterrosten, müssen sie zunächst entrostet werden. Die meisten Hersteller von Betoninstandsetzungs-Systemen schreiben eine Entrostung auf den Oberflächenvorbereitungsgrad **Sa 2½** vor.

> ***Oberflächenvorbereitungsgrade nach DIN EN ISO 12944-4*** *geben an, wie weit und mit welchem Verfahren ein rostiger Stahluntergrund entrostet werden muss:*
> *Der Oberflächenvorbereitungsgrad Sa 2½ verlangt, dass der Rost durch* ***Strahlen*** *so weit entfernt werden muss, dass nur noch leichte Schattierungen zu sehen sind (Bild 5) (s. Kap. 6.8).*

4. Freilegen des verrosteten Stahls mit Druckluftmeißel

5. Der obere Teil des Armierungsstahls zeigt den Oberflächenvorbereitungsgrad Sa 2½.

Baudynamische Risse in Betonoberflächen müssen mit einem Winkelschleifer v-förmig aufgeweitet werden. Anschließend muss der aufgeweitete Riss sorgfältig von losen Betonteilen und Staub befreit werden. Damit sich der Reparaturmörtel gut verankern kann, müssen die Fugenflanken mit einem speziellen Haftprimer grundiert werden.

> *Bei baudynamischen Rissen muss unbedingt überprüft werden, ob der Riss nicht die Standsicherheit des Gebäudes gefährdet.*

Zur Sanierung von baudynamischen Rissen müssen Spezialverfahren eingesetzt werden. Dabei werden spezielle **Bohrpacker** angebracht (Bild 6). Durch diese Düsen wird ein hochwirksames **Injektionsharz** tief in den Riss hineingepresst, das die Rissflanken wieder kraftschlüssig miteinander „verklebt".

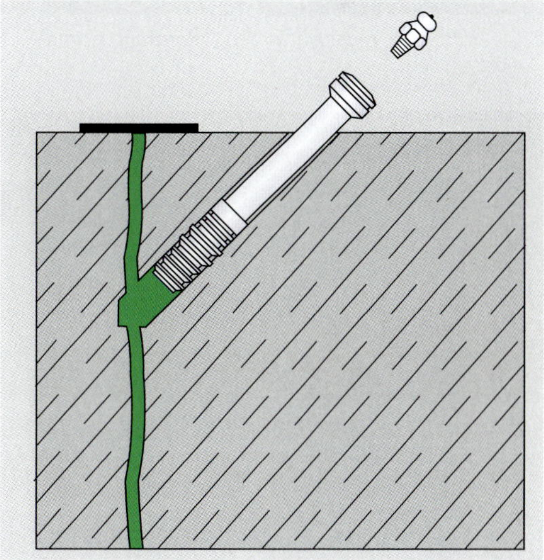

6. Durch solche Bohrpacker wird das Injektionsharz mit einer Presse unter hohem Druck in den Riss gepresst.

Aufgaben

1. *Beschreiben Sie, wie Beton mit Oberflächenschäden vor einer Beschichtung vorbehandelt werden muss.*
2. *Welche vorbereitenden Arbeiten sind bei stark geschädigten Stahlbetonoberflächen durchzuführen?*
3. *Wie kann festgestellt werden, ob genügend Beton weggestemmt wurde und der verbleibende Beton eine ausreichende Alkalität aufweist?*
4. *Mit welchem Verfahren muss der verrostete Armierungsstahl entrostet werden?*
5. *Welche Bedeutung hat die Angabe* ***„Oberflächenvorbereitungsgrad Sa 2½?"***

1. Die Rostschutzbeschichtung muss dickschichtig aufgetragen werden.

2. Die Haftbrücke muss gut in den Untergrund einmassiert werden.

3. Hier wurde die frei stehende Wandscheibe mithilfe eines Brettes und einer Schraubzwinge eingeschalt.

2.40 Instandsetzung von Beton

Nach dem Entrosten auf Oberflächenvorbereitungsgrad Sa 2½ muss der Armierungsstahl möglichst umgehend gegen neue Rostbildung geschützt werden (Bild 1). Das ist nötig, damit sich kein neuer Flugrost bildet. Für den Korrosionsschutz müssen besonders hochwertige Beschichtungssysteme eingesetzt werden.

Systemaufbau

Das **BFS-Merkblatt Nr. 1** Schutz und Instandsetzung von Betonaußenflächen im Hochbau schreibt vor, dass alle Stoffe eines Betonschutzsystems aufeinander abgestimmt sein müssen.

*BFS: Der **B**undesausschuss **F**arbe und **S**achwertschutz gibt Merkblätter zu vielen wichtigen Arbeitsbereichen des Maler- und Lackiererhandwerks heraus.*

Aus Funktions- und Gewährleistungsgründen müssen deshalb alle Komponenten aus dem System eines Herstellers verarbeitet werden.

Die meisten **Betonschutzsysteme** haben einen vergleichbaren Aufbau. Sie bestehen aus:
- Korrosionsschutzbeschichtung
- Haftbrücke
- Füllmasse
- Feinspachtelmasse
- Grundbeschichtung
- Zwischen- und Schlussbeschichtung

Arbeitsschritte einer Instandsetzung

Nach Herstellervorschrift sind mindestens 4 zwei Rostschutzbeschichtungen nötig. Sie sollen sich in ihrem Farbton stark unterscheiden, beispielsweise Rot und Grau. Dadurch kann man bei der Arbeit sofort feststellen, ob der zweite Anstrich vollständig deckend aufgebracht wurde.
Manche Hersteller schreiben ein Abstreuen der nassen letzten Anstrichschicht mit feinem Quarzsand vor. Dies dient der besseren Anhaftung der Füllmassen am Stahl.
Nach der Trocknung der Rostschutzbeschichtung wird die gesamte Ausbruchstelle mit einer speziellen Beton-Haftbrücke gut „einmassiert“ (Bild 2). Dies ist nötig, damit sich zwischen Untergrund und Grobmörtel eine gute Verbindung ergibt.

Weil Beton in Verbindung mit Feuchtigkeit alkalisch reagiert, müssen alle Beschichtungsstoffe des Betonschutzsystems alkalibeständig sein.

Große Ausbruchstellen und frei stehende Wandscheiben oder Ecken müssen vor dem Ausbessern eingeschalt werden (Bild 3).
Beim Ausbessern der Ausbruchstellen muss darauf geachtet werden, dass der Grobmörtel sich gut mit dem Altbeton verbindet (Bild 4). Er muss deshalb gut in die Ausbruchstelle hineingedrückt werden.
Nach dem groben Auffüllen erfolgt die Feinspachtelung mit speziellem Feinmörtel (Bild 5).
Sichtbetonflächen, besonders solche mit Oberflächenstrukturen, z. B. eine sägeraue Brettschalung, müssen noch im frischen Mörtelzustand angepasst werden.

Welches System ist das richtige?

Die Hersteller bieten zahlreiche, auf die verschiedensten Erfordernisse abgestimmte Systeme an. Bei der Systemwahl muss geklärt werden, ob die Instandsetzung partiell (stellenweise) oder flächig erfolgen soll. Bei partieller Instandsetzung ist eine **vollflächige Schlussbeschichtung** notwendig, damit auch der nicht instand gesetzte Beton geschützt wird. Es muss ebenso geklärt werden, ob das System rissüberbrückend sein muss.

*Im Aufbau ähneln sich die verschiedenen Systeme. Der wesentliche Unterschied liegt in der **Art der Korrosionsschutzbeschichtung**.*

- Rostschutzbeschichtung mit 2-K-Reaktionsmaterialien, z. B. auf Epoxidharzbasis.
- Rein mineralischer Rostschutz mit kunststoffvergüteten Zementschlämmen. Hierbei wird ein ähnlicher **alkalischer Rostschutz** wie bei Frischbeton erreicht (s. Kap. 2.42).

Wenn alle Arbeiten sorgfältig und nach Vorschrift des Systemherstellers ausgeführt werden, ist die Betonoberfläche wieder für viele Jahre gegen Zerstörung geschützt. Der Armierungsstahl hat wieder eine genügende Überdeckung und liegt auch wieder im alkalischen Bereich des Betons (Bild 6).

Aufgaben

1. *Aus welchen Hauptkomponenten bestehen fast alle Betonschutzsysteme?*
2. *Worin liegt der wesentliche Unterschied zwischen den Betonschutzsystemen?*
3. *Welche Rostschutzbeschichtungen kommen in Betonschutzsystemen zum Einsatz?*
4. *Welche Aufgabe übernimmt die Haftbrücke und worauf ist bei ihrer Verarbeitung zu achten?*
5. *Beschreiben Sie die einzelnen Arbeitsgänge einer Betoninstandsetzung.*

4. Die Ausbruchstellen werden mit Grobmörtel ausgebessert.

5. Abschließend wird die Fläche mit Feinmörtel abgeglättet.

6. Nach der Instandsetzung ist der Stahl vor Rost geschützt und von einer dichten Mörtelschicht umhüllt.

1. Diese Betonoberfläche zeigt Oberflächenrisse bis 0,3 mm Breite, wie das Rissbreitenlineal belegt.

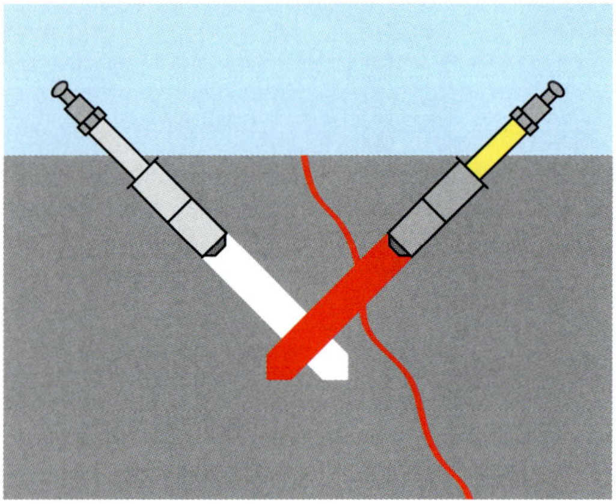

2. Das Prinzip der Rissinjektion: Schräg zum Rissverlauf wird eine Bohrung erstellt und der Bohrpacker eingeschraubt. Über Schläuche wird das Füllgut (rote Farbe) in den Riss gepresst.

2.41 Die Betonrissinjektionen

Risse im Beton sind für ein Bauwerk ein schwerwiegender Schaden. Sie können die Standsicherheit des Bauwerks gefährden. Die Straßenverwaltung kann z. B. bei einer Brücke die Traglastannahmen ändern, wodurch sie nur noch einspurig befahren werden kann.

Eine wichtige Unterscheidung: Risse und Oberflächenrisse

Beide Risse sind deutlich zu unterscheiden und werden verschieden bearbeitet.

Die Oberflächenrisse

Oberflächenrisse sind auf dem Beton netzartig zu sehen. Sie haben eine Breite von < 0,3 mm (Bild 1). Die Risse gehen nicht in die Tiefe und sie werden mit folgendem Standardaufbau bearbeitet:
- eine Grundierung auf Beton,
- eine egalisierende Beschichtung, auch Füller genannt,
- eine Zwischenbeschichtung und
- eine Schlussbeschichtung mit einer rissüberbrückenden elastischen Betonschutzfarbe auf Acrylat-Dispersionsbasis. Der sd-Wert gegen CO_2 soll > 50 liegen.

Der Maler muss die Risse in der Breite und in der Tiefe genau prüfen, um das Beschichtungssystem festzulegen.

Die Risssanierung

Bei diesem Aufgabenbereich des Malers werden Risse behandelt, die eine Breite von > 0,3 mm haben. Normalerweise können der Statiker und der Stahlbetonbauer die Rissbreiten so im Bauwerk verteilen, dass sie diesen Wert nicht überschreiten. Ursachen für eine Überschreitung der Rissbreite von 0,3 mm sind z. B.:
- zu hohe Lasten bei Brücken z. B. durch einen zu umfangreichen Lkw-Verkehr
- Ausdehnungen des Bauwerks durch starke Temperaturunterschiede
- fehlerhaft verlegte Bewehrung
- Fahrzeugunglücke

Die Injektion

Sie erfolgt über Bohrpacker, die schräg zu dem Riss in den Beton eingebracht werden (Bild 2).

Die Klebepacker werden auf den Riss direkt aufgeklebt und sind für geringe Drücke bis 60 bar geeignet. Eine Bohrung ist bei der Montage nicht erforderlich.

Vor der Risssanierung ist eine umfangreiche Diagnose der Risse erforderlich, um die Packer an den richtigen Stellen zu setzen.

Die Verdämmung

Diese Abdichtung verhindert während des Injektionsverfahrens von Rissen (Verpressen) das Austreten des Füllgutes aus dem Riss. Das Material wird mittels Kelle auf den Riss aufgebracht und damit wird der Riss verschlossen. Nach der Injektion wird die Verdämmung mit einem stabilen Spachtel und Hammerschlägen entfernt.

Das Füllgut

Je nach Zielsetzung der Risssanierung werden verschiedene Füllgüter eingepresst. Das Betonbauteil kann

- entweder mit der Risssanierung abgedichtet werden gegen Wasser und Luft
- oder kraftschlüssig verstärkt werden.

Die Tabelle im Bild 3 erläutert die wesentlichen Eigenschaften.

Füllgut	Bindemittel	Zielsetzung	Hinweise
Epoxid-Injektionsharz	EP	Kraftschlüssiges Verbinden von Rissflanken	Einsatz nur bei trockenen Rissen ohne Wasserbeaufschlagung
Polyurethan-Injektionsharz	PUR	Dehnfähiges Verbinden von Rissflanken	Einsatz bei feuchten Rissen, auch bei Wasserdruck
Zementleim, auch Injektionsmörtel genannt	Zemente, Kunststoffvergütet	Füllen von Rissen ab 0,8 mm und von Hohlräumen	Einsatz bei trockenen und feuchten Rissen

3. Der Einsatz der Füllgüter bei der Risssanierung hängt von der Zielsetzung ab. Die Materialien unterscheiden sich weiterhin durch ihre Viskosität. Außerdem werden schaumbildende PUR-Harze und mehr oder weniger elastische EP-Massivharze angeboten. Die schaumbildenden Harze entwickeln ihre Struktur durch Wasser. Hierzu muss über die Packer etwas Wasser in das Bauteil eingebracht werden, es erfolgt eine Vornässung.

Aufgaben

1. *Warum muss der Maler die Rissbreiten und Risstiefen genau prüfen?*
2. *Erkundigen Sie sich bei einem Hersteller Ihrer Wahl über rissüberbrückende Beschichtungssysteme bzgl. der folgenden Aspekte: maximale Rissbreite, Farbtöne, Beschichtungsaufbau, Einsatz von Gewebe.*
3. *Was sind Gründe für die Entstehung von Rissen, die eine Rissinjektion erforderlich machen (linke Seite)? Nennen Sie weitere Gründe.*
4. *Welche Untergrundprüfungen sollte der Maler bzw. das Betonprüflabor vor einer Sanierung durchführen?*
5. *Erkundigen Sie sich bei Herstellern von Injektionspumpen über Drücke, Mengen pro Minute und Zubehörteile.*

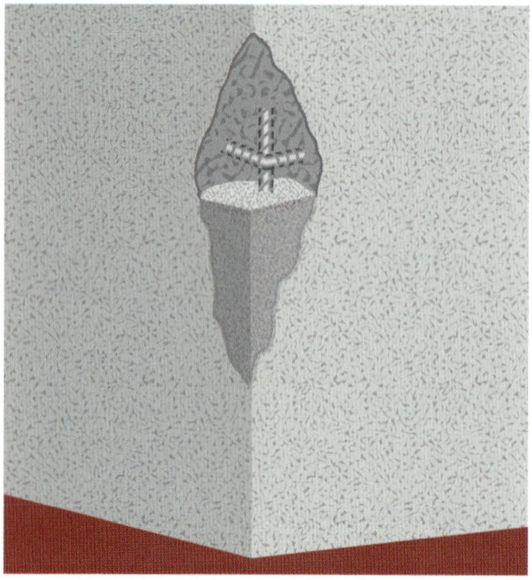

1. *Prinzipskizze der Bearbeitung. Der Bewehrungsstahl muss nach Sa 2½ entrostet werden. Die Überdeckung muss mindestens 1 cm betragen.*

Beurteilung der Betoninstandsetzungsmaßnahme durch den Planer

⇓

Erstellung eines Leistungsverzeichnisses nach den ...

⇓

Beanspruchbarkeitsklassen

M 1	M 2	M 3
Die Instandsetzungsarbeiten sind **nicht** standsicherheitsrelevant.	Die Instandsetzungsarbeiten sind standsicherheitsrelevant.	Die Instandsetzungsarbeiten sind standsicherheitsrelevant und statisch mitwirkend bzw. unterstützend.
Betonersatzsysteme nach EN 1504 Teil 3	Betonersatzsysteme mit Grundprüfung und bauaufsichtlicher Zulassung	Betonersatzsysteme mit Grundprüfung und bauaufsichtlicher Zulassung
typische Arbeit: Ausfüllen von Fehlstellen	Instandsetzungssystem an der gesamten Fläche	erhöhte Anforderungen an das Instandsetzungssystem an der gesamten Fläche

2. *Die Einteilung der Malerarbeiten im Bereich der Betoninstandsetzung (Dt. Ausschuss für Stahlbeton, Richtlinie Schutz und Instandsetzung von Betonbauteilen)*

2.42 Das Beton-Schnellsystem

Die Abteilung Betoninstandsetzung eines großen Malerbetriebs arbeitet nicht nur mit dem normalen PCC-System (Polymer Cement Concrete, s. Kap. 2.40), sondern auch mit dem Schnellsystem. Darunter ist ein PCC-Betonmörtel zu verstehen, der mit einem integrierten Korrosionsschutz versehen ist.

Wie wird das Material verarbeitet und was leistet es?

Die Zulassungen

Der Betonmörtel mit integriertem Korrosionsschutz hat keine Zulassung für statisch bedeutsame Instandsetzungsarbeiten. Das bedeutet, dass es nicht wie das Normalsystem (s. Kap. 2.40) für statisch belastete Hoch- und Tiefbauten eingesetzt werden kann. Mit ihm können nur Ausbesserungsarbeiten und Ausbruchstellen bearbeitet werden. Es ist ebenfalls nicht zugelassen für Bauten im Bereich der Bundesanstalt für Straßenwesen.

Der Mörtel mit Korrosionsschutz hat die Zulassung für die Beanspruchbarkeitsklasse M 1 (Tabelle 2).

Die Entscheidungen für die verwendeten Materialien und deren Zulassungen werden vom Planer eines Ingenieurbüros getroffen. Der Maler hat die entsprechenden Materialien einzusetzen.

Die Verarbeitung

Der Verarbeiter führt bei der Bearbeitung von Instandsetzungsarbeiten, die nicht standsicherheitsrelevant sind (also M 1), folgende Arbeiten durch:

- Betonteile sind durch Strahlen/Stemmen bis auf den tragfähigen Untergrund zu entfernen. Möglich ist auch das Hochdruckwasserstrahlen mit Drücken über 800 bar.
- Die freiliegende Bewehrung ist nach Reinheitsgrad Sa 2½ zu bearbeiten.
- Die Reprofilierung der Ausbruchstelle erfolgt je nach Tiefe in ein bis zwei Arbeitsgängen frisch in frisch.
- Die erstellten Betonstellen sind nachzubehandeln: Nachbehandlungsdauer je nach Witterung bis drei Tage durch Besprühen mit Wasser, Folienabdeckungen oder Mattenabdeckungen.

Die Nachbehandlung

Die Nachbehandlung soll den Untergrund feucht halten, damit dem frischen Mörtel kein Anmachwasser entzogen wird. Diese Vorgehensweise ist auch bei dem Auftrag von Putz auf Mauerwerk bekannt und verhindert das „Aufbrennen des Putzes". Darunter versteht der Maler das Aufsagen des Anmachwassers durch den Untergrund. Ohne das Wasser kann das Bindemittel des Betons – der Zement – nicht aushärten; er reißt und haftet nicht.

Die Vor- und Nachteile des Systems

Im Ergebnis bearbeitet der Maler durch den integrierten Korrosionsschutz wesentlich schneller Ausbruchstellen des Betons. Er spart viele Arbeitsgänge (Korrosionsschutzauftrag, Haftbrücke). Auf der anderen Seite ist das Material nur für Ausbruchstellen geeignet, statisch relevante Arbeiten sind nicht damit erlaubt.

3. Bei dieser Brücke ist ein System der Stufe M 3 einzusetzen. Das Schnellsystem für die Betoninstandsetzung ist somit nicht einsetzbar. Gut zu sehen ist der Inspektionsgang für den Gutachter und die Straßenwärter.

Aufgaben:

1. *Beschreiben Sie weitere Einsatzgebiete für den Betonmörtel mit integriertem Korrosionsschutz.*
2. *Schreiben Sie die für Sie als Maler wesentlichen Punkte aus dem Merkblatttext heraus.*

Auszug aus dem Merkblatt eines Zementmörtels mit integriertem Korrosionsschutz

Eigenschaften
Einkomponentiger, polymervergüteter, filzbarer Zementmörtel in Pulverform mit integriertem Korrosionsschutz gemäß DIN EN 1504-3. Hydraulisch härtend, dampfdiffusionsfähig, frost- und tausalzbeständig. Hoch alkalisch, ohne separate Haftbrücke verarbeitbar. Mit besonders guter Nassklebekraft und Standfestigkeit, daher hervorragend auch an senkrechten Flächen und über Kopf zu verarbeiten. Kantenausbrüche können ohne Hilfsschalung hergestellt werden. Schichtdicken von 2 bis 40 mm sind in einem Arbeitsgang möglich. Ab 10 mm Schichtdicke über dem Bewehrungsstahl ist kein zusätzlicher Korrosionsschutz erforderlich.

Anwendungsbereich
Als Schnellreparaturmörtel zum partiellen Ausbessern und Reprofilieren von Fehl- und Ausbruchstellen. Nicht anwendbar bei standsicherheits- und verkehrssicherheitsrelevanten Instandsetzungsarbeiten. Besonders geeignet auch zur einfachen und schnellen Beseitigung von Betonschäden an Objekten, die mit einem WDV-System versehen werden sollen.

Werkstoffbeschreibung
Farbton: Grau
Bindemittelbasis: Zementmörtel, polymervergütet (PCC)
Körnung: 0,1–1 mm
Schichtdicke: mindestens 2 mm
maximal: 40 mm, einlagig

Verarbeitung
Wasserzugabe ca. 4,25 Liter Wasser je 25-kg-Sack.

Anmischen
Wasser in ein sauberes Anmischgefäß geben, Trockenmörtel zugeben und ca. 1 Minute zu einem homogenen, standfesten Mörtel anrühren. Zum Anmischen ein leistungsstarkes, schnell laufenden Rührwerk (mind. 900 Watt) mit rechtsgewendeltem Rührstab (Putzrührstab) verwenden.

Verbrauch (Trockenmörtel)
Ca. 1,6 kg/m^2 je mm Schichtdicke

Auftrag
Den im angegebenen Mischungsverhältnis angerührten Mörtel zunächst mit einem harten Pinsel in den mattfeucht vorgenässten Untergrund porentief und lückenlos einbürsten. Anschließend den Mörtel mit einer Kelle oder Spachtel in entsprechender Schichtdicke einbringen.

Nachbehandlung
Die Mörtelflächen müssen gegen vorzeitige Wasserverdunstung durch Nachbehandlung geschützt werden. Dazu eignen sich feuchte Jutebahnen oder winddicht abschließende Folien.

©Caparol Farben Lacke Bautenschutz

1. Diese Sichtbetonfassade sieht nicht nur unschön aus, sie ist auch stark durch Witterung gefährdet.

2. Rissüberbrückende, deckende Beschichtung auf Sichtbeton.

3. So kann eine Sichtbetonfassade nach der Beschichtung aussehen.

2.43 Das Schlussbeschichten von Beton

Die auf Bild 1 abgebildete Sichtbetonfassade ist im Laufe der Jahre fleckig und unansehnlich geworden. Besonders nach Schlagregen zeigen die einzelnen Felder unterschiedlich starke Dunkelfärbungen. Hier ist in den nächsten Jahren mit Betonschäden zu rechnen, da die Witterungseinflüsse ungehindert einwirken können.

Die Wohnungsbaugenossenschaft als Eigentümerin entscheidet sich für eine schützende Beschichtung. Auf Anraten der betreuenden Architektin nutzt man die Gelegenheit für eine optische Aufwertung des Gebäudes.

Braucht dieser Beton eine Beschichtung?

Der Auftraggeber entscheidet sich für eine rissüberbrückende, deckende Beschichtung, weil die in Sichtschalung ausgeführte Fläche zahlreiche feine Risse und auch kleine Schäden aufweist. Nach einer gründlichen Reinigung und dem Aufbringen einer haftvermittelnden Grundierung wird ein faserarmierter Grundanstrich aufgetragen (Bild 2).

Deckende Betonschutzbeschichtungen

Dafür haben sich die folgenden Systeme bewährt:

- spezielle wasserverdünnbare Systeme auf Basis von **Reinacrylaten**
- Beschichtungen auf der Basis von lösemittelverdünnbaren **Methacrylatharzen**
- lösemittelverdünnbare **Polymerisatharzfarben**
- einkomponentige hydrophobierende Spezialbeschichtungen auf **Silikatbasis**

Diese Beschichtungsstoffe haben eine gute UV- und Alkalibeständigkeit, sie haften gut. Die Diffusionswiderstandszahl soll bei Wasserdampf kleiner 2,0 m sein (s_d < 2,0 m). Die Beschichtungen dürfen aber keinesfalls CO_2 durchlassen und haben deshalb einen sd-Wert CO_2 größer 50,0 m.

Durch Spezialbeschichtungen für Beton wird die Karbonatisierung des Betons verlangsamt und der Stahl behält seinen alkalischen Rostschutz.

Nach der farbigen Schlussbeschichtung hat die Fassade aus Bild 1 nun ein viel freundlicheres Aussehen erhalten und ist gleichzeitig gegen Witterungseinflüsse wirksam geschützt (Bild 3).

Möchte der Kunde die Sichtbetonoberfläche in ihrem Betongrau erhalten, sie aber trotzdem gegen Witterungseinflüsse schützen, empfiehlt sich eine farblose Imprägnierung oder Versiegelung.

Farblose Imprägnierungen und Versiegelungen

Damit die ursprüngliche Betonoptik (Bild 4) weitgehend unverändert erhalten bleibt, werden Imprägnierungen mit Silikonen, Siloxanen oder Silanen ausgeführt. Diese Mittel sollen nass-in-nass, von oben nach unten durch druckloses Fluten aufgetragen werden.

Imprägnierungen haben eine gute wasserabweisende Wirkung. Sie unterbinden aber nicht so wirkungsvoll die Gasdiffusion und damit die Karbonatisierung des Betons. Mithilfe von **filmbildenden Versiegelungen** kann die Fläche mehr abgedichtet werden. Dies empfiehlt sich beispielsweise bei Waschbetonflächen (Bild 5).

4. Diese Sichtbetonoberfläche wurde durch eine Hydrophobierung wasserabweisend gemacht.

5. Versiegelung von Waschbeton

Betonlasuren

Betonlasuren geben Sichtbetonflächen ein farbiges Aussehen, decken aber die Betonstruktur nicht zu, sondern lassen sie durchscheinen.

Betonlasuren decken die Betonoberfläche dünnfilmig ab, verändern den Betoncharakter aber kaum.

Mit Betonlasuren lassen sich verwitterte Betonoberflächen optisch wieder in ihren Neuzustand versetzen und besser vor Neuverschmutzung schützen (Bild 6).

6. Im oberen Bereich wurde eine Betonlasur aufgetragen.

Bild 7 zeigt, wie durch Auftragen einer Betonlasur in verschiedenen Gelb- und Brauntönen aus einer langweilig grauen Betonfläche eine interessante Wandfläche wurde. Sie erhält durch die leicht abweichenden Farbtöne ein freundliches, lebendiges Aussehen, ohne dass der Charakter der Sichtschalung verloren geht.

7. Durch Beschichten mit verschiedenfarbigen Betonlasuren erscheint die Betonfläche freundlicher.

Aufgaben

1. *Nennen Sie drei unterschiedliche Möglichkeiten, um Beton zu schützen.*
2. *Welchen Vorteil bieten Betonimprägnierungen und wie sollten sie verarbeitet werden?*
3. *Welche gestalterischen Möglichkeiten bieten Betonlasuren?*
4. *Nennen Sie Anforderungen, die alle Betonschutzbeschichtungen erfüllen müssen.*

KUNDENAUFTRAG Wärmedämmung

passend zu Lernfeld 10: Energiesparmaßnahmen ausführen
Lernfeld 12 EG: Gebäude energetisch instand setzen

1. Vorstellung

Eine Wohnungsbaugesellschaft beabsichtigt, diesen Plattenbau im Rahmen einer Gesamtrenovierung mit einem Wärmedämmverbundsystem zu versehen. Der Kunde wünscht als Schlussbeschichtung einen mineralischen Putz, kann sich aber noch nicht für eine Putzstruktur entscheiden.

Die Fassadenflächen bestehen aus Beton-Fertigteilplatten mit einer Waschbetonoberfläche. Bei der Objektbesichtigung stellt ihr Meister fest, dass die Bauteilfugenabdichtungen zum Teil beschädigt sind. Insgesamt ist der Untergrund tragfähig und bedarf keiner besonderen Vorbehandlung.

2. Foto

3. Informationsbeschaffung

Informieren Sie sich bei Herstellern von WDVS über Systemaufbauten und firmenspezifische Verarbeitungsvorschriften. Nutzen Sie auch folgende Informationsquellen:

- VOB DIN 18363, DIN 18345
- BFS-Merkblätter Nr. 9, 19, 21, 23
- Technische Merkblätter der Werkstoffhersteller
- Internetseiten von Herstellern bieten weitere Hinweise

4. Planung

Der Kunde erwartet von Ihnen eine qualifizierte Beratung: Diskutieren Sie in Ihrer Arbeitsgruppe folgende Alternativen: WDVS als Klebe- oder Schienensystem.

- Stellen Sie in einer Liste die Vor- und Nachteile der verschiedenen Systeme einander gegenüber.
- Entscheiden Sie sich für das geeignete Befestigungssystem und begründen Sie Ihre Entscheidung.
- Fertigen Sie für Ihren Kunden eine einfache, aber anschauliche Skizze des ausgewählten Systemaufbaus an.

5. Anbringen des WDVS

Listen Sie alle erforderlichen Arbeiten in richtiger Reihenfolge auf. Beginnen Sie mit den bauseitigen Arbeiten, die vor den eigentlichen Dämmarbeiten durchgeführt werden müssen.

Nr.	Arbeiten und Werkstoffe	Werkzeuge
1.		
2.		

Denken Sie auch an die Sicherheits- und Arbeitsschutzhinweise.

6. Der Oberputz

Da der Kunde noch keine konkreten Vorstellungen von der endgültigen Putzstruktur hat, sollen Sie ihm Entscheidungshilfen für die Auswahl des Edelputzes geben.

7. Berechnungen

Erstellen Sie das Aufmaß und berechnen Sie die Beschichtungsflächen bzw. -längen für folgende Positionen:

Pos. 1: Anbringung eines Wärmedämmverbundsystems

Pos. 2: Alle Faschen und Leibungen mehrfarbig abgesetzt

1 Haustür	2,30 x 2,10	8 Fenster	1,40 x 1,35
8 Fenstertüren	2,60 x 2,10	16 Fenster	1,00 x 1,25
16 Fenster	1,90 x 1,35		

Alle Öffnungen mit farbig abgesetzten Leibungen und Faschen; Abwicklung: 0,22

KUNDENAUFTRAG Betoninstandsetzung

passend zu Lernfeld 9: Bautenschutzmaßnahmen ausführen
Lernfeld 12 BK: Bauten- und Korrosionsschutzmaßnahmen ausführen

1. Vorstellung
Im Rahmen der Gesamtrenovierung eines Mehrfamilienhauses müssen **acht Beton-Balkonbrüstungen** und die **Balkonuntersichten** instand gesetzt werden. Balkonbrüstungen und -untersichten zeigen großflächige Betonabsprengungen. Die Baustahlmatten liegen zum Teil frei und sind stark verrostet.

2. Foto

3. Informationsbeschaffung
Informieren Sie sich über den Werkstoff Beton und die Instandsetzung von Betonflächen im Buch, in Fachzeitschriften sowie
- im BFS-Merkblatt 1: Schutz und Instandsetzung von Betonaußenflächen im Hochbau,
- in der Richtlinie für Schutz und Instandsetzung von Betonbauteilen des Deutschen Ausschusses für Stahlbeton (DafStb),
- in Technischen Merkblättern der Werkstoffhersteller und
- auf Internetseiten von Herstellern.
- Beachten Sie VOB DIN 18349.

4. Untergrundprüfung
Beschreiben Sie stichwortartig, wie es zu der Schädigung der Balkonbrüstung kam und welche Vorgänge dabei im Beton abgelaufen sind.
Mit welcher Prüfmethode lässt sich feststellen, wie weit der karbonatisierte Beton weggestemmt werden muss und ob der verbliebene Beton noch ausreichend alkalisch ist?

5. Systeme zur Instandsetzung von Beton
Sichten Sie Ihre Infomaterialien und legen Sie ein Instandsetzungssystem für die vorliegende Problematik fest.
Begründen Sie Ihre Entscheidung schriftlich.

6. Ablauf der Betoninstandsetzung
Beschreiben Sie ausführlich den schrittweisen Arbeitsablauf einer fachgerechten Betoninstandsetzung mit den dazugehörigen Werkstoffen und Werkzeugen. Erstellen Sie eine Skizze, die den Systemaufbau zeigt, benennen Sie die einzelnen Schichten und geben Sie deren Aufgaben im System an.

7. Berechnungen
Erstellen Sie anhand der Maße der untenstehenden Zeichnung das Aufmaß für die acht Balkone.

Pos. 1: Partielle Betoninstandsetzung und zweifache Schutzbeschichtung mit einem Betonschutzsystem

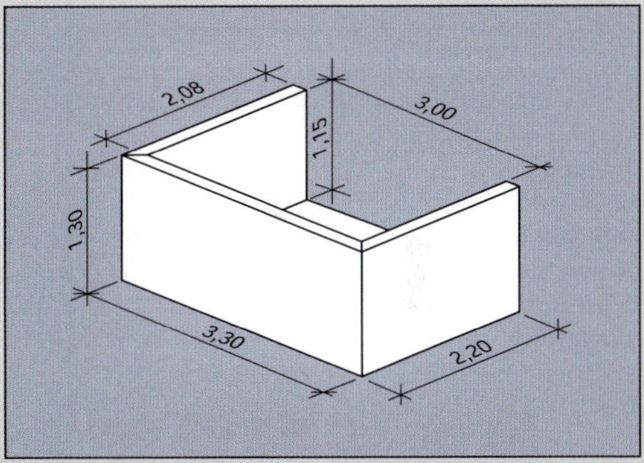

Abmessungen der Balkone

8. Zusätzliche Problemstellung:
Ein zufällig am Bau anwesender Maurermeister fragt Sie, warum Sie den Beton nicht **remineralisieren.** Was meint er damit?

KUNDENAUFTRAG Wärmedämmung eines Einfamilienhauses

passend zu Lernfeld 5: Überholungs- und Erneuerungsbeschichtungen ausführen
Lernfeld 11: Fassaden instand setzen und gestalten
Lernfeld 12 EG: Gebäude energetisch instand setzen

1. Vorstellung

Das Einfamilienhaus der Familie Özkan benötigt sehr viel Heizenergie. Ein Energieberater hat sich das Haus innen und außen genauestens angeschaut und folgende Maßnahmen vorgeschlagen:

- ein Fassadendämmsystem mit einem WDVS
- eine Kellerdeckendämmung
- eine obere Geschossdeckendämmung

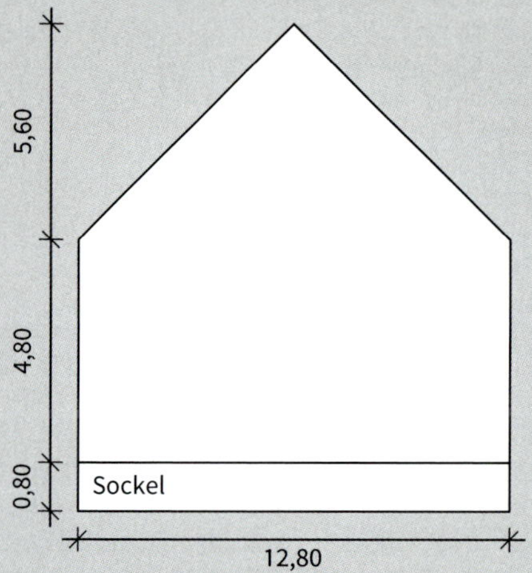

Ihre Aufgaben sind nun,

a) für eine Giebelwand des Hauses eine Wandgestaltung zu entwickeln, die den Vorstellungen der Familie Özkan nahe kommt.
b) für das Fassadendämmsystem einen Arbeitsplan zu entwickeln.

2. Fotos

Die Familie wünscht sich aber nicht nur eine neue wärmegedämmte Fassade, sondern auch eine ansprechende Gestaltung. Sie haben von Farbgestaltungen mit sehr dunklen Farbtönen gehört, die auch auf WDVS aufgebracht werden können. Als Beispiele haben sie folgende Gestaltungen in ihrer Stadt fotografiert.

3. Planung

Beschreiben Sie zunächst die beiden Beispielgestaltungen hinsichtlich Farbauswahl, Flächengröße und Gestaltungsidee. Zeichnen Sie die Wand im Maßstab 1 : 20 auf Karton.

4. Die Gestaltungsentwürfe

Erstellen Sie zunächst drei Gestaltungsentwürfe – auch Scribbles genannt – in einer Zeichentechnik Ihrer Wahl oder nach Angaben des Lehrers.
Stellen Sie die Entwürfe Ihrer Klasse vor.
Anschließend erstellen Sie eine Reinzeichnung, die Sie farbig gestalten. Schreiben Sie einen Text von mindestens einer halben Seite, in dem Sie Ihre Gestaltung begründen. Nehmen Sie Bezug zu den Ideen der Familie (s. die beiden Fotos).

5. Die Ausführung der Arbeiten

Der Kunde entscheidet sich für Ihren Entwurf. Sie bearbeiten nun folgende Aufgaben:

a) Erstellen Sie einen Arbeitsplan für die Fassadendämmung des Giebels, in dem Sie Schritt für Schritt ihre jeweiligen Arbeiten mit Werkzeugen beschreiben.
b) Beschreiben Sie, wie Sie nach Erstellung des WDVS Ihren Entwurf auf die Fläche aufzeichnen.
c) Treffen Sie eine Auswahl an Materialien, schauen Sie hierzu in den Technischen Merkblättern der Farbenhersteller nach.

6. Projektmappe

Ordnen Sie alle Unterlagen in einer Projektmappe.

Stilkunde

3

1. *Dieses Haus aus der Stilepoche Historismus soll farblich neu gestaltet werden.*

2. *Ein Bild des oben gezeigten Hauses ist eingescannt worden. Zu sehen sind die Werkzeuge, mit denen der Maler die Fassadenteile gestalten kann.*

3. *Das Fenster hat einen Dreiecksgiebel und zwei korinthische Pilaster. Pilaster sind halbe Pfeiler, die vorgesetzt sind und keine statischen Aufgaben haben.*

3.1 Farbige Gestaltung alter Häuser

Bild 1 zeigt eine Hausfassade von 1890 in einer Großstadt. Der Hauseigentümer wünscht eine neue Farbgestaltung. Maler gestalten Häuser, die aus verschiedenen Stilepochen stammen. Bei der Gestaltung sind Kenntnisse über Formen, historische Maltechniken, alte Untergründe und über Farbgestaltungen nötig.

Um Häuser mit Farben und Formen gestalten zu können, sind Kenntnisse über die Stilrichtungen unerlässlich. Dies ist erforderlich, um einen Bruch zwischen dem jeweiligen Stil und den eingesetzten Farben und Formen auszuschließen.

Der Hausbesitzer möchte vom Maler vor der Ausführung einen Gestaltungsentwurf sehen.

Welche Vorgehensweisen sind bei der Erstellung eines Entwurfs möglich?

Es bieten sich folgende Möglichkeiten an:

- Es wird eine Skizze vom Haus angefertigt, auf Karton übertragen und farbig gestaltet. Die Originaltöne werden aus Farbtonfächern beigefügt.
- Bei der computerunterstützten Gestaltung (Bild 2) werden Fotos bzw. Bauzeichnungen eingescannt und mit einem Grafikprogramm bearbeitet. Die unterschiedlichen Bauteile wie Fenster und Flächen werden getrennt und entsprechend farblich mit den verschiedenen Farbsystemen gestaltet. Der Computer ersetzt Stift und Pinsel. Damit wird die Entwurfsarbeit erleichtert und verkürzt. Der **Computer** kann aber nicht Entscheidungen fällen, die das Farb- und Formempfinden betreffen. Diese Fähigkeit erwirbt der Maler durch Schulung an älteren Häusern und durch Kenntnisse der Baugeschichte.
- An den Fassadenflächen können die Originalfarbtöne in kleinen Feldern aufgetragen werden.

Welche Stilelemente sind zu erkennen?

Auffällig an dem Haus (Bild 1 und 2) sind die Fensterformen (Bild 3). Über dem Fenster ist ein dreieckiges Giebelfeld zu erkennen, die Fensterposten sind mit Säulen dekoriert. Diese Stilelemente haben ihre Wurzeln in der **griechischen** und **römischen** Antike. Diese Stilepochen mit ihrem hohen Maß an gestalterischer und handwerklicher Qualität sowie deren Einfachheit und Eleganz haben die Stile nachfolgender Jahrtausende bis heute beeinflusst. Wesentliche Stilelemente der Tempelanlagen (Bild 4) sind der Goldene Schnitt, das Giebelfeld, die Säulen mit unterschiedlichen Säulenordnungen und Ornamente.

Säulen: In der griechischen Antike haben sich drei Säulenordnungen entwickelt (Bild 5). Die dorische Säule hat keine Basis (Sockel) und ein einfaches Kapitell aus Ringen und Deckplatte. Die ionische Säule steht auf einer Basis (Bild 3). Das Kapitell wird aus Voluten gebildet. Darauf baut die korinthische Ordnung auf, die das Kapitell mit Blättern schmückt.

Ornamente: Dies sind sich immer wiederholende Muster. Sie wurden bei den alten Kulturen der Ägypter, Griechen und Römer verwendet. Zu allen späteren Stilepochen sind sie wieder aufgegriffen und leicht verändert zur Gestaltung und Gliederung des Baukörpers eingesetzt worden. Bild 6 zeigt Schmuckformen an einem Haus aus der Gründerzeit (**Historismus**).

Auch in der Innengestaltung sind verschiedenste Gestaltungsrichtungen zu erkennen. Für den Maler ist hier vor allem die Tapetenauswahl wichtig.

Aufgaben

1. *Nennen Sie Gründe, warum ein Maler Kenntnisse über Stilkunde haben sollte.*
2. *Beschreiben Sie die Stilmerkmale eines griechischen Tempels.*
3. *Beschreiben Sie mögliche Vorgehensweisen bei der Entwurfsgestaltung für die Farbgebung eines Hauses.*

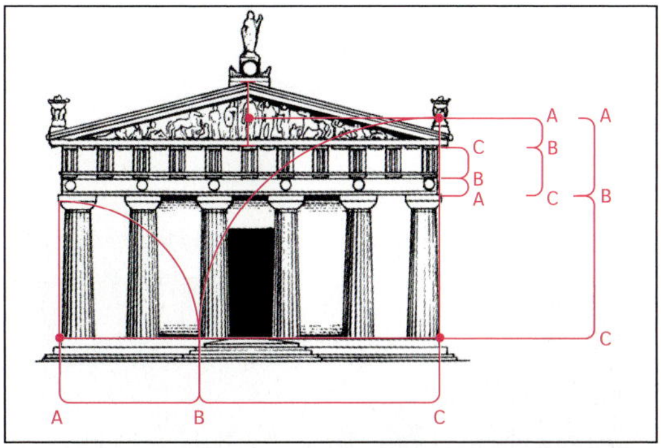

4. Ein griechischer Tempel mit eingezeichneten Proportionen, die auf dem Goldenen Schnitt aufbauen

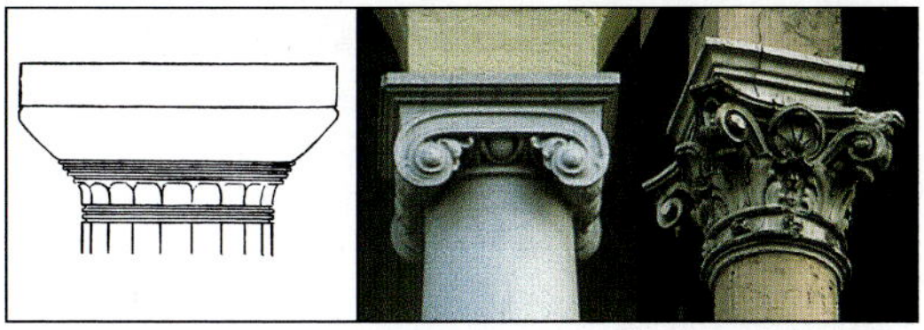

5. Säulenordnungen der griechischen Antike an Gründerzeithäusern von links: dorisch, ionisch, korinthisch

6. Dekorationsformen: Neben Mäandern sind das z. B. Eierstab (links) und Feston (Girlande, rechts).

1000 v. Chr.	500 v. Chr.	0	500	1000 n. Chr.

griechische Antike | *römische Antike* | *frühchristlicher Stil*

7. Dorischer Tempel (500 v. Chr.) mit dorischer Säulenordnung, Gebälk und Giebel

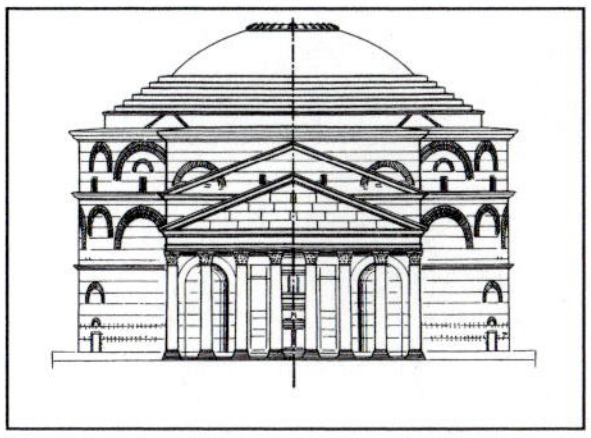

8. Das Pantheon in Rom (120 n. Chr.) ist ein Kuppelbau mit einem Kuppelauge (oben). Mit Gewölben konnten die römischen Baumeister größere Abstände überbrücken.

9. Basilika in Ravenna (550 n. Chr.), dreischiffiger Aufbau, Urform der romanischen und gotischen Kirchen

1. Deckenbild auf Holz im Mittelschiff von St. Michaelis in Hildesheim. Das Bild wurde auf 1300 einzelnen Holzbrettern gemalt

2. Der spiegelbildliche Aufbau der romanischen Kirche mit vier Flankentürmen und zwei Vierungstürmen ist zu erkennen. Zu sehen sind auch nachträglich eingebaute gotische Fenster.

3. Blick vom Hauptschiff auf das Seitenschiff. Im Hintergrund die gotischen Fenster. Auf zwei Säulen folgt ein Pfeiler im Wechsel.

3.2 Bauten der Romanik und Gotik

Die ältesten erhaltenen Gebäude aus der Zeit von 1000 bis 1500 nach Christus sind Kirchen. Bürgerhäuser wurden damals in der Regel in Holzbauweise erstellt.

St. Michaelis in Hildesheim, Romanik

In der Romanik (1000 bis 1250) ist die Kirche St. Michaelis (Bild 1) erbaut worden. Deren Holzdecke zeigt ein Deckenbild, das in der Malweise der damaligen Zeit die Geschichte des Christentums zeigt. Lesen und Schreiben konnten nur wenige Menschen, sodass die Bilder die Inhalte des Glaubens weitergegeben haben. Kenntnisse der **Leinölfirnisherstellung** waren vorhanden, sodass auf Holz, aber auch auf Stein (Eingänge, Altäre) mit Ölfarben gemalt worden ist.
Die Kirche macht einen massigen, einer Ritterburg ähnlichen Eindruck (Bild 2). Nur die wenigen kleinen Rundbogenfenster lassen Licht hinein. Das spärliche Licht schafft eine dunkle, gegen die Außenwelt abgeschirmte Atmosphäre.

Die dreischiffige **Basilikaform** ist in der Romanik von den römischen Versammlungshäusern übernommen worden. Die Farbigkeit der Kirche war außen auf die Eingänge, im Innenraum auf Wand, Decke und Bögen bezogen. Sie ist heute geprägt durch den farbigen Schichtenwechsel an den Rundbögen und durch kalkfarbige Wände. Im ursprünglichen Zustand waren auch hier – so vermuten die Restauratoren der Denkmalpflege – in **Secco-** und **Freskotechnik** erstellte Bilder zu sehen. Verwendet worden sind Kalk, **Kasein** und Erdpigmente.

Die Durchgänge vom Hauptschiff zu den beiden Seitenschiffen sind durch Säulen mit Würfelkapitellen und Pfeilern im Wechsel abgestützt (Bild 3). Die Würfelkapitelle erinnern an die dorische Form und sind mit Kalk- bzw. Ölfarben gefasst. Die farbige Gestaltung der Würfelkapitelle und Schichten erfolgt mit Erdpigmenten.

Der Dom zu Erfurt, Gotik

Erbaut um 1300 zeigt er einen Baustil, der in der Fassade, aber auch im Innenraum neue Wege geht. Der Blick in das Mittelschiff (Bild 4) zeigt die Auflösung der Wand durch **Spitzbögen**, die den Raum öffnen. Spitzbogenfenster, unterbrochen durch tragende Pfeiler, öffnen die Wand für das Licht. Die Fenster sind hochgestreckt und mit **Maßwerk** in verschiedenen Formen geschmückt. Dieses Konstruktionsprinzip erlaubt es, schlanke Pfeiler sowie hohe Räume und Türme zu errichten (Bild 5).

Streben nach Höhe und Licht

Der Gesamteindruck des Doms wird durch ein Streben nach Höhe bestimmt. Die Gotik (1250 bis 1500) übt aber nicht nur wegen ihrer gewagten Architektur einen Reiz aus, sondern auch durch die lichtdurchfluteten Hallen. Die Scheiben sind in Glasmaltechniken mit Keramikfarben gemalt und mit Natur-, aber auch mit biblischen Motiven gestaltet worden. Die Decken zeigen in den Spitzbogengewölben selten Bilder. Gemalt wurde in Kalkfarben- und Kaseintechnik. Da Wände zugunsten der Fenster fast nicht mehr vorhanden sind, gab es im Sockelbereich kaum Darstellungen in Fresko- und Seccotechnik.

Das Strebesystem

Die Baukunst der Gotik sollte den Innenraum hoch, glanzvoll und als Abbild der himmlischen Welt gestalten. Hierfür brauchen die Außenwände (Bild 5) Strebepfeiler, die die Aufgabe haben, die nach oben strebenden Wände seitlich abzustützen. Das Strebesystem ist geprägt durch zahlreiche Verzierungen wie Figuren, Knospen und Fialen, die von Bildhauern in Naturstein gearbeitet wurden. **Kalkkaseinfarben** verwendete man für die Farbgebung der Außeneingänge und auch – selten – für die gesamte Fassade.

Die **Fassmalerei** (Bemalung von Holz- und Steinfiguren) mit Öl- und Temperafarben und die Vergoldung erlangten in der Gotik große Bedeutung.

Aufgaben

1. Beschreiben Sie die Wirkung einer romanischen Kirche.

2. Nennen Sie wesentliche Erkennungsmerkmale einer gotischen Kirche.

3. Welche Bedeutung hat die Statik für die Erstellung der romanischen und gotischen Kirchen?

4. Der Erfurter Dom, eine einschiffige Hallenkirche

5. Die Außenansicht des Erfurter Doms mit Strebepfeilern und Fialen. Rechts der beim Erfurter Dom versetzte Turmeingang mit Spitzbogen über der Tür mit Wimperg (Ziergiebel mit Maßwerk) und Verzierungen. Gut sichtbar ist das reichhaltige Maßwerk an den Fenstern.

500 n. Chr.	1000 n. Chr.	1500 n. Chr.
frühchristlicher Stil	*Romanik*	*Gotik*

6. Gernrode, Kirche um 980

7. Das Gewicht des Gewölbes wird auf das Strebewerk abgeleitet (Pfeile).

8. Maßwerk der Fensterrose in der Kirche „Notre-Dame“, Paris

1. *Weserrenaissanceschloss Bevern. Stilmerkmale sind der Treppengiebel und die Bossensteine an den Ecken.*

2. *Das dekorativ gestaltete Portal mit verziertem Schlussstein, der als letzter Stein den Bogen verkeilt.*

3. *Innenhof der Renaissanceanlage mit Treppenturm, Erker und horizontal gegliederter Fassade*

3.3 Steinbauten in der Renaissance

Das im Stil der Weserrenaissance errichtete Schloss Bevern (Bild 1) ist in einer Epoche entstanden, in der die antiken Gestaltungsideale wieder einen beherrschenden Platz im Baubereich einnahmen (1500 bis 1650).

Strenge Gliederung des Baukörpers

Das Schloss zeigt sich streng gegliedert, die Fülle an Formen der Gotik ist nicht vorhanden. Die Fenster sind rechteckig und deutlich gegenüber dem Putz oder Sichtmauerwerk abgegrenzt. Die Fensterrahmungen aus Naturstein sind hier einfach gehalten. Das Gebäude ist durch umlaufende Gesimse zwischen den Stockwerken und durch Fensterbänder horizontal gegliedert.
Senkrechte **Bossensteinbänder** (Rustika) an den Gebäudeecken rahmen das Gebäude. Die Fassade weist farbige Putzflächen auf. Bemerkenswert sind die geschwungenen Voluten, die an den Treppengiebeln sichtbar sind.

Farbgestaltung an der Fassade

Die Portale des Schlosses haben dekorativ gestaltete Bögen aus Sandstein-Schmuckquadern (Bild 2). Die rote Natursteinfarbigkeit wurde auch in Blautönen in Kalkkasein- oder Ölfarbentechnik gefasst und ölvergoldet. Die sichtbaren **Kerbschnittverzierungen** kehren übrigens beim Fachwerk des Innenhofes (Bild 3) wieder. Dieser hat einen für diese Landschaft typischen erkerartigen Vorbau und einen großen eckigen Treppenturm.
Das Fachwerk und die Gefache sind farbig gestaltet und reichhaltig verziert. Zwei Türen weisen Formen auf, die aus der Antike bekannt sind: Dreieckgiebel über dem Türsturz und Säulen als Türpfosten.

Die Antike im neuen Outfit

Der Begriff „Renaissance“ bedeutet „Wiedergeburt“, was genauer Wiedergeburt der antiken Formenwelt bedeutet. Mit der Renaissance beginnt die frühbürgerliche Gesellschaft. Handel und die Erschließung neuer Märkte (Kolumbus) verhalfen dem Bürgertum zu größerem Ansehen. Das schlägt sich in einer vermehrten Bautätigkeit nieder. Neben Kommunalbauten (Rathäuser) und Sakralbauten sind daher auch viele Bürgerhäuser erhalten. Die Erfindung der **perspektivischen Malerei** setzt in der Innengestaltung neue Maßstäbe. Die Perspektive schafft durch realitätsnahe Abbildungen der Wirklichkeit ein neues Raumerlebnis.

Rathaus Lindau, Renaissance

Das Rathaus (Bild 4) ist ein Beispiel für den Einfluss italienischer Fassadengestaltung auf Deutschland. Im Vergleich zu dem Renaissanceschloss Bevern bieten die Fassade und die Innenausstattung des Rathauses in Lindau ein reichhaltiges Bildprogramm.

Die Fassade ist mehr als nur Putz und Fenster

Das Rathaus entstand am Marktplatz um 1430 im gotischen Stil und wurde dann im 16. Jahrhundert dem Geschmack der Renaissance angepasst. Sichtbar ist der in der Renaissance häufig anzutreffende volutengeschmückte Treppengiebel. Die Treppe führt zu einem Erker, von dem Ankündigungen gemacht werden konnten.

Fassadenmalereien sind sehr pflegebedürftig. Zuletzt haben Maler 1972 bis 1975 nach Angaben der Denkmalpflege den Wandschmuck nach Originalentwürfen erneuert (Bild 5). Die Wandmalereien zeigen Szenen aus der Lindauer Geschichte und sind in der Freskotechnik ausgeführt. Auf dem frischen mehrlagigen Kalkputz wird mit alkalibeständigen und lichtechten Pigmentfarben gemalt. Entscheidend ist das Nass-in-Nass-Arbeiten bis zum letzten Pinselstrich. Es wird also nur so viel verputzt und an Zeichnung aufgepaust, wie an einem Tag zu malen ist. Diese Verbindung von Putzen und Malerei bedarf einer sehr großen Erfahrung. Der Einsatz im Außenbereich ist eingeschränkt durch die Luftverschmutzung.

Aufgaben

1. *Beschreiben Sie die wesentlichen Erkennungsmerkmale des Renaissancestils.*
2. *Was ist mit „Wiedergeburt" gemeint?*
3. *Beschreiben Sie die Arbeitsschritte bei der Freskotechnik.*

4. Die Nordseite des Rathauses Lindau mit reichhaltiger Malerei. Die Freskotechnik ist seit der Antike bekannt und wird heute vornehmlich im Denkmalschutzbereich eingesetzt.

5. Ein Detail der Fassade

1500 n. Chr.	1575 n. Chr.	1650 n. Chr.
	Renaissance	

6. Palazzo Farnese, Rom (1534 n. Chr.), deutliche Gliederung der Fassade

7. Zeughaus Augsburg (1600), Übergang zum Barock durch gesprengten Giebel und ovale Oberlichter

1. *Beschlagwerk mit einem Kobold und einer Brüstungsplatte mit dem biblischen Motiv der Tugend Charitas (Wohltätigkeit, Liebe)*

2. *Frontale der freistehenden Schule mit umfangreichem, farbig gefassten Schnitzwerk in landschaftlich geprägter Farbgebung*

3. *Das Eingangsportal im Renaissancestil mit reichhaltigem Schnitzwerk*

3.4 Fachwerk in der Renaissance

Die **Lateinschule Alfeld** ist ein Schulbau mit einem reichhaltigen Fachwerk (Bild 1), entstanden um 1610. Die Fassade des Hauses (Bild 2) zeigt eine Ausgestaltung mit Brüstungsplatten, Balkenschnitzereien und Figuren (Begriffe siehe Bild 6). Es wurden 338 verschiedene Motive gezählt, eine Hälfte stammt aus der antiken Sagenwelt, die andere aus dem biblischen Bereich (Bild 1). Die abgebildete Giebelseite ist mit zwei mal sechs farbig gefassten Brüstungsplatten und weiteren zwölf im Giebel reich ausgebaut. Hinzu kommen noch 13 stehende Figuren an den Ständern sowie zahlreiche Schnitzereien zwischen den Platten. Diese Felder enthalten eine Vielfalt von Beschlagwerkornamenten, Rosetten, pflanzlichen und tierischen Formen wie z. B. Kobolde.

Die Schnitzplattenfassade

Ergänzt wird das Bilderprogramm durch einen das ganze Haus umlaufenden Spruch, der sich auf das erste Buch Moses in der Bibel bezieht. Die senkrechten Ständer sind nicht nur mit Figuren, sondern auch mit Einzel- und Doppelpilastern besetzt. Ebenso wie beim Portal (Bild 3) sind diese Formen aus der griechischen und der römischen Antike übernommen worden.

Das **Portal** wird von zwei plastischen Figuren gerahmt, die auf kurzen nachempfundenen dorischen Säulen mit Postamenten stehen. Über dem Kopf sind Kapitelle zu sehen, deren Konsolen zu dem Architrav (Balken) überleiten. Oberhalb des Architravs ist ein Dreiecksgiebel. Auch in der Tür finden sich durch die Aufnahme von Säulenformen Anklänge an die Antike.

Bei diesem Gebäude sind also althergebrachte Baukonstruktionen wie das Fachwerk mit Gestaltungselementen der Antike verbunden worden.

Die Fachwerkrestaurierung – Wie war die ursprüngliche Farbgebung?

Zahlreiche Fachwerkhäuser der Renaissance werden heute von Malerbetrieben wieder neu nach alten Farbgebungen gestaltet. Fachwerkfassaden werden vom Maler und von der Denkmalpflege in ihrem Bauzustand analysiert. Die heute anzutreffenden Farbfassungen entsprechen nämlich nicht unbedingt dem Originalzustand. Die Suche nach alten Befunden ist eine wesentliche Voraussetzung der neuen Farbfassung. Bei Baudenkmälern sollte der historische Befund erste Hinweise auf die zukünftige Fassung geben.

Die Fachwerkrestaurierung

Nach der Bauaufnahme wird im Holzbereich mit Ausbesserungen durch den Zimmerer begonnen. Der Maler ersetzt auch festsitzende Anstriche, falls sie einen zu hohen Wasserdampf-Diffusionswiderstand (sd-Wert) haben. Bei einer Entfernung mit Strahlgeräten könnten die weichen Splintholzteile weggestrahlt werden. Das Abbeizen mit Abbeizfluiden ist aus Umwelt- und Arbeitsschutzgründen problematisch.

Vielfach hat sich das Arbeiten mit Heißluftgeräten als gut herausgestellt, wobei mit der Drahtbürste nachgearbeitet wird. Ein besonderes Problem sind Risse und klaffende Holzverbindungen, da hier Wasser zerstörerisch wirkt, vor allem wenn es stehen bleibt (Bild 4).

Als Faustregel kann gelten, dass Risse über einem Zentimeter mit gutem Holz in der gleichen Holzart – oft Eiche – wie das Hauptholz ausgekeilt werden. Keinesfalls darf vollflächig gespachtelt werden, da sich durch die Bewegungen des Holzes diese Stellen schnell lösen. Kleine Risse werden mit Epoxidharzmassen geschlossen. Der Anstrichaufbau erfolgt wie auf Außenholz.

Die Farbigkeit

Die Gefache sind in der Regel mit Anstrichsystemen beschichtet worden. Handelt es sich hierbei um mineralische Kalk- oder Silikatfarben, so kann hierauf weiter mit Silikatfarbe gearbeitet werden. Ist jedoch festgestellt worden, dass Dispersionsfarbe verwendet wurde, die nicht abgebeizt werden darf, so ist diese weiter zu verarbeiten.

Bei neu verputzten Gefachen sind beide Systeme verarbeitbar.

Zahlreiche Untersuchungen der vielen Farbschichten ergeben je nach Landschaft unterschiedliche Farbgebungen der Außenwände (Balken und Gefache) und der Fenster und Türen. Tabelle 5 zeigt einige typische Farbgebungen der verschiedenen Landschaften.

Aufgaben

1. *Beschreiben Sie die wesentlichen Bauteile des Alfelder Hauses.*
2. *Beschreiben Sie die Schritte einer Fachwerkrestaurierung am Beispiel des Alfelder Hauses.*
3. *Nennen Sie Anstrichsysteme, die bei Fachwerken eingesetzt werden können.*
4. *Notieren Sie die für Ihre Region charakteristischen Fachwerkfarben.*

4. *Fugen zwischen Balken und Gefache sind sehr störanfällig. Hier am Beispiel eines Hauses in Quedlinburg, einer der ursprünglichsten Fachwerkstädte Deutschlands*

Landschaft	Farbigkeit Gefach (G), Holz (H)	Farbigkeit Fenster (F), Tür (T)
östliches Schleswig	H: schwarz oder natur; G: weiß	F: grün, braun, weiß; T: grün, braun
Ostholstein	H: schwarz, grün oder natur; G: weiß	wie oben
Südwestharz (Alfeld, siehe links)	H: ockerbraun oder grün; G: leicht getönt	F: weiß; T: grün, braun
Franken	H: rot, Begleitlinien grau auf weißem G	F und T: rot und braun
Schwäbische Alb	H: rotbraun; G: weiß	F: weiß; T: braun, grün
Quedlinburg	H: schwarz, hellrot; G: weiß	F: rotbraun; T: schwarz, grau

5. *Landschaftliche Abweichungen in der Farbgebung*

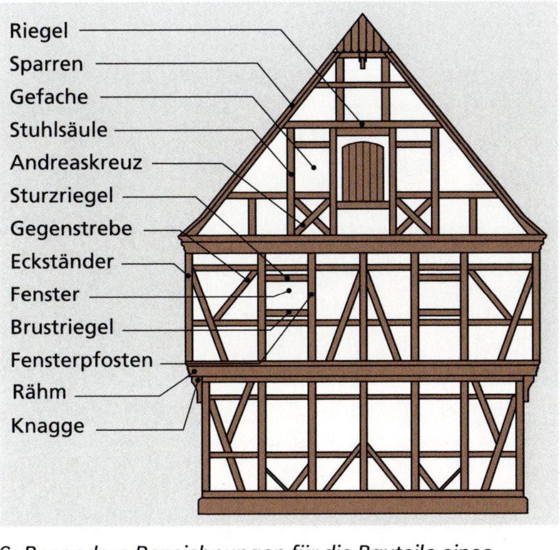

6. *Besondere Bezeichnungen für die Bauteile eines Fachwerkhauses am Beispiel des niedersächsischen Typs*

1. Das Galeriegebäude mit Goldenem Tor in Herrenhausen

2. Hervorspringendes Mittelportal im Risalit

3. Wandgestaltung in Freskotechnik mit Illusionsmalerei

3.5 Das Barockschloss

Das auf Bild 1 abgebildete Galeriegebäude wurde 1694 bis 1698 in den Königlichen Gärten Herrenhausen in Hannover erbaut. Es ist ein horizontal gegliederter Saalbau mit einem Mittelportal und zwei hervorspringenden Gebäudeteilen (Eckrisalite).

Das Gesamtkunstwerk Barock

Gartengestaltung: Sie erlebte im Zeitalter des Barocks eine Pracht, die auch heute noch den Besucher dieser prunkvollen fürstlichen Anlage in Erstaunen versetzt. Denn dem Gebäude vorgesetzt ist ein riesiger, geometrisch aufgeteilter Park. Von seinem Mittelteil gehen gerade Alleen aus. Park und Gebäude sind zur gleichen Zeit als Gesamtkunstwerk geplant worden. Somit bezieht sich die Innengestaltung des Galeriegebäudes immer wieder auf den Garten.

Außengestaltung: Das Gebäude ist symmetrisch aufgebaut, der Blick fällt vom Goldenen Tor auf das hervorspringende Mittelportal, das mit einem Dreieckgiebel und Schmuckwerk gestaltet ist. Der Gebäudevorsprung wird von sechs Steinfiguren bekrönt (Bild 2). Die Fenster sind mit einer Sandsteinumrahmung versehen, der Putz im Herrenhäuser Gelb in Kalkkasein- oder Kalktechnik gestrichen. Heute wird mit Silikonharzfarben gearbeitet.

Innenraumgestaltung: Das Kurfürstenpaar Ernst August und Sophie ließ in den Innenräumen ein umfangreiches Bildprogramm von Malern und Stuckateuren erstellen. Der Festsaal wird durch die aufgemalten Scheinarchitekturen der Wände (Bild 3) und die stuckierten endlos verschlungenen Bänder der Decke geprägt. Das Bandornament mit ockerfarbenen Profilen aus Stuck ist auf weißem Putzgrund gegliedert und hat einen floralen Charakter.

Griechische Sagen in Freskotechnik

Diese Technik ist an den Wänden ausgeführt worden (Bild 3). Durch die Perspektive verlieren sich die Grenzen des Festsaales. Der Betrachter hat das Gefühl, er kann durch die Wände gehen.

Die Decke ist mit Stuck gestaltet, in anderen Schlossanlagen des Barocks finden sich dort himmlische Szenen aus der christlichen Religion bzw. aus der griechischen Mythologie. Die Decke scheint sich dabei in das Unendliche des Himmels zu öffnen (Bild 4). Den gleichen Eindruck des Unendlichen schaffen Spiegelfelder, die durch reichhaltige, auch vergoldete Stuckumrahmungen von der übrigen Wandgestaltung wie Ledertapeten (später Seidentapeten) abgesetzt worden sind.

Es ist nicht alles Gold, was glänzt

Neben der Freskotechnik fand die Vergoldung regen Zuspruch. Damit ließ sich der Drang der Fürsten nach Geltung und Macht dem Volk gegenüber zur Schau stellen. So wird das Gartentheater in Herrenhausen rechts und links von ölvergoldeten Bleifiguren (Bild 5 links) geschmückt.

Bei vielen Fürsten zeigten sich jedoch schon bald finanzielle Probleme. Sie konnten nicht alles, wie gewünscht, vergolden bzw. in echten Materialien erstellen lassen. Dekorative Maltechniken (Imitationstechniken) ersetzten wertvolle Hölzer durch Maserieren.

Durch Marmorieren kann der Maler zum Beispiel den Eindruck einer echten Marmorsäule (Bild 5 rechts) hervorrufen. Vor allem im Rokoko (1720 bis 1780), das noch leichter und verspielter mit Formen umging als das Barock, griff der Bauherr gerne auf dekorative Techniken zurück.

4. Die Decke der Wieskirche scheint sich für Licht- und Bilddarstellungen zu öffnen.

Mit Stuckprofilen gestalten

Diese Profile werden aus einem besonderen Gips, dem Stuck, hergestellt. Die Stuckprofile verzieren Wände und Decken.

Aufgaben

1. *Nennen Sie wesentliche Unterscheidungsmerkmale von Barock und Renaissance.*
2. *Welche Maltechniken wurden gerne im Barock, aber auch im Rokoko eingesetzt?*
3. *Nach welchen gestalterischen Überlegungen wurden die Wände und Decken im Barock ausgeführt?*
4. *Unterscheiden Sie Rokoko vom Barock.*

5. Dekorative Techniken wurden vom Maler durchgeführt. Links eine vergoldete Statue im Herrenhauser Garten, rechts marmorierte Säulen in einer Barockkirche

1650 n. Chr. — 1770 n. Chr.

Barock — *Rokoko*

6. Die Lüftlmalerei – hier die Fassade des Rathauses in Bad Tölz – entstand in Süddeutschland zur Zeit des Barocks.

7. Im Rokoko wird die Formenfülle des Barocks überboten. Das Dekor im Fenster- und Flächenbereich ist überschwänglich. München, Preysing Palais 1728

1. Illusionsmalerei mit Grautönen (Graumalerei) an der Decke. Zu sehen sind eine Mäanderform und ein Medaillon im Rahmen. Auch die Schatten sind gemalt.

2. Jagdschloss Springe, 1987 bis 1993 von Malern restauriert

3. Starke Farbigkeit und lebhafte Formensprache im Rosa Zimmer. Techniken sind Graumalerei und mehrschlägige (mehrfarbige) Schablonenmalerei: Auftragen eines Beschichtungsstoffes durch eine ausgeschnittene Musterform

3.6 Der Klassizismus

Die Gestaltung des Jagdschlosses Springe zeigt die Hochwertigkeit der Maltechniken, die schon 1840 von Malern eingesetzt wurden.

Für die Illusion genügen schon Grautöne

Bei dieser Graumalerei (Bild 1) werden die Ornamente wie Mäander und Medaillons mit fünf bis acht verschiedenen Grautönen so gezeichnet, dass eine Licht-Schatten-Wirkung entsteht. Die Echtheit – ob es sich also um Stuck oder Imitation handelt – ist bei einer Deckenhöhe von vier Metern kaum noch erkennbar. Die Dekorationsformen wie Mäander und Medaillons von Tieren und Helden sind für den Klassizismus (1770 bis 1830) typisch: Er entnahm seine Formensprache der Antike. Die Formen der Antike wie Säulen und Dreieckgiebel sowie eine horizontale Aufteilung der Außenflächen sind weitere Erkennungsmerkmale. Die Fassade (Bild 2) ist klar und einfach mit Fenstern, die hier oben im Mansardendach einen Dreiecksgiebel haben, gegliedert.
Die Putzflächen haben keine Schmuckelemente, die Fassade hat keine vorspringenden Gebäudeteile.

Starke Farbigkeit unter vielen Farbschichten

Für die Denkmalpflege unerwartet zeigten sich im Jagdschloss Zeichnungen (Bild 3), die Maler bei der Restaurierung nach dem vorsichtigen Entfernen zahlreicher Anstrichschichten freilegten. Die Farb- und Formensprache des Klassizismus, aber auch die der Antike, ist nicht nur grau, wie der Nachbarraum (Bild 1) glaubhaft machen könnte. Die starke Farbigkeit und die lebhaften Formen haben Maler dokumentiert und entsprechend mit modernen Anstrichsystemen wieder neu gestaltet. Die Stuckleiste am oberen Bildrand ist in Graumalerei als Illusionsmalerei gemalt worden.

Mit Schablonen gestalten

Die Ideen für die farbigen Motive (Bild 3) stammen aus alten Musterbüchern. Der Maler vergrößert sie auf Pauspapier und zeichnet sie auf die grundierte und im Grundfarbton gestrichene Wand oder Decke. Für regelmäßig wiederkehrende Motive wurden Schablonen angefertigt. Hierbei wird das Motiv auf grundiertem Karton aufgezeichnet und die mit Farbe auszulegenden Teile werden ausgeschnitten. Mehrfarbige Ornamente werden mit mehreren Schablonen erstellt. Passerkreuze an den Rändern der Kartons ermöglichen, dass sie immer passgenau nacheinander bemalt werden können.

Repräsentationsgebäude

Im Klassizismus wurden aber auch sehr repäsentative Gebäude wie Museen, Opern sowie das Brandenburger Tor in Berlin gebaut.

Das Treppenhaus des Alten Museums in Berlin (Bild 4) zeigt die Nähe der antiken Vorbilder. Kennzeichnend sind die sehr deutlich hervortretenden ionischen Säulen, wobei sich die Voluten der Säulenkapitelle auch im Geländer widerspiegeln. Im Klassizismus wurde im Innen-, aber vor allem im Außenbereich Naturstein verwendet.

4. Altes Museum in Berlin, von Schinkel erbaut. Steinfarbigkeit, Grau und Weiß sind die Farben der Repräsentationsbauten.

1770 n. Chr.	1830 n. Chr.

Klassizismus

6. Portal um 1800

7. Stilelemente der Antike kennzeichnen das Schauspielhaus in Berlin (1821).

8. Schloss Charlottenhof, Potsdam 1830

EXKURS Natursteinrestaurierung

Natursteinrestaurierung

Der im Klassizismus, aber auch in anderen Stilepochen verbaute Naturstein, z. B. Obernkirchener Sandstein, erweist sich über die Jahrhunderte als nicht sehr widerstandsfähig. Vor allem die hohe chemische Aggressivität der Luft ist daran schuld. Schwefeldioxid – das bei der Verbrennung entsteht – legt sich in Verbindung mit Luftfeuchtigkeit aufs Gestein und bildet aggressive Schwefelsäure. Diese greift den Stein an. Die Bauwerke werden langsam zerstört, was besonders bei den fein gearbeiteten Statuen sichtbar wird.

Restaurierung: Sie beginnt mit einer Bauzustandsanalyse durch die Denkmalpflege. Nach einer gründlichen Ursachenforschung der Schäden wird für jedes Bauteil eine Instandsetzungsplanung erstellt. Sie kann z. B. beinhalten: gründliches Reinigen der Statue, Ausschlagen der Schadstellen bis zum gesunden Stein, Festigung des Steins mit Kieselsäureester und Neuaufbau mit Steinersatzmaterial (Bild 5). Dabei wird ein mineralischer Restauriertrockenmörtel mit hydraulischen Bindemitteln aufgebracht. Dieser Mörtel wird nach den Vorgaben des Originalsteinmusters farblich angepasst geliefert. Nach Aushärtung wird die Stelle steinmetzmäßig bearbeitet. Die Hydrophobierung mit Siloxanen durch Maler verhindert eine weitere Wasseraufnahme des Steins.

5. Profilierte und überkragende Teile sind mit Schrauben, Draht und Rundeisen aus nicht rostendem Stahl zu armieren.

1. *Dieses Haus aus dem Historismus soll vom Maler farblich neu gefasst werden.*

2. *Häufig in verschiedenen Stilepochen eingesetzt: die Weiß-Grau-Malerei. Die reichhaltigen Dekore treten deutlich zurück.*

3. *Starke Farbigkeit an Häusern*

3.7 Der Historismus

Dieses Wohnhaus (Bild 1) ist mit den Gebäuden, die im Klassizismus entstanden, sehr verwandt. In der Stilepoche des Historismus von 1830 bis 1900 sind Elemente aller Stilepochen für Bauten verwendet worden.

Baugestaltung aus dem Baukasten

Es ist eine Nachahmungsepoche, die nach dem Baukastenprinzip mal wie in der Renaissance, mal wie in der Gotik oder Romanik baut. Die Fassade unterscheidet sich sehr deutlich von heutigen Gestaltungen, wie ein Blick in das Spiegelbild des Fensters zeigt: Medaillons und Pilaster ohne statische Funktion, umlaufende Gesimse und gebosste Steine (Bild 5) im Sockelbereich ahmen hier den Renaissancestil nach. Die ornamentalen Dekore sind industriell mit Zement-, aber auch mit Kalkmörtel erstellt worden. Die Wiederherstellung von Dekorformen geschieht mit Kunststoff- oder mit Blähglasprofilen. Die freien Flächen sind als Klinkersichtmauerwerk oder als Putzfläche ausgeführt. Für Maler ergeben sich heute vor allem drei verschiedene Aufgabenfelder:

- Wiederherstellung verwitterter Dekorformen
- Farbgestaltung dieser Fassaden
- Verbesserung der Wärmedämmung, die in der Regel nicht als Außendämmung, sondern als Innendämmung durchgeführt wird

Neue Farbgebung nach altem Befund?

Bei der in Bild 1 gezeigten Fassade soll eine neue Farbgestaltung durchgeführt werden. Sie soll sich nach der ursprünglichen Farbgebung richten. Doch hier stellt sich die Frage, welche Farbgebung die originale war. Die Erforschung der ursprünglichen Farbgebungen dieser Fassaden durch die Denkmalpflege ist sehr schwer, da Farben nach 100 Jahren abgewittert sind bzw. durch UV-Bestrahlung den Farbton geändert haben. Der heute vorgefundene Buntton muss mit dem Buntton von damals nicht übereinstimmen. Deshalb ist der Grundsatz „Neue Farbgebung nach altem Befund“ kaum durchzuhalten.

Weitere Probleme sind:

- Die unterste Farbschicht kann auch viele Jahre nach der Erbauung aufgetragen worden sein.
- Vielfach werden Graufassungen ähnlich der Graumalerei vorgefunden. Das Grau könnte aber auch um 1900 bzw. 1925 (Bauhauszeit) aufgetragen worden sein, da es den zu der Zeit verpönten Stuck nicht so betonte.

- In vielen Fällen finden Maler alte Braun-, Grau-, Grün- oder Ockertöne vor. Diese Farben sind jedoch häufig Werkstattfarben, es handelt sich um die zusammengekippten Reste von vielen Baustellen.

Damit wissen wir heute nicht genau, welche Farbtöne an der Fassade verwendet worden sind.

Die Bunt-Unbunt-Faustregel

Die in Bild 3 gezeigte Farbgestaltung ist in mehreren Bunttönen erstellt worden, was den Eindruck der Überfrachtung und Beherrschung hervorruft. Außerdem erzeugen die verschiedenen Bunttöne im Auge konkurrierende Nachbilder. Das wird bei der Bunt-Unbunt-Faustregel vermieden, da nur eine bunte Farbe – durchaus auch in verschiedenen Helligkeiten – mit unbunten Farben kombiniert wird.

Bild 4 zeigt die Wandfläche im helleren bunten Ton, die Sockelfläche im dunkleren bunten Ton und die Dekore in unbunten Farben. Je enger die Helligkeiten der Farben beieinander liegen, desto zurückhaltender ist der Gesamteindruck. Stark unterschiedliche Helligkeiten ergeben klare, frische, aber auch zu harte Eindrücke.

Aufgaben

1. *Nennen Sie Erkennungsmerkmale eines Historismusgebäudes.*
2. *Geben Sie weitere Beispiele für Farbgebungen entsprechend der oben genannten Faustregel.*
3. *Nennen Sie Probleme bei der Feststellung der ursprünglichen Farbgebung.*

4. Farbgestaltung mit dem Bunt-Unbunt-Kontrast, der nur einen Farbton – auch in mehreren Helligkeiten – vorsieht

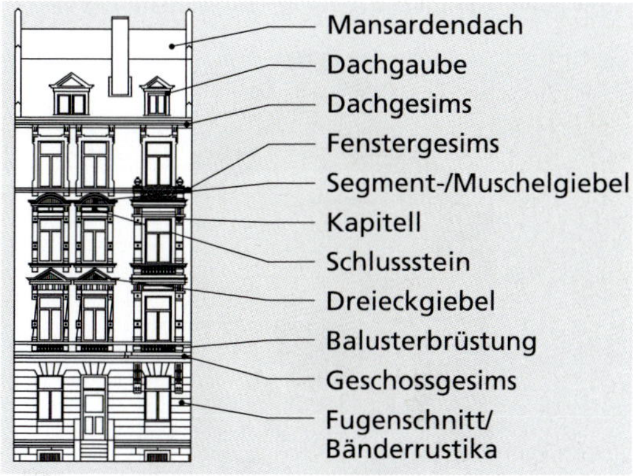

5. Der Historismus verwendete zahlreiche Dekorformen.

1830 n. Chr. — 1890 n. Chr.

Historismus

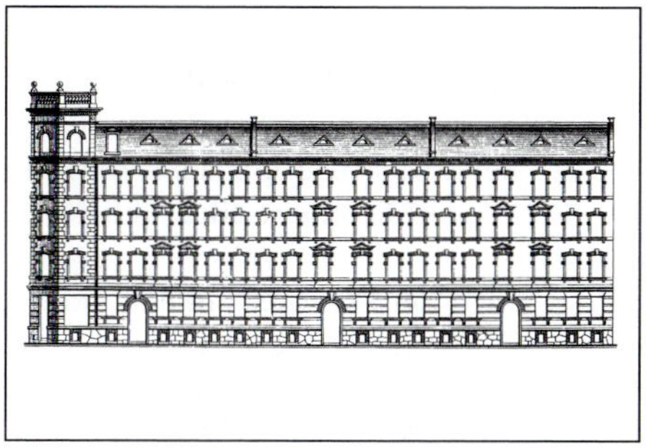

6. Mietwohnungen für Werksangehörige (1870) in Leipzig

7. Fabrikgebäude einer bekannten Brauerei in Hannover

1. Frontalansicht eines Wohn-Geschäftshauses von 1902 nach der Fassadengestaltung von 1997, Gütersloh

2. Giebel, der viele gestalterische Ideen aus anderen Stilrichtungen aufnimmt. Der Bauherr hatte einen Beruf, der mit der Seefahrt zu tun hatte. Die Aufnahme ist vor der neuen Fassadengestaltung entstanden.

3. Das Eckfenster der ersten Etage mit reichlichem Stuckdekor und Jugendstilfenster

3.8 Der Jugendstil

Mit dem, was man sich so unter Jugendstil vorstellt, scheint dieses Gebäude (Bild 1) auf den ersten Blick nur wenig zu tun zu haben: leicht, blumig-floral, locker, organisch (wie die Natur gewachsen), fröhlich und unbekümmert, eben jugendlich, das scheint es nicht zu sein.
Was wollte der Jugendstil?
Der Jugendstil (1900 bis 1915) räumte gründlich mit dem Nachahmungsstil des Historismus und der Baukastengestaltung aus dem Dekorkatalog auf. Er wollte etwas Neues schaffen, etwas, das alle Gestaltungsbereiche durchzieht und ein universeller Stil ist. Fassadengestaltungen, Fenstergestaltungen (siehe Zeitleiste), Tapetengestaltungen (Bild 4) und sogar Stahlkonstruktionen (Bild 5) wurden im Sinne dieses Anspruchs gestaltet. Im Jugendstil wollte man ein Gesamtkunstwerk wie im Barock schaffen.

Jugendstil als modernes Outfit

Was ist nun aber von diesem hohen Anspruch bei dem Wohn-Geschäftshaus übrig geblieben? Der zweite Blick zeigt, dass dieses Haus zwar im Jugendstil erbaut worden ist, aber gemischt ist mit weiteren Elementen.
Das Eckfenster (Bild 3) zeigt florales, geschwungenes Stuckdekor. Der Giebel (Bild 2) zeigt ein bewegtes Schiff. Der Treppengiebel ist eine Erinnerung an die Renaissance, die ebenfalls diese Voluten an den Enden und den geschwungenen Aufgang kennt. Das ovale Fenster ist eine Anleihe aus dem Barock, ebenso die muschelartigen Dekore. Die scharf trennenden umlaufenden Gesimse zwischen den Stockwerken sind aus der Renaissance bekannt. Es wurden viele Stile verwendet. Diese Gestaltung ist also mit dem Historismus verwandt, hat aber Jugendstilelemente. Jugendstilgemäße Schmuckelemente wurden vielfach als modernes Outfit um die Jahrhundertwende auf eine normale Architektur aufgesetzt.
Den reinen Jugendstil zu finden, ist fast unmöglich, denn sehr häufig finden sich in der Architektur gemischte Stile wieder (Eklektizismus).

Jugendstil als Gesamtkunstwerk

Es wäre verkürzend, den Jugendstil auf die Fassade zu beschränken. Er verstand sich vielmehr als Reformbewegung, die alle Lebensbereiche, von der Fassade bis zum Bucheinband, vom Ballast der Imitationsstile des 19. Jahrhunderts befreien wollte.

Viele Ausstellungsstücke des Deutschen Tapetenmuseums in Kassel zeigen Tapetengestaltungen im Jugendstil (Bild 4). Auffallend ist die Nähe dieser Gestaltung zu Teilen der heutigen großgemusterten Tapetenkollektionen. Die Formgestaltung ist floral und fließend und erhält nur durch die senkrechten Linien, die zudem noch mit einer Schattenfarbe versehen sind, eine gewisse Strenge.

4. Eine organische Formensprache beeinflusst das Muster dieser Jugendstiltapete.

Neue Baustoffe bestimmen die Architektur

Im 19. Jahrhundert wurden immer mehr Baustoffe verwendet, die auch die Arbeitswelt der Maler veränderten: Stahlbeton und Stahl. Der Stahl übernahm angesichts seiner technologischen Eigenschaften wie Elastizität und Formbarkeit Aufgaben in der Architektur. Mit der Korrosion von Stahl gibt es aber auch ein neues Arbeitsgebiet: den Korrosionsschutz. Der Schwebebahnhof Döppersberg (Bild 5) wurde aus Stahl und im Jugendstil erbaut.

5. Der Baustoff Stahl und seine gestalterische Einbindung in den Jugendstil (Wuppertal)

Der letzte umfassende Stil

Mit dem Jugendstil – der mit Beginn des Ersten Weltkriegs endete – erlebte Europa einen neuen, aber auch letzten Stil, der versuchte, alle Lebenswelten der Menschen zu durchdringen. Seine floralen und organischen, den rechten Winkel ablehnenden Gestaltungsformen wirken in vielen Bereichen noch heute nach.

Aufgaben

1. *Nennen Sie die Ziele des Jugendstils.*
2. *Nennen Sie Stilelemente eines Jugendstilhauses.*
3. *Beschreiben Sie die Auswirkungen des neuen Baustoffes, der im 19. Jahrhundert verstärkt eingesetzt wurde.*

1890 n. Chr.	1910 n. Chr.
Jugendstil	

6. Giebelfassade eines Hotels um 1900

1. Wohn- und Atelierhaus Ebertallee 63, Dessau, erbaut vom Bauhaus Dessau für die Lehrer. Weiß und starke Primärfarben prägen die Fassade. Architekt: Walter Gropius, 1926

2. Wohnsiedlung Weißenhof, Stuttgart, 1927, Architekten: Bruno Taut, Le Corbusier, Jeanneret, Behrens

3. Siedlungsarchitektur nach dem Zweiten Weltkrieg, rechts farblich gestaltet, links in der Putzfassung

3.9 Die Moderne und Post-Moderne

Das Wohnhaus des Malers, Künstlers und Bauhauslehrers Lyonel Feininger (Bild 1) macht uns heute ob seiner Nichtfarbigkeit stutzig. Soll das die Moderne sein – Fassaden ohne Farbe – nur in Weiß? Die Moderne ist nicht so farblos und arm an Architekturen, wie es noch zu Beginn der Bauhausgründung 1919 in Weimar erschien.

Grundideen der Architektur der Moderne

Das Wohnhaus zeigt eine deutliche Vereinfachung der Formen auf Grundkörper wie den Quader. Es besteht in erster Linie aus leuchtend weißen Kuben, die ineinander verschachtelt sind. Die Fenster sind in ihrer Größe und Anordnung (Himmelsrichtungen) nach den Funktionen der Räume (wie Atelier, Bad, Wohnraum) genau geplant. Auch die Inneneinrichtung wurde nach funktionalen Überlegungen gestaltet. Dekorformen wurden im Innen- und Außenbereich abgelehnt, die Farbe tritt zurück. Weiß ist – neben kräftigen Farben und Weiß innen – die „Hausfarbe" der Bauhausarchitektur. Die Materialstruktur, wie die Oberfläche des Putzes, der Naturstein oder die Textur des Holzes, sollte durch Farbe nicht verändert werden.

Die Form folgt der Funktion

Der Blick auf das Musterhaus des Bauhauses zeigt noch eine weitere Überlegung, die in der Moderne eine große Rolle spielt. Die Kuben, die Leerflächen und die Fensterflächen zeigen dem Betrachter wesentliche Merkmale des Hauses. In der Vereinfachung der Fassade geben sie Hinweise, welche Funktionen die einzelnen Bauteile haben. Die Funktionen – die Aufgaben – die z. B. ein Bankgebäude erfüllen muss, haben sich der Form unterzuordnen. Dekorformen, Farbspielereien und bauliche Gestaltungen wie Treppengiebel haben da keinen Platz. Weiterhin war der Charakter des maschinell und industriell hergestellten Hauses ein wichtiges künstlerisches Ziel.

Weitere Entwicklungen des Bauhauses

Die Bauhausideen sind im 20. Jahrhundert weiterentwickelt worden. Die Glasfassade (Bild 6) von 1911 bildet die Grundlage für das Bauhausgebäude in Dessau, aber auch für die Wolkenkratzer, die noch heute nach diesem Prinzip der vorgehängten Fassade gebaut werden. Gegen die rechtwinklige Architektur gab es eine Gegenbewegung, z. B. durch die Architekten Hundertwasser und Gehry. Deren Häuser zeigen einen nicht geometrischen Aufbau und auch z. T. einen fließenden, organischen Stil, der dem Auge viele Anregungen bietet (Bild 7).

Die Bauten nach 1945

Der Wohnungsbau diente der Deckung des nötigen Bedarfs an Wohnungen unter Nutzung einfacher baulicher Mittel (Bild 3). Diese Häuser greifen Ideen z.B. des Bauhauses auf, führen jedoch in ihrer Gestaltung und massiven Ansammlung in Neubauvierteln zu „Wohnmaschinen“. An den Maler stellen sie – neben der Hebung des Mindestwärmeschutzes nach DIN 4108 und der Energieeinsparverordnung – auch hohe farbgestalterische Anforderungen (Bild 3).

Die auf dieser Seite abgebildeten Gebäude (Bilder 4, 5 und 7, 8) sind in den letzten Jahren entstanden. Sie sind sehr markant und unverwechselbar: märchenhafte Formen (Bild 7), Glasfassaden (Bilder 4, 8) und das in sich gedrehte Bürogebäude des Architekten Gehry. Es steht in Hannover (Bild 5). Die Gebäude zeigen eine große Bandbreite in der Bauform, aber auch in der Farbgestaltung.

Das Verwaltungsgebäude (Bilder 4 und 8) kragt weit aus, die oberen Stockwerke scheinen zu schweben, die Glasfassade und die Drehung der Stockwerke lassen den Betrachter fast vergessen, dass es sich nicht um Lego-Glasbausteine handelt, sondern um tonnenschwere Massen. Die glatten Glasflächen können bei diesen Gebäuden aber auch recht eintönig und kalt wirken. Der Kuppelbau des Rathauses der Stadt Hannover im Hintergrund entstand um 1890 in der Stilepoche des Historismus und macht den Kontrast zum heutigen Verwaltungsbaustil deutlich.

Aufgaben

1. Beschreiben Sie die Grundideen des Bauhauses.

2. Beschreiben Sie weitere Strömungen des 21. Jahrhunderts.

4. Postmodernes Gebäude der Bank Nord/LB (2002) in Hannover: Glas gewinnt aufgrund verbesserter Wärmedurchgangskoeffizienten (U-Wert) immer mehr an Bedeutung. Es lässt den Innenraum luftig, klar gegliedert durch die Rahmen und hell erscheinen.

5. Das Gehry-Gebäude in Hannover mit Metallfassade.

1910 n. Chr.		2000 n. Chr.
Bauhaus	*Moderne*	*Postmoderne*

6. Das Fagus-Werk (Alfeld) wurde als erster Industriebau-Auftrag von Gropius im Jahr 1911 errichtet. Er zeigt alle Grundideen des Bauhauses.

7. Wohngebäude Waldspirale Darmstadt von Hundertwasser, 2000 (linke Seite)

8. Bürogebäude Nord/LB, Hannover (vgl. Bild 4)

1. *Kirche innen, Schaden durch aufsteigende Feuchtigkeit, in Wasser gelöste Salze kristallisieren aus*

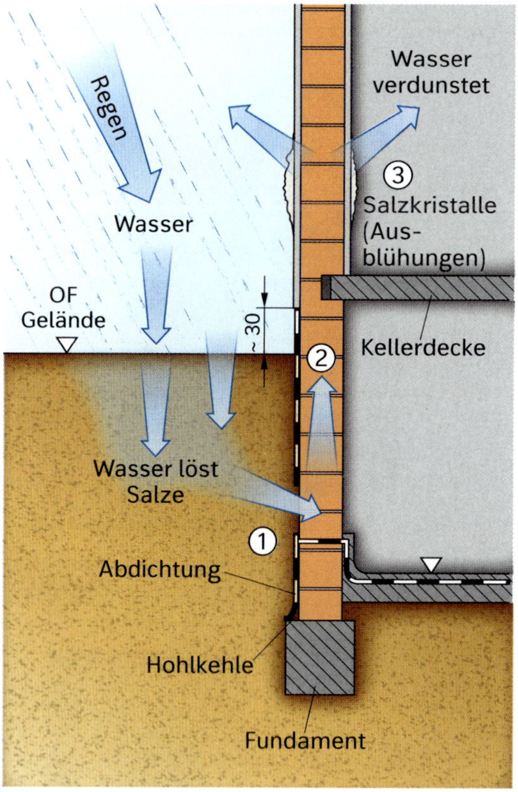

2. *Die Bauwerksabdichtung ist defekt (1), in Wasser gelöste Salze aus der Erde bzw. aus dem Mauerwerk werden durch Kapillarkräfte (2) der Mauersteine nach oben gezogen.*

An den Stellen, an denen das Wasser verdunstet, bilden sich Salzkristalle aus (3). Diese Salzkristallisation erzeugt einen Druck, der sogar Putze absprengt.

3.10 Die Arbeit der Denkmalpflege

Der Malerbetrieb soll den Putz in der alten Kirche (Bild 1) erneuern und die Wand neu verputzen. Die Kirche ist in der Denkmalliste eingetragen.

Was bedeutet die Denkmalliste für den Maler?

Die Erfassung, die Erhaltung und die Erforschung der Baudenkmäler wie Fachwerkhäuser, Industrieanlagen, Bergwerke und Wohnhäuser obliegen der Denkmalpflege. Ansprechpartner für Eigentümer ist die untere Denkmalpflege, die beim Landkreis, der Stadt oder der Gemeinde zu finden ist.

Die untere Denkmalbehörde führt die Denkmalliste und legt fest, welche Teile des Baus unter Schutz stehen.

Der Maler hat sich also vor Auftragsannahme darüber zu informieren, ob das Bauvorhaben des Eigentümers Kirchengemeinde in einem genehmigungspflichtigen Teil stattfindet.

Die Nachfrage des Malers bei der unteren Denkmalbehörde ergab für das Objekt (Bild 1), dass der Innenbereich unter Schutz steht und die Kirchengemeinde als Eigentümerin für die Sanierung Fachberatung und Finanzmittel erhalten wird.

Der Maler muss bei Arbeiten an denkmalgeschützten Häusern die Denkmalpflege informieren.

Die Arbeitsweise am Beispiel Innenraum

Die Mitarbeiter der Denkmalpflege und der Maler arbeiten bei folgenden Punkten zusammen:

- Bauzustandsanalyse: Analyse des Schadens (Bild 2), Einsicht in Unterlagen der Denkmalpflege über die vorherigen Arbeiten, Analyse z. B. hinsichtlich der originalen Erstfassung, jüngerer Farbfassungen und deren Anstrichtechniken
- Instandsetzungskonzept: Zusammenfassung der Analysen und Erstellung eines Sanierungskonzepts einschließlich Kostenanalyse
- Leistungsverzeichnis: Erstellung des LV durch einen Planer für alle Gewerke
- Ausführung: durch die Gewerke nach dem LV
- Dokumentation: Fotos, Materiallisten, Baustellentagebücher usw. werden für später archiviert
- Wartung: Das Wartungskonzept wird erstellt.

Die Verarbeitung von Sanierputz im Arbeitsbereich Denkmalpflege

Da sich der Malermeister im Bereich der Denkmalpflege weitergebildet hat und die Qualifikation „Restaurator im Handwerk" (Kap. 1) besitzt, wurde ihm der Auftrag zur Sanierung der Kirche erteilt. Gemeinsam mit dem Bauherrn, der Denkmalpflege und dem Planer wird für den unteren Bereich ein Sanierputz festgeschrieben.

Sanierputze speichern Salze

Diese Putze bestehen aus hydraulischen Bindemitteln wie Zement, Kalk und Trass mit besonderen Zuschlägen wie Dolomitbrechsanden und Luftporenbildnern.

Sanierputze haben eine hohe Porosität, um das Wasser verdunsten zu lassen, aber eine geringe kapillare Weiterleitung des Wassers nach außen.

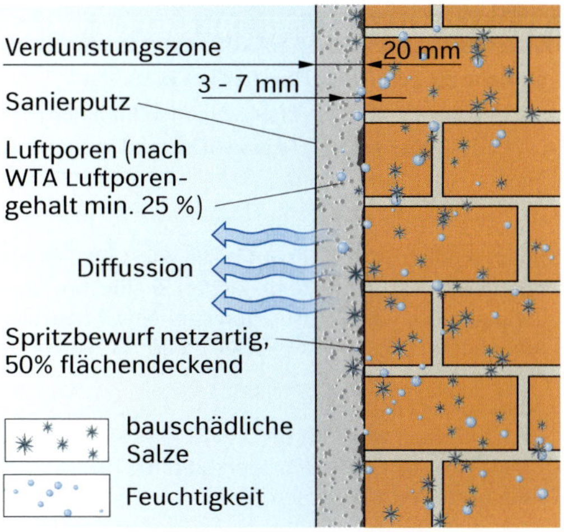

3. Die Funktionsweise eines Sanierputzes im Schema. Die im Mauerwerk vorhandene Feuchtigkeit verdampft in den Poren des Putzes und diffundiert nach außen an die Luft. Das gelöste Salz verbleibt im Putz.

Das Wasser wandert in den Sanierputz hinein, wird aber durch den Porenaufbau nicht kapillar nach außen geleitet. Es verdampft also im Putz, das Salz verbleibt in den Poren und kommt somit nicht an die Oberfläche (Bild 3), die salzfrei bleibt. Voraussetzung ist, dass durch die fachgerechte Verarbeitung der Luftporenanteil sehr hoch ist. Dadurch ist der Putz austrocknungsfördernd.

Umstritten

In der Denkmalpflege und bei den Restauratoren im Handwerk ist der Einsatz von Sanierputzen zur Mauerwerkssanierung umstritten.

- Wenn die poröse Struktur durch den verarbeitenden Maler nicht erreicht wird, wirkt der Putz feuchtigkeitsabsperrend, das Mauerwerk wird feuchter.
- Es ist verarbeitungstechnisch sicherer, einen Luftkalkmörtel als Opferschicht aufzubringen, der die Salze aus dem Mauerwerk herauszieht und bei Bedarf erneuert wird.
- Die Bauwerksabdichtung (Bild 1) ist die entscheidende Maßnahme.

Verarbeitungshinweise für Sanierputze

1. **Untergrundvorbehandlung:** Altputze sowie Altanstriche restlos und großzügig entfernen, Abschlagkante auf der Wand gerade verlaufen lassen, ca. 1 m oberhalb der höchsten Schadenstelle verlaufend, Mauerwerksfugen mindestens 2 cm tief auskratzen
2. **Spritzbewurf:** netzförmig aufbringen, maximal 50 % der Fläche, 1–2 Tage Wartezeit
3. **Grundputz:** Mindestschichtdicke 10 mm, horizontal mit Putzkamm aufrauen, Wartezeit 3–7 Tage
4. **Sanierputz:** Mindestschichtdicke 10 mm, abschließend zusätzliche Hydrophobierung empfehlenswert

Grundlegend ist das Merkblatt Sanierputzsysteme der WTA (Wissenschaftlich-technische Arbeitsgemeinschaft für Bauwerkserhaltung und Denkmalpflege e.V.).

4. Verarbeitungshinweise für Sanierputze

Aufgaben

1. *Beschreiben Sie den Weg der Salzbildung auf dem Mauerwerk.*
2. *Erklären Sie die Funktionsweise eines Sanierputzes.*
3. *Welche Rolle hat der Maler bei der Ausführung von Arbeiten für die Denkmalpflege?*

KUNDENAUFTRAG Anstrich einer Gründerzeitvilla

passend zu Lernfeld 4: Oberflächen gestalten
Lernfeld 10: Energiesparmaßnahmen ausführen
Lernfeld 11: Fassaden instand setzen und gestalten

1. Vorstellung
Diese Gründerzeitvilla von 1905 soll einen Farbanstrich erhalten. Die Besitzerfamilie wünscht sich eine begründete Farbgestaltung. Ziehen Sie für Ihre Überlegungen auch die Fotos in den Kapiteln „2 Beschichten mineralischer Untergründe“ und „3 Stilkunde“ hinzu.
Zustand der Fassade:
- Putzmörtelgruppe P II b
- Rissgruppe 1 (siehe BFS-Merkblatt Nr. 19)
- abgewitterter Altanstrich

2. Foto

3. Planung
Entwickeln Sie ein Farbgestaltungskonzept für dieses Gründerzeithaus. Scannen Sie das Foto ein und arbeiten Sie dann mit einem Farbgestaltungsprogramm für Maler. Begründen Sie Ihre Gestaltungen. Entwickeln Sie Kriterien, nach denen Sie Ihre Gestaltungsergebnisse bewerten können.

4. Beschichtung
Der Auftraggeber wünscht die Anlage von Probeflächen. Informieren Sie sich über die Größe und den Ort dieser Probeflächen. Schreiben Sie Ihre Überlegungen auf.

5. Kundenberatung
Sie stellen Ihr Gestaltungskonzept einem Kunden vor. Führen Sie schriftlich Argumente an, die den Kunden von Ihrem Gestaltungsvorschlag überzeugen. Diskutieren Sie die Argumente in Ihrer Lerngruppe.

6. Präsentation
Präsentieren Sie Ihre Ergebnisse mit einem Präsentationsprogramm.

KUNDENAUFTRAG Farbgestaltung eines Siedlungshauses

passend zu Lernfeld 4: Oberflächen gestalten
Lernfeld 11: Fassaden instand setzen und gestalten

1. Vorstellung
Nach dem Zweiten Weltkrieg wurden zur Behebung der Wohnungsnot infolge zerstörter Städte viele Siedlungshäuser errichtet. Ihre Fassaden und ihre Innenraumaufteilung lehnten sich an die Gestaltungsüberlegungen des Bauhauses an (vgl. Kap. 3.9). Sie sollen nun ein Gestaltungskonzept für diese Lochfassade entwickeln.
Zustand der Fassade:
- verwitterter Anstrich

2. Foto

3. Planung
Lesen Sie sich Kapitel 3.9 durch und schauen Sie auch im Hauptkapitel 4 nach.

4. Konzepterstellung
Fertigen Sie nun einige Skizzen an, indem Sie die Zeichnung auf Ihr Papier übernehmen und einige grobe Farbentwürfe entwickeln.

5. Begründung
Begründen Sie Ihren besten Entwurf schriftlich.

6. Anlage der Farbmuster
Legen Sie auf einem DIN-A4-Karton eine Farbpalette in Tabellenform an.

Fassade Hauptfläche	
Fensterleibungen	
Fensterfaschen	
Sockel	
Akzent	

Farbe

4

1. Wohnhaus

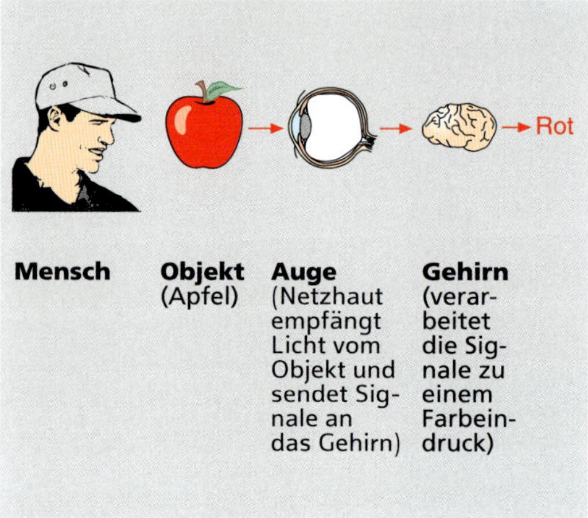

2. Sinneswahrnehmung von Farben

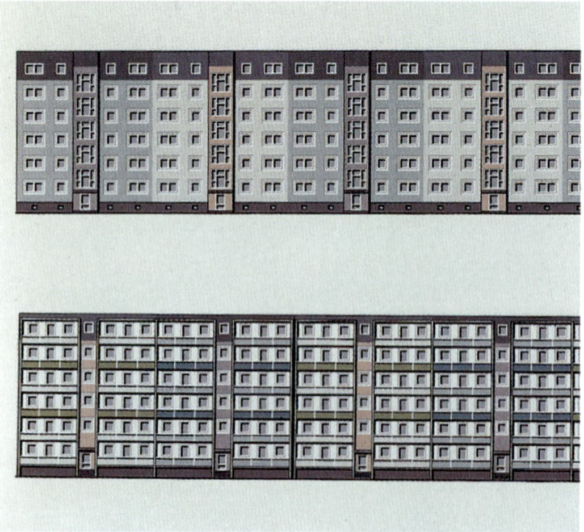

3. Gestaltete Fassaden des Wohnhauses

4.1 Wahrnehmung und Wirkung von Farben

Eine Malerfirma hat den Auftrag, Farbgestaltungsvorschläge für ein großes Wohnhaus zu erarbeiten (Bild 1). Bei der Gestaltung hat der Malermeister die Wahrnehmung und Wirkung der Farben auf den Menschen zu berücksichtigen.

Farbwahrnehmung

Die Farbwahrnehmung und Farbempfindung entsteht durch einen physikalischen Reiz. Das Auge empfängt das vom Objekt reflektierte Licht, und durch Farbrezeptoren (Stäbchen und Zapfen) der Netzhaut werden die Signale im Gehirn zu einem Farbeindruck verarbeitet (Bild 2).

Farbe ist eine Sinneswahrnehmung durch die Augen und das Gehirn des Menschen.

Farb- und Formwirkungen

Farben und Formen vermitteln Wahrnehmungseindrücke. Bei der Farbgestaltung des lang gestreckten Wohnhauses wurde der Gesamtkörper optisch in einzelne Gebäudeeinheiten gegliedert. Orientierungsachse ist jeweils das Treppenhaus, das sich mit eigener Farbigkeit deutlich absetzt.

Die gesonderte farbliche Behandlung des obersten Stockwerkes visualisiert einen Dachanschluss. Das Zusammenspiel von Farben und Formen kann die jeweilige Empfindung noch steigern (Bild 3).

Farb- und Formwirkungen bei Randformen und von Gegenständen oder Flächen

- Scharf abgegrenzte Flächen erscheinen kompakt, während Flächen mit unscharfen Rändern unklar und aufgelockert erscheinen.
- Kleine Flächen erscheinen kompakter, gesättigter und dunkler.

Gefühlswahrnehmung bei verschiedenen Farben

Farben haben gefühlsbetonte Eigenschaften, die bei Menschen bestimmte Stimmungen hervorrufen. Während bei vielen Menschen Rot als warm und aufregend empfunden wird, erscheint Blau vielen Menschen als kalt und beruhigend.

Bei der Gestaltung der Fassade eines Wohngebäudes (Bild 3) wurden Blau-Grün-Töne gewählt, um die Gesamtanmutung ruhig und zurückhaltend zur angrenzenden Randbebauung erscheinen zu lassen.

Oberflächentemperaturen bei verschiedenen Farben

Um möglichst gute Lichtverhältnisse in den Wohnräumen zu erhalten, wurde das Gebäude mit der Fassade in Richtung Süden erbaut. Bei der Farbauswahl für die Fenster wurde die starke Temperaturerhöhung durch die Sonneneinstrahlung betrachtet. Die Fenster wurden in Weiß gestrichen.

Temperaturmessungen an der Oberfläche von weiß gestrichenen harzreichen Nadelhölzern wie Kiefer, Pitch-Pine, Oregonpine haben ergeben, dass diese nur bedingt eingesetzt werden können (Bild 4).

Bei harzhaltigen Hölzern ist ab 60 °C mit Harzfluss zu rechnen.

Die Ausgleichsholzfeuchte geht auf Minimalwerte zurück und die Gefahr des Öffnens der Eckverbindungen und des Abreißens der Fugendichtung ist gegeben. Dadurch wird wiederum die Beschichtung beschädigt.
Bei Metall- und Kunststoffuntergründen (Bild 5) können sich folgende Auswirkungen ergeben:

- Verformungen
- Abreißen der Dichtstoffe
- Abplatzen der Beschichtung

Lasurbehandelte Holzoberflächen

Bei Lasuranstrichen ergaben Messungen je nach Farbton Oberflächentemperaturen bis zu 80 °C (Bild 6).

Der Farbton hat entscheidenden Einfluss auf die Oberflächentemperatur. Bei hohen Temperaturen können Schäden am Untergrund und an der Beschichtung entstehen.

Aufgaben

1. *Erklären Sie, wie Farbtöne vom Menschen wahrgenommen werden.*
2. *Wie wirken kleine Flächen bei der Farbgebung?*
3. *Welche Empfindungen haben viele Menschen bei roten Farbtönen?*
4. *Wann sind dunkle Farbtöne bei harzhaltigen Holzuntergründen nicht geeignet?*
5. *Warum können sich bei Beschichtung von Holz mit dunklen Farbtönen Eckverbindungen öffnen?*
6. *Auf welche Temperatur können sich dunkel beschichtete lasurbehandelte Oberflächen bei Sonneneinstrahlung erhitzen?*

RAL	Farbton	max. (°C)
1004	Goldgelb	50
1007	Narzissengelb	51–55
1015	Hellelfenbein	49
2002	Blutorange	55–61
3000	Feuerrot	55–63
3003	Rubinrot	67
5007	Brillantblau	75
5010	Enzianblau	67–72
6011	Resedagrün	61–70
7001	Silbergrau	61–70
7011	Eisengrau	68–71
7031	Blaugrau	61–76
8003	Lehmbraun	63–74
9001	Cremeweiß	40
9005	Tiefschwarz	77–80

4. Oberflächentemperaturen verschiedener Farbtöne auf Holzuntergründen, gemessen bei 20 °C und direkter Sonneneinstrahlung

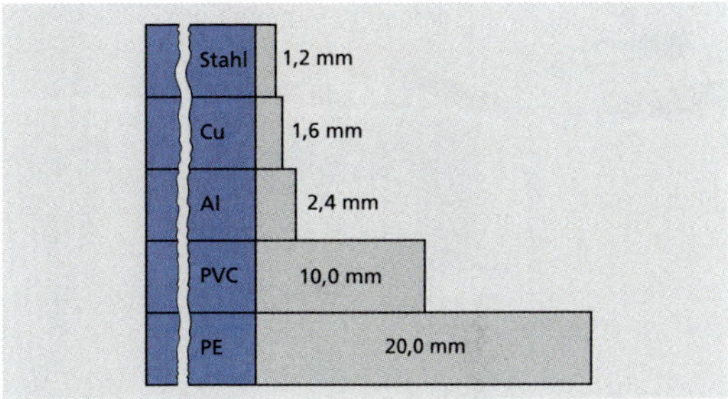

5. Längenveränderungen bei Temperaturerhöhung um 10 K und 10 m Werkstücklänge

Farbton	max. (°C)
Natur	49
Hellbraun	58
Mittelrot	65
Mittelbraun	69
Eiche	61–70
Teak	68–71
Olivgrün	71
Nuss	66–73
Dunkelbraun	74
Anthrazit	78

6. Oberflächentemperaturen verschiedener Lasurfarbtöne auf Holz

1. Arbeitsplatz mit Tageslicht beleuchtet

2. Gemischte Beleuchtung aus Tages- und Kunstlicht

3. Derselbe Raum, nur mit Kunstlicht beleuchtet

4.2 Farbe und Licht

Normalerweise reicht in großen Hallen eine starke Beleuchtung, um die Oberflächen ausreichend zu beleuchten. Bei der Farbgestaltung von Arbeitsplätzen ist besonders darauf zu achten, dass das Umfeld nicht heller als der unmittelbare Arbeitsplatz ist. Mit verschiedenen Beleuchtungsverhältnissen ändert sich die Wirkung von Farben. Hierzu einige Beispiele:

- Arbeitsplatz mit Tageslicht beleuchtet (Bild 1)
- gemischte Beleuchtung aus Tages- und Kunstlicht (Bild 2)
- Raum nur mit künstlichem Licht beleuchtet (Bild 3)

Bei der Farbgestaltung für EDV-Arbeitsplätze ist besonders auf weiße und glänzende Töne zu verzichten, um eine Blendung zu vermeiden. Für das Umfeld sind matte und gesättigte Farben zu empfehlen. Olivgraugrünliche Farben an Decken und Wänden sind gut geeignet.

Die Umgebung von Arbeitsplätzen soll mit blendfreien Farben gestaltet werden.

Warme Lichtfarbe

Lichtfarbe lässt sich sehr leicht verändern. Mithilfe der modernen Dreibandlampen (Leuchtstofflampen, die in drei verschiedenen Spektralbereichen Licht aussenden) besteht die Möglichkeit, eine warme Lichtfarbe mit guter Farbwiedergabe zu wählen, ohne dass die Beleuchtungsstärke abnimmt.

Aufhellen der Decke

Durch Aufhellen der Deckenfläche kann eine Reflektionsblendung vermieden werden.
Abhilfe durch:

- weißen Anstrich
- Anstrahlen der Deckenfläche von unten

Wie die Farbe beeinflusst auch das Licht das Wohlbefinden, die Konzentration und die Leistungsfähigkeit.

Lichtquelle und ihre Lichtfarbe

Für Hotels und Restaurants ist es besonders wichtig, behagliche Lichtfarben einzusetzen. Warmweißes Licht schafft eine angenehme Atmosphäre und bringt die Speisen und Getränke in ihrer natürlichen Farbgebung zur Geltung.

Lichtfarben

Der Mensch nimmt bestimmte Wellenlängen als Farben wahr. In der Natur erscheint uns der Regenbogen mit seinem Farbspektrum (Bild 4), da das Sonnenlicht von den Regentropfen wie bei einem Prisma gebrochen wird (Bild 5).

Spektralfarben

Das menschliche Auge kann innerhalb des elektromagnetischen Spektrums, das einen riesigen Bereich erfasst, einen winzigen Ausschnitt erfassen (Bild 5). Das von einem Objekt zurückgeworfene Licht nehmen wir als Farbe wahr. Die Wellenlängen werden in Nanometer (nm) angegeben:
(1nm = 1 millionstel Millimeter).
Bündelt man die sechs Spektralfarben mit einer Sammellinse, so erhält man weißes Licht.

Die Lichtquelle beeinflusst den Farbeindruck

Bei jeder Farbplanung muss der Maler und Lackierer die unterschiedlichen Lichtquellen mit den verschiedenen Farbwirkungen einbeziehen. Wenn z. B. ein Objekt in der Sonne leuchtet, sieht es unter der Leuchtstoffröhre womöglich sehr blass aus. Es gibt Leuchtkörper mit hohem Rotanteil (warmes Licht) und welche mit hohem Blauanteil (kaltes Licht).

- Je dunkler die Oberfläche ist, desto stärker muss die Beleuchtung sein.
- Je kleiner die Oberfläche ist, desto heller muss die Lichtquelle sein.
- Hohe Beleuchtungsstärken führen bei hellen und weißen Oberflächen zu starker Reflexblendung.
- Bläuliches Licht wird weniger angenehm empfunden als Lichtquellen mit hohem Rotanteil.
- Falls die allgemeine Beleuchtung nicht ausreicht, müssen zusätzliche Einzelbeleuchtungen eingesetzt werden (Zweikomponentenbeleuchtung).

Licht und Farbe müssen harmonisieren.

Aufgaben

1. *Nennen Sie die Spektralfarben.*
2. *Wie wird durch Lichtquellen der Farbeindruck beeinflusst?*
3. *Was ist bei der Farbgestaltung von EDV-Arbeitsplätzen zu berücksichtigen?*
4. *Wie kann Direkt- und Reflexblendung eingeschränkt werden?*

4. Regenbogen in Spektralfarben

5. Prisma mit Spektralfarben

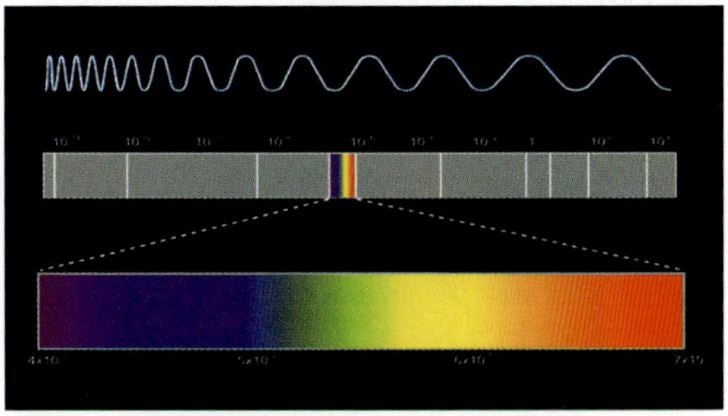

6. Elektromagnetisches Spektrum des sichtbaren Lichts

1. Hier wurde ein Farbkonzept auf Grundlage eines Bauplans erstellt. Farbgestaltungsprogramme bieten auch die Möglichkeit Fotos des Objekts zu verwenden.

2. Mischung der Lichtfarben im PC

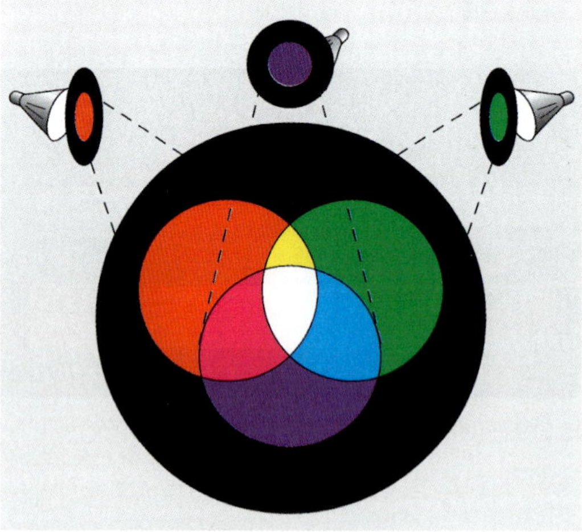

3. Additive Farbmischung mit Lichtkegeln

4.3 Farbmischung

Ein Malermeister hat den Auftrag, für einen Kunden einen Farbentwurf für eine Fassade zu erstellen. Er besitzt ein Farbgestaltungsprogramm und entwirft Farbvorschläge am PC. Er hat so die Möglichkeit, dem Kunden mehrere Vorschläge kostengünstig und schnell zu erarbeiten und auszudrucken (Bild 1).

Farbgestaltung am Computer

Die Farbgestaltung erfolgt an digitalisierten oder eingescannten Fotos. Ist kein Foto zur Hand, können Häuser auch anhand von Bauplänen oder Projektentwürfen gestaltet werden. Zunehmend wird der Computer auch bei der Farbgestaltung von Fahrzeugen und zum Einpassen von Schriften auf Fahrzeugen verwendet.

Die Farbbasis in der Bildbearbeitung ist das NCS (Natural Color System) und eine umfangreiche Skala der Farbhersteller. Farbgestaltungsprogramme sollten folgende Leistungsmerkmale aufweisen:

- individuelle Farbgestaltung des Objekts und der Teilbereiche
- Retuschefunktionen, um Bilder zu verändern, mit Einfügen und Entfernen von Objekten
- Gestalten der Flächen mit Strukturen wie Tapeten, Putze und Fassadenplatten
- Zugriff auf Farbpaletten der Industrie

Farbmischung im PC

Die Spektralfarben, die im Licht enthalten sind, werden durch Überlagern der Farben gemischt. Das Mischen von Lichtfarben wird durch den Monitor (Bild 2) oder Fernseher sichtbar.

Das Mischen von Lichtfarben nennt man additive Farbmischung.

Additive Farbmischungen

Die Lichtfarbenmischung ist mit nur drei Lichtquellen und einem sich schnell drehenden Kreisel möglich (Bild 3).

- Die drei Spektralfarben Violett, Grün und Orange übereinander geblendet ergeben Weiß.
- Grün und Violettblau ergeben Cyanblau.
- Grün und Orangerot ergeben Gelb.
- Orange und Violett ergeben Magentarot.

Mischen von Körperfarben

Die Farbgestaltung der Fassade erfolgte am PC. Der Maler muss nun die entsprechenden Farben zum Beschichten mischen. Die Beschichtungsstoffe erhalten ihr farbiges Aussehen dadurch, dass unterschiedliche Anteile des Spektrums verschluckt (absorbiert) werden (Bild 4). Der Farbreiz für das Auge entsteht durch den zurückgestrahlten (reflektierten) Teil.

Das Mischen von Körperfarben nennt man subtraktive Farbmischung.

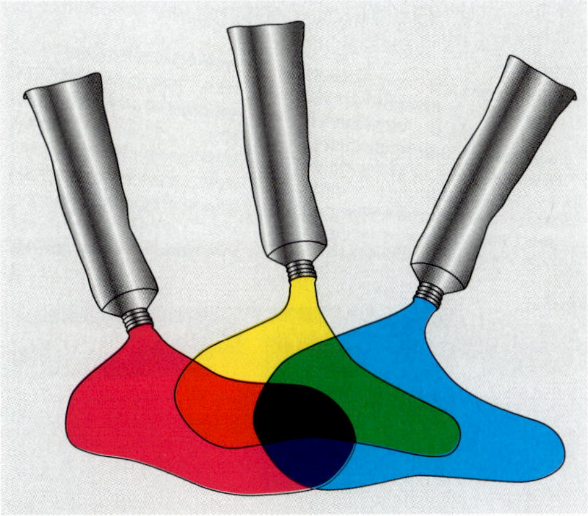

4. *Subtraktive Farbmischung bei Körperfarben*

Bei Körperfarben unterscheidet man:

- Erstfarben (Primärfarben): Gelb, Rot, Blau (Bild 5)
- Zweitfarben (Sekundärfarben): Orange, Violett, Grün (Bild 5)

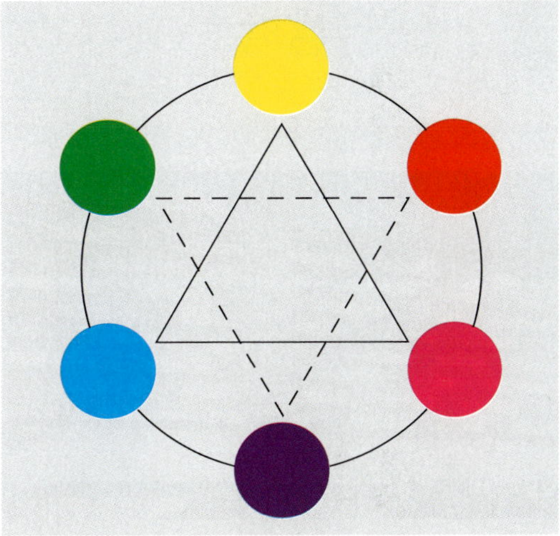

5. *Sechsteiliger Farbkreis mit Erstfarben und Zweitfarben*

Subtraktive Farbmischung

- Mischt man alle Erstfarben miteinander, so erhält man Unbunt (annähernd Schwarz).
- Gelb und Rot ergeben **Orange** (Bild 6).
- Rot und Blau ergeben **Violett** (Bild 6).
- Blau und Gelb ergeben **Grün** (Bild 6).

Der Farbeindruck ist abhängig

- vom Licht (Sonnenlicht, künstliches Licht),
- von der Struktur der Oberfläche (z. B. glatt, rau),
- vom Farbmittel an der Oberfläche (z. B. Farbstoff, Pigment),
- vom Auge des jeweiligen Betrachters.

Die subtraktive Farbmischung beginnt bei Weiß und endet mit Schwarz.

Wird einfallendes Licht vollständig reflektiert, erscheint der Körper weiß. Wird einfallendes Licht vollständig absorbiert, erscheint der Körper schwarz.

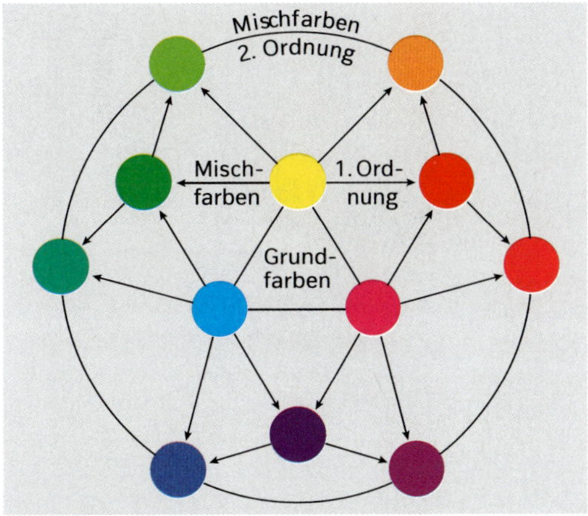

6. *Zwölfteiliger Farbkreis mit Mischfarben*

Aufgaben

1. *Welchen Farbton ergeben die drei Spektralfarben Violett, Grün und Orange, wenn man sie überblendet?*
2. *Wie nennt man die Farbmischung bei der Farbgestaltung am PC?*
3. *Wodurch erhalten Beschichtungsstoffe ihr farbiges Aussehen?*
4. *Wovon ist der Farbeindruck abhängig?*
5. *Nennen Sie die Primärfarben.*

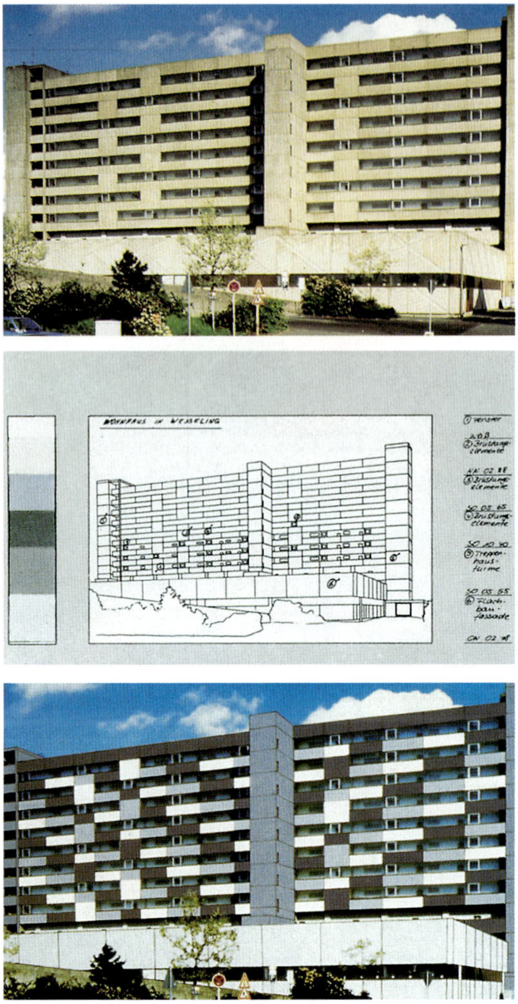

1. Wohnhaus vor der Farbgestaltung (oben), Farbplan (Mitte) und Wohnhaus nach der Farbgestaltung (unten)

2. Farbtonfächer

4.4 Farbordnungen

Ein Malermeister hat den Auftrag, einen Farbplan für ein Wohnhaus zu erstellen (Bild 1).

Farbplan

Beim Erstellen eines Farbplans sollten folgende Punkte einer Checkliste berücksichtigt werden:

- Ortsbesichtigung
- Beleuchtung
- Alter und Geschlecht der im Raum arbeitenden Menschen
- Werkstoffe
- Mitwirkung der im Raum arbeitenden Menschen

Zu einem Farbplan gehören verbindliche Farbtonmuster mit den Farbtonbezeichnungen. Als Vorgabe dienen Farbtonkarten der Farbenherstellerfirmen. Entsprechend der Farbtonkartenangabe kann der Malermeister die gewählten Farben bestellen.

Die Hersteller verwenden zur Erstellung dieser Farbtonkarten verschiedene Farbordnungssysteme.

Farbordnungssysteme

Etwa 10 Millionen verschiedene Farben kann der Mensch unterscheiden. Um die Farben zu kennzeichnen, werden Farbordnungssysteme benötigt. In den Farbordnungssystemen werden die Beziehungen zwischen den Farbtönen und ihren Ausmischungen zu Schwarz und Weiß hin dargestellt (Bild 3). Farbordnungssysteme können dargestellt werden als:

- Farbreihen
- Farbkreise
- Farbtonkarten
- Farbdreiecke
- Farbkörper

Farbsysteme ordnen verschiedene Farben und veranschaulichen die Zusammenhänge.

Damit der Maler und Lackierer die von den Herstellern verwendeten Farbordnungssysteme bewerten und nutzen kann, muss er die gebräuchlichen Systeme kennen.

Das natürliche Farbsystem, NCS (Natural Color System)

Das NCS-System baut ausschließlich auf dem subjektiven Farbempfinden des Menschen auf. Das NCS-System nennt vier bunte und zwei unbunte Farben (Bild 3):

- Gelb
- Rot
- Blau
- Grün
- Weiß
- Schwarz

Damit der Farbkörper leichter verständlich ist, wird er als Farbkreis oder Farbdreieck dargestellt (Bild 3).

Ein Farbsystem ist ein Kommunikationsmittel für alle, die unmissverständlich über Farben reden wollen.

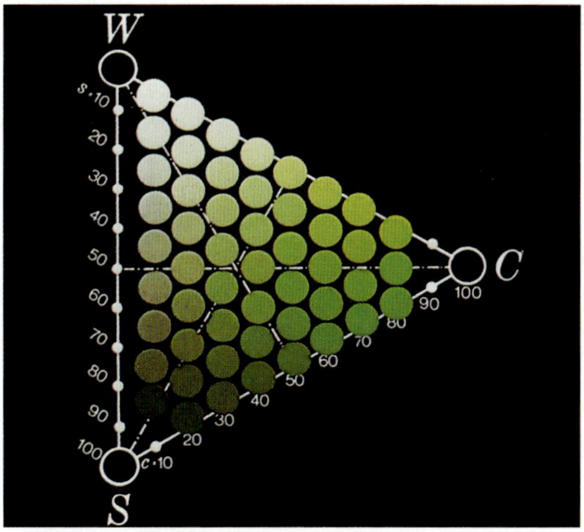

3. NCS-Farbdreieck

Das RAL-Design-System (RAL-DS)

(RAL = Deutsches Institut für Gütesicherung e.V.) RAL veröffentlichte unter dem Namen RAL-DS einen Farbatlas mit ca. 1700 übersichtlich angeordneten Farbmustern. Im Atlas werden 39 Bunttonbereiche visualisiert (Bild 4). Die Nummern der RAL-DS-Atlas-Farben beschreiben Seitennummer, Zeile und Spalte und zugleich den Farbraum nach Buntton, Helligkeit und Buntheit. Beispiel: Eine Atlasfarbe mit der Bezeichnung 270 30 20 entspricht einem dunklen Blau mit dem Buntton 270, der Helligkeit 30 und der Buntheit 20.

Die Organisation der Farbmuster geschieht nach Buntton, Helligkeit und Buntheit.

4. RAL-DS-Atlasfarben

Farbregister RAL 840 HR

(RAL = Deutsches Institut für Gütesicherung e.V., HR = Hauptregister). Die Farben sind in neun Farbreihen aufgeteilt (Bild 5):

1.	Gelb	RAL 1000-1037
2.	Orange	RAL 2000-2013
3.	Rot	RAL 3000-3033
4.	Violett	RAL 4001-4012
5.	Blau	RAL 5000-5026
6.	Grün	RAL 6000-6038
7.	Grau	RAL 7000-7048
8.	Braun	RAL 8000-8029
9.	Weiß, Aluminium, Schwarz	RAL 9001-9023

Grasgrün	**(RAL 6010)**	
Feuerrot	**(RAL 3000)**	
Azurblau	**(RAL 5009)**	
Zitronengelb mit roter Schildspitze	**(RAL 1012)**	
ohne Schildspitze	**(RAL 1012)**	
Gelborange	**(RAL 2000)**	
Rotlila	**(RAL 4001)**	
Ockerbraun mit roter Schildspitze	**(RAL 8001)**	
ohne Schildspitze	**(RAL 8001)**	
Olivgrau	**(RAL 7002)**	

5. Beispiele von RAL-Farben

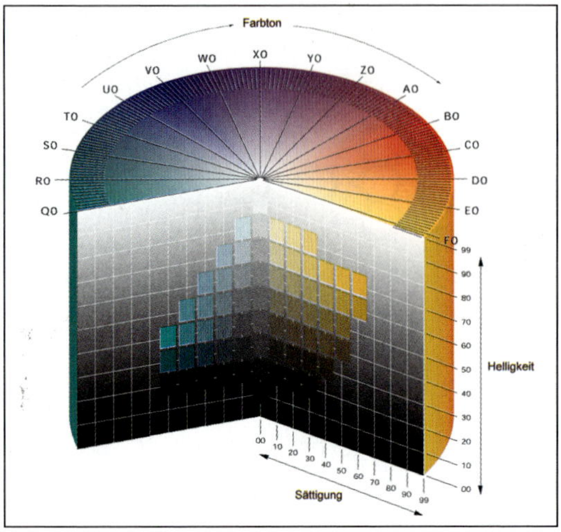

6. *Farbzylinder nach ACC*

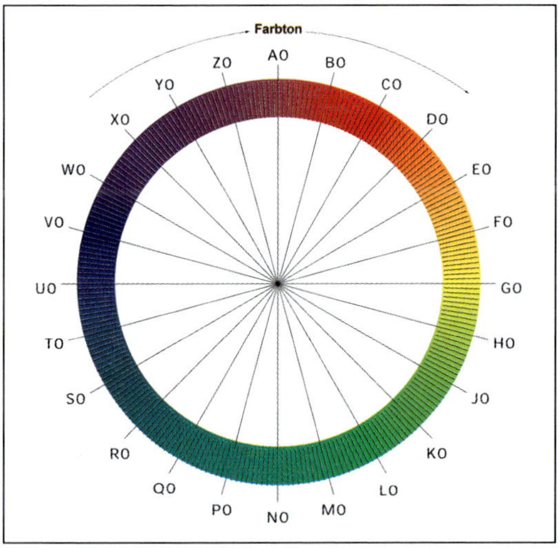

7. *Farbkreis nach ACC*

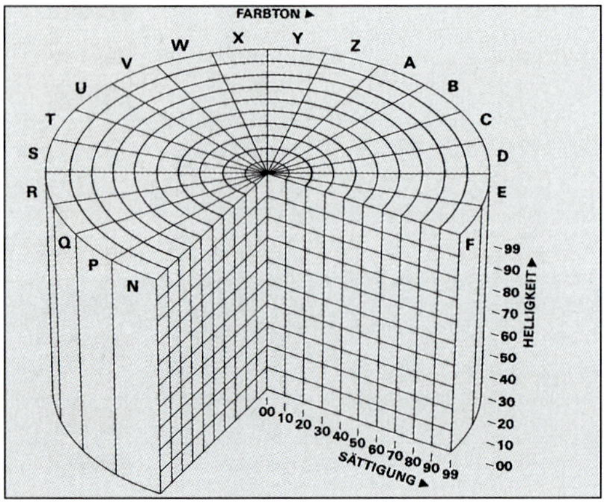

8. *Farbzylinder mit Zahlenwerten*

Das ACC-Farbsystem

Neben dem NCS-System ist das ACC-System in Europa sehr verbreitet. Das AkzoNobel-eigene Acoat Color Codification System (ACC-System) basiert auf drei Grundeigenschaften von Farben:

- Farbton
- Sättigung
- Helligkeit

Dies ist durch das Zylindermodell (Bild 6) veranschaulicht.

> *Das ACC-System basiert einerseits auf einer farbmetrischen Bestimmung und andererseits auf das empfindungsmäßige Beurteilen durch das menschliche Auge.*

Art der Buntheit

Der Farbton bezeichnet die Buntheit. Er ist bestimmt durch Empfindungsgrößen wie Rot, Orange, Gelb, Gelbgrün, Grün, Blaugrün, Blau, Violett und deren Zwischenwerte.

Der Farbton wird durch eine Buchstaben-Ziffern-Kombination gekennzeichnet. 24 Buchstaben, jeweils mit den Ziffern 0 bis 9 kombiniert, ergeben 240 Möglichkeiten der Farbtonkennzeichnung (Bild 7).

Sättigung oder Grad der Buntheit

Die Buntheit einer Farbe ist bestimmt durch den Abstand zu den unbunten Farben Weiß, Grau und Schwarz. Zum Beispiel ist die gelbe Farbe einer Zitrone weiter von Weiß entfernt als die gelbliche Farbe einer Eierschale. Die gelbe Farbe der Zitrone ist somit gesättigter. Im ACC-System wird die Sättigung durch Zahlenwerte von 00 bis 99 gekennzeichnet, wobei 99 für höchste Sättigung steht (Bild 8).

Helligkeit

Die Helligkeit einer Farbe entspricht der Stärke ihrer Lichtwirkung. Im ACC-System wird das ebenfalls durch Zahlenwerte von 00 bis 99 gekennzeichnet, wobei 00 für größte Dunkelheit, 99 für größte Helligkeit steht.

> *Jede Körperfarbe kann im ACC-System durch eine dreiteilige Kennzeichnung eindeutig und anschaulich gekennzeichnet werden.*

Farbe und Sicherheit

Eine Malerfirma erhält den Auftrag, Fluchtwege und Notausgänge zu kennzeichnen. Der Fluchtweg wird auffällig gekennzeichnet (Bild 9).
Die DIN-Norm 2403 und das RAL-Farbregister geben Farbempfehlungen für Ordnung, Orientierung und Sicherheit. Sollen Kennzeichnungs-, Ordnungs- und Warnfarben ihren Zweck erfüllen, müssen sie schnell und ohne Nachdenken erkannt werden (Bild 9).

- Rot bedeutet unmittelbare Gefahr.
- Gelb mahnt zur Vorsicht vor möglichen Gefahren.
- Grün signalisiert Gefahrlosigkeit, Auswege aus Gefahr und Erste Hilfe.

Darüber hinaus geben folgende DIN-Normen Empfehlungen für Kennzeichnungsfarben von Rohrleitungen (Bild 10).

Sicherheitsfarben in praktischer Anwendung

Grundsätzliche Regeln:

- Gefahrenkennzeichnung auf wichtige Punkte beschränken.
- Sicherheitsmarkierungen sollen eindeutig, unverwechselbar und verständlich sein.
- Sicherheitsfarben dürfen unter den bestehenden Beleuchtungsverhältnissen nur in den erlaubten Grenzen vom Sollfarbton nach RAL abweichen.
- Sicherheitsmarkierungen gehören unmittelbar auf den zu kennzeichnenden Gegenstand.
- Sicherheitskennfarben nur im vorgeschriebenen Sinn verwenden.
  Beispiel: Die Sicherheitsfarbe RAL 6001 Smaragdgrün bedeutet „Keine Gefahr", „Weg ins Freie" oder „Erste Hilfe". Diese Farbe nicht für den Anstrich von Türen verwenden, die in besonders gefährliche Betriebsräume führen.
- Überall dort, wo es möglich ist, sollte die Sicherheitsfarbe mit den nach DIN EN ISO 7010 festgelegten Bildzeichen verbunden werden (Bild 11).

Aufgaben

1. *Warum benötigen wir Farbordnungssysteme?*
2. *Nennen Sie gebräuchliche Farbsysteme.*
3. *Erklären Sie den Begriff „Sättigung" einer bunten Farbe.*
4. *In welchen Bereichen werden bei Sicherheitskennzeichen die Farben Rot, Gelb und Grün eingesetzt?*

9. Kennzeichnungsfarben nach DIN-Normen

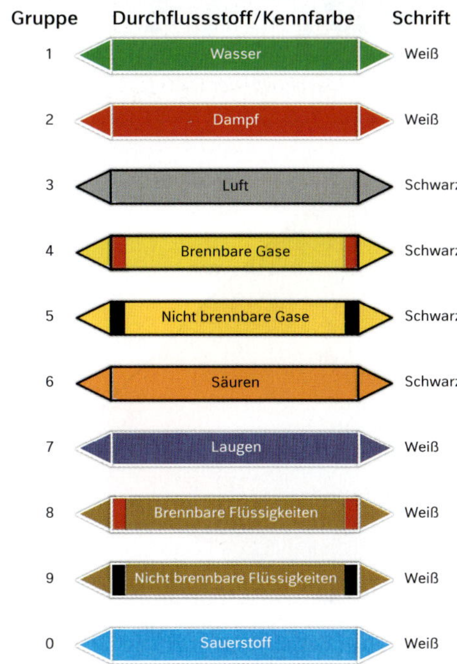

10. Rohrleitungskennzeichnung nach DIN-Norm 2403

11. Sicherheitskennzeichen

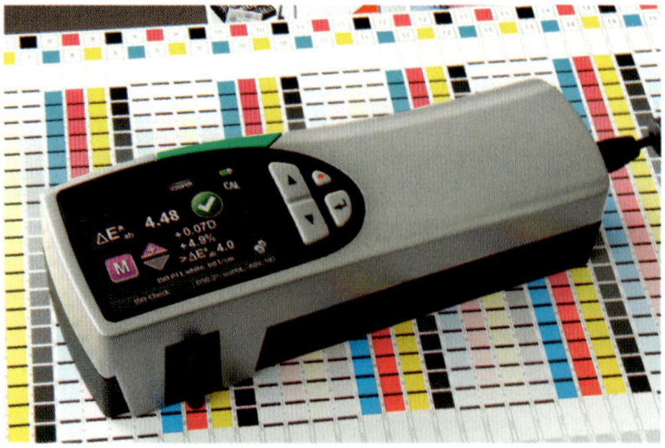

1. *Farbbestimmung mithilfe der EDV*

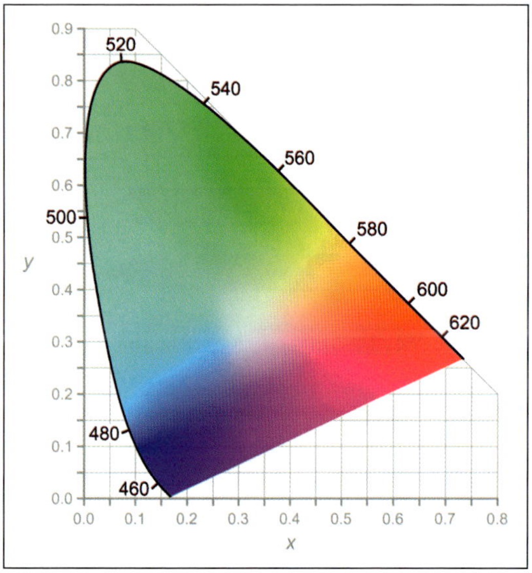

2. *CIE-Normfarbtafel*

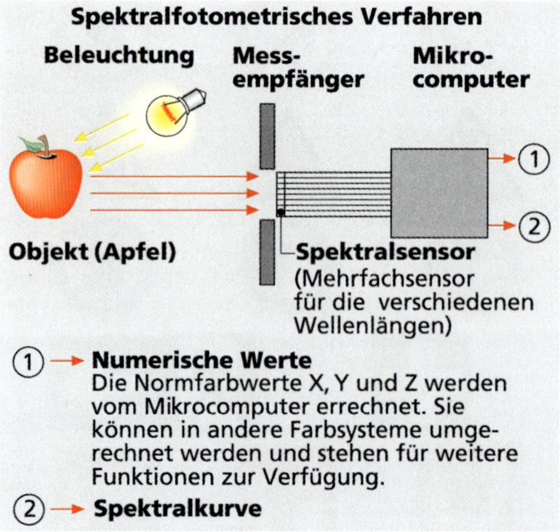

3. *Das menschliche Auge und die Funktionsprinzipien der Messgeräte*

4.5 Farbmessung, Farbmittel

Ein Malermeister hat eine Fassade zu beschichten. Kurz vor Abschluss der Arbeiten teilt ihm der Kunde mit, dass auch eine angrenzende Fassade in demselben Farbton beschichtet werden soll. Um sicherzugehen, entnimmt er etwas Restfarbe und lässt sie im Labor der Herstellerfirma nachmischen.

Farbbestimmung mittels Fotospektrometer (Bild 1)
Das Farbensehen der Menschen beruht auf dem Zusammenspiel dreier Funktionen, einer Reaktion des Auges auf Blau, Grün und Rot. Je nach spektraler Zusammensetzung (Tages- oder Kunstlicht) des Lichts reizen die Wirkungsfunktionen unterschiedlich stark und rufen im Gehirn den Farbeindruck hervor. Die drei Grundfarben der Wirkungsfunktionen im Auge bilden ein Farbsystem. Hierin sind alle Mischungen enthalten.

Nach diesem Prinzip ist das CIE-System (Commission Internationale de l'Eclairage) gestaltet (Bild 2).

Für jede Farbe gibt

- X den Rotgehalt,
- Y den Grüngehalt,
- Z den Blaugehalt an.

Zur vollen Beschreibung der Farbe gehört noch die Helligkeit. Da die Grünempfindlichkeit eines menschlichen Auges etwa seiner Hellempfindlichkeit entspricht, dient der Normfarbwert Y als Bezugswert für Helligkeit. Mithilfe eines Messempfängers und eines Mikrocomputers kann die Farbe exakt bemessen werden (Bild 3).

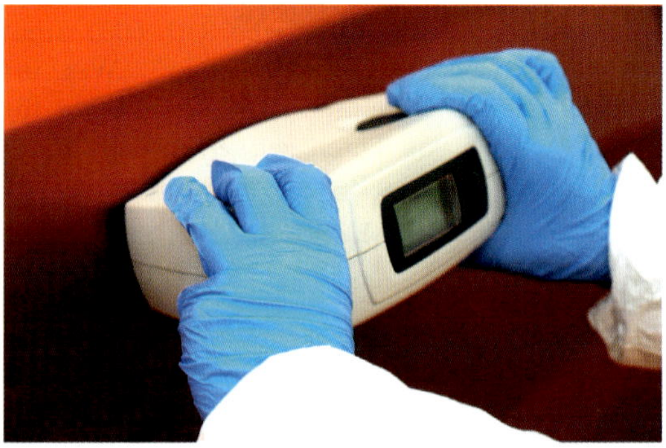

4. *Drei-Winkel-Reflektometer für alle Bereiche der Glanzmessung, z. B. zur Beurteilung der Glanzminderung des Farbtones durch Bewitterung*

Zusammensetzung von Anstrichstoffen

Ein Kirchenmalermeister soll für die Renovierung einer alten Villa auf Wunsch des Kunden Anstrichstoffe verwenden, die nach alten Rezepten zusammengesetzt sind (Bild 5).

5. *Anstrichherstellung nach alter Rezeptur*

Herstellung von Anstrichstoffen (Bild 6)

Man unterscheidet Farbmittel nach DIN EN ISO 18451 in:
- Pigmente (unlöslich)
- Farbstoffe (löslich)

Pigmente werden nach ihrer Herkunft unterschieden und können verschieden geformt sein:
- anorganische Pigmente, Erdpigmente und Mineralpigmente
- organische Pigmente, aus Natursubstanzen oder Kohlenstoffverbindungen (Teerpigmente)

Außerdem enthalten Anstrichstoffe noch:
- Bindemittel
- Löse- und Verdünnungsmittel
- Zusatzstoffe

6. *Die Herstellung von Lacken findet heute in geschlossenen Systemen statt.*

Aufgaben der Anstrichbestandteile

- Pigmente verleihen den Anstrichstoffen das farbige Aussehen und beeinflussen Haltbarkeit und Trocknung des Anstriches.
- Das Bindemittel verklebt die Pigmente miteinander und verbindet den Anstrich mit dem Untergrund.
- Die Lösemittel verleihen dem Anstrich die richtige Konsistenz.
- Zusatzstoffe verbessern bestimmte Eigenschaften des Anstrichstoffes, z.B. die Trocknung.

Herstellung der Anstrichstoffe heute

Beschichtungsstoffe werden heute fast nur noch fabrikmäßig hergestellt. In chemischen Labors werden dazu Rezepte entwickelt und auf Tauglichkeit geprüft (Bild 7). Anstrichstoffe werden fertig vom Hersteller geliefert. Die Abtönung der Farben erfolgt meist nach Farbtonkarten und mit Mischautomaten.

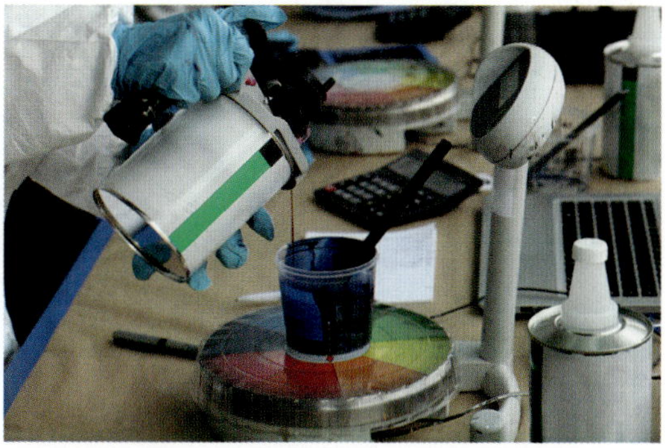

7. *Entwicklung eines Anstrichstoffs in einem Labor.*

Aufgaben

1. *Worauf beruht das Farbensehen des Menschen?*
2. *Nennen Sie Einsatzmöglichkeiten von Farbmessgeräten.*
3. *Nennen Sie die Zusammensetzung von Beschichtungsstoffen.*
4. *Nennen Sie die Aufgabe des Bindemittels im Anstrichstoff.*

KUNDENAUFTRAG Oberflächen von Bauwerken gestalten

passend zu Lernfeld 4: Oberflächen gestalten
Lernfeld 8: Oberflächen bekleiden und gestalten
Lernfeld 11: Fassaden beschichten und gestalten

1. Vorstellung

Für dieses Wohnhaus soll für einen Kunden ein Farbmuster für Fassade, Fenstereinfassungen, Sockel und Treppenhaus erstellt werden. Bei der Gestaltung müssen Wahrnehmung und Wirkung der Farben berücksichtigt werden. Es werden Farbmuster als Vorlagen angelegt. Sie dienen auch als Entscheidungshilfen für den Kunden. Erstellen Sie ein Farbmuster für Fassade, Fenstereinfassungen, Sockel und Treppenhausaufgang.

Zustand der Fassade:

- Altbeschichtung teilweise verschmutzt
- gute Haftfähigkeit der Altbeschichtung
- Putzoberflächenrisse (Haarrisse)

2. Foto

3. Planung

Erstellen Sie ein Farbmuster für Fassade, Fenstereinfassungen, Sockel und Treppenhausaufgang.

4. Informationsbeschaffung

Listen Sie Kriterien auf, die die Farbgestaltung beeinflussen. Begründen Sie Ihre Auswahl.

5. Farbmuster anlegen

Erstellen Sie Farbmuster auf einem DIN-A4-Blatt für die Bereiche Fassade, Fenstereinfassungen, Sockel und Treppenhausaufgang. Begründen Sie Ihre Auswahl.

Fassade	
Fenstereinfassungen	
Treppenhausaufgang	
Sockel	

6. Beschichtungsstoffe

Listen Sie auf, welche Beschichtungsstoffe geeignet sind. Wählen Sie ein Beschichtungssystem für diese Oberflächen aus. Begründen Sie Ihre Wahl.

7. Kundenvorschlag

Stellen Sie Argumente für Ihren Farbentwurf schriftlich zusammen.

Beschichten von Holzuntergründen

5

1. Fenster mit aufgegangener Holzverbindung

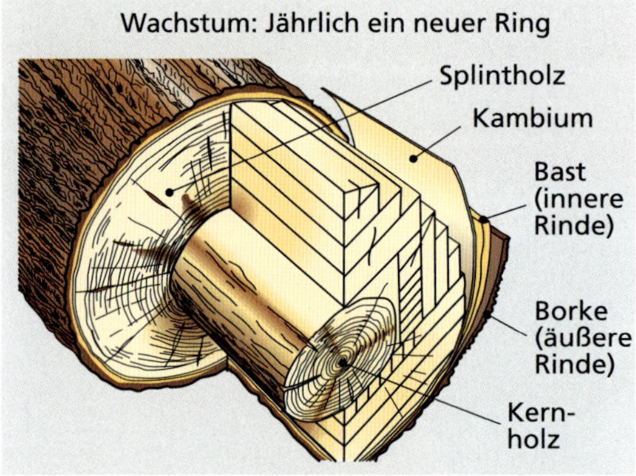

2. Aufbau des Stammes (Querschnitt). Die Wachstumszonen liegen außen. Die älteren inneren Bereiche (Kernholz) sind härter als das äußere Splintholz.

3. Bei der Aufnahme von Wasserdampfteilchen kommt es zu einer Vergrößerung der Zellwanddicken und damit zu einer Vergrößerung der Holzabmessungen. Bei einer Erhöhung der Holzfeuchte über etwa 30% findet keine Quellung mehr statt.

5.1 Holz – ein gewachsener Werkstoff

Bild 1 zeigt ein Aufgehen der Verbindung an der V-Fuge. Aufgehende Verbindungen sind bei einer Untergrundprüfung festzustellen. Welche Eigenschaft des Holzes ist hierfür verantwortlich?

Quellen und Schwinden von Holz

Urheber der aufgegangenen Verbindung ist das Regenwasser, das an der Scheibe herunterläuft und an der in Bild 1 gezeigten Stelle abtropft. Das Wasser bleibt hier also länger stehen und bewirkt eine Feuchtigkeitsaufnahme durch das Hirnholz. Beim Hirnholz sind die Jahresringe (Bild 2) erkennbar; das Holz nimmt die Feuchtigkeit auf.

Weitere Ursachen sind die Luftfeuchtigkeit und die Eigenschaft des Holzes, wasserdampfanziehend (hygroskopisch) zu sein. Die Wasserdampfteilchen dringen in die Zellwände ein. Es kommt zu einer Vergrößerung der Zellwanddicken. Dies wiederum führt bei den vielen nebeneinander liegenden Zellen zu einer Vergrößerung der Holzabmessungen (Bild 3).

Das Holzfeuchtemessgerät

Mit ihm wird die Holzfeuchte in Prozentwerten angegeben. Eine Holzfeuchtigkeit von 0% gibt es aber nicht, weil Holz immer aus der Luft Feuchtigkeit anzieht und ein **Feuchtegleichgewicht** herstellen möchte. Bei einer relativen Luftfeuchte von 60 bis 80 % – dieser Wert herrscht in der Regel bei normaler Witterung vor – passt sich das Holz an und es werden 10 bis 15% Holzfeuchtegehalt gemessen. Bei Erhöhung des Holzfeuchtegehaltes bis etwa 30% quillt das Holz, bei Verringerung schwindet es.

Die Holzfeuchte darf bei maßhaltigem Holz 13 % ± 2 % und bei begrenzt maßhaltigem Holz maximal 18 % betragen (gemessen in 5 mm Tiefe nach BFS Nr. 18).

Durch eine Lackierung wird verhindert, dass das Holz zu viel Feuchtigkeit aufnimmt. Hat der Kunde aber die regelmäßige Wartung des Anstriches versäumt, kommt es zu einer überhöhten Holzfeuchte. Holzverbindungen gehen auf, **maßhaltige Bauteile** wie Türen schließen nicht richtig.

Ab 20 % Holzfeuchte droht pflanzlicher Schädlingsbefall durch Pilze!

Das übermäßige Quellen und Schwinden kann durch einen regelmäßig gewarteten Anstrich verhindert werden.

Holzinhaltsstoffe (Tabelle 4) bestimmen ebenfalls die Eigenschaften von Holz

Harzgalle: Nadelhölzer wie Kiefer enthalten Harze, die in das Holz eingelagert werden. An einigen Stellen werden jedoch Harzgallen gebildet. Bei einer Oberflächenbehandlung können sie Verlaufsstörungen und Haftungsstörungen verursachen. Außerdem ist die Oberfläche klebrig.

Harzgallen werden mit einem Stechbeitel ausgestochen. Die Fehlstelle wird zum Beispiel bei einem deckenden Anstrich mit Spachtelmasse bearbeitet.

Die **Gerbsäure** der Eiche (Eichenlohe) bewirkt einen natürlichen Holzschutz gegen Schädlingsbefall. Durch sie kann das Holz jedoch blauschwarze Streifen zeigen (Bild 5), die durch Bleichen mit Zitronen- oder mit Oxalsäure entfernt werden können.

Holzfehler führen auch zu Anstrichfehlern

Hierunter fallen Risse, herausgefallene Äste, Drehwuchs des Holzes, Fraßstellen von Insekten, Befall von Insekten und Pilzen (Bild 6). Das richtige Holz wählt der Tischlereibetrieb aus dem Holzangebot aus und verarbeitet es.

Bedenken anmelden

Stellt der Maler bei der Untergrundprüfung fest, dass eine fachgerechte Ausführung, z. B. aufgrund von Pilzbefall, nicht möglich ist, so meldet er Bedenken nach VOB an. Diese müssen dem Kunden vor Arbeitsbeginn schriftlich mitgeteilt werden.

Inhaltsstoff	Bedeutung für den Maler
Zellulose	Rotfäule verursachende Pilze bauen Zellulose ab. Anzeiger für hohe Holzfeuchte.
Lignin	Weißfäule verursachende Pilze bauen Lignin ab. Holzfeuchteanzeiger. UV-Strahlen bauen Lignin ab, dadurch Vergrauung.
Harzgallen	Haftungsstörungen des Anstriches durch Harzauslauf.
Gerbsäure	Blauschwarze Streifen. Bei Bearbeitung keine metallischen Werkzeuge wie Stahlwolle verwenden.
Wasser	Quellen und Schwinden: Grund für Beschichtung, um Maßhaltigkeit zu erhalten.

4. Hauptinhaltsstoffe und ihre Bedeutung für den Maler

5. Die Flecken in der eichenholzfurnierten Oberfläche können z. B. mit Wasserstoffperoxid entfernt werden.

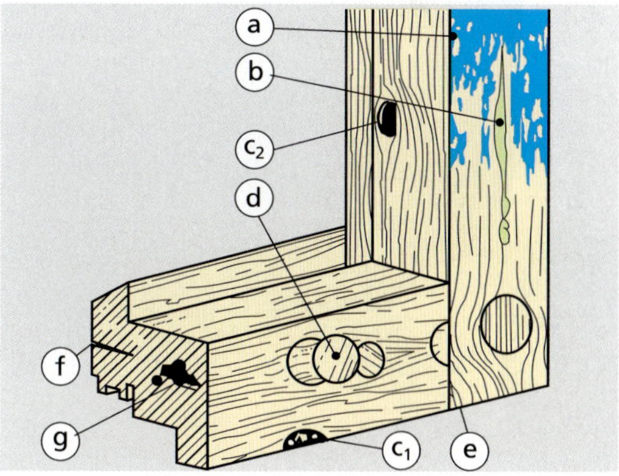

6. Folgende Holzfehler sind beim Fensterbau (deckender Anstrich) unzulässig (DIN EN 942):
a) Bläuebefall
b) Harzgallen über 5 mm Breite
c) Durchfalläste im Sichtbereich
d) Kettendübelung mit drei und mehr Dübeln
e) Äste im Verbindungsbereich
f) Trockenrisse
g) Insektenfraß

Aufgaben

1. *Begründen Sie, warum unbehandeltes Holz quillt, wenn es Regen ausgesetzt wird.*
2. *Bei welcher Holzfeuchte dürfen Hölzer beschichtet werden?*
3. *Beschreiben Sie die Arbeitsabfolge, wenn eine Harzgalle in einem Fensterrahmen auszubessern ist.*
4. *Nennen Sie mögliche Holzfehler. Überlegen Sie, wie die Fehler behoben werden können.*

1. *Eine Loggia (aus der Fassadenflucht zurückgezogenes Bauteil) mit Vertäfelung*

2. *Teak (links) und Mahagoni (Südamerika, rechts)*

3. *Eiche mit sehr deutlicher Textur, hier als Fertigparkett verarbeitet*

5.2 Die Holzarten

Die Deckenvertäfelung einer Loggia (Bild 1) besteht aus dem Tropenholz Teak, das unempfindlich gegenüber Sprühregen ist und eine rötliche Holzfarbe hat. Das Holz soll mit einer Lasur versehen werden.

Tropenholz trotz Umweltdiskussion im Gebrauch

Diese außereuropäischen Laubhölzer wachsen vorwiegend in den geschlossenen Urwäldern der Tropen. Die Abholzung weiter Flächen für die Herstellung von Nutzholz bringt jedoch sehr große Umweltprobleme mit sich. Tropenholz sollte deshalb nur in begründeten Fällen verwendet werden.

Teak (Bild 2) ist eine südostasiatische Holzgruppe, die eine sehr gute Festigkeit und eine hohe Beständigkeit gegen Witterungseinflüsse hat. In den feuchtwarmen Tropen wachsen Pilze sehr gut. Die Tropenhölzer schützen sich dagegen mit wachsartigen, öligen oder giftigen Inhaltsstoffen, die einen Einsatz im Außenbereich (Fenster und Türen) ermöglichen. Dieser natürliche Holzschutz und die Schönheit der Oberfläche veranlasst einige Kunden dazu, diese Hölzer einzubauen und vom Maler anstrichtechnisch bearbeiten zu lassen.

Bei einigen tropischen Laubhölzern können Holzinhaltsstoffe in die Beschichtungen eindringen und Verfärbungen sowie Trocknungsverzögerungen hervorrufen. Ein Absperrbeschichtungsstoff ist erforderlich.

Europäische Hölzer

Eiche: Dieses europäische Laubholz (Bild 3) hat im Splint einen grauen, im Kern einen grau bis graubraunen Farbton.
Die **Beständigkeit gegen Pilzbefall** ist dauerhaft. Die Gerbsäure sorgt für diesen natürlichen Holzschutz, sodass Eiche – wie auch Meranti – in die Stufe „dauerhaft" eingeordnet wird. Der Inhaltsstoff Gerbsäure ruft aber auch bei Kontakt mit Stahl wie bei Nägeln und Stahlwolle braunschwarze Verfärbungen des Holzes hervor. Diese können durch **Bleichen** aufgehellt werden.

Bei der Bearbeitung von Eiche darf Stahlwolle nicht verwendet werden.

Eiche wird als Konstruktionsholz im Außen- und im Innenbereich eingesetzt. Es ist aber auch ein sehr edles Ausstattungsholz, das massiv oder furniert verwendet wird.

Eiche wird auch für **Parkettfußböden**, entweder als **Fertigparkettelemente** oder als **Vollholzparkett** aus gewachsenem Holz (Vollholzstäben), verwendet. Fertigparkettelemente können einen mehrschichtigen Aufbau haben, der der Tischlerplatte (Mittellagensperrholzplatte) nachgeahmt ist. Die Verlegung erfolgt durch Nut und Feder (siehe Lupe Bild 3). Die Elemente werden nicht mit dem Unterboden verklebt, sondern schwimmend verlegt. Sind die Elemente nicht mit Klarlacken endbehandelt, wird der Holzboden vom Maler mit Klarlacken versiegelt. Er kann auch mit Wachsen und Ölen bearbeitet werden. Beim Vollholzparkett wird das Holz mit dem Untergrund verklebt und mit Lack versiegelt. Ein weiteres Einsatzgebiet von Eiche ist Fachwerk (Bild 4).

Buche – ein hartes Holz

Beim Buchenholz handelt es sich um ein Laubholz mit rotbraunem Farbton in Splint und Kern, das gerne als Ausstattungsholz verwendet wird. Im Gegensatz zur Eiche hat es eine geringe Beständigkeit gegen Pilzbefall. Seine **Textur** ist nicht so lebhaft wie bei Eiche. Wegen der großen Härte ist es sehr gut für Fußböden und Treppenstufen (Bild 5) geeignet. Es hat keinen Harzgehalt und ist deshalb mit Anstrichen gut zu bearbeiten.

Lärche

Das europäische Nadelholz ist sehr harzreich, hat eine deutliche Textur mit gelblich-rötlich braunem Farbton. Wie alle Nadelhölzer ist es sehr bläueempfindlich im Splint, benötigt also Bläueschutz. Die Beständigkeit gegen Pilzbefall ist mäßig dauerhaft. Einwandfreie Beschichtungen sind Voraussetzung (Bild 6) für einen Einsatz im Außenbereich.

Weitere Hölzer

Maler können z. B. auf Baustellen **Hemlock**, **Douglasie** oder **Kiefer vorfinden** (Tabelle 7). Als Nadelhölzer benötigen sie alle **Bläueschutz** (Kap. 5.9).

Aufgaben

1. *Nennen Sie Gründe für und gegen den Einsatz von Tropenholz.*
2. *Nennen Sie Verwendungsmöglichkeiten für Eiche im Innen- und im Außenbereich.*
3. *Vergleichen Sie die Eigenschaften der Hölzer Buche und Lärche miteinander.*
4. *Erklären Sie den Unterschied zwischen Fertig- und Vollholzparkett.*

4. Eichenbalken in einem barocken Fachwerkhaus in Quedlinburg. Die Gefache sind bemalt.

5. Buchenholz wird gerne für Treppenstufen verwendet, da es hart ist. Die Stufen sind mit einem Klarlack versiegelt. Deckende oder lasierende Anstriche im Innenbereich sind bei guten Ausstattungshölzern nicht angebracht, da der Kunde diese teuren Hölzer wegen ihrer Oberflächenerscheinung einbauen lässt.

6. Lärchenholz, das hier als Garagentür seine deutliche Textur zeigt. Das Holz ist lasiert worden.

Holzart	Erkennung	Hinweise
Hemlock	gelblich-rotes Nadelholz	Astreinheit, kaum Harz, benötigt Bläueschutz
Douglasie	weiß-gelbliches Nadelholz	Harzaustritt möglich, Holzinhaltsstoffe können Verfärbung hervorrufen, Bläueschutz erforderlich
Kiefer	weiß-rötliches Nadelholz	harzreiches Holz, dunkle Anstriche wegen zu starker Erwärmung durch Sonnenbestrahlung vermeiden, Bläueschutz erforderlich

7. Nadelhölzer

1. Bild einer renovierungsbedürftigen, lackierten Tür

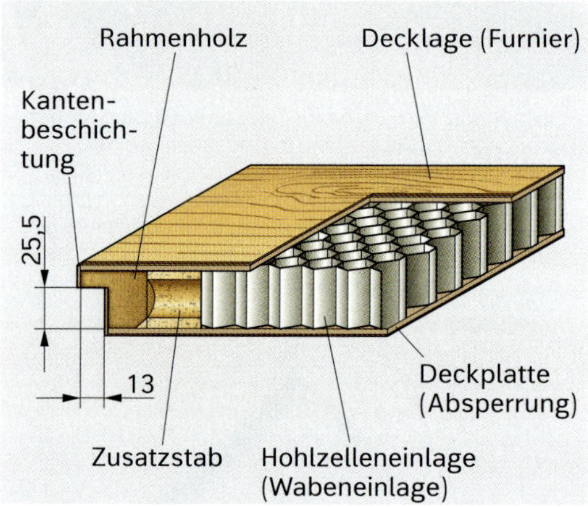

2. Der Teilschnitt zeigt, dass die Zimmertür als Verbundplatte gefertigt wurde.

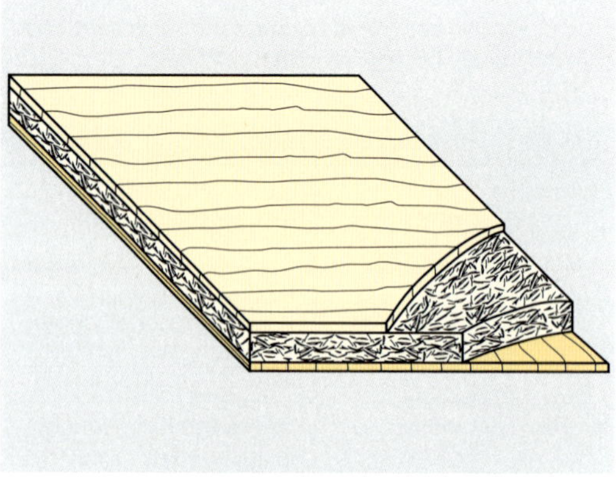

3. Spanplatte. Sie entsteht durch die Verarbeitung preisgünstiger geringerwertiger Hölzer wie Durchforstungshölzer. Mit Leim besprühte Holzspäne werden unter Druck und Hitze zu einer Platte gepresst.

5.3 Die Plattenwerkstoffe

In einem Altbau befinden sich viele Türen, die einen Erneuerungsanstrich erhalten sollen (Bild 1). Das Schadensbild der Türen reicht vom abgeplatzten Anstrich im Bereich des Griffes, Dellen in der Tür bis zu eingedrückten Kanten. Der Architekt wünscht eine umfassende Bearbeitung der Türen mit einem Seidenglanzlack. Ein genaues Abklopfen der Türblätter ergibt, dass sie nicht aus Vollholz, sondern aus einer Lamellenverbundplatte bestehen (Bild 2).

Welche Gründe gibt es, Plattenwerkstoffe statt Vollholz einzusetzen?

Türblätter unterliegen z. B. Temperaturunterschieden, die bei Vollholztüren die Maßhaltigkeit des Blattes beeinträchtigen können und auch die Leimfugen aufgehen lassen.

Verbundplatten haben Decklagen aus Furnier und Deckplatten aus Holzfaserplatte, die symmetrisch aufgebracht sind. Sie wirken einem einseitigen Verwerfen der Platte entgegen. Das Türblatt hat weiterhin eine hohe Festigkeit durch den Vollholzrahmen. Dieser stabilisiert das Blatt, die Pappwabenfüllung verringert das Gewicht, ist wärmedämmend und sorgt für eine hohe Biegesteifigkeit.

Diese Eigenschaften sind mit Vollholzplatten kaum zu erreichen. Außerdem sind sie sehr teuer. Sie können wegen der großen Abmessungen nur durch Verbindung aneinander geleimter Vollholztafeln entstehen.

Das dünne Furnier der Decklage kann schnell durchgeschliffen werden.

Die Tür (Bild 1) wird geschliffen oder mit Anlauger bearbeitet und anschließend gespachtelt. Die weitere Beschichtung erfolgt mit einem Seidenglanzlack auf wasserbasierter Alkydharzbasis.

Spanplatten (Flachpressplatte)

Sie werden in Größen geliefert, die aus Vollholztafeln kaum noch herstellbar sind (Bild 3, furnierte Spanplatte). Bei der Herstellung können Trennmittel eingesetzt werden. Sie verursachen Haftungsstörungen. Spanplatten sind vor einer Beschichtung mit P 220 zu schleifen.
Sie erfüllen die hohen Anforderungen, die im Möbel- und im Innenausbau an diese Trägerplatten gestellt werden. Sie sollen bei den üblichen Klimaschwankungen nur wenig in der Plattenebene quellen und schwinden.

Platten bleiben nur eben, wenn beim Bearbeiten sowie Beschichten der symmetrische Aufbau des Querschnitts nicht gestört wird.

Die OSB-Platten (Langspanplatten) bestehen aus langen, schlanken Holzspänen (DIN EN 300).

Faserplatten

Diese Holzwerkstoffe sind daran zu erkennen, dass an der Schmalseite (Stirnseite) keine Holzmaserung (Textur) wie z.B. bei der Tischlerplatte zu erkennen ist. MDF-Platten (Bild 4) haben also ein in allen Richtungen gleichmäßiges Gefüge. Bei diesen Platten können ebenfalls Trennmittel eingesetzt worden sein. Aber vorsichtig beim Schleifen: Sie können schnell aufgeraut werden.

Sperrholzplatten

Dieser aus kreuzweise verleimten Furnierlagen hergestellte Plattenwerkstoff (Bild 5) weist eine in allen Richtungen gleich hohe Festigkeit auf.

Er hat außerdem eine geringe Quell- und Schwindneigung. Der Kern besteht aus preiswertem Holz, die Deckschichten können aber auch Edelhölzer sein.

Stabsperrholzplatten

Mit diesem symmetrischen Plattenaufbau wird die Biegefestigkeit erhöht und ein Verziehen weitgehend verhindert (Bild 6). Die Mittelschicht aus verleimten Stäben trägt auf beiden Seiten Furnier. Die Sichtseite kann auch mit edlen Furnieren ausgestattet sein.

Bei beiden Sperrholzplatten können die Stirnseiten gespachtelt oder mit Umleimern ausgestattet werden. Die Deckfurniere können schnell durchgeschliffen werden. Immer in Holzfaserrichtung schleifen.

Aufgaben

1. *Erklären Sie den Aufbau und die Bearbeitung der Verbundplatte eines Türblattes.*
2. *Beschreiben Sie die Spanplatte und die MDF-Platte. Führen Sie einen Vergleich durch.*
3. *Beschreiben Sie die Tischlerplatte und die Sperrholzplatte.*
4. *Beschreiben Sie Einsatzgebiete der vier vorgestellten Hauptgruppen von Platten.*

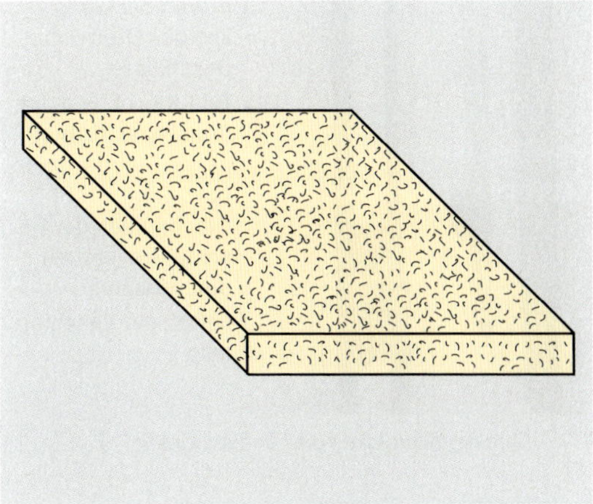

4. Mitteldichte Holzfaserplatten (MDF-Platten) bestehen aus feinen Holzfasern, die mit Bindemitteln zusammengepresst werden (DIN EN 13986).

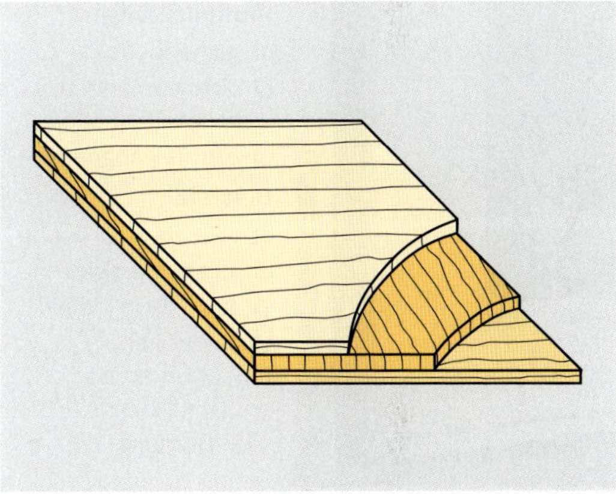

5. Sperrholzplatte nach DIN EN 636

6. Stabsperrholzplatte (Tischlerplatte). Die Fertigung ist sehr aufwendig, weil die hochkant stehenden Stäbchen hergestellt und in die richtige Lage gebracht werden müssen.

- ❑ Prüfen der Gängigkeit des Dreh-Kipp-Beschlages
- ❑ Prüfung, ob Fensterflügel bzw. Türblatt gegen Blendrahmen bzw. Zarge stößt (Nachstellen der Beschläge eventuell durch Tischler)
- ❑ Fetten der Beschlagteile

1. Prüfung der Gängigkeit und Bedienbarkeit

Anschlussfuge
- ❑ offen
- ❑ zum Teil defekt
- ❑ geschlossen

Profildichtung
- ❑ vorhanden
- ❑ nicht vorhanden, noch einzubauen
- ❑ zum Teil abgerissen

Glasfalz
- ❑ aus Kitt, in Ordnung
- ❑ aus Kitt, ersetzen
- ❑ aus Silikon, defekt
- ❑ aus Silikon, Flankenabriss
- ❑ aus Silikon, in Ordnung

2. Prüfung der Dichtungsfasen

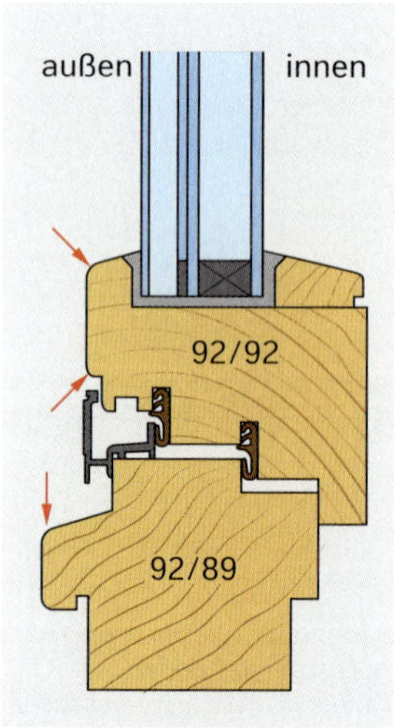

Kantenradius
- ❑ scharfkantig
- ❑ leicht gerundet
- ❑ Radius mindestens 2 mm

Äußere Profile
- ❑ waagerecht
- ❑ flach geschrägt
- ❑ abgeschrägt

Regenschutzschiene
- ❑ vorhanden und festsitzend
- ❑ vorhanden, locker sitzend
- ❑ nicht vorhanden

3. Prüfung der Konstruktion des Holzfensters

5.4 Untergrundprüfung beschichteter Holzfenster und -türen

Der Betrieb erhält von einem Kunden einen Großauftrag über die Bearbeitung von Holzfenstern und Türen in einem 20-Familien-Haus. Es handelt sich hierbei nicht um Überholungsbeschichtungen, die an alten, aber intakten Fenstern durchgeführt werden. Der Grund liegt darin, dass die Instandhaltungsintervalle von zwei Jahren infolge von Eigentümerwechsel nicht eingehalten worden sind. Deswegen sollen Erneuerungsanstriche ausgeführt werden, da die Fenster zum Teil nicht intakt sind.

Welche Prüfungen sind durchzuführen?

Die Wartung der Beschläge ist erforderlich, wenn bei der Bedienung der in der Regel am Fenster vorhandenen Dreh-Kipp-Flügel oder beim Öffnen der Türen Schwergängigkeit festgestellt wird (Bild 1). Der Fensterflügel bzw. das Türblatt muss sich dicht und bündig in den Blendrahmen bzw. in die Zarge einfügen.

Diese **Dichtschlussprüfung** ist notwendig, um Wärmeverluste zu vermeiden und Wassereinbruch zu verhindern. Fenster und Wohnungstüren können umlaufende Beschläge mit vielfältigen Einstellmöglichkeiten haben.

Prüfung der Dichtungsfasen: Die Anschlüsse (Bild 2) zwischen Mauerwerk und Fensterrahmen, Fensterbank und Fenster (Anschlussfugen) sowie Glasfälze zwischen Verglasung und Rahmenholz sind auf Dichtheit zu überprüfen. Die Dichtungen bestehen aus elastischem Dichtstoff, Rundschnur oder Profildichtungen. Eine Profildichtung ist leicht übersehbar. Sie ist umlaufend in den Flügel- oder Blendrahmen eingenutet und sorgt für Regen- und Winddichtigkeit.

Die Prüfung der Konstruktion ist vor allem bei älteren Holzfenstern und Türen notwendig. Scharfkantige Holzprofile sind Ursache für ungenügende Schichtdicken des Anstrichstoffes, da sich dieser von der scharfen Kante zurückzieht.

Alle beschichteten Außenkanten müssen eine Abrundung von mindestens zwei Millimetern Radius haben, um Kantenflucht zu vermeiden.

Vor allem außen liegende Holzprofile müssen abgeschrägt sein, um durch schnell ablaufendes Wasser die Beschichtung nicht unnötig langer Feuchtigkeitsbelastung auszusetzen.

Die Holzfeuchte wird mit einem Holzfeuchtemessgerät festgestellt und in das Prüfprotokoll des Auftrages zur Erneuerung der Fenster und Türen eingetragen (Bild 4). Die Kontrolle der Holzfeuchte gibt einen guten Hinweis auf den Zustand der Fenster. Wird im Wasserschenkelbereich eine Holzfeuchte von z.B. 20 % gemessen, kann dies ein Hinweis auf Konstruktionsfehler wie ungenügende Entwässerung oder anstrichtechnische Fehler wie zu geringe Schichtdicke des Anstrichs sein.

Prüfung der Holzoberfläche: Sie erfasst den Anstrich, der in jedem Fall auf einem eingebauten Holzfenster vorhanden ist. Die Haftung von Anstrichen wird mit der **Gitterschnittprüfung** nach DIN EN ISO 2409 durchgeführt. Mit ihr wird festgestellt, ob ein Anstrich auf dem Untergrund genügend haftet oder entfernt werden muss.

Bei der verschärften (Gitterschnitt) Prüfung wird auf das Gitter ein Klebeband gerieben, rund eine Minute gewartet und dann ruckartig abgezogen.

Gitterschnittkennwerte von drei bis fünf erfordern eine vollständige Entschichtung des Anstrichs und damit einen Erneuerungsanstrich (s. BFS Nr. 20).

Im gleichen Bindemittelsystem arbeiten

Überholungsanstriche sollen im gleichen Bindemittelsystem wie der Altanstrich erfolgen. Die **Bindemittelerkennung** mit baustellenüblichen Materialien ist wichtig, um Unverträglichkeiten wie Ablösungen, Quellen und klebrige Anstriche zu vermeiden (Bild 5 und 6).

Checkliste

Die auf diesen Seiten vorgestellten Prüfungen werden auch in Checklisten (s. Kap. 10) zusammengestellt. Dadurch ist eine vollständige Erfassung des Kundenauftrags möglich und zugleich dokumentiert.

Aufgaben

1. *Nennen Sie die zu prüfenden Dichtungsfasen bei einem Fenster und bei einer Außentür.*
2. *Nennen Sie Konstruktionsfehler beim Holzfenster, die behoben werden sollten.*
3. *Wo prüfen Sie bei einem Fenster das Bindemittel?*

Messgerät
- ❑ in Ordnung
- ❑ nicht in Ordnung

Auswahl der Prüforte
- ❑ ein Fenster je Geschoss und Himmelsrichtung

Prüfwerte
- ❑ Wasserschenkel Wert ... % Holzfeuchte
- ❑ Griffhöhe Wert ... %
- ❑ Innenbereich Wert ... %

4. Holzfeuchte messen

5. Bindemittelerkennung. Auf einem Alkydharzlacksystem soll mit Alkydharzlacken weitergearbeitet werden, um Haftungsstörungen zu vermeiden. Der Alkydharzlack wird vom Nitrolappen (Kunstharzverdünnung) nicht angelöst.

6. Bindemittelerkennung. Das Bild zeigt einen Nitrolappen (Kunstharzverdünnung), der deutlich sichtbare Lackspuren aufweist. Es handelt sich also um einen Acryldispersionslack. Übrigens: Wo testen Sie bei Kundenfenstern das Bindemittel des Lackes, das Maler vor Ihnen verarbeitet haben?

1. Verbretterung (Vertäfelung)

2. Äste

3. Eine nicht erlaubte Kettendübelung

5.5 Die Untergrundprüfung unbeschichteter Holzuntergründe

Eine Kundin gibt einer Malermeisterin den Auftrag, in ihrer Wohnung die neu angebrachte Decke aus Profilholzbrettern (Holzart Rüster, Bild 1) mit Klarlack zu bearbeiten. Vor der Untergrundbehandlung ist der unbeschichtetete Untergrund zu prüfen.

Es entfällt also die Prüfung der Haftung eines Anstrichs.

Prüfung der Montagearbeiten

Bei verbautem Holz muss die Malermeisterin davon ausgehen können, dass die Tischlerfirma die Montage einwandfrei durchgeführt hat.

Die Bretter sollten also auf eine gut befestigte trockene Lattung aufgebracht, die Bretter mit einer Holzfeuchtigkeit von maximal 18 % eingebaut und die Abschlussleisten gut befestigt worden sein. Außerdem ist davon auszugehen, dass die Befestigungsmittel (Klammern, Schrauben) korrosionsbeständig sind.

Prüfung des Holzes

Äste kommen in jedem Baum vor, sind aber beim Holz störend, da sie zum einen – je nach Geschmack – die optische Erscheinung beeinflussen (Astkiefer), zum anderen aber auch technische Probleme mit sich bringen (Bild 2). Sie bestehen zwar aus dem gleichen Holz, haben jedoch abweichende Schwundmaße.

Weiterhin führt ein Ast zu einer Verringerung des Holzquerschnittes und damit zu einer Verringerung der Belastbarkeit. Dies ist bei maßhaltigem Holz, wie es beim Fenster- und Türenbau verwendet wird, zu vermeiden.

Hier werden in der Regel vom Tischler **Ausdübelungen** durchgeführt (Bild 3).

Zwei nebeneinanderliegende Dübel sind bei einem deckenden Anstrich noch zulässig. Bei lasierenden Anstrichen ist nur Einzeldübelung erlaubt.

Die Profilholzverbretterung (Bild 1) wird auf gerissene, lose oder locker sitzende Äste untersucht. Ausgefallene Äste sind mit Spachtelmasse zu füllen, lose Äste werden verleimt oder ausgedübelt.

Holz minderer Qualität

Verwerfungen entstehen beim Trocknen des Holzes. Dies geschieht in einer Trocknungsanlage, bis etwa 15 % Holzfeuchte erreicht sind. Durch Feuchtigkeitsaufnahme im eingebauten Zustand quillt das Holz. Sinkt die Feuchtigkeit, schwindet das Holz. Bei extremer Innenraumtrockenheit (Ofenwärme) kann es durch Schwindung zu Verwerfungen kommen. Wenn bei der Untergrundprüfung dieser Mangel festgestellt wurde, sind Bedenken anzumelden (Bild 4).

Risse können beim Baumwuchs, beim Trocknungsvorgang oder nach dem Einbau entstanden sein. Sie stören bei lasierenden Anstrichen das Erscheinungsbild. Bei deckenden Anstrichen ist auszubessern. Holzrisse sind ein Hinweis auf eine nicht einwandfreie Holzqualität (Bild 5).

Ungebetene Gäste

Fraßschäden sind an den Ausfluglöchern der fertig entwickelten Insekten erkennbar. Ob ein akuter Befall vorliegt, ist schwer zu erkennen. Hier ist eine Fachberatung notwendig.

Borsalzimprägnierungen zählen zu den wirkungsvollen, Tier und Mensch nicht gefährdenden Mitteln vorbeugender Schädlingsbekämpfung. Sie sind in der Regel auf Konstruktionsholz wie Dachlatten, aber auch Dachbalken aufgebracht. Bei der Untergrundprüfung ist Borsalzbehandlung durch das farbige Aussehen des Holzes feststellbar. Vor einer Bearbeitung sind Bedenken anzumelden, da bei wasserverdünnbaren Acryldispersionslacken das Borsalz durchschlagen kann. Bei Alkydharzlacken sind Versuche notwendig, falls überhaupt eine Lackierung nötig ist (Bild 6).

Bläuepilzbefall tritt bei Nadelhölzern nur dann auf, wenn Dauerfeuchtigkeit (über 20 % Holzfeuchte) vorhanden ist. Der Pilz ist ein Hinweis auf zu hohe Holzfeuchte. Er schlägt durch jeden Anstrich durch, hebt den Anstrich ab und wirkt auf dem Holz optisch sehr störend.

Aufgaben

1. *Nennen Sie Bedenken, die Sie bei verbautem Holz minderwertiger Qualität anmelden müssen.*
2. *Erklären Sie den Begriff „Ausdübelung".*
3. *Nennen Sie anstrichtechnische Probleme bei borsalzimprägnierten Hölzern.*
4. *Erstellen Sie eine Checkliste für die Vertäfelung (Bild 1).*

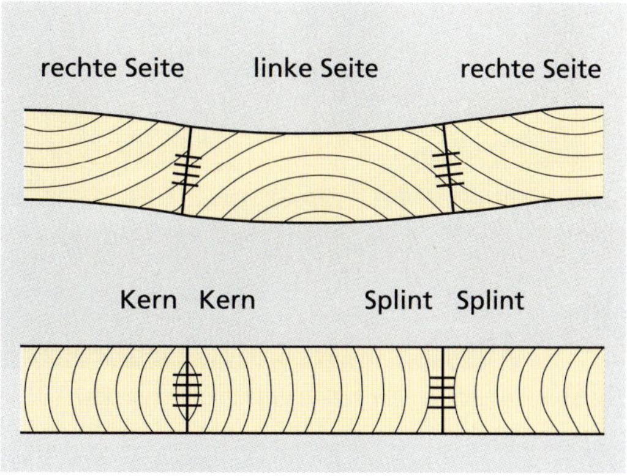

4. Verwerfung bei einem Profilholzbrett. Die Ursache ist eine falsche Verleimung.

5. Risse in einem Profilholzbrett

6. Mit Borsalz imprägnierter Carport, der lackiert wurde

1. Lackierte Holzfenster sollen entschichtet werden.

	Ablauger	Abbeizfluid
Materialbeschreibung	Laugen oder alkalische Salze, die ölhaltige Bindemittel wie Alkydharzlack durch Verseifung chemisch lösen	organische Lösemittel, die Acryldispersionslacke, Putze Org I und II physikalisch aufbrechen
Abdecken	unbedingt nötig	unbedingt nötig
Auftrag	satt mit Kunststoffborste, keine Chinaborste	wie links, auf gute Lüftung achten
Einwirkung	bei warmer Luft mit Wasser besprühen	wie links, das Fluid wirkt schneller
Abschieben	mit Spachtel; immer alles auffangen, Abbeizschlamm ist Sondermüll, im trockenen Zustand Hausmüll	
Reinigung	mit Wasser, auf die anderen Bauteile achten, von unten nach oben reinigen	mit Nitro, siehe links, Gewässerschutz beachten
Vorsicht	Brille und Handschuhe tragen	siehe links
Hinweise	Gerbsäurehaltige Hölzer wie Eiche werden durch Laugen dunkel, Aufhellen durch Oxal- oder Zitronensäure	Dichlormethanhaltige Abbeizfluide wegen großer Gesundheitsgefährdung nicht verwenden[1])
Achtung	Wasser kann Holz und Furniere aufquellen lassen!	mechanische Entschichtung ist dem Abbeizfluid wegen AUG[2]) vorzuziehen

[1]) Die TRGS (Technische Regel für Gefahrstoffe) 612 verlangt den Einsatz von Ersatzstoffen, die einen besseren AUG gewährleisten, siehe unter www.gisbau.de.
[2]) AUG: Arbeits-, Umwelt- und Gesundheitsschutz

2. Arbeits- und Umweltschutz sind beim Ablauger und beim Abbeizfluid verschieden hoch zu bewerten.

5.6 Entschichten von Holzoberflächen

Der Kunde möchte braun lackierte Holzfenster (Bild 1) neu beschichten lassen. Die Untergrundprüfung hat ergeben, dass die alte Lackierung keine tragfähige Beschichtung darstellt. Sie kann

- thermisch,
- chemisch (Tabelle) oder
- mechanisch entfernt werden (Bilder 3 bis 5).

Für welche Technik soll sich der Geselle entscheiden?

Thermische Entschichtung mit viel Gefühl

Ein Heißluftabbrenngerät arbeitet schnell, gründlich und die 500 °C heiße Luft passt sich jedem Holzprofil an. Es ist wie ein Haarfön aufgebaut, arbeitet jedoch mit wesentlich höheren Temperaturen. Dabei können jedoch Gläser beschädigt werden. Brandverletzungen sind schnell möglich und der elektrische Strom ist eine weitere Gefahrenquelle. Außerdem: Wenn Lack verbrennt, entwickeln sich schädliche Gase und das ist nicht sehr umweltfreundlich. Gasbrenner werden für die Entschichtung von Türen und Fenstern kaum noch eingesetzt. Zu groß ist die Brandgefahr und zu schnell wird das Holz angesengt.

Wenn das Holz lasierend bearbeitet wird, ist wegen möglicher Verfärbung des Holzes ein Heißluftabbrenngerät nicht sinnvoll.

Chemische Entschichtung ist selten sinnvoll

Das Abbeizen des Holzes ist bei diesem Beispiel keine Alternative, da der Schutz des Fassadenanstriches und der Innenräume kaum möglich ist. Denn die Arbeiten umfassen einen schwer umsetzbaren Ablauf (Tabelle 2).

Ist das Bauteil abbaubar (Möbel, Türblätter, Verkleidungen), kann eine Abbeizung sinnvoll sein, da sie eine sehr gründliche Vorbehandlung ist. Abbeizer werden unterschieden in:

- Ablauger, ein alkalisches Abbeizmittel, das nur für ölhaltiges Material geeignet ist, aber umweltfreundlicher ist als
- Abbeizfluide, deren organische Lösemittel für die Umwelt und den Verarbeiter eine Gefahr darstellen (vgl. Kap. 1).

Mechanische Entschichtungen

Für das Holzfenster eignet sich das Arbeiten mit Schleifmitteln, die die Lackschicht abkratzen.

Die Geräte (Bild 3 bis 5) können bei stationären Anlagen auch mit Druckluft betrieben werden.

Schleifgeräte sind mit Staubfangsack oder mit Absaugvorrichtung (z. B. Industriesauger BIA Kategorie M) zu betreiben.

Stäube wie Eichen- und Buchenholzstaub erzeugen schwerwiegende Atemwegserkrankungen. Dies gilt auch für den Staub abgeschliffener Lacke.

Findet keine Staubabsaugung statt, ist als persönliche Schutzausrüstung ein Mundschutz zu tragen.

Ohne Schleifklotz geht's nicht

Der altbewährte Schleifklotz verteilt den Handdruck gleichmäßig auf die Fläche des Papiers. Er eignet sich gut für das Anschleifen kleinerer Flächen in Faserrichtung und für das Brechen von Kanten. Der Klotz wird auch verwendet, um nach der Arbeit mit Schleifgeräten die Fläche von Riefen zu befreien. Entschichtungen sind jedoch mit ihm kaum möglich.

Schleifgeräte nehmen viel Arbeit ab

Das Holzfenster (Bild 1) wird mit einem **Exzenterschleifer** bearbeitet, der eine dreieckige Tellerform hat (Bild 3). Die Bestückung erfolgt mit Schleifblättern, die in der Fläche Öffnungen für die Staubabsaugung haben. Exzenterschleifer drehen den Schleifteller um die Mittelachse und führen eine unregelmäßige Rotationsbewegung aus. Würde man unter dem Schleifteller einen Stift befestigen, so könnte er die in Bild 3 dargestellten Bahnen beschreiben. Der Vorteil dieser Bewegung ist ein höherer Abrieb.

Der **Schwingschleifer** hat eine rechteckige Fläche und ist für größere Flächen mit hohem Abrieb im Grobschliff geeignet (Bild 4). Seine Schleifplatte führt eine Rotationsbewegung in kleinen Kreisen aus. Die Riefen sind mit dem Handklotz oder einem Exzenterschleifer, der Feinschliff ausführen kann, zu entfernen. Für schwer zugängliche Stellen gibt es Verlängerungen (Bild 5) für die Schleifplatte.

Aufgaben

1. *Welche Probleme können bei der thermischen Entschichtung auftreten?*
2. *Nennen Sie für jedes mechanische Entschichtungsgerät Vor- und Nachteile.*
3. *Nennen Sie Gründe, die gegen ein Entschichten durch Abbeizfluide und Ablauger sprechen.*

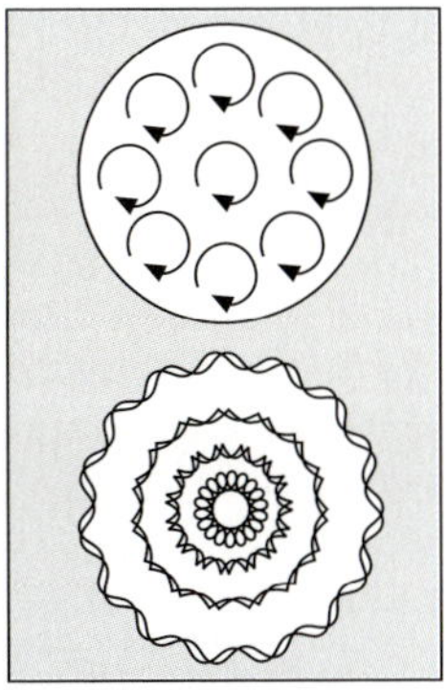

3. Mit diesem Deltaschleifer können nicht nur große Flächen, sondern auch Ecken entschichtet werden. Rechts oben ist die Drehbewegung des Tellers aufgezeichnet, die ein Exzenterschleifer mit runder Schleiffläche für riefenfreien Feinschliff beschreibt, unten für hohen Abrieb beim Grobschliff.

4. Das Schleifpapier dieses Schwingschleifers hat Löcher, durch die der Staub in den Filterbeutel (links) oder zum Industriesauger gesaugt wird. Viele Hersteller bieten schnellfixierbare Schleifblätter an, die zudem fertig zugeschnitten sind.

5. Ein Schwingschleifer mit Verlängerung

1. Die Tischplatte ist mit einem Handschleifklotz parallel zur Holzfaserrichtung (links) und quer zur Holzfaserrichtung (rechts) geschliffen worden. Ergebnis: Quer zu schleifen erzeugt starke Riefen und ist daher zu vermeiden.

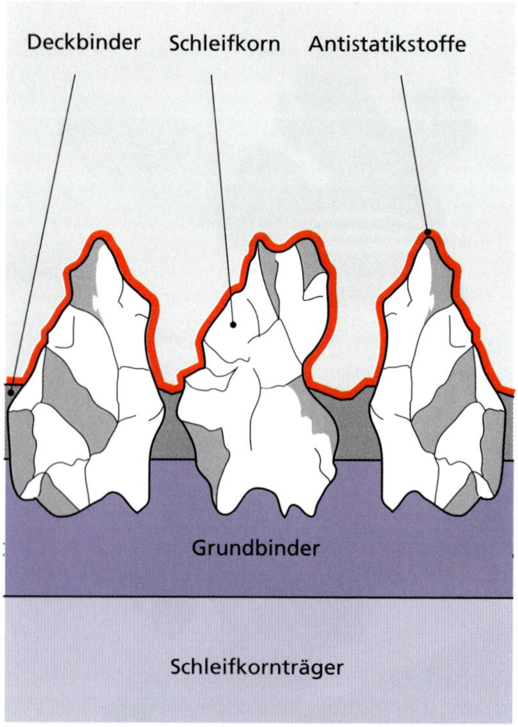

2. Schnitt durch ein Schleifpapier. Die Körner werden so auf den Grundbinder aufgebracht, dass die Kornspitzen gleichmäßig nach oben ausgerichtet sind. Das ermöglicht eine hohe Anfangsschnittleistung und ein gleichmäßiges Schliffbild. Die Antistatikwirkstoffe verhindern ein Zusetzen des Schleifpapiers. Beim Anschleifen einer Acryldispersionslack-Altbeschichtung wird z. B. mit P 320 und weicher Schleifscheibe gearbeitet. Die Maschine wird ohne Druck geführt.

5.7 Schleifmittel

Bei Holzoberflächen, wie bei den abgebildeten Tischplatten (Bild 1), sind zwischen den jeweiligen Anstrichen Lackzwischenschliffe durchzuführen, um eine glatte, staubkornfreie Oberfläche zu erhalten.

Trocken- oder Nassschliff?

Im malerhandwerklichen Bereich hat sich das Trockenschleifen immer mehr durchgesetzt, da sich die Holzfasern nicht aufstellen oder anquellen. Die Trocknungszeiten entfallen und Schleifschlamm muss nicht abgenommen und entsorgt werden. Schleifgeräte sind auch wesentlich kostengünstiger herstellbar, wenn sie nicht spritzwassergeschützt sein müssen.

In den Schleifteller integrierte Staubabsaugungen lösen das Problem der Staubbelastung für den Maler und auch für seinen Kunden.

Wie ist ein Schleifpapier aufgebaut?

Als Unterlage für Standardschleifmittel wird Papier verwendet, auf das das Schleifmittel aufgebracht wird (Bild 2). Papier wird als Schleifkornträger dort eingesetzt, wo die höhere Festigkeit anderer Träger wie Gewebe nicht benötigt wird. Das Schleifkorn wird auf dem Träger durch zwei Binderschichten gehalten:

- **Grundbinder**: Er besteht bei einfachen Papieren aus Hautleim, bei widerstandsfähigen aber aus Kunstharz. Er dient der Verankerung des Korns auf der Unterlage. Das Korn wird in den Leim eingestreut.
- **Deckbinder**: Er besteht aus Hautleim, bei hochwertigeren Papieren aus Kunstharz. Der Deckbinder wird nach der elektrostatischen Bestreuung des Schleifmittels aufgebracht. Er dient zur Verankerung der Körner untereinander.

Für jede Arbeit das richtige Korn ...

Aluminiumoxid ist sehr verschleißfest und wird vorzugsweise wegen seiner hohen Härte für harte Werkstoffe wie Metall eingesetzt. Es wird auch Elektro-Korund genannt.

Bei **Siliziumcarbid** ist die Verschleißfestigkeit nicht so hoch, es ist spröder, sodass es für weiche Materialien wie Holz eingesetzt wird.

... und die richtige Körnung

Die **Korngröße P**: Je nach Einsatzgebiet des Schleifmittels – z. B. Entfernen alter Anstriche, Lackzwischenschliff, Feinschliff – werden Papiere unterschiedlicher Körnung benötigt. Die Korngröße P ist der europäische Standard für die Größe von Körnungen bei Schleifmitteln auf einer Unterlage. Die Reihe beginnt bei P 16 mit grobem Korn und endet bei P 1200 mit äußerst feinem Korn (Tabelle 3).

Streuarten: Bei der offenen Streuung liegen die Körner im größeren Abstand und bedecken 50 bis 70% der Fläche. Dadurch setzt sich das Papier nicht so schnell zu. Es wird für Arbeiten mit hohem Materialabtrag verwendet.

Schnelles Zusetzen der Körner wird auch durch Verwendung von staubabweisenden Stoffen auf der Körnung erreicht (Bild 2).

Bei der dichten Streuung liegen die Körner lückenlos nebeneinander, sodass der Träger vollständig bedeckt ist. Für das Entschichten des Holzfensters wird ein Papier mit P 60 und offener Streuung gewählt.

Die **Befestigung** kann durch **Kletthaftung** erfolgen, die etwas teurer als die ebenfalls lieferbare **Klebehaftung** ist. Klettmaterial hat übrigens den Vorteil, dass noch intakte Papiere abgenommen werden können, was bei Klebehaftung fast unmöglich ist.

Körnung	Anwendung
P 36, P 40, P 50, P 60	Entschichten der Altbeschichtungen und Entfernen von Rost (Ersatz für Drahtbürste)
P 80, P 100	Glätten von Graten, Grobschliff
P 120, P 150, P 180	Anschleifen von Beschichtungen, Glätten von Spachtelungen
P 220, P 240, P 280, P 320, P 360	Zwischenschliff
P 400, P 500, P 600, P 800, P 1000, P 1200	Finish, Ausbesserung von Fehlstellen in der Schlussbeschichtung

3. Die Tabelle zeigt die möglichen Körnungen und Anwendungen auf Untergründen. Der Buchstabe P wird der Körnung vorangestellt, um zu verdeutlichen, dass sie den Qualitätsmerkmalen der ISO 21948 und dem Standard der europäischen Hersteller entspricht.

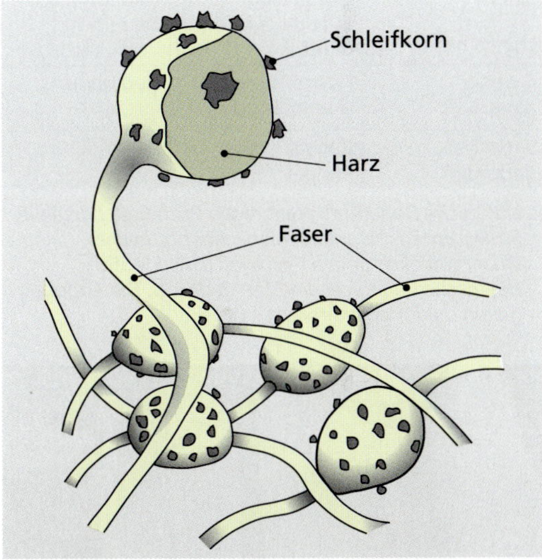

4. Aufbau eines Schleifvlieses, auch Pad genannt. Die Schleifkörner wie z. B. Aluminiumoxid haften auf dem Harz.

Vliese passen sich allen Oberflächen an

Schleifvliese (Pads) werden aus übereinandergelegten Nylonfasern hergestellt. Darin werden Schleifkörner eingebettet, die von Harzen zusammengehalten werden (Bild 4). Das Vlies ist elastisch und passt sich hervorragend jedem Untergrundverlauf an. Lieferbare Feinheitsgrade sind z. B. grob und sehr fein (Tabelle 5). Vliese sind für Trocken- und Nassschliff verwendbar. Sie haben sich nicht nur im Fahrzeuglackierer-Bereich bewährt, sondern auch für Profile aus Holz. Dies gilt auch für Schleifschwämme mit Polyurethanschaumkern.

Feinheitsgrad	Körnung
blending (grob)	P 60
coarse	P 150
medium	P 220
fine	P 320
very fine	P 400
super fine	P 600

5. Feinheitsgrade und Körnungen von Pads. Die P-Nummern stellen nur Anhaltswerte dar.

Aufgaben

1. *Erklären Sie die Aufgaben der sechs Hauptbestandteile eines Schleifpapiers.*
2. *Nennen Sie mögliche Einsatzbereiche für das Nass- und für das Trockenschleifen.*
3. *Nennen Sie Schleifmaterial für das Entschichten von lackierten Stahlträgern.*

1. *Dieses Holzfenster zeigt einen Befall durch den Bläuepilz.*

Klasse	Handelsname	Nadelholz NH Laubholz LH
1 sehr dauerhaft	Teak, Jarrah	Laubholz
1 bis 2	Robinie	Laubholz
2 dauerhaft	Bongossi, **Edelkastanie, Eiche**	Laubholz
2 bis 3	Sipo-Mahagoni Yellow Cedar	Laubholz Nadelholz
3 mäßig dauerhaft	**Douglasie Nordamerika**	Nadelholz
3 bis 4	**Douglasie Europa, Kiefer, Lärche**	Nadelholz Nadelholz
4 wenig dauerhaft	**Fichte, Tanne,** Hemlock	Nadelholz
5 nicht dauerhaft	Buche, Esche, Pappel	Laubholz

2. *Natürliche Dauerhaftigkeit gegen Pilzbefall: Beispiele für Holzarten mit unterschiedlicher natürlicher Dauerhaftigkeit gegen Pilzbefall (DIN EN 350). Heimische Bauhölzer sind fett gedruckt. Die Angaben gelten nur für das Kernholz.*

3. *Hölzer dürfen keinen Erdkontakt aufweisen. Die Unterseite des Balkens ist die Hirnholzseite, die besonders rasch ablaufende Feuchtigkeit aufnimmt. Die Hirnholzseite ist ebenfalls zu bearbeiten.*

5.8 Konstruktiver Holzschutz

Bild 1 zeigt den Befall eines Holzfensters durch den Bläuepilz. Dies ist eine Pilzart, die das Holz bläulich verfärbt. Der **Bläuepilz** ist im Anfangsstadium noch mit Essigwasser zu entfernen. Später jedoch nur durch vollständige Entfernung (Ausbeilung) des Holzes. Wo der Bläuepilz gedeiht, siedeln sich schnell auch weitere Pilze an. Das Kiefernholz des Rahmens ist zwar durch den Lack geschützt worden (physikalischer Holzschutz), aber das Regenwasser konnte bedingt durch den waagerechten Wasserschenkel nicht schnell genug ablaufen. Es bleibt auf der Fläche stehen, Wasser dringt durch den Lack in das Holz ein. Im feuchten Holz wachsen Pilze sehr gut und heben den Lack ab. Weiteres Wasser kann unbehindert eindringen und das Holzfenster zerstören.

Bei der Holzbeschichtung müssen Mängel in der Konstruktion des Holzbauteiles vom Maler erkannt werden. Falls nötig, sind Bedenken gegenüber dem Kunden geltend zu machen.

Auswahl der Hölzer

Der Holzschutz beginnt schon bei der Auswahl der Hölzer, denn diese sind unterschiedlich widerstandsfähig gegen holzzerstörende Pilze und Insekten. Tabelle 2 umfasst fünf Klassen der natürlichen **Dauerhaftigkeit gegen Pilzbefall**. Buche wird als nicht dauerhaft eingestuft. Findet ein Maler im Außenbereich Buche als Anstrichuntergrund vor, so sind gegenüber dem Auftraggeber **Bedenken** geltend zu machen.

Die natürliche Widerstandsfähigkeit gegen Insektenbefall ist nicht genormt. Es wird aber vorwiegend das Splintholz, nicht das härtere Kernholz angegriffen. Somit wird von den Larven – denn die zerstören das Holz – der Holzinsekten nur der äußere Bereich des Balkens durchfressen.

Bei Konstruktionsfehlern hilft kein Anstrich

Bedenken sind ebenfalls bei folgenden Konstruktionsfehlern anzumelden, weil auf Dauer die Malerarbeit nicht den gewünschten Schutz verleihen wird:

- Waagerechte Flächen, auf denen sich Stauwasser bilden kann. Eine schnell das Wasser abführende Konstruktion ist nötig (Bild 1).
- Hirnholzflächen sind offen und Regenwasser kann eindringen. Sie sind abzudecken bzw. falls sie eine Untersicht bilden, zu beschichten (Bild 3).

- Holzbekleidungen der Außenwände gehen z.B. zu dicht an den Boden. Spritzwasser sorgt für zu hohen Feuchteeintrag.
- Scharfkantige Holzkanten sind nicht gerundet, sodass keine Überdeckung mit Lack in ausreichender Schichtdicke erfolgen kann (Bild 4). Von diesen Kanten zieht sich der Lack weg und hin zur Fläche. Feuchtigkeit zieht hier besser ein, Pilze wachsen schneller und drücken den Anstrich hoch.

Die Kantenflucht der Lacke erfordert: Alle Holzkanten sind mit einem Radius von mindestens 2 mm zu runden.

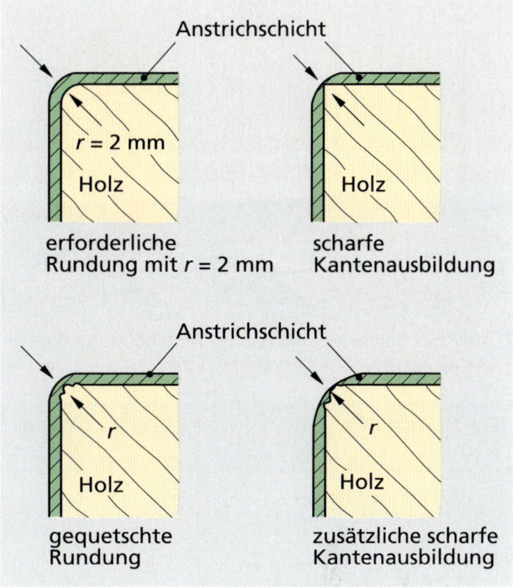

4. Kantenflucht des Lackes, falls die Kante zu scharf ausgebildet worden ist. Unten sind gequetschte Rundungen zu sehen, an denen ebenfalls die nötige Schichtdicke des Lackes nicht ausreichend ist. Abhilfe ist nur durch Herstellung einer Rundung, von 2 mm Radius zum Beispiel durch maschinelles Schleifen, zu erreichen.

Aufgaben

1. *Nennen Sie Maßnahmen des konstruktiven Holzschutzes.*
2. *Erklären Sie, warum Holzkanten mindestens mit einem Radius von 2 mm gerundet sein müssen.*
3. *Eine Giebelverbretterung ist aus Kiefer erstellt worden. Erstellen Sie eine Prüftabelle (BFS 18).*

EXKURS Tierische und pflanzliche Holzschädlinge

Zu den pflanzlichen Schädlingen zählen die Pilze, die nur auf feuchtem Holz mit einem Feuchtegehalt von über 20 % wachsen. Einige Hölzer haben eine natürliche Dauerhaftigkeit gegen Pilzbefall durch Inhaltsstoffe (Tabelle 2). Es gibt:

- holzverfärbende Pilze wie den Bläuepilz, der nur Nadelhölzer befällt. Er zerstört das Holz nicht, kann aber Anstriche abheben und dadurch weitere Schäden hervorrufen.
- holzzerstörende Pilze wie den Blättling, der Außenbauteile wie Holzfenster befällt. Der Blättling hält auch Trockenzeiten aus und entwickelt sich vor allem im Innern des Holzes. Der Schaden wird oft erst erkannt, wenn z. B. die Lackschicht abgeschliffen wird.

Holzinsekten: Die Käfer bilden die wichtigste Gruppe. Käfer entwickeln sich aus den Eiern, die in einem Holzriss abgelegt werden. Aus den Eiern werden Larven, die das Holz ausgiebig zerkleinern und fressen. Die Fraßgänge sind beim Abbeilen zu sehen. Wenn nach dem Puppenstadium die Käfer ausschlüpfen und das Holz verlassen, geben die Ausfluglöcher die letzte Gewissheit, dass ein Befall vorliegt. Käferlarven entwickeln sich nur bei einer Mindestholzfeuchte von 18 bis 20%. Diese ist nicht in Wohnräumen gegeben, sondern in Kirchen, Dachböden, Kellern, nicht hinterlüfteten Vertäfelungen in Bädern usw.

Bekämpfender Holzschutz darf nur von zugelassenen Fachfirmen durchgeführt werden.

5. Vom Pilz befallenes Holz

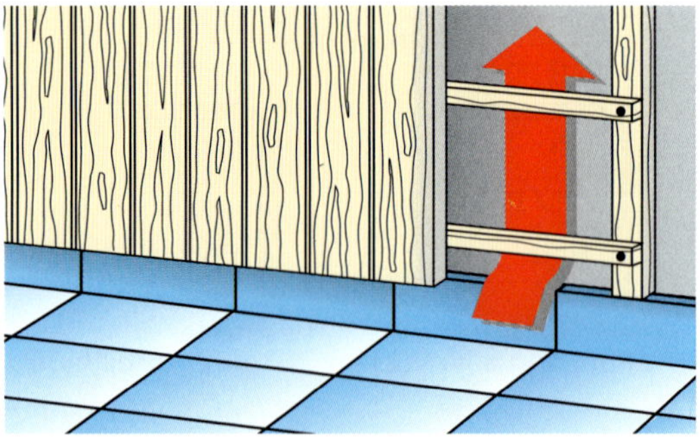

1. *Auf einer Innenwandfläche sind Profilhölzer senkrecht auf einer Lattung angebracht worden.*

GK	Holzeinsatz	Holzschutzmittel
0	Innenbauteile, Holzfeuchte unter 20 %, kontrollierbar	kein Einsatz
1	Hölzer im Innenbereich, nicht kontrollierbar Holzfeuchte unter 20 %	Iv
2	wie vor, nur zeitweilig über 20 % Holzfeuchte/ Hölzer im Außenbereich, unter Dach	Iv und P
3	Hölzer im Außenbereich (bei Fenstern und Außentüren kann auf Insektenschutz verzichtet werden)	Iv, P und W
4	Hölzer mit ständigem Erdkontakt	Iv, P, W und E
5	Holz im Meer	P, W, E

2. ***Gebrauchsklassen*** *(GK) von Holzbauteilen nach DIN 68800*
Hinweis: Die Norm DIN EN 335 beschreibt GK von 1 bis 5 in ähnlicher Weise.

Prüfzeichen	Bedeutung
P	gegen Pilze vorbeugend wirksam
Iv	gegen Insekten vorbeugend wirksam
W	witterungsbeständig (z. B. Fenster)
E	wie vor, auch für Holz im Erd- und Wasserkontakt
Ib	gegen Insekten, aber bekämpfend (für Malerbetriebe mit Sachkundenachweis)

3. *Prüfprädikate für die Schutzwirkung von Holzschutzmitteln*

5.9 Chemischer Holzschutz ist nicht immer nötig

Eine Kundin hat sich in ihrer Eigentumswohnung eine Profilholzbekleidung einbauen lassen (Bild 1). Diese Hölzer sind mit einer Lasur zu beschichten. Hinterlüftete Konstruktionen werden auch im Außenbereich eingesetzt. Sie leiten anfallendes Tauwasser und Feuchtigkeit durch den Luftstrom (Pfeil) ab. Der Maler soll hier eine entsprechende Lasur aufbringen.

Ist chemischer Holzschutz zum Schutz nichttragender Bauteile notwendig?

Er ist aufgrund der starken Kritik der Öffentlichkeit und der durch Holzschutzmittel Geschädigten seit 1989 neu geregelt. Aus diesem Grund ist man heute beim Einsatz von chemischem Holzschutz vorsichtiger.

Chemische Holzschutzmittel sind durchweg giftig. Ihr Einsatz ist sehr genau zu prüfen und im Innenbereich nicht erlaubt.

Die Gebrauchsklasse bestimmt den Holzschutz

Bauteile werden verschiedenen Klassen von Gefährdungen durch Holzschädlinge (z. B. GK 3) zugeordnet (Tabelle 2). Die Profilholzwand der Kundin ist der Gebrauchsklasse 1 zuzuordnen. Es ist kaum von einem Pilzbefall auszugehen, weil erst ab einer dauerhaften relativen Luftfeuchtigkeit des Raumes von 70 % die Holzfeuchte auf über 20 % ansteigt und damit der Pilz guten Nährboden hat.

Auch Hölzer der GK 2 werden kaum holzzerstörende Pilze und Insektenbefall aufweisen, zumal der Kunde auch diese Hölzer kontrollieren kann. Um den chemischen Holzschutz im Innenbereich zu reduzieren, soll der Kunde dem Maler sein Einverständnis geben, auf chemischen Holzschutz zu verzichten.

Nadelhölzer der Dauerhaftigkeitsklasse gegen Pilzbefall Nr. 3 bis 5 benötigen immer einen Schutz gegen Pilze.

Holzfenster sind in die Gebrauchsklasse 3 einzustufen. Besteht das Holz aus Fichte, dann ist es mit chemischem Holzschutz zu behandeln, da es keine hohe Beständigkeit gegen Pilze hat.

Der Einsatz von Holzschutzmitteln sollte bei den GK 1 und 2 in Absprache mit dem Kunden erfolgen.

Hölzer der Resistenzklasse 1 bis 2 (z. B. Eiche) benötigen dagegen keinen Holzschutz. Im Außenbereich ist das Prüfzeichen W erforderlich.

Prüfung: Holzschutzmittel werden sorgfältig für zwei Einsatzbereiche geprüft. Das Deutsche Institut für Bautechnik erstellt eine Allgemeine bauaufsichtliche Zulassung AbZ für Mittel, die für tragende Bauteile wie Dachstühle verwendet werden dürfen.

Wie werden Holzschutzmittel verarbeitet?

Holzschutz wie Bläueschutz oder umfassendere Mittel (Bild 4) wird bei Nadelhölzern wie Kiefer als erster Auftrag aufgebracht. Im handwerklichen Malerbereich wird üblicherweise gestrichen, im Industriebereich (wie Fensterbau) kann aber auch geflutet und getaucht werden. Spritzen kommt wegen der Gefährlichkeit der bioziden Substanzen („Leben tötend") nur im Außenbereich, mit persönlicher Schutzausrüstung und als Bekämpfungsmaßnahme bei vorhandenem Befall in Betracht.

Der bekämpfende Holzschutz und der vorbeugende Holzschutz werden in der Regel nicht von Malerbetrieben ausgeführt.

Kombinationen werden eingesetzt, um Arbeitsgänge einzusparen. So werden **Holzschutzkonzentrate** eingesetzt, die als Zusatz zu Grundbeschichtungslacken zugegeben werden. Holzschutzlasuren sind Lasur – leicht pigmentierter Anstrich – und Holzschutz zugleich.

Salze als Holzschutzmittel bestehen z.B. aus Borverbindungen. Konstruktionshölzer und Dachstühle werden damit behandelt. Erkennbar ist die Imprägnierung an einer Kontrollfarbe. Sie sind für den Menschen unbedenklich, wirken aber nur vorbeugend gegen Insekten- und Pilzbefall. Borsalze wirken also nicht bekämpfend. Sie fixieren nicht aus, können also nur an Orten eingesetzt werden, wo die Hölzer vor Wasser geschützt sind.

Aufgaben

1. *In welche Gebrauchsklasse ist eine Holzaußentür einzuordnen?*
2. *Nennen Sie Umwelt- und Gesundheitsschutzmaßnahmen bei der Verarbeitung der Holzschutzgrundierung.*
3. *Auf dem Spitzboden eines Hauses ist Rauspund verlegt worden. Ist vor der Lackierung mit Acryldispersionsklarlack ein chemischer Holzschutz erforderlich?*

Missbrauch von Holzschutzmitteln kann zu Gesundheitsschäden führen. Herstellerhinweise daher aufmerksam lesen und Gebrauchsanweisung befolgen.

Holzschutzgrundierung (Lösemittelanteil unter 3 %)
amtlich geprüft · neutral bewertet · amtlich überwacht

Produktart
Farblose Holzschutz-Grundierung auf Wasserbasis für außen zum Schutz vor Holzschädlingen (Insekten, Bläue, Fäulnis), Nässe und Sonne.

Eigenschaften
Geruchsarm, naturmatt, leicht zu verarbeiten, verbessert die Haftung und Haltbarkeit nachfolgender Anstriche.

Anwendungsbereich
Die Holzschutz-Grundierung dient der Behandlung statisch nicht beanspruchter Hölzer im Außenbereich ohne Erdkontakt (entspricht GK 3 nach DIN 68800 Teil 3) als Grundierung auf Hölzern, die mit Farben, Lacken oder farbigen Lasuren überstrichen werden sollen, zum Schutz vor Insekten, Bläue und Fäulnis, z.B. von Fassadenverkleidungen und deren Unterkonstruktionen, Pergolen, Fensteraußenseiten, Zäune, Tore usw.

Holzschutz-Grundierung darf nur im Außenbereich angewendet werden.

Rauchen verboten.

Essen und Trinken verboten.

Gebrauchsanweisung beachten.

Anstrich- und Holzschutzmittel dürfen nicht ins Erdreich, Wasser oder Abwasser gelangen.

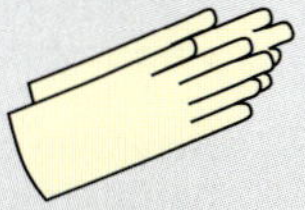
Handschutz benutzen.

Bei Überkopfarbeiten Schutzbrille tragen.

Reste der geordneten Entsorgung zuführen.

4. *Bei der Verarbeitung von Holzschutzmitteln müssen Arbeits-, Umwelt- und Gesundheitsschutz (AUG) beachtet werden. Deshalb ist das vollständige Durchlesen der Hinweise auf dem Gebinde erforderlich.*

1. Türen in einer Arztpraxis

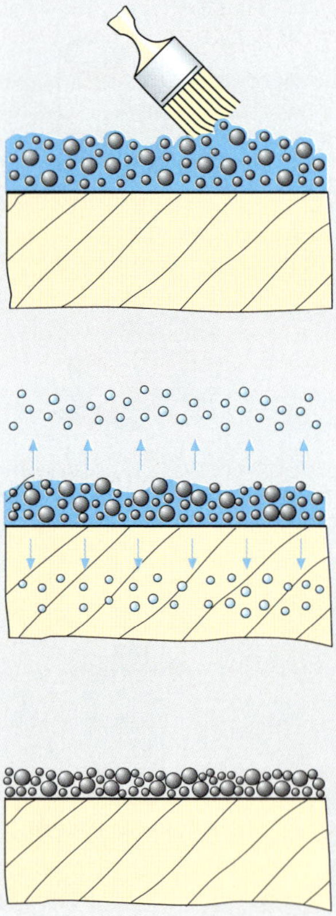

2. *Die Filmbildung der Acryldispersionslacke lässt sich grafisch so darstellen. Die Acryldispersionslackteilchen sind in der Lackfabrik durch Polymerisation entstanden: Es ist die Bildung von Großmolekülen (Polymeren) ohne Abgabe eines Nebenstoffes.*

5.10 Beschichtungssysteme: VOC-konforme Acryldispersionslacke und VOC-Alkydharzlacke

Die Türen der Praxis einer Kinderärztin sollen lackiert werden (Bild 1). Die Ärztin fragt bei dem Besichtigungstermin die Malermeisterin nach umwelt-, aber auch gesundheitsschädigenden Einflüssen, die von den am Markt befindlichen Lacksystemen ausgehen.

Bei der Auswahl des Lacksystems bei genau beschriebenen Beanspruchungen wie Reinigungsfähigkeit oder Stoßbelastbarkeit müssen Umwelt- und Gesundheitsgefährdungen berücksichtigt werden.

Ein Lack für alle Anwendungen?

Dieser Traum wird in naher Zukunft einer bleiben, denn zu unterschiedlich sind die Anforderungen, die Kunden und Verarbeiter bei bestimmten Beanspruchungen an Lacke stellen. Ein umweltfreundlicher Acryldispersionslack kann mit der Oberflächenerscheinung eines VOC-Polyurethan-Alkydharzlackes nicht konkurrieren. Der Maler muss also den Lack nach den Anforderungen des Kunden auswählen.

Acryldispersionslacke

Einige Lacke haben vor allem aufgrund ihrer umweltfreundlichen Eigenschaften den **Blauen Engel** erhalten (Bild 3). Der EU-Grenzwert an organischen Lösemitteln beträgt 130 g pro Liter für diese Produkte, der Rest ist Wasser. Das Bindemittel ist eine Kunststoffdispersion. Kunststoffteilchen wie Polyacrylat sind fein zerteilt im Wasser dispergiert. Beim Lackauftrag verdunstet das Lösemittel Wasser, die Kunststoffteilchen lagern sich immer mehr zusammen und bilden einen Film (Bild 2).

*Die Filmbildung bei Acryldispersionslacken erfolgt durch die physikalische Trocknung („Kalter Fluss"). Die Lacke sind **irreversibel** und damit nicht durch ihr Lösemittel Wasser anlösbar.*

Eigenschaften

Diese VOC-Lacke sind je nach Witterung nach 6 Stunden überstreichbar. Bei kühler Witterung und bei hoher Luftfeuchtigkeit verzögert sich diese Zeitspanne merklich. Sie sind sehr vergilbungsbeständig. Acryldispersionslacksysteme dürfen wegen ihres Wassergehaltes nicht bei einer Objekt- und Lufttemperatur von unter 5 °C verarbeitet werden.

VOC-Decopaint-Richtlinie 2004/42/EG

Diese VOC-Verordnung von 2004 – volatile organic compounds = flüchtige organische Bestandteile – will die organischen Lösemittel ab 01.01.2010 weiter verringern. Diese Stoffe sollen in den Lacken reduziert werden, da sie die Umwelt, den Verarbeiter und den Kunden schädigen. Lösemittel werden u. a. aber auch bei der Reinigung von Pinseln oder Flächen eingesetzt. Dieser Verbrauch muss ebenfalls reduziert werden (siehe Kapitel 5.11 rechte Seite).

Noch nicht ausgedient – der Alkydharzlack

Der VOC-Alkydharzlack eignet sich ebenfalls für die Beschichtung der Türen, da er neben einem guten Verlauf eine strapazierfähige Oberfläche herstellt. Der Lack hat weniger Lösemittel als seine Vorgänger, braucht aber auch länger bis zur vollständigen Aushärtung. Je nach Typ ist er erst nach zwölf Stunden überarbeitbar.

Härtung in mehreren Stufen

Die Härtung des oxidativ härtenden Lackes erfolgt einerseits physikalisch, indem das Lösemittel verdampft (Bild 4). Andererseits erfolgt aber auch eine chemische Veränderung des Bindemittels Alkydharzlack. Dieses künstlich hergestellte Harz ist schwer löslich, daher werden dem Harz im Herstellungsprozess Öle und Fettsäuren beigegeben. Beim Erhärten wird Sauerstoff aufgenommen und in die Moleküle des Alkydharzlackes so eingebaut, dass diese vernetzen.

Die Erhärtung durch Oxidation von Sauerstoff verläuft langsam. Durch Trockenstoffe (Sikkative) wird die oxidative Erhärtung beschleunigt. Der Lack weist gute Eigenschaften hinsichtlich Kratzfestigkeit und Härte auf. Er ist jedoch vergilbend.

Alkydharzlacke werden auch in veränderten Typen, z. B. durch den Zusatz von Urethanen hergestellt. Dadurch wird der Lack beständiger gegen mechanische und chemische Beanspruchung.

Aufgaben

1. *Erklären Sie den Trocknungsverlauf bei einem Dispersionslack.*
2. *Beschreiben Sie die Härtung des Alkydharzlackes.*
3. *Worin besteht der technologische Unterschied zwischen Alkydharz- und Acryldispersionslacken?*
4. *Beschreiben Sie Vor- und Nachteile der Vergabe eines „Blauen Engels“ für Farben und Lacke.*
5. *Informieren Sie sich unter www.blauer-engel.de über die Vergabe des Testats RAL-UZ 102.*

Eine Möglichkeit zur Verringerung der Belastung von Umwelt und Gesundheit mit Lösemitteln ist die Verwendung von Produkten, die den Umweltengel tragen. Dieses Umweltzeichen wurde 1977 zum ersten Mal vergeben, um dem Verbraucher eine Einkaufshilfe zu geben und um den Hersteller zu motivieren, umweltfreundlichere Produkte zu entwickeln und anzubieten.
Ein Gebinde erhält den „Blauen Engel“, wenn z. B. folgende Kriterien erfüllt werden:
- Wasserverdünnbare Lacke dürfen maximal 10 % flüchtige organische Verbindungen (Lösemittel) enthalten.
- Nicht-wasserverdünnbare Lacke (High-Solids) dürfen maximal 15 % flüchtige organische Verbindungen (Lösemittel) enthalten.

Der Umweltengel kann nur solchen Produkten verliehen werden, die im Vergleich zu anderen Vertretern derselben Produktgruppe eine geringere Menge an Schadstoffen enthalten.
Dadurch können andere Produkte, die schon immmer wenig (z. B. 2 %) oder gar keine Lösemittel enthielten (z. B. Leinöl, Dispersionsfassadenfarben) nicht mit dem Umweltengel ausgezeichnet werden, obwohl sie für den jeweiligen Verwendungszweck vielleicht die bessere Alternative darstellen würden. Wasserlacke enthalten Emulgatoren zur besseren Verteilung des Bindemittels in Wasser (z. B. Butylglykol, gesundheitsschädlich-Xn) und häufig Entschäumungsmittel. Diese Inhaltsstoffe werden bislang nicht ausreichend im Kriterienkatalog zur Vergabe des Umweltzeichens „Blauer Engel“ berücksichtigt.
Häufig werden Gefahrstoffe auf dem Etikett nicht ausgewiesen,da sie bis zu einer bestimmten Menge im Gebinde enthalten sein dürfen.

3. Der „Blaue Engel“ gibt dem Verarbeiter die Sicherheit, dass der Anteil der organischen Lösemittel unter 10% liegt. Die Vergabemaßstäbe des „Blauen Engels“ rufen aber auch Kritik hervor.

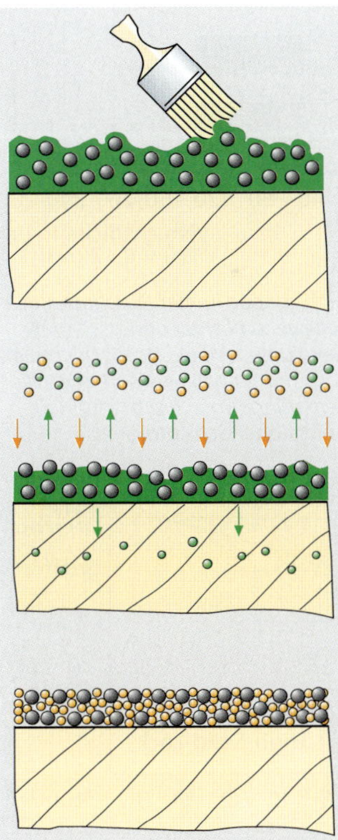

4. Trocknungs- und Härtungsprozess eines Alkydharzlackes. Die Darstellung zeigt nicht den vollständigen Ablauf. Die chemischen Prozesse sind hier nicht dargestellt.

1. Etagentüren, die mit einem High-Solid-Lack lackiert werden sollen. Diese Lacke sind umweltfreundlicher, da sie weniger Lösemittel verdampfen.

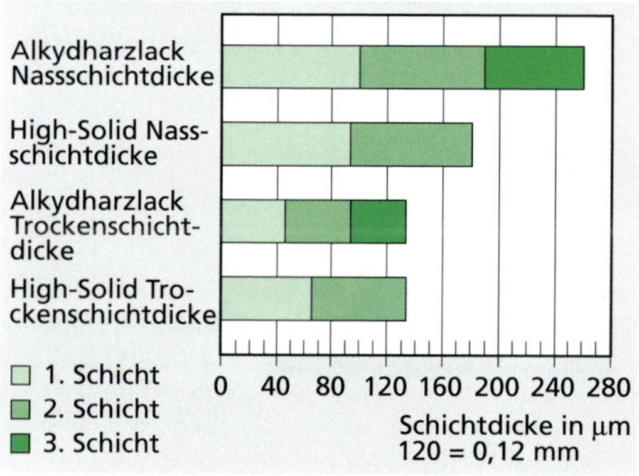

2. Schichtdickenvergleiche geben immer Durchschnittswerte an. Jeder Geselle verschlichtet anders. Durch Verdampfen des Lösemittels wird die Nassschichtdicke verringert. Es ist jedoch darauf hinzuweisen, dass die VOB DIN 18363 Arbeitsgänge vorschreibt (auf Holz z. B. drei Anstriche), nicht aber Schichtdicken

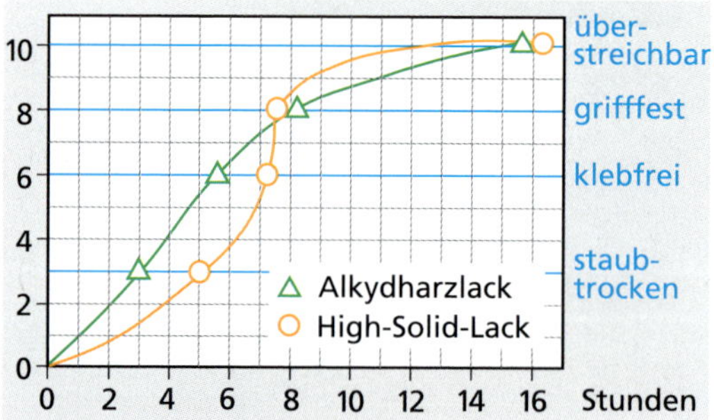

3. Die Grafik zeigt die unterschiedlichen Trocknungsverläufe von High-Solid-Lack und von normalem Alkydharzlack. Der HS-Lack ist in der physikalischen Trocknungsphase zu Beginn länger offen. Trocknungsverlauf bei Normklima: 23 °C und 50 % relative Luftfeuchte

5.11 High-Solid-Lack

Mit einem High-Solid-Lack (HS-Lack) sollen Etagentüren in einem Mehrfamilienwohnhaus lackiert werden (Bild 1). Der Auftraggeber ist eine Kreiswohnungsbaugesellschaft, die zusammen mit dem Malerbetrieb diese Beschichtungsart ausprobieren möchte.

Die High-Solid-Lacke

Die VOC-Decopaint (s. rechte Seite) schreibt für diese Produktgruppe einen Grenzwert an organischen Lösemitteln von 300 g pro Liter vor. Der gesamte Lösemittelgehalt ist mit 25–30 % wesentlich geringer als bei Alkydharzlacken, die mit den organischen Lösemitteln und dem Wasser auf 50–70 % kommen. Die Schichtdicke je Auftrag ist aufgrund des höheren Festkörpergehaltes höher.

Größere Schichtdicken sparen Zeit ...

HS-Lacke sparen Arbeitszeit, denn die Schichtdicke (Bild 2) beträgt je Pinselauftrag etwa 0,06 mm. Zum Vergleich der Alkydharzlack: 0,04 mm. Der Kunde kann also erwarten, dass statt eines Dreischichtaufbaus ein Zweischichtaufbau erfolgt, wenn 0,12 mm Schichtdicke gefordert wird. Der Arbeitslohn ist hierdurch niedriger.

... und haben auch Nachteile

Nachteilig wirkt sich allerdings das veränderte Trocknungsverhalten der HS-Lacke aus. Zu Beginn hat dieser Lack eine längere Offenzeit (Bild 3). Bei dem genannten Objekt kann dies zu Problemen führen. Die Zeit bis Klebfreiheit beträgt sieben bis acht Stunden, was für Etagentüren lange ist. Ein weiteres Problem ist die hohe Viskosität des Lackes (Fließverhalten), da er von vielen Gesellen als zäh empfunden wird. Hier ist es auf keinen Fall sinnvoll, dies durch Zusätze von Lösemitteln zu ändern. Vielmehr sollte er kräftig durchgearbeitet werden.

Aufgaben

1. *Nennen Sie Gründe, die für einen HS-Lack sprechen.*
2. *Begründen Sie den Einsatz eines HS-Lacks und eines Alkydharzlacks bei der Lackierung einer Wandverkleidung aus Holz.*
3. *Beschreiben Sie die Trocknungsverläufe der Lacke und deren technische Bedeutung.*
4. *Diskutieren Sie: Hat der HS-Lack eine Zukunftsbedeutung?*

EXKURS Die Reduzierung von Lösemitteln – VOC

Die VOC-Verordnung

Ab 1.1.2010 gelten in Europa die neuen Grenzwerte für die Emission von VOC für handwerklich verarbeitete Produkte. Was bedeutet das für den Maler, der z. B. 500 m² lösemittelbasierten EP-Lack auf einen Fabrikboden aufbringt?

Die Zielsetzung

Die EU-Richtlinie 2004/42/EG setzt für Maler einen Grenzwert fest hinsichtlich der Emission von **V**olatile **O**rganic **C**ompounds (VOC), also flüchtigen organischen Verbindungen. Diese Lösemittel möchte der Gesetzgeber reduziert haben.

Die Gründe dafür sind:

- Vermeidung des Gases Ozon, das in Bodennähe Reizungen der Augen und Schleimhäute verursacht. Mit dem Stickoxid aus Feuerungsanlagen der Industrie und dem Straßenverkehr wird das Ozon unter UV-Licht-Einfluss gebildet. In vielen Großstädten wird im Sommer regelmäßig Ozonalarm ausgelöst (Bild 1).
- Verringerung der Lösemittelemissionen für den Verarbeiter. Der Maler spürt die Lösemittel körperlich durch Schwindelgefühle, Kopfschmerzen und Konzentrationsprobleme. Vor allem bei großen Flächen wie **Bodenbeschichtungen** ist der Einsatz von wasserbasierten Beschichtungen sinnvoll (Bild 2). Aber auch diese enthalten immer noch 140 g VOC pro Liter. Bei andauernden hohen Belastungen kann der Maler auch Nervenschädigungen erhalten.

Abhilfe ist möglich durch:

- Vermeidung von lösemittelbasierten Lacken mit hohen VOC-Werten, wenn es die Kundenanforderungen ermöglichen (Substitution genannt, also Austausch),
- Verwendung von wasserbasierten Lacken,
- Lüftung der Baustelle, Einsatz von Lüftern, in sehr kleinen Räumen Atemschutz.

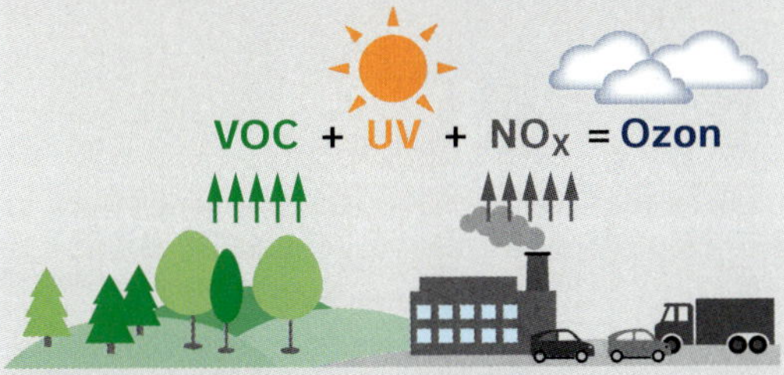

1. Ozon wird auch durch Lösemittel gebildet.

Produkt	VOC g/l Wasserbasiert	VOC g/l Lösemittelbasiert
Matte Beschichtungsstoffe für Innenwände	30	30
Glänzende Beschichtungsstoffe für Innenwände	100	100
Beschichtungsstoffe für Außenwände aus mineralischen Baustoffen, z. B. KD-Farben, Betonfarben, Silikonharzfarben, Fassaden-Polymerisatharzfarben	40	430
Beschichtungsstoffe für Holz-, Metall- oder Kunststoffe für Bauwerke und Bauteile, z. B. Fensterlacke, Dispersionslackfarben	130	300
Absperrende Grundbeschichtungsstoffe, z. B. Nikotin-Isolierfarbe, Sperrgründe	30	350
1-K-Lacke und 2-K-Speziallacke, z. B. Allgrund, Korrosionsschutz, **Bodenbeschichtungen**, Deckbeschichtungen auf Stahl	**140**	**500**

2. Auszug aus Anhang II der „Chemikalienrechtlichen Verordnung zur Begrenzung der Emissionen flüchtiger organischer Verbindungen (VOC) – ChemVOCFarbV" von 2004, auch „Decopaint-Richtlinie" genannt

1. *Diese Tür soll mit einem Lack bearbeitet werden. Ob ein Überholungs- oder Erneuerungsanstrich erforderlich ist, hängt von der Haftung des Altanstriches auf dem Holzuntergrund ab.*

2. *Werkzeuge, die für das Spachteln von Holzoberflächen geeignet sind: Japanspachtel, Malerspachtel und Doppelblattspachtel*

3. *Verarbeitungsmängel. Probe links: Der Japanspachtel wurde unregelmäßig gezogen, sodass sich Wellen ergeben. Daneben das Gegenbeispiel: Die Spachtelmasse wurde nur in die Poren gedrückt. Das Abporen erzeugt einen geringen Spachtelauftrag bei vorhandener Maserung. Das rechte Beispiel zeigt Riefen im Spachtelauftrag, ein Zeichen für einen nicht sauberen Spachtel.*

5.12 Spachtelmassen

In einem Mehrfamilienhaus soll ein Malerbetrieb die Türen einschließlich Futter mit einem Erneuerungsanstrich bearbeiten (Bild 1). Diese Bearbeitung umfasst: Entfernen des Altanstriches, z. B. durch Schleifen, Grundanstrich, Spachteln, Zwischenanstrich und Schlussanstrich. Zwischen jedem Arbeitsgang wird geschliffen. Der Altgeselle stellt jedoch bei der Untergrundprüfung fest, dass nur ein Überholungsanstrich erforderlich ist. Der erfordert nur Anschleifen bzw. Anlaugen des Altanstriches, Spachteln und ein bis zwei Anstriche.

Spachtelmassen gleichen Unebenheiten, Risse, Kratzer und Löcher aus. Dadurch schaffen sie eine ebene glatte Oberfläche. Spachtelmassen sind stark pigmentierte und gefüllte Anstrichstoffe.

Spachtelmassen werden je nach Materialeigenschaften entweder vor oder auch nach dem Grundbeschichtungsstoff aufgebracht.

- Dispersionsspachtelmassen können auch vor der Grundbeschichtung aufgezogen werden.
- Lackspachtelmassen benötigen eine Grundbeschichtung. Sie würden sonst rissig auftrocknen, da ihnen das Öl in den Untergrund (wie Holz) entzogen würde.

Gute Werkzeuge bestimmen das Ergebnis

Die Türen des Mehrfamilienhauses weisen Risse und Kratzer auf, die **fleckgespachtelt** werden müssen. Falls der Auftraggeber eine glatte Türoberfläche wünscht, kann auch **Flächenspachtelung** auf Holz erfolgen. Werkzeuge (Bild 2) sind:

- Japanspachtel, die es je nach Spachteltechnik in schmalen oder breiten Größen gibt. Sie bestehen aus dünnen Stahlklingen und haben eine Kunststoffkante mit Griffmulde.
- Der Malerspachtel besteht ebenfalls aus Stahl, hat aber einen ovalen Griff. Er ist ein vielseitiges Werkzeug und wird auch z. B. für das Abstoßen von Beschichtungen gebraucht.
- Der Doppelblattspachtel hat eine verstärkte Klinge durch ein zweites Blatt, sodass größere Flächen gleichmäßig gespachtelt werden können.

Die Klingen der Spachtelwerkzeuge sind nach Gebrauch sofort metallisch blank zu reinigen.

Dispersionsspachtelmassen

Bei den Türen (Bild 1) wird Dispersionsspachtelmasse eingesetzt. Hauptbestandteile sind Bindemittel Acryldispersionslack, Füllstoffe im Lösemittel Wasser. Auftragsdicken von 0 bis 2 mm sind möglich, da sehr feine Korngrößen der Füllstoffe von z. B. 0,02 mm gewählt werden können. Bei dickeren Aufträgen wie sie bei tiefen Rissen oder tiefen Dellen im Holz nötig sind, bindet das Material kaum noch ab. Denn diese Dispersionsmaterialien trocknen physikalisch, sodass das Lösemittel Wasser verdunsten muss. Die Trockenzeit beträgt bei Schichtdicken von 1 bis 2 mm und bei 20 °C ein bis zwei Stunden. Die Mindestverarbeitungstemperatur beträgt für Objekt und Luft 5 °C.

Lackspachtelmassen

Einkomponentige Lackspachtelmassen wie der Öllackspachtel eignen sich ebenfalls für die Fleckspachtelung der Türblätter. Diese Massen haften ebenfalls gut auf Holz. Sie bestehen aus Alkydharzen mit Füllstoffen und Pigmenten. Lackspachtelmassen dürfen nur auf grundierten Flächen aufgezogen werden, da sonst Lösemittel und Bindemittel in den Untergrund einziehen und der Spachtel rissig trocknen würde. Der Auftrag ist nur in dünnen Schichten möglich und die Trocknungszeit ist mit einem Tag lang.

Lassen sie sich gut aufziehen?

Spachtelmassen weisen erhebliche Unterschiede in ihren Eigenschaften auf, z. B. hinsichtlich ihrer Konsistenz, ihrer Füllkraft, Trockenzeit und Schleifbarkeit. Außerdem müssen Spachtelmassen gut auf den Untergrund aufziehbar sein. Die Bilder 3 und 4 zeigen einige Proben von Spachtelmassen auf Holz, die große Verarbeitungsunterschiede aufweisen.

Mit Spachtelmassen auch gestalten?

Mit geeigneten Werkzeugen wie Strukturwalzen können aufgezogene Spachtelmassen wie Latexplastik auch dekorativ gestaltet werden (Bild 5 und 6). Eine weitere Technik – die schon in der Antike verwendet wurde – ist die venezianische Spachteltechnik.

Aufgaben

1. *Nennen Sie Fehler, die beim Spachteln einer Holzoberfläche auftreten können.*
2. *Nennen Sie Unterschiede zwischen dem Dispersionsspachtel und dem Lackspachtel.*
3. *Nennen Sie Möglichkeiten, Spachtelwerkzeuge zu reinigen.*

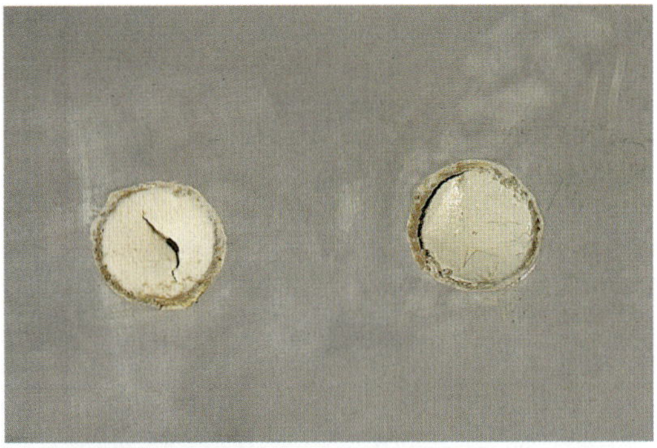

4. Eine Delle in einer Holztür (11 mm Durchmesser, 7 mm Tiefe) ist einmal mit einer Dispersionsspachtelmasse (links) und mit einem Öllackspachtel (rechts) gespachtelt worden. Im Streiflicht ist das unterschiedliche Einfallen zu erkennen.

5. Spachteltechnik. Diese Probe – ausgeführt mit Latexplastik – ist links leider nicht fachgerecht ausgeführt worden, da der Geselle sie zu dick aufgezogen hat.

6. Die Kammzugtechnik, eine gestalterische Form der Spachteltechnik. Links: Mit dieser Rolle kann auch gestaltet werden (siehe Bild 5).

1. Fenster und deren Fensterläden

Arbeitsgang	wässriges Beschichtungssystem Acryldispersionslack	lösemittelhaltiges System Alkydharzlack
Grundbeschichtung	Holzschutzimprägnierung auf rohem Holz nach DIN 68800-3 Bläueschutz-Grundbeschichtungsstoff (Fungizid) (nur Hölzer der Resistenzgruppen 3 bis 5: Nadelhölzer wie Fichte, Kiefer, Pitch-Pine, Lärche). Bei diesen Hölzern muss bei mittleren und dunkleren Farbtönen mit einer Beeinträchtigung der Oberfläche durch Harzaustritt gerechnet werden.	
1. Zwischenbeschichtung	z. B. auf Polyacrylatbasis, überstreichbar nach vier Stunden, mindestens 8 °C Untergrundtemperatur, Acrylpinsel. Bei Holzarten, die wasserlösliche Holzinhaltsstoffe haben, kann es zu Verfärbungen kommen. Absperrbeschichtungsstoff oder rechte Produktreihe verarbeiten (Eiche, Mahagoni, Afzelia)	z. B. langöliges Alkydharz, durch Zusatz von Imprägnierkonzentrat entfällt Grundbeschichtung, überstreichbar nach 24 Stunden, geringe Quellbarkeit
Diese zwei Arbeitsgänge haben bei neu eingebauten Fenstern und Türen vor dem Einbau zu erfolgen.		
2. Zwischenbeschichtung	z. B. auf Polyacrylatbasis, wasserdicht, sehr wasserdampfdurchlässig, überstreichbar nach fünf Stunden	z. B. Alkydharzlack, überstreichbar nach zwölf Stunden, ventilierende Lacke: bei hoher Holzfeuchte können Zwischenbeschichtungen bis zum Absinken der Holzfeuchte auf 15 % stehen bleiben
Schlussbeschichtung	wie vor, Trocknung fünf Stunden, hoch- oder seidenglänzend	wie vor, Trocknung fünf Stunden, hoch- oder seidenglänzend
Bei High-Solid-Systemen entfällt die zweite Zwischenbeschichtung.		

2. Aufbau eines deckenden Beschichtungssystems bei Fenstern und Türen im Außenbereich (DIN EN 927)

5.13 Deckende Beschichtungen auf Holzfenstern und -türen

Die Fenster eines Wohnhauses aus den Fünfzigerjahren und deren Fensterläden (Bild 1) werden von einem Maler mit einem Überholungsanstrich bearbeitet. Das Fenster zählt zu den maßhaltigen, der Fensterladen zu den begrenzt maßhaltigen Bauteilen.

Holzfenster und Holztüren sind alle zwei bis drei Jahre vom Maler zu kontrollieren und eventuell zu bearbeiten (Wartungsintervalle).

Hochwertige Lackierungen erfolgen immer im System

Die Prüfung der Fenster auf Dichtschluss, der Beschläge, der Holzfeuchte, der Anstrichhaftung und der Kantenrundung ergibt, dass ein Überholungsanstrich notwendig ist. Folgende Arbeiten sind durchzuführen:

- Schadhafte Altbeschichtungen und losen Kitt oder Dichtstoff entfernen; Altbeschichtung mit P 120 anschleifen.
- Scharfe Kanten runden (sonst Kantenflucht).
- Beschläge nachstellen, nachfetten.
- Offene Eckverbindungen und rohe Holzstellen mit chemischem Holzschutz imprägnieren (nur bei Nadelholz).
- Beschichtung roher Holzstellen mit einem Grundbeschichtungsstoff auf Alkydharzlack- oder Acryldispersionslackbasis und mit entsprechenden Werkzeugen (Bild 5).

Nachverglasung mit plasto-elastischem Dichtstoff (Acryldichtstoff). Soll mit elastischem Dichtstoff (Silikon) nachgearbeitet werden, ist dieser wegen der Gefahr der Haftungsstörungen ganz zum Schluss aufzubringen.

- Zwischen- und Schlussbeschichtung im gleichen System wie die Grundbeschichtung durchführen (Tabelle 2).

Es wird immer im gleichen Bindemittelsystem weitergearbeitet. Die Bindemittelerkennung mit dem Nitrolappen schafft hier Klarheit.

Was ändert sich bei einem Erneuerungsanstrich?

Hier ist die Altbeschichtung nicht mehr intakt, sodass sie restlos entfernt werden muss, z. B. mit einem Heißluftgerät, mit Abbeizer oder mit Schleifmitteln. Diese Entschichtung kostet Zeit. Oft wird ein Austausch der Fenster gegen neue bevorzugt. Nach dem Entschichten mit einem Holzfeuchtemessgerät die Feuchte messen.

Der Maler muss auf jeden Fall die Feuchte vom Wasserschenkel des Flügels außen und vom unteren Holm des Blendrahmens messen.

Es wird imprägniert und Holzfehlstellen werden mit Holzreparaturmasse ausgeglichen. Hiervon sind vor allem Wasserschenkel betroffen, da sie besonders beansprucht werden. Nach der Grundbeschichtung werden Eckverbindungen mit Leinölkitt gekittet (Bild 3).

Flächiges Spachteln von Holz ist auf Außenbauteilen nicht zulässig. Fleckspachteln in geringem Ausmaß bei kleinen Dellen ist erlaubt.

Und was ist anders bei Außentüren ...

Die Arbeiten erfolgen nach den gleichen Regeln wie bei Fenstern. Der Schwellenaufschlag (Bodenschiene) besteht meist aus Aluminium, Messing oder verzinktem Stahl. Letzterer ist auf Roststellen zu prüfen und entsprechend zu bearbeiten. Die Fugen neben der Schiene müssen sorgfältig versiegelt werden (Bild 4).

... und neu eingebauten Fenstern und Türen?

Sie müssen schon vor dem Einbau bestimmte Anstriche erhalten (Tabelle 2), um rundherum alle Holzteile zu schützen. Nach dem Beispachteln von Dellen und Dübellöchern sind die Beschichtungen im gleichen Bindemittelsystem aufzubringen. Eventuell ist noch ein Versiegeln der Anschlussfugen zwischen Fenster bzw. Tür und Baukörper mit elastischem Dichtstoff notwendig.

Aufgaben

1. *Erstellen Sie einen Arbeitsplan für den Erneuerungsanstrich einer Haustür aus Fichte.*
2. *Nennen Sie Arbeitsschritte bei neu eingebauten Fenstern.*
3. *Nennen Sie mögliche Dichtstoffe, die für Anschlussfugen verwendet werden können.*

3. V-Fuge spachteln

4. Türschiene

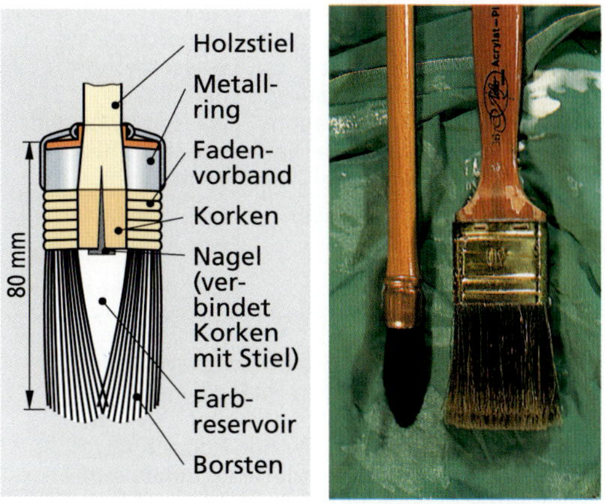

5. Diese Werkzeuge sind für gute Lackierungen erforderlich (v. l.): Ringpinsel (hier mit Querschnitt), Fensterpinsel (hier mit schwarzen Chinaborsten für Alkydharzlacke), Flachpinsel mit Besteckmaterial, Orel-Polyesterborsten für Acryldispersionslacke

1. Eine Außentür aus Lärche

Arbeitsgang	wässriges Beschichtungssystem Acryldispersionslasuren	lösemittelhaltiges System Alkydharzlasuren
Grundbeschichtung	Holzschutzimprägnierung auf rohem Holz nach DIN 68800-3 Bläueschutz-Grundbeschichtungsstoff (Fungizid) (nur Hölzer der Resistenzgruppen 3 bis 5: Nadelhölzer wie Fichte, Kiefer, Pitch Pine, Lärche). Bei diesen Hölzern muss bei mittleren und dunkleren Farbtönen mit einer Beeinträchtigung der Oberfläche durch Harzaustritt gerechnet werden.	
1. Zwischenbeschichtung	Dünnschichtlasur z. B. auf Acryldispersionslackbasis (auch als Holzschutzlasur) offenporig, geringe Eindringtiefe, Acryldispersionslackpinsel, überstreichbar nach zehn Stunden	Dünnschichtlasur auf Alkydharzbasis, auch als Holzschutzlasur, gute Eindringtiefe, offenporig, überstreichbar nach 18 Stunden
Diese zwei Arbeitsgänge haben bei neu eingebauten Fenstern und Türen vor dem Einbau zu erfolgen.		
2. Zwischenbeschichtung	Dickschichtlasur z. B. auf Polyacrylatbasis, wasserdampfdurchlässig, wasserabweisend, überstreichbar nach vier Stunden	Dickschichtlasur auf Alkydharzbasis, wasserdampfdurchlässig, wasserabweisend, überstreichbar nach 18 Stunden
Schlussbeschichtung	Dickschichtlasur wie vor	Dickschichtlasur wie vor
Hinweise: – Anstrichaufbau High-Solid-Lack: nach Imprägnierung Dünnschicht HS und Dickschicht HS. – Im Innenbereich zwei bis drei Anstriche Dünnschichtlasur, in der Regel ohne Holzschutz. – Bei Holzarten, die wasserlösliche Inhaltsstoffe haben (Mahagoni, Eiche), kann es zu Verfärbungen bei Acryldispersionen kommen. Absperrbeschichtungsstoffe verarbeiten.		

2. Aufbau lasierender Beschichtungssysteme bei Fenstern und Türen im Außenbereich (DIN EN 927)

5.14 Lasierende Beschichtungen auf Holzfenstern und -türen

Diese Nebentür eines Einfamilienhauses (Bild 1) wurde aus Lärchenholz gefertigt und soll einen Überholungsanstrich mit einer Lasur erhalten.

Was unterscheidet Lasuren von Weiß- und Buntlacken?

Sie haben einen geringeren Pigmentanteil und bilden auf der Holzoberfläche einen Film, der die Maserung sichtbar werden lässt, zugleich durch die Pigmentierung vor den UV-Strahlen schützt und eine Farbgebung ermöglicht. Das Holz, das ungeschützt der Außenbewitterung ausgesetzt ist, wird durch die kurzwellige UV-Strahlung immer grauer und zerstört (Ligninabbau, Bild 3). Vergrautes Holz kann vermehrt Feuchtigkeit aufnehmen und wird schneller von Bläue- und Fäulnispilzen befallen.

In den Lasuren sind UV-Absorber eingebaut, die die schädliche UV-Strahlung herausfiltern. Die Absorption ist je nach Lasurton unterschiedlich.

Welche Lasurtypen gibt es?

- **Dünnschichtlasuren** (Imprägnierlasuren) bestehen aus niedrigviskosen Bindemittellösungen mit UV-absorbierenden Pigmenten. Sie sind offenporig und wasserdampfdurchlässig. Sie sind für nicht maßhaltige Bauteile sinnvoll. Sie blättern nicht ab und haben unter 30 % Bindemittelanteil.
- **Dickschichtlasuren** (Lacklasuren) haben einen hohen Bindemittelanteil und bilden einen lackartigen Film. Sie mindern das Quellen und Schwinden des Holzes und sind für maßhaltige Bauteile geeignet (Bindemittelanteil über 30 %).
- **Holzschutzlasuren** enthalten z. B. biozide und fungizide Wirkstoffe.

Mögliche Anstrichaufbauten sind der Tabelle 2 und eine sinnvolle Streichfolge Bild 5 zu entnehmen.

Bei ungünstigem Wetter und bei Taufeuchte dürfen Fenster und Türen nicht gestrichen werden.
Taufeuchte erkennt man an einem hauchdünnen feuchten Niederschlag auf dem außen liegenden Holz.

Welche Arbeiten sind bei einem Überholungsanstrich durchzuführen?

Es erfolgen diejenigen Arbeiten, die auch bei deckenden Systemen durchgeführt werden müssen. Ein wichtiger Unterschied ist die Wahl des Farbtones der Lasur. Anhand von Farbtonkarten bzw. Musterplatten (Bild 4) ist zu bestimmen, welchen Holzfarbton die alte Lasur hatte. Selbstverständich ist es sinnvoll, hier im gleichen Bindemittelsystem und im gleichen Farbton weiterzuarbeiten. Das Holz (Bild 3) wird mit einer Acryldispersionslasur im Farbton Palisander gestrichen.

Überarbeitungen mit Lasuren mittlerer Töne ergeben langjährig gut haltbare Anstriche, da sie die UV-Strahlung stark absorbieren. Zu dunkle Töne bergen die Gefahr, dass das Holz nach weiteren Überholungsanstrichen wie schwarz deckend aussieht und sich bei Sonneneinstrahlung zu stark aufheizt. Die Tür aus dem Nadelholz Lärche (Bild 1) erhält nach dem leichten Abschleifen mit P 220 einen Dickschichtlasuranstrich im Farbton Altkiefer, gemischt mit etwas Eiche dunkel. Dieser Ton wurde an unauffälliger Stelle ausprobiert.

Zu helle Lasurtöne wie Kiefer sind im Außenbereich nicht zu empfehlen, da sie die UV-Strahlung nicht ausreichend absorbieren.

Erneuerungsanstriche sind problematisch

Hier ist ebenfalls wie beim deckenden Anstrich (Kap. 5.13) zu arbeiten. Da aber das Holz aufgrund der fehlenden Wartung durch UV-Strahlung vergraut und abgewittert ist, ist mit einem fleckig auftrocknenden Lasuranstrich zu rechnen. Die Maseriertechnik schafft dagegen ein gleichmäßiges Aussehen (BFS-Merkblatt Nr. 18). Der Untergrund wird im hellen Holzgrundfarbton vorgestrichen und anschließend wird mit Lasurfarbe maseriert. Als Werkzeuge eignen sich Zackenpinsel und Maserboy. Alternativ kann ein dunkler Lasurfarbton gewählt werden, der den fleckigen Holzfarbton kaschiert.

Neu eingebaute Fenster und Türen

Sie sind bereits mit Anstrichen bearbeitet (Tabelle 2) und mit zwei Beschichtungen mit Dickschichtlasur zu lasieren. Ist der genaue Lasurton nicht bekannt, sind an unauffälliger Stelle Proben anzusetzen.

Aufgaben

1. Welche Aufgaben haben UV-Absorber?

2. Worin bestehen die Unterschiede zwischen Dickschicht- und Dünnschichtlasuren?

3. Nennen Sie Gründe, warum Erneuerungsanstriche problematisch sind.

3. Diese Giebelverbretterung hat einen abgewitterten Lasuranstrich. Das Holz vergraut, da das Lignin durch die UV-Strahlung abgebaut wird.

4. Lasuren werden in Holzfarbtönen und in Bunttönen geliefert. Vor jedem Anstrich ist eine Probe zu erstellen, da eine Lasur auf verschiedenen Holzuntergründen unterschiedliche Farbeindrücke hervorruft (von links: Kiefer, Mahagoni, Palisander, Nussbaum, schwarzbraun).

*5. Fenster sind in einer sinnvollen Streichfolge zu bearbeiten: 1. Rahmenfalz, 2. Fensterrahmen, 3. Fensterflügelfalz, 4. Fensterflügel-Querhölzer, 5. senkrechte Hölzer des Fensterflügels. Beschläge werden **nicht** bearbeitet. Dichtstoffe werden auf 1 mm beschnitten.*

1. Diese Giebelverbretterung stellt einen begrenzt maßhaltigen Untergrund dar (nach DIN EN 927).

Arbeitsgang	lasierende Systeme	deckende Systeme
Grundbeschichtung	Holzschutzimprägnierung auf rohem Holz nach DIN 68800-3 Bläueschutz-Grundbeschichtungsstoff (Fungizid) (nur Hölzer der Resistenzgruppen 3 bis 5: Nadelhölzer wie Fichte, Kiefer, Pitch Pine, Lärche). Aber nur, wenn der Auftraggeber zugestimmt hat!	
1. Zwischenbeschichtung	Dünnschichtlasur auf Acryldispersions- oder Alkydharzbasis, auch Alkydharz-Acryldispersionskombinationen, dunkle Lasurtöne bevorzugen	diffusionsfähige Acryldispersionsholzfarbe (Landhausfarbe), nicht abblätternd, dünnschichtig, Alkydharzvorlack diffusionsfähig
Diese zwei Arbeitsgänge sind vor der Montage von Profilholzverbretterungen durchzuführen.		
2. Zwischenbeschichtung	wie zuvor	wie zuvor
Schlussbeschichtung	wie zuvor	wie zuvor
Hinweise: – Immer im gleichen Bindemittelsystem arbeiten. – Bei HS-Lasuren entfällt die zweite Zwischenbeschichtung. – Bei Holzarten wie Mahagonie, Eiche, Afzelia kann es zu Verfärbungen bei wasserlöslichen Systemen kommen: Absperrbeschichtungsstoff verarbeiten.		

2. Anstrichaufbauten für begrenzt maßhaltige Holzbauteile wie Verbretterungen, Dachuntersichten. Bei Holzarten wie Pine, Kiefer muss bei mittleren bis dunkleren Farbtönen mit einer Beeinträchtigung der Oberfläche durch Harzaustritt gerechnet werden.

5.15 Beschichtungen auf begrenzt und nicht maßhaltigen Untergründen

Die in Bild 1 gezeigte Giebelverbretterung ist von einem Malerbetrieb zu bearbeiten. Es handelt sich um einen begrenzt maßhaltigen Untergrund.

Eine wichtige Unterscheidung: nicht maßhaltige, begrenzt maßhaltige und maßhaltige Untergründe

Maßhaltige Bauteile wie Fenster und Türen sollen wind- und wasserdicht sein. Sie werden maßgenau vom Tischler gefertigt. Das Holz ist abgelagert und sorgfältig ausgesucht. Daher haben Lasuren und deckende Beschichtungen die Aufgabe, Maßstabilität zu garantieren. Beschichtungen erfüllen diese Aufgabe nur dann, wenn sie Quell- und Schwindbewegungen und damit Rissbildung im Holz unterbinden.

Begrenzt maßhaltige Untergründe wie Dachunterstände, Verbretterungen, Fachwerke, Fensterläden und Jalousien benötigen jedoch einen Feuchteausgleich durch die Beschichtung (Diffusionsfähigkeit), da bei ihnen über Konstruktionsfugen Feuchtigkeit eindringt. Dies wird durch Dünnschichtsysteme bzw. deckende Lacke, die speziell für Außenanwendung geeignet sein müssen („Landhausfarbe"), erreicht.

Nicht maßhaltige Untergründe wie offene Stülpschalungen auf Lattungen, Zäunen und Schindeln, müssen im Regelfall nicht das Maß halten. Die Beschichtungen werden wie diejenigen für begrenzt maßhaltige Untergründe (Tabelle 2) aufgebaut (BFS-Merkblatt Nr. 18).

Worauf ist bei der Untergrundprüfung begrenzt maßhaltiger Bauteile besonders zu achten?

Die gezeigte Giebelverbretterung (Bild 1) weist an einigen Stellen abblätternden Anstrich auf. Eine Haftprobe bringt hier Klarheit:
Ein Klebeband wird aufgedrückt und nach einiger Zeit abgerissen. Löst sich die alte Beschichtung einschließlich anhaftender Holzfasern, so ist der Anstrich für eine Überholungsbeschichtung nicht mehr geeignet. Dann ist eine Erneuerungsbeschichtung erforderlich. Dabei ist das Material bis aufs tragfähige Holz abzuschleifen.

Beim Abschleifen ist in jedem Fall eine Schutzmaske gegen das Einatmen von Beschichtungsresten, Holzschutzmitteln und Holzstaub zu tragen.

Weiterhin sind der **konstruktive Holzschutz**, die feste Montage, die Hinterlüftung usw. zu prüfen. Die Feststellung der Holzsorte bringt Klarheit darüber, ob Holzschutzmittel aufgebracht werden können.

Hölzer der Resistenzklasse 1 und 2 erfordern keinen chemischen Holzschutz. Das Holz der Verbretterung (Bild 1) ist Nadelholz; es **kann** also imprägniert werden (Tabelle 2).

Die weitere Prüfung auf lose Äste, Dübelungen, Schäden an Befestigungsmitteln (Rost), Harzgallen und Holzfeuchte zeigt, dass hier nur eine Überholung notwendig ist. Die Bindemittelerkennung zeigt, dass die alte Lasur eine Alkydharzlasur gewesen sein muss.

Welche Arbeiten sind bei einem Überholungsanstrich nötig?

Nach dem gründlichen Anschleifen oder – in unserem Fall auch möglich – Anlaugen (Bild 3) erfolgt ein zweimaliger Auftrag mit einer Dünnschichtlasur auf Alkydharzbasis.

Und welche bei einem Erneuerungsanstrich?

Hier wird zunächst der alte Anstrich bis auf das tragfähige Holz abgeschliffen oder abgebeizt. Anschließend erfolgt ein vollständiger Anstrichaufbau, eventuell mit Holzschutzimprägnierung (Tabelle 2).

Der Anstrichaufbau entspricht bei Erneuerungsanstrichen weitgehend dem der Erstbeschichtung.

Was bei Erstbeschichtungen zu beachten ist

Vor der Montage sollten Außenbauteile allseitig mindestens eine Imprägnierung (falls erforderlich) und eine Zwischenbeschichtung erhalten (Tabelle 2). Es ist der gleiche Lasurton zu verwenden wie bei der Schlussbeschichtung, um ein gleichmäßiges Erscheinungsbild, z. B. bei Schwund der Nut- und Federbretter zu erhalten (Bild 4).

Anlauger – Aktivreiniger

Entfernt mühelos starke und fetthaltige Verschmutzungen von allten Lackflächen ohne zeitraubende Schleifarbeiten. Macht alle Untergründe für Neianstriche haftfähig, griffig und gründlich sauber. Löst hervorragend Fett, Schmutz und Nikotin von lackierten Flächen, Kacheln und Kunststoffen aller Art, z. B. von Gartenmöbeln, Fensterrahmen usw. Besonders geeignet für schwer zugängliche Stellen wie z. B. Heizkörper.

Je nach Verschmutzungsgrad und Untergrund 250 ml Anlauger mit 3 – 5 l Wasser verdünnen. Die Lösung mit Schwamm, Pinsel oder Bürste auftragen und die Oberfläche möglichst intensiv reinigen. Nach einer Einwirkzeit von 10 – 15 Minuten mit klarem Wasser gründlich nachwaschen.

Glas- und Metallteile vor der Behandlung abdecken. Eventuelle Spritzer auf anderen Gegenständen sofort mit Wasser entfernen.

Arbeitsgeräte nach Gebrauch mit Wasser reinigen.
Kühl, aber frostfrei lagern.

Reizt die Augen und die Haut. Darf nicht in die Hände von Kindern gelangen. Berührung mit den Augen und der Haut vermeiden. Bei Berührung mit den Augen sofort gründlich mit Wasser abspülen und Arzt konsultieren. Bei der Arbeit geeignete Schutzhandschuhe und Schutzbrille/Gesichtsschutz tragen. Bei Verschlucken sofort ärztlichen Rat einholen und verpackung oder Etikett vorzeigen.

Enthält: 5 – 15 % Phosphate, < 5 % nichtionische Tenside.
Medizinischer Notruf: +49 (0) 551 / 1 92 40

3. Bei Überholungsanstrichen kann auch das Anlaugen durchgeführt werden. Glas und andere empfindliche Flächen (gestrichene Fassaden) abdecken. Die Lauge ist reizend, entsprechende Handschuhe und Schutzbrille tragen. Nach dem Anlaugen muss gründlich mit Wasser abgespritzt werden. Statt industriell hergestelltem Anlauger kann auch Salmiakwasser (10 %ig) verwendet werden.

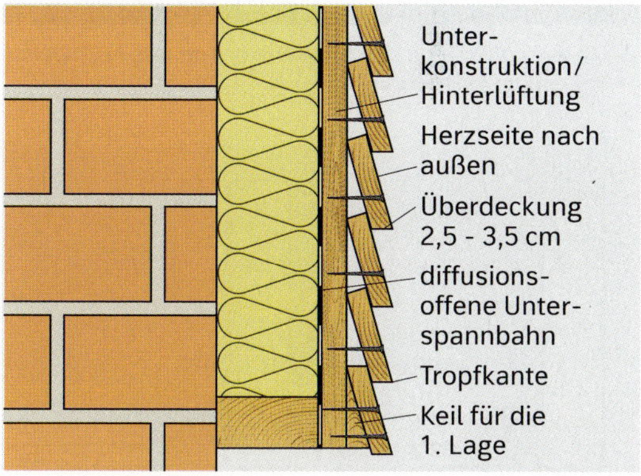

4. Eine Stülpschalung im Querschnitt, einfache Bauart, es gibt sie auch mit ausgesägter Tropfkante. Die Hölzer der Stülpschalung bedürfen einen Holzschutz nach DIN 68800 mit den Prüfprädikaten Iv, P und W (vorbeugend gegen Insektenbefall, Pilzbefall und wetterbeständig). Die Hölzer der Stülpschalung bedürfen einen Holzschutz nach DIN 68800 mit den Prüfprädikaten Iv, P und W (vorbeugend gegen Insektenbefall, Pilzbefall und wetterbeständig).

Aufgaben

1. Begründen Sie, warum Dünnschichtlasuren bei begrenzt maßhaltigen Bauteilen verwendet werden.
2. Welche Untergrundprüfungen sind bei begrenzt maßhaltigen Bauteilen durchzuführen?
3. Erklären Sie die Arbeitsweise mit einem Anlauger.

1. Fenster, dessen Anschlussfuge zur Fensterbank nicht geschlossen ist. Wasser, Wind und Lärm können eindringen.

2. Die Anschlussfuge des Holzfensters an das Fachwerk hat einen Flankenabriss.

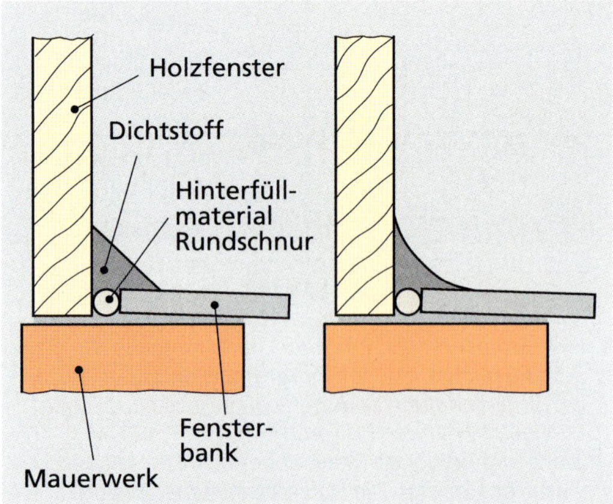

3. Schnitt durch eine Anschlussfuge, wie sie Bild 1 darstellt. Links gerades Abziehen (Glätten), das Wasser läuft schnell ab, rechts: Hohlkehle mit längerer Verweildauer des Wassers.

5.16 Die Bearbeitung von Fugen

Bei umfangreichen Anstricharbeiten an den Fenstern eines Mehrfamilienhauses sind Fugen abzudichten (Bild 1).

Fugen sind geplante Zwischenräume, die Bauteile voneinander trennen. Um Feuchteschäden zu vermeiden, müssen sie mit Dichtstoffen abgedichtet werden. Jede Fuge muss gewartet (überprüft) werden.

Welche Fugen müssen gewartet werden?

- Anschlussfugen zwischen Bauteilen wie Fenstern, Türen, Fensterbänken, Rollladenkästen und dem Baukörper (Bild 2)
- Glasfugen zwischen Flügel und Glas
- Dehnungsfugen zwischen verschiedenen Baukörpern (außen und innen, Bodenfugen)
- Sanitärfugen (z. B. zwischen Wanne und Fliese)

Bei Fenstern müssen die Anschlussfugen und die Glasfugen bearbeitet werden.

Welche Vorarbeiten sind durchzuführen?

Das Fugenmaterial kann nur dann die Fuge gut abdichten, wenn die Fuge eine bestimmte Ausbildung hat (Bild 3). Wichtig ist hierbei, dass

- die Fugenflanken sauber und fest sind, eventuell mit Primer bearbeitet sind,
- das Hinterfüllmaterial – eine **Schaumstoffrundschnur** – fest sitzt und die Fugentiefe begrenzt,
- das Verhältnis Fugenbreite zu Dichtstoffdicke nach Tabelle 4 eingehalten wird.

Das Hinterfüllmaterial verhindert eine zu dicke Dichtstoffschicht. Außerdem wird eine Dreiflankenhaftung vermieden.

Der Einsatz bestimmt den Dichtstofftyp

Die Fülle der angebotenen Dichtstoffe lässt sich auf einige Grundtypen begrenzen (Tabelle 5).

Die Einteilung zeigt ihr Dehnungsverhalten, d.h. welche Bewegungen der Dichtstoff auf Dauer mitvollziehen kann. Elastische Dichtstoffe wie Silikone und Polyurethane können 20 % zulässige Gesamtverformung aushalten. Eine Fuge von 30 mm Breite darf sich also allerhöchstens 6 mm dehnen.

Für jedes Einsatzgebiet muss ein Dichtstoff mit einem besonderen Dehnungsverhalten (z. B. elastisch) gewählt werden.

Anstrichverträglichkeit bedeutet die Verträglichkeit des Dichtstoffes mit dem lackierten Untergrund. Für die Anschlussfuge des Fensters (Bild 1) wird ein plasto-elastischer Dichtstoff wie Acryl verwendet, der auf 1 mm beschnitten wird. Die Glasfuge wird mit einem Silikondichtstoff abgespritzt, weil nur elastisches Material eine ausreichend hohe Bewegungsaufnahme (wie Windlast) ermöglicht.

Elastische und plasto-elastische Dichtstoffe dürfen nicht ganzflächig beschichtet werden, da Farben und Lacke deren Bewegungsaufnahme nicht aushalten können.

Was ist bei der Verarbeitung zu beachten?

Die Dichtstofffuge soll nach dem Aufspritzen nicht so abgezogen (geglättet) werden, dass eine starke Hohlkehle entsteht (Bild 3). Das Abspritzen gelingt nicht immer ohne Wellen. Das erforderliche Glätten erfolgt mit Wasser bzw. bei Silikonen mit Spülmittelwasser. Abtropfendes Wasser kann jedoch die Oberflächen mit Silikon verseuchen, sodass nachfolgende Anstriche nicht richtig haften.

Mit Dichtstoffen wie Silikon, die Haftungsstörungen verursachen können, immer erst nach den Lackierungen abspritzen und überschüssiges Glättwasser entfernen.

Abfall vermeiden

Bei den Dichtstoffen wird auch bei der Verpackung auf die Umwelt geachtet.

- Schlauchbeutel reduzieren das Abfallvolumen gegenüber der Kartusche um 97 %.
- Beim Einsatz von Kartuschen ist auf Restentleerung zu achten.
- Die Entsorgung erfolgt – wenn restentleert – im Gelben Sack oder im Hausmüll.

Aufgaben

1. *Beschreiben Sie die Vorarbeiten bei verschiedenen Wartungsfugen mit 20 mm Breite.*
2. *Nennen Sie Belastungen, denen eine Glasfuge bei einem Fenster ausgesetzt ist.*
3. *Begründen Sie, warum nicht jeder Dichtstoff übergestrichen werden darf.*

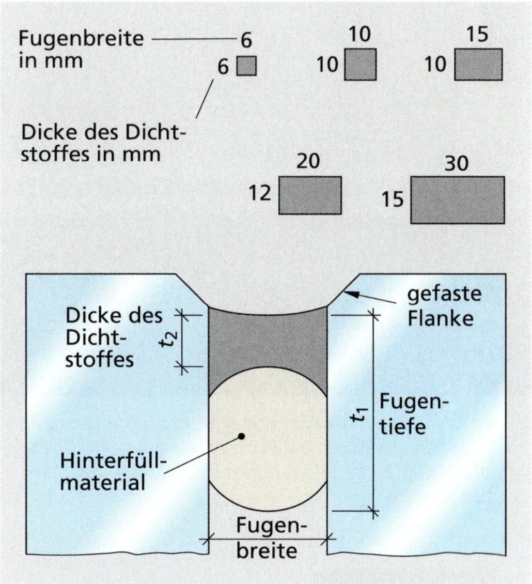

4. Die Fugentiefe muss begrenzt werden durch Rundschnüre. Die Zeichnung zeigt eine Dehnungsfuge (nach DIN 18540).

Einteilung ZGV	Dichtstoff	Einsatzgebiet	Überstreichbarkeit
elastisch 20 bis 25 % ZGV	Silikon, Polyurethan, Polysulfid, Acryldispersion	Glasfugen, Abdichten von Fassadenelementen (Bauteilfugen)	Dichtstoff auf nur 1 mm beschneiden
elastisch 20 %	Acryldispersion	Anschlussfugen	wie vor
plastisch 12,5 %	Acryldispersion	Anschlussfugen	vollflächig, wenn das Lacksystem die Bewegungen ebenfalls durchführt, Kitt erst nach vier Wochen lackieren
plastisch 7,5 %	Acryl lösemittelhaltig	Fugen mit sehr geringen Bewegungen	
Hart	Kitt	gering beanspruchte Fensterverglasungen	

5. Dichtstoffe lassen sich in einige Grundtypen einteilen. Nicht jeder Dichtstoff darf überstrichen werden! (ZGV = zulässige Gesamtverformung nach DIN EN ISO 11600)

1. Diese Hölzer sollen nicht mit synthetisch hergestellten Materialien, sondern mit Produkten bearbeitet werden, die aus natürlichen Rohstoffen der Pflanzenchemie stammen.

 Leinöl	**Öle:** • gute Eindringtiefe • härten mit Luftsauerstoff unter Vernetzung aus, lange Trocknungszeit • wasserfeste, chemikalienbeständige Oberfläche nach mehrmaligem Auftrag • „Anfeuern“ der Oberfläche • vergilben besonders bei geringer Lichteinwirkung • nicht zur Filmbildung geeignet (kleben, blocken)
Lärchenharz  Schellack, Dammar	**Harze:** • bilden gasdichten, glänzenden Film • geringe Wasser- und Chemikalienbeständigkeit • begrenzte Abrieb- und Kratzfestigkeit
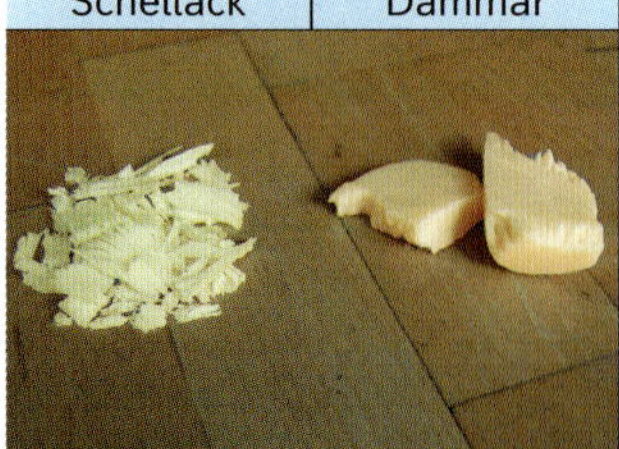 Carnaubawachs, Bienenwachs	**Wachse:** • bilden schützenden Film • geringe Wasser- und Chemikalienbeständigkeit • geringe Abriebfestigkeit • antistatisch • elastisch • reparaturfreundlich

2. Welche Eigenschaften ergeben sich bei Bindemitteln aus natürlichen Rohstoffen für die Holzoberflächen?

5.17 Naturmaterialien auf Holz

In diesem Treppenhaus ist Holz montiert worden (Bild 1), das von einem Malerbetrieb mit Naturmaterialien offenporig geschützt werden soll.

Der Kundenwunsch ist, dass keine Alkydharz- oder Acryldispersionslasuren verwendet werden sollen. Die Kunden erklären dem Malerbetrieb, dass sie nur Produkte einer „sanften“ Chemie im Haus haben möchten.

Welche Naturmaterialien können auf Holz eingesetzt werden?

Die Vertäfelung entspricht der Gebrauchsklasse 1. Holzschutz ist demnach nicht erforderlich. Im Bereich der Naturchemie wird ansonsten mit Borsalz-Holzschutz-Imprägnierungen gearbeitet.

Als Grundanstrich eignet sich für die Verkleidung eine **Leinölgrundierung** (Tabelle 2), die eine gute Eindringtiefe hat und unterschiedliche Untergrundsaugfähigkeit ausgleicht.

Das Öl wird aus den Samen der Leinpflanze gewonnen. Das Material wird satt aufgetragen, anschließend wird der Überstand abgenommen und 24 Stunden trocknen gelassen. Ein **Möbelbalsam** – ein Gemisch aus Lärchenharz und Bienenwachs – wird sparsam aufgetragen, abgelüftet und nach sechs Stunden kräftig poliert. Die Wachse und Harze sind in dem Lösemittel Leinöl gelöst.

Harze und Wachse haben eine geringere Beständigkeit gegenüber stehendem Wasser und mechanischer Beanspruchung als Acryldispersionslack und Alkydharzlack.

Eine klarlackartige Oberfläche wird mit **Schellack** erreicht. Die Harzkrusten eines in Indien beheimateten Baumes werden filtriert und gebleicht.

Das Lösemittel ist Spiritus (Ethanol). Die Kratzfestigkeit ist höher als bei dem vorherigen Aufbau. Schellack wird auch bei der Restaurierung von Holzmöbeln verwendet.

Einsatz in der Denkmalpflege

Auch in diesem Arbeitsbereich des Malers wird mit Naturmaterialien wie Leinöllacken gearbeitet. Der Restaurator im Malerhandwerk greift hierbei nicht nur auf vorgefertigte Materialien zurück, sondern mischt auch selber an.

Können mit Naturmaterialien auch maßhaltige Bauteile bearbeitet werden?

Mit diesen Naturfarben sind ebenfalls z.B. lasierende Anstriche auf Fenstern möglich. Allerdings sind hier drei Nachteile zu nennen:

- Zwischen jedem Anstrich sind etwa 24 bis 48 Stunden Trocknungszeit nötig, da Naturöle langsam durch Sauerstoffaufnahme trocknen.
- Die Wartungsintervalle sind mit zwei Jahren kürzer als bei vergleichbaren Lasuren.
- Statt drei Lasuranstrichen sind vier notwendig.

Nach einer Borsalzimprägnierung wird ein Leinölgrundanstrich aufgebracht. Anschließend erfolgen drei Anstriche mit einer Naturharzlasur mit den Bindemitteln Leinöl und Dammar. Letzteres ist ein Harz, das von Tropenbäumen ohne Fällung gewonnen wird. Das bei der Apfelsinenproduktion anfallende Citrusschalenöl ist Lösemittel bei dieser Lasur. Die Pigmente werden nicht aus Erdöl gewonnen, sondern sind Erdfarben und Mineralfarben. Die optische Wirkung der Farbtöne ist nicht mit derjenigen der gewöhnlichen Lasuren zu vergleichen.

Naturmaterialien in der Diskussion

Gegen den Einsatz von Naturmaterialien sprechen technologische Eigenschaften wie lange Trockenzeiten sowie mechanisch und chemisch geringere Belastbarkeiten. Die Qualität der Produkte besteht dagegen in ökologischen, gesundheitlichen und ökonomischen Vorteilen. Echte Naturfarben werden aus natürlichen pflanzlichen und mineralischen Rohstoffen nach den Prinzipien einer zukunftsverträglichen Chemie hergestellt. Die Stoffe werden in einfachen Prozessen verarbeitet und gliedern sich nach Gebrauch in den ökologischen Kreislauf ein. Alle Inhaltsstoffe sind auf dem Etikett angegeben (Volldeklaration). Neben den lösemittelhaltigen Produkten sind auch Innovationen auf Wasserbasis lieferbar. Einige Naturfarbensysteme sind nach der DIN EN 927 für Holzbeschichtungen im Außenbereich zugelassen.

Aufgaben

1. *Nennen Sie Vor- und Nachteile von Naturprodukten.*
2. *Ein Holzfenster soll lasiert werden. Erstellen Sie einen Beschichtungsaufbau für Naturmaterialien und für Acryldispersionsmaterialien.*
3. *Vergleichen Sie die Gebindeaufschriften einer Naturharzfarbe mit denjenigen eines konventionellen Lackes. Sie können auch technische Merkblätter zurate ziehen.*
4. *Vergleichen Sie dann die Betriebsanweisungen (siehe www.wingis-online.de).*

3. Lasurfarbtöne von Naturharzlasuren können neben Holzfarbtönen auch Munttöne sein.

	Naturmaterialien	Alkydharz- und Acryldispersionsmaterialien
Herstellung	Pflanzenchemie, Kreislauf nachwachsender Rohstoffe	Erdölchemie, Ressourcenausbeutung
Verarbeitungseigenschaften	vorwiegend langsam trocknend (24 bis 48 Stunden) bei Normklima, lange Offenzeiten, oft starker Geruch nach Citrusschalenöl	schnell trocknend (6 bis 16 Stunden), bei Alkydharzlack: organische Lösemittel mit Geruchsbelastung
Beständigkeiten	geringe Wasser- und Chemikalienbeständigkeiten, kaum kratzfest	höher, vor allem bei Alkydharzlack
Entschichtung	durch alkalischen Abbeizer	durch alkalischen Abbeizer (Alkydharzlack) bzw. Abbeizfluide (Acryldispersionslack)
ökologische Bewertung	keine synthetischen Zusatzstoffe, oft kompostierbar, offenporig, daher gutes Raumklima, Volldeklaration	nur teilweise biologisch abbaubar, chemische Belastung bei Herstellung, Verarbeitung (wie Lösemittel) und Entschichtung (Abbeizfluid bei Acryldispersionslack), Verbrauch endlicher Rohstoffe

4. Bewertung von Naturbeschichtungsstoffen im Vergleich zu Alkydharz- und Acryldispersionslackmaterialen auf Holzuntergründen

1. Der Tisch soll zum Farbton der Einrichtung passend bearbeitet werden.

2. Probebeizungen mit verschiedenen Beiztönen auf einem Probeholz (links mit Klarlack überzogen)

3. Farbstoffbeizen erzeugen ein negatives Beizbild. Die linke Seite des Kiefernbrettes ist unbehandelt, die rechte ist mit einer Farbstoffbeize gebeizt worden.

5.18 Spezialbeschichtungen ausführen

Ein Kunde möchte diesen neuen Eichentisch (Bild 1) dem Farbton der übrigen Einrichtung angepasst haben. Der Malerbetrieb entscheidet sich für das Beizen, da sich im Vergleich zur Lasur eine tiefere Farbgebung des Holzes ergibt.

Nur unbehandelte, rohe Hölzer können gebeizt werden.

Welche Beize eignet sich für den Tisch?

Sie sollte vor allem die kräftige Porentextur des Eichenholzes dunkler hervorheben und schnell trocknen. Aus diesem Grund wird eine **Lösemittelbeize** gewählt. Sie besteht aus Farbstoffen, die in Lösemitteln gelöst sind. Die Farbstoffe färben die Holzfasern an, sind lichtbeständig und farbkräftig.

Wie wird die Beize verarbeitet?

Beim Ansetzen der Beize dürfen keine Metallbehälter (Farbtonänderungen durch Bildung von Metallsalzen) verwendet werden. Eine Probebeizung (Bild 2) ist durchzuführen, da das Beizbild vom Gerbsäuregehalt und der Qualität der Poreneinfärbung beeinflusst wird. Die Probe hat an einem Reststück des gleichen Holzes oder an unauffälliger Stelle zu erfolgen.

Die Probebeizung muss alle Arbeitsschritte bis zur Schlusslackierung umfassen.

Hölzer, die ihre glatte Oberfläche behalten sollen, werden gewässert und nach dem Trocknen mit P 180 geschliffen, um hochstehende Holzfasern abzuschleifen.

Die Beize wird ansatzfrei mit einem Ballenlappen oder im Spritzverfahren satt aufgetragen und anschließend mit dem noch feuchten Ballen abgezogen. Um das Beizbild transparent zu erhalten und zur Erhöhung der Strapazierfähigkeit werden Lösemittelbeizen vorzugsweise mit Klarlacken im Spritzverfahren lackiert (Bild 4).

Welche Beizen können noch verwendet werden?

Farbstoffbeizen enthalten Farbstoffe, die in Wasser gelöst sind. Sie erzeugen bei Nadelhölzern ein **negatives Beizbild** (Bild 3), da die Frühholzzonen mehr Farbstoff und Lösung aufsaugen als die harten Spätholzzonen. Nachteilig ist bei Wasserbeizen die lange Trocknung und die Aufrauung des Holzes.

Colorbeizen enthalten Pigmente, die auf hellen Hölzern farbige Beiztöne ergeben.

Die **chemische Beize** (Reaktionsbeize) färbt das Holz nicht durch Anlagerung der Farbstoffe oder Pigmente, sondern durch chemische Reaktion der Beizenbestandteile mit dem Holz. Die Einkomponenten-Nadelholzbeize ist sehr gut für Nadelhölzer geeignet, da sie hier ein positives Beizbild erzeugt. Das Beizbild ist durch die Tiefenwirkung gut.

Dem Holz Feuerschutz geben

Bei dieser Technik geht es um die Erhaltung der statischen Aufgabe des Holzes im Brandfall. In Gebäuden, bei denen Holz nach Maßgabe der landespolizeilichen Verordnungen schwerentflammbar (B, C, Tabelle 6) sein muss, ist es durch folgende Mittel auszustatten:

- **Brandschutzsalze**, deren Zulassung ausschließlich ein industrielles Kesseldruckverfahren vorsieht und die daher für die handwerkliche Verarbeitung nicht geeignet sind
- **Dämmschichtbildner**, die wie Lack verarbeitet werden und bei Einwirkung von Feuer eine wärmedämmende Schaumschicht von etwa 2 bis 5 cm ausbilden (Bild 5)

Unbehandeltes Holz wird der Baustoffklasse D, E zugeordnet. Durch Feuerschutzmittel kann es als schwerentflammbar (B, C) eingestuft werden, wenn es mindestens 12 mm dick ist.

Die Verarbeitung von Dämmschichtbildnern

Für Brandschutzbeschichtungen sind genau die Angaben der bauaufsichtlichen Zulassung einzuhalten. Diese schreiben z. B. die Anzahl der Anstriche und Anstrichmengen (z. B. 400 g/m²) und Trocknungszeiten vor. Das Holz kann z. B. vor dem Auftrag der transparenten Brandschutzbeschichtung mit einer Lasur farbig gestaltet werden. Die Produkte gibt es auch in Weiß deckend, das abgetönt werden kann.

Aufgaben

1. *Erläutern Sie die Arbeitsschritte bei einer Beizung mit einer Farbstoffbeize.*
2. *Erklären Sie den Begriff „negatives Beizbild“.*
3. *Wie schützen Dämmschichtbildner das Holz?*
4. *Nennen Sie Voraussetzungen, die verbautes Holz erfüllen muss, um mit Dämmschichtbildnern bearbeitet zu werden.*

4. Bei Pinsellackierung bereits gebeizter Hölzer (linke Seite) kann es durch Verwischen böse Überraschungen (rechte Seite) geben. Obere Hälfte: Ein wasserbasierter Acryldispersionsklarlack verwischt, ein lösemittelbasierter Alkyd-PU-Klarlack nicht.

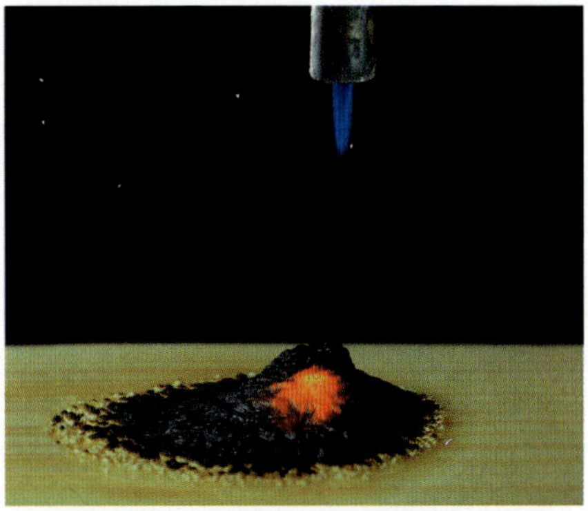

5. Eine Vertäfelung ist mit einem Dämmschichtbildner bearbeitet worden. Die Feuereinwirkung bewirkt eine Aufblähung des Anstrichs. Das Holz ist nicht mehr direkt der Hitze des Feuers ausgesetzt. Das Holz verkohlt zwar, brennt aber nicht. Wertvolle Zeit zur Rettung der Menschen ist hierdurch gewonnen.

Baustoffklasse	Bauaufsichtliche Benennung	Bauprodukte Bauarten
A1	ohne brennbare Bestandteile	Mauersteine, Beton, Glas, Faserbeton, Stahl
A2	mit sehr geringen brennbaren Bestandteilen	Gipskartonfeuerschutzplatten (Steinwolle)
B, C	schwerentflammbare Baustoffe	Gipskarton-, Holzwolleleichtbauplatten
D, E	normalentflammbare Baustoffe	Holz und Holzwerkstoffe über 2 mm Dicke, PVC-Bodenbeläge
F	leichtentflammbare Baustoffe	Holzwolle, Holz unter 2 mm Dicke
nach Landesbauordnungen ist F in Gebäuden nicht zulässig		

6. Bauprodukte und Bauarten werden nach ihrem Brandverhalten in Gruppen nach Norm DIN EN 13501 eingeteilt (BFS-Merkblatt 21 S. 56).

1. *Die Eingangshalle soll mit einer venezianischen Spachteltechnik gestaltet werden.*

2. *Nahaufnahme einer Spachteltechnik. Deutlich sind die übereinander liegenden Schichten zu sehen.*

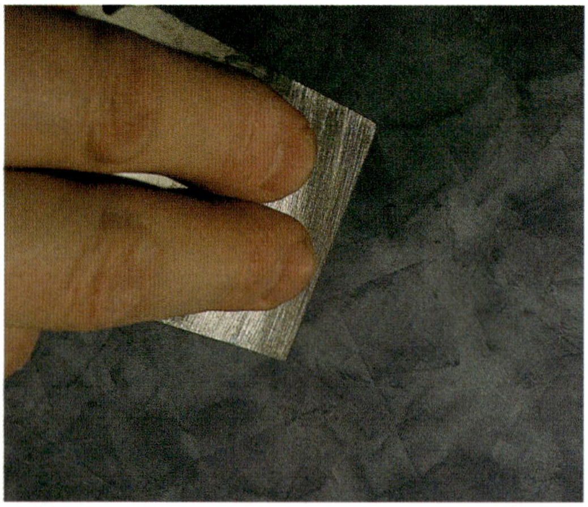

3. *Mit einem kleinen Japanspachtel wird dicht bei dicht und kreuz und quer gespachtelt.*

5.19 Holzoberflächen gestalten

In der Eingangshalle (Bild 1) eines Hotels soll der Malerbetrieb einer Malermeisterin hochwertige gestalterische Techniken ausführen. Die Meisterin stellt dem Kunden zwei davon vor: Eine Spachteltechnik und eine Relief-Kammzugtechnik.

Die Spachteltechnik

Die Spachteltechnik erzeugt eine glatte, aber durch Spachtelschläge strukturierte Oberfläche (Bild 2). Der glatte Marmor mit seiner transparenten Farbigkeit ist Vorbild für diese auch schon in der Antike bekannte Technik.

Die heutige Architektur hat diese Glättemethode zur Veredlung von Wänden wiederentdeckt. Sie kann mit mineralischen Bindemitteln, aber auch mit organischen Dispersionsmaterialien auf Acryldispersionsbasis mit pflanzlichen Ölen erfolgen.

Welche Untergründe eignen sich?

Die Untergrundprüfung der Hotelhalle zeigt, dass verschiedene Untergründe vorhanden sind: Die Türen bestehen aus Holzverbundplatten mit einem lackierten Deckfurnier, die tapezierten Wände bestehen aus Gipskartonbauplatten und die Wandung des Empfangstresens aus einer braun lackierten Tischlerplatte. Die Untergründe weisen Dellen auf, die Anstriche haften aber gut.
Die Spachteltechnik ist selbstverständlich auch auf mineralischen Untergründen wie Gipsputz einsetzbar.

Die Untergründe müssen fest, trocken, tragfähig und fettfrei sein. Zu stark saugende Untergründe müssen grundiert werden.

Die lackierten Flächen werden angelaugt und die Dellen mit Spachtel gespachtelt. Die Tapeten der Wände werden entfernt, die Wände gespachtelt und grundiert. Sollten alte Leimfarbenanstriche vorhanden sein, so sind diese vollständig mit Wasser abzuwaschen.

Mit der Grundspachtelmasse wird begonnen

Diese Masse wird mit der Glättekelle im nachher gewünschten Farbton auf den Untergrund aufgezogen. Eine völlige Glätte muss erreicht werden. Gelingt dies nicht bei der ersten Spachtelung, so ist eine zweite Lage nötig. Nach dem Durchtrocknen jeder Lage ist mit P 150 bzw. P 220 und einem Schwingschleifer zu schleifen.

Die Dekorschichten

Die Dekorspachtelmasse auf Acryldispersionsbasis wird einlagig in venezianischer Spachteltechnik, d. h. mit einem kleinen Japanspachtel fleckweise kreuz und quer über die ganze Fläche dünnschichtig aufgezogen (Bild 3). Nach der Trocknung wird mit P 400 geschliffen. Die zweite Lage wird sofort nach dem Auftrag mit der Kante des Spachtels geglättet und poliert. Zur Erhöhung des Glanzes kann mit P 1200 poliert werden.

Mit einer farblosen Schlussbeschichtung – Auftrag ebenfalls in Spachteltechnik – wird die Reinigungsfähigkeit erhöht, da die Spachtelmassen wasserempfindlich sind.

4. Die Spachteltechnik wirkt je nach Anlage sehr unterschiedlich. Vorher sind Probefelder empfehlenswert

Erfahrung schafft lebendige Oberflächen

Häufige Fehlerquellen sind:

- nicht ebene und nicht glatte Untergründe
- unregelmäßige Spachtelschläge, sodass dunkle und helle Gebiete entstehen (Bild 5)
- ungleichmäßiger Farbauftrag, sodass einige Spachtelschläge heller, andere dunkler sind
- Die Farbzusammenstellung erzeugt Flimmerkontraste bzw. nicht gewünschte Gesamteindrücke.

Zur Vermeidung von Fehlern ist es notwendig, auf Probeflächen zu üben (Bild 5).

5. Unregelmäßige Spachtelschläge schaffen einen sehr unruhigen Gesamteindruck. Es ist notwendig, mit immer den gleichen Abständen und dem gleichen Farbauftrag zu arbeiten.

Die Relief-Kammzugtechnik

Auf dem vorbereiteten Untergrund wird eine Gipsspachtelmasse mit Zahnkelle oder Kamm aufgezogen und leicht gewellt durchgezogen. Nach der Aushärtung werden verschiedene Farben von der Seite mit dem Niederdruck-Spritzgerät gespritzt. Die Täler bleiben hell, die Berge erhalten verschiedene Farbschatten (Bild 6).

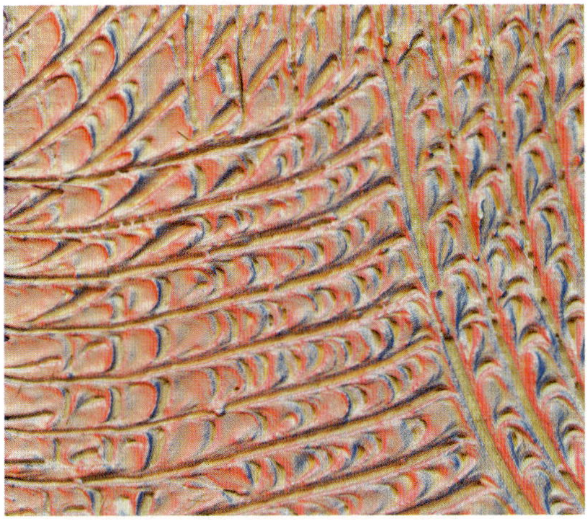

6. Die Relief-Kammzugtechnik erzeugt starke Licht- und Schatten-Wirkungen. Die Abbildung ist in Originalgröße, die Tiefe der Täler beträgt 4 mm.

Aufgaben

1. *Nennen Sie Untergrundvorbehandlungsarbeiten bei der Erstellung einer Glättetechnik auf Tischlerplatte und mineralischem Untergrund.*
2. *Beschreiben Sie die Arbeitsschritte zur Spachteltechnik und zur Relief-Kammzugtechnik in einem Arbeitsplan.*
3. *Formulieren Sie Merksätze, die typische Fehler bei der Spachteltechnik verhindern sollen.*

KUNDENAUFTRAG Lasieren einer Giebelverbretterung

passend zu Lernfeld 2: Nichtmetallische Untergründe bearbeiten und beschichten
Lernfeld 11: Fassaden instand setzen und gestalten

1. Vorstellung
Diese Giebelverbretterung aus Kiefernholz soll lasiert werden. Die Fläche des Giebeldreiecks beträgt 17,56 m^2, die Untersicht der Loggia 13,35 m^2.
Zustand der Verbretterung:
- abblätternder Anstrich
- Risse
- verrostete Befestigungsmittel

2. Foto

3. Planung
Entwickeln Sie einen Arbeitsplan für die auszuführenden Arbeiten. Schätzen Sie hierbei auch aufgrund Ihrer bisherigen Arbeitserfahrungen die Zeiten ein. Listen Sie Werkzeuge und Geräte mit auf.

4. Untergrundprüfung
Erstellen Sie eine Prüftabelle für diese Arbeiten (BFS-Merkblatt Nr. 18). Verwenden Sie die gleichen Spaltenüberschriften.

5. Materialberechnung
Errechnen Sie den Verbrauch an Beschichtungsstoff. Ziehen Sie hierzu Durchschnittswerte des Herstellers zurate.

6. Beratung
Der Auftraggeber wünscht den Lasurfarbton „Kiefer hell". Erarbeiten Sie Gegenargumente für die Kundenberatung und begründen Sie dann Ihren gewählten Farbton. Der Kunde möchte von Ihnen wissen, warum Sie Holzschutzmittel an der Verbretterung aufbringen. Informieren Sie sich beim Hersteller bzw. im BFS-Merkblatt Nr. 18.

KUNDENAUFTRAG Untergrundvorbehandlung einer Verbretterung

passend zu Lernfeld 2: Nichtmetallische Untergründe bearbeiten und beschichten
Lernfeld 5: Überholungs- und Erneuerungsbeschichtungen ausführen

1. Vorstellung
Eine Fassade ist vollständig mit einer Profilholzverbretterung verkleidet. Der neue Eigentümer des Hauses möchte diese Verbretterung mit einem Erneuerungsanstrich beschichten lassen. Der alte Dispersions-House-Paint-Anstrich ist abgewittert, aber an einigen Stellen noch fest.
Zustand der Verbretterung:
- abgeblätterter Anstrich
- Risse
- rostende Befestigungsmittel
- herausfallende Äste

2. Foto

3. Planung
Erstellen Sie eine Liste aller erforderlicher Arbeiten und bringen Sie diese in einen zeitlichen Zusammenhang.

4. Untergrundprüfung
Erstellen Sie eine Prüftabelle mit folgenden Spaltenüberschriften: „Prüfung auf", „Prüfmethode" und „Maßnahmen". Prüfen Sie anhand des Fotos das Holz und halten Sie Ihre Ergebnisse in der Prüftabelle fest.

5. Untergrundvorbehandlung
Stellen Sie eine Liste der baustellenüblichen Arbeitstechniken zusammen, mit denen Sie die alte Beschichtung entfernen können. Wählen Sie begründet eine Technik aus.

KUNDENAUFTRAG Wartung von Kiefernholzfenstern

passend zu Lernfeld 2: Nichtmetallische Untergründe bearbeiten und beschichten
Lernfeld 5: Überholungs- und Erneuerungsbeschichtungen ausführen

1. Vorstellung
Die deckend bearbeiteten Holzfenster aus Kiefernholz eines Einfamilienhauses werden alle zwei Jahre von Ihrem Malerbetrieb gewartet.

2. Foto

3. Planung
Erstellen Sie einen Arbeitsplan zur Überholung der Fenster. Listen Sie Besprechungspunkte auf, die Sie mit dem Kunden vor Aufnahme der Arbeiten klären müssen.

4. Informationsbeschaffung
Informieren Sie sich bei einem Hersteller über Anstrichaufbauten und Beschichtungsstoffe. Ziehen Sie auch die VOB DIN 18363 und das BFS-Merkblatt Nr. 18 zurate.

5. Untergrundprüfung
Erstellen Sie eine Prüftabelle (BFS-Merkblatt Nr. 18). Prüfen Sie auch die Fugen (BFS-Merkblatt 23).

6. Untergrundvorbehandlung
Stellen Sie eine Liste der baustellenüblichen Arbeitstechniken zusammen, mit denen die Fenster bearbeitet werden können.

7. Beschichtung
Der Auftraggeber möchte einen Anstrich mit Naturlacken. Erstellen Sie einen Argumentationskatalog für das Kundengespräch. Listen Sie Gründe für und gegen Naturlacke auf.

KUNDENAUFTRAG Lackierung von Holzfenstern

passend zu Lernfeld 2: Nichtmetallische Untergründe bearbeiten und beschichten
Lernfeld 5: Überholungs- und Erneuerungsbeschichtungen ausführen

1. Vorstellung
Der Besitzer eines alten Einfamilienhauses mit 12 Fenstern mit den Maßen 1,00 m x 1,50 m und mit 12 Kellerfenstern mit den Maßen 0,90 m x 0,60 m möchte, dass der Maler die Beschichtungsarbeiten ausführt.
Zustand der Fenster:
- bröseliger Kitt
- Roststellen
- kreidender Anstrich

2. Foto

3. Untergrundprüfung
Erstellen Sie eine Prüftabelle (BFS-Merkblatt Nr. 18).

4. Planung
Erstellen Sie nun einen Arbeitsplan und listen Sie dabei auf, bei welchem Arbeitsschritt Sie welches Werkzeug bzw. Gerät benötigen.

5. Berechnungen
Errechnen Sie die gesamte Fläche der zu bearbeitenden Fenster nach VOB DIN 18363. Errechnen Sie den Verbrauch an Beschichtungsstoffen in Litern. Ziehen Sie hierzu Durchschnittswerte eines Herstellers zurate.

KUNDENAUFTRAG Oberflächengestaltung auf Holz

passend zu Lernfeld 4: Oberflächen gestalten
Lernfeld 8: Oberflächen bekleiden und gestalten
Lernfeld 12 GI: Innenräume bearbeiten und gestalten

1. Vorstellung
In einem Hotel soll die Eingangshalle neu gestaltet werden. Der Hotelbesitzer bittet Ihren Malerbetrieb um Vorschläge für eine besondere Oberflächengestaltung auf Probeplatten. Sie sollen mehrere dekorative Techniken auf Holz ausführen.
Zustand der Oberflächen:
- Gipsfaserplatten
- glatt gespachtelt

2. Foto

3. Planung
Erstellen Sie eine Liste mit besonderen Oberflächentechniken. Verwenden Sie folgende Spaltenüberschriften: Name der Technik, Fundort (Buch, Fachzeitschrift), Kurzbeschreibung.

4. Informationsbeschaffung
Informieren Sie sich bei einem Hersteller über Sondertechniken. Informieren Sie sich auf den Internetseiten der Fachzeitschriften. Ziehen Sie auch Fachbücher zurate.

5. Präsentation
Präsentieren Sie Ihre Ergebnisse mit einem Präsentationsprogramm vor der Lerngruppe, die den Hotelier darstellt.

KUNDENAUFTRAG Innenraumgestaltung erstellen

passend zu Lernfeld 12 GI: Innenräume bearbeiten und gestalten

1. Vorstellung
Dieser Raum soll eine besondere Gestaltung durch Ihren Malerbetrieb erhalten. Sie sind aufgefordert, eine außergewöhnliche Gestaltungsarbeit für die Wand hinter dem Kachelofen zu erstellen.
Zustand der Wand:
- alte Tapete
- Gipsputz
- keine Risse, nicht sandend

2. Foto

3. Planung
Informieren Sie sich in diesem Buch über die Relief-Kammzugtechnik. Überlegen Sie, wie Sie diese Technik noch weiter ausbauen und verändern können. Listen Sie Ihre Überlegungen auf.

4. Werkzeuge und Maschinen
Wählen Sie nun eine Technik aus und schreiben Sie einen Arbeitsplan mit folgender Tabellenform:

Arbeitsschritt	Werkzeuge	Material	Hilfsstoffe

5. Präsentation
Präsentieren Sie Ihre Ergebnisse auf Plakaten in der Klasse.

Beschichten von metallischen Untergründen

6

6.1 Metalle am Bau

Eine Malerfirma hat den Auftrag erhalten, eine Toreinfahrt aus geschmiedeten Eisenteilen neu zu beschichten (Bild 1). Darüber hinaus soll die Malerfirma die Beschichtung aller Metallteile am Bauwerk auf Schäden überprüfen und nach Bedarf lackieren.

1. *Toreinfahrt aus geschmiedeten Eisenteilen*

Metallteile am Bauwerk

Sichtbar oder unsichtbar sind an jedem Bauwerk Metalle vorhanden. Freiliegende Konstruktionen sind z. B. Stahlträger, Pfeiler, Stahltreppen, Rohre, Heizkörper, Fenster, Türen, Dachrinnen, Fassadenbekleidungen und Balkongeländer.

Viele Metallbauteile unterliegen der Korrosion (Bild 2). Durch eine fachgerechte Beschichtung kann Metall wirksam geschützt und das Aussehen veredelt werden. Im technischen Anwendungsbereich teilt man Metalle in drei Gruppen:

- Eisenmetalle: z. B. Gusseisen, Edelstahl
- Nichteisenmetalle: z. B. Kupfer, Zink, Blei, Aluminium
- Edelmetalle: z. B. Gold, Silber, Platin

2. *Einzelheit der Toreinfahrt; die Korrosion ist deutlich sichtbar.*

Eisen- und Nichteisenmetalle können der Zerstörung durch Korrosion unterliegen, einer von der Oberfläche ausgehenden Veränderung durch chemische oder elektrochemische Einflüsse. Sie benötigen den Schutz durch ein Beschichtungssystem, das auf die besonderen Eigenschaften der Metalle und deren Beanspruchung abgestimmt ist.

Ungeschützt werden viele Eisenmetalle durch Korrosion zerstört.

Stahl

Unentbehrlich ist der Einsatz von Stahl bei Verkehrsbauten (Bild 3). Stahl wird aus Roheisen gewonnen. Durch verschiedene Verfahren werden die ungünstigen Eigenschaften des Roheisens verbessert und ein Werkstoff gewonnen, der eine sehr hohe Elastizität, Druck- und Zugfestigkeit hat.

3. *Müngstener Brücke*

Für industrielle Anlagen, Leitungsmasten und konstruktiv stark belastete Bauteile verwendet man darum meist Stahl.

Durch das Zugeben anderer Metalle erhält man legierte Stähle (z. B. Nirosta), die auch korrosionsbeständiger sind.

Kupfer

Kupfer ist ein weiches, dehnbares Metall, das sich gut verformen lässt. Wegen der hohen Korrosionsbeständigkeit und leichten Bearbeitbarkeit wird Kupfer zunehmend am Bau eingesetzt, z. B. bei Dacheindeckungen (Bild 4), Dachrinnen und Fallrohren. Ein Korrosionsschutz ist nicht notwendig. An der Luft bildet die Oberfläche mit Feuchtigkeit und Kohlendioxid eine grüne Patina, die eine Schutzschicht bildet. Durch die Luftverschmutzung entstehen lösliche Salze und führen zu schwarzen Verfärbungen. Will man eine Abschwemmung löslicher Kupfersalze und die Verfärbung vermeiden, sind Schutzüberzüge nötig.

4. Kupferblecheindeckung

Zink

Feinzink (reines Zink) wird für Bleche, Abdeckungen und Regenrohre verwendet. Am häufigsten wird Zink zum Korrosionsschutz durch Verzinken eingesetzt. Zinkblech (verzinktes Stahlblech) kann für Abdeckungen an Dachfenstern, Giebeln, Kamineinfassungen, Dachrinnen (Bild 5), Türzargen und zur Herstellung von Behältern eingesetzt werden.

5. Fallrohr einer Zinkblechdachrinne

Aluminium

Wegen der hohen Witterungsbeständigkeit und der geringen Masse hat Aluminium in den letzten Jahren zunehmend Verwendung gefunden. Dacheindeckungen, Fassadenprofile (Bild 6), Wandverkleidungen, Türen und Fenster werden aus Aluminiumlegierungen hergestellt.

Aluminium ist gegen Laugen sehr empfindlich und muss darum vor Kalk- und Mörtelspritzern geschützt werden. Auch Säuren schädigen die Oberfläche.

Beschichtungen sind nicht unbedingt notwendig, da Aluminium sehr korrosionsbeständig ist. Ein Anstrich wird dennoch aus Verschönerungsgründen oft gewünscht.

6. Aluminiumverkleidete Fassade

Aufgaben

1. *Nennen Sie die verschiedenen Metalle, die am Bau Anwendung finden.*
2. *Warum werden Kupfer und Aluminium immer häufiger am Bau eingesetzt?*
3. *Nennen Sie Anwendungsgebiete von Zinkblechen am Bau.*
4. *In welche Gruppen werden Metalle eingeteilt?*
5. *Warum muss Aluminium vor Kalk- und Mörtelspritzern besonders geschützt werden?*

1. Stahlbaubrücke vor der Sanierung

2. Detailaufnahme der Brücke; die Korrosion ist gut sichtbar.

3. Versuch: Oxidationen an der Luft laufen bei hohen Temperaturen schneller ab.

6.2 Korrosion von Metallen

Eine Stahlbaubrücke ist durch Korrosion stark angegriffen und muss saniert werden (Bild 1).

Was ist Korrosion?

Die Korrosion (lat. corrodere = zernagen) ist nach DIN EN ISO 12944 die Reaktion eines metallischen Werkstoffes mit seiner Umgebung. Der Werkstoff wird dadurch verändert und geschädigt.

Korrosion bewirkt Schäden

Bei der Überprüfung der Stahlkonstruktion einer Brücke wurden erhebliche Mängel festgestellt (Bild 2).

Korrosion ist die Reaktion eines Metalles mit seiner Umgebung und kann bei vielen Metallen zu einem Schaden führen, der an der Oberfläche erkannt werden kann.

Ohne speziell abgestimmte Beschichtungssysteme würden in Deutschland jährlich Schäden durch Korrosion in Höhe von rund 100 Milliarden Euro entstehen.

Warum korrodieren Metalle?

Die unter hohem Energieaufwand gewonnenen Metalle haben das Bestreben, in ihre Ursprungsform zurückzukehren. Sie verbinden sich mit Sauerstoff und werden zu Oxiden.

Neben den direkten Schäden durch Korrosion können auch Sekundärschäden entstehen, die sich im Umfeld der Korrosionsstellen ergeben können. An Bronzestatuen beobachtet man, dass durch die Patinabildung auf den Statuen selbst eine grüne, gleichmäßige Schutzschicht entsteht. Bei Regen werden jedoch Teile der Schicht gelöst, sodass sie über den Sockel aus Stein ablaufen. Hier setzen sie sich auf der rauen Oberfläche fest und machen sich durch grüne Streifen bemerkbar.

In Bild 3 wird eine Kupferfolie in zwei Lagen gefaltet und etwa eine Minute in der Flamme eines Bunsenbrenners erwärmt. Nach der Abkühlung der Luft wird die Folie aufgefaltet.

Die Innenseite ist unverändert geblieben. Die beflammte Seite zeigte eine schwarzbraune Oxidschicht. Ohne Sauerstoff oxidieren Metalle auch bei hohen Temperaturen nicht.

Oxidation wird durch Wärmeeinwirkung beschleunigt.

Korrosion bei gleichmäßig dicht geschlossener Oberfläche

Weist ein Werkstoff eine gleichmäßige, geschlossene Oberfläche auf (Bild 4) und wirkt das angreifende Mittel schnell bei guter Benetzbarkeit der Oberfläche auch gleichmäßig auf den Werkstoff ein, so kann mit einer ebenmäßigen Korrosion und gegebenenfalls mit der gleichmäßigen Ablagerung fester Korrosionsprodukte gerechnet werden. So bildet sich bei der Einwirkung von Stadt- und Landluft auf Kupfer eine dichte, gleichmäßige Patina, die Kupfer an der Atmosphäre vor weiter voranschreitender Korrosion schützt.

4. Turm an der TU München mit oxidierter Kupferdeckung

Korrosion bei feuchter Umgebung

Sie ist die in allen Bereichen der Technik am häufigsten auftretende Korrosionsart und tritt immer in Gegenwart einer elektrisch leitenden Flüssigkeit auf (Wasser, wässrige Lösungen, feuchte Luft). Eine elektrisch leitende Flüssigkeit wird **Elektrolyt** genannt. Metalle gehen in Anwesenheit von Elektrolyten in Lösung. Sie geben Elektronen ab und verlieren ihre metallischen Eigenschaften. Dabei fließt elektrischer Strom, dessen Spannung ein Maß für das Auflösungs- und Korrosionsverhalten des jeweiligen Metalles ist (Bild 5). Die Korrosionsart wird **elektochemische Korrosion** genannt.

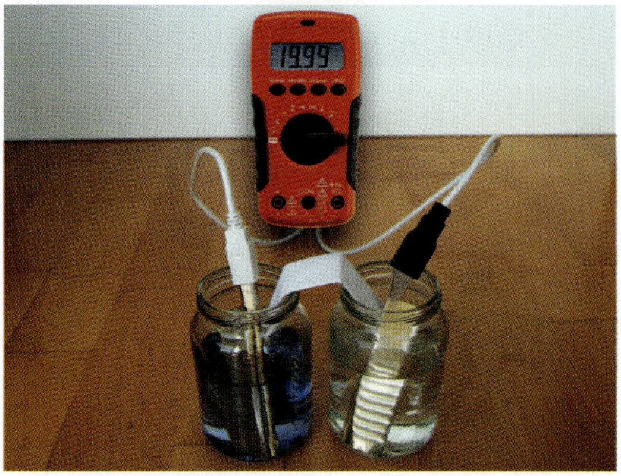

5. Hier fließt elektrischer Strom.

Korrosion ist ein natürlicher Vorgang. Im Wesentlichen wirken Sauerstoff, Wasser und wässrige Lösungen auf das Metall ein.

Spannungsreihe

In der Spannungsreihe werden Metalle nach ihrem Ladungsunterschied gegenüber einer Wasserstoffelektrode (Bild 6) geordnet. Einige Metalle bilden nach einer kurzen heftigen Korrosion binnen Sekundenbruchteilen eine geschlossene, porenfreie Deckschicht, die eine weitere Korrosion verhindert. Solche Metalle sind Blei, Nickel, Zink, Zinn, Aluminium, Chrom, Silber, Titan und rostfreier Stahl.

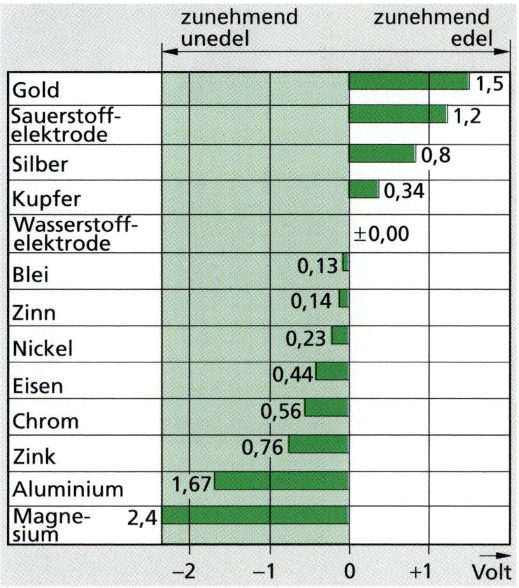

6. Nach der elektrochemischen Spannungsreihe besteht zwischen Kupfer und Zink ein Potenzialunterschied von 1,1 Volt, Zink geht als unedleres Metall in Lösung auf.

Aufgaben

1. *Was bedeutet Korrosion?*
2. *Warum korrodieren Metalle?*
3. *Wie wirkt Korrosion bei Kupferflächen?*
4. *Was geschieht, wenn Kupferbleche mit Zinkblechen verbunden werden?*
5. *Was ist ein Elektrolyt?*

1. Stahlbrücke vor der Sanierung

2. Flächenkorrosion auf den Stahlbauteilen

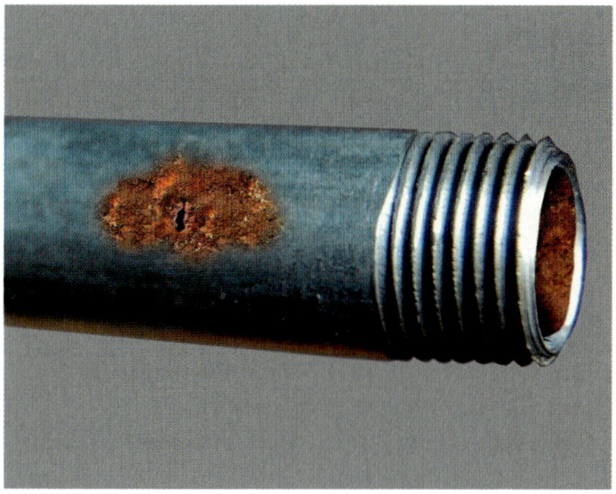

3. Lochfraß verläuft bei Rohren und Behältern vorwiegend von innen nach außen. Man erkennt ihn erst dann, wenn ein Korrosionsschaden entstanden ist.

6.3 Erscheinungsformen der Korrosion

Eine Brücke mit einer Stahlkonstruktion muss saniert werden (Bild 1). Die Korrosion ist auf der Oberfläche der Stahlträger bereits deutlich zu sehen.

Flächenförmige Korrosion

Erfolgt der Korrosionsangriff gleichmäßig auf die gesamte Oberfläche, spricht man von flächenförmiger Korrosion. Eine etwa gleich dicke Korrosionsschicht (Bild 2) hat sich gebildet.

Der Verlauf bei gleichmäßiger flächiger Korrosion lässt sich gut überwachen.

Bei der Bemessung der Bauteilquerschnitte müssen die Korrosionsverluste berücksichtigt werden. Der jährliche Korrosionsverlust beträgt bei Gusseisen und Baustahl bis 0,3 mm, bei Aluminium- und Kupferlegierungen bis zu 0,15 mm und bei hochlegierten Stählen bis 0,075 mm. Ist die Korrosionsgeschwindigkeit zu hoch, sind Korrosionsschutzmaßnahmen zu ergreifen.

Lochfraßkorrosion

Wenn kraterförmige, die Oberfläche unterhöhlende oder nadelstichartige Vertiefungen auftreten, spricht man von Lochfraßkorrosion (Bild 3). Bei dieser Art von Korrosion ist der Metallabtrag auf sehr kleine Oberflächenbereiche begrenzt. Außerhalb der Lochfraßstellen liegt praktisch kein Abtrag vor. Die Tiefe der Lochfraßstelle ist in der Regel gleich oder größer als ihr Durchmesser (Bild 4). Lochfraßkorrosion entsteht beispielsweise, wenn ein Metall mit einer Schutzschicht überzogen ist, die Beschädigungen aufweist.

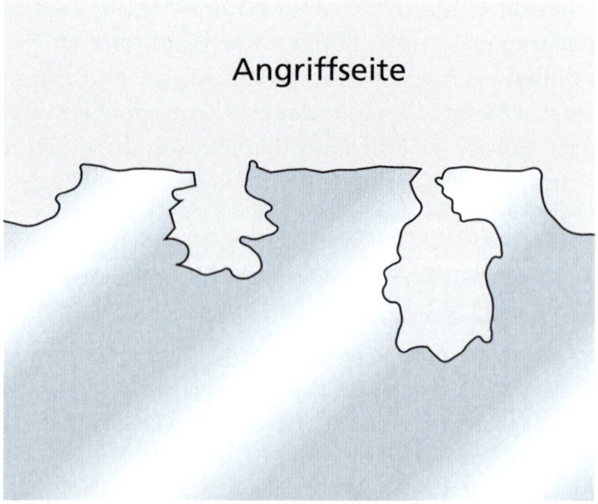

4. Ausbildungsformen der Lochfraßkorrosion

Interkristalline Korrosion

Metalle bilden chemisch gesehen ein Kristallgitter. Bei der interkristallinen Korrosion erfolgt der Korrosionsangriff innerhalb des Werkstoffes; er beginnt zu zerbröckeln.

Das Gefährliche der interkristallinen Korrosion ist das äußerlich nicht erkennbare Zerfallstadium (Bild 5). Auch kann der Maler diese Art der Korrosion nicht verhindern.

5. Interkristalline Korrosion

Korrosion durch Wandern von edleren zu unedleren Metallen

Auf Bild 7 wird gezeigt, wie eine Kupferdachrinne und eine Zinkdachrinne nebeneinander in dieselbe Abwasserleitung münden. Gelöste Kupferteilchen wandern durch Kapillarität vom Abwasserkanal hoch zum Zinkrohr. Zink ist das unedlere Metall (siehe Tabelle Spannungsreihe) und die Korrosion beginnt.

Je weiter Metalle in der Spannungsreihe auseinander liegen, umso weniger sind sie für einen direkten Zusammenbau geeignet.

Der Maler hat den Kunden auf den Schaden und die unsachgemäße Ausführung aufmerksam zu machen. Er hat Bedenken gegen die Übernahme einer Gewährleistung nach einer Beschichtung schriftlich anzumelden.

6. Kontaktkorrosion. Verzinkte Dachrinne mündet in ein Gusseisenrohr.

Spannungsrisskorrosion

Stehen Bauteile unter Zugspannung und greifen aggressive Wässer die Bauteile an, entsteht Spannungsrisskorrosion. So sind z. B. unter Druck stehende Behälter, Spannungstrossen und Stahlträger gefährdet. Diese Korrosionsart ist besonders gefährlich, da sie kaum erkennbar ist.

7. Eine Kupferdachrinne und eine verzinkte Dachrinne münden in unmittelbarer Nähe in denselben Abwasserkanal und gelöste Kupferteilchen wandern durch Kapillarität hoch zum Zinkrohr und das unedlere Metall (Zink) korrodiert.

Aufgaben

1. *Nennen Sie die verschiedenen Erscheinungsformen der Korrosion.*
2. *Wodurch entsteht Lochfraßkorrosion?*
3. *Welche Korrosionsform ist leicht erkennbar?*
4. *Warum müssen bei Bauteilquerschnitten Korrosionsverluste berücksichtigt werden?*

1. Aluminiumfassade

2. So sieht eine unbehandelte Aluminiumoberfläche nach fünf Jahren aus.

3. Farbig eloxierte und beschichtete Aluminiumprofile

6.4 Korrosionsbeständigkeit von Aluminium und Kupfer

Aluminium und Kupfer werden wegen der guten Bearbeitbarkeit und ihrer Widerstandsfähigkeit gegen die atmosphärischen Angriffe häufig am Bau eingesetzt (Bild 1).

Aluminium

Aluminium wird unter anderem für Decken- und Wandbekleidungen, Fenster, Türen und Fassadenverkleidungen verwendet. In metallblankem Zustand besitzt Aluminium eine dünne, jedoch dichte Oxidschicht von etwa 1 µm Dicke, die bei normaler atmosphärischer Beanspruchung einen guten Schutz bietet.

Aluminium korrodiert unter atmosphärischem Einfluss sehr stark. Es bildet sich an der Oberfläche eine dichte Oxidschicht, die das darunter liegende Metall schützt.

Bei mechanischer Beschädigung bildet sich die natürliche Oxidschicht sofort wieder aus. Durch Witterungseinflüsse bilden sich zunehmend dickere Oxidschichten. Bei Einwirkung aggressiver Atmosphäre kann es zu örtlichen Ätzflecken und Ausblühungen kommen. Die Oxidschicht wird im Laufe der Zeit unansehnlich grau (Bild 2).

Aluminium hat bei normaler Atmosphäre eine sehr gute Widerstandsfähigkeit gegen Korrosion. So sind zum Beispiel vom ältesten Aluminiumdach der Welt, der Kirche S. Giacchino in Rom aus dem Jahre 1879, keine Korrosionsschäden bekannt.

Um das optische Erscheinungsbild von Aluminium farblich zu verbessern und Aluminium besser zu schützen, wird Aluminium meist eloxiert eingebaut. In einem Säurebad wird unter Einwirkung von elektrischem Strom eine Oxidschicht künstlich erzeugt. Die Schichtdicke beträgt dann nach DIN 17611 je nach Beanspruchung mindestens zwischen 10 µm und 20 µm (Bild 3). Die verbesserten Eigenschaften sind

- Kratzfestigkeit,
- Schlagfestigkeit,
- Säurebeständigkeit.

Eloxierte Oberflächen widerstehen Industrieluft und maritimem Klima länger.

Kupfer

Auch Kupfer wird oft am Bau eingesetzt (Bild 4). Neben der guten Bearbeitbarkeit ist Kupfer hoch korrosionsbeständig. Die Korrosionsbeständigkeit von Kupfer beruht auf der Fähigkeit,in verschiedenen Umgebungen schützende Deckschichten auszubilden. Je nach Luftverunreinigung (Landluft, Seeluft, Industrieluft) nimmt Kupfer zunächst eine schwarze, im Laufe der Zeit eine hellgrüne bis grünblaue Farbe an.

Kupfer bildet an der Oberfläche eine Schutzschicht (Patina) und ist deshalb sehr korrosionsbeständig.

4. Kupferdach mit natürlicher Patina als Schutzschicht

Die Patina wird häufig als Grünspan bezeichnet. Dies ist jedoch falsch. Grünspan entsteht durch chemische Reaktionen von Kupfer mit Essigsäure und ist im Gegensatz zur Patina wasserlöslich. Grünspan kommt am Bau nicht vor.

Will man den natürlichen Alterungsprozess nicht abwarten, so kann die Patina vom Hersteller werkseitig künstlich beschleunigt werden. Die grünpatinierte Oberfläche des Kupfers wirkt gleichmäßiger als die durch den natürlichen Entwicklungsprozess entstehende Patina (Bild 5).

5. Kupferbekleidung mit werkseitig künstlicher Patina als Schutzschicht

Um die Sanierung von Kupferdächern unauffällig durchführen zu können und die rötliche Farbe frisch verlegten Kupfers zu vermeiden, können alle Zwischentöne des natürlichen Oxidationsprozesses werkseitig künstlich hergestellt werden, z. B. ein warmer Braunton (Bild 6).

Werkseitig ist es möglich, die Oxidation der Oberfläche künstlich zu beschleunigen.

6. Für die Dachsanierung wurden werkseitig mattbraun oxidierte Kupferbahnen hergestellt.

Aufgaben

1. *Warum sind Aluminiumfassaden sehr korrosionsbeständig?*
2. *Durch welches Verfahren lässt sich die Korrosionsbeständigkeit von Aluminium noch verbessern?*
3. *Wie nennt man die Schutzschicht, die sich auf Kupferoberflächen bildet?*

1. Lüftungsschacht aus verzinktem Stahlblech

2. Feuerverzinktes Blech mit erkennbarer Zinkblume

3. Galvanisch verzinktes Stahlblech mit silbrig glatter Oberfläche

6.5 Verzinkung von Stahl

Ein Lüftungsschacht aus verzinktem Stahlblech soll beschichtet werden (Bild 1). Reines Zink wird am Bau nicht verwendet. Von den weltweit jährlich verbrauchten 14 Millionen Tonnen Zink wird etwa die Hälfte zum Korrosionsschutz durch Verzinken genutzt.

Das Verzinken schützt den Stahl vor Korrosion.

Es gibt verschiedene Verzinkungsarten, die als Beschichtungsuntergrund unterschiedlich problematisch sind.

Feuerverzinkung (Schmelztauchverzinkung)

Bei der Feuerverzinkung werden Stahlteile mit metallisch blanker Oberfläche in schmelzflüssiges Zink getaucht. Der getauchte Gegenstand nimmt die Temperatur des Zinkbades von etwa 450 °C an. Auf der Oberfläche bildet sich eine Eisen-Zink-Legierungsschicht (Hartzink), die gut auf Stahl haftet. An der Oberfläche der Hartzinkschicht bildet sich noch eine Reinzinkschicht.

Für Dachrinnen, Kaminbleche und Bedachungen werden hauptsächlich feuerverzinkte Stahlbleche verwendet.

Das Kennzeichen für Feuerverzinkung sind die Zinkblumen auf der Oberfläche (Bild 2).

Man unterscheidet bei der Feuerverzinkung zwischen

- Stückverzinkung
  mit Schichtdicken von 50 bis 85 µm und
- Bandverzinkung
  mit Schichtdicken von 20 bis 70 µm.

Beim Senzimirverfahren wird das Breitbandblech durch eine Glühbehandlung vorher gereinigt und mit einer Temperatur von etwa 500 °C in das Zinkbad geleitet.

Galvanische Verzinkung

Stahlteile werden nach der chemischen Reinigung als Kathode (–) und Zinkplatten als Opferanoden (+) in ein Bad mit sauren Elektrolyten gehängt. Dort bilden sie eine Zinkschicht, die silbrig glatt erscheint (Bild 3).

Spritzverzinkung

Nach der mechanischen Reinigung und Aufrauung werden die Stahlteile abgestrahlt. Im Elektrolichtbogen oder in einer Gasflamme wird Zinkdraht oder Zinkpulver geschmolzen und mit Druckluft nebelförmig auf den Gegenstand gesprüht. Das Zink haftet auf der Oberfläche des Gegenstandes (Bild 4).

Bei der Spritzverzinkung werden Schichtdicken bis zu 100 µm erreicht. Spritzverzinkungen sind ungleichmäßig im Auftrag und porös. Darum sollten sie unmittelbar nach der Verzinkung beschichtet werden.

Nach dem Aufspritzen der Verzinkung soll eine Versiegelung der porösen Metallspritzschicht mit dünnflüssigen Beschichtungsstoffen erfolgen.

Die Oberfläche der Spitzverzinkung erscheint stumpfgrau und sehr rau.

4. Spritzverzinkung

Duplex-Systeme

Für zahlreiche Anwendungsfälle stellt die Verzinkung keinen ausreichenden Korrosionsschutz dar. Im zunehmenden Umfang werden verzinkte Bauteile zusätzlich beschichtet, auch aus Gründen der farblichen Gestaltung.

Die Kombination von metallischem Überzug mit einer Beschichtung wird als Duplex-System bezeichnet.

Für eine zusätzliche Beschichtung sprechen folgende Gründe:

- wesentliche Erhöhung des Korrosionsschutzes
- Verlängerung der Schutzdauer und Senkung des Instandhaltungsaufwandes (Bild 5)
- Möglichkeit einer farbigen Gestaltung (Bild 6)
- Möglichkeit der Nutzung der Beschichtung als Isolation bei Paarung unterschiedlicher Metalle zur Unterbindung einer Kontaktkorrosion

5. Bei dieser Stahlbrücke empfiehlt sich ein Duplex-System zur Verlängerung der Schutzdauer.

6. Farbige Gestaltung mit Duplex-Systemen

Aufgaben

1. *Nennen Sie drei Arten der Verzinkung von Stahl.*
2. *Welche Art der Verzinkung kann man an der Zinkblume erkennen?*
3. *Was bedeutet der Begriff „Duplex-System"?*
4. *Wo finden Duplex-Systeme vorwiegend Anwendung?*

Korrosivitätskategorie		Beispiele
C1	Unbedeutend	Nur innen: Geheizte Gebäude mit neutralen Atmosphären
C2	Gering	Ländliche Bereiche, ungeheizte Gebäude, in denen Kondensation auftreten kann, z. B. Lager, Sporthallen
C3	Mäßig	Stadt- und Industrieatmosphäre mit mäßiger Luftverunreinigung, Küstenbereiche mit geringer Salzbelastung, Produkionsräume mit hoher Luftfeuchte und etwas Luftverunreinigung (z. B. Lebensmittelherstellung, Wäschereien, Brauereien)
C4	Stark	Industrielle Bereiche, Küstenbereiche mit Mäßiger Salzbelastung, Chemieanlagen, Schwimmbäder
C5-I	Sehr stark (Industrie)	Industrielle Bereiche mit hoher Luftfeuchte und aggressiver Atmosphäre
C5-M	Sehr stark (Meer)	Küsten- und Offshorebereich mit hoher Salzbelastung, Gebäude mit nahezu ständiger Kondensation und mit starker Luftverunreinigung
Im1	Süßwasser	Flussbauten, Wasserkraftwerke
Im2	Meer- oder Brackwasser	Hafenbereiche mit Stahlbauten, Schleusentoren, Molen, Offshoreanlagen
Im3	Erdreich	Behälter im Erdbereich, Stahlspundwände, Stahlrohre

1. Einteilung der atmosphärischen Umgebungsbedingungen gemäß DIN EN ISO 12944-2 mit Beispielen

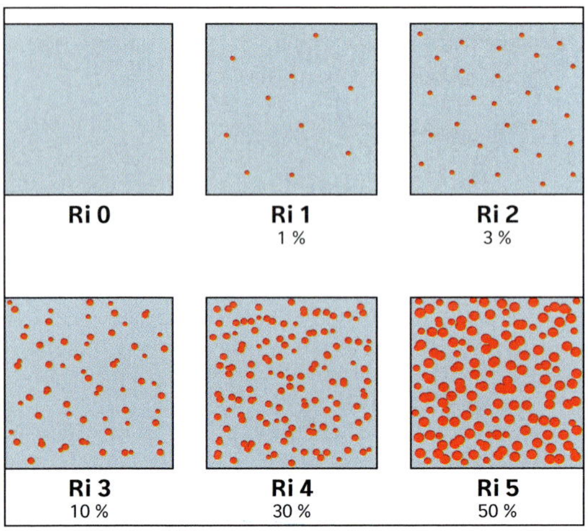

2. Rostgrade bei beschichteten Eisenflächen nach DIN EN ISO 4628-3. Beispiel: Ri 2 hat 3% rostige Fläche.

6.6 Metallische Untergründe bearbeiten

Ein Leuchtturm aus Stahl soll renoviert werden. Bevor Beschichtungsarbeiten beginnen, erfolgt die Beurteilung und Prüfung des Untergrundes.

Beurteilung der Korrosionsbelastung

Kriterien für die Korrosivität atmosphärischer Umgebungsbedingungen sowie in Wasser und im Erdreich werden in DIN EN ISO 12944-2 angegeben. Die Einteilung atmosphärischer Umgebungsbedingungen erfolgt in unterschiedliche Korrosivitätskategorien. Hierbei wird die Belastung der Metalle im Hinblick auf die Korrosion beurteilt (Bild 1).

Prüfung der Haftungsfähigkeit des Untergrundes

Bevor eine Beschichtung auf metallischem Untergrund aufgebracht wird, muss dieser auf seine Haftfähigkeit geprüft werden.

Die Prüfung auf Verunreinigungen durch Fette und Öle wird mit saugfähigem Papier festgestellt. Das Papier saugt das Öl auf und wird transparent.

Optische Prüfung von Rostbildung

Bei der optischen Prüfung wird zwischen beschichteten Stahlbauteilen und unbeschichteten Stahloberflächen unterschieden. Der Rostbefall von beschichteten Oberflächen wird nach DIN EN ISO 4628-3 entsprechend der rostbedeckten Fläche festgestellt (Bild 2). Die Einteilung der Rostgrade bei unbeschichteten Flächen erfolgt nach DIN EN ISO 8501-1 wie folgt:

Rostgrad	Zustand der rostbedeckten Fläche
A	gesamte Fläche ist mit Zunder bedeckt, keine Rostbildung
B	Zunderabblätterung, beginnende Rostbildung
C	weggerosteter Zunder, wenig sichtbare Rostnarben
D	abgerosteter Zunder, zahlreiche sichtbare Rostnarben

3. Rostgrade bei unbeschichteten Stahlflächen (vereinfachte Darstellung)

Optische Prüfung von Altbeschichtungen

Es wird geprüft auf:

- kreidende, oberflächlich abbauende Altbeschichtung (Bild 4)
  Konsequenzen für die Instandsetzung:
  Sorgfältige Entfernung der Abbauprodukte. Die durch die Kreidung und den Filmabbau verlorene Schicht muss ersetzt werden.
- Grießbläschen und Blasen (Bild 5)
  Konsequenzen für die Instandsetzung:
  Alle Blasen entfernen, auch die oft schlecht haftenden Randpartien.
- Risse, Abblätterungen der Altbeschichtung (Bild 6)
  Konsequenzen für die Instandsetzung:
  Die Altbeschichtung in diesem Bereich entfernen.
- Kräuselungen oder Runzelungen in der Altbeschichtung (Bild 7)
  Konsequenzen für die Instandsetzung:
  Die Filmstörung tritt meist in kleinen Teilflächen auf. Die Entfernung ist empfehlenswert.

Stabilitätsverlust durch Korrosion

Saure atmosphärische Niederschläge, ob saurer Regen, Tau, Nebel oder Staub, sind Produkte der modernen Industriegesellschaft. Durch dieses Klima werden metallische Untergründe zusehends stark belastet, sie korrodieren schneller.
Der zunehmende Schichtdickenverlust führt letztendlich zum Stabilitätsverlust.

Durchschnittlicher Dickenverlust µm/Jahr		
Korrosivitätskategorie	unlegierter Stahl	Zink
C1 unbedeutend	≤ 1,3	≤ 0,1
C2 gering	> 1,3–25	> 0,1–0,7
C3 mäßig	> 25–50	> 0,7–2,1
C4 stark	> 50–80	> 2,1–4,2
C5-I sehr stark (Industrie)	> 80–200	> 4,2–8,4
C5-M sehr stark Meer	> 80–200	> 4,2–8,4

9. Korrosivitätskategorien für atmosphärische Belastung (verkürzt nach DIN EN ISO 12944-2)

Aufgaben

1. *Welche Unterscheidung trifft man bei der Beurteilung der Korrosionsbelastung?*
2. *Wie wird die optische Prüfung von Rostbildung nach DIN EN ISO 4628-3 durchgeführt?*
3. *Nennen Sie die Konsequenzen für die Instandsetzung von Altbeschichtungen bei kreidenden Oberflächen.*

4. Kreidende, oberflächlich abbauende Altbeschichtung

5. Grießbläschen und Blasen

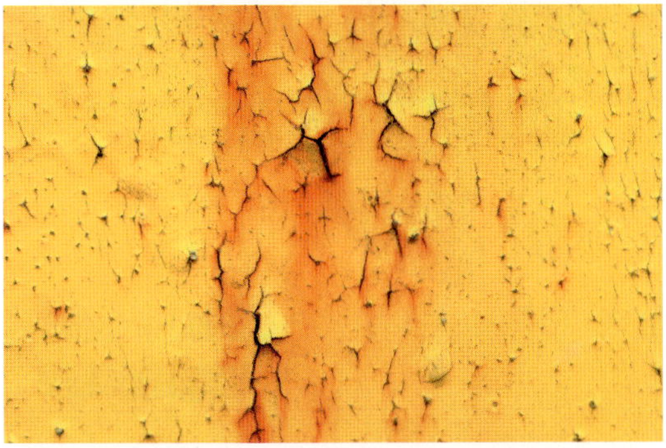

6. Risse und Abblätterungen der Altbeschichtung

7. Kräuselung oder Runzelung in der Altbeschichtung

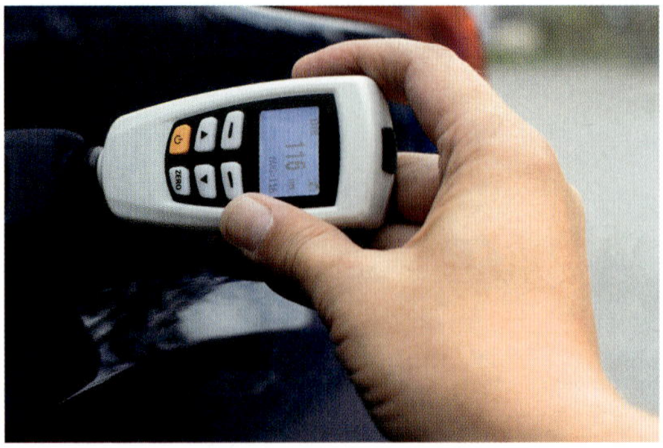

1. Schichtdickenmessung

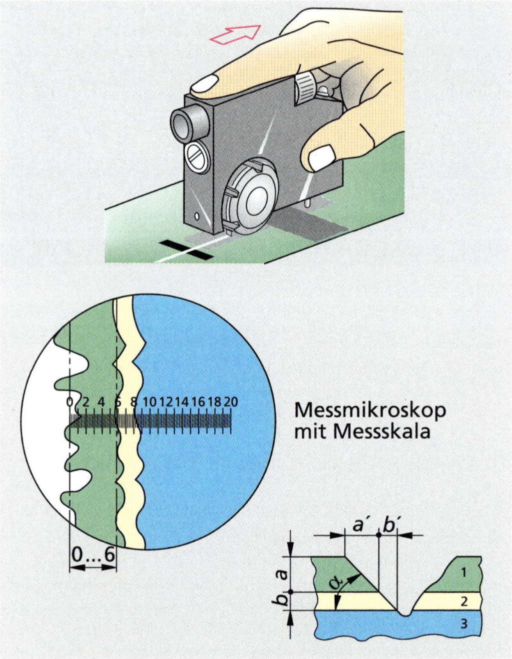

2. Schichtdickenmessgerät für das Keilschnittverfahren

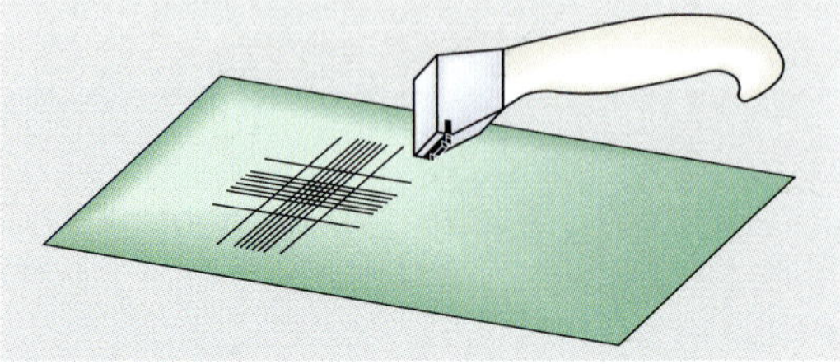

3. Gitterschnittprüfer

6.7 Prüfung der Altbeschichtung

Eine Malerfirma erhält den Auftrag, auf einen Tank eine Renovierungsbeschichtung aufzubringen. Bevor seine Mitarbeiter mit den Arbeiten beginnen, prüft der Malermeister die Altbeschichtung auf ihre Schichtdicke (Bild 1).

Sollen bereits beschichtete Metalle einen neuen Anstrich erhalten, ist der Untergrund entsprechend zu prüfen.

Schichtdickenmessung (Trockenschichtdicke)

Im Bereich der Probe ist die Schichtdicke zu bestimmen. Man unterscheidet

- zerstörungsfreie Messung (Bild 1) der Beschichtung und
- zerstörende Messung (Bild 2) der Beschichtung.

Eine die Beschichtung zerstörende Messung wird hauptsächlich an elektrisch nicht leitenden Materialien eingesetzt, z. B. bei Holz, Kunststoff und mineralischen Untergründen.
Für elektrisch leitende und magnetische Trägermaterialien setzt man Schichtdickenmessgeräte nach magnetischem Prinzip ein.

Beträgt die Schichtdicke bei freier Bewitterung deutlich unter 200 µm, ist ein ausreichender Schutz nicht mehr gegeben.

Gitterschnitt

Je nach Schichtdicke führt der Malermeister eine **Haftfestigkeitsprüfung** durch den Gitterschnitt durch. Die genormte Gitterschnittprüfung nach DIN EN ISO 2409 bietet eine gute Möglichkeit, die Haftfestigkeit mit einfachen Mitteln wie mit einem Messer oder Gitterschnitt-Prüfer zu bestimmen (Bild 3).

Die Gitterschnittprüfung kann mit einem Schneidemesser und Lineal oder mit einem Schneidegerät erfolgen.

Eine verschärfte Gitterschnittprüfung kann mithilfe des Klebestreifentestes durchgeführt werden. Auf der Oberfläche des Anstriches wird ein Klebestreifen aufgebracht und durch ruckartiges Ziehen wieder entfernt. Aufgrund der Menge des auf dem Klebestreifen haftenden Anstriches kann auf die Haftfestigkeit geschlossen werden.

Wie wird eine Gitterschnittprüfung durchgeführt?

Die Beschichtung wird je nach Schichtdicke mit unterschiedlichem Abstand zueinander mit rechtwinkligen und kreuzenden Schnitten durchzogen. Die Bewertung des so entstandenen gitterartigen Schnittrasters erfolgt dann visuell anhand des Schadensbildes, das durch Ausbrechen der Schnittkanten und/oder Abplatzen von Teilstücken entsteht. Man vergleicht es mit den schematischen Darstellungen der Norm (Bild 4).

Adhäsion ist die Anhaftkraft

Eine aufgebrachte Beschichtung kann ihren Zweck nur erfüllen, wenn sie auch auf dem Untergrund haften bleibt. Ein Beschichtungsstoff haftet auf dem Untergrund, weil zwischen den beiden Stoffen eine Anziehungskraft wirkt, die man Adhäsion oder Anhaftkraft nennt.

Die Größe der Anhaftkraft ist aber auch vom Untergrund abhängig. Ist der Untergrund glatt, ist die Anhaftkraft gering, ist der Untergrund rau, ist die Anhaftkraft groß. Ist die Adhäsionskraft von Anstrichen zu gering, löst sich der Anstrich (Bild 5).

Grundsätzlich müssen Untergründe gereinigt werden, um die größtmögliche Adhäsionskraft zu erreichen.

Gitterschnitt – Kennwert	Beschreibung
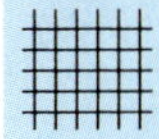 Gt 0	Die Schnittränder sind vollkommen glatt. Kein Teilstück des Anstriches ist abgeplatzt.
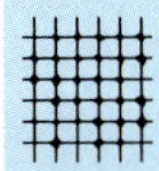 Gt 1	An den Schnittpunkten der Gitterlinien sind kleine Splitter des Anstriches abgeplatzt. Abgeplatzte Fläche etwa 5 % der Teilstücke.
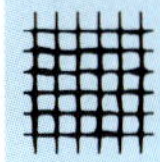 Gt 2	Der Anstrich ist längs der Schnittränder und/oder an den Schnittpunkten der Gitterlinien abgeplatzt. Abgeplatzte Fläche etwa 15 % der Teilstücke.
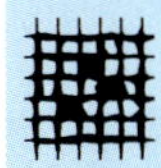 Gt 3	Der Anstrich ist längs der Schnittränder teilweise oder ganz in breiten Streifen abgeplatzt und/oder von einzelnen Teilstücken ganz oder teilweise abgeplatzt. Abgeplatzte Fläche etwa 35% der Teilstücke.
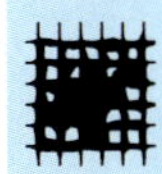 Gt 4	Der Anstrich ist längs der Schnittränder in breiten Streifen abgeplatzt und/oder von einzelnen Teilstücken ganz oder teilweise abgeplatzt. Abgeplatzte Fläche etwa 65% der Teilstücke.
Gt 5	Abgeplatzte Fläche mehr als 65 % der Teilstücke.

4. Einstufung der Prüfergebnisse nach DIN EN ISO 2409

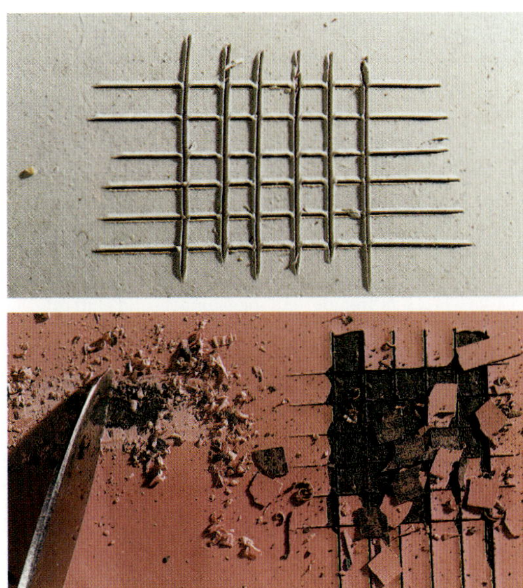

5. Gitterschnitt auf einem gut haftenden und auf einem schlecht haftenden Untergrund. Der Anstrich im Bild oben hat noch eine hohe Anhangskraft, wogegen der Beschichtungsstoff im unteren Bild eine höhere Zusammenhangskraft als Anhaftkraft besitzt.

Kohäsion ist die Zusammenhangskraft

Als Kohäsionskraft wird die Kraft bezeichnet, die einen Stoff zusammenhält. Die Beschichtung löst sich vom Untergrund, wenn die Kohäsionskraft des Beschichtungsstoffes größer als die Adhäsionskraft zwischen Beschichtungsstoff und Untergrund ist.

- Feste Stoffe haben eine hohe Zusammenhangskraft.
- Flüssige Stoffe haben eine geringe Zusammenhangskraft.
- Gasförmige Stoffe haben eine sehr geringe Zusammenhangskraft.

Aufgaben

1. *Wie erfolgt die Untergrundprüfung mit dem Gitterschnitt?*
2. *Nennen Sie die beiden Möglichkeiten der Trockenschichtdickenmessung.*
3. *Erläutern Sie das Verhältnis zwischen Kohäsionskraft und Adhäsionskraft im Beschichtungsstoff.*

1. Detail einer Brückenkonstruktion

6.8 Vorbereitungsgrade und Wahl des Entrostungsverfahrens

Die Stahlkonstruktion einer Brücke (Bild 1) muss saniert werden. Der Meister der Malerfirma, die mit dem Auftrag betraut wurde, stellte nach DIN EN ISO 4628-3 Rostgrad 5 (etwa 50% und mehr rostbedeckte Fläche) an der Konstruktion fest. Um eine Beschichtung aufbringen zu können, muss der Rost entfernt werden. Das Aussehen der vorzubereitenden Oberfläche wird nach sogenannten Normreinheitsgraden festgelegt.

Vorbereitungsgrade von Stahloberflächen

Alle wichtigen Einzelheiten über Vorbereitungsgrade enthält die DIN EN ISO 12944-4 (Tabelle 2). In der Regel reicht Vorbereitungsgrad Sa 2½ auch für hochwertige oder langlebige Beschichtungen aus. Dieser Oberflächenvorbereitungsgrad wird durch das Strahlen der Oberfläche mit einem geeigneten Strahlmittel erreicht.

Vorbereitungsgrad	Zustand der vorbereiteten Oberflächen
Sa 1	Lose Walzhaut/loser Zunder, loser Rost, lose Beschichtungen und lose artfremde Verunreinigungen sind entfernt.
Sa 2	Nahezu alle Walzhaut/aller Zunder, nahezu aller Rost, nahezu alle Beschichtungen und nahezu alle artfremden Verunreinigungen sind entfernt. Alle verbleibenden Rückstände müssen fest haften.
Sa 2½	Walzhaut/Zunder, Rost, Beschichtungen und artfremde Verunreinigungen sind entfernt. Verbleibende Spuren sind allenfalls noch als leichte fleckige oder streifige Schattierungen zu erkennen.
St 2	Lose Walzhaut/loser Zunder, loser Rost, lose Beschichtungen und lose artfremde Verunreinigungen sind entfernt.
St 3	Lose Walzhaut/loser Zunder, loser Rost, lose Beschichtungen und lose artfremde Verunreinigungen sind entfernt. Die Oberfläche muss jedoch viel gründlicher bearbeitet sein als für St 2, sodass sie einen vom Metall herrührenden Glanz aufweist.
Fl	Walzhaut/Zunder, Rost, Beschichtungen und artfremde Verunreinigungen sind entfernt. Verbleibende Rückstände dürfen sich nur als Verfärbung der Oberfläche (Schattierungen in verschiedenen Farben) abzeichnen.
Be	Walzhaut/Zunder, Rost, Beschichtungen und artfremde Verunreinigungen sind vollständig entfernt. Beschichtungen müssen vor dem Beizen mit Säure mit geeigneten Mitteln entfernt werden.
P Sa 2½ und PMa	Fest haftende Beschichtungen müssen intakt sein. Von der Oberfläche der anderen Bereiche sind lose Beschichtungen und Walzhaut/Zunder, Rost und artfremde Verunreinigungen entfernt. Verbleibende Spuren sind allenfalls noch als leichte, fleckige oder streifige Schattierungen zu erkennen.

2. Vorbereitungsgrad von Stahlflächen nach DIN EN ISO 12944-4

Bewertung der vorbereiteten Oberflächen

Die Reinheit wird nur nach Aussehen der Oberfläche durch Sichtvergleich mit Vergleichsnormalen nach DIN EN ISO 8501-1 bewertet. Für Beschichtungen, die stärkeren Korrosionsbelastungen ausgesetzt sind, ist eine Prüfung auf lösliche Salze und andere nicht sichtbare Verunreinigungen nach verschiedenen Teilen von DIN EN ISO 8502 zweckmäßig. Für die Bewertung des Rauheitsgrades gilt das Vergleichsmusterverfahren nach DIN EN ISO 8503-2. Die Rautiefe kann mit geeigneten Tastschnittgeräten nach DIN EN ISO 8503-4 erfolgen. Für die zu beschichtende Stahloberfläche soll die Rauheit dem Rauheitsgrad „mittel G“ oder „mittel S“ nach DIN EN ISO 8503-1 entsprechen. Die mittlere maximale Rautiefe soll ca. 40 bis 80 µm betragen. Ein weiteres Kriterium für die Wahl des Entrostungsverfahrens ist die Einteilung der Entrostungsgrade nach RoStDV 807 (Bundesbahnvorschrift) (Tabelle 3).

1	normal	Fest haftender Anstrich wird nicht entfernt.
2	metallisch rein, wolkig	Rost, Anstriche und Walzhaut werden entfernt, doch dunkle Poren und ein Schimmer alter Grundanstriche können sichtbar bleiben.
3	metallisch blank	Restloses Entrosten bis auf reinen Stahl.

3. Entrostungsgrade nach RoStDV 807 (RoSt = Bundesbahnvorschrift)

Mechanische Entrostung

Bei der mechanischen Entrostung werden drei Verfahren unterschieden:

- Die **Handentrostung** wird mithilfe von Kratzwerkzeugen, Pickhämmern, Drahtbürsten und Schleifmittel durchgeführt.
- Bei der **Strahlentrostung** wird Strahlmittel mit hoher Geschwindigkeit auf die zu reinigende Oberfläche geschleudert. Altanstriche, Rost und Walzhaut werden auf diese Weise ganz sicher entfernt (Bild 4).
- Die **maschinelle Entrostung** erfolgt durch Abklopfen (Bild 5) und Abschleifen mit Geräten.

Bei der Handentrostung und bei maschineller Entrostung wird der Vorbereitungsgrad St 2 und St 3 nach DIN EN ISO 12944-4 erreicht.

4. Eisenmetall, das nach dem Strahlen durch hohe Rauigkeit gekennzeichnet ist

Thermisches Entrosten

Mittels eines Flammenstrahlbrenners (Bild 6) wird am Objekt eine Temperatur von 100 bis 300 °C erzeugt. Rostbelag und Zunder werden infolge der verschiedenen Ausdehnung von Rostbelag und festem Metall gelockert und abgesprengt. Der Umgang mit Flammstrahlgeräten erfordert eine sorgfältige Schulung.

Durch Flammstrahlentrostung wird der Vorbereitungsgrad FL nach DIN EN ISO 12944-4 erreicht.

5. Maschinelle Entrostung

Chemische Entrostung

Mithilfe von Lösungen und Beizen wird Rost gelockert und durch Abschaben entfernt. Eine sorgfältige Spülung und Neutralisation nach dem Beizen ist unbedingt erforderlich.

Mit chemischer Entrostung wird der Vorbereitungsgrad Be nach DIN EN ISO 12944-4 erreicht.

6. Thermische Entrostung durch Flammstrahlen

Aufgaben

1. *Was bedeuten Vorbereitungsgrade?*
2. *Welcher Vorbereitungsgrad reicht in der Regel für eine hochwertige Beschichtung aus?*
3. *Nennen Sie drei mechanische Entrostungsverfahren.*

1. Maschinelle Entrostung von Riffelblechen durch eine rotierende Drahtbürste

2. Handentrostung mit dem Schwedenschaber

3. Maschinelle Entrostung mit Winkelschleifmaschine, Schleifpapier mit offener Körnung

6.9 Entrosten des Untergrundes

Eine Malerfirma hat den Auftrag erhalten, Riffelbleche zu entrosten, um anschließend eine Korrosionsschutzbeschichtung aufzubringen (Bild 1). Für die Haltbarkeit von Korrosionsschutzbeschichtungen ist die richtige Oberflächenvorbereitung die wichtigste Grundvoraussetzung.

In Abhängigkeit von Beschichtungsstoff, Beschichtungsaufbau und vom Grad der Beanspruchung, verbunden mit der angestrebten Haltbarkeitsdauer, ist eine entsprechende Reinheit der Oberfläche gefordert. Der erzielbare Reinheitsgrad einer Oberflächenbehandlung hängt vom Ausgangszustand und vom Vorbereitungsverfahren ab.

Handwerkszeuge zur mechanischen Entrostung

Mit Handwerkszeugen, z.B. Drahtbürste, Spachtel, Hammer, Schwedenschaber (Bild 2), Kunststoffvlies mit Schleifmitteleinbettung, Schleifpapier oder Ähnlichem, kann nur bedingt eine Entrostung erreicht werden, da stets eine Restrostschicht zurückbleibt.

Unter den Handwerkszeugen hat sich der Schwedenschaber besonders bewährt. Mit Ausnahme der Poren kann eine sorgfältige metallisch blanke Oberfläche erreicht werden.

Die Nachreinigung erfolgt z.B. durch Abfegen, Abbürsten, Absaugen oder auch Abblasen mit trockener ölfreier Druckluft. Staubmaske tragen!

Maschinelle Werkzeuge zur mechanischen Entrostung

Mit maschinell angetriebenen Werkzeugen (Bild 3), z.B. rotierenden Drahtbürsten, Schleifscheiben, Schleifpapier auf Schleiftellern, Schlagwerkzeugen oder Nadelpistolen, werden Zunder, Rost und lose Beschichtungen so weit entfernt, dass Reste lediglich als leichte Schattierungen infolge Tönung von Poren sichtbar bleiben und nach der Nachreinigung die Oberfläche einen deutlichen vom Metall herrührenden Glanz aufweist.

Zur Vorentrostung und zur Entfernung dicker Schichten werden Drucklufthammer und Druckklopfer eingesetzt. Die Feinentrostung erfolgt mit rotierenden Drahtbürsten. Die Drahtnadeldruckpistole hat sich wegen der geringen Leistung und starken Aufrauung der Oberfläche nicht bewährt. Sie findet Anwendung bei der Winkel-, Ecken- und Schweißnahtentrostung.

Strahlentrostung

Für die Reinigung von Oberflächen werden folgende Strahlverfahren angewendet:

- **Schleuderradstrahlen** (Bild 4)
  Dieses Verfahren erfolgt in geschlossenen oder mobilen Anlagen, in denen das Strahlmittel auf rotierende Wurfschaufelräder gegeben wird, sodass es gleichmäßig und mit hoher Geschwindigkeit auf die vorbereitete Oberfläche trifft.
- **Druckluftstrahlen** (Bild 5)
  Bei diesem Verfahren wird das Strahlmittel einem Druckluftstrom zugeführt und dann aus einer Düse mit hoher Geschwindigkeit auf eine Oberfläche gerichtet.
- **Vakuum-Saugkopfstrahlen**
  Das Verfahren ähnelt dem Druckluftstrahlen. Die Strahldüse liegt in einem Saugknopf, der auf der Strahloberfläche aufliegt.
- **Feuchtstrahlen**
  Das Verfahren ähnelt dem Druckluftstrahlen. Vor Eintritt des Strahlmittels in die Düse wird eine geringe Menge Feuchtigkeit hinzugefügt.
- **Nassstrahlen**
  Bei diesem Verfahren wird das Wasser erst hinter der Düse zugefügt, sodass sich ein Gemisch aus Luft, Wasser und Strahlmittel bildet.

Beim Strahlen müssen nicht zu bearbeitende und bereits beschichtete Teilflächen sowie die Umgebung vor dem Strahlmittel geschützt werden. Das Strahlen ist zurzeit das universellste Entrostungsverfahren im Hinblick auf Leistung und der erzielbaren Oberflächenreinheit.

Wegen der starken Staubentwicklung und der damit verbundenen Belastung der Umgebung und der mit Strahlgeräten arbeitenden Personen sind die Unfallverhütungsvorschriften genauestens einzuhalten.

Schadstoffe in der Luft, hin- und herschlagende Druckluftschläuche, Schlauchbrüche, unkontrollierter Strahlmittelaustritt sowie hohe Lärmbelästigung gefährden die Beschäftigten.

Persönliche Schutzausrüstungen

Bei Strahlarbeiten immer Strahlerhelm mit Prallschutzüberzug und Frischluftversorgung verwenden (Bild 6). Darüber hinaus sind schulter- und

4. Schleuderradstrahlanlage

5. Mobiles Gerät zum Druckstrahlen

6. Arbeiter in einer Strahlerschutzkombination

7. Totmannschaltung für Strahlarbeiten

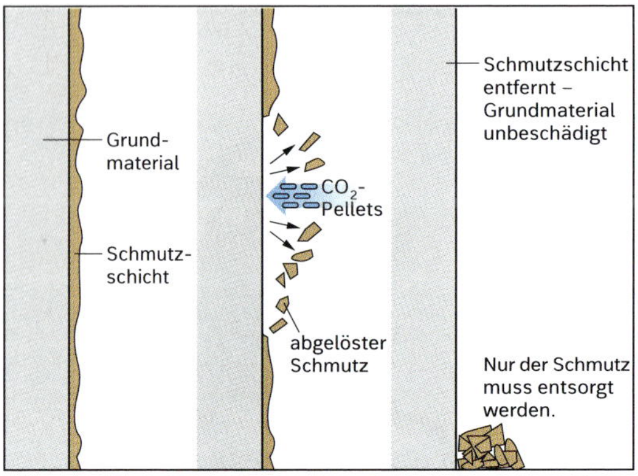

8. Trockeneisstrahlverfahren

9. Reinigung mit Trockeneis

körperbedeckende Prallschutzkleidung sowie Schutzhandschuhe zu tragen.

Personen, die sich in der Umgebung der Strahlarbeiten aufhalten und hierdurch gefährdet werden können, z. B. beim Entfernen von Strahlmittelrückständen, müssen ebenfalls Atemschutz, z. B. Halbmaske mit Partikelfilter und ggf. Schutzkleidung und Gehörschutz verwenden.

Persönliche Schutzausrüstungen sind in gesonderten Umkleidekabinen getrennt von anderer Kleidung aufzubewahren.

Durch unkontrolliertes Austreten des Strahlmittels könnte der Verarbeiter selbst oder ein in seiner Nähe Beschäftigter erheblich gefährdet werden.

Druckluftstrahleinrichtungen, die von Hand gehalten werden, müssen mit Totmannschaltung ausgerüstet sein, die beim Loslassen einen weiteren Austritt von Strahlmitteln und Druckluft verhindert und den Strahlschlauch druckentlastet. Hiermit wird sichergestellt, dass niemand zu Schaden kommt, wenn durch das Loslassen der handgeführten Strahldüse, z.B. infolge von Stolpern, Ausrutschen oder beim Hängenbleiben des Strahlschlauches, das Strahlgut mit hoher Geschwindigkeit austritt (Bild 7).

Trockeneisstrahlen

Mit dem Trockeneisstrahlverfahren lassen sich Oberflächen schonend und umweltfreundlich reinigen. Die Trockeneis-Pellets (Strahlgut in Reiskorngröße) haben eine Temperatur von –78,45 °C und werden mit einem Betriebsdruck von 6–16 bar auf die Oberfläche gestrahlt. Beim Auftreffen auf die Oberfläche wird die Umgebung punktuell unterkühlt. Dabei versprödet und schrumpft die anhaftende Beschichtung. Bei Umgebungstemperatur wandeln sich die Pellets dann vollständig in ungiftiges Kohlendioxid um (Bild 8.)

Vorteile:
- keine Entsorgung des Strahlguts
- schonende Reinigung
- anwenderfreundlich
- umweltfreundlich

Sicherheitshinweise:
- Trockeneis hat eine tiefkalte Temperatur von –78,45 °C.
- Trockeneisreinigung erfolgt im Hochdruckverfahren.

Trockeneisreinigung immer mit Sicherheitskleidung, Sicherheitsschuhen, Augenschutz und Gehörschutz ausführen.

Flammstrahlentrostung

Immer häufiger wird das Flammstrahlen (Bild 10) als Entrostungsverfahren vorgeschrieben. Es erfordert eine sorgfältige Schulung. Die Unfallverhütungsvorschriften sind streng zu beachten. Das Flammstrahlen geschieht mit einem Flammstrahlbrenner unter Einsatz einer Acetylen-Sauerstoff-Flamme, die einmal oder, nach jeweiligem Nachreinigen und Abkühlen, mehrmals über die Fläche geführt wird. Das Verfahren ist nur bei Blechdicken von mehr als 5 mm anwendbar und für unbeschichtete Oberflächen geeignet. Nachreinigung (Bild 11) durch intensives maschinelles Nachbürsten zum Entfernen aller gelockerten und verbrannten Teile sowie anschließendes Abfegen, Absaugen oder Abblasen ist unbedingt notwendig.

Persönliche Schutzausrüstung (Bild 12)

- Schutzbrille mit Seitenschutz und Schweißerschutzfilter
- schwer entflammbarer Schutzanzug
- Schutzhelm
- Sicherheitsschuhe
- Lederhandschuhe
- Gesichts- und Nackenschutz
- Gehörschutz
- für ausreichende Belüftung sorgen
- beim Entfernen von Rostschutzanstrichen Atemschutz mit Partikelfilter P 3 verwenden

Zusätzliche Hinweise für den Brandschutz

Alle brennbaren Teile aus der gefährdeten Umgebung entfernen oder durch nicht brennbare Abdeckungen schützen. Als gefährdete Umgebung gilt der Bereich von mindestens 10 m vor und 2 m beiderseits der Flamme. Bei brandgefährdeter Umgebung Löschmittel bereitstellen. Die Arbeitsstelle auf Brandnester überwachen (Brandwache).

Funkenflug, heiße Verbrennungsgase und abplatzendes Material können zu Verbrennungen führen.

Aufgaben

1. *Nennen Sie Werkzeuge zur mechanischen Entrostung.*
2. *Nennen Sie die persönliche Schutzausrüstung bei Strahlarbeiten.*
3. *Unterscheiden Sie das Druckluftstrahlen, das Trockeneisstrahlen und das Flammstrahlen hinsichtlich ihrer Wirkungsweise.*

10. Flammstrahlen

11. Eine flammgestrahlte Oberfläche muss nachgebürstet werden. Geeignet ist dafür eine rotierende Zopfdrahtbürste, für einen Winkelschleifer.

12. Persönliche Schutzausrüstung

1. Dampfstrahlentfettungsgerät

2. Benetzungsprobe

3. Persönliche Schutzausrüstung beim Hochdruck-Wasserstrahlen

6.10 Reinigen von Stahloberflächen – Hub- und Fahrgerüste

Eine Malerfirma hat den Auftrag, Stahlrohre zu beschichten. Die wichtigste Voraussetzung für das Aufbringen von Beschichtungen auf die Stahloberfläche ist deren völlige Sauberkeit (Bild 1).

Entfernung haftungsvermindernder Schichten

Fette und ähnliche Stoffe können durch Heißwasserentfettungsgeräte mit Zusätzen von Industriereinigern (alkalische Mittel aus Soda, Natriumhydroxid, Phosphate) entfernt werden. Kleine Flächen werden mit Lösemitteln gereinigt. Diese einfachen Verfahren der Säuberung sind im Allgemeinen nur dann anwendbar, wenn unter der Schmutz-, Fett- und Ölschicht bereits der blanke Stahl vorliegt. Die Fettfreiheit einer metallischen Oberfläche kann mit der Benetzungsprobe (Bild 2) überprüft werden.

Arbeiten mit Hochdruckreiniger

Für Reinigungsarbeiten werden häufig Flüssigkeitsstrahler verwendet, bei denen Kaltwasser, Heißwasser, Dampf oder mit Reinigungsmitteln versetzte Flüssigkeit mit hohem Druck auf die zu reinigende Fläche versprüht wird.

Beim Einsatz von Hochdruckreinigern sind folgende Richtlinien der Unfallverhütungsvorschriften der Berufsgenossenschaften zu beachten:

- Persönliche Schutzausrüstung verwenden, z. B. Stiefel, Hose, Handschuhe, Kopf- und Gesichtsschutz (Bild 3).
- Bei Arbeitsunterbrechungen Spritzeinrichtung gegen unbeabsichtigtes Einschalten sichern.
- Bei Düsenwechsel, vor Wartungs- und Instandsetzungsarbeiten sowie nach Beendigung der Arbeiten Gerät ausschalten, Wasserzufuhr absperren und Abzugshebel der Spritzpistole betätigen, damit der Druck in allen Teilen des Gerätes abgebaut wird.
- Geräte nach Bedarf, mindestens jedoch einmal jährlich durch Sachkundigen prüfen lassen.

Die Schneidwirkung des Hochdruckstrahles kann zu schweren Verletzungen führen.

- Jugendliche dürfen nur unter Aufsicht eines Fachkundigen – und wenn es die Berufsausbildung erfordert – mit Hochdruckreinigungsgeräten arbeiten.

Hub- und Arbeitsbühnen

Ein Gerüst einzusetzen, um an Untergründen Reinigungs- oder Beschichtungsarbeiten vorzunehmen, ist oft teuer. Gelenkarbeitsbühnen (Bild 4) sind Geräte mit hoher Beweglichkeit. Je nach Größe sind sie mit zwei bis drei Gelenkarmen ausgestattet, sodass Arbeitshöhen bis zu 40 m erreicht werden. Sie sind oft wirtschaftlicher und preisgünstiger einzusetzen als ein Gerüst. Mit Gelenkarmkonstruktionen können sperrige Hindernisse – vorgelagerte Gebäude, Hecken, Bäume, Leitungen – umgangen werden.

4. Hubarbeitsbühne

Fahrbare Hubarbeitsbühnen

Die vielfältige Verwendbarkeit von Arbeitsbühnen macht die Benutzung von Leitern oder die Aufstellung von Gerüsten entbehrlich. Es gibt verschiedenartige selbstfahrende Arbeitsbühnen (Bild 5 und 6). Bei allen fahrbaren Hubarbeitsbühnen sind folgende Unfallvorschriften zu beachten:

- Nur Arbeitsbühnen, die eine Prüfbescheinigung besitzen, dürfen eingesetzt werden.
- Entsprechend der Betriebsanleitung Arbeitsbühne standsicher aufstellen und betreiben.
- Hubarbeitsbühne nicht überlasten.
- Den Bereich unter seitlich ausgeschwenkten Arbeitsplattformen sichern, wenn sie im Verkehrsbereich von Straßenfahrzeugen niedriger als 4,50 m über Gelände abgesenkt sind.
- Bei Arbeiten im öffentlichen Straßenverkehr gelbe Blinkleuchten einschalten.
- Für die Bedienung von Arbeitsbühnen nur Personen einsetzen, die mindestens 18 Jahre alt sind und in der Bedienung besonders unterwiesen wurden.
- Vor dem Betrieb den einwandfreien Zustand der Sicherheitseinrichtungen prüfen.
- Arbeitstäglich Funktionsproben durchführen.

5. Verschiedenartige Systeme von selbstfahrenden Arbeitsbühnen

Nicht standsichere Aufstellung und falsche Bedienung sind Ursachen vieler Unfälle mit Hubarbeitsbühnen.

6. Selbstfahrende Scherenarbeitsbühne

Aufgaben

1. *Nennen Sie Möglichkeiten zur Säuberung von Stahloberflächen.*
2. *Nennen Sie die Vorteile von Hubarbeitsbühnen.*
3. *Welche Personen dürfen nach den Unfallverhütungsvorschriften auf Hubarbeitsbühnen eingesetzt werden?*

1. Geschäftshaus mit Aluminiumfenstern

2. Anschleifen mit dem Kunststoffvlies

3. Reinigen von Aluminiumflächen

6.11 Untergrundvorbehandlung von Aluminium und Zink

Die Aluminiumfenster eines Geschäftshauses (Bild 1) sollen neu beschichtet werden.

Vorbehandlung von Aluminiumoberflächen

Vor der Beschichtung von Aluminiumflächen ist eine saubere, öl- und fettfreie sowie trockene Oberfläche herzustellen. Öl- und Fettrückstände sowie dickere Oxidschichten, wie sie beim Warmumformen (Warmwalzen, Strangpressen, Schmieden) oder bei einer Wärmebehandlung entstehen, müssen abgetragen werden.

Vorbereitung metallblanker Aluminiumflächen

Die Reinigung metallblanker Aluminiumteile vor der Beschichtung erfolgt durch das Abwaschen mit emulgierendem Kaltreiniger und das Schleifen mit einem feinen Kunststoffvlies (Bild 2). Das sorgfältige Nachwaschen mit klarem Wasser ist so lange auszuführen, bis sich der Lappen durch Schleifstaub nicht mehr dunkel verfärbt (Bild 3).

Gegebenenfalls sollte die Fläche anschließend zusätzlich mit Silikonentferner gereinigt werden, um spätere Haftungsstörungen zu vermeiden.

Vorbereitung von alten, bewitterten oder korrodierten Aluminiumflächen

Bei geringer Verschmutzung oder flächiger Korrosion ist wie bei metallblanken Oberflächen zu verfahren.

Bei starker Verschmutzung oder ausgeprägter Korrosion ist die Oberfläche durch Schleifen oder Strahlen so vorzubereiten, dass sie anschließend metallisch blank ist. Als Schleifmittel sollten Korund oder keramische Strahlmittel verwendet werden, da diese frei von Eisen, Kupfer und Nickel sind.

Nach dem Schleifen oder Strahlen ist wie bei metallblanken Oberflächen zu verfahren.

Vorbehandlung von Zinkoberflächen

Ein angewittertes und mit Korrosion behaftetes Zinkdach (Bild 4) soll beschichtet werden. Verzinkte Oberflächen bedürfen einer gründlichen Vorbehandlung. Bei bewitterten und älteren Zinkoberflächen gilt es, die entstandenen Korrosionsprodukte zu entfernen. Bei neuen, frisch verzinkten Oberflächen müssen die Fett- und Ölreste mit organischen Lösemitteln gut entfernt werden.

4. Angewitterte Zinkoberfläche

Zum Reinigen und Entfetten von Zinkoberflächen kommen folgende Verfahren in Betracht:

- Abreiben durch Wischen mit in Reinigungsmittellösung getränkten Putzlappen, die ständig erneuert werden müssen
- Abbürsten mit Reinigungsmittellösung (Bild 5)
- Spritzen der warmen Reinigungsmittellösung auf das Objekt
- Dampfstrahlen mit alkalischer Reinigungsmittellösung

5. Abbürsten einer Zinkoberfläche mit einer Reinigungsmittellösung

Um die haftungsmindernden Zinksalze zu beseitigen, hat sich die ammoniakalische Netzmittelwäsche unter Verwendung von Perlon-Schleifvlies bewährt. Die Mischung besteht aus 10 Liter Wasser mit 0,5 Liter 25-prozentigem Salmiak mit ein bis zwei Kronkorken Netzmittel oder auch Spülmittel (Bild 6). Beim Nassschleifen mit dem Gemisch entsteht ein feiner, grauer Schaum, der etwa 10 Minuten einwirken soll. Anschließend muss mit klarem Wasser gründlich nachgewaschen werden.

Eine Reinigung und Aufrauung mit Salzsäure ist nicht zu empfehlen. Es bilden sich Chloride, die sich haftungsschädigend auswirken. Manche Verunreinigungen entstehen auch durch den Herstellungsprozess.

Bedingung für eine einwandfreie Haftung der Beschichtungsstoffe sind trockene und saubere Zinkoberflächen.

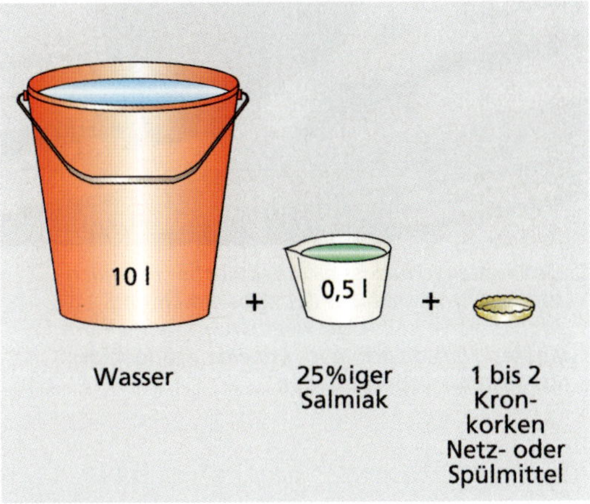

6. Grafische Darstellung der Zusammensetzung des Netzmittels

Aufgaben

1. *Nennen Sie Maßnahmen zur Oberflächenreinigung von metallblankem Aluminium.*
2. *Welche Maßnahmen sind auf Aluminiumoberflächen zu treffen, wenn starke Verschmutzungen vorliegen?*
3. *Beschreiben Sie die ammoniakalische Netzmittelwäsche.*
4. *Warum soll verrdünnte Salzsäure zur Reinigung von Zinkoberflächen nicht eingesetzt werden?*

1. Grundbeschichtung als Korrosionsschutz

Beanspruchung	Sollschichtdicke gemäß DIN EN ISO 12944-5 1 µm = 0,001 mm
C 2 gering	120 bis 160
C 3 mäßig	160 bis 200
C 4 stark	200 bis 280
C 5-I sehr stark	240 bis 500
C 5-M sehr stark	240 bis 320

2. Die erforderliche Schichtdicke ist abhängig von der Beanspruchung und der erwarteten Schutzdauer von mittel bis lang.

3. Der Kantenschutz ist ein zusätzlicher Beschichtungsauftrag nach der Grundbeschichtung. Idealerweise sollte der zweite Auftrag in einem andren Farbton erfolgen, um eine vollflächige Abdeckung sicherzustellen.

6.12 Grundbeschichtung von Stahl

Nach den abgeschlossenen Vorarbeiten an den Stahlteilen muss eine Grundbeschichtung als Korrosionsschutz aufgebracht werden (Bild 1). Ein vollflächiger Auftrag der Beschichtung muss durch die Verwendung entsprechender Applikationsverfahren und Werkzeuge sichergestellt werden.

Grundbeschichtungen

Die Grundbeschichtungen haben die Aufgabe, den Stahl vor Korrosion (Rost) zu schützen. Nach der Wirkungsweise unterscheiden sich zwei Gruppen:

- aktive Beschichtungen, z.B. mit Zinkphosphatpigmenten oder Zinkstaubpigmenten
- passive Beschichtungen mit reiner Abschirmwirkung gegen Wasser und Luftfeuchtigkeit

Würde die Grundbeschichtung nur so lange schützen wie die Deckbeschichtung, dann würde die Grundbeschichtung bei der Zerstörung der Deckbeschichtung versagen. Die Grundbeschichtung soll aber möglichst lange die Funktion als Korrosionsschutz aufrecht erhalten, bis eine neue Deckschicht aufgebracht worden ist.

Schichtdicke von Beschichtungssystemen

Die Voraussetzung für einen guten Schutz ist eine ausreichend dicke Beschichtung.

Die erforderliche Schichtdicke ist abhängig von der Beanspruchung (Tabelle 2). Eine viermalige Normalbeschichtung ergibt eine Schichtdicke von 140 bis 180 µm (etwa 35 bis 45 µm je Schicht).

Dickschichtsysteme

Die Schichtdicke hat einen starken Einfluss auf die Korrosionsschutzwirkung. Dickschichtsysteme haben den Vorteil, dass mit weniger Arbeitsgängen hohe Schichtdicken erreicht werden. Können optische Gründe als zweitrangig betrachtet werden, sind sie das Mittel der Wahl, weil sie aufgrund ihrer thixotropen Eigenschaften auch an senkrechten Flächen dick aufgetragen werden können und nicht laufen. Die erforderliche Kantendeckung bzw. Schichtdicke an Kanten, Nieten und Schrauben ist durch diese Systeme leichter zu erreichen.

Schichtdicke und Materialverbrauch

Der Materialverbrauch richtet sich nach:

- Dichte und Festkörpervolumen des Beschichtungsstoffes
- Lage, Gestalt und Rauheit der zu beschichtenden Fläche (Welligkeitszuschlag)
- Materialverlust je Applikationsverfahren (Bild 4)
- Temperatur

Am wichtigsten sind Dichte und Festkörpervolumen. Daraus lässt sich errechnen, welche Trockenschichtdicke bei Einsatz einer bestimmten Materialmenge je m^2 erreicht wird. Gegebenenfalls sind bei einem Objekt für den Ausgleich der Welligkeit 40 bis 80 % und für Verarbeitungsverluste 10 bis 30 % hinzuzurechnen (Bild 4).

4. Unterschiedliche Applikationsverfahren haben unterschiedliche Materialverluste. Hier wurde eine Metalltafel im Spritzverfahren lackiert. Deutlich sichtbar ist der Materialverlust durch Overspray.

Nassschichtdickenmessung

Nassschichtdickenmesser dienen der Kontrolle von frisch aufgetragenen Schichten. Werden Abweichungen vom Sollwert festgestellt, kann sofort reagiert werden.

Rollfelge

Die Rollfelge (Bild 5) als Nassschichtdickenmesser ist ein scheibenförmiges Messinstrument und wird auf dem nassen Film abgerollt. Hierbei bewegen sich zwei konzentrische Rollfelgen auf dem Anstrichgrund, während die exzentrisch dazu angeordnete Messrippe erst an der Stelle vom Anstrich benetzt wird, wo ihr Abstand der Nassfilmdicke entspricht.

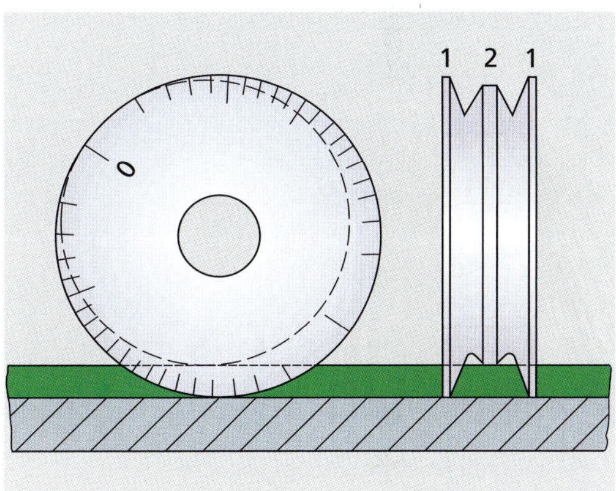

5. Nassschichtdickenmesser nach DIN EN ISO 2808

Messkamm

Beim Messkamm (Bild 6) sind an zwei Seiten eines rechteckigen Messkörpers (aus poliertem, nicht rostendem Flachstahl) Zähne mit zunehmendem Abstand von der Aufsatzebene eingeschliffen. Eingravierte Zahlen geben den Abstand von der Aufsatzebene in Mikrometer an. Der Messkörper wird senkrecht auf die Messfläche aufgesetzt. Unter mäßigem Druck wird eine kurze kämmende Bewegung ausgeführt und das Gerät senkrecht abgehoben. Beim ersten benetzten Zahn wird die Nassschichtdicke an der Skala abgelesen.

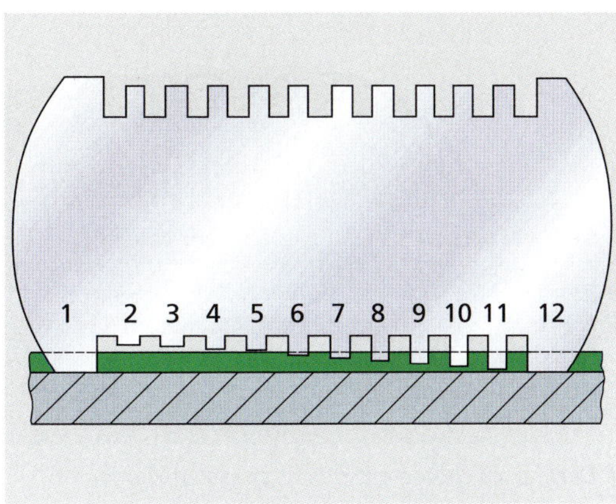

6. Nassschichtdickenmesskamm nach DIN EN ISO 2808

Aufgaben

1. *Unterscheiden Sie aktive und passive Grundbeschichtungen.*
2. *Wovon ist die Schichtdicke abhängig?*
3. *Nennen Sie die Geräte und ihre Wirkungsweise bei der Nassschichtdickenmessung.*

1. Beschichtungen mit Korrosionsschutzpigmenten minimieren Sanierungskosten

2. Beschichtung mit Zinkstaubpigmenten

3. Deckbeschichtung mit inaktiv, passiven Pigmenten

6.13 Korrosionsschutzpigmente und ihre Wirkung

Korrosion vernichtet weltweit eine Tonne Stahl pro Sekunde. Die Verwendung von Korrosionsschutzpigmenten dient der Verlängerung der Lebensdauer von Stahl und minimiert somit die durch Korrosion entstehenden Kosten.

Korrosionsschutzpigmente

Die Wirkung der Korrosionsschutzpigmente beruht auf korrosionsaktiven Vorgängen im Bereich der Metalloberfläche.

Unterschieden werden

- aktive Pigmente (Bild 2) und
- inaktive, passive Pigmente (Bild 3).

Aktive Pigmente bilden mit Bindemittelfettsäuren Metallseifen. Inaktive Pigmente reagieren nicht mit Bindemittelbestandteilen (Tabelle 4).

Aktive Pigmente	Inaktive Pigmente
	• Eisenverbindungen • Eisenoxidgelb • Eisenoxidrot • Eisenoxidschwarz • Eisenglimmer
• Zinkverbindungen • Zinkoxid • Zinkpigment	• Titanverbindungen • Titanoxid
• Bleichromate • Chromgelb • Chromorange • Chromgrün	• Chromverbindungen • Chromoxidgrün
• Zinkgrün • Zinkchromate • Zinkgelb	• Metallpigmente • Kupferpigment • Aluminiumpigment • Edelstahlpigment
	• Kohlenstoffpigment • Grafit • Ruß
durch die Bildung von Metallseifen zunehmende Elastizität, Haftfestigkeit, Alterungsbeständigkeit und Wasserundurchlässigkeit der Anstriche	zunehmende Beständigkeit gegen hohe Temperaturen und Chemikalien

4. Korrosionsschutzpigmente

Umwelt- und Arbeitsschutz bei Korrosionsschutzarbeiten

Die Sanierung der Allerheiligenkirche in Whitefield (England) wurde nach modernen Umwelt- und Arbeitsschutzgesichtspunkten durchgeführt (Bild 5).

Bei der Planung und Ausführung von Korrosionsschutzmaßnahmen sind die gesetzlichen und behördlichen Bestimmungen zum Umwelt- und Arbeitsschutz zu beachten.

5. *Die zu bearbeitenden Flächen sind, zum Schutz der Umwelt vor Gefahren, mit Gerüstschutznetzen versehen.*

Ausführung von Korrosionsschutzarbeiten

Der bei Strahlarbeiten (Bild 6) anfallende Strahlschutt sowie Strahlmittel- und Beschichtungsrückstände wie Korrosionsprodukte müssen aufgefangen und vorschriftsmäßig beseitigt werden.
Die geltenden Vorschriften für Transport und Entsorgungsort sind von den zuständigen Behörden zu erfragen.

Vorsichtsmaßnahmen

- Schutz der Umgebung gegen Strahlschuttstaub durch Schutzplanen
- Gewässerschutz durch dichte Auffangmöglichkeiten und Abscheider
- Der Arbeitsschutz ist unbedingt zu beachten.

Auch beim Aufbringen der Beschichtung darf keine bedenkliche Belastung für die Umwelt und für den Verarbeiter auftreten.

6. *Abstrahlarbeiten mit persönlicher Schutzkleidung*

Arbeitsschutz bei Korrosionsschutzarbeiten

Viele Beschichtungsstoffe enthalten Lösemittel (Bild 7) und andere gesundheitsgefährdende Inhaltsstoffe. Schutzmaßnahmen müssen sowohl bei der Beschichtung als auch bei der Entschichtung beachtet werden.

Der Arbeitnehmer, der die angeordneten Sicherheitsmaßnahmen nicht befolgt und die empfohlene Schutzausrüstung nicht nutzt, gefährdet seine Sicherheit und die Sicherheit seiner Familie.

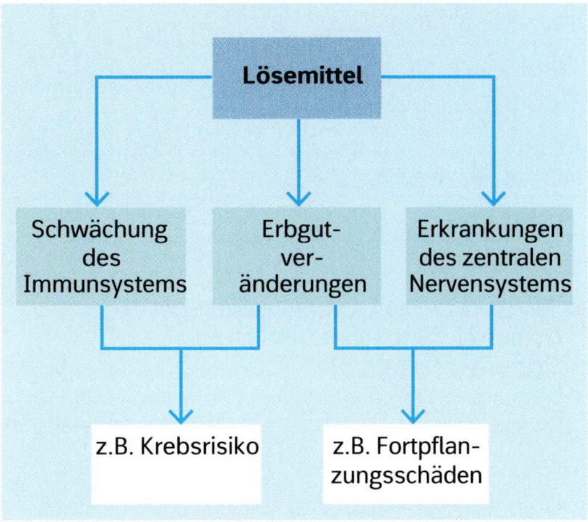

7. *Mögliche Gesundheitsgefährdung durch Lösemittel*

Aufgaben

1. *Welche Arten von Korrosionsschutzpigmenten unterscheiden wir?*
2. *Nennen Sie die Wirkung von aktiven Pigmenten.*
3. *Nennen Sie Umwelt- und Arbeitsschutzmaßnahmen bei Korrosionsschutzarbeiten.*

1. *Garagentor aus verzinktem Stahlblech. Infolge der Verwendung eines nicht für Zink zugelassenen Grundbeschichtungsstoffes ist ein Abblättern der Beschichtung eingetreten.*

2. *Die Deckbeschichtung blättert aufgrund der Verwendung eines ungeeigneten Beschichtungsstoffes ab.*

Bindemitteltyp	Anzahl der Schichten
Modifizierte Alkydharze	2
Epoxidharzester	1
Polymerisatharzkombination	1
Acrylat, Acrylharz	1
Epoxidharz	1
2-K-Polyurethan	1

3. *Geeignete Grundbeschichtungsstoffe für die Erstbeschichtung von verzinktem Stahl*

6.14 Grundbeschichtung von Aluminium- und Zinkoberflächen

Schlecht haftende Beschichtungen auf Zinkoberflächen (Bild 1) sind häufig auf nicht fachgerechte Vorbehandlung des Untergrundes oder falsche Grundbeschichtungen zurückzuführen.

Zinkoberflächen

Das chemische Verhalten von Zinkuntergründen ist besonders problematisch. Alkydharzbasierende Grundbeschichtungen weisen zwar eine gute Anfangshaftung auf, aber ihr Anteil an freien Fettsäuren reagiert mit dem Metall zu organischen Zinkverbindungen. Dadurch wird die Haftfestigkeit stark geschwächt und es kommt nach einiger Zeit zu Abblätterungen des Anstriches (Bild 2).

Die Untergrundvorbehandlung, der richtige Anstrichaufbau und ein geeigneter Beschichtungsstoff sind für die Haftung der Beschichtung entscheidend.

BFS-Merkblatt 5 weist Beschichtungssysteme aus, die sich auf Zinkuntergründen eignen, und gibt die erforderliche Anzahl von Schichten an.

Auch andere Beschichtungsstoffe können verwendet werden, sofern der Beschichtungsstoffhersteller die Eignung für Zinkoberflächen bestätigt.

Wahl der Grundbeschichtung

Die Auswahl des Beschichtungssystems richtet sich nach folgenden Faktoren:

- Verwendung des Bauteils
- spätere Beanspruchung des Bauteils
- gewünschtes Aussehen der fertigen Oberfläche

Im BFS-Merkblatt 5 werden für die Erstbeschichtung geeignete Grundbeschichtungsstoffe genannt. Die Tabelle 3 gibt den Bindemitteltyp und die erforderliche Anzahl der Schichten an.

Grundbeschichtung von Aluminiumoberflächen

Aluminium ist anstrichtechnisch wenig problematisch, wenn der fachgerechten Arbeitsausführung eine sehr sorgfältig durchgeführte Oberflächenvorbehandlung vorausgegangen ist. Die handwerkliche Beschichtung wird vorzugsweise bei kleineren Bauteilen (Bild 4), kleineren Bauteilserien und bei der Beschichtung vor Ort vorgenommen.

Geeignete Grundieranstrichstoffe für Aluminiumoberflächen

Für metallblanke vorbehandelte Aluminiumflächen sowie für Aluminiumoberflächen, von denen der Altanstrich ganz oder teilweise entfernt worden ist, eignen sich spezielle 1-K-Haftgrundbeschichtungsstoffe für Aluminium. Diese sind bespielsweise auf Basis von Acrylaten, Polymerisat- oder Alkydharzen.

2-K-Haftbeschichtungsstoffe für Aluminium sind in der Regel auf Epoxidharzbasis.

In diesem Fall kann die weitere Beschichtung auch mit einem Beschichtungsstoff mit einem anderen Bindemittel erfolgen.

Die vom Beschichtungsstoffhersteller angegebene Überarbeitungszeit ist unbedingt einzuhalten.

Spachtelarbeiten

Spachtelarbeiten sind auf Aluminiumoberflächen im Außenbereich möglichst zu vermeiden. Sind sie unumgänglich, dürfen nur Spachtelmassen verwendet werden, die sich für das verwendete Beschichtungssystem eignen und vom Beschichtungsstoffhersteller empfohlen werden.

Aufgaben

1. *Welche Grundierungsstoffe haben sich auf Zinkuntergründen besonders bewährt?*
2. *Nennen Sie geeignete Grundierungsstoffe für Aluminiumoberflächen.*
3. *Was ist zu beachten, wenn Aluminiumoberflächen im Außenbereich gespachtelt werden müssen?*

4. *Aluminium bei Konstruktionen von Wintergärten*

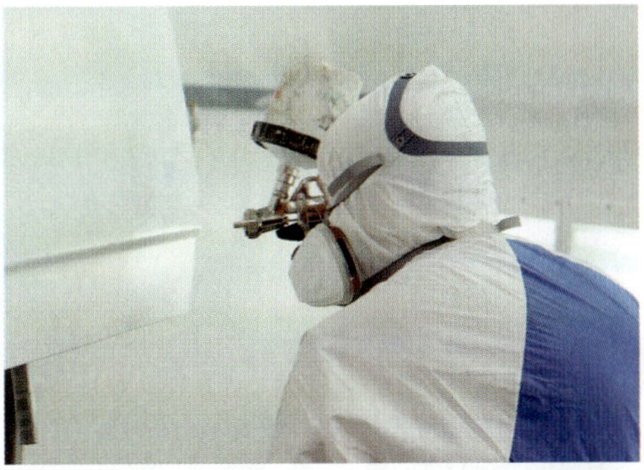

5. *Beschichten eines Bauteils aus Aluminium im Spritzverfahren. Die Platte muss vor der nächsten Beschichtung gefüllert werden, da der Grundauftrag mit 4-8 µm sehr dünn ist.*

6. *Grundbeschichten eines Bauteils aus Aluminium im Streichverfahren mit bis zu 15 µm Schichtdicke.*

1. Entrostung mit einer rotierenden Drahtbürste.

2. Grundieren des Geländers

3. Nach erfolgtem Zwischen- und Schlussanstrich erstrahlt das Geländer in neuem Glanz.

6.15 Beschichten eines Balkongeländers

Durch die Einwirkung von Wetter und Umweltbelastungen unterlag das Balkongeländer starker Korrosion. Welche Arbeitsschritte ergeben sich bei der Instandsetzung?

Reinigen der Flächen

Als Entrostungs- und Entschichtungsverfahren wurde die mechanische Entschichtung gewählt. Die Entrostung erfolgt mithilfe eines Winkelschleifers mit geeigneten Aufsätzen (Bild 1). An schwer zugänglichen Stellen kann es eventuell erforderlich sein, per Hand nachzuarbeiten. Die Oberfläche muss gemäß Oberflächenvorbereitungsgrad Sa 2½ vorbereitet werden.

Grundierung aufbringen

Die beschädigten Stellen der Grundierung und die blanken Stahloberflächen werden mit Epoxidhaftgrund beschichtet (Bild 2). Bei Haftgrundanstrichstoffen auf EP-Basis unterscheidet man:

- **Wash-Primer**: Das sind Zweikomponenten-Anstrichstoffe mit reaktiven Pigmenten auf Phosphatbasis, die deckende bis lasierende Grundanstriche ergeben.
- **Eintopf-Primer**: Das sind gebrauchsfertige Einkomponenten-Haftgrundanstriche. Die Korrosionsschutzwirkung ist eingeschränkt.

Das **Verkitten von Löchern und Spalten** erfolgt gewöhnlich mit einer Spachtelmasse auf Epoxidbasis. Der Zweikomponenten-Spachtel auf Epoxidbasis hat eine ausgezeichnete Haft- und Verbundfestigkeit und erreicht eine große Härte. Nach dem Aushärten wird mit Schleifpapier Körnung 180 eine glatte Oberfläche erzielt.

Nach jedem Arbeitsschritt wird der Untergrund angeschliffen und die Flächen werden abgestaubt.

Zwei **Zwischenanstriche** mit Polyurethanlackfarbe folgen (Bild 3) als Beschichtungsaufträge. Der PUR-Lack wird wegen seiner hohen Widerstandsfähigkeit gegen Bewitterung gewählt.

Zwei **Deckanstriche** mit Polyurethanlack schließen die Renovierung des Balkongeländers ab.

EXKURS Passive Korrosionsschutzverfahren

			Schichtdicken (Anhaltswerte) µm	Schichtdicken (Anhaltswerte) mm
Anorganische Überzüge	Oxidschichten	z. B. Glühen/Brünieren	1–5	
	Phosphatschichten	z. B. Schwermetall-phosphatschichten, (Bonder- oder Atramentverfahren)	1–10	
Metallische Überzüge	Vakuum-Aufdampfverfahren	z. B. Aluminium, Zink	1–20	
	Schmelztauch-Metallüberzüge	z. B. Feuerverzinkung, Verzinnung	< 200	
	Elektrolytische (galvanische) Metallüberzüge	z. B. Verchromung, Vernickelung	< 50	
	Diffusions-Metallüberzüge	z. B. Inchromierung, (Chrom), Sheradisieren (Zink)	< 200	
	Plattierte Metallüberzüge	z. B. Plattierung (Edelstahl, Kupfer, Silber)		5–20
	Aufgespritzte Metallüberzüge	z. B. Metallspritzüberzüge (Zink, Aluminium)	80–200	
Nichtmetallische Überzüge (anorganisch)	Silikat-Überzüge	z. B. Emailierung	< 350	
	Zement-Überzüge	z. B. Stahlrohrauskleidung		4–20
Beschichtungen (organisch)	Bitumen- und teerhaltige Beschichtung	z. B. mehrlagige Kalt- oder Heißbitumenbeschichtung oder Teerbeschichtungen mit Gewebeeinlagen zum Schutz von erdverlegten Rohren und Behältern		2–3
	Gummibeschichtungen	z. B. Gummierung von Behältern		2–3
	Kunststoffbeschichtungen	z. B. elektrostatisches Pulverspritzen, Kunststoff-Wirbelsintern, Heißspritzen, Flammspritzen	20–500	
	Beschichtungen (Anstriche, Lackierungen)	z. B. mit Beschichtungsstoffen auf Basis Alkydharz, PVC, Chlorkautschuk, Epoxidharz, Polyurethan		

1. Verladekran an der Nordsee. Sehr starke Beanspruchung (C 5-M) durch Meeres- und Industrieatmosphäre

2. Flaschenproduktion, starke Beanspruchung durch hohe Temperaturen

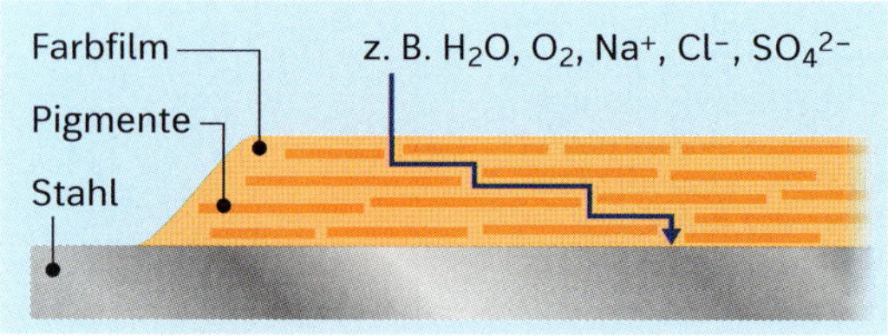

3. Lamellare Pigmente wie Eisenglimmer verringern die Durchlässigkeit des Farbfilms und haben so eine Barrierewirkung.

6.16 Korrosionsschutzbeschichtungen

Stahl lässt sich durch Beschichtungen optimal gegen Rost schützen (Bild 1). In der DIN EN ISO 12944-5 werden Beschichtungsstoffe und -systeme für den Korrosionsschutz beschrieben.

Die Beanspruchung des Beschichtungsstoffes

Korrosionsbelastungen nach DIN EN ISO 12944-2:
- Atmosphärische Belastung, Außenbereich und Innenbereich, z. B. (Bild 2)
- Korrosion im Wasser, wobei drei unterschiedliche Zonen berücksichtigt werden: die Unterwasserzone, die Wasserwechselzone und die Spritzwasserzone
- Bauten im Erdreich. Die Korrosionsbelastung hängt vom Mineralgehalt und der Belüftung ab.

Je nach Beanspruchung muss das Beschichtungssystem in einer entsprechenden Schichtdicke ausgeführt werden. Die Herstellerangaben sind hierbei zu beachten.

Beschichtungsaufbau auf Stahl (Bild 3)

Beschichtungen auf Stahl bestehen in der Regel aus Grund-, Zwischen- und Deckbeschichtung. Die Grundbeschichtung dient hierbei dem Korrosionsschutz und der Haftvermittlung. Die Hauptfunktion der Zwischenbeschichtung liegt in der Barrierewirkung für das Beschichtungssystem. Dies wird einerseits durch eine Erhöhung der Schichtdicke erreicht, kann aber auch durch Pigmente mit dieser Wirkung erreicht werden (Bild 3). Die Deckbeschichtung ist verantwortlich für die optischen Eigenschaften sowie die Beständigkeit gegen diverse Beanspruchungen (z. B. Wetter-, Chemikalienbeständigkeit usw.).

Schutzdauer und Zeitspannen für die Schutzdauer nach DIN EN ISO 12944

Die Schutzdauer einer Beschichtung ist abhängig von:
- der Art der Beschichtung
- der Korrosionsbelastung
- der Schichtdicke der Beschichtung

Die DIN EN ISO 12944 nennt bezüglich der Schutzdauer drei Zeitspannen:
- kurz: 2 bis 5 Jahre
- mittel: 5 bis 15 Jahre
- lang: über 15 Jahre

Eine Instandsetzung kann aufgrund Verunreinigung, Verschleiß oder aus ästhetischen Gründen früher erforderlich sein, als in der Schutzdauer vorgeschrieben.

Beschichtungssysteme nach DIN EN ISO 12944-5

Die DIN EN ISO 12944-5 betrachtet die Faktoren Korrosionsbelastung, Sollschichtdicke und Schutzdauer und bewertet die Beschichtungsstoffe danach im Hinblick auf ihre Eignung. Es erfolgt eine Einteilung in folgende Kategorien:

- geeignet
- geeignet, aber unwirtschaftlich
- ungeeignet

Zweikomponenten-Epoxidharzlacke (EP) finden aufgrund ihrer hohen chemischen Beanspruchbarkeit, der großen Oberflächenglätte und -härte große Anwendungsbreite bei chemischen Beanspruchungen, z. B. in der Textilindustrie, beim Schiffsbau oder in der chemischen Industrie (Bild 5).

Epoxidharzlacke haben geringere Beständigkeit bei Belastung durch Säuren.

Bei stärkerer saurer Beanspruchung haben sich **Zweikomponenten-Polyurethanlacke (PU)** bewährt (Bild 6).

Polyurethanlacke haben eine geringere Beständigkeit bei Belastung mit Laugen.

Polyvinylchloridlacke (PVC) haben eine hohe chemische Beständigkeit, besonders gegenüber tierischen und pflanzlichen Fetten. Einsatzgebiete sind Brauereien, Großküchen und die Lebensmittelindustrie.

PVC-Lacke haben eine große Anwendungsbreite mit kurzen Trocknungszeiten.

Durch die Art der verwendeten Lösemittel ist bei der Verarbeitung eine Geruchsbelästigung gegeben. Auf ausreichende Belüftung in geschlossenen Räumen muss geachtet werden. Fenster und Türen offenhalten.

Aufgaben

1. *Nennen Sie die Funktion der einzelnen Schichten einer Korrosionsschutzbeschichtung.*
2. *Nennen Sie die verschiedenen Beanspruchungen, denen Beschichtungen ausgesetzt sind.*
3. *Nennen Sie Einsatzgebiete von PU-Lacken.*

Beschichtungssystem		Erwartete Schutzdauer des Beschichtungssystems in atmosphärischen Umgebungsbedingungen mit unterschiedlicher Korrosionsbelastung/Korrosivitätskategorie					
Bindelmittel Basis	Sollschichtdicke [µm]	C2 (gering)			C3 (mäßig)		
		kurz	mittel	lang	kurz	mittel	lang
AK/AY	100	geeignet	geeignet	ungeeignet	ungeeignet	ungeeignet	ungeeignet
AK	160	geeignet	geeignet	geeignet	geeignet	geeignet	ungeeignet
EP/PUR	160	geeignet, aber unwirtschaftlich	geeignet, aber unwirtschaftlich	geeignet, aber unwirtschaftlich	geeignet	geeignet	geeignet
EP/PUR	240	geeignet, aber unwirtschaftlich	geeignet, aber unwirtschaftlich	geeignet, aber unwirtschaftlich	geeignet, aber unwirtschaftlich	geeignet, aber unwirtschaftlich	geeignet, aber unwirtschaftlich
EP/PUR	280	geeignet, aber unwirtschaftlich	geeignet, aber unwirtschaftlich	geeignet, aber unwirtschaftlich	geeignet, aber unwirtschaftlich	geeignet, aber unwirtschaftlich	geeignet, aber unwirtschaftlich
EP/PUR	320	geeignet, aber unwirtschaftlich	geeignet, aber unwirtschaftlich	geeignet, aber unwirtschaftlich	geeignet, aber unwirtschaftlich	geeignet, aber unwirtschaftlich	geeignet, aber unwirtschaftlich

geeignet | geeignet, aber unwirtschaftlich | ungeeignet

AK: Alkydharz; AY: Acrylharz; EP: Epoxidharz; PUR: Polyurethanharz

4. Auswahl von Beschichtungssystemen nach DIN EN ISO 12944-5

5. Hallenkonstruktion einer Feuerzinkerei beschichtet mit Epoxidharzlack (Industrieatmosphäre)

6. Staubsilo einer Gießerei

Bindemittel	Gesamtanzahl Schichten	Besondere Eigenschaften
Alkydharz (1-K)	3–4	Hochglänzende Beschichtung möglich, hohe optische Qualität, große Farbtonauswahl
Epoxidharzester (1-K)	2	Mittlere bis gute optische Qualität, hohe Trockenschichtdicke
Mischpolymerisat (1-K)	2–3	Bei geringer mechanischer Belastung, schnell trocknend, hohe Trockenschichtdicke
Acrylat, Acrylharz (1-K)	2–3	Mittlere bis gute optische Qualität, sehr gute Farbbeständigkeit, unbeständig gegen Fette, Öle, Schweiß, Weichmacher und Lösemittel
Epoxidharz (2-K)	2–3	Sehr gute mechanische Belastbarkeit und Chemikalienbeständigkeit, neigt im Außenbereich zum Kreiden
Polyurethan (2-K)	2–3	Sehr gute Wetterbeständigkeit, Farbbeständigkeit und Glanzhaltung, gute Chemikalienbeständigkeit und Abriebfestigkeit

2. Beschichtungssysteme für Zinkoberflächen

3. Lack und Härter eines 2-K-Systems sind stets im korrekten Mischungsverhältnis anzusetzen.

6.17 Schlussbeschichtungen auf Zink- und Aluminiumoberflächen

Eine feuerverzinkte Stahlbauanlage der chemischen Industrie (Bild 1) wurde mit einem Dickschichtsystem beschichtet.

Zwischen- und Schlussbeschichtung von Zink

Die Auswahl der Beschichtungsstoffe und deren Schichtdicke richtet sich nach der zu erwartenden Belastung der Beschichtung. Die Eigenschaften der Beschichtungsstoffe wie

- Thermoplastizität,
- Härte,
- Witterungsstabilität,
- Temperaturbeständigkeit und
- Chemikalienbeständigkeit
- Optik

werden im Wesentlichen vom Bindemittel bestimmt.

Die Bestandteile eines Beschichtungssystems müssen aufeinander abgestimmt sein und sollten von einem Hersteller stammen.

Anzahl der notwendigen Schichten

Die Anzahl der notwendigen Schichten richtet sich nach der Beanspruchung, der Art des Beschichtungsstoffes und dem Applikationsverfahren.
In BFS-Merkblatt 5 wird den unterschiedlichen Bindemitteln eine empfohlene Anzahl von Gesamtschichten zugewiesen, um einen ausreichenden Schutz zu gewährleisten. Weiterhin werden besondere Eigenschaften der Bindemittel genannt, um das geeignete System auswählen zu können (Tabelle 2).

Bei Überholungsbeschichtungen und in Innenräumen kann die Anzahl der Schichten reduziert werden. Der Erhaltungszustand der Altbeschichtung und die Angaben des Beschichtungsstoffherstellers sind hierbei zu berücksichtigen.

Beschichtungen mit Zweikomponentensystemen

Diese Beschichtungssysteme, die durch chemische Reaktionen trocknen (z.B. Epoxidharz und Polyurethan), werden in zwei Komponenten geliefert:

- Lack
- Härter

Beide Komponenten werden im vorgeschriebenen Verhältnis gemischt (Bild 3) und sind nur begrenzt lange verarbeitbar (Topfzeit).

Handwerkliche Beschichtung von Aluminiumoberflächen

Die handwerkliche Beschichtung betrifft vorzugsweise Einzelbauteile (Bild 4), kleinere Bauteilserien oder die Beschichtung vor Ort. Hierbei wird in der Regel mit lufttrocknenden oder mit reaktionshartenden Beschichtungssystemen gearbeitet.

Anstricharbeiten dürfen nicht ausgeführt werden bei Temperaturen unter +5 °C (Kondenswasserbildung) und auch nicht auf Flächen, die feucht sind.

Beschichtungssysteme

Die Zwischen- und Schlussbeschichtung auf Aluminium muss auf die verwendete Grundbeschichtung und die zu erwartende Beanspruchung des Bauteils abgestimmt sein.

Deckende Beschichtungen im Innenbereich

Bei deckenden Beschichtungen im Innenbereich werden folgende Systeme verwendet:

- Alkydharzfarben bei dekorativen Beschichtungen (z. B. Türzargen)
- 2-K-Epoxidharzfarben für Feuchträume und chemische Beanspruchung ohne dekorative Anforderung (z. B. Kühlräume)
- 2-K-Polyurethanfarben auf einer Epoxidharzgrundierung bei geforderter Wetter-, Abrieb- und Chemikalienbeständigkeit mit dekorativen Anforderungen

Deckende Beschichtungen im Außen- und Innenbereich

Beschichtungen von Fenstern (Bild 4), Außentüren usw. können bei vorbereiteten metallblanken Aluminiumflächen wie in Tabelle 5 dargestellt erfolgen.

Die Empfehlungen des Beschichtungsstoffherstellers hinsichtlich der Notwendigkeit einer Zwischenbeschichtung sind zu befolgen.

Aufgaben

1. *Warum sind Beschichtungen mit Alkydharzlacken auf Zinkoberflächen zu vermeiden?*
2. *Wählen Sie einen geigneten Beschichtungsstoff für die Stahlbauanlage in Bild 1 aus.*
3. *Beschreiben Sie den Beschichtungsaufbau für wetter beanspruchte Aluminiumoberflächen.*
4. *Ab welchen Temperaturen dürfen Anstriche auf Aluminiumflächen nicht mehr durchgeführt werden?*

4. Ein Aluminiumfenster wurde nachträglich in eine Fassade eingefügt. Es soll farblich der Fassade angeglichen werden.

Verwendung	Grundbeschichtung	ggf. Zwischenbeschichtung	Schlussbeschichtung
Dekorative Anforderungen	2-K-Epoxidharzgrundbeschichtungsstoff	Alkydharzlack	Alkydharzlack
Dekorative Anforderungen	Spezial-Haftgrund auf Alkydharzbasis	Alkydharzlack	Alkydharzlack
Dekorative Anforderungen	Dispersionshaftgrund	Dispersionslack	Dispersionslack
Dekorative Anforderungen bei hoher Wetter- und Chemikalienbeständigkeit	2-K-Epoxidharzgrundbeschichtungsstoff	2-K-Polyurethanharzlack	2-K-Polyurethanharzlack
Keine dekorativen Anforderungen	1-K-Polymerisatharzlack	1-K-Polymerisatharzlack	1-K-Polymerisatharzlack

5. Grund-, Zwischen- und Schlussbeschichtung für metallblankes Aluminium in jeweils einfacher Ausführung

1. Halle mit neuem Brandschutzanstrich

2. Verformte Stahlteile nach einem Brand

Bauaufsichtliche Benennung	Zusatzanforderungen kein Rauch	kein brenn. Abfallen/ Abtropfen	Europäische Klasse nach DIN EN 13501-1	Klasse nach DIN 4102-1
Nicht brennbar	*	*	A1	A1
	*	*	A2–s1 d0	A2
Schwer entflammbar	*	*	B, C–s1 d0	B1[1)]
		*	B, C–s3 d0	
	*		B, C–s1 d2	
			B, C–s3 d2	
Normal entflammbar		*	D–s3 d0	B2[1)]
			D–s3 d2	
			E–d2	
Leicht entflammbar			F	B3

[1)] Angaben über hohe Rauchentwicklung und brennendes Abtropfen/Abfallen im Verwendbarkeitsnachweis und in der Kennzeichnung

3. Klassifizierung des Brandverhaltens (ohne Bodenbeläge) nach DIN EN 13501-1

6.18 Brandschutzlacke im Metallbereich

Auf die gusseisernen Stahlpfeiler, die das Gitterträgersystem der Markthalle in Budapest tragen (Bild 1), wurde bei Sanierungsarbeiten ein Brandschutzanstrich aufgetragen.

Ist Stahl ein feuerfester Werkstoff?

Stahlkonstruktionen sind nicht nur in gewerblich genutzten, sondern auch in vielen öffentlichen Gebäuden anzutreffen. Die Gefahr geht in erster Linie von den brennbaren Ausbaustoffen, der Einrichtung und den Lagergütern aus. Die ungeschützte Stahlkonstruktion hat nur eine begrenzte Feuerwiderstandsdauer. Stahl brennt zwar nicht, doch die Tragfähigkeit von ungeschützten Stahlkonstruktionen geht bereits bei Temperaturen zwischen 500 und 600 °C verloren. Die Stahlbauteile verformen sich und brechen schlagartig zusammen (Bild 2).

Stahlkonstruktionen verformen sich bei hohen Temperaturen und brechen ohne Vorwarnung zusammen.

Brandschutz

Die Länder haben mit entsprechenden Bauordnungen für Geschaftshäuser, Schulen und Sportwerkstätten, Gast- und Versammlungsstätten, Krankenhäuser, Hochhäuser, Büro- und Verwaltungsgebäude, Garagen sowie gewerbliche Betriebe folgende Brandschutzverordnungen erlassen.

- Geschäftshäuser
- Schulen und Sportwerkstätten
- Gast- und Versammlungsstätten
- Krankenhäuser
- Hochhäuser
- Büro- und Verwaltungsgebäude
- Garagen
- gewerbliche Betriebe

Stahl ist nach DIN 4102 und DIN EN 13501 ein nicht brennbarer Baustoff der Bauaufsichtlichen Benennung A1 (Tabelle 3). Stahl erfüllt jedoch keine der Anforderungen der folgenden Feuerwiderstandsklassen der DIN 4102. Die Feuerwiderstandsklasse gibt an, wie lange ein Bauteil im Brandfall seine Funktion behält.

F30	≥	30 Minuten
F60	≥	60 Minuten
F90	≥	90 Minuten
F120	≥	120 Minuten
F180	≥	180 Minuten

Brandschutz für Stahlkonstruktionen

Beim vorbeugenden Brandschutz müssen Stahlkonstruktionen durch einen Feuerschutzanstrich, eine Ummantelung oder Einbau geschützt werden. Zur Ummantelung können speziell entwickelte Gipskartonplatten verwendet werden (Bild 4). Die Stahlträgerverkleidungen entsprechen der Feuerwiderstandsklasse F 30 bis F 180. Die Feuerwiderstandsdauer ist von folgenden Faktoren abhängig:
- der Masse des aufzuheizenden Profilquerschnittes ***A*** in cm^2
- der Wärmestrahlfläche, gekennzeichnet durch den Umfang der Bekleidung ***U*** in cm
- der Dicke der Bekleidung

Der U/A-Faktor ist entscheidend für die Auswahl der erforderlichen Bekleidungsdicke. Die Herstellerangaben sind genau zu beachten!

Brandschutzbeschichtungen

Als Brandschutzbeschichtungen werden dämmschichtbildende Beschichtungen gewählt. Sie schäumen im Brandfall auf (Bild 5) und schützen die darunterliegende Konstruktion.

Bei allen Feuerschutzanstrichen kommt es besonders auf die fachgerechte Untergrundvorbehandlung an.

Alle losen, blätternden und unterrosteten Anstriche sind restlos zu entfernen. Unbehandelter Stahl muss durch Strahlen (Oberflächenvorbereitungsgrad Sa 2½) entrostet und verzinkter Stahl muss entfettet werden.
Der Beschichtungsaufbau besteht aus folgenden Komponenten, die nach Herstellerangaben verarbeitet werden:
- Grundbeschichtung – **Korrosionsschutz** gemäß DIN 18364 und DIN EN ISO 12944
- Dämmschichtbildende Zwischenbeschichtung – **Brandschutz**
- Schluss beschichtung – Farbige Gestaltung sowie Schutz der Zwischenbeschichtung vor Umwelteinflüssen

Applikation der dämmschichtbildenden Schicht

Die Zwischenbeschichtung kann gerollt, gestrichen oder gespritzt werden. Je nach Applikationsverfahren sind entsprechend viele Schichten notwendig, um die in der bauaufsichtlichen Zulassung geforderte Mindesttrockenschichtdicke zu erreichen.

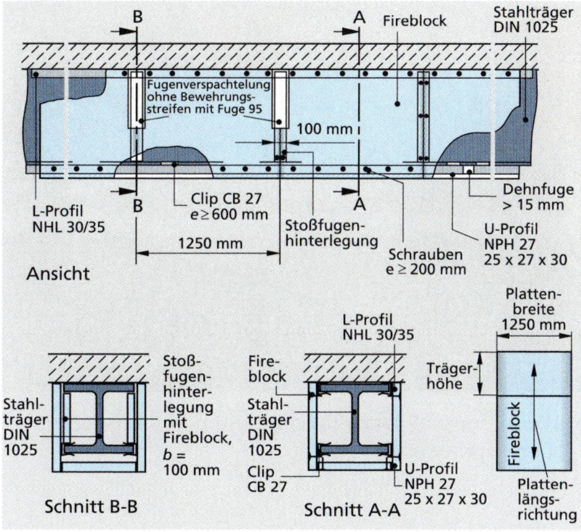

4. *Bekleidung von Stahlträgern mit Gipskartonplatten*

5. *Aufgeschäumte Schutzbeschichtung auf einem Stahlträger*

Aufgaben

1. *Nennen Sie Möglichkeiten, eine Stahlkonstruktion vor Feuer zu schützen.*
2. *Was bedeutet die Feuerschutzklasse F 60?*
3. *Welche Eigenschaft muss eine Brandschutzbeschichtung haben, um Bauteile vor dem Feuer zu schützen?*

1. Walzen beschichten mit hohem Tempo Stahl- oder Aluminiumbänder

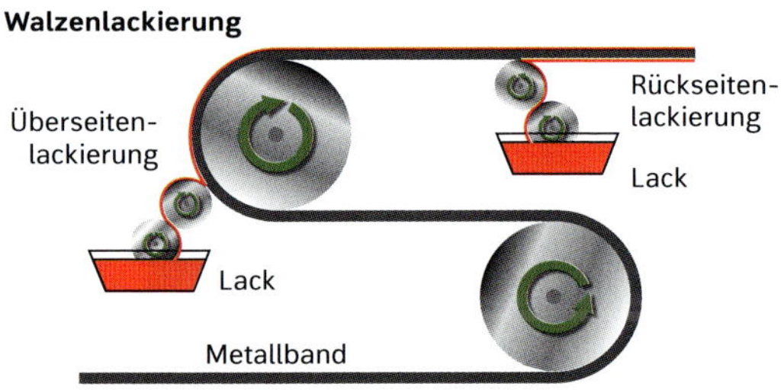

2. Funktionsweise des Coil-Coating-Verfahrens

3. Beschichtetes Metallband

6.19 Coil-Coating-Beschichtungen und Pulverbeschichtungen

Das Coil-Coating-Verfahren

Coil-Coating ist ein industrielles Beschichtungsverfahren. Auf sogenannten Coils werden tonnenschwere Rollen aus Blech am Band im Walzverfahren lackiert (Bild 1).

Die Beschichtung erfolgt in folgenden Arbeitsschritten:

- Entfernung von Fetten, durch eine alkalische Reinigung
- Chemische Vorbehandlung zum Passivieren des Metalls
- Auftrag eines Primers mit anschließendem Einbrennen
- Auftrag eines Decklacks (Bild 2) mit anschießendem Einbrennen

Pulverbeschichtungen

Pulverlack ist ein vorgebrochenes Extrudat (Bild 3), das nach dem Schmelzen und gegebenenfalls Einbrennen eine lösungsmittelfreie Beschichtung ergibt. Die Bezeichnung erfolgt nach dem Bindemittel. Dabei richtet sich die Benennung nach dem Typ, der über 85 % des Bindemittels ausmacht.

Beispiele:

- EP-Pulverlack
- EP-SP-Pulverlack (Hybridlack)
- SP-EP-Pulverlack (Hybridlack)
- SP-Pulverlack

(SP = gesättigter Polyester, EP = Epoxid)

Pulverlackarten

Pulverlacke werden unterschieden in

- reaktiv härtende Pulverlacke (Duroplaste),
- nicht reaktiv härtende Pulverlacke (Thermoplaste).

Am häufigsten werden Pulverlacke auf duroplastischer Basis verarbeitet. Thermoplastische Pulverlacke eignen sich nicht zur Überlackierung.

Beschichtungsverfahren

Oberflächen werden durch elektrostatisches Pulversprühen (EPS) mit duroplastischen Pulverlacken beschichtet. Das mit Hochspannung aufgeladene Pulver wird aus Spritzpistolen auf die geerdeten Beschichtungsteile gespritzt. Beim Wirbelsinterverfahren werden die zu beschichtenden Teile vorgewärmt und in das aufgewirbelte Lackpulver getaucht.

6.20 Serienlackierung

Neufahrzeuge werden in der Automobilindustrie in einem Serienlackierverfahren beschichtet. Die Arbeitsabläufe sind stark durchrationalisiert und erfolgen maschinell (Bild 1).

Ablauf einer Serienlackierung

- Entfetten und Reinigen
- Phosphatieren als Korrosionsschutz
- Kathaphoretische (kathodische) Tauchgrundierung KTL ca. 3µm (Bild 2)
- Einbringen der Dichtmassen
- Füller ca. 36 µm
- Basislack ca. 15 µm
- Klarlack ca. 45 µm
- Hohlraumversiegelung

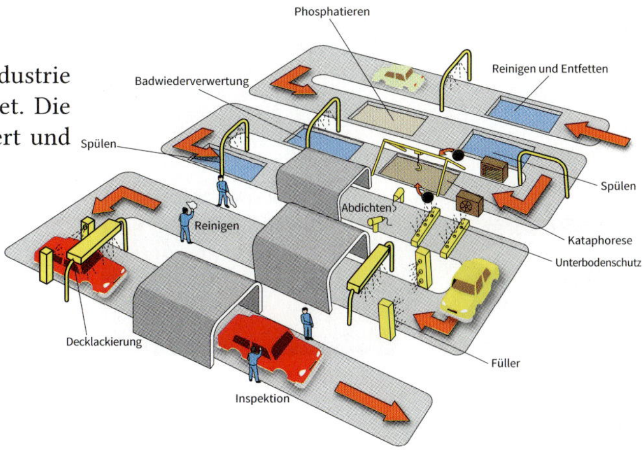

1. Ablaufschema einer Serienlackierung

RoDip-Verfahren

Die Bezeichnung geht zurück auf die englischen Begriffe „to roll“ = rollen und „to dip“ = tauchen. Bei diesem Verfahren wird das Fahrzeug innerhalb des Tauchvorgangs einmal um die eigene Achse gedreht (Bild 3). Das Rotationsverfahren optimiert den Prozess des Eintauchens, Flutens und Abtropfens.

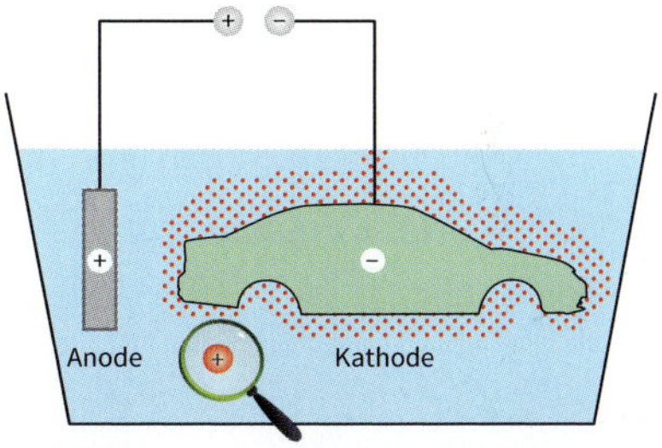

2. Schema der kathodischen Tauchlackierung KTL

Lackierautomaten, Spritzroboter

Lackierarbeiten werden bei der Serienlackierung von Lackierautomaten oder Spritzrobotern übernommen (Bild 4).

Bei der Rotationszerstäubung gelangt der zu beschichtende Lack durch elektrostatische Anziehung auf die Oberfläche.
Der Einsatz von Lackierrobotern optimierte den Materialverbrauch, erhöht die Genauigkeit und die Geschwindigkeit und gewährleistet den Gesundheitsschutz gegenüber dem Einsatz von Lackierpersonal.

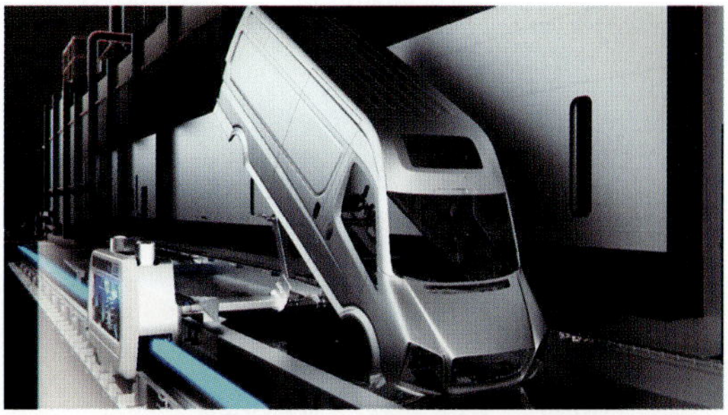

3. Rotationsverfahren

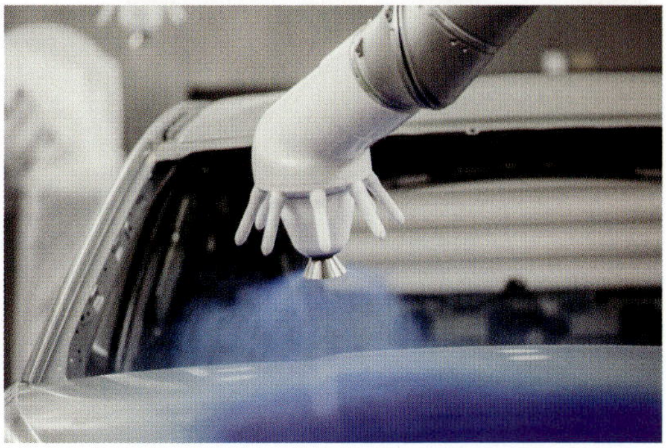

4. Rotationszerstäuber

Aufgaben

1. *Was bedeutet die Bezeichnung RoDip?*
2. *Wie gelangt der Lack bei der Rotationszerstäubung auf die Oberfläche?*
3. *Was bewirkt das Phosphatieren?*

1. Unfallschaden

2. Schleifpapier mit unterschiedlicher Körnung

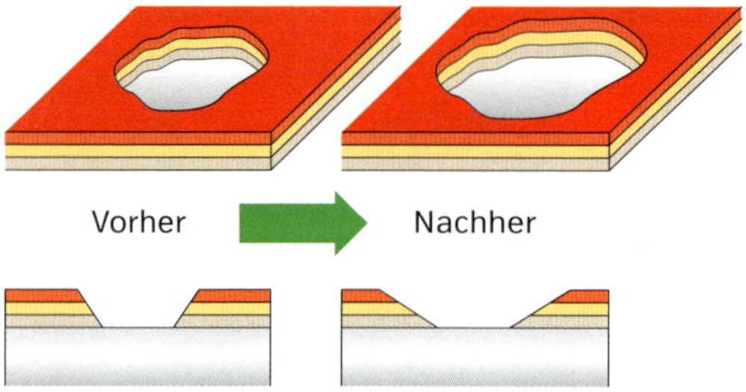

3. Abtragen der Lackränder mit Schleifpapier der Körnung P 150

6.21 Reparaturlackierung

Werden Kfz-Teile erneuert oder nach einem Unfallschaden (Bild 1) ersetzt, müssen die ausgetauschten Teile neu beschichtet werden. Dabei ist auf eine fachgerechte Vorbereitung des Untergrundes als Basis für die neue Beschichtung zu achten.

Vorbehandlung der zu lackierenden Metallflächen

Ist ein zu lackierendes Stahlblechteil neu, unbeschädigt und unlackiert, muss es entfettet, von Trennmittel gereinigt und anschließend aufgeraut werden. Trennmittel wird beim Pressen der Fahrzeugteile verwendet. Instand gesetzte Fahrzeugteile werden mit Siliconentferner und anschließend mit Staubbindetuch gereinigt. Nicht haftende Altbeschichtungen werden bis zu den tragfähigen Schichten entfernt. Roststellen sind metallisch blank zu schleifen.

Schleifen

Damit die Beschichtung optimal haftet, muss der Untergrund eine geeignete Rauheit aufweisen. Dabei spielt die Verwendung eines Schleifmittels mit der richtigen Körnung eine wichtige Rolle (Bild 2). Die Körnung des Schleifmittels reicht von P 16 (grob) bis P 1200 (fein) und wird von den Herstellern auf dem Schleifpapier angegeben (Bild 4). Die Übergänge vom lackierten Bereich zum blanken Metall werden mit einem Schleifpapier der Körnung P 150 bearbeitet, um die Lackränder abzutragen (Bild 3). Da Aluminiumblech eine sehr glatte Oberfläche hat, muss der Untergrund angeraut werden. Hierbei kommen Schleifpapiere der Körnung P 280 bis P 320 zum Einsatz. Verzinktes Stahlblech darf niemals zu stark angeschliffen werden, weil sonst die antikorrosive Zinkschicht zerstört wird.

Einsatz	Anwendung	Körnung
Stahl entrosten	Grobschliff Übergang zum Lack	P 16 – P 80* P 150*
Spachtel	Grobschliff Feinschliff	P 80 – P 150* P 240 – P 320*
Grundierfüller		P 400 Exzenterschleifer* P 800 Handschliff nass
Füller		P 400 Exzenterschleifer* P 800 Handschliff nass

*trocken schleifen

4. Empfohlene Schleifpapiere für unterschiedliche Arbeitsgänge

Abdeckarbeiten
Teile des Fahrzeuges, die nicht beschichtet werden, müssen bei allen Reparatur- und Teillackierungen vor Spritznebel geschützt und deshalb abgedeckt werden. Zum Abdecken werden Folien, Papier und Klebebänder eingesetzt (Bild 5). Klebebänder müssen fest haften, um ein Ablösen oder Unterlaufen des Lacks zu vermeiden. Die Kante des Bandes sollte deshalb stets gut auf das abzudeckende Teil gedrückt werden.

Abdecken von Karosserieteilen
Beim Abdecken von Fahrzeugkonturen wird ein 15 mm breites Abdeckband verwendet (Bild 6).

Kanten des Abdeckbandes immer gut andrücken, um das Unterlaufen des Lackes oder unregelmäßige Ränder zu vermeiden!

Abdecken von Öffnungen
Vor dem Abkleben werden alle abzudeckenden Bereiche (Spalten an Türen, der Motorhaube usw.) gereinigt und entfettet. Das Klebeband darf beim Abkleben nicht gedehnt werden. An der Spaltinnenseite werden spezielle Schaumstoffbänder verwendet (Bild 7).

Abdecken von Fenstergummileisten
Für Fenstergummileisten werden von verschiedenen Herstellern spezielle Klebebänder angeboten. Klebebänder mit Trägerpapier und Plastikstreifen werden zuerst auf die geeignete Länge (max. 30 cm) gekürzt. Dann wird der Plastikstreifen unter die Gummileiste geschoben und das Trägerpapier entfernt. Der selbstklebende Streifen wird umgefaltet und am Glas festgeklebt.

Abdecken von Gummileisten bei Windschutzscheiben
Bei eingezogenen, nicht verklebten Windschutzscheiben wird Lift Tape zum Abkleben der Gummileisten benutzt. Dazu wenige Zentimeter Lift Tape in den Applikator einschieben. Mit der schmalen Seite des Applikators das Lift Tape zwischen Karosserie und Gummi einführen.
Durch das Entlangführen des Werkzeuges zwischen Karosserie und Gummi platziert sich das Lift Tape optimal und hebt dabei die Gummileiste an. Die losen Enden des Lift Tapes werden mit Standard-Abdeckband fixiert.

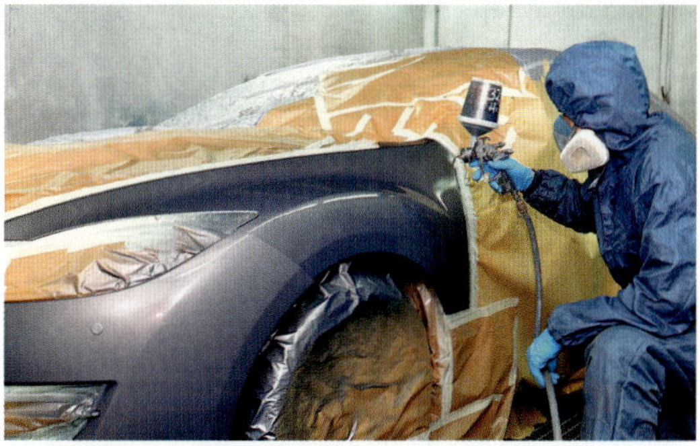

5. Teile, die nicht beschichtet werden, müssen sorgfältig abgedeckt werden

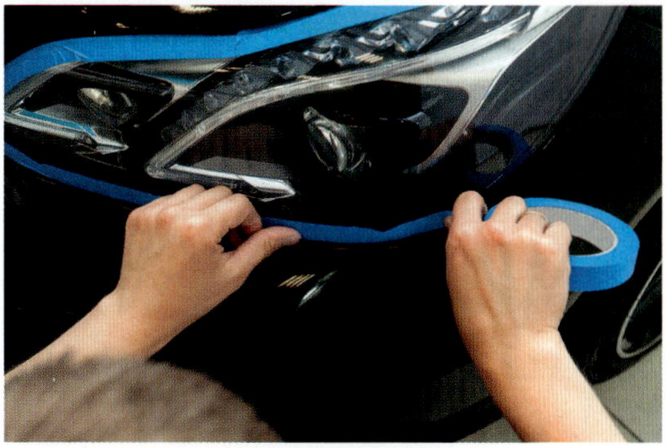

6. Abdecken von Karosserieteilen

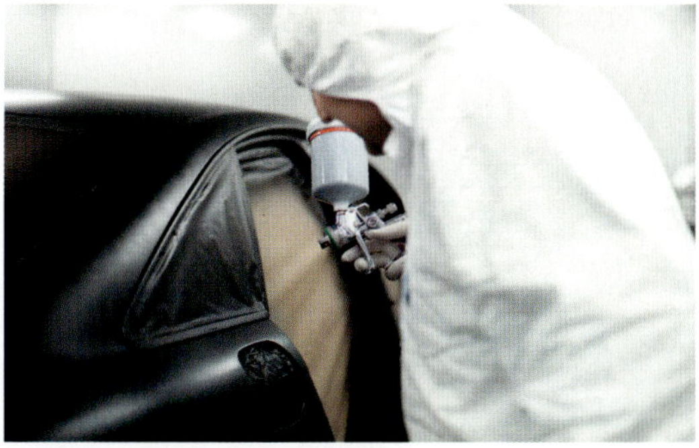

7. Abdecken von Öffnungen

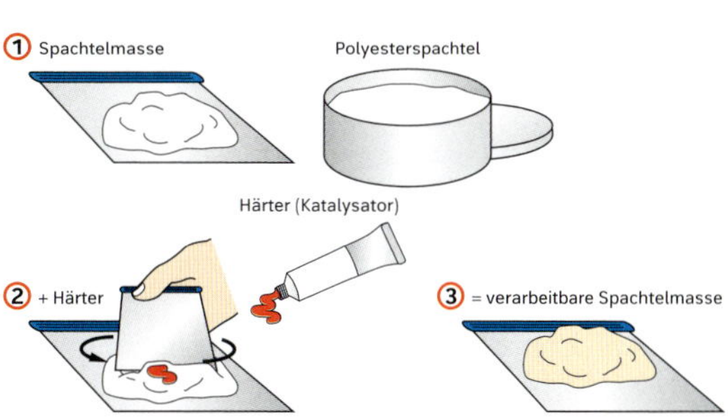

7. Arbeitsschritte zum Verarbeiten

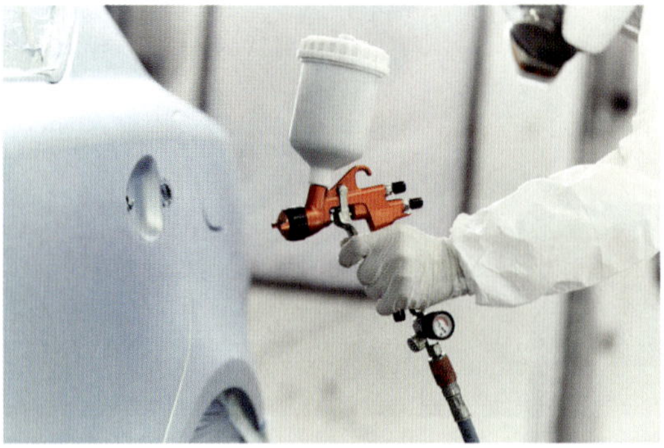

9. Beschichten mit Grundierfüller

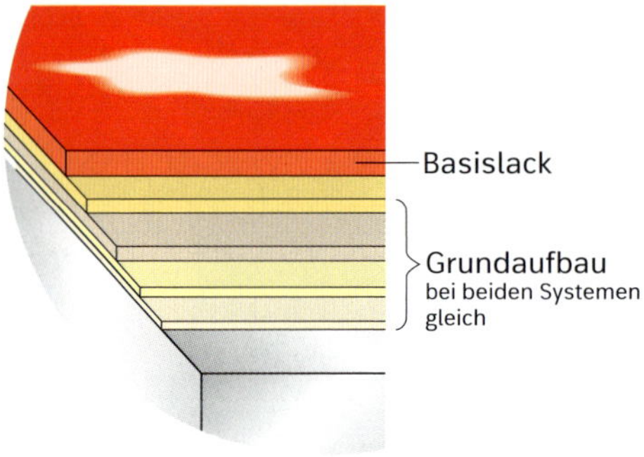

10. Aufbau 1-Schicht-Lackierung

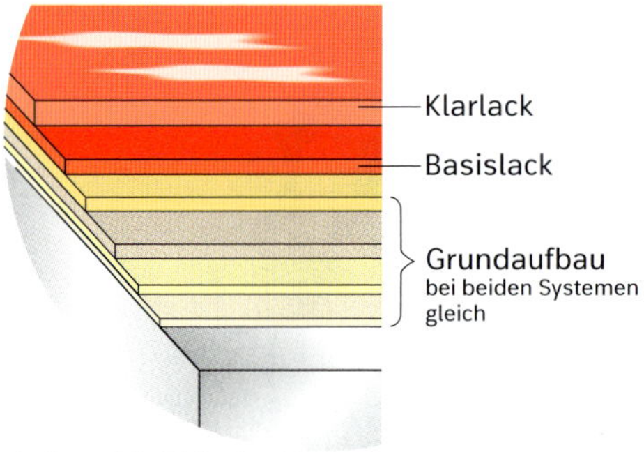

11. Aufbau 2-Schicht-Lackierung

Aufgaben

1. Welche Körnung sollte das zu benutzende Schleifpapier zum Feinschliff nach dem Spachteln der Oberfläche haben?
2. Warum sollen die Kanten des Abdeckbandes besonders gut angedrückt werden?
3. Was ist vor dem Abkleben zu beachten?

Spachtelarbeiten

Damit die spätere Lackierung eine glatte Fläche aufweist, müssen Unebenheiten des Untergrundes ausgeglichen werden. Unebenheiten an Karosserieteilen werden mit geeigneten Spachtelmassen gespachtelt (Bild 8). Hersteller bieten verschiedene Spachtelmassen mit unterschiedlicher Rohstoffbasis an. Außer bei UP-Spachtel sollte der Spachtelauftrag in mehreren dünnen Schichten erfolgen, damit er in relativ kurzer Zeit gut durchtrocknen kann. Spachtelmassen können durch Ziehen bzw. Streichen mit dem Spachtel oder mit einer geeigneten Spitzpistole aufgetragen werden.

Beschichten von Kfz-Teilen

Die **Grundierung** sorgt für eine gute Haftung zwischen Untergrund und Beschichtung. Darüber hinaus dient sie als Rostschutz. Meist werden Materialien eingesetzt, die gleichzeitig als Grundierung (Haftvermittler, Korrosionsschutz) und als Füller verwendet werden können.

Grundiermaterialien
- 1-K-Haftprimer
- 2-K-Haftprimer
- EP-Grundierung

Bei der Verarbeitung von Materialien immer die Herstellervorschriften (Technisches Merkblatt, Sicherheitsdatenblatt) beachten!

Der **Füller** hat verschiedene Funktionen: Er füllt Unebenheiten (Schleifkringel, Schleifriefen) aus und deckt poröse Spachtelmassen ab. Um Materialkosten und Arbeitszeit zu sparen, werden von den Herstellern Grundierfüller angeboten, die Grundierungs- und Füllaufgaben gleichzeitig übernehmen (Bild 9).

Gefahren am Arbeitsplatz und Gesundheitsgefährdungen durch zu verarbeitende Materialien sind in Betriebsanweisungen und Sicherheitsdatenblättern beschrieben.

Lackaufbau (Bild 10 und 11)

Der Decklack besteht hauptsächlich aus einem Bindemittel, dem Farbpigmente beigegeben sind. Um die gewünschten Eigenschaften zu erreichen, werden dem Lack Zusatzstoffe beigefügt. Das Mischungsverhältnis von Stammmaterial, Härter und Verdünnung wird vom Lackhersteller auf der Verpackung angegeben. Die Mischungsverhältnisse müssen exakt eingehalten werden.

KUNDENAUFTRAG Beschichten einer Stahlkonstruktion

passend zu Lernfeld 3: Metallische Untergründe bearbeiten und beschichten
Lernfeld 5: Überholungs- und Erneuerungsbeschichtungen ausführen
Lernfeld 12 BK: Bauten- und Korrosionsschutzmaßnahmen ausführen

1. Vorstellung
Die durchrostende Beschichtung einer Stahlkonstruktion soll bearbeitet werden.

Zustand:
- starke Korrosion
- schlecht haftende Altbeschichtung

2. Foto

3. Planung
Erstellen Sie einen Arbeitsplan zur Überholung dieser Stahlkonstruktion. Prüfen Sie nach DIN EN ISO 4628, ob eine Vollerneuerung, Teilerneuerung oder Ausbesserung des Beschichtungssystems erfolgen soll. Holen Sie entsprechende Empfehlungen bei den Herstellern ein. Stellen Sie entsprechend einen Arbeitsplan auf.

4. Untergrundprüfung
Stellen Sie mögliche Untergrundprüfungen in einer Tabelle zusammen. Wählen Sie geeignete Verfahren aus und begründen Sie Ihre Auswahl.

5. Arbeitstechniken
Stellen Sie die verschiedenen Entrostungs- und Beschichtungsverfahren in einer Tabelle zusammen und entscheiden Sie sich für ein geeignetes Verfahren. Begründen Sie Ihre Auswahl.

6. Werkzeuge und Anlagen
Wählen Sie Werkzeuge, Geräte und Maschinen bedarfsgerecht aus und begründen Sie Ihre Auswahl. Erstellen Sie eine Werkzeug- und Geräteliste.

7. Untergrundvorbehandlung
Erstellen Sie einen Baustellenablaufplan und einen Einsatzplan für die Werkzeuge, Geräte und Materialien.

8. Unfallverhütung und Umweltschutz
Listen Sie auf, bei welchen Arbeitsschritten Sie Unfallverhütungs- und Umweltschutzmaßnahmen beachten müssen. Informieren Sie sich im Internet unter www.bgbau.de (Berufsgenossenschaft der Bauwirtschaft). Beachten Sie die Betriebsanweisungen und den Hautschutzplan.

9. Beschichtung
Schlagen Sie dem Auftraggeber ein Beschichtungssystem vor und erläutern Sie dessen Vorteile. Welche Schichtdicke muss erreicht werden und wie können Sie kontrollieren, ob diese erreicht wurde?

KUNDENAUFTRAG Beschichten einer feuerverzinkten Treppe

passend zu Lernfeld 3: Metallische Untergründe bearbeiten und beschichten
Lernfeld 5: Überholungs- und Erneuerungsbeschichtungen ausführen
Lernfeld 12 BK: Bauten- und Korrosionsschutzmaßnahmen ausführen

1. Vorstellung
Die im Bild dargestellte feuerverzinkte Treppe soll beschichtet werden. Der Kunde wünscht eine Beschichtung, die der hohen Oberflächenbelastung standhält.

Zustand:
• neu erstellte feuerverzinkte Stahltreppe

2. Foto

3. Planung
Erstellen Sie einen Arbeitsplan über die auszuführenden Arbeiten.

4. Untergrundprüfung
Stellen Sie mögliche Untergrundprüfungen in einer Tabelle zusammen. Schlagen Sie die durchzuführenden Untergrundprüfungsverfahren vor und begründen Sie Ihren Vorschlag.

5. Arbeitstechniken
Legen Sie nach Abwägen der Vor- und Nachteile ein Auftragsverfahren entsprechend der Herstellerangaben in den Technischen Merkblättern fest. Führen Sie ein Beratungsgespräch mit dem Auftraggeber über Vor- und Nachteile verschiedener Auftragsverfahren.

6. Werkzeuge und Anlagen
Wählen Sie Werkzeuge, Geräte und Maschinen bedarfsgerecht aus. Erstellen Sie eine Liste der zu verwendenden Werkzeuge, Geräte und Maschinen.

7. Untergrundvorbehandlung
Wählen Sie ein geeignetes Reinigungs- und Entfettungsverfahren aus und begründen Sie Ihre Auswahl.

8. Unfallverhütung und Umweltschutz
Listen Sie auf, bei welchen Arbeitsschritten Sie Unfallverhütungs- und Umweltschutzmaßnahmen beachten müssen. Informieren Sie sich im Internet unter www.bgbau.de (Berufsgenossenschaft der Bauwirtschaft). Beachten Sie die Betriebsanweisungen und den Hautschutzplan.

9. Beschichtung
Bieten Sie dem Kunden mehrere Beschichtungssysteme an und erläutern Sie deren Vor- und Nachteile.

KUNDENAUFTRAG Beschichten einer Aluminiumeingangstür

passend zu Lernfeld 3: Metallische Untergründe bearbeiten und beschichten
Lernfeld 5: Überholungs- und Erneuerungsbeschichtungen ausführen
Lernfeld 12 BK: Bauten- und Korrosionsschutzmaßnahmen ausführen

1. Vorstellung
Die im Bild dargestellte Aluminiumeingangstür möchte ein Kunde beidseitig beschichten lassen.

Zustand:
• gut haftende Acryl-Altbeschichtung

2. Foto

3. Planung
Erstellen Sie einen Arbeitsplan.

4. Untergrundprüfung
Die Prüfung des Untergrundes beschränkt sich auf die Beurteilung der Oberfläche des Anstrichträgers sowie auf sichtbare und erkennbare Mängel. Stellen Sie mögliche Untergrundprüfungen in einer Tabelle zusammen.

5. Arbeitstechniken
Fertigen Sie eine Liste möglicher Auftragsverfahren an. Legen Sie ein Auftragsverfahren fest und begründen Sie Ihre Auswahl.

6. Werkzeuge und Anlagen
Wählen Sie Werkzeuge, Geräte und Maschinen bedarfsgerecht aus. Erstellen Sie eine Liste der zu verwendenden Werkzeuge, Geräte und Maschinen.

7. Untergrundvorbehandlung
Wählen Sie ein geeignetes Vorbehandlungsverfahren und begründen Sie Ihre Auswahl.

8. Unfallverhütung und Umweltschutz
Listen Sie auf, bei welchen Arbeitsschritten Sie Unfallverhütungs- und Umweltschutzmaßnahmen beachten müssen. Informieren Sie sich im Internet unter www.bgbau.de (Berufsgenossenschaft der Bauwirtschaft). Beachten Sie die Betriebsanweisungen und den Hautschutzplan. Informationen erhalten Sie auch beim Bundesverband Handschutz e.V., www.bvh.de.

9. Beschichtung
Listen Sie mögliche Beschichtungssysteme auf. Schlagen Sie ein Beschichtungssystem für diese Oberfläche vor und begründen Sie Ihren Vorschlag.

KUNDENAUFTRAG Beschichten eines korrosionsbeschädigten Containers

passend zu Lernfeld 3: Metallische Untergründe bearbeiten und beschichten
Lernfeld 5: Überholungs- und Erneuerungsbeschichtungen ausführen
Lernfeld 12 BK: Bauten- und Korrosionsschutzmaßnahmen ausführen

1. Vorstellung
Der stark korrosionsbeschädigte Container soll beschichtet werden. Der Kunde wünscht einen Beschichtungsstoff, der der hohen Oberflächenbelastung standhält.

Zustand
- starke Oberflächenverschmutzung
- starke Oberflächenkorrosion
- Altbeschichtung blättert teilweise ab
- Stahlblech hat teilweise Beschädigungen

2. Foto

3. Planung
Erstellen Sie anhand der Schadensbeschreibung und der Objektfotos einen Arbeitsplan für die auszuführenden Arbeiten.

4. Untergrundprüfung
Schlagen Sie die durchzuführenden Untergrundprüfungen vor und begründen Sie Ihren Vorschlag.

5. Arbeitstechniken
Wählen Sie ein geeignetes Entrostungs- und Beschichtungsverfahren aus. Begründen Sie Ihre Auswahl.

6. Werkzeuge und Anlagen
Machen Sie eine Aufstellung der Werkzeuge und Geräte. Wählen Sie Werkzeuge, Geräte und Maschinen bedarfsgerecht aus und begründen Sie Ihre Auswahl.

7. Untergrundvorbehandlung
Listen Sie die für die Untergrundvorbereitung erforderlichen Arbeiten in richtiger Reihenfolge auf. Berücksichtigen Sie folgende Überlegungen bei der Auswahl: Zeitaufwand, Umweltschutz und Entsorgung des Materials.

8. Unfallverhütung und Umweltschutz
Führen Sie bei den jeweiligen Arbeitsschritten ggf. erforderliche Unfallverhütungsmaßnahmen auf. Informieren Sie sich im Internet unter www.bgbau.de (Berufsgenossenschaft der Bauwirtschaft).

9. Beschichtung
Stellen Sie in einer Tabelle die Merkmale, Eigenschaften, Vor- und Nachteile von verschiedenen Beschichtungssystemen einander gegenüber. Entscheiden Sie sich für das am besten für die Problemstellung geeignete System.

KUNDENAUFTRAG Beschichten eines Garagentors

passend zu Lernfeld 3: Metallische Untergründe bearbeiten und beschichten
Lernfeld 5: Überholungs- und Erneuerungsbeschichtungen ausführen
Lernfeld 12 BK: Bauten- und Korrosionsschutzmaßnahmen ausführen

1. Vorstellung

Die abblätternde Beschichtung an dem verzinkten Garagentor soll entfernt werden und die Oberfläche eine neue Beschichtung erhalten. Am Garagentor soll eine Überholungsbeschichtung nach DIN 18363 durchgeführt werden.

Zustand:
- Altbeschichtung blättert ab.
- Ein Großteil der Altbeschichtung hat keine ausreichende Haftung für eine Überholungsbeschichtung.
- Der verzinkte Untergrund ist an manchen Stellen beschädigt.

2. Foto

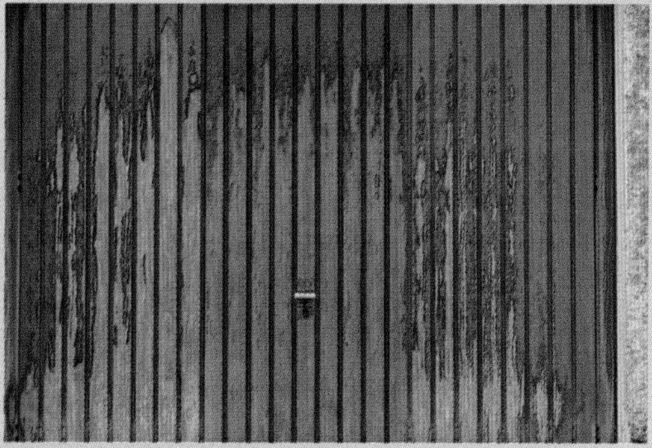

3. Planung

Erstellen Sie anhand der Schadensbeschreibung und des Objektfotos einen Arbeitsplan für die auszuführenden Arbeiten.

4. Untergrundprüfung

Schlagen Sie die durchzuführenden Untergrundprüfungen vor und begründen Sie Ihren Vorschlag.

5. Arbeitstechniken

Wählen Sie ein geeignetes Entschichtungs- und Beschichtungsverfahren. Begründen Sie Ihre Auswahl.

6. Werkzeuge und Anlagen

Machen Sie eine Aufstellung der Werkzeuge und Geräte. Wählen Sie Werkzeuge, Geräte und Maschinen bedarfsgerecht aus und begründen Sie Ihre Auswahl.

7. Untergrundvorbehandlung

Listen Sie die für die Untergrundvorbereitung erforderlichen Arbeiten in richtiger Reihenfolge auf. Berücksichtigen Sie folgende Überlegungen bei der Auswahl: Zeitaufwand, Umweltschutz und Entsorgung des Materials.

8. Unfallverhütung und Umweltschutz

Führen Sie bei den jeweiligen Arbeitsschritten ggf. erforderliche Unfallverhütungsmaßnahmen auf. Informieren Sie sich im Internet unter www.bgbau.de (Berufsgenossenschaft der Bauwirtschaft).

9. Beschichtung

Stellen Sie in einer Tabelle die Merkmale, Eigenschaften, Vor- und Nachteile von verschiedenen Beschichtungssystemen einander gegenüber. Entscheiden Sie sich für das am besten für die Problemstellung geeignete System.

Beschichten von Kunststoffuntergründen

7

1. Kunststofffenster mit Verfärbungen

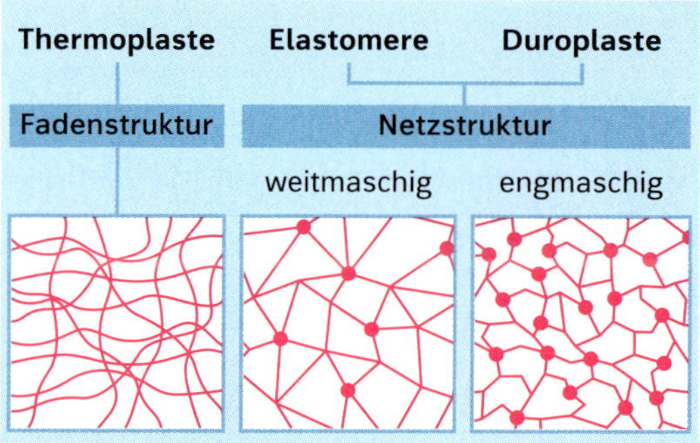

2. Molekülaufbau für Kunststoffe

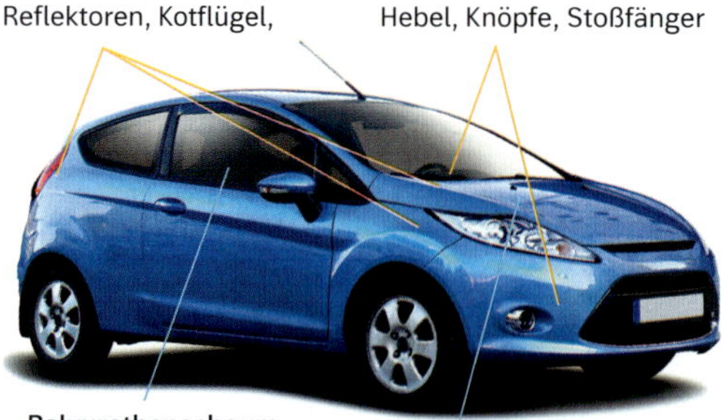

3. Die Verwendung verschiedener Kunststoffe an einem Kraftfahrzeug

7.1 Kunststoffe am Bau

Ein Kunde erteilt einem Malermeister den Auftrag, ein Kunststofffenster (Bild 1), das sich im Lauf der Zeit verfärbt hat, farblich neu zu gestalten.

Für die Auswahl des Beschichtungsstoffes muss die Art des Kunststoffes bekannt sein. Der Kunde hat noch die alte Rechnung des Fensters. Die Herstellerfirma bezeichnete die Kunststoffart mit der Abkürzung Hart-PVC.

Informationen zur Beschichtung von Kunststoffen

Im Merkblatt Nr. 22 des Bundesausschusses Farbe und Sachwertschutz (BFS) kann sich der Malermeister mithilfe des Handelsnamens über die fachgerechte Bearbeitung der Kunststofffenster informieren.

Hinweise über Eigenschaften, die Prüfung und Beschichtung von Kunststoffen im Hochbau sind im BFS-Merkblatt Nr. 22 zu finden.

Einteilung der Kunststoffe

Die Einteilung der Kunststoffe erfolgt anhand ihres Molekülaufbaus (Tabelle 2). Die Eigenschaften hängen von den Makromolekülen (Bausteinen) ab. Um bestimmte Eigenschaften zu erreichen, werden Weichmacher, Pigmente und Füllstoffe zugesetzt. Man unterscheidet bei den Kunststoffarten:

- Thermoplaste (Plastomere)
- Duroplaste (Duromere)
- Elastomere

Eigenschaften von Kunststoffen

Thermoplaste (Plastomere) schmelzen bei Erwärmung, sind quellbar und löslich durch entsprechende Lösemittel.

Duroplaste (Duromere) sind hart, nicht schmelzbar, nicht löslich und nur schwach quellbar.

Elastomere besitzen bei Normaltemperatur hohe Elastizität, sind nicht schmelzbar, nicht löslich, aber mit entsprechenden Lösemitteln quellbar.

Kurzzeichen von Kunststoffen

Tabelle 4 zeigt Kurzzeichen von Kunststoffen, die am Bau häufig eingesetzt werden.

	a) Plastomere		b) Duromere		c) Elastomere	
Kurzzeichen von Kunststoffen	**ABS**	**Acrylnitril-Butadien-Styrol**	**EP**	**Epoxidharz**	**SI**	**Silikonkautschuk**
	PA	**Polyamid**	**UP**	**Ungesättigte Polyester**	**SR**	**Polysulfid-Kautschuk**
	PE	**Polyethylen**	**MF**	**Melaminharz**		
	PMMA	**Polymethylmethacrylat (Acrylglas)**	**PF**	**Phenolharz**		
	PP	**Polypropylen**	**PUR**	**Polyurethan**		
	PS	**Polystyrol**				
	Hart-PVC	**Polyvinylchlorid**				
	PVDF	**Polyvinylidenfluorid**				
	PVF	**Polyvinylfluorid**				
	Weich-PVC	**Weiches Polyvinylchlorid**				

4. Kurzzeichen von Kunststoffen

	Bauteile	überstreichbar	nicht überstreichbar
Kunststoffe an Fenstern	**Fenster und Zubehör**		
	Fenster	Hart-PVC, PUR	PPO
	Fensterbänke	PF-Pressholz, Hart-PVC, UP-Beton	
	Rollläden, Klappläden	Hart-PVC	
	Vorhangschienen	Hart-PVC	
Kunststoffe an Gittern	**Gitter**		
	Lüftungsgitter	Hart-PVC, UP, PS	SAN
	Roste	UP, Hart-PVC, UP-Beton	SAN, PP, PE
Kunststoffe im Innenbereich	**Innenbereich**		
	Fußleisten, Sockelleisten	Hart-PVC	Weich-PVC
	Heizkörperverkleidungen	PS	PP
	Möbel, -teile	MF, PF, PUR, UP, Hart-PVC, PS, PMMA	ABS, PA, PP, PE
	Rohrpostrohre	Hart-PVC, PMMA	PE
	Spülkästen	Hart-PVC, PS	ABS
Kunststoffe an Innenwänden	**Innenwände**		
	Wandbekleidungen (siehe auch Außenwände)		Weich-PVC
Kunststoffe an Türen	**Türen**		
	Türzargen	Hart-PVC, PUR	
	Oberflächen aus Schichtstoffplatten	MF, PF, UP	
	Oberfächen aus Folienbespannungen		Weich-PVC
	Harmonika-, Falltüren		Weich-PVC
	Garagen-, Großraumtore	Hart-PVC, UP	
Kunststoffteile im Außenbereich	**Außenbereich**		
	Zäune und Gitter	Hart-PVC	ABS, PP
	Masten	UP	
	Spielgerät	UP, Hart-PVC	PA
Kunststoffteile an Außenwänden	**Außenwände**		
	Fassadenverkleidungen	Hart-PVC, UP, PMMA, UP-Beton, PF-Pressholz	ABS,
	Deckschichten bei Verbundelementen	UP, PUR, Hart-PVC	PVDF, PVF
	Fugenabdeckprofile	Hart-PVC	Weich-PVC
Kunststoffteile an Balkonen	**Balkone**		
	Balkonverkleidungen	PF-Pressholz, UP, Hart-PVC, PMMA, UP-Beton	ABS
Kunststoffe als Bauplatten	**Bauplatten**		
	Schichtstoffplattenoberflächen	MF, PF, UP	
	Kunstharz-Pressholz	PF	
	beschichtete Alu-Stahlbleche	Hart-PVC	PVF, PVDF
	Platten (eben, gewellt, profiliert)	Hart-PVC, PMMA, UP, PS	PC, ABS, CAB, PE, PP
Kunststoffe an Dächern	**Dachzubehör**		
	Lichtkuppelaufsatzkränze	UP, PUR, Hart-PVC	
	Regenrinnen, Fallrohre	Hart-PVC, UP	PE
Kunststoffe an Decken	**Deckensichtflächen**		
	Deckenbekleidungen	PS-Hartschaum, PUR, Hart-PVC, UP	
	(auch Akustikdecken)	PF-Pressholz, Hart-PVC, UP, PMMA, PS	
	Lichtdecken-Raster	PUR	
	Balkenimitationen	PS-Hartschaum	
	Stuckimitationen		

5. Gebräuchliche Kunststoffe am Bau

Aufgaben

1. Nennen Sie die drei Kunststoffarten.

2. Erstellen Sie eine Tabelle, in der die Eigenschaften der drei Kunststoffarten einander gegenübergestellt werden.

3. Zählen Sie Kunststoffteile auf, die im Außenbereich am Bau verwendet werden.

1. Kunststofffenster

2. Sichtbare Oberflächenverunreinigungen an der Kunststoffoberfläche

3. Verwitterungsprodukte an einer Kunststoffoberfläche

7.2 Prüfen der Kunststoffoberfläche

Das im Bild 1 dargestellte Fenster soll beschichtet werden. Vor dem Aufbringen der Beschichtung ist die Art des Kunststoffes festzustellen und die Kunststoffoberfläche auf Mängel zu prüfen.
Um das richtige Beschichtungssystem auswählen zu können, muss die Art des Kunststoffes festgestellt werden. Dies kann durch folgende baustellenübliche Möglichkeiten erfolgen:

- Kennzeichnung am Bauteil
- Rückfrage beim Auftraggeber, bei der Montagefirma oder beim Hersteller

Ist die Art des Kunststoffs so nicht zu ermitteln, ist ggf. eine Laborprüfung notwendig, um ein geeignetes Beschichtungssystem auszuwählen. Im Zweifelsfall sind Bedenken nach VOB Teil B § 4 Absatz 3 unverzüglich schriftlich beim Auftraggeber anzumelden.

Wenn keine eindeutige Bestimmung des Kunststoffes vorliegt, kann es zu Haftungsproblemen kommen.

Der Maler hat die Kunststoffoberfläche auf sichtbare Mängel zu prüfen

- Oberflächenverunreinigungen (Bild 2)
- Verwitterungsprodukte (Bild 3)
- Fette, Öle und Trennmittel (Bild 4)
- Mörtelspritzer
- mechanische Beschädigungen

Durch das Erkennen vorhandener Untergrundmängel kann eine fachgerechte Untergrundvorbehandlung folgen.

Der Maler hat folgende Prüfmethoden anzuwenden:
Augenschein: Bei Verschmutzungen Oberfläche reinigen.

Benetzungsprobe mit Wasser (Bild 4): Bei an der Oberfläche haftenden Fetten, Ölen und Trennmitteln. Perlt Wasser von der Oberfläche ab und stellen sich Inselbildungen ein, ist die Oberfläche zu reinigen (Bild 5).

Abreiben mit der Hand: Zur Feststellung von Verwitterungsprodukten. Bleiben Abriebrückstände auf der Hand, muss der Altanstrich entfernt werden.

Haftungsprüfung durch die Kratzprobe: Prüfung der Tragfähigkeit von vorhandenen Altanstrichen. Splittern Beschichtungsteile schon bei mäßigem Druck ab, ist die Kratzspur gezackt bzw. gewölbt oder lässt sich der Beschichtungsfilm leicht abziehen, ist keine ausreichende Haftung gegeben.

4. Abperlendes Wasser ist ein sicheres Zeichen für Trennmittel

Umfang der Prüfung

Der Umfang der Prüfung wird in BFS-Merkblatt 22, wie in folgender Tabelle beschrieben, festgelegt. Der Umfang der Prüfung bei Kleinobjekten bleibt objektbezogen.

Verschmutzung	ganze Fläche innen	ganze Fläche außen
Öle und Trennmittel	je Geschoss viermal	je drei Geschosse in jeder Himmelsrichtung einmal
Verwitterungsprodukte		
Tragfähigkeit vorhandener Altanstriche		

5. Kunststoffoberfläche mit Mörtelspritzern

Prüfung von Wärmedämmplatten vor der Verarbeitung

An die Baustelle gelieferte Polystyrolplatten sind auf mechanische Beschädigung zu prüfen und gegebenenfalls auszutauschen.

Polystyrolplatten immer sichern und entsprechend vor Beschädigung geschützt lagern.

6. Polystyrolplatten

Aufgaben

1. *Nennen Sie baustellenübliche Methoden, um die Kunststoffart zu ermitteln.*
2. *Mit welchen Methoden können Kunststoffuntergründe geprüft werden?*
3. *Was wird bei der Kratzprobe geprüft?*
4. *Wie ist bei Beschichtungen auf elastischen Dichtstoffen zu verfahren?*

1. Kunststofffenster mit starker Verunreinigung

2. Persönliche Schutzausrüstung beim Umgang mit Lösemitteln

Polystyrol	**Reinigen mit Äthylalkohol (gezeichnet als Flasche mit Aufschrift Spiritus)**
Polystyrol geschäumt	
Acrylharze	
Polycarbonate	

3. Kunststoffe, die mit Spiritus gereinigt werden können

7.3 Reinigen und Schleifen von Kunststoffuntergründen

Das in Bild 1 dargestellte Kunststofffenster muss vor dem Beschichten gereinigt werden. Bei neuen oder auch bei älteren Kunststofffenstern können sich Stoffe auf der Oberfläche befinden, die Beschichtungsstoffe nicht oder nur sehr schlecht haften lassen.

Stoffe auf der Oberfläche bei neuen Kunststoffflächen

Dies können Formtrennmittel wie Silikone oder Wachse sein.

Stoffe auf der Oberfläche von alten Kunststoffflächen

Häufig sind Reste von Pflegemitteln vorhanden.

Vorbereiten der Oberfläche mit ammoniakalischer Netzmittelwäsche

Für die Vorbereitung von Kunststoffoberflächen hat sich die ammoniakalische Netzmittelwäsche unter Verwendung von Korund-Kunststoffvlies sehr bewährt. Bei der Verwendung von 10 Litern Wasser soll etwa ½ Liter einer 25-%-Ammoniaklösung beigegeben werden (Bild 2). Bei einer 10%igen Ammoniaklösung werden 1¼ Liter auf 10 Liter Wasser benötigt. Auf diese Menge sind zwei Kronkorken Netzmittel (Spülmittel) zuzusetzen.

Nach der ammoniakalischen Netzmittelwäsche gründlich mit klarem Wasser nachwaschen.

Reinigen der Oberfläche mit Lösemitteln und Kaltreiniger

Ist eine Reinigung durch Netzmittelwäsche wegen starker Verwitterung oder spezieller Verunreinigung unzweckmäßig, ist das Reinigen durch milde Lösemittel und Kaltreiniger möglich. Kaltreiniger sind organische Lösemittelgemische und lösen z. B. Öle, Fette, Teer, Bitumen, Harze und Lacke.

Bei der Verwendung von Lösemitteln Schutzmaßnahmen beachten (Bild 2).

Kunststoffe verhalten sich gegenüber Lösemitteln sehr unterschiedlich. Hierzu ist die Herstellerfirma zu befragen.

Für viele Kunststoffe ist Spiritus ein mildes Lösemittel (Tabelle 3). Ein falsches Lösemittel kann zu starkem Anquellen der Oberfläche, zur Runzelbildung und bis hin zur vollkommenen Auflösung des Kunststoffes führen.

Schleifen von Kunststoffen

Nach der Oberflächenbehandlung des Fensters mit flüssigen Mitteln muss die Kunststoffoberfläche geschliffen werden (Bild 4).

Geeignete Schleifmittel

- feines Schleifvlies
- Schleifpapier mit offener Streuung
- feine Stahlwolle
- bei duroplastischen Pressmaterialien ist unter Umständen ein Schleifen mit Schleifpapier mit harter Körnung erforderlich

Beim Schleifen kann es zu elektrostatischer Aufladung des Kunststoffteiles kommen. Der dadurch angezogene Staub muss mit einem Lappen, getränkt in netzmittelhaltigem Wasser oder Spiritus, entfernt werden. Eine weitere Möglichkeit, den Staub zu binden, ist die Verwendung von Antistatiktüchern.

Nach dem Schleifen ist die Oberfläche gründlich zu säubern.

Alte Kunststoffputzflächen bei Wärmedämmverbundsystemen (Bild 6)

Bei Neuanstrich sollen alte Kunststoffputzflächen nicht grundiert werden. Wässrige Grundiermittel haften nicht genügend und lösemittelhaltige Grundiermittel führen oft zur Anquellung der alten Kunststoffschicht und der nachfolgenden Fassadenfarbenschicht.

Sicherste Methode, die Verträglichkeit bei altem Kunststoffputz und Renovierungsanstrich zu testen, ist der Probeanstrich.

Der Probeanstrich sollte über einen Zeitraum von drei Monaten beobachtet werden. Sind bis dahin keine Schäden aufgetreten, ist mit ziemlicher Sicherheit auf gute Verträglichkeit zu schließen.

Aufgaben

1. *Welche Stoffe an der Kunststoffoberfläche behindern die Haftfähigkeit der Beschichtung?*
2. *Nennen Sie Kunststoffe, die mit Spiritus gereinigt werden können.*
3. *Beschreiben Sie, was nach dem Schleifen von Kunststoffen erfolgen muss.*
4. *Warum sollen alte Kunststoffputzflächen nicht grundiert, sondern mit verdünnter Fassadenfarbe vorgestrichen werden?*

4. Schleifen von Kunststoffoberflächen

5. Endreinigung mit Antistatiktüchern

6. Fassade mit Kunststoffputzflächen

1. Verfärbtes Kunststofffenster

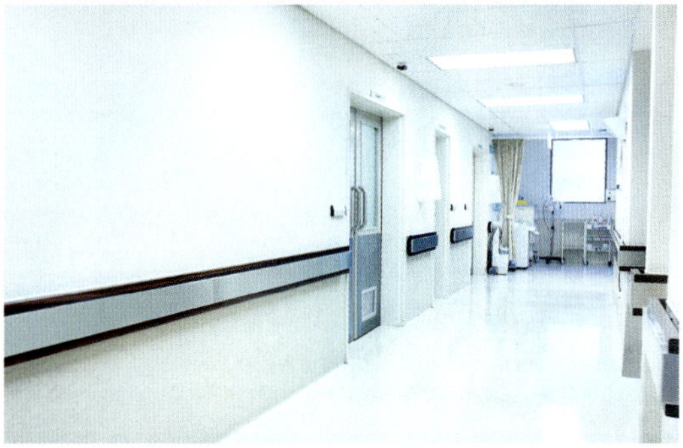

2. Stark beanspruchte Oberflächen wie z. B. die Rammschutzleisten in einem Krankenhaus

Alkydharz-Kombinationslacke	Für normale Wetterbelastung
Polymerisatharzfarben	für normale Wetterbelastung, bedingt chemikalienbeständig
Polyurethanlackfarben	für hohe mechanische Belastung, chemikalienbeständig, dauerwasserbeständig und wetterbeständig
Epoxidharzfarben	für hohe Chemikalienbeständigkeit, dauerwasserbeständig, für hohe mechanische Belastung; bei Bewitterung Neigung zum Kreiden
2 K-Polyacrylatfarben	für höchste Wetterbeständigkeit, dauerwasserbeständig
Dispersionslacke und Dispersionsfarben	für normale Wetterbelastung

3. Einsatz verschiedener Beschichtungssysteme

7.4 Auswahl des Beschichtungssystems und des Farbtons

Das in Bild 1 dargestellte Kunststofffenster hat sich im Laufe der Zeit verfärbt. Der Kunde gibt einer Malerfirma den Auftrag, das Fenster zu beschichten.

Auswahl der Beschichtungsstoffe

Die Auswahl der Beschichtungsstoffe richtet sich nach der Art des Kunststoffs und der zu erwartenden Belastung (Bild 3).

Es sollten nur Beschichtungssysteme gewählt werden, die vom Beschichtungsstoffhersteller für den jeweiligen Kunststoff empfohlen werden.

Verhalten farbiger Beschichtungen auf Kunststofffenstern und Kunststoffaußentüren

Fenster und Türen sind maßhaltige Kunststoffbauteile. Sie dürfen wegen der starken Aufheizung bei Sonneneinstrahlung und der möglichen Verformung nicht dunkel beschichtet werden. Nur wenn der Hersteller ausdrücklich das Fenster oder die Tür für dunkle Anstriche zulässt, dürfen dunkle Farbtöne zur Beschichtung verwendet werden. Bei dunklen Farbtönen können sich die Oberflächen der Kunststoffteile bis zu 80 °C aufheizen und zu Verwerfungen führen. Eine Rückstellung ist kaum mehr möglich. Die Funktionstüchtigkeit ist dann nicht mehr gegeben.

Wünscht der Kunde dunkle Anstriche, muss der Hersteller befragt werden, ob Verformungsschäden auftreten können.

Eignung von Beschichtungsstoffen

Das BFS-Merkblatt 22 weist folgende Tabelle aus (Bild 4), die angibt, welche Beschichtungsstoffe auf welchen Kunststoffen geeignet bzw. ungeeignet sind. Diese dient der groben Orientierung und kann eine Einzellfallprüfung nicht ersetzen.

Bei größeren Objekten sollte man sich vom Beschichtungsstoffhersteller die Eignung schriftlich zusichern lassen.

Einsatz verschiedener Beschichtungsstoffe

In der Regel sind für eine Kunststoffart mehrere Bindemittel geeignet. Anhand der zu erwartenden Beanspruchung (Bild 3) wird dann das optimale Beschichtungssystem ausgewählt.

Beschichtungsstoffe für Kunststoffuntergründe

Im Rahmen einer Erst- und einer Überholungsbeschichtung erfolgt der Beschichtungsaufbau immer nach Herstellerangaben. Damit ist sichergestellt, dass Grund-, Zwischen- und Schlussbeschichtung aufeinander und auf die zu erwartende Beanspruchung abgestimmt sind. Als Auftragsverfahren kommen am Bau meistens Rollen und Streichen in Betracht.

Dichtprofile an Fenstern und Türen

Dichtprofile an Fenstern und Türen dürfen nicht überstrichen werden (Bild 5). Durch Weichmacherwanderung kann es zu Verklebungen oder zur Erweichung der Beschichtung kommen. Dies kann auch bei der Verpressung von Dichtprofilen mit der beschichteten Oberfläche auftreten (Bild 6).

Die Beschichtung auf elastischen Dichtstoffen ist auf etwa 1 mm überlappend auf den Dichtstoff zu begrenzen.
Werden Flächen, die an Dichtprofile anschließen und diese berühren, mit 2-K-Beschichtungsstoffen gestrichen, besteht keine Gefahr des Verklebens und der Erweichung.

Aufgaben

1. *Nennen Sie Gründe, warum Kunststoffflächen nicht dunkel gestrichen werden sollen.*
2. *Nach welchen Grundsätzen wählen Sie den Beschichtungsstoff für Kunststoffuntergründe aus?*
3. *Begründen Sie, warum Dichtprofile nicht übergestrichen werden dürfen.*

Kunststoff / Bindemittel-Basis	Alkydharzkombination	Polymerisatharz, z. B. PVC-Co	Polyurethan	2 K-Epoxidharz	2 K-Polyacrylat	Dispersionslackfarbe	Dispersionsfarben
Polyvinylchlorid Hart-PVC	+	+	+	+	+	+	+
Polystyrol-Hartschaum PS-Hartschaum	–	–	–	–	–	–	+
Polystyrol PS	–	–	–	–	–	+	+
Polymethylmetacrylat PMMA	+	+	+	+	+	+	+
Phenol-/Harnstoff-Melaminharze PF PF-Pressholz UF MF	+	–	+	+	+	+	+
Ungesättigte Polyester UP	+	–	+	+	+	+	+
Epoxidharz EP	+	+	+	+	+	+	+
Polyurethan PUR	+	+	+	+	+	+	+

\+ = geeignet – = nicht geeignet

4. Eignung von Beschichtungsstoffen für Kunststoffe nach BFS-Merkblatt 22

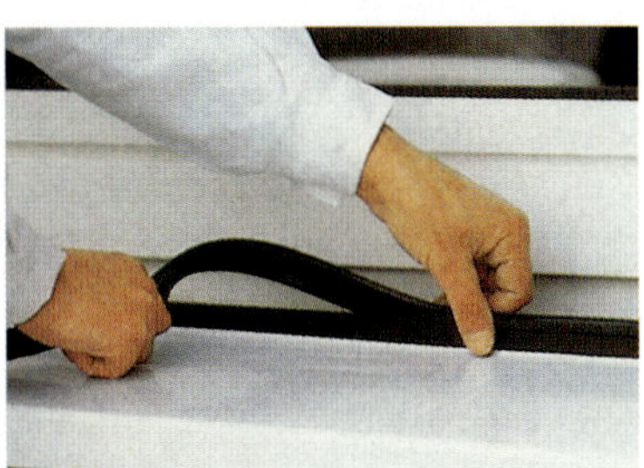

© Caparol Farben Lacke Bautenschutz

6. Anschlussprofile zwischen Fenster und Fensterbank

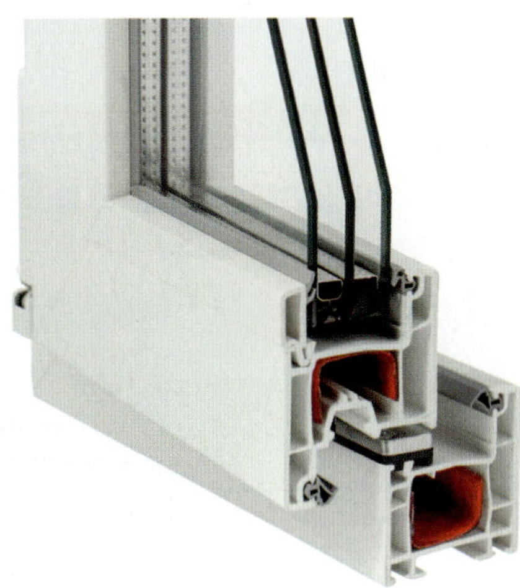

5. Dichtprofile bei Fenstern

7.5 Kunststoffbeschichtung am Fahrzeug

Seit den 1990er-Jahren werden aus den verschiedensten Gründen immer mehr Kunststoffbauteile eingesetzt, wie Spoiler, Lufthutzen oder Schweller (Bild 2). Ein Mittelklassewagen besteht aus ca. 5 000 Teilen, davon sind etwa 1500 Teile aus Kunststoff.

Chemische Bezeichnung	Kurzzeichen	Handelsname(n)	Fahrzeugteile
Polypropylen/ Ethylen-Propylen-Dien-Mischpolymerisat	PP/ EPDM	Stamylan P, Sabic PP, Purell, Novolen, Moplen, Kelburon, Hifax, Forprene	Stoßfänger, Heckspoiler
Acrylnitril-Butadien-Styrol-Mischpolymerisat	ABS	Bayblend, Relac, Magnum, Lustran ABS	Spiegelschalen, Radblenden, Jetbag, Front- und Heckspoiler
Polyamid	PA	Minlon, Akulon, Zytel, Vestamid, Ultramid	Radblenden, Tankdeckel
Polycarbonat	PC	Makrolon, Xenoy, Lexan	Stoßfängerverkleidungen, Kühlergrill
Polyphenylenoxid	PPO	Noryl, Laril	Karosserieteile, z. B. Kotflügel, Heckklappen
Acrylnitril-Styrol-Acrylester Mischpolymerisat	ASA	Luran S, Kibilac, Geloy	Kühlergrill, Front- und Heckspoiler
Styrol-Acrylnitril Mischpolymerisat	SAN	Luran, Tyril, Lustran SAN	Kühlergrill, Front- und Heckspoiler
Polyurethan	PU	Bayflex, Baydur, Irogran; Estane	Stoßfängerelemente, Heckspoiler
Polybutylenterepthalat	PBT	Pocan, Crastin, Ultradur, Vestodur	Karosserieteile, z. B. Kotflügel, Heckklappen
Ungesättigter Polyester	UP	Roskydal	Heckklappen, Lkw-Anbauteile, Sportwagenbauteile
Epoxidharz	EP	Araldit	Bauteile für Rennsportfahrzeuge
Polyvinylchlorid	PVC	Vestolit, Solvic	Lkw-Planen, Stoßleisten

1. Kurzzeichenbedeutung häufig verwendeter Kunststoffe

2. Typische Kunststoffteile am Fahrzeug

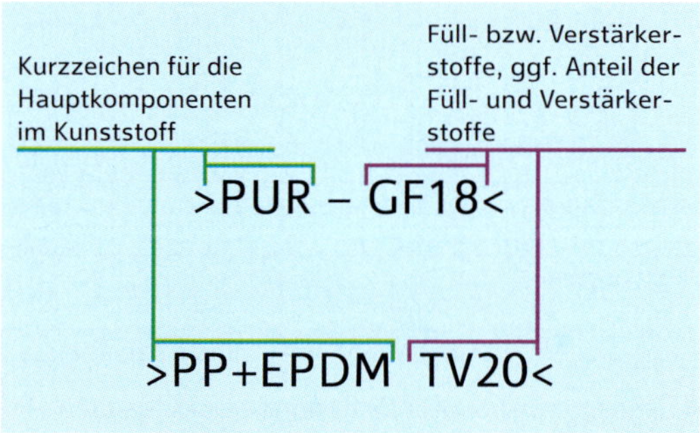

3. Kunststoffidentifizierung

Kunststoffidentifizierung (Bild 3)
Bevor Kunststoffe bearbeitet werden, müssen sie korrekt identifiziert werden, damit man die dafür zugelassenen Materialien auswählen kann. Meist werden Kunststoffkombinationen (Blends) verwendet, um mehrere gute Eigenschaften zu kombinieren.

Vorbereitung von Kunststoffflächen

Neuteile:

- Reinigung (Wachse auf der Oberfläche müssen mit speziellen Kunststoffreinigern und Silikonentfernern gründlich abgewaschen werden.)
- Tempern (Die Teile werden bei 60 °C eine Stunde aufgeheizt. Damit wird die Spannung abgebaut und die Treibmittel werden entfernt.)

Bei grundierten Teilen entfällt das Reinigen und Tempern (Bild 4).

4. Kunststoffspoiler

Reparaturlackierung von Kunststoffen am Fahrzeug

Bei der Reparaturlackierung von Kunststoffteilen muss nicht mehr wie in früheren Jahren eine spezielle Grundierung verwendet werden. Heute ist es möglich, mit speziellen Haftvermittlern (Bild 5) und darauf abgestimmte Füller alle Kunststoffoberflächen zu lackieren.
Füller und Lackauftrag sind entsprechend wie bei Neuteilen zu applizieren. Kunststoffteile sollen so dünn wie möglich lackiert werden. Je elastischer der Kunststoff ist, umso wichtiger ist es, Elastifizierungsmittel zu verwenden.

Elastifizierungsmittel

Kunststoffe weisen oft eine höhere Elastizität auf als der zu verwendende Füller. Darum ist es nötig, dem Füller und dem Decklack entsprechend den Herstellervorgaben Weichmacher zuzugeben. Abhängig von der Elastizität kann die Menge zwischen 10 und 100 % betragen. Wird dies versäumt oder das Mischungsverhältnis nicht genau eingehalten, kommt es zu Rissen im Lack.

Reparatur von Kunststoffteilen

Kunststoffteile dürfen nur mit Materialien instand gesetzt werden, die von den Fahrzeugherstellern freigegeben wurden. Durch ungeeignete Lösemittelkombinationen kann es zu Verlaufsstörungen kommen. Das Allianzzentrum Technik in München gibt Listen heraus, in denen die freigegebenen Methoden und Materialien der Hersteller veröffentlicht werden. Die Reparaturflächen sind gründlich zu reinigen (Bild 6) und mit einem Schleifpad anzuschleifen. Unebenheiten können mit einem elastischen 2-K-Kunststoffspachtel ausgeglichen werden. Nach dem Planschleifen wird der Haftgrund aufgetragen.
Einrisse und Löcher sind v-förmig auszuschleifen. Rissenden müssen angebohrt werden, um ein weiteres Einreißen zu vermeiden. Die Einzelteile sind immer wieder gut abzulüften, bevor der nächste Arbeitsgang einsetzt (Bild 7).

Aufgaben:

1. *Wie müssen nicht grundierte Neuteile von Kunststoffbauteilen vor der Lackierung vorbereitet werden?*
2. *Warum soll dem Füller Weichmacher zugegeben werden?*
3. *Informieren Sie sich über Listen, in denen von Herstellern freigegebene Methoden und Materialien veröffentlicht werden.*

5. Haftungsstörung durch ungeeignete Haftvermittler oder ungenügende Reinigung

6. Diese Oberfläche wurde nicht fachgerecht gereinigt. Es entstanden Silikonkrater.

7. Kocher durch zu frühes Lackieren

KUNDENAUFTRAG Beschichten von Kunststofffenstern

passend zu Lernfeld 2: Nichtmetallische Untergründe bearbeiten und beschichten

1. Vorstellung
Im Rahmen einer Fassadenerneuerung sollen die Kunststofffenster aus PUR (siehe Bild) farblich von der Fassade abgesetzt werden. Die Auswahl der Beschichtungsstoffe bzw. des Beschichtungssystems soll entsprechend nach der Art des Kunststoffes und der zu erwartenden Beanspruchung erfolgen. Die Arbeiten sollen von einem Arbeitsgerüst aus erfolgen.
Zustandsbeschreibung:
- Verschmutzungen der Oberfläche
- Verfärbungen des Kunststoffes

2. Foto

3. Planung
Stellen Sie einen Arbeits- und Zeitplan auf.

4. Untergrundprüfung
Die Prüfung des Untergrundes beschränkt sich auf die Beurteilung der Oberfläche des Anstrichträgers sowie auf sichtbare und erkennbare Mängel. Stellen Sie mögliche Untergrundprüfungen in einer Tabelle zusammen.

5. Arbeitstechniken
Listen Sie verschiedene Auftragsverfahren auf und legen Sie das Auftragsverfahren entsprechend der Herstellerangaben in den Technischen Merkblättern fest. Begründen Sie Ihre Auswahl.

6. Werkzeuge und Anlagen
Wählen Sie Werkzeuge, Geräte und Maschinen bedarfsgerecht aus. Erstellen Sie eine Liste der zu verwendenden Werkzeuge, Geräte und Maschinen.

7. Untergrundvorbehandlung
Stellen Sie die Vor- und Nachteile verschiedener Vorbehandlungsverfahren tabellarisch gegenüber dar und wählen Sie das geeignete aus.

8. Unfallverhütung und Umweltschutz
Listen Sie auf, bei welchen Arbeitsschritten Sie Unfallverhütung und Umweltschutzmaßnahmen beachten müssen. Beachten Sie dabei besonders die Unfallvorschriften bei Arbeiten auf dem Gerüst. Informieren Sie sich im Internet unter www.bgbau.de (Berufsgenossenschaft der Bauwirtschaft). Beachten Sie die Betriebsanweisungen.

9. Beschichtung
Erstellen Sie eine Tabelle, welche Beschichtungsstoffe geeignet sind. Wählen Sie ein Beschichtungssystem für diese Oberfläche aus. Begründen Sie Ihre Wahl.

Innenausbau

8

1. Eine Büroetage soll von einem Malerteam, das sich auf Trockenbau spezialisiert hat, bearbeitet werden.

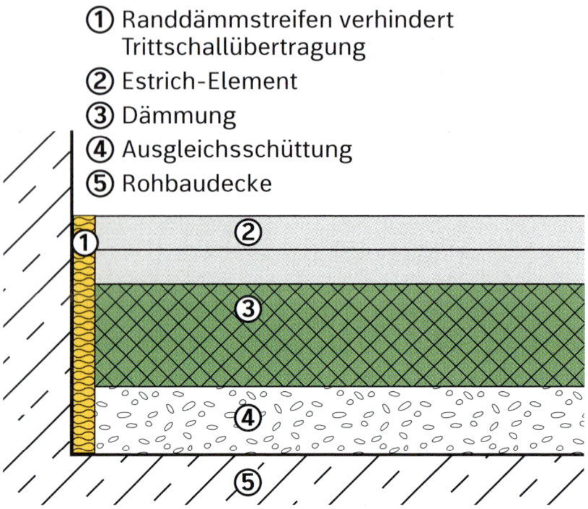

2. Schwimmender Fußboden: Die Estrichplatte liegt auf einer Polystyrolplatte auf und hat somit keine Verbindung zur Wand und zur Rohbaudecke.

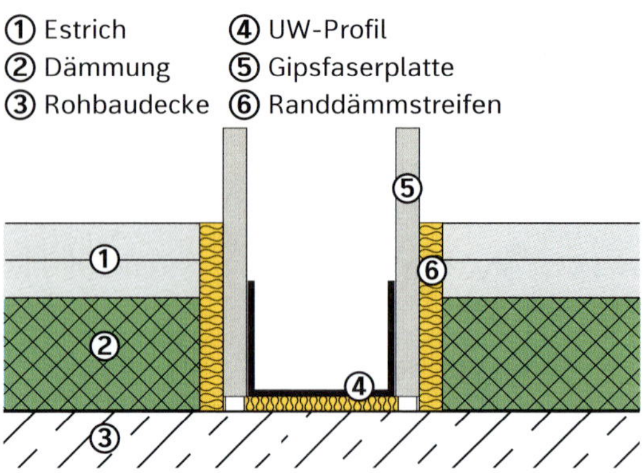

3. Der schwimmende Estrich ist geschlitzt worden, um Schallübertragungen zwischen den beiden Räumen zu verhindern. Die Montagewand steht auf der Rohbaudecke.

8.1 Die Trockenbau-Montagewand

In einem Bürohochhaus sind Malerteams damit beauftragt worden, die Wände in Trockenbautechnik zu erstellen (Bild 1).

Der Untergrund

Der Untergrund für die Montagewand muss trocken, fest und eben sein. In der Regel handelt es sich um einen Estrich. Estriche können im Verbund mit dem Deckenträger, der meist aus einer Stahlbetondecke besteht, ausgeführt werden. Der Nachteil der Verbundestriche ist der schlechte Trittschalldämmwert. Trittschall ist der Schall, der beim Begehen von Decken an die darunter liegenden Räume abgegeben wird. Verbundestriche leiten den Schall direkt weiter. Aus diesem Grund werden Trockenestriche in schwimmender Form ausgebildet. Sie liegen auf Polystyrolplatten bzw. auf einer Ausgleichsschüttung auf und haben – durch eine Randfuge, gefüllt mit einem Randdämmstreifen – keine Berührung zur Wand (Bild 2).

Der Randdämmstreifen darf nicht entfernt werden und die Fuge darf nicht mit Spachtelmassen oder Dreck gefüllt werden. Über diese Brücken würde eine Trittschallübertragung stattfinden.

Der Schallschutz bei der Erstellung von Wänden

Trockenbauwände, die auf einem schwimmenden Estrich montiert werden, bieten wenig Schallschutz. Der Trittschall und der Luftschall werden über den Estrich in den Nebenraum geleitet. Um das zu verhindern, wird der schwimmende Estrich mit einem Winkelschleifer geschlitzt. Die Montage des UW-Profils erfolgt auf der Rohbaudecke (Bild 3).

Aber Vorsicht: Heizestriche dürfen nicht geschlitzt werden!

Die Erstellung von Montagewänden

Nach der Verlegung der Estrichplatten werden die Montagewände montiert. Diese Wände bestehen aus:

- Den UW-Profilen, die auf den Boden und an die Decke gedübelt werden.
- Den CW-Profilen, die senkrecht zwischen die UW-Profile reingestellt und nicht verschraubt werden.
- Der Dämmung, z. B. aus Mineralwolle, die den Schallschutz verbessert.
- Den Gipskartonbauplatten bzw. Gipsfaserplatten.

Die Arbeitsabfolge bei einer Wand

Zunächst wird mittels Rotationslaser bzw. Schnurschlag die Wandachse eingemessen. Anschließend werden die UW-Profile auf Dämmstreifen gelegt und mit dem Boden bzw. der Decke verdübelt. Die Dämmstreifen vermindern die Schallübertragung. Die senkrecht zu montierenden CW-Profile werden in die UW-Profile hineingestellt (Bild 4). Bild 5 zeigt den Abschluss einer Montagewand an einer Massivwand. Der Trennstreifen verhindert ein Reißen der Dichtstofffuge.

Bei der Montage sind die Angaben in den Merkblättern des Herstellers zu beachten. Diese schreiben z. B. die Größen der Befestigungsschrauben und deren Abstände vor.

4. Montagewand der CW-Profile

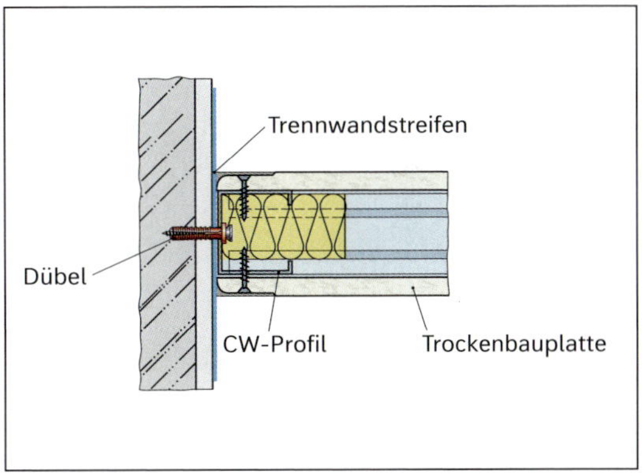

5. Abschluss der Montagewand an eine Massivwand – dargestellt in der Draufsicht

Vieles verschwindet in der Montagewand

Die Ständerprofile haben Ausstanzungen, in denen z. B. Rohre und Kabel eingezogen werden. Aber auch komplette Wasserspülkästen verschwinden in der Trockenbauwand ohne Probleme.

Die Montage der Bauplatten

Von einer Seite wird nun die Wand beplankt. Die Platten werden mit den Ständern verschraubt. Die Verschraubung der Platten findet aber nur in den CW-Profilen statt, um ein Arbeiten der Platten zu ermöglichen. Anschließend werden von der anderen, noch offenen Seite Mineralfaser-Dämmplatten eingeklemmt. Diese Seite wird dann ebenfalls beplankt. Die Plattenstöße sollen dann auf einem anderen CW-Profil liegen.

Die Endbearbeitung

Profile (Bild 6) werden für den Trockenbau z. B. für Deckenabschlüsse angeboten. Der Vorteil liegt in einem besseren optischen Abschluss.

Die Plattenfugen müssen nach der Montage verspachtelt werden. Bei der Sonderverspachtelung wird darüber hinaus die gesamte Montagewand vollflächig gespachtelt.

6. Profile, die die Arbeit im Trockenbau wesentlich erleichtern und bessere optische Abschlüsse schaffen

Aufgaben

1. *Unterscheiden Sie einen schwimmenden Estrich von einem Verbundestrich.*
2. *Beschreiben Sie einen Rotationslaser.*
3. *Erstellen Sie einen Arbeitsplan für die Arbeiten, die in der Büroetage ausgeführt werden müssen.*

1. Das Anbringen der ersten Platte

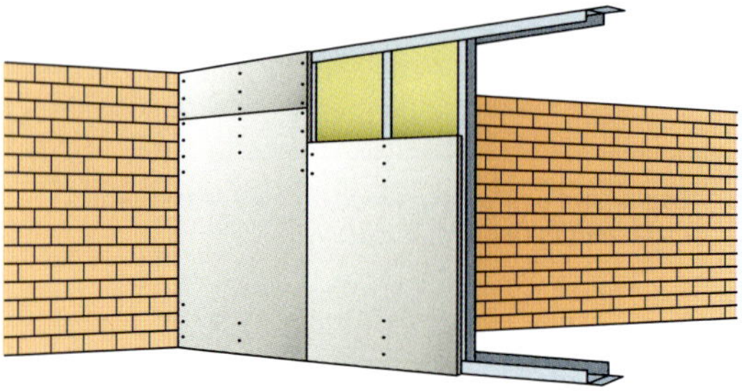

2. Versetzte Anordnung horizontaler Stöße im oberen Wandbereich

3. Nach dem Einschneiden des Kartons einer GK-Platte wird diese über einer Kante gebrochen. Anschließend muss die Platte gedreht werden und der Karton auf der Rückseite durchtrennt werden. Bei GF-Platten entfällt dieser Schritt, sie lassen sich nach dem Einritzen in einem Schritt zerteilen.

8.2 Die Beplankung der Wandunterkonstruktion

Die aus Metallprofilen erstellte Unterkonstruktion einer Einfachständerwand soll mit Trockenbauplatten verkleidet werden (Bild 1). Dieser Vorgang wird als Beplankung bezeichnet.

In diesem Fall entscheidet sich der Verarbeiter für eine Metallunterkonstruktion, da diese im Vergleich zu einer Holzunterkonstruktion wesentlich dimensionsstabiler ist.

Die Anforderungen an die Beplankung

Beplankungen können verschieden ausgebildet werden, um bestimmten Anforderungen an die Montagewand, wie beispielsweise Brandschutzanforderungen, gerecht zu werden.
Aber auch eine einfache Beplankung muss vom Verarbeiter fachgerecht ausgeführt werden, um den Anforderungen im Hinblick auf Stabilität, Oberflächenqualität und Schallschutz gerecht zu werden. Dies setzt voraus, dass die Anordnung der Platten sowie deren Befestigung sorgfältig geplant und ausgeführt wird.

Horizontale Stöße in der Beplankung

Die Möglichkeit, raumhohe Trockenbauplatten zu verwenden, sollte stets in Betracht gezogen werden.

Durch die Vermeidung horizontaler Stöße wird einerseits eine hohe Stabilität der Wand erreicht, andererseits aber auch der Arbeitsaufwand beim anschließenden Fugenspachteln minimiert.

In der Praxis lassen sich horizontale Stöße meistens nicht vermeiden. Sie sollten immer im oberen Wandbereich angeordnet und um mindestens 40 cm gegeneinander versetzt werden (Bild 2).

Der Zuschnitt der Trockenbauplatten

Der Zuschnitt der Platten (Bild 3) erfolgt mit einem für die Plattenart geeigneten Werkzeug. Um ein rationelles und gesundheitlich unbedenkliches Arbeiten zu gewährleisten, sollte der Plattenzuschnitt immer in geeigneter, d. h. rückenschonender Arbeitshöhe erfolgen. Der Zuschnitt erfolgt in der Länge um 5–20 mm kürzer als lichte Raumhöhe, um eine mögliche Durchbiegung der Decke zu ermöglichen und Schäden an der Unterkonstruktion zu verhindern. Bei einigen Systemen müssen die Schnittkanten durch Hobeln bearbeitet werden.

Die Anordnung der Platten planen

Die Anordnung der Platten wird so geplant, dass möglichst wenig Plattenverschnitt entsteht. Enthält eine Montagewand etwa eine Tür, so ist das Türprofil ein Fixpunkt, von dem aus die CW-Profile ausgerichtet und die Trockenbauplatten montiert werden (Bild 5).

Die Montage der Platten

Die erste Platte wird so auf Abstandshaltern positioniert, dass sie weder Decke noch Boden berührt (Bild 6). Anschließend wird sie fest an die Unterkonstruktion gedrückt und nur an den CW-Profilen befestigt, um ein Arbeiten der Platten zu ermöglichen. Die Befestigung erfolgt mithilfe geeigneter Schrauben. Bei Holzunterkonstruktionen ist auch der Einsatz von Klammern möglich. Der Abstand der Befestigungsmittel ist nach Herstellerangaben auszuführen, da er von verschiedenen Faktoren, wie der Art des Befestigungsmittels, der Art und Dicke der Platte und der Art der Unterkonstruktion abhängig ist.

Um eine spannungsfreie Befestigung der Platten sicherzustellen, erfolgt die Befestigungsabfolge wahlweise von der Mitte aus zu den Rändern oder als fortlaufende Befestigung von einem zum anderen Plattenrand.

Bei allen weiteren Platten wird genauso verfahren, wobei darauf zu achten ist, dass die Fuge zwischen den einzelnen Platten nach Herstellerangaben ausgebildet wird, um eine fachgerechte Verspachtelung zu ermöglichen. Um eine maximale Stabilität der Montagewand zu erreichen, ist bei der Beplankung der zweiten Seite darauf zu achten, dass gegenüberliegende, senkrechte Fugen um einen Ständer versetzt angeordnet werden (Bild 7).

Die Anschlüsse

Anschlüsse zwischen Montagewänden und anderen Bauteilen werden aufgrund des unterschiedlichen Wärmeausdehnungswertes durch Fugenschnitt getrennt. Einen sauberen Abschluss bieten hier vorgefertigte Profile.

Anschlüsse zwischen Montagewänden werden bei Schallschutzanforderungen mit dauerelastischer Fugendichtmasse und bei Brandschutzanforderungen mit Spachtelmaterial verschlossen.

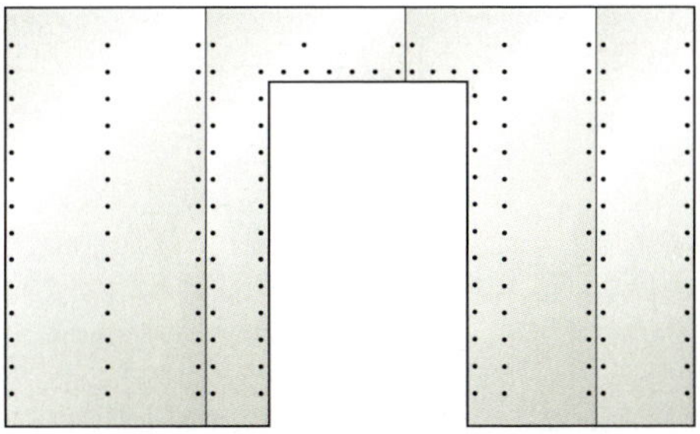

5. Ausrichtung der Platten anhand des Türprofils. An der Wand mit einer ganzen Platte zu beginnen, ist nicht immer sinnvoll, hier hätte es zu wesentlich mehr Verschnitt geführt.

6. Positionierung der GF-Platten auf Abstandshaltern, die nach der Befestigung entfernt werden. Hier wird zwischen den stumpfen Kanten ein Abstand von ½ x Plattendicke eingehalten.

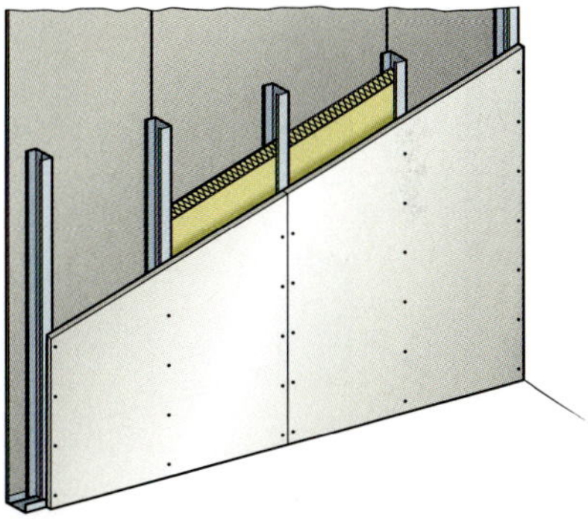

7. Versetzte Anordnung der Platten an Vorder- und Rückseite der Montagewand. Die Verschraubung der 12,5 mm GF-Platten erfolgt im Abstand von 25 cm.

Aufgaben

1. Beschreiben Sie die Anordnung horizontaler Stöße und begründen Sie diese Anordnung.
2. Begründen Sie, warum Trockenbauplatten nie zuerst an den Ecken und dann in der Mitte befestigt werden dürfen.
3. Informieren Sie sich bei Herstellern von Trockenbausystemen über verschiedene Möglichkeiten der Plattenbefestigung.

1. Die Aussparungen in der Metallunterkonstruktion zur Montage einer Tür

Befestigung an ...	Türblatt-gewicht (kg)	Türbreite (cm)	Wand-höhe (cm)
normalen CW-Profilen	bis 25	bis 88,5	bis 260
kastenförmig ineinander geschobenen CW-Profilen	> 25 aber < 35	> 88,5 aber < 90	> 260 aber < 280
UA-Aussteifungsprofilen	≥ 35	≥ 90	≥ 280

2. Einsatzgebiete verschiedener Befestigungsarten für Türzargen

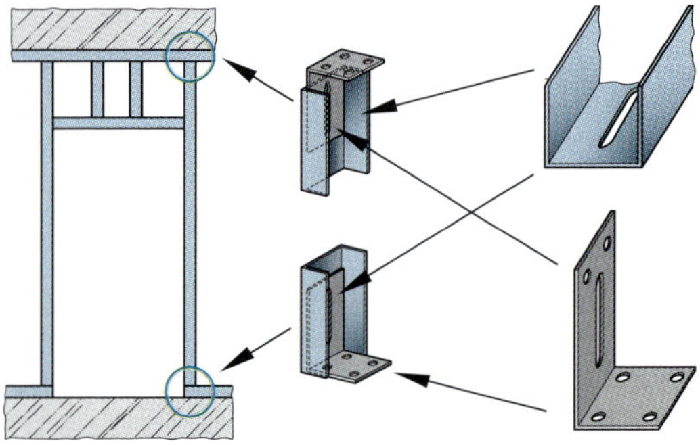

3. UA-Profile und Anschlusswinkel verfügen über Langlöcher im Steg, die begrenzte Deckendurchbiegungen aufnehmen können.

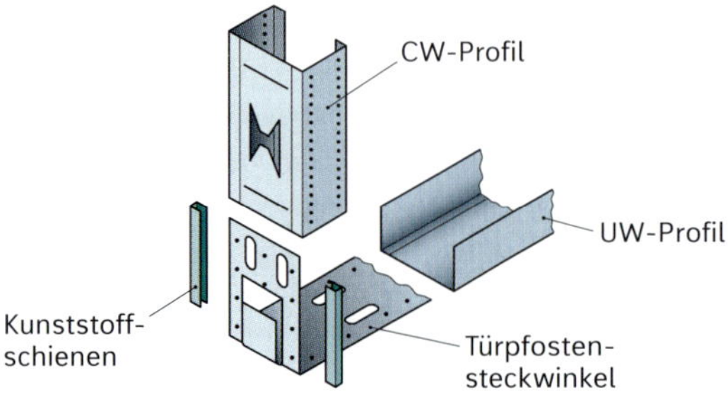

4. Steckwinkel verbinden UW- und CW-Profile.

8.3 Der Türeinbau

Die Position der späteren Türen muss bereits vor der Erstellung der Unterkonstruktion geplant werden, da die unteren UW-Profile im Bereich der Türöffnung ausgespart werden (Bild 1). Um eine ausreichend große Öffnung zu erstellen, ist es notwendig, das Maß der gewünschten Tür zu kennen.

Die Befestigung der Türzarge planen

Innerhalb der Wandfläche wird die Türöffnung zunächst ausgespart. Um eine ausreichend stabile Konstruktion für die Zargenbefestigung zu erhalten, muss die Unterkonstruktion jedoch ggf. ausgesteift werden (Bild 2).

Es ist immer die nächst stabilere Befestigungsart zu wählen, wenn einer der Faktoren über der Toleranz liegt.

Demzufolge darf eine Tür mit den Maßen 860 mm x 1985 mm nur an normalen CW-Profilen befestigt werden, wenn ihr Gewicht maximal 25 kg beträgt.

Worauf ist bei Aussteifungen zu achten?

Vertikale Aussteifungsprofile müssen mit Winkeln und Dübeln kraftschlüssig an Decke und Boden befestigt werden (Bild 3).

Aussteifungen dürfen nicht in Türhöhe enden, sondern müssen immer raumhoch erfolgen.

Die Erstellung der Türöffnung zur Montage der Türzarge

Die Verbindung von UW- und CW-Profilen: Erfüllt eine Tür alle Kriterien zur Verwendung von CW-Profilen als Türständerprofil (Bild 2), erfolgt keine Aussteifung der Konstruktion.

Der Verarbeiter verbindet im Bereich der Türöffnung die UW-Profile mithilfe eines Steckwinkels mit den vertikalen CW-Profilen (Bild 4), wobei die Steckwinkel stets mit dem Boden verdübelt werden. An dem Winkel befinden sich Kunststoffführungsschienen für die CW-Profile, die den Schallschutz verbessern.

Der Türsturz

Der Türsturz lässt sich auf verschiedene Arten erstellen. Am komfortabelsten ist die Verwendung eines Sturzprofils (Bild 5). Diese speziellen Profile sind ab Werk auf DIN-Rohbauöffnungsmaße vorgestanzt. An der entsprechenden Stanzung wird das Profil vom Verarbeiter dann durchtrennt, umgebogen und mittels Nieten oder selbstschneidenden Bohrschrauben am vertikalen CW-Profil befestigt (Bild 6).

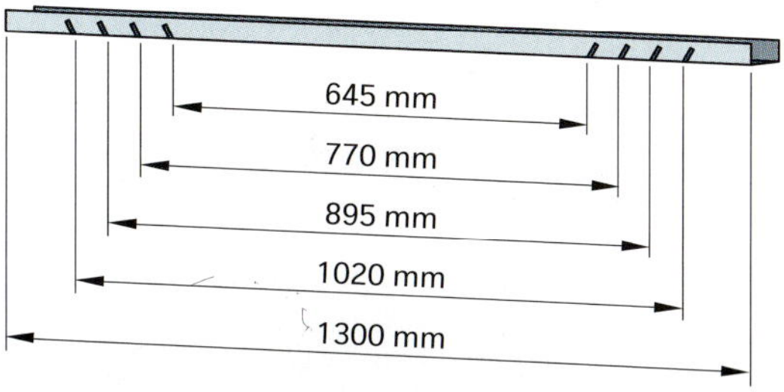

5. Türsturzprofil mit vorgestanzten DIN-Rohbauöffnungsmaßen

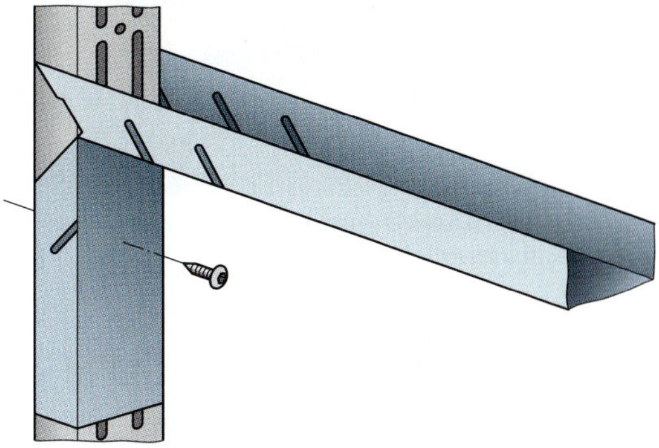

6. Das Einbauschema eines Türsturzprofils

Das Beplankungsschema für die Türfelder

In das Türsturzprofil werden im Abstand von mindestens 20 cm zum Türständerprofil zwei CW-Profile eingestellt, die nicht befestigt werden. Hierdurch lassen sich Plattenstöße auf dem Türständerprofil vermeiden (Bild 7) und der Revolverschnitt wird möglich.

Auf den Türständerprofilen dürfen sich keine Plattenstöße befinden und auch horizontale Stöße mit Spachtelfuge sind zu vermeiden.

Bei der Beplankung ist darauf zu achten, dass die Plattenstöße im Bereich des Türsturzes an der Vorder- und der Rückseite der Montagewand zueinander versetzt angeordnet werden (Bild 8).

Die Verschraubung der Platten darf nur an den CW-Profilen erfolgen.

Bei schweren oder besonders hoch beanspruchten Türen oder bei großen Raumhöhen empfiehlt es sich, einen großzügigen Bereich um die Türöffnung als Klebefuge auszubilden.

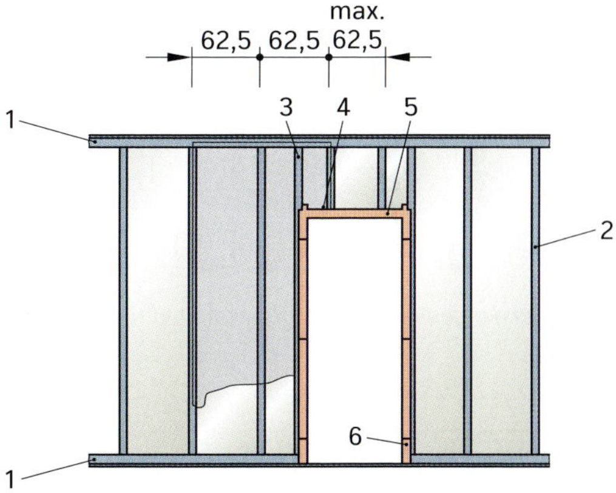

7. Plattenstöße auf dem Türständerprofil werden durch CW-Profile oberhalb des Türsturzes vermieden.

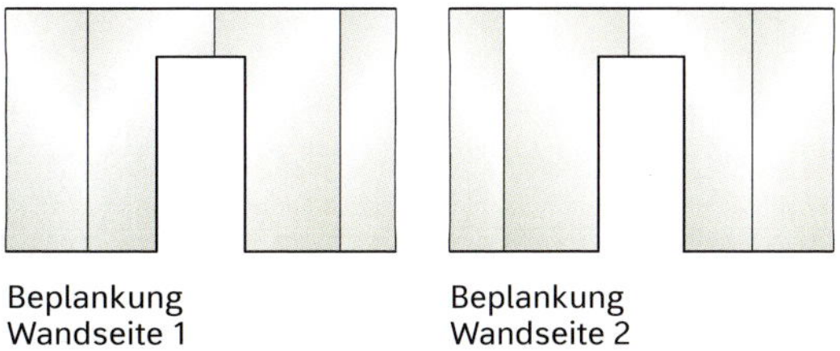

8. Versetzte Plattenstöße bei der Beplankung der Vorderseite (links) und Rückseite (rechts)

Aufgaben

1. *Wonach richtet sich der Einsatz verschiedener Aussteifungsprofile?*
2. *Beschreiben Sie den Einbau eines Türsturzprofils.*
3. *Informieren sie sich unter www.protektor.com über das Einbauschema zur Zargenbefestigung an U-Aussteifungsprofilen.*

1. *Hier müssen weitere Fenster verbaut werden, um den Lichteinfall zu erhöhen.*

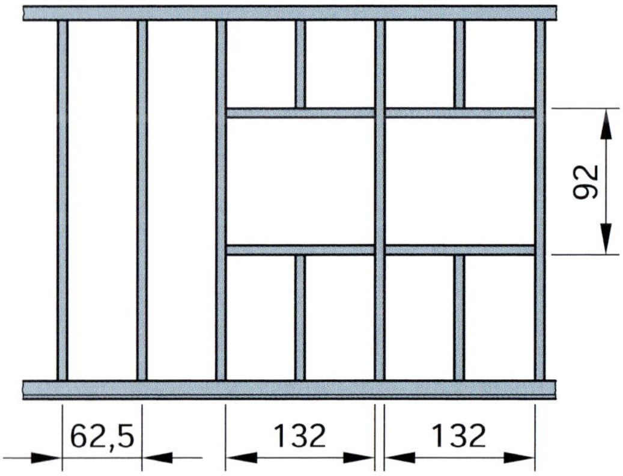

2. *Aufbau der geplanten Montagewand mit Glasfeldern*

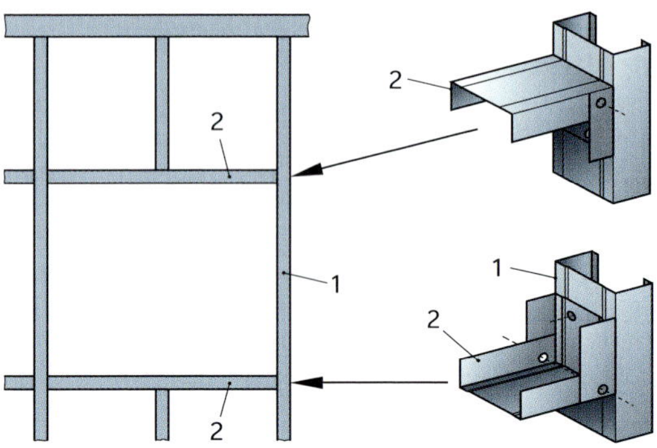

3. *Detailzeichnung: Befestigung der horizontalen Profile CW-Ständerprofil (2); UW-Riegelprofil mit Stegumkantung (3)*

8.4 Der Fenstereinbau

Zur Beobachtung des Trainingsbetriebs in einem Sportverein wurde bereits ein Fenster in eine Montagewand eingesetzt. Nun sollen weitere Fenster in die Montagewand eingebaut werden, um einen helleren und freundlicheren Charakter zu erhalten.

Der Einsatz von Glasfeldern in einer Unterkonstruktion

Als Glasfelder werden Oberlichter und Fenster bezeichnet, die in die Trockenbauwand integriert werden. Der Einsatz von Glasfeldern muss schon bei der Planung berücksichtigt werden, damit alle Materialien, z. B. für die Unterkonstruktion, zur Verfügung stehen.

Die Größe der Fenster spielt eine Rolle

Bei der Erstellung der Unterkonstruktion ist es wichtig, die Größe der zu verbauenden Fenster zu kennen. In dem Kundenauftrag sollen Fenster mit dem Maß 1 300 mm x 900 mm montiert werden. Es muss demnach in der Montagewand eine Öffnung von 1 320 mm x 920 mm erstellt werden (Bild 2).

Um die Fenster mit Keilen auszurichten und zu verkeilen und später abdichten zu können, ist es erforderlich, die Öffnung umlaufend 1 cm größer zu konstruieren.

Die Unterkonstruktion für ein Glasfeld

Die vertikalen CW-Profile werden im Bereich der Glasfelder im Abstand der benötigten Öffnung montiert.

Da die geplanten Fenster breiter sind als der maximal zulässige Achsabstand der CW-Profile, ist es erforderlich, ein zusätzliches CW-Profil über und unter der Öffnung einzuplanen, das nicht mechanisch befestigt werden darf (Bild 2).

Als horizontale Profile werden UW-Riegelprofile verwendet, deren Steg vom Verarbeiter eingeschnitten und 90° umgekantet wird. Anschließend werden die sich überlappenden Stege miteinander vernietet. Diese horizontalen Profile werden dann so mit den CW-Profilen vernietet, dass das richtige Öffnungsmaß entsteht (Bild 3).

Die zweilagige Beplankung bei Glasfeldern

Die Beplankung an Fenster- und Türöffnungen erfolgt nach denselben Richtlinien (vgl. Türeinbau). Im Leistungsverzeichnis dieses Auftrags wird jedoch eine zweilagig beplankte Montagewand gefordert. Dies macht die in Tabelle 4 dargestellten Arbeitsschritte erforderlich.

Der Einbau der Fenster

1. Fensterflügel nach Herstellervorgaben vom Blendrahmen trennen
2. Blendrahmen in die Öffnung hineinstellen, wobei darauf zu achten ist, dass das Fenster nach innen zu öffnen ist. Blendrahmen mit Montagekeilen unterfüttern (Bild 5)
3. Horizontale und vertikale Ausrichtung des Rahmens mit der Wasserwaage (Bild 5)
4. Befestigung des Fensters mit geeigneten Befestigungsmitteln nach Herstellervorgaben (Bild 6)
5. Entfernen der Montagekeile, sodass sie bündig mit dem Blendrahmen sind
6. Fensterflügel einsetzen und Fenster schließen
7. Ausfüllen der Fuge zwischen Trockenbauprofilen und Blendrahmen (Bild 7)
8. Überschüssiges Füllmaterial bündig abschneiden und Verblendprofile montieren

Montageschaum

Die Fuge zwischen Fensterrahmen und Trockenbauprofil wurde mit Montageschaum gefüllt. Montageschäume eignen sich zum dämmen, füllen, kleben und isolieren. Sie quellen unterschiedlich stark nach. In der Regel sind sie auf Polyurethan-Basis (PU- oder PUR-Schaum) und als 1-K- und 2-K-Material erhältlich. Im Gegensatz zu 2-K-Materialien, benötigen 1-K-Materialien Feuchtigkeit zum Aushärten. Ein gründliches Vornässen der Fuge muss deshalb stets erfolgen, um Mängel zu vermeiden.

Montageschäume enthalten meistens Isocyanate, die Augen-, Haut- und Atemwegsreizungen verursachen können. Weiterhin stehen sie unter dem Verdacht Krebs auslösen zu können. Die angegebenen Sicherheitshinweise sind deshalb stets einzuhalten.

Aufgaben

1. *Warum muss die zu erstellende Öffnung größer als das zu verbauende Glasfeld sein?*
2. *Unter welchen Umständen ist ein CW-Profil unter und über der Öffnung erforderlich?*
3. *Informieren Sie sich über Befestigungsmittel für Fensterrahmen*
4. *Welche Gefahren gehen von Montageschäumen aus?*

Plattenlage	Arbeitsschritte
erste bzw. untere	• Platten stumpf gestoßen • kein Verkleben oder Verspachteln • Platten unter Verwendung geeigneter Schrauben mit der UK verschrauben
zweite bzw. obere	• Ausbildung einer Klebe- oder Spachtelfuge • Platten mit einem Stoßversatz von einem Ständerabstand zur unteren Platte montieren • Verschraubung mit der UK (entsprechend längere Schrauben verwenden)

4. Zweilagige Beplankung bei Montagewänden mit Glasfeldern

5. Das Ausrichten und Verkeilen des Blendrahmens. Zu beachten ist die im Bild dargestellte Position der Montagekeile.

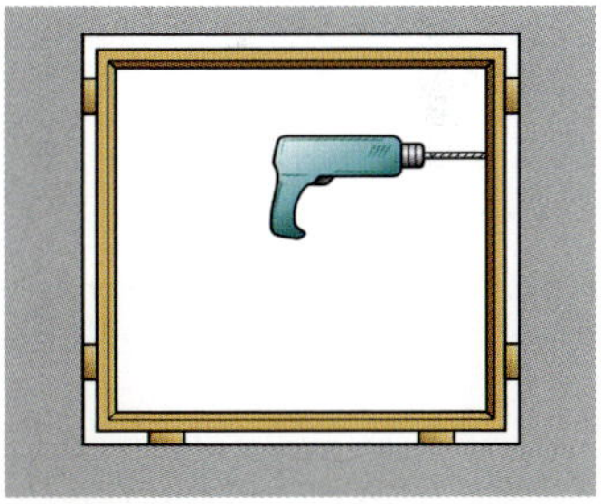

6. Befestigung des Fensterrahmens an den vertikalen Profilen

7. Verfüllen der Fuge mit Montageschaum zur Isolierung

1. Das Erstellen eines Trockenputzes

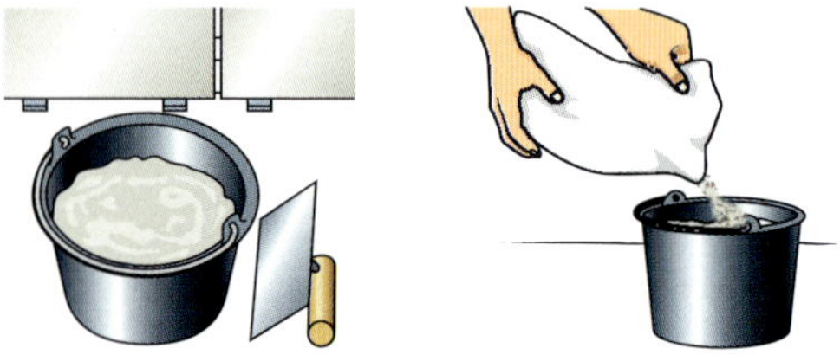

2. Ansetzbinder in das Wasser einstreuen, sumpfen lassen und klumpenfrei anrühren. Immer mit sauberem Werkzeug arbeiten, da abgebundene Gipsreste die Abbindezeit einer neuen Mischung erheblich verkürzen.

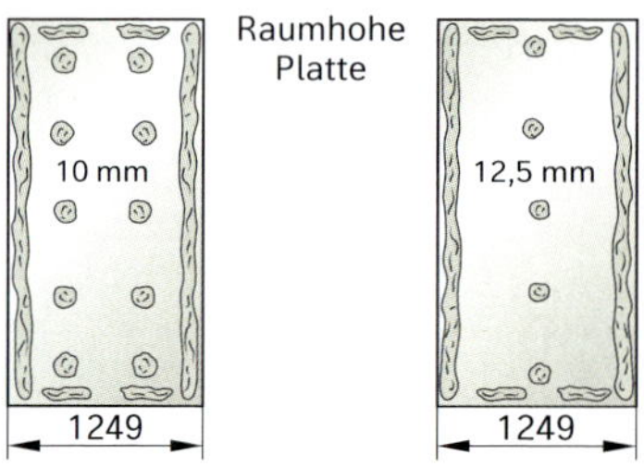

3. Unterschiedlicher Auftrag des Ansetzbinders in Abhängigkeit zur Plattenstärke nach Herstellervorgaben

4. Fachgerechtes Ansetzen der Platten mithilfe eines Richtscheits. Um sicherzustellen, dass der Ansetzbinder an allen Punkten eine feste Verbindung zwischen Platte und Untergrund bildet, muss durch eine Untergrundprüfung festgestellt werden, ob der Untergrund eben, trocken, sauber und ausreichend tragfähig ist.

8.5 Die Vorsatzschale für innen

Der Käufer einer Altbauvilla möchte vorhandene Wandunebenheiten und Risse mithilfe einer Vorsatzschale überdecken. Gleichzeitig erwartet er von der Vorsatzschale eine Verbesserung der bauphysikalischen Eigenschaften seiner Wände.

Trockenputz oder Vorsatzschale?

Sollen keine Rohre oder andere Installationen mit der Vorsatzschale verdeckt werden, bestimmt die Tragfähigkeit des Untergrundes, d.h. seine Oberflächenfestigkeit, welches Verfahren gewählt werden kann. Bei tragfähigen Untergründen kann das Trockenputzverfahren angewendet werden, bei dem die Trockenbauplatten direkt auf den Untergrund aufgeklebt werden. Reicht die Tragfähigkeit des Untergrundes nicht aus, erfolgt die Montage der Vorsatzschale mithilfe einer Unterkonstruktion.

Das Trockenputzverfahren

Beim Trockenputzverfahren werden die Platten mithilfe des sogenannten **Ansetzbinders**, einer auf Gips basierenden Klebermasse, auf den Untergrund geklebt. Dieses Verfahren ermöglicht das Ausgleichen von Wandunebenheiten bis 20 mm. Erfolgt die Ausführung unter Verwendung von Verbundplatten, können mit dieser Methode auch die bauphysikalischen Eigenschaften der Wände verbessert werden.

Das Anbringen der Platten mit Ansetzbinder

Vor dem Anbringen der Trockenbauplatten müssen loser Putz, alte Anstriche, restliche Tapeten usw. entfernt werden.

Anschließend wird der Ansetzbinder fachgerecht angerührt (Bild 2) und nach Vorschrift des Herstellers auf die Plattenrückseite aufgetragen. In der Regel erfolgt der Auftrag in Batzen und Streifen (Bild 3). Um eine ausreichende Stabilität zu erreichen, gilt: Je dünner die Platte, desto geringer der Abstand der Batzen/Streifen.

Anschließend wird die Platte leicht an die Wand angedrückt und mit einem Richtscheit planeben ausgerichtet (Bild 4).

Die Vorsatzschalen mit Unterkonstruktion

Genügt der Untergrund nicht den Anforderungen für das Trockenputzverfahren, sollen starke Unebenheiten ausgeglichen werden oder bestehen höhere Anforderungen an den Wärme- und Schallschutz, erfolgt die Montage der Vorsatzschale mithilfe einer Unterkonstruktion aus Holz oder Metall.

Die Holzunterkonstruktion

Die Erstellung der Holzunterkonstruktion erfolgt durch die senkechte oder waagerechte Montage von Holzlatten auf Anschlussdichtungen an der Massivwand (Bild 4 und 5). Der Abstand zwischen den Latten wird nach Herstellerangaben ermittelt und ist abhängig von der Plattenart und -dicke. Bei Schall- bzw. Wärmeschutzanforderungen wird eine Dämmung zwischen die Latten eingebracht und ggf. eine Dampfsperre montiert. Anschließend erfolgt eine fachgerechte Beplankung.

Die Metallunterkonstruktion

Die Metallunterkonstruktion (Bild 6 und 7) besteht aus UD- und CD-Profilen, die an elastisch federnden Metallbügeln, welche auch als Justierschwingbügel bezeichnet werden, befestigt werden. Die Montage gliedert sich in folgende Arbeitsschritte:

1. UD-Profile umlaufend, d.h. an Decke, Boden und angrenzenden Wänden auf Anschlussdichtungen montieren
2. Justierschwingbügel mit einem vertikalen Abstand von 120 cm und einem horizontalen Abstand von maximal 50 cm zueinander auf Anschlussdichtungen befestigen
3. Falls gewünscht, Dämmstoff einpassen, wobei die Bügelenden durch den Dämmstoff gedrückt werden
4. Wenn erforderlich, Dampfsperre montieren
5. CD-Profile in die UD-Profile einschieben und mit den Schwingbügeln verschrauben, anschließend Beplankung

Werden Außenwände mit einer gedämmten Vorsatzschale versehen, muss die Notwendigkeit einer Dampfbremse auf der Raumseite der Dämmung rechnerisch geprüft werden.

5. Waagerechte Holzunterkonstruktion mit Dämmung und Dampfbremse

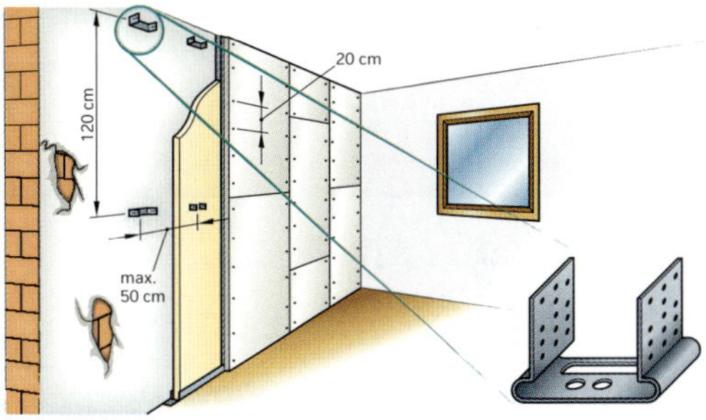

6. Aufbau einer Vorsatzschale mit Metallunterkonstruktion

7. Montage einer Vorsatzschale

Aufgaben:

1. *Unter welchen Gegebenheiten kann das Trockenputzverfahren nicht eingesetzt werden?*
2. *Welche Gründe sprechen für eine Vorsatzschale mit Unterkonstruktion?*
3. *Stellen Sie Vermutungen an, warum Justierschwingbügel elastisch federnd ausgebildet werden.*
4. *Informieren Sie sich über die fachgerechte Verkleidung von Schornsteinen im Trockenputzverfahren. Geben Sie hierzu „Schornstein" und „Ansetzbinder" in die Suchmaschine ein.*

1. *Sanitärtragständer in einem Bad*

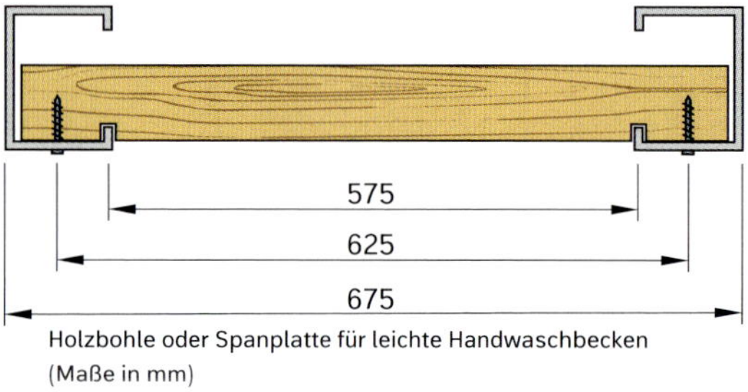

2. *Montage leichter Sanitärobjekte an horizontalen Traversen, hier in der Draufsicht dargestellt*

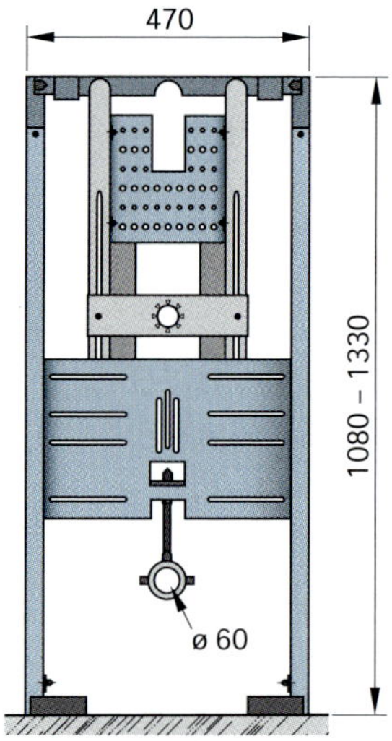

3. *Sanitärobjekt wandhängendes Urinal und der dazugehörige Traversenständer, hier auf der Rohbaudecke montiert in Vorderansicht*

8.6 Die Einbauten von Sanitäranlagen

Die Einbauten erfolgen nach der Erstellung der Unterkonstruktion bzw. nach der einseitigen Beplankung. Die Einbauten umfassen vor allem den Sanitärbereich und den Türen- bzw. Fenstereinbau. Die Elektroleitungen müssen ebenfalls berücksichtigt werden (Bild 1).

Der Einbau der Sanitäranlagen

Er findet statt, wenn die Unterkonstruktion der Montagewand errichtet worden ist. Im Feinplan der Bauablaufplanung sind hierfür vorab berechnete Arbeitszeiten vorgesehen. Weiterhin muss die Bauleitung sicherstellen, dass Elektroleitungen, z. B. für die Spiegelbeleuchtung, zeitgleich verlegt werden.

Die Pläne für die Montageorte der Sanitärobjekte sind vom Sanitär-Heizungs-Klima (SHK)-Fachbetrieb zu stellen.

Leichte Sanitärobjekte wie kleine Handwaschbecken werden an horizontal montierten Metalltraversen oder Holzwerkstoff Plattenstreifen mit mindestens 40 mm Dicke befestigt (Bild 2). Diese Montagetechnik gilt selbstverständlich auch für die Befestigung anderer Konsollasten.

Voraussetzungen für die Montage von schweren Sanitärobjekten wie wandhängende WCs mit Anbauspülkasten, Urinale und Waschbecken sind:

- vorgefertigte rahmenartige Tragständer aus Stahl, in der Regel höhenverstellbar (Bild 3),
- Bodenbefestigung der Fußplatten in der Regel in die Rohbaudecke, nicht in den schwimmenden Estrich (Estrich schlitzen),
- Beachtung der Höhen bei WC, Urinal und Waschbecken, gemessen ab OKFFB (**O**ber**k**ante **f**ertiger **F**uß**b**oden, also Fliesen).

Die OKFFB (Oberkante fertiger Fußboden) ist bei der Bauleitung zu erfragen.

Montage eines wandhängendes WCs

Die Traversenständer haben folgende Eigenschaften:

a) höhen- und seitenverstellbare Befestigungsvorrichtungen für Wasser und Abwasser

b) Ausbildung der Rohrschellen mit schalldämmenden Gummieinlagen zur Vermeidung von Fließgeräuschen

c) In der Regel sind diese Bausätze nicht nur für Montagewände, sondern auch für die Vorwandmontage geeignet.

d) Die Tragständer sind seitlich mit den CW-Profilen zu verschrauben.

e) Ständer für wandhängende WCs und Bidets sind mit UA-Profilen zu verstärken, da hier eine höhere Belastung auftritt. Diese Profile sind mit Winkeln zu verschrauben.

f) Vorsatzschalen sind mit Abstandshaltern in die Rohbauwand zu befestigen.
Doppelte Beplankung vor allem bei GK-Platten ist vorzusehen.

g) Befestigungsabstand für das WC 180 mm

h) Ständerachsabstand 520 mm (470 mm plus zwei Mal eine halbe Profildicke 25 mm)
Mindestwandhohlraum 170 mm

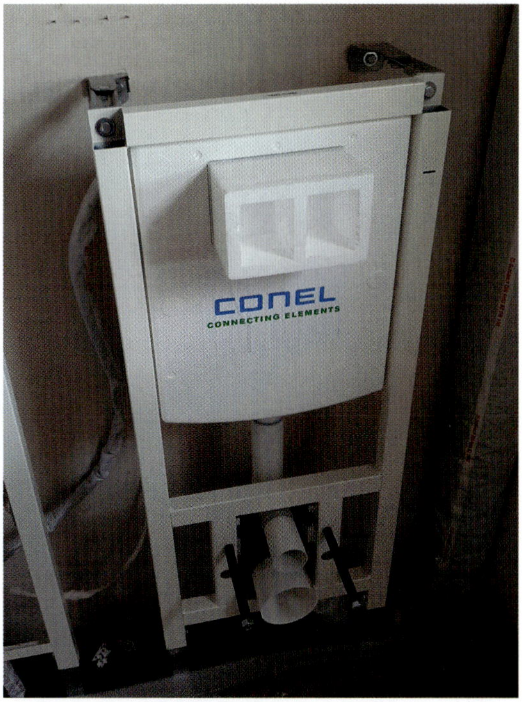

4. Bausatz für einen Spülkasten

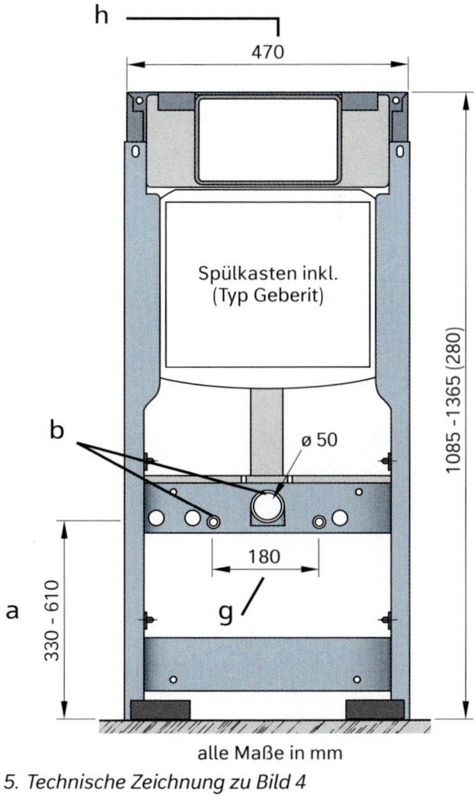

5. Technische Zeichnung zu Bild 4

Aufgaben

1. *Welche Punkte sind bei dem Einbau von schweren Sanitäranlagen zu beachten?*
2. *Was passiert, wenn Sie den Punkt OKFFB falsch anzeichnen?*
3. *Erkundigen Sie sich bei einem Hersteller von Tragständern, wie z. B. Protektor, über weitere Angebote.*
4. *Welche Angaben benötigen Sie vom Sanitär-Heizung-Klima Fachbetrieb vor der Montage einer Sanitärwand?*

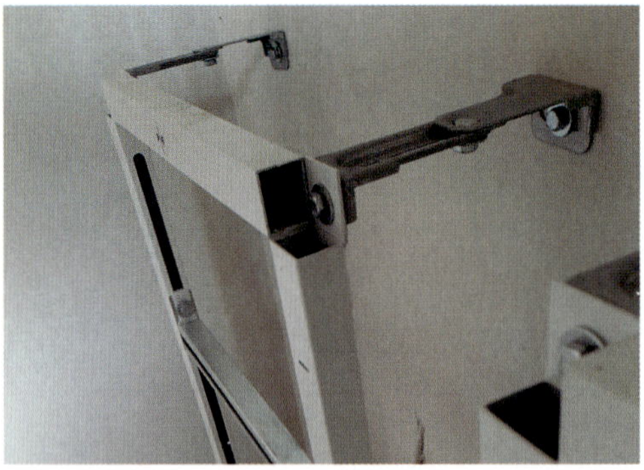

1. Verlaschung bei der Vorwandinstallation

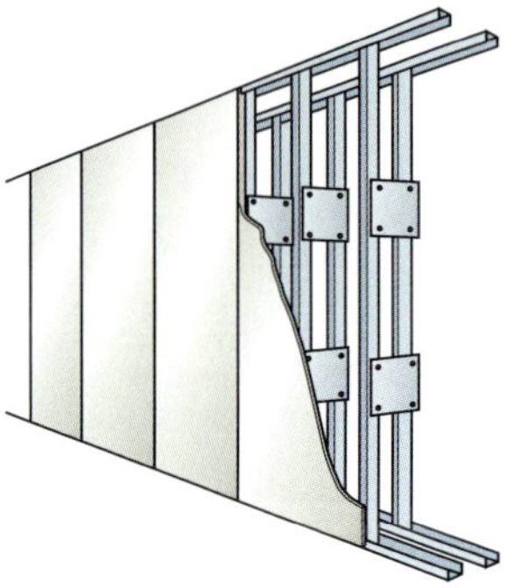

2. Verlaschung der Drittelspunkte in der Doppelständerwand

Profil CW	Beplankung	Anzahl Stegausschnitte	Zeichnung
75/ 100	1 x	1 x je Ständer	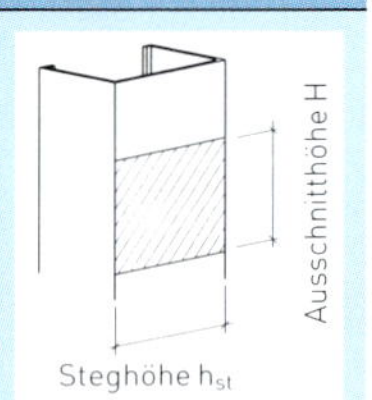
Wie vor	2 x	2 x je Ständer	
50	2 x	1 x je Ständer	

3. Maximale Stegausschnitte in CW-Profilen bei Wandhöhen bis 3,0 m, Steghöhe h_{st} < Steghöhe H

4. Ausstanzungen an den CW-Profilen für Kabelleitungen

8.7 Die Arbeitsabfolge bei der Montage in einem Bad

Die Arbeiten bei der Vorwandinstallation verlaufen ähnlich wie die bei der Installationswand.

Die Vorwandinstallation wird halbraumhoch, z. B. bei Urinalbatterien, dreiviertelraumhoch und raumhoch bei WC-Installationen durchgeführt. Wichtig ist die Verlaschung mit Metallbügeln (Bild 1). Sonderwünsche wie Ablageflächen bei zwei Waschtischen, wie sie im privaten Wohnungsbau bei der Vorwandinstallation erwartet werden, sind erfüllbar. Die richtige Höhe ab OKFFB ist zu beachten.

Die Installationswand (siehe vorherige Seite) wird als Doppelständerwand ausgeführt, da sie mindestens 170 mm Wandhohlraum haben muss. Die UW-Profile werden entsprechend weit voneinander montiert, die Ständer-CW-Profile werden in 80 cm und 170 cm Höhe (die Drittelspunkte bei einer Raumhöhe von 260 cm) mit ca. 30 cm Plattenstreifen verlascht, um die Stabilität zu erhöhen (Bild 2). Nach der Doppelbeplankung der abgewandten Seite erfolgt die Montage der Rohrleitungen sowie der Traversen und Tragständer.

Installationsaussparungen im CW-Profil dürfen nur in bestimmter Anzahl geschnitten werden, um die Stabilität nicht zu gefährden (Bild 3).

Die Verlegung der Elektroleitungen (Bild 4) erfolgt durch den Elektrofachbetrieb nach der Norm DIN VDE 0100 „Errichten von Niederspannungsanlagen“. Hiernach darf nur die Elektrofachkraft elektrische Anschlüsse tätigen. Zur Vermeidung von Schallbrücken und Wärmeabflüssen dürfen nur luftdichte Steckdosenhalterungen (Hohlwanddosen) verwendet werden (Bild 7 und 8).

Die Prüfung der Sanitärmontage

Fließgeräusche stellen eine Schallquelle dar, die durch bestimmte Maßnahmen reduziert werden müssen. Das geschieht normalerweise durch die SHK-Gesellen. Der Trockenbauer hat jedoch hier zu prüfen:

- Rohrbefestigungen sind zur UK hin mit gummiummantelten Halterungen zu versehen.
- Der Abstand der Schnittkanten der Platten zu den Durchführungen soll 10 mm betragen.
- Die Rohre sind zu ummanteln, um Fließgeräusche zu verhindern.

- Rohre dürfen Profile und Platten nicht berühren. Sie sind immer mit Isolierschellen zu befestigen.

Stellt der Trockenbauer fest, dass die Arbeiten nicht fachgerecht durchgeführt sind, ist die Bauleitung zu verständigen.

Sind die Arbeiten des SHK-Betriebs abgenommen worden, wird die zweite Seite doppelt beplankt. Die Öffnungen sind z. B. mit Dichtmanschetten abzudichten (Bild 5).

Im Spritzwasserbereich (z. B. Duschen, Badewannen) sind Isolierbeschichtungsstoffe (Dichtklebesysteme) mindestens bis zu einer Höhe von 2,0 m oberhalb des Badewannenbodens bzw. der Duschtasse aufzubringen, bevor gefliest wird. An Platten können verwendet werden: GF, imprägnierte GK oder zementär gebundene Feuchtraumplatten. In Räumen mit Wannen und Duschtassen sind grundsätzlich die Isolieranstriche zum Schutz vor Feuchte mindestens 15 cm oberhalb OKF auszuführen (Bild 6).

Mit Hohlwanddosenfräsern (Bild 7 und 8) werden die Öffnungen für Steckdosen und Schalter erstellt, die Kabel werden durch die Dichtung durchgezogen, aber nur von der Elektrofachkraft nach den Fliesenarbeiten angeschlossen.

Steckdosen, Schalter usw. dürfen bei beidseitig beplankten Trennwänden überall, aber nicht gegenüberliegend eingebaut werden. Sie sind um ein Ständerraster versetzt zu montieren. Das dient dem Brandschutz, aber auch der Luftdichtheit der Konstruktion.

5. Dichtmanschetten verhindern den Feuchteeintrag über die Rohröffnung.

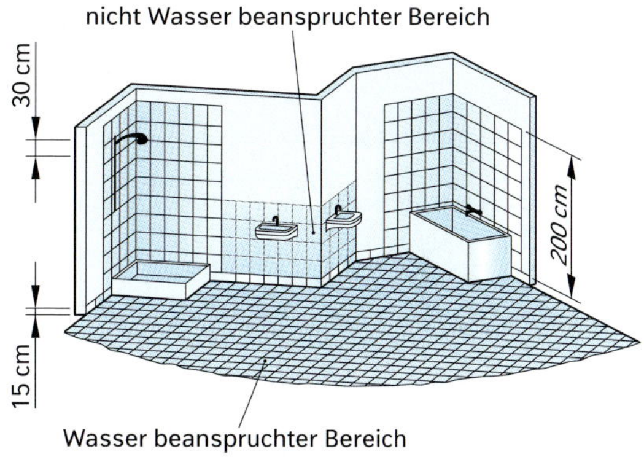

6. Isolieranstriche, Schema

7. Winddicht durch Gummilippen-Dichtungen

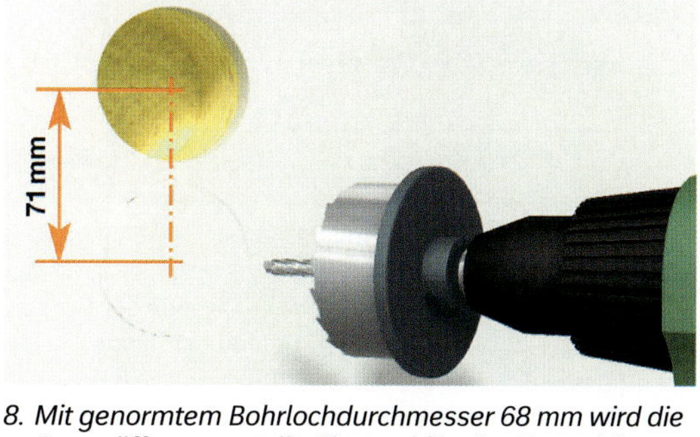

8. Mit genormtem Bohrlochdurchmesser 68 mm wird die Dosenöffnung erstellt, Abstand für eine Doppeldose: 71 mm.

Aufgaben

1. *Warum sind Aussparungen in den CW-Profilen stark reglementiert?*
2. *Erstellen Sie einen Ablaufplan, der die Arbeit der SHK-, Elektro- und Trockenbauverarbeiter erfasst.*
3. *Welche Punkte prüfen Sie nach der Montage der Sanitär- und Elektroeinbauten vor der Schlussbeplankung?*
4. *Recherchieren Sie zum Stichwort „Hohlwanddose“ im Internet.*
5. *In Wasser beanspruchten Bereichen eines Mietwohnungsbades können zementäre oder Gipsplatten verwendet werden. Wägen Sie beide Plattentypen gegeneinander ab.*

1. Unter der Decke dieser Büroetage montieren Maler eine fugenlose Akustikdecke.

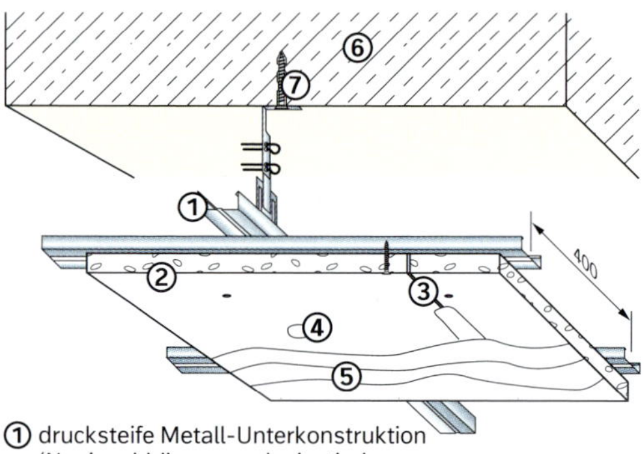

① drucksteife Metall-Unterkonstruktion (Noniusabhängung oder justierbare Direktabhängung)
② Akustikplatte
③ Systemkleber
④ Systemspachtel
⑤ Akustikputz, dreilagig aufgespritzt
⑥ Rohbaudecke
⑦ zugelassene Befestigungen (Dübel und Schrauben)

2. Konstruktion einer fugenlosen Trockenbaudecke

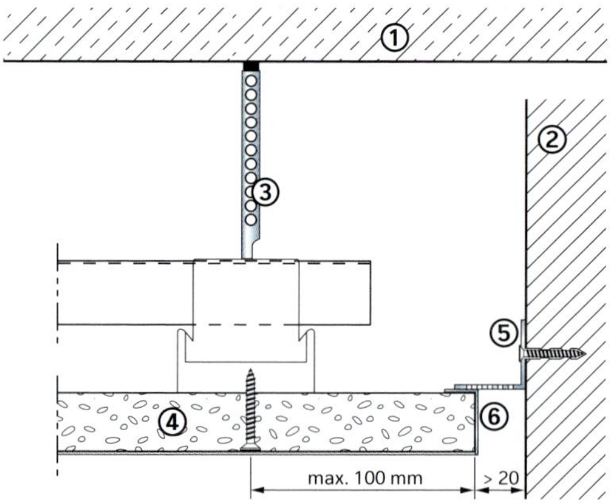

① Decke
② Wand
③ Noniusabhänger
④ Unterkonstruktion
⑤ Profil
⑥ Profil

3. Der Wandabschluss hat nicht nur eine optische Aufgabe.

8.8 Die Trockenbaudecke

In einer Büroetage soll eine Akustikdecke eingezogen werden. Diese Decke soll fugenlos ausgeführt werden.

Warum werden Trockenbaudecken montiert?

Trockenbaudecken werden vom Maler eingezogen,
- um die oben liegenden Installationen wie Heizungs- und Lüftungsrohre zu verdecken,
- um einen ästhetisch gelungenen Abschluss des Raumes zu erhalten,
- um darin Leuchten, Meldeanlagen (Sensoren), Lautsprecher und die Lüftung einzubauen,
- um die Nachhallzeit des Raumes zu regeln.

Trockenbaudecken stellen einen bedeutsamen Raumabschluss dar und werden nur nach Architekten- und Herstellerangaben gefertigt.

Aus welchen Bauteilen besteht eine Akustikdecke?

Die von der Trockenbaugruppe eines Malerbetriebs einzubauende Decke in der Büroetage (Bild 1) besteht aus folgenden Bauteilen (Bild 2):
- Die Unterkonstruktion (UK), die aus den Abhängern, dem Grundprofil und dem Tragprofil besteht. Die Abhänger werden in einem vorgeschriebenen Abstand mit zugelassenen Dübeln in der Rohbaudecke befestigt. Die Abhängehöhe wird mit einem Rotationslaser genau eingehalten.
- Die Beplankung besteht aus Akustikplatten, die mit zugelassenen Schrauben an die UK befestigt werden.

Die Wandanschlüsse

Die Trockenbaudecke endet an den Wänden und muss dort, gleichgültig ob es Montagewände oder Massivwände sind, abgeschlossen werden (Bild 3). Die Art des Wandabschlusses muss vor Beginn der Arbeiten genau mit dem Planer wie z. B. dem Architekten festgelegt werden. Hierbei geht es nicht nur um optische und ästhetische Überlegungen, sondern auch um konstruktive Aufgaben:
- Die Rohbaudecke biegt sich unter Last und durch Temperaturschwankungen. Da die Akustikdecke an der Rohbaudecke aufgehängt ist, führt sie diese Bewegungen ebenfalls durch.
- Die Akustikdecke selber verändert ebenfalls unter Temperaturschwankungen ihre Abmessungen.
- Unterliegt die Decke besonderen Brandschutzbestimmungen, muss die Fuge so ausgebildet werden, dass keine Flammen in den Zwischendeckenbereich gelangen.

EXKURS Der Schallschutz

Die Arbeit des Malers wird im Innenausbau auch die Aufgabe haben, den Schallschutz zu verbessern. Wichtige Maßeinheit ist der Schalldruckpegel, angegeben in Dezibel (dB). Sprechen erzeugt einen Schalldruckpegel von ca. 50 dB(A), Verkehrslärm liegt bei ca. 85 dB(A). Das (A) bedeutet eine allgemein anerkannte besondere messtechnische Bewertung des Pegels.

Der Luftschall
Durch z. B. Sprechen, Musizieren, Verkehr und laufende Maschinen wird Luftschall erzeugt, der durch Trockenbauwände, -decken und -böden an einer Verbreitung im Gebäude gehindert wird. Trifft der Schall auf eine Trockenbauwand, so wird er gedämmt; im Idealfall hört der Nachbar kaum einen Ton. Im Prüflabor wird dieser Vorgang nachempfunden und messtechnisch mit dem Messwert Luftschalldämmmaß erfasst.

*Das Luftschalldämmmaß **R** gibt an, um wie viel dB(A) zwischen zwei Räumen eine Verringerung des Schalldruckpegels vorhanden ist. Je höher der Wert in dB(A) ist, umso besser dämmt die Wand den Schall.*

Da aber nicht nur Montagewände, sondern auch Decken- und Trockenestrich-Konstruktionen den Luftschall dämmen müssen, findet der Verarbeiter diese Werte auch in den dortigen Verarbeitungsrichtlinien.

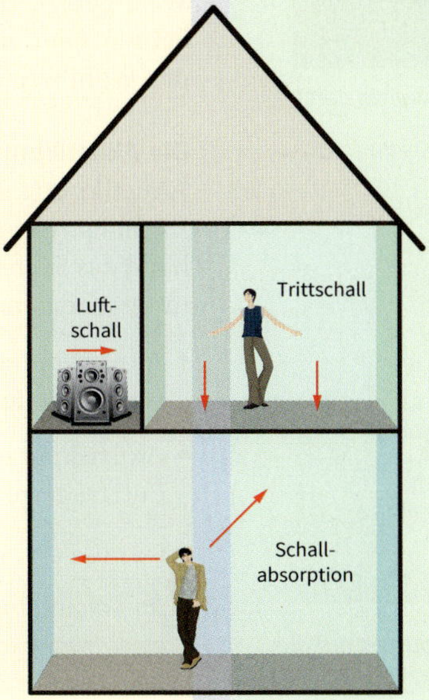

Der Trittschallpegel
Gehen Menschen über den Fußboden, überträgt sich der Tritt über die Decke als Körperschall und tritt an der Unterseite als Luftschall wieder aus. Dieser Schall wird mit einem Hammerwerk gemessen.

*Der Trittschall**pegel** L gibt an, wie viel dB(A) im darunter liegenden Raum gemessen werden. Es wird also nicht wie beim Luftschalldämmmaß R die Schall**dämmung** der Decke gemessen, sondern der Pegel.*

Der Trittschallpegel soll laut DIN 4109 einen Wert von L'_w von 53 dB(A) für Wohngebäude haben. Diesen Wert soll der Boden, so die Norm, aber ohne die Nutzschicht (Teppichboden) erreichen. Holzbalkendecken übertragen konstruktionsbedingt sehr gut den Trittschallpegel, Stahlbetondecken dagegen weniger. Ein guter Wert, d. h. ein L'_w-Wert von unter 53 dB(A), ist bei Holzbalkendecken mit größerem Aufwand durch die Trockenschüttung zu erreichen.

Auf Holzbalkendecken dürfen keine Trockenestriche in Kombination mit Hartschäumen (Polystyrol) verlegt werden. Sie verschlechtern unter Umständen den Trittschallpegel.

Der Schallabsorptionsgrad
Diese schalltechnische Größe wird in einem Raum gemessen. Wenn z. B. ein Mensch in einem Raum spricht, so hallen seine Worte nach. Der Messaufbau ahmt diese Situation nach und sendet in einen Raum ein Tonsignal. Es wird die Zeit gemessen, bis der Ton einen bestimmten dB-Wert erreicht hat. Diese Halligkeit ist z. B. für Vortragsräume und Musikhallen sehr wichtig. Hallen aber z. B. die Tonsignale einer Musikgruppe zu lange nach, so entsteht ein musikalischer „Schallbrei".
Der Schallabsorptionsgrad α_s misst die Halligkeit in einem Raum. $\alpha_s = 0{,}0$ bedeutet eine vollständige Reflexion, $\alpha_s = 1{,}0$ bedeutet die vollständige Absorption, also keine Halligkeit. Ein schalltoter Raum mit einem α_s-Wert von 1,0 ist für das menschliche Gehör kaum erträglich, ein halliger Raum aber ebenso. Ein Akustikputz bzw. eine Systemdecke verringert die Halligkeit.

1. Die Halligkeit dieses Treppenhauses wurde durch einen Akustikputz reduziert.

2. Das direkte Aufbringen eines Akustikputzes auf die Rohdecke ermöglicht eine Schallschutzverbesserung trotz gewölbter Decken.

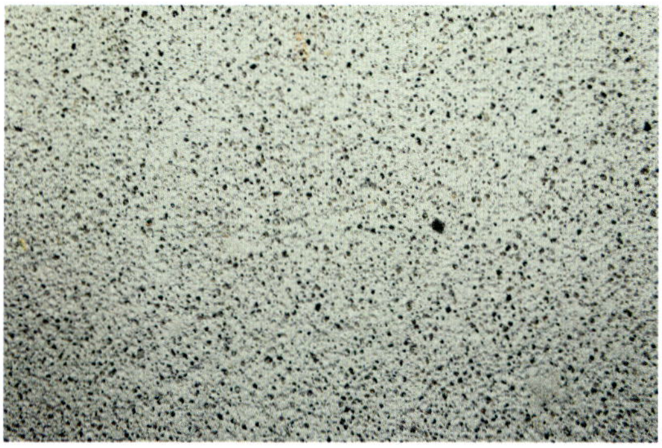

3. Akustikputze bieten eine fugenlose, ansprechende Optik und können direkt auf massive Bauteile aufgebracht werden. Deutlich sichtbar ist die poröse Oberfläche, durch die der Schall absorbiert wird. Hierdurch verbessert sich die Raumakustik deutlich.

8.9 Der Akustikputz

Akustikputze gehören zu der Gruppe der Putze für Sonderzwecke. Sie werden aus speziellen Mörteln hergestellt, um in einem Raum bestimmte raumakustische Eigenschaften zu erreichen. Häufig wird auf die optische Gestaltung von Räumen viel Wert gelegt, ohne auf eine gute Raumakustik zu achten. Hier bietet der Akustikputz Möglichkeiten das Wohlbefinden des Menschen zu verbessern.

Die Akustikputz-Systeme

Akustikputze sind Putze mit einer porösen Oberflächenstruktur, die schallabsorbierend wirkt. Anhand des Systemaufbaus lassen sich zwei Gruppen unterscheiden:

- Akustikputze zur direkten Applikation auf massive Bauteile (Bild 3) und
- Akustikputze auf einer akustisch wirksamen Putzträgerplatte.

Im Vergleich ist der Schallschutz bei Systemen mit einer Trägerplatte höher.

Der Einsatz von Akustikputzen

Akustikputze als Alternative zu Deckenrastersystemen werden immer dann eingesetzt, wenn:

- die baulichen Voraussetzungen, wie z. B. eine gewölbte Decke, die Montage von Akustikplatten unmöglich machen (Bild 2) und
- durch den Bauherren und den Architekten hohe Ansprüche an die Funktionalität **und** Optik gestellt werden (Bild 3).

Akustikputze haben durch ihre poröse Struktur eine empfindliche Oberfläche mit einem geringen Widerstand gegen mechanische Belastungen und dürfen deshalb nicht im stoßgefährdeten Bereich verbaut werden.

Der Einsatz von Akustikputzen beschränkt sich auf Decken und den oberen Wandbereich ab ca. zwei Metern Höhe, der mechanisch wenig beansprucht ist.

Akustikputz-Systeme können hohen Lärmanfall reduzieren, der beispielsweise in Fabriken oder Verwaltungen entsteht. Sie bieten aber auch die Möglichkeit, in Räumen wo z. B. Musikdarbietungen stattfinden, eine abgestimmte Akustik zu erzeugen, die ein noch intensiveres Klangerlebnis ermöglicht.

Kein Akustikputz-System kann alle Frequenzen gleich gut absorbieren. Die Auswahl des Systems ist deshalb dem Verwendungszweck anzupassen.

Die Vorarbeiten für die Verarbeitung von Akustikputzen ohne Trägerplatte

Diese Akustikputze werden in folgenden Handelsformen vertrieben:

- Glättputze zum manuellen Aufbringen
- Spritzputze zur maschinellen Verarbeitung

Spritzputze werden in geringeren Schichtdicken verarbeitet und weisen eine vergleichsweise grobe Struktur auf (Bild 3).

Da diese Akustikputze direkt auf ein Bauteil (z. B. eine Rohdecke) aufgebracht werden, muss eine Ebenheitsprüfung durchgeführt werden.

Die Verarbeitung von Akustikputzen erfordert feste, saubere und tragfähige Untergründe. Sandende und stark saugende Untergründe müssen grundiert werden (Bild 5).

Nur bei Glättputzen werden Putzlehren angebracht, die eine gleichmäßige Putzstärke sicherstellen (Bild 6). Anschließend erfolgt bei beiden Applikationsverfahren das Auftragen einer quarzhaltigen, haftvermittelnden Beschichtung.

Das Anmischen des Akustikputzes

Akustikputze werden auf der Baustelle aus verschiedenen Komponenten angemischt. Neben dem Mischungsverhältnis sind insbesondere die Herstellerangaben bezüglich des Mischverfahrens (Bild 7) und der Rührzeit einzuhalten.

Ein falsches Anrühren des Akustikputzes führt zum Verlust der akustischen Eigenschaften.

5. Sandende Putze saugen auch meistens stark. Die Benetzungsprobe lässt erkennen, wie schnell und in welcher Menge der Putz Wasser aufnimmt. Die Saugfähigkeit bestimmt Auswahl und Ausführung der Grundierung.

6. Putzlehren werden auf dem Untergrund auf Ebenheit ausgerichtet und dienen als Anschlag für das ebene Abziehen des Akustik-Glättputzes.

7. Bindemittel und Füllstoffe werden im Zwangsmischer vermengt. Andere Rührwerke würden den Putz zu Brei schlagen und wertlos machen.

Aufgaben

1. *Welche Gründe sprechen für den Einsatz von Akustikputzen?*
2. *Erstellen Sie eine Tabelle nach folgendem Muster:*

Akustikputze ohne Trägerplatte	
notwendige Vorarbeiten	Begründung des Arbeitsschrittes

3. *Informieren Sie sich z. B. unter www.sto.de über die einzelnen Arbeitsschritte zum Anrühren eines Akustikputzes.*

1. Auftragen von Akustik-Spritz-Spachtel mit der eine glatte Oberfläche erstellt werden kann. (Bildquelle: DEKOZELL GmbH + Co. KG, www.dekozell.de)

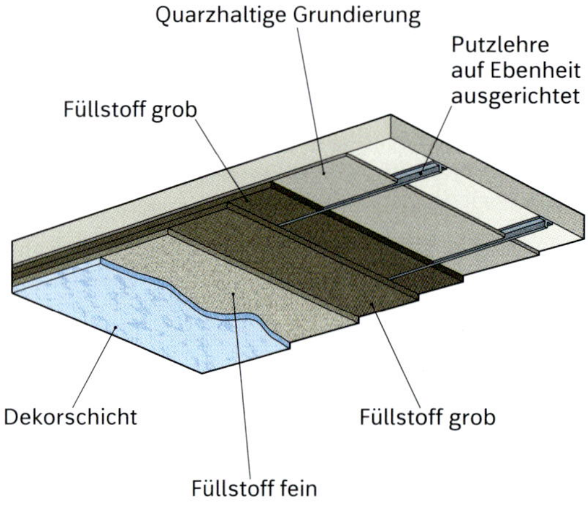

1 Putzlehre auf Ebenheit ausgerichtet
2 Quarzhaltige Grundierung
3 Füllstoff grob
4 Füllstoff grob
5 Füllstoff fein
6 Dekorschicht

2. Aufbau eines Akustik-Glättputzes ohne Trägerplatte

8.10 Das Spritzen eines Akustik-Spritzputzes

Spielt die gröbere Struktur von Spritzputzen für den Kunden eine untergeordnete Rolle, entscheidet sich der Verarbeiter vor allem bei größeren Flächen für einen Spritzputz. Diese weisen vergleichsweise bessere Schallschutzwerte auf und lassen sich wesentlich schneller und auch bei größeren Flächen von nur einem Verarbeiter auftragen.

Akustik-Spritzputze müssen mehrlagig bis zu einer Gesamtdicke von ca. 15 mm aufgebracht werden, um die notwendige Porosität zu erreichen.

Für diese Putzstärke muss der Verarbeiter nach dem Aufbringen der quarzhaltigen Grundierung mindestens fünf Spritzgänge mit einer Trockenzeit von je 24 Stunden einplanen. Anschließend kann eine für Akustikputz zugelassene Dekorschicht aufgebracht werden. Diese Beschichtungen trocknen schalldurchlässig auf und verschließen die Poren nicht. So werden die Akustikeigenschaften des Putzes nicht verschlechtert.

Der Glättputz als Alternative

Das Aufbringen des Putzes erfolgt nach den Vorarbeiten (vgl. vorherige Seiten) mehrschichtig bis zu einer Gesamtdicke von ca. 25 mm. Mit der Traufel werden zwei Schichten mit einer Dicke von je 10 mm aufgetragen. Jede dieser Schichten benötigt eine Trockenzeit von etwa zwei Tagen. Im Anschluss daran wird die Akustik-Feinschicht dünn aufgezogen.

Es müssen genügend Verarbeiter eingeplant werden, um Ansätze bei der Verarbeitung der Akustik-Feinschicht zu vermeiden.

Wie Spritzputze können auch Glättputze nach Kundenwunsch beschichtet werden.

Der Brandschutz

Werden an Oberflächen, die mit Akustikputz beschichtet sind, Brandschutzanforderungen gestellt, so ist Folgendes zu beachten:

- Akustik-Spritzputze werden nach DIN 4102 der Baustoffklasse A 1 zugeordnet.
- Akustik-Glättputze entsprechen der Baustoffklasse B 2.

Der Akustikputz mit Putzträgerplatte

Akustikputze mit akustisch wirksamer Putzträgerplatte bieten einen besseren Schallschutz als direkt aufgespritzte Putze. Auch sie bieten eine fugenlose und somit ansprechende Oberfläche. Die Einsatzmöglichkeiten sind vielfältig, da sie direkt oder auch abgehängt montiert werden können. Folgendes Schema verdeutlicht die Montage einer abgehängten Akustikputz-Deckenkonstruktion:

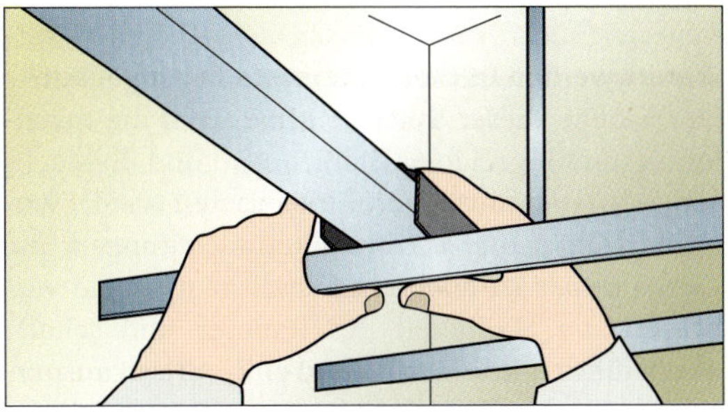

3. Die Unterkonstruktion
Fachgerechtes Erstellen einer abgehängten, drucksteifen Decken-Unterkonstruktion

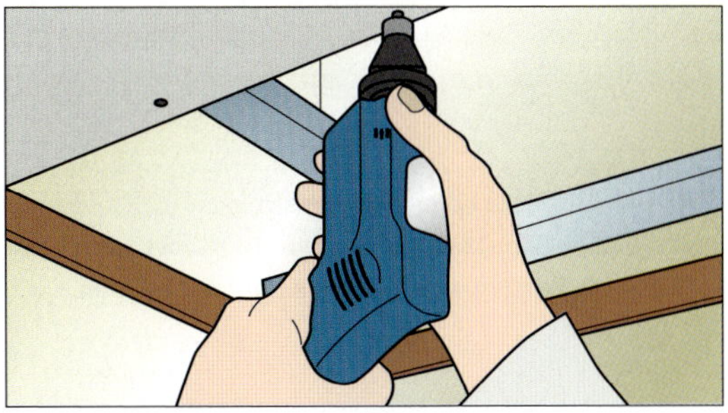

4. Die Montage der Akustikplatten
erfolgt mit phosphatierten Schnellbauschrauben.

5. Die nächsten Platten
Vor der Befestigung der nächsten Platten wird auf die Längs- und die Stirnseite der vorherigen Platte ein zum System gehörender Kleber aufgetragen.

6. Das Spachteln
Fugen und Schraubenköpfe werden schmal gespachtelt. Um die akustische Wirksamkeit nicht zu vermindern, ist unbedingt darauf zu achten, dass sich keine unnötige Spachtelmasse auf den Platten befindet.

7. Das Schleifen
Hier wird die genaue Ebenheit mithilfe eines Rakels überprüft. Auch wenn der Putz grob erscheint, gilt: Jede Unebenheit wird beim Spritzputz sichtbar.

8. Das Aufspritzen
Der Akustikputz wird in drei Arbeitsgängen aufgespritzt: Unter baustellenüblichen Bedingungen ist zwischen erstem und zweitem Spritzgang eine Trocknungszeit von 4–5 Stunden und zwischen zweitem und drittem Spritzgang mindestens 12 Stunden Trocknung einzuplanen.

Aufgaben

1. *Erstellen Sie unter Berücksichtigung der Trockenzeiten einen Arbeitsplan für das manuelle Aufbringen eines Akustikputzes.*
2. *Beschreiben die das Spachteln der Fugen zwischen Putzträgerplatten. Worauf ist zu achten?*
3. *Informieren Sie sich unter www.sto.de über die Akustiksysteme StoSilent.*

1. Diese Decke ist in einer Schule eingebaut worden.

2. Der Elektriker verlegt neue Leitungen.

Tragfähigkeitsklasse	Belastung
1	Zulässige Belastung $F = 0{,}15$ kN
2	$F = 0{,}25$ kN
3	$F = 0{,}40$ kN

3. Tragfähigkeitsklassen von Abhängern nach DIN EN 13964; 1 kN entspricht der Masse von ca. 100 kg

Klasse	Bedingungen
A	$T < 25°$ C, rel. LF < 70 %
B	$T < 30°$ C, rel. LF < 90 %
C	Rel. LF > 70 % und Kondensatbildung
D	Die Klassen A bis C übertreffende Anforderungen

4. Beanspruchungsklassen für Deckensysteme nach DIN EN 13964; T bedeutet Temperatur, rel. LF bedeutet relative Luftfeuchte.

8.11 Die Deckenrastersysteme

Große Deckenflächen von z. B. Supermärkten, Schulen, Veranstaltungshallen und Bürogebäuden werden mit Deckenrastersystemen ausgebaut und hierbei auch gestaltet (Bild 1).

Warum werden Deckenrastersysteme eingebaut?

Der Einbau dieser Systeme ermöglicht die Installation umfangreicher Belüftungs- und Beleuchtungssysteme mit hohen Einbautiefen wie Downlight-Strahler und Kommunikationsleitungen. Die Decke selber ist auch ein Schallabsorber, sie verbessert die Halligkeit des Raumes und schafft durch die Struktur der Platten eine optisch ansprechende Fläche. Die Alternative zu dieser Decke ist der Hohlraumboden, der im Wesentlichen den Vorteil bietet, dass alle Montagearbeiten auf dem Boden durchgeführt werden.

Die DIN EN 13964

Die Montage erfolgt nach der DIN EN 13964, die die alte Norm DIN 18168 ersetzt. Die EN unterscheidet:

- die Unterdeckenbausätze, also das gesamte System, von
- den Unterdecken-Unterkonstruktionsbausätzen, womit die UK der Decke mit den Abhängern (Tabelle 3) und den Profilen gemeint ist, von
- den Unterdecken-Decklagen, also die Plattenwerkstoffe.

Die Norm regelt z. B. die Beanspruchungsklassen (Tabelle 4 und 5), die Grenzmaße (Toleranzen) und die Art der zusätzlichen Lastaufbringung (Punkt-, Linien- und Flächenbelastung). Weiterhin werden umfangreiche Prüfnormen beschrieben.

Die Ausschreibung und die Montage von Deckensystemen erfolgt nach der Deckennorm DIN EN 13964.

Klasse s. oben	Profile, Abhänger aus Stahl erfordern in der Beanspruchungsklasse ... eine
A	Verzinkung oder Lackierung
B	Verzinkung oder Lackierung mit Stirnseitenlackierung
C	Verzinkung plus Lackierung
D	Sondermaßnahmen

5. Aus der Beanspruchungsklasse (vgl. Bild 4) folgt der Schutz nach DIN EN 13964-Tabelle 8: Er erfolgt in der Regel durch Verzinkung. In Feuchträumen Klasse C ist eine Lackierung erforderlich.

Die baulichen Voraussetzungen

Die Baustelle sollte bei einer fachgerechten Verarbeitung folgende Eigenschaften haben:

- eingebaute Fenster und Türen,
- Abschluss aller Estrich- und Installationsarbeiten,
- relative Luftfeuchte < 70 %,
- mindestens 7 °C,
- freie und ebene Bodenfläche und die
- Einhaltung der Ebenheitstoleranzen nach DIN EN 13964 (Tabelle 6).

Die Gegenüberstellung zeigt, dass die DIN EN 13964 wesentlich geringere Anforderungen an die Deckenkonstruktion stellt als die DIN 18202.

Die relative Luftfeuchte ist in Neubauten sehr hoch, wenn der Estrich und der Putz noch in der Trocknungsphase sind. Tauwasseraustritt auf die Deckenkonstruktion ist dann möglich.

Folgende Maßnahmen zur Reduzierung der hohen Luftfeuchte sind möglich:

- Eine intensive Lüftung führt die Feuchte ab, bringt aber für den Verarbeiter Zuglufterscheinungen.
- Elektrische Entfeuchter werden aufgestellt. Die Temperatur wird durch Heizgeräte oder durch die Heizung erhöht.

Der Verlegeplan

Die Wandanschlussplatten ergeben sich im Regelfall aus der Größe des Raumes, wenn dem nicht gestalterische Aspekte oder Einbauten wie Leuchten entgegenstehen. Folgende Regeln sollten eingehalten werden:

- Die Wandanschlussplatten sollten an den beiden gegenüberliegenden Raumseiten gleich groß sein.
- Sie sollten größer als eine halbe Plattenbreite sein.

In dem Beispiel (Bild 7 und 8) wird bei der Einhaltung der beiden Regeln für die Platteneinteilung sogar eine Profilreihe eingespart.

Maschinenlauf-Pfeile

Sie sind rückseitig eingedruckt und geben Auskunft über die produktionsbedingte Laufrichtung. Außer bei Schachbrettverlegung sollten sämtliche Pfeile in die gleiche Richtung zeigen.

Bauteile	DIN 18202		DIN EN 13964 (Anhang A 5)	
Zeile	Abstand der Messpunkte			
	1 m	5 m	1 m	5 m
6. Flächenfertige Wände und Unterseiten von Decken wie Trennwände, abgehängte Decken	5 mm	11 mm	2 mm	5 mm
7. Flächenfertige Wände und Unterseiten von Decken mit erhöhten Anforderungen	3 mm	9 mm		

6. Gegenüberstellung der Ebenheitstoleranzen nach DIN 18202 und der DIN EN 13964

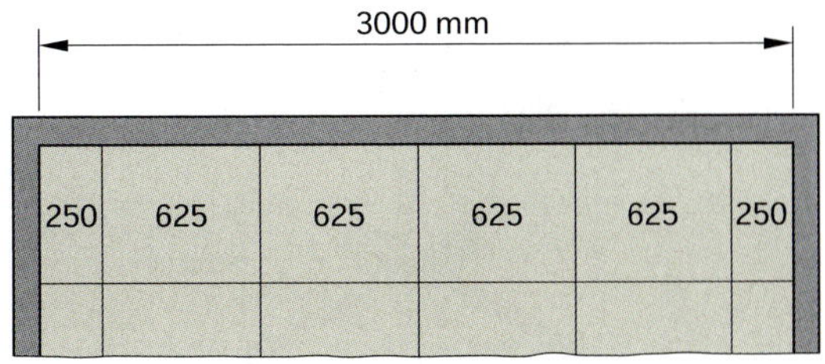

7. Diese Aufteilung ist nicht so günstig, da die zweite Regel nicht beachtet wird.

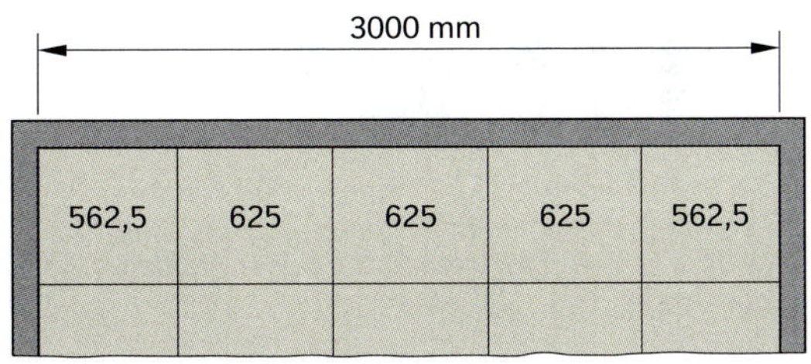

8. Bei gleicher Größe ist diese Aufteilung unter Beachtung der Regel 2 wesentlich besser, da sie außerdem noch eine Profilreihe spart.

Aufgaben

1. *Welche Inhalte sind u. a. in der Norm DIN EN 13964 festgelegt?*
2. *Welche Auswirkungen hat eine hohe Luftfeuchte, wie bei einem nicht trockenen Neubau, auf die Verlegung der Deckensysteme?*
3. *Erkundigen Sie sich bei einem Deckensystemhersteller, wie z. B. www.owa.de, über die DIN EN 13964.*

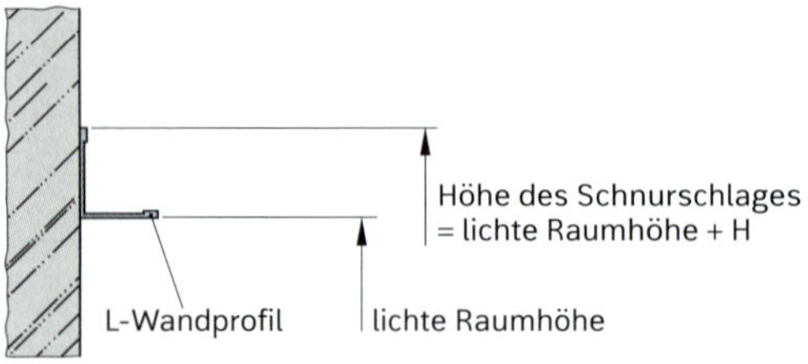

1. Ein L-Wandprofil wird befestigt

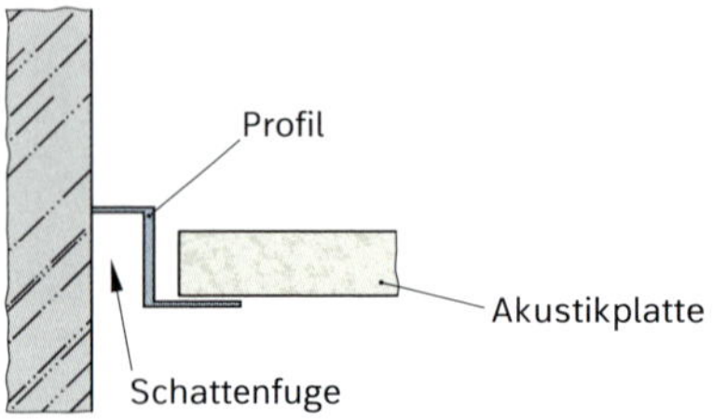

2. Ein Stufenwandprofil erzeugt eine Schattenfuge. Die Innen- und Außenecken sind mit der Blechschere aufwändig zu schneiden, weshalb vorgefertigte Innen- und Außenecken lieferbar sind

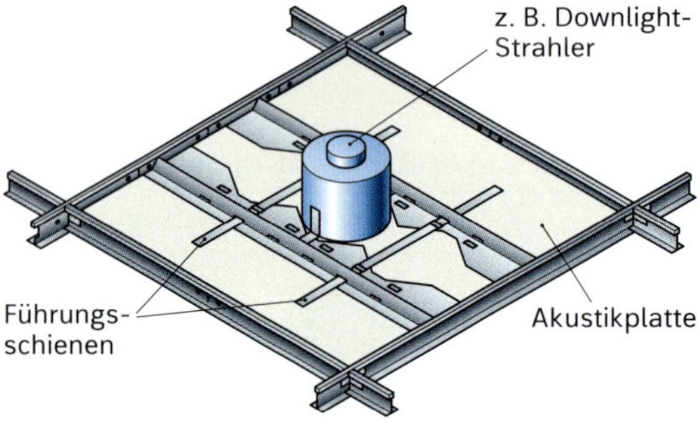

3. Ein Montagerahmen für Einbaustrahler wird mit Führungsschienen erstellt. Lasten über 0,035 kN (Masse von ~3,5 kg) werden extra über Abhänger abgetragen.

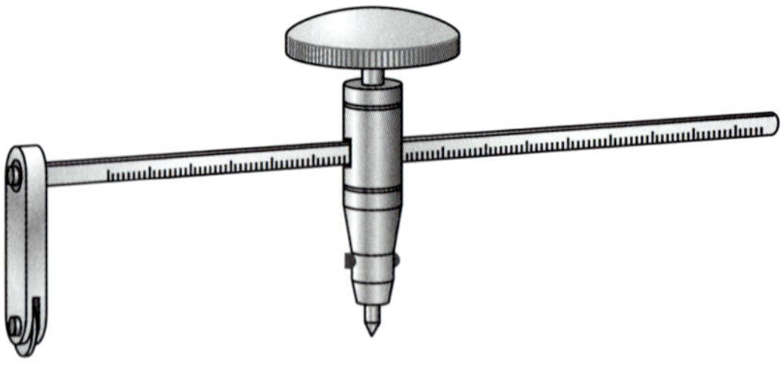

4. Ein Kreisschneider für das Schneiden von runden Öffnungen in Mineralwolleplatten

8.12 Die Montage eines Deckenrastersystems

Die Befestigung der Unterkonstruktion hat nur mit Dübeln zu erfolgen, die eine AbZ- oder eine ETA-Zulassung haben. In Stahlbetondecken sind dies z. B. Ankernägel mit ETA-Zulassung.

Bei Brandschutzdecken hat der Verarbeiter besondere Anforderungen laut Prüfzeugnis zu erfüllen.

Die Wandprofile

Diese werden mittels Schnurschlags (Bild 1) oder mit einem Rotationslaser ausgerichtet. Vorab ist mit Blick in das Leistungsverzeichnis oder mit dem Bauleiter die lichte Raumhöhe festzulegen. Bei fertig behandelten Wandflächen ist der Schnurschlag an der Oberseite der Profile durchzuführen (Bild 1). Die Ecken der Wände werden mit Gehrungsschnitten ausgebildet (vgl. Bild 2). Für hinterlüftete Decken werden Stufenprofile mit Lüftungsschlitzen eingesetzt. Die Unebenheiten der Wand sollen die Toleranzvorgaben der DIN 18202 nicht überschreiten.

Die Einbauten

Elektroleitungen und andere Einbauten dürfen nicht an Abhängungen der UK befestigt werden. Hierfür sind gesonderte Abhängungen zu erstellen. Jede zusätzliche Last, wie z. B. Leuchten, ist gesondert abzuhängen oder aber die UK ist mit zusätzlichen Abhängern auszurüsten. Aufbauleuchten sind mit einem zusätzlichen Profil zu befestigen. Je nach Plattenaufbau können leichte Einbauten wie z. B. Lautsprecher bis 0,0025 kN (Masse von ~ 0,250 kg), direkt in die Platten eingebaut werden. Bis 0,035 kN sind Montagerahmen für Einbaustrahler zu verwenden (Bild 3). Mit einem Kreisschneider (Bild 4) wird das Loch für den Strahler ausgeschnitten.

Die UK bei den sichtbaren herausnehmbaren Systemen

Die sichtbaren Einlegesysteme sind sehr wirtschaftlich hinsichtlich Montage, Revision und Sanierung. Die UK besteht aus einem Tragprofil und Verbindungsprofil, die Platten liegen auf dem T-Träger auf (Bild 5).

Die Maße sind je nach Plattendicke und Hersteller sehr unterschiedlich.

Die Abstände der Abhänger und die Achsrastermaße variieren je nach Hersteller und sind vom Verarbeiter der Verlegeanleitung zu entnehmen.

Die Tragschiene (Bild 5) ist abgestimmt auf das Grundraster und hat Schlitzungen zum Einhängen der Verbindungsprofile.

Die Verbindungsprofile

Diese Profile (Bild 6 und 7) stellen die Querrasterung zwischen den Tragprofilen her. Sie haben an beiden Enden Einhängelaschen. Diese werden so in die Tragprofile eingehängt, dass jeweils zwei Verbindungsprofile in eine Schlitzung des Tragprofils einzuhängen sind.

Die Besonderheiten

Diese Systemdecken zeichnen sich durch viele Besonderheiten aus. Die Wandanschlüsse können durch Stufenprofile aufgewertet werden. Weiterhin können im Wandbereich angeordnete Verbindungsprofile mit einem Winkel gegen Verrutschen gesichert werden. Die Kantenausbildung der Platten in der Fläche wird ab Werk in einigen Variationen durchgeführt, sodass sich auf der Fläche verteilt interessante Schattenbildungen ergeben. Eher in der Ausnahme werden Kanten handwerklich durch die nachträgliche Schaffung einer Kontur mit einem Kantenhobel (Bild 8) gestaltet.

Aufgaben

1. *Welche Aufgaben erfüllt ein Wandabschlussprofil?*
2. *Warum dürfen Lasten in der Zwischendecke nicht an die Abhängung der UK der Rasterdecke befestigt werden? Ihre Lösung?*
3. *Erklären Sie warum sichtbare Einlegesysteme wirtschaftlich hinsichtlich Montage, Revision und Sanierung sind.*
4. *Erkundigen Sie sich bei einem Deckenhersteller (z. B. www.owa.de) über den Inhalt der Verlegeanleitung eines Deckensystems.*

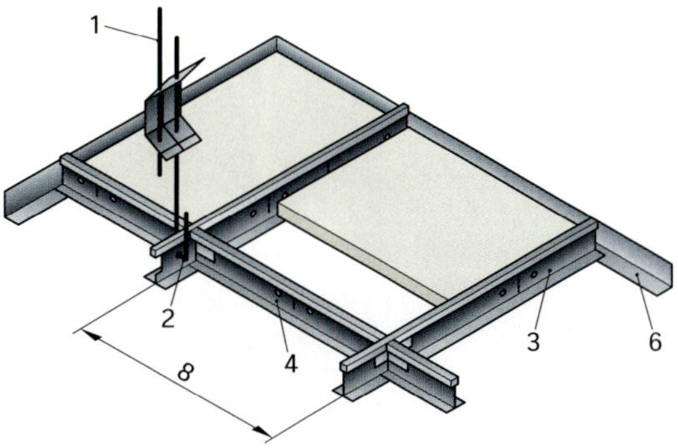

5. Aufbau eines sichtbaren Deckensystems, herausnehmbar, Nr. 2 ist das Tragprofil

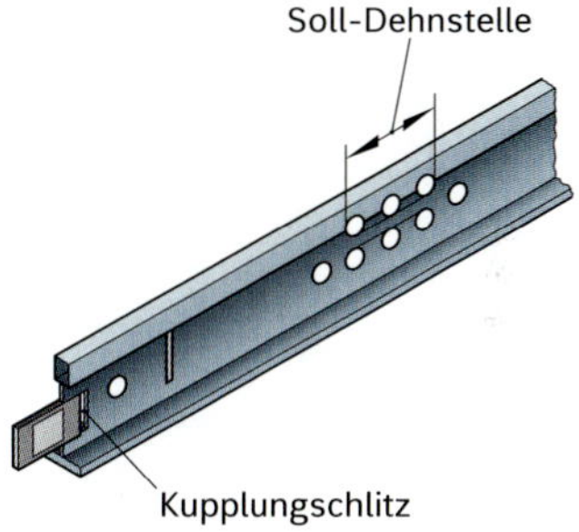

6. Aufbau eines Tragprofils

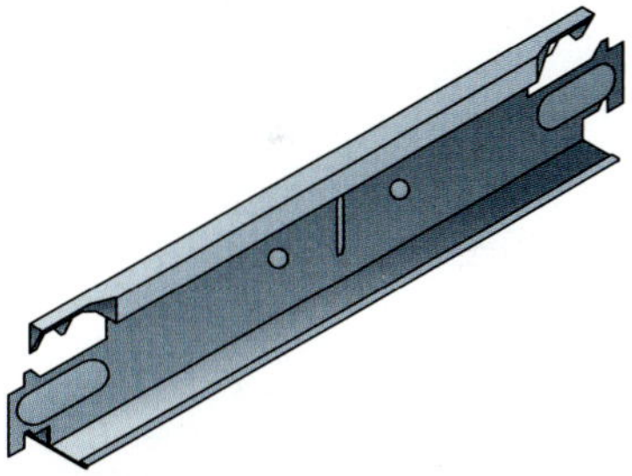

7. Verbindungsschiene

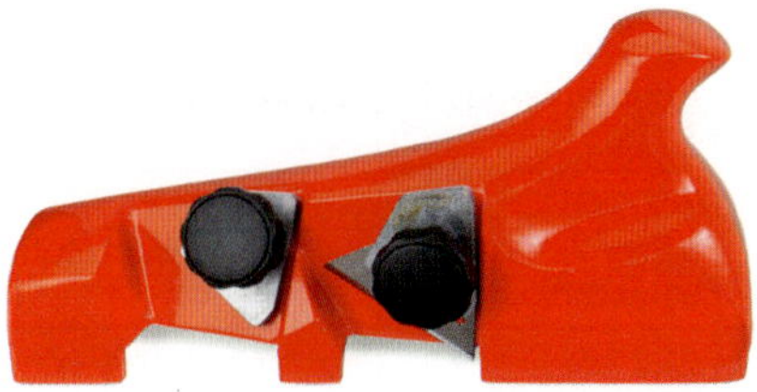

8. Hobel zum Ausfälzen der Rand- und Anschlussplatten

1. Dieses Dachgeschoss soll Wohnraum werden.

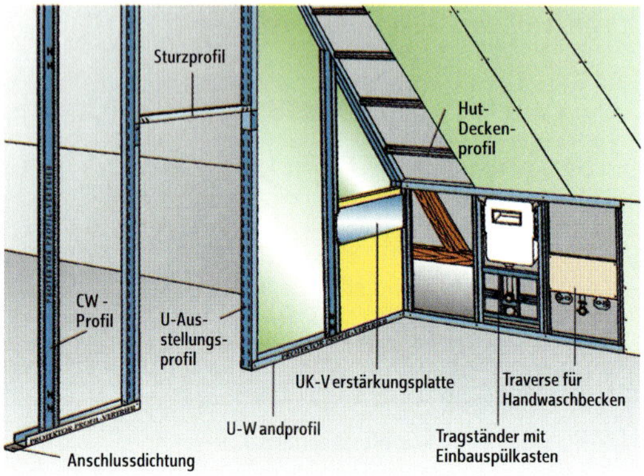

2. Ausbau mit Trockenbau

Kurz-zeichen	Einsatz	Verarbeitung
GKB	Gipskarton-Bauplatten für Herstellung ebener Flächen	auf Mauerwerk mit Ansetzgips oder hinterlüftete Montage, auf Dachsparren und Ständerwerk geschraubt
GKBI	grüne GKB mit Imprägnierung	für Feuchträume geeignet, Hinterlüftung ist notwendig
GKF	GKB-Feuer-schutzplatten	für Bereiche mit geforderten Feuer-schutzbestimmungen
GKFI	wie vor, Imprägnierung	wie vor, nur mit Anforderungen an Feuchteschutz
Gipsfa-ser	wie GKB, höher belastbar	wie GKB, auch mit Kartonummantelung
Ver-bund-platten	GKB mit Wärmedämmung aus Polystyrol oder Mineral-faserstoffen	auf hinterlüfteten Lattungen, oder mit Ansetzgips auf Mauerwerk, Dampf-sperre ist einzubauen

3. Übersicht über die marktüblichen Bauplatten

8.13 Die Trockenbaumontage im Dachgeschoss

Der Dachraum eines Wohnhauses soll genutzt werden. Ein Zimmereibetrieb hat den Rohbau neu errichtet (Bild 1), nun soll der gesamte Dachboden als Wohnraum ausgebaut werden (Bild 2).

Welche Vorteile bietet der Innenausbau im Trockenbauverfahren?

- Der Trockenbau arbeitet nur mit in der Fabrik hergestellten Materialien.
- Er benötigt keine Trocknungszeiten.
- Er bereitet in der Regel keine statischen Probleme, auch wenn zusätzliche Wände eingezogen werden.

Auch daran muss man denken:

- Die erstellten Teile lassen sich sehr einfach wieder verändern.

Als Materialien werden drei Plattensysteme verwendet:

- Gipskartonplatten, die aus Gipsplatten bestehen und mit einem fest haftenden Karton ummantelt sind (Baustoffklasse A 2),
- Gipsfaserplatten, die aus Gips und Zellulosefasern hergestellt werden (Baustoffklasse A 2),
- Gipsplatten mit Glasvliesummantelung, die die Anforderungen der Baustoffklasse A 1 erfüllen.

Für alle drei Plattensysteme gelten im Grundsatz die gleichen Verarbeitungsrichtlinien sowie die gleichen technischen Voraussetzungen.

Gipskartonplatten und Gipsfaserplatten werden auch als Verbundplatten angeboten. Für Decke und Wand gibt es besondere Ausbausysteme, die auch kuppelartige Aufbauten ermöglichen.

Wie muss die Unterkonstruktion für die Platten beschaffen sein?

Die Konstruktion ist je nach Untergrund sehr unterschiedlich. Auf den Dachsparren des Dachgeschosses werden die Platten auf einer Unterkonstruktion aufgeschraubt (Bild 4). Auf dem trockenen, rohen Mauerwerk des Giebels werden Verbundplatten mit Ansetzgips verarbeitet. Möglich ist auch die Erstellung einer Konstruktion mit Dachlatten, die Unebenheiten der Giebelwand besser ausgleichen kann. Die Wände im Innenraum des Dachgeschosses werden als Trockenbau-Montagewände ausgeführt. Die Baugenehmigung benennt die Feuerwiderstandsklasse, die die Montagewand unbedingt erfüllen muss. Der Trockenestrich wird mit Verbundplatten auf Trockenschüttung ausgeführt.

Die Besonderheiten im Dachgeschossausbau

Beim Dachgeschossausbau werden im Trockenbauverfahren der Boden, die Wand und die Decke bearbeitet (siehe vorherige Kap.). Beim Dachgeschossausbau ist Folgendes zu beachten:

- Die Baugenehmigung schreibt genaue Ausführungen vor. Der Maler muss diese Vorgaben wie z. B. bei Wandaufbauten genau beachten.
- Viele Gewerke sind beim Ausbau beteiligt und werden vom Architekten koordiniert.
- Die Dampfsperre muss absolut winddicht ausgeführt werden, um Feuchteschäden zu vermeiden und um eine hohe Winddichtigkeit zu erreichen.

Die Planungen und die Baugenehmigung werden vom Architekten ausgeführt.
Das Leistungsverzeichnis ist bindend.

4. Dachgeschossausbau mit Bauplatten auf Unterkonstruktion. Die Wärmedämmung besteht aus Mineralfaserdämmstoff und Folie zur Herstellung einer Dampfsperre. Die Montage erfolgt hier mit Druckluft. Auf der Giebelmauer werden die GKB mit Ansetzbinder verarbeitet

Die Drempelwand

Sie wird auch Abseitenwand genannt und wird wahlweise aus Holz oder Metall errichtet. Soll ein Abstellraum entstehen, wird die Metallwand gewählt, da sie dimensionsstabil ist. Die Montage erfolgt in folgenden Schritten (Bild 5):

- Das Anschlussholz wird auf einem Trennstreifen am Boden montiert (1).
- Die vertikalen Holzständer werden an Sparren und Anschlusshölzern montiert (2).
- Die Dämmung wird eingebracht (3).
- Die Dampfsperre wird montiert (4).
- Die Montagelattung im maximalen Abstand von 50 mal die Plattendicke befestigen (5).
- Die Beplankung mit Platten ausführen (6).

Im Querschnitt sieht die Ausführung des Aufbaus eines Drempels wie in Bild 6 gezeigt aus.

5. Drempelkonstruktion aus Holz ohne Nutzung der Abseite

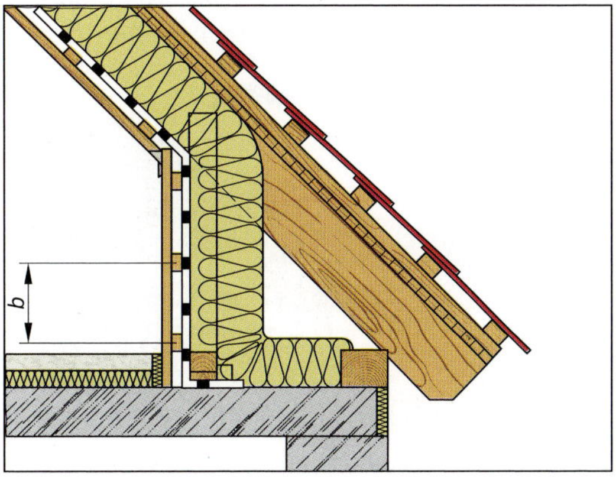

6. Aufbau des Drempels im Querschnitt

Aufgaben

1. *Beschreiben Sie den Unterschied zwischen Gipskartonbauplatten und Gipsfaserplatten.*
2. *Welche Bedeutung hat die Dampfsperre?*
3. *Welche Aufgaben muss der planende Architekt durchführen?*

1. *Dieses Dachgeschoss braucht Dachflächenfenster.*

2. *Nach dem Entfernen eines Sparrens wird mit zwei waagerecht eingefügten Sparrenauswechselungen und einem senkrechten Passstück die für die Fenstergröße erforderliche Öffnung geschaffen.*

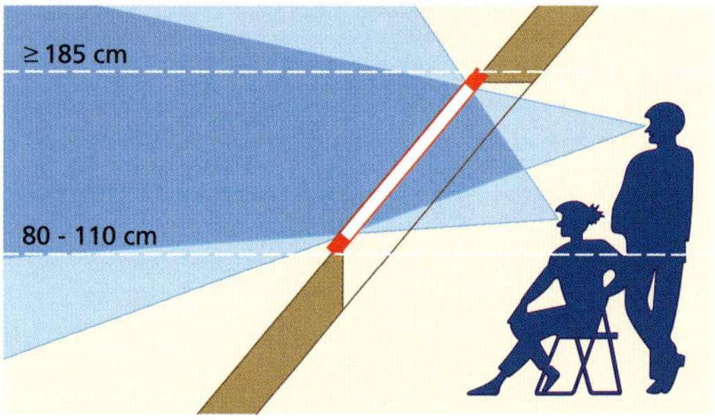

3. *Die richtige Einbauhöhe berücksichtigt die Faktoren Ausblick, Lichteinfall und Bedienungskomfort gleichermaßen.*

4. *Nach dem bündigen Entfernen der Dachlatten muss der stramme Sitz der Nagelverbindungen sichergestellt werden.*

8.14 Die Montage eines Dachflächenfensters

Im Zuge des Dachgeschossausbaus soll durch den Einbau von Dachflächenfenstern sichergestellt werden, dass die geplante Einliegerwohnung ausreichend mit Tageslicht versorgt wird. Der Kunde wünscht sich den Einbau von gut gedämmten Energiesparfenstern, die den heutigen Normen entsprechen (Bild 1).

Die Auswahl der Fenstergröße

Dachflächenfenster werden in der Dachfläche zwischen den Sparren montiert. Da Sparrenabstände und Kundenwünsche variieren, werden sie in den verschiedensten Größen hergestellt.

Besonders wirtschaftlich ist die Montage von Dachflächenfenstern, deren Breite den Sparrenabstand nicht überschreitet.

Bei geringen Sparrenabständen oder dem Wunsch nach größeren Fenstern kann durch den Zimmermann ein Sparren entfernt und überbrückt werden, was als Wechsel bezeichnet wird (Bild 2).

Das Erstellen der Dachöffnung

Bei ausreichendem Sparrenabstand können die Fenster ohne Wechsel montiert werden.
Zuerst erfolgt das Anreißen der Einbauhöhe an den Sparren.

Die Höhe des Dachflächenfensters sollte an der Oberkante mindestens 185 cm betragen, wobei die Brüstung eine Höhe von 80–110 cm haben sollte (Bild 3).

Um später einen dichten Anschluss zu erhalten, wird die Unterspannbahn im Einbaubereich so eingeschnitten, dass an allen Seiten etwa 20 cm Überstand verbleibt.

Anschließend werden die Dachpfannen von innen vorsichtig entfernt.

Die Dachlatten werden nun bündig am Sparren abgesägt.

Durch das Sägen können sich Nagelverbindungen lockern. Die verbleibenden Latten sind deshalb nachzunageln (Bild 4).

Der Dachausschnitt

Der Dachausschnitt hat zu diesem Zeitpunkt eine Breite, die dem Sparrenabstand entspricht. Im nächsten Arbeitsschritt muss deshalb eine Anpassung des Dachausschnittes auf die Größe des Fensters stattfinden. Dies erfolgt nach folgendem Schema:

- Anpassung der Höhe durch das horizontale Aufnageln von Stützlatten auf die Sparren, sowie
- die Anpassung der Breite durch die anschließende Befestigung einer vertikalen Stützlatte an den horizontalen Latten (Bild 5).

Der Dachausschnitt muss etwas größer als die Fenstergröße konstruiert werden. Die Zuschläge sind immer nach Herstellervorschriften auszuführen.

Die Stützlatten dienen der anschließenden Befestigung des Fensters. Die Stützlatten müssen die Dachkonstruktion zu jeder Seite etwa 100 mm überlappen, um eine ausreichende Stabilität zu gewährleisten (Bild 6).

Die Unterspannbahn fixieren

Die Unterspannbahn wurde bereits so vorbereitet, dass zu jeder Seite 20 cm Überstand verbleiben. Der Verarbeiter schneidet die Unterspannbahn mit dem Cuttermesser von den Ecken aus diagonal ein, sodass sie sich anschließend leicht nach außen klappen lässt.

Die nach außen geklappte Unterspannbahn wird anschließend unten und an den Seiten mit einem Tacker befestigt und zugeschnitten (Bild 7).

Das Einsetzen des Fensterrahmens

Die Montage des Fensterrahmens gliedert sich in folgende Arbeitsschritte:

- Fensterrahmen und -flügel nach Herstellervorgaben voneinander trennen.
- Fensterrahmen diagonal nach außen heben (Bild 1 auf folgender Seite) und im Dachausschnitt mittels Wasserwaage ausrichten.
- Verschraubung des Fensterrahmens mit dem mitgelieferten Befestigungsmaterial.

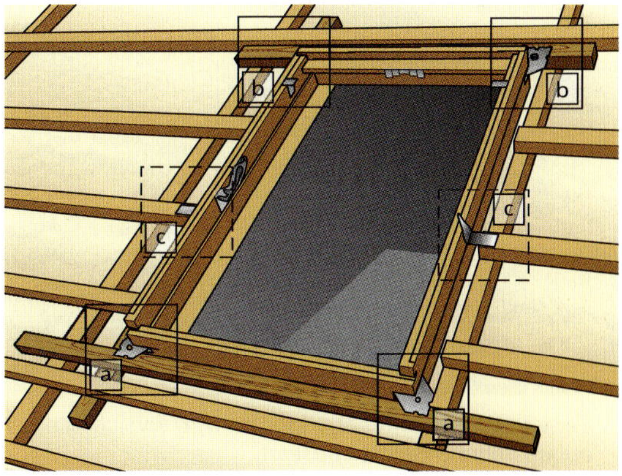

5. Bei der Anpassung des Dachausschnittes mittels Stützlatten wird in der Regel nur eine vertikale Stützlatte verbaut, da auf der anderen Seite der Sparren zur Begrenzung genutzt wird.

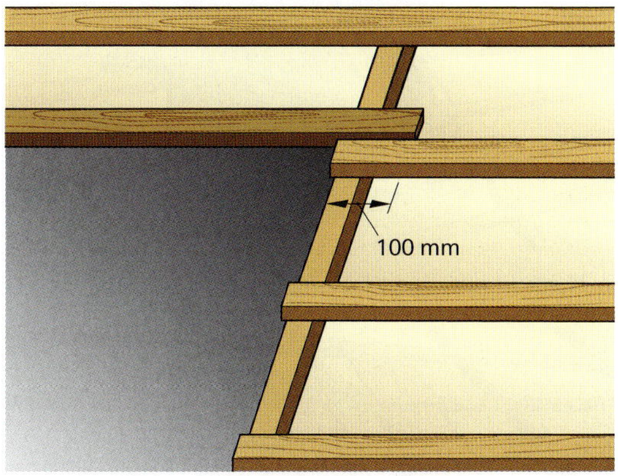

6. Die horizontalen Stützlatten werden 200 mm länger als die lichte Breite des Fensters zugeschnitten, um die notwendigen Überlappungen zu erhalten.

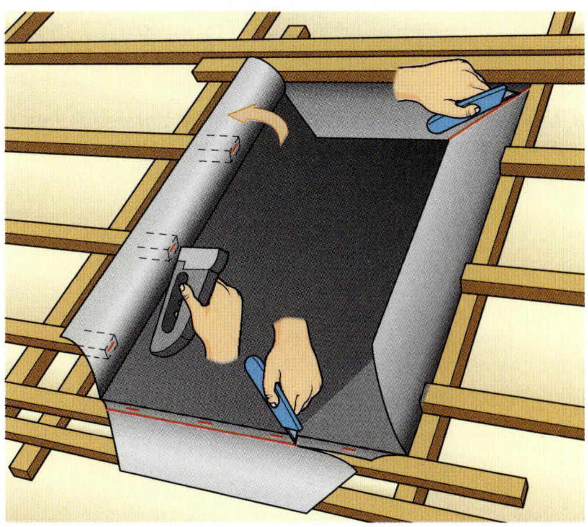

7. Das Umschlagen der Unterspannbahn. Nur durch eine sorgfältige Verarbeitung lassen sich Feuchteschäden vermeiden.

1. Der vom Flügel getrennte Rahmen wird vorsichtig nach außen gehoben und eingesetzt.

2. Montage der Wasserableitschürze

3. Montage des Eindeckrahmens. An der Unterseite des Fensters befindet sich eine leicht formbare Schürze, die in ihrer Form den Dachpfannen angepasst wird.

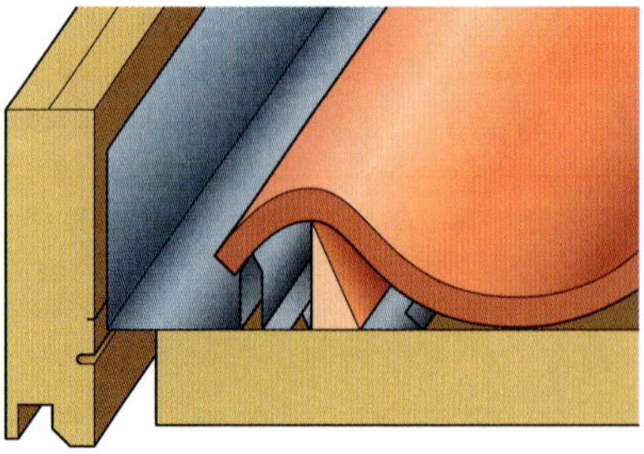

4. Wenn die Dachpfannen so aufliegen, erfüllen die Profile des Eindeckrahmens sowie die Schaumstoffstreifen ihre Aufgabe und verhindern das Eindringen von Wasser.

Die Montage der Anschlussschürze

Ist der Rahmen ausgerichtet und befestigt, erfolgt die Montage der äußeren Verkleidung.

Diese sogenannte Wasserableitschürze wird zunächst mit einem Tacker am Fensterrahmen fixiert, anschließend durch Verformen an die Dachkonstruktion angepasst und dort angeklammert (Bild 2). Der obere Teil der nach außen geklappten Unterspannbahn wird nun nach Herstellervorgaben mit der Wasserableitschürze verbunden.

Die Montage des Eindeckrahmens

Der Eindeckrahmen wird um das Dachflächenfenster herum montiert und gewährleistet einen sauberen und vor allem dichten Anschluss zwischen Fenster und Dachpfannen. Eindeckrahmen bestehen in der Regel aus:

- einer formbaren Schürze, die sich an der Unterseite des Fensters befindet und oberhalb der Dachpfannen liegt (Bild 3), sowie
- den Aluminiumprofilen, die mit einem Schaumstoffstreifen versehen sind, auf dem später die Dachpfannen aufliegen (Bild 4).

Eindeckrahmen müssen nach Herstellerangaben montiert werden, um Wasserschäden zu vermeiden.

Das Eindecken mit Dachpfannen

Da die seitlich an das Fenster heranreichenden Dachpfannen auf dem Eindeckrahmen und nicht auf einer Dachlatte aufliegen, muss die dem Fenster zugewandte Haltenase mit einem Hammer abgeschlagen werden.

Innen geht es nicht ohne Dämmung und Dampfsperre

Da die Dachflächenfenster außerhalb der Wärmedämmung liegen, müssen die Anschlussbereiche sorgfältig gedämmt werden.

Die Dampfsperre der Dachschräge muss luftdicht bis zum Fenster fortgeführt werden.

Hierzu stehen dem Verarbeiter der Fenstergröße angepasste Dampfsperrschürzen zur Verfügung.

Die Montage von Dämmung und Dampfsperre

Die Dämmung und Montage der Dampfsperrschürze gliedert sich in folgende Arbeitsschritte:

- Das Dämmmaterial komplett an die Außenseite des Fensters heranführen.
- Die Dampfsperrschürze umlaufend im Nutprofil des Fensterrahmens nach Herstellervorgaben fixieren (Bild 5).
- Die herabhängende Dampfsperrschürze nach außen klappen und fachgerecht, d.h. luftdicht, mit der Dampfsperre der Dachschräge verbinden (Bild 6).

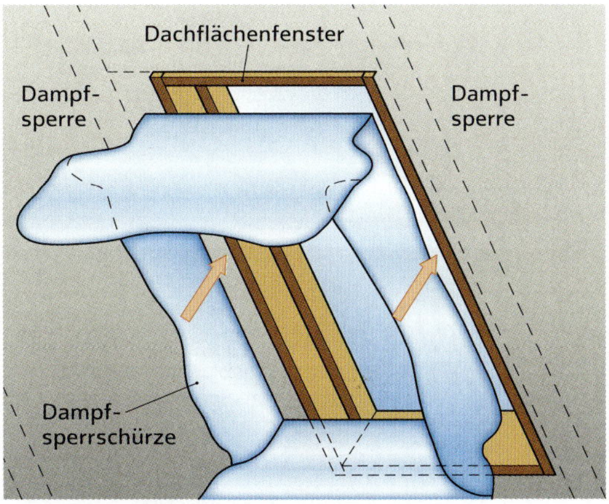

5. Die Dampfsperrschürze zur inneren Abdichtung

Die Innenverkleidung

Die Innenverkleidung erfolgt in aller Regel durch die Montage eines vorgefertigten Innenfutters, welches nach Herstellerangaben montiert wird. Diese Innenfutter benötigen keine Unterkonstruktion und lassen sich deshalb schnell montieren. Weiterhin gewährleisten sie einen maximalen Lichteinfall.

Wahlweise besteht aber auch die Möglichkeit, eine Verkleidung im Trockenbauverfahren herzustellen (Bild 7). Dies ist aber in aller Regel recht zeitaufwendig, wodurch die finanziellen Ersparnisse durch das Weglassen des Fertigbauteils zunichte gemacht werden.

Um eine Durchfeuchtung der Wärmedämmung zu vermeiden, darf die Dampfsperre beim Einsetzen der Innenverkleidung keinesfalls beschädigt werden.

6. Fachgerechte Vorbereitung für die Montage des Innenfutters. Deutlich zu erkennen ist die umlaufende Dämmung mit dampfdichter Dampfsperre.

7. Innenverkleidung im Trockenbauverfahren mit horizontaler oberer Laibung und vertikaler unterer Laibung zur Gewährleistung eines maximalen Lichteinfalls

Aufgaben

1. *Stellen Sie Vermutungen an, welche Gründe die angegebenen Einbau- und Brüstungshöhen rechtfertigen.*
2. *Nennen Sie die Arbeitsschritte bei der Montage eines Dachflächenfensters ohne Wechsel.*
3. *Worauf ist bei der Montage der Innenverkleidung unbedingt zu achten?*
4. *Informieren Sie sich z. B. unter www.velux.de über die einzelnen Arbeitsschritte zur Montage der Innenverkleidung.*

1. *Eine reichhaltig profilierte Hausfassade, die eine Wärmedämmung erhalten soll (um 1900)*

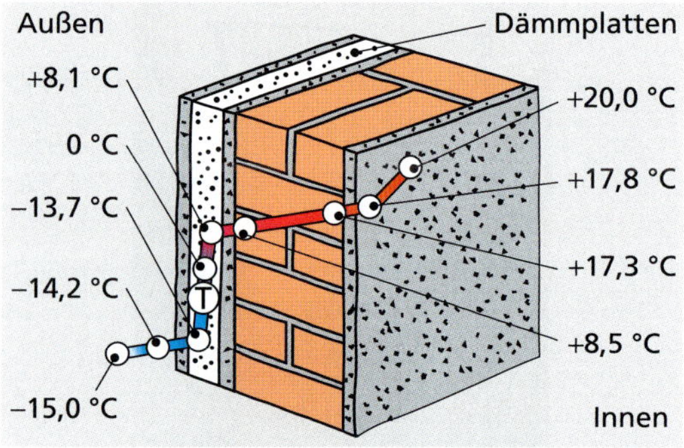

2. *Die Abbildung zeigt den Temperaturverlauf durch eine außengedämmte Wand. Die Dämmung ist als Wärmedämmverbundsystem ausgeführt. Der Taupunkt liegt in der Dämmschicht. Das dort anfallende Kondenswasser wird durch den Außenputz ausgetrocknet.*

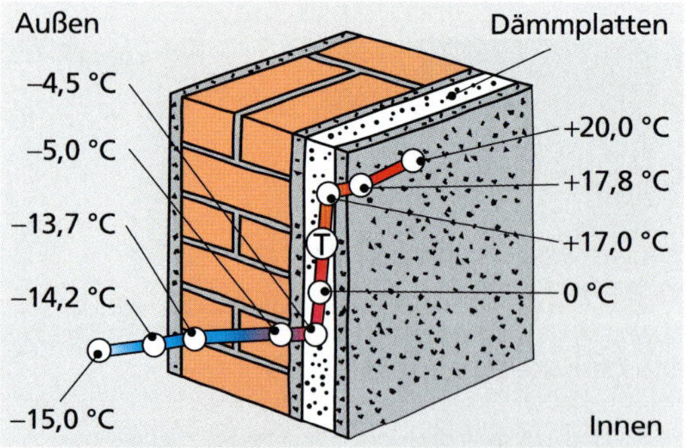

3. *Der Temperaturverlauf bei einer innengedämmten Wand zeigt das Mauerwerk und Teile der Dämmung im Minus-Temperaturbereich. Der Taupunkt liegt zwischen Dämmung und Mauerwerk. Das Kondensatwasser kann nicht austrocknen. Es kommt zu Feuchteschäden. Die Dampfsperre schafft Abhilfe.*

8.15 Die Innendämmung

Die reichhaltig verzierte Fassade (Bild 1) eines im Historismus erstellten Gebäudes soll eine Wärmedämmung erhalten. Zusammen mit der Malermeisterin überlegt der Besitzer, ob er eine Außendämmung oder eine Innendämmung wählen soll.

Außen- oder Innendämmung: Was ist zu beachten?

Gründe, die gegen eine Außendämmung sprechen, sind:

- Erhaltung der Fassade (Bild 1) in ihrem ursprünglichen, eventuell auch denkmalgeschützten Zustand
- Erhaltung von Natursteinfassaden, wie z. B. Sandsteinfassaden
- preiswertere Ausführung bei Innendämmung möglich

Für die Verringerung des Wärmedurchgangs spielt es keine Rolle, ob die Dämmung innen oder außen aufgebracht wird.

So einleuchtend diese Überlegungen sind, es sprechen jedoch viele bauphysikalische Gründe dafür, nur in **Ausnahmefällen** eine Innendämmung auszuführen.

Die Innendämmung

Aus bauphysikalischen Gründen ist es besser, die Wärmedämmung außen anzubringen, weil der Taupunkt dann außerhalb des Mauerwerks liegt. Weiterhin wird die Wand als Wärmespeicher genutzt (Bild 2). Bei der Innendämmung liegt der **Taupunkt** ungünstig zwischen Dämmschicht und Mauerwerk (Bild 3). Damit hier keine Durchfeuchtung des Dämmmaterials infolge einer Kondenswasserbildung erfolgt, muss eine **Dampfsperre** aufgebracht werden.

Die Dampfsperre hält den Dampf zurück und sorgt für eine trockene Dämmschicht. Hinter der Dämmung entsteht so kein Tauwasser.

Die Dampfsperre liegt immer raumseitig zwischen der Verkleidung (wie GKB, Profilhölzer, Bild 4) und dem Dämmmaterial. Sie besteht aus hierfür zugelassenen Kunststoff- oder Aluminiumfolien. Die Bahnen müssen überlappend gearbeitet und mit Klebestreifen winddicht abgedichtet werden.

Wie wird die Innendämmung ausgeführt?

Sie ist ein wichtiger Teil des Trockenausbaus und erfolgt durch Gipsfaser- oder GKB-Platten, die eine aufgeklebte Dämmschicht zum Beispiel aus Polystyrol haben. Diese Verbundplatten werden auf das Mauerwerk aufgebracht. Um Bauschäden zu vermeiden, müssen diese Platten zwischen der Dämmung und der Gipsplatte eine Dampfsperre eingebaut haben. Hierauf ist bei der Bestellung unbedingt zu achten. Die Wärmedämmung kann auch zwischen einer **Unterlattung** erfolgen. Vor der Montage der Verkleidungsplatten muss eine Dampfsperrfolie aufgebracht werden.

Beim Dachgeschossausbau wird zwischen und unter den Sparren die Dämmung eingebaut (Bild 4). Hierfür kann z. B. Mineralfaserdämmmaterial verwendet werden, das zur Raumseite hin eine Dampfsperre in Form einer Aluminiumfolie hat. Diese Folie muss durchgehend durch Klebeband winddicht ausgebildet werden.

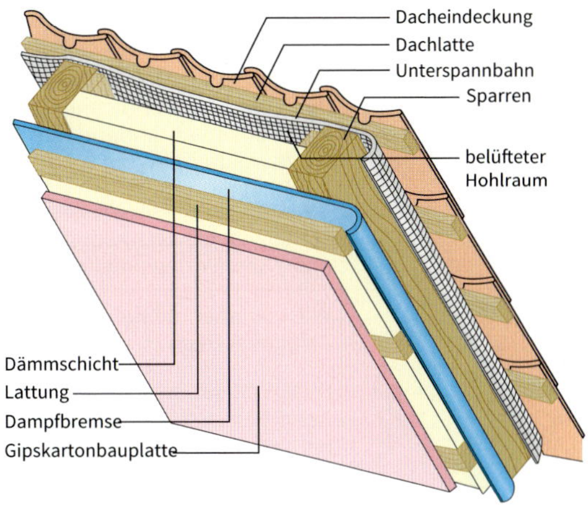

4. Beim Dachgeschossausbau ist auf die einwandfreie Ausführung der Dampfsperre zu achten. Die Dampfsperre darf bei der Montage der Verkleidung nicht beschädigt werden.

Welche Dämmstoffe können eingesetzt werden?

Mineralwolldämmstoffe werden im Dachgeschossausbau eingesetzt. Sie werden aus Glasfaser hergestellt. Bei der Verarbeitung kann es zu erheblichen Staubbelastungen kommen. Diese Fasern wurden vorsorglich als Stoffe mit begründetem Verdacht auf nennenswertes krebserzeugendes Potenzial in die **TRGS 905** aufgenommen.

Schutzmaßnahmen sind:

- Staubaufwirbelungen vermeiden: **nicht** fegen, entsprechenden Industriestaubsauger der BGIA Staubklasse M verwenden.
- Schutzbrille und geschlossene Kleidung tragen, um Reizungen zu vermeiden.
- Feinstaubmaske der Schutzstufe P2 gegen atembaren Staub verwenden.

Die TRGS 521 regelt den Ausbau von Mineralwolle, die vor 1994 eingebaut wurde.

Weitere Dämmstoffe und mögliche Einsatzbereiche sind in Tabelle 5 aufgeführt.

Eigenschaften	Mineralwolle	Polystyrol-Hartschaum	Polyurethanhartschaum	Zellulose (Altpapier mit Borsalz)
Wärmeleitfähigkeitsstufe	020 bis 035	020 bis 035	020 bis 035	045
Baustoffklasse	A1/A2	B/C	B/C	B/C
Einsatzbereiche	Außen-, Innenwand, Dachdämmung	Außen-, Innenwand	Außen-, Innenwand, Fundamentdämmung	Dachgeschoss- und Innenwanddämmung durch Einblasen
Arbeits-, Umwelt-, Gesundheitsschutz	umstritten, neuere Entwicklungen sind unbedenklicher, Partikelfilter P2	umstritten, aber keine nachgewiesene Gesundheitsgefährdung	wie links	unbedenklich

5. Gesundheitsrisiko Wärmedämmstoffe? Hinweis: Produktentwicklungen bei Mineralfaserdämmstoffen (KI 40-Produkte) führen dazu, dass der Faserstaub weder als krebserzeugend noch als krebsverdächtig gilt. Es ist trotzdem ratsam, Dämmarbeiten mit der geschilderten persönlichen Schutzausrüstung durchzuführen

Aufgaben

1. *Nennen Sie Gründe, die für und die gegen eine Innendämmung des im Bild 1 gezeigten Hauses sprechen.*
2. *Erklären Sie, wie es zur Tauwasserbildung in einem innengedämmten Mauerwerk kommen kann.*
3. *Erläutern Sie Maßnahmen, die bei der Verarbeitung von Mineralfaserdämmplatten vermeiden helfen, dass gesundheitsgefährdende Stäube vom Verarbeiter aufgenommen werden.*

Typ, Norm	Eigenschaften
Fugengips, DIN EN 13963	Bewährt, preiswert, verschieden aufgebaut für GF und GK, hydraulisch abbindend, auf 0 mm ausziehbar, bis ca. 50 mm Dicke
Wie vor, Faserarmiert	Für Fugenverspachtelung ohne Bewehrungsstreifen, GF
Füllspachtel	Wie vor, aber mit füllenden Zellulosefasern
KD Spachtelmassen nach DIN EN 13963	Fertigspachtel, Acryl-Dispersionsspachtel, bis ca. 5 mm Dicke, da sonst die Trocknungszeiten erheblich zu lang werden, oft Grundierung erforderlich
PU-Kleber	Polyurethankleber für Klebefuge bei GF
Zementspachtel	Für zementhaltige Platten, nicht auf GF aufbringen
Achtung: Gipsuntergründe eignen sich für alle Farben außer für Silikat- und Kalkfarben, da diese sich nicht mit dem Untergrund Gips verbinden.	
Viele Spachtelmassen eignen sich für die maschinelle Verarbeitung mittels Putzfördertechnik.	

1. Spachtelmassen für Plattenwerkstoffe

Bauteile	Abstand der Messpunkte		
	1,0 m	2 m	3 m
	Ebenheitstoleranzen in mm		
5. Nichtflächenfertige Wände und Unterseiten von Rohdecken	10	12	13
6. Flächenfertige Wände und Unterseiten von Decken wie Trennwände, abgehängte Decken	5	7	8
7. Flächenfertige Wände und Unterseiten von Decken mit erhöhten Anforderungen	3	5	6

2. Tabelle für die Bestimmung der Ebenheit nach DIN 18202 (Auszug)

8.16 Das Oberflächenfinish

Nach der Montage der Gipsfaser- oder Gipskartonplatten findet die Oberflächenbehandlung statt. Neben den Standardoberflächen wie „Beschichtung mit einer Dispersionsfarbe" gibt es auch hochwertige Oberflächen wie „Tapezierung mit einer Textiltapete", die in bestimmten Bereichen vom Kunden gewünscht wird.

Die Spachtelmassen

Gespachtelt werden muss im Regelfall ein Trockenbauteil immer, egal, wie das Oberflächenfinish aussehen wird. Das Spachteln geschieht mit dem Trockenbauerspachtel und mit den Spachtelmassen, die für den Untergrund Gips bei GF und Karton bei GK zugelassen sind (Tabelle 1). Andere Untergründe wie Akustikdecken und zementäre Platten für z.B. Feuchtbereiche erfordern abgestimmte Spachtelmassen.

Die Anweisungen der technischen Merkblätter bezüglich der Auswahl der Spachtelmassen müssen befolgt werden.

Worin liegen aber nun die Unterschiede bei den gipsgebundenen Spachtelmassen? Auf den ersten Blick scheinen sie alle gleich weiß und puderig auszusehen. Es kommt aber auf die Zusätze an: Abbindeverzögerer binden den Gips nicht in gewohnten fünf Minuten ab, sondern in ca. 30 Minuten, was die Topfzeit und damit die Verarbeitungszeit erhöht. Weitere Stoffe halten das Anmachwasser im Gips zurück, sodass der Gips auf der trockenen Plattenfläche nicht aufbrennt. Das heißt, dass das Anmachwasser nicht vom Untergrund aufgesaugt wird und zum Abbinden nicht mehr da ist. Weiterhin werden Stoffe beigefügt, die das Aufziehen des Gipses erleichtern. GK-Platten können eine Grundierung erfordern.

Das Gipspulver ist ins Wasser zu streuen und einsumpfen zu lassen. Nachträglich kein Wasser zugeben, da der Gips an Festigkeit verliert!

Eine weitere Gruppe von Spachtelmassen ist der Dispersionsspachtel, der gebrauchsfertig in Gebinden geliefert wird, aber auch teurer ist und sich fein schleifen lässt.

Die Prüfungen vor dem Spachteln

Vor dem Spachteln muss sichergestellt sein, dass eingebrachte herkömmliche Estriche und Putze trocken sind, die Objekttemperatur über 5 °C liegt. Außerdem muss die relative Luftfeuchte unter 70 % liegen, um ein schnelles Abbinden des Gipses zu ermöglichen. Weitere Punkte der Untergrundprüfung sind:

- Die Ebenheit wird mittels Richtscheit und Messkeil überprüft. Die in der Tabelle (Bild 2) angegebenen Werte dürfen nicht überschritten werden. *Lesehilfe: Bei einem 2 m Richtscheit, mit dessen Hilfe eine flächenfertige Wand (Zeile 6) gemessen werden soll, darf maximal ein 7 mm Spalt zwischen Richtscheit und Wand vorhanden sein.*
- Festigkeit der Plattenmontage, feststellbar durch Abklopfen der Oberfläche und nachmessen der Befestigungsabstände der Schrauben
- Hervorstehende Schrauben bzw. Klammern
- Feuchtigkeit der Platten, in der Regel sichtbar durch Augenschein

Werden diese Prüfpunkte nicht erfüllt, ist die Bauleitung zu benachrichtigen, bevor an der Beseitigung gearbeitet wird.

Die Ausbildung der Fuge und der Fläche

Es wird die Spachtelfuge von der Klebefuge unterschieden. Die Klebefuge wird mit einem PU-Kleber und hohem Anpressdruck ausgeführt (Bild 4). Der austretende Kleber wird nach dem Erhärten abgestoßen. Die Spachtelfuge (Bild 5) ist die herkömmliche Ausbildung mit Armierungsstreifen und Füllung der abgeflachten Kanten.

Die Qualitätsstufen Q 1 bis Q 4 legen fest, welcher Spachtelaufwand durchgeführt wird (Bild 3). Er wird im Leistungsverzeichnis vereinbart.

Aufgaben

1. *Nennen Sie Vor- und Nachteile der gipsbasierten Spachtelmasse.*
2. *Nennen Sie Verarbeitungsfehler von Gipsspachtelmassen.*
3. *Wie werden Fugen bei GK-Platten erstellt?*
4. *Erstellen Sie eine Prüftabelle für Montagewände mit den Spaltenüberschriften Prüfkriterium, Prüfmethode, Behebung.*

Q	Beschreibung	Einsatz für
1	Grundverspachtelung der Plattenfugen, überziehen der Befestigungsmittel	Fliesen
2	Q 1 plus stufenloses Feinspachteln der Fugen (Standardverspachtelung)	Raufasertapete, Putze mit Korngrößen > 1 mm, matte Anstriche
3	Q 2 plus scharfes Überziehen der gesamten Fläche (Sonderverspachtelung)	Feinere Tapeten, hochwertige Anstriche, Putze mit Korngrößen < 1 mm
4	Q 2 plus ca. 1 bis 3 mm Spachtelauftrag durch zweimaliges Überziehen der Fläche	Hochwertige Beschichtungen und Tapeten wie Metalltapeten

3. Qualitätsstufen Q 1 bis 4 nach den technischen Richtlinien des Bundesverbandes der Gipsindustrie e. V., gilt für Spachtelfugen und Klebefugen

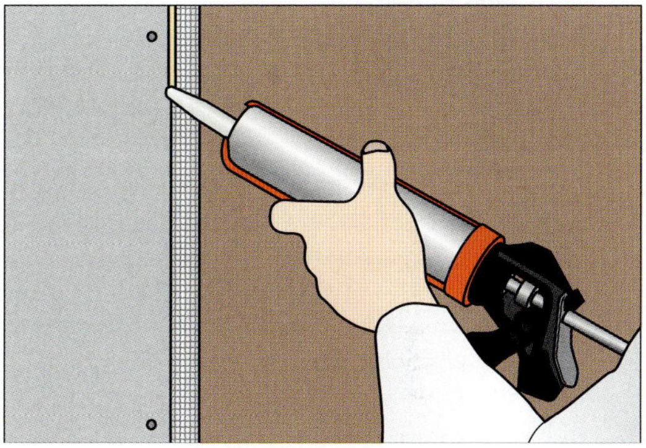

4. Die Klebefuge wird aufgebracht und anschließend wird die Platte mit einem Hebewerkzeug zusammengedrückt.

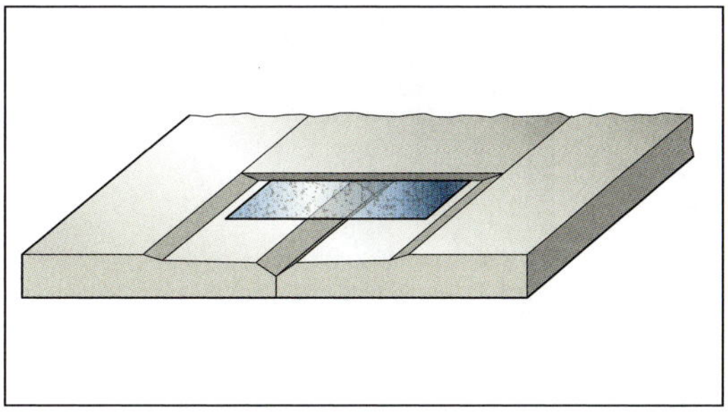

5. Beispiel für die Ausführung einer Spachtelfuge, hier von Fermacell: GF-Platte mit abgeflachter Kante durch selbstklebendes Armierungsband und anschließendem Spachteln durch das Gewebe. Dies entspricht Q 1.

1. *Entfernung alter Wandbekleidungen mithilfe der Nagelwalze. Nach dem Löchern wird die Tapete mit Wasser und Netzmittel mehrfach mit einer Deckenbürste eingeweicht. Anschließend wird sie in Bahnen abgezogen.*

2. *Vor dem Entfernen alter Wandbeläge die Stromkreise abschalten.*

3. *Entfernung alter Tapeten mit Heißdampf-Tapetenablöser. Heiße und feuchte Luft wird auf die Tapete geblasen und löst sie von der Wandfläche. Diese Methode ist aufwendig und sollte nur eingesetzt werden, wenn mit Perforierwalze und Einweichzeit keine Ablösung erreicht wird.*

8.17 Das Entfernen von Wandbekleidungen

Für eine fachgerecht durchgeführte Tapezierung ist die Entfernung von alten Wandbekleidungen wie Papiertapeten notwendig (Bild 1).

Warum ist es sinnvoll, alte Wandbekleidungen zu entfernen?

Bei einer Tapezierung löst das Wasser den Tapetenkleister der alten Tapetenschichten an. Da der vorhandene Kleister reversibel, das heißt mit seinem Lösemittel Wasser wieder löslich ist, beginnen sich die einzelnen Tapetenschichten abzulösen. Die Folge ist vielfach eine Blasenbildung, die von den Kunden reklamiert wird (Mängelrüge). Außerdem können auf der alten Tapete vorhandene Verunreinigungen wie Nikotin durch die neue Tapete schlagen.

Spaltbare Tapeten werden abgezogen, die Unterlage bleibt auf der Wand, falls sie gut haftet. Die Prüfung erfolgt, indem mit einem feuchten Schwamm die Unterlage angefeuchtet wird. Bilden sich nach zehn Minuten Blasen, ist keine ausreichende Haftung vorhanden. Das Entfernen von alten Tapeten fällt dann leichter, wenn die vorher dort tätigen Maler Tapetenwechselgrund verarbeitet haben.

Alte Tapeten sind aus Gründen einwandfreier Haftung restlos zu entfernen. Die Prüfung der Unterlage spaltbarer Tapeten erfolgt mit einem feuchten Schwamm.

Welche Vorarbeiten sind notwendig?

Vor Beginn der Arbeiten sind betroffene Stromkreise abzuschalten (Bild 2). Diese Unfallverhütungsvorschrift ist unbedingt zu beachten, weil das Ablösen der Wandbekleidung mit Wasser geschieht und Wasser zu den stromleitenden Medien zählt. Anschließend wird ein Schild am Zählerkasten befestigt, das Personen das Wiedereinschalten der Sicherungen untersagt. Die Prüfung auf den stromlosen Zustand erfolgt durch den Phasenprüfer.

Das Abdecken der Böden geschieht z. B. mit großen Tüchern, mit Folie kaschierten Abdecktüchern aus Lumpen oder bei sehr feuchtigkeitsempfindlichen Materialien wie Holzparkett mit schweren Kunststofffolien. Das Abdecken des Bodens – aber auch der Möbel – hat sehr sorgfältig zu geschehen, um das Eigentum der Kunden nicht zu beschädigen.

Werkzeuge zum Bearbeiten der alten Tapete sind

- die Igelwalze (Perforierwalze, Bild 1),
- der Tapetenaufritzer, der unter einem Kunststoff- oder Holzbrett Nageldornen hat und
- ein Heißdampf-Tapetenablöser (Bild 3).

Prüfung von Putzuntergründen

Untergründe, auf denen Wandbekleidungen oder Beläge wie Teppiche oder Glasgewebe geklebt werden sollen, müssen trocken, sauber, fest, neutral, eben und saugfähig sein.
Mit bestimmten baustellenüblichen Prüfungen sind Untergründe auf Schäden zu untersuchen. Mit der Prüfmethode „Augenschein" sind feuchte Stellen auf dem Putz, Risse, lose Putzoberflächen (Bild 4) sowie Rost- und Nikotinflecken feststellbar.

Die **Alkalitätsprüfung** ist dagegen nur mithilfe eines Indikatorpapiers möglich. Mit der Alkalitätsprüfung wird der pH-Wert des Putzes gemessen.

Die Skala bei der Messung des pH-Wertes reicht von

- null – was einer starken Säure entspricht – über
- sieben – was als neutral bezeichnet wird – bis
- vierzehn – was eine starke Lauge bezeichnet.

Zur Messung des pH-Wertes wird der Untergrund mit destilliertem Wasser befeuchtet und das Universalindikatorpapier darin angedrückt.

Im Innenbereich können frische Kalkgipsputze eine Alkalität mit Werten von pH 10 bis 12 haben. Diese Alkalität muss durch ein- oder mehrfaches Fluatieren verringert werden (Bild 5).

Sandende Putze weisen beim Darüberreiben mit der Hand einen hohen Abrieb an Sandkörnern auf und müssen mit Grundbeschichtungsstoffen gefestigt werden. Diese Grundierungen sorgen auch dafür, dass der Putzuntergrund gleichmäßig saugend wird (Bild 6).

Aufgaben

1. *Erklären Sie Vorarbeiten bei Tapezierarbeiten.*
2. *Nennen Sie Untergrundprüfungen bei einem mineralischen Untergrund.*
3. *Nennen Sie Gründe für eine vollständige Entfernung von alten Tapeten.*
4. *Beschreiben Sie die Messung des pH-Wertes. Nennen Sie mögliche Ergebnisse und Folgerungen.*

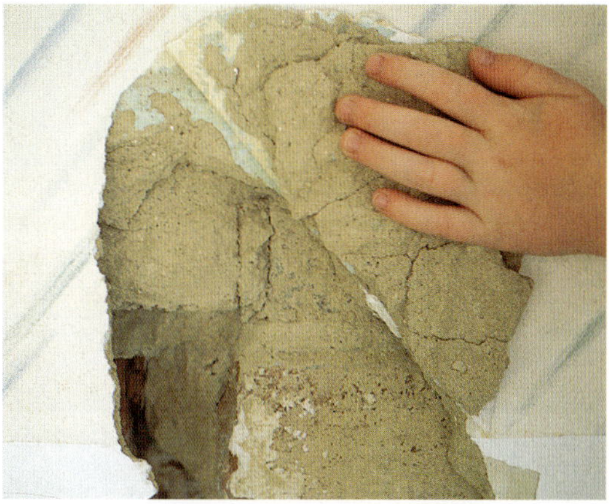

4. Lose Putze sind abzustoßen.

5. Prüfung der Alkalität mit Universalindikatorpapier. Der Farbumschlag wird mit den beigefügten Feldern auf der Farbskala verglichen und der Messwert abgelesen: links: frischer Kalkputz, Mitte: 40 Jahre alter Kalkputz, rechts: Gips.

6. Prüfung des Putzuntergrundes auf Sanden

1. Auf diesem Putz darf nicht tapeziert werden. Die Risse müssen aufgeweitet und mit Armierungsstreifen übergespachtelt werden.

Spachtelmasse	Bindemittel	Verarbeitung
Gipsspachtel	hydraulisch abbindend, auch mit Füllstoffen wie Zellulosefasern (Füllspachtel), oft mit Dispersionen vergütet, auch mit Härtungsverzögerer lieferbar (Topfzeit beachten), Lieferung als Pulver, Schichtdicken bis 50 mm	Gips im Wasser einsumpfen lassen, stark saugende Untergründe wie Gipsputz vornässen, leichtes Einsacken in größeren Löchern erfordert zweimaliges Spachteln, gut schleifbar mit P 80 bis 220, mit allen Anstrichstoffen außer Kalk- oder Silikatfarben bearbeitbar, auch für GKB, nicht für grundierte/ lackierte Flächen*
Dispersionsspachtel	Acryldispersion mit Füllstoffen, je nach Körnung der Füllstoffe bis auf nahezu 0 mm ausziehbar, Fertigspachtel	vorheriges Absperren mit Grundanstrichstoff erforderlich, Aufträge bis etwa 5 mm, da Trocknungszeit erheblich zu lang, auch für GKB
Zementspachtel	auf Zementbasis, Topfzeit beachten – eingeschränkte Verarbeitungszeit, auch mit Zusätzen vergütet, nicht auf gipshaltige Untergründe aufbringen	außen, aber auch in Feuchtebereichen wie Kellern einsetzbar, stark saugende Untergründe vornässen, in dicken Schichten auftragbar, nicht mit Kalkfarben überstreichbar, nicht auf grundierten/ lackierten Flächen auftragen*

* Zum Entfernen von diesen Flächen können chemische Entschichtungsmittel wie Ablauger oder Abbeizfluide, aber auch mechanische Verfahren wie Abschleifen gewählt werden.

2. Tabelle mit Spachtelmassen für mineralische Untergründe innen (GKB – Gipskartonbauplatten)

8.18 Die Untergrundvorbereitung beim Tapezieren

Auf diesem Putz (Bild 1) soll eine Wandbekleidung verarbeitet werden.

Der Untergrund muss sauber, trocken, gleichmäßig saugfähig und glatt sein.

Mit Spachtelmassen füllen und glätten

Die Prüfung des Putzuntergrundes zeigt schon bei Augenschein Löcher – entstanden durch Dübel oder Nägel – und Risse. Dafür können verschiedene **Spachtelmassen** (Tabelle 2) verarbeitet werden.

Risse sind grundsätzlich zuerst aufzuweiten, um eine bessere Haftung des Spachtels zu ermöglichen. Bei hydraulischen Spachtelmassen ist der Riss mit Wasser vorzunässen, um zu verhindern, dass das Anmachwasser vom Untergrund aufgesaugt wird.

Breite Risse sind mit Armierungsstreifen zu überbrücken.

Der **Armierungsstreifen** nimmt hierbei die Bewegungen des Untergrundes auf und soll verhindern, dass sich der Riss auf der Tapete abzeichnet.

Nach dem Spachteln mit Japanspachtel oder Kelle sind die Stellen mit Schleifpapier eben zu schleifen. Sind mit der Hand Unebenheiten zu spüren, ist nochmaliges Schleifen notwendig.

Ein besonderes Problem stellen Fugen, zum Beispiel zwischen einer Mauer aus Ziegelsteinen und einer eingefügten Montagewand dar. Diese Wand ist mit Gipskartonbauplatten beplankt.

Aufgrund der unterschiedlichen Wärmeausdehnung der beiden Wände ist diese Fuge nicht mit harten Spachtelmassen auszufugen, sondern mit elastischen Dichtstoffen auszuspritzen.

Absperrmittel werden bei durchschlagenden Stoffen wie Rost, Bitumen, Nikotin (Kneipen) und Wasserflecken eingesetzt. Sie schränken aber die Saugfähigkeit stark ein.

Wasserflecken dürfen nicht mit aufsteigender Feuchtigkeit verwechselt werden. Da helfen nur weitergehende Maßnahmen im Außenbereich des Gebäudes (Bauwerksabdichtung).

Lösemittelhaltige Absperrlacke auf Polymerisatharzbasis sind gut für mineralische Untergründe geeignet. Bei kleineren Rostflecken kann auch Aluminiumfolie geklebt werden.

Grundanstrichstoffe

Sie werden aufgebracht, um
- sandende Untergründe zu festigen,
- die Saugfähigkeit des Untergrundes zu mindern,
- die gleichmäßige Saugfähigkeit des Untergrundes zum Beispiel bei teilweiser Spachtelung der Wand zu erreichen.

Die umweltfreundlichen Grundiermittel auf wässriger Basis werden bei normal saugenden und festen Untergründen eingesetzt. Lösemittelhaltige Materialien werden bei kritischen Untergründen eingesetzt: stark sandende Putze (Bild 3). Die Grundierung mit verdünntem Kleister egalisiert die Saugfähigkeit. Pigmentierter Tapetengrund schafft einen gleichmäßig hellen Untergrund.

3. Die Wand mit einer stark saugenden Putzfläche P IV wurde teilweise mit einem wasserverdünnbaren Grundbeschichtungsstoff grundiert. Die Wassertropfen werden nicht aufgesaugt, sondern perlen ab. Die Saugfähigkeit wird also verringert.

Nach der Grundierung: Die Unterlagmaterialien

Sie werden vor der Tapezierung eingesetzt (Tabelle 4).

Tapetenwechselgrund soll die Arbeitsbelastung beim Entfernen von Wandbekleidungen verringern. Tapetenwechselgründe wirken auf dem Untergrund wie eine Art Trennmittel. Die Wandbekleidung haftet zwar mit dem Kleister als „Klebemittel“, aber so, dass keine hohe Adhäsion erreicht wird. Probleme gibt es somit bei Wandbekleidungen mit hohem Papierflächengewicht.

Flüssige Feinmakulatur wird eingesetzt, um einen gleichmäßig saugenden Untergrund und eine einfachere Entfernung der Bekleidung zu erreichen.

Rollenmakulatur: Die VOB schreibt sie für hochwertige Tapezierungen vor. Der Hintergrund wird gleichmäßig hell und saugend. Diese Makulatur wird im Wohnzimmer (Bild 1) verarbeitet.

Renoviervlies: Glatte Vliesfaser als Unterlagsstoff für Mischuntergründe, für Rissüberbrückungen und für nicht saugfähige Untergründe wie Beton. Auch als Unterlage für Tapezierungen auf alten Glasgeweben geeignet.

Unterlagstoff	Materialbeschreibung	Verarbeitung
Tapetenwechselgrund	flüssig, enthält Acrylat- und Wachsdispersion, zwölf Stunden Trocknungszeit, Glanzbildung vermeiden	mit Bürsten auftragen, Zusätze von Dispersionsklebern bei der dann folgenden Tapezierung können Wirkung aufheben
Vlies	Glattes Vlies ab 120 g/m² aus Zellstoff, Kunstfasern, Bindemittel für Tapezierung auf Glasfaser, rissigen Wänden	mit Dispersionsklebstoff, Dispersionsspachtelmasse
Rollenmakulatur, auch spaltbar lieferbar (einmaliges Abziehen ohne Einweichen)	Grundpapier für gleichmäßig saugenden und hellen Untergrund, für durchscheinende Tapeten wie Grastapeten, für schwere Stoßtapeten (deren hohe Trocknungsspannung wird aufgefangen und ein Öffnen der Nähte verhindert)	Tapezierung auf Stoß, Verwendung des gleichen Kleisters wie für die Tapete, Grundpapier ist kein Ersatz für Grundanstriche, sie sind nach VOB Tapezierarbeiten Standard für fertige Wandbekleidungen

4. Unterlagstoffe erhöhen die Qualität der Tapezierung, weil sie das Aufgehen der Nähte verhindern, gleichmäßig saugende und helle Untergründe erzeugen und das spätere Entfernen der Tapeten erleichtern.

Aufgaben

1. *Erklären Sie die einzelnen Arbeitsschritte beim Spachteln mit hydraulischem Material.*
2. *Unterscheiden Sie Absperrmittel von Grundanstrichstoffen.*
3. *Welche Unterlagstoffe können Sie bei schweren hochwertigen Wandbekleidungen einsetzen?*

1. Papierwandbekleidungen werden nicht nur bedruckt, sondern auch geprägt hergestellt. Die Prägung zwischen zwei Walzen erzeugt reliefartig erhabene Tapeten. Keine Nahtroller verwenden, sondern nur mit Wischer verarbeiten. Es gibt auch unbedruckte Prägetapeten für nachträgliche Behandlung.

2. Strukturvinyl-Wandbekleidungen ahmen zum Beispiel Putzstrukturen nach und sind hierbei vollflächig geschäumt.

3. Textilwandbekleidungen werden mit Spezialkleister verarbeitet. Kleisterflecke hinterlassen auf den Textilien Flecken, daher sind sie unbedingt zu vermeiden. Beim Anrollen der Naht einen saugfähigen Lappen auflegen, um eventuell austretende Kleisterreste aufzusaugen.

8.19 Die Wandbekleidungsarten

Das Zimmer eines Kunden soll mit einer edlen Tapete tapeziert werden. Tapeten sind Wandbekleidungen mit einem Papierrücken. Die Beratung bei der Auswahl der richtigen Bekleidung – aber auch die Verarbeitung – fordern eine genaue Kenntnis der jeweiligen Arten.

Fertige Wandbekleidungen

Sie werden nach der Tapezierung nicht mehr weiter behandelt. Die Bilder 1 bis 4 zeigen häufig vorkommende Arten. Das Dessin der Tapeten wechselt alle zwei Jahre und ist modischen Trends unterworfen.

Papierwandbekleidung (Bild 1) ist mit Normal- beziehungsweise Spezialkleister zu verarbeiten – siehe Hinweise auf dem Beipackzettel. Die Bahn besteht aus mehreren Papierschichten, die auf der Vorderseite in mehreren Farbdurchläufen bedruckt sind. Die heutigen Papierbahnen erhalten alle einen durchgehenden lichtbeständigen Farbauftrag (Fond), der das Vergilben verhindert. Diese Bekleidungen können außerdem mit Gaufrage-Walzen fein textilähnlich geprägt werden. Hierbei wird die Bahn zwischen zwei Walzen, die waffelartige Musterungen aufweisen, gepresst. Dann ist kein Nahtroller einzusetzen.

Vinyl-Wandbekleidungen (Bild 2) haben eine Papierunterlage, auf der aufschäumbare, auch farbige Kunststoffpasten reliefartig aufgebracht sind. Durch ihre Licht- und Schattenwirkung sind sie den Prägetapeten optisch verwandt. Dekor-Profiltapeten sind nur teilweise geschäumt. Wegen der geringen Wasserdampfdiffusionsfähigkeit unbedingt Spezialkleister (eventuell mit Dispersionskleberzusatz) verwenden.

Textilwandbekleidungen (Bild 3) haben als Unterlage Papier, werden aber mit textilen Fäden oder Geweben kaschiert. So kann der Papierträger gefärbt werden und durch das Gewebe schimmern; die Oberfläche kann zusätzlich bedruckt oder geschäumt werden.

Naturwerkstoff-Wandbekleidungen (Bild 4) werden aufgrund ihres ausgefallenen Dessins und ihrer Empfindlichkeit seltener verarbeitet. Auf dem Papierträger werden Naturmaterialien wie Gräser, Kork, Blätter, Steine oder Holzfurniere kaschiert. Sie werden mit Spezialkleister verarbeitet.

Profilvinyl- und Naturwerkstoffwandbekleidungen erfordern wegen ihrer empfindlichen Oberflächen Erfahrung bei der Tapezierung.

Metall-Wandbekleidungen werden von Kunden mit außergewöhnlichem Geschmack für die Gestaltung ihrer Wohnungen gewünscht. Auf Papier kaschierte Alufolien, oft aber auch ein metallisch aussehender Kunststofffilm, erzeugen eine metallisch wirkende Oberfläche. Durch besondere Oberflächenbehandlungen wie Bedrucken, Ätzen, Prägen oder auch Handbemalen ergeben sich Bekleidungen mit einer sehr luxuriösen Note, auch für Objekte wie Hotels. Der Untergrund muss saugfähig sein, mit Dispersionskleber verarbeiten.

Bild-Wandbekleidungen zeigen Fotos, aber auch Bilder namhafter Künstler auf Papierbahnen, die sich mit Spezialkleister tapezieren lassen. Sie sind absolut passgenau in der richtigen Reihenfolge zu verarbeiten. Sie erfordern je Bahn gleichlange Weichzeiten.

Wandbekleidungen für nachträgliche Behandlung

Raufaser (Bild 5) ist die bekannteste Art und besteht aus mehreren Schichten Papier, zwischen denen mehr oder weniger – je nach Sorte – feine Holzspäne eingestreut sind. Das Material wird mit (Spezial-)Kleister verarbeitet. Nach dem Trocknen wird die Raufaser z. B. mit Dispersionsfarben weiterbearbeitet.

Glasfasergewebe auf Trägermaterial wird in Wandklebetechnik verarbeitet. Zu achten ist hier auf den Rapport (Musterlänge).

Steintapete und Schlagmetall

Diese Wand (Bild 6) ist mit einer Steintapete bearbeitet, die ein vergoldetes Feld aus Kompositionsgold – auch Schlagmetall genannt – umschließt. Schlagmetall besteht aus Bronze und enthält kein Gold oder Silber. Es ist eine Unechtvergoldung, aber kaum unterscheidbar von einer echten Vergoldung.

Aufgaben

1. *Beschreiben Sie die verschiedenen Papierwandbekleidungen.*
2. *Was ist bei der Textilwandbekleidung zu beachten?*
3. *Beschreiben Sie alle Arbeitsschritte der Tapezierung einer Metallwandbekleidung.*

4. Naturwerkstoff-Wandbekleidungen können innerhalb einer Anfertigungsnummer unterschiedliches Aussehen haben. Um möglichst einheitliche Wandwirkungen zu erzielen, kann ein Austausch der zugeschnittenen Bahnen nötig sein (Ausschattierung).

5. Raufaser, zwei verschiedene Spanformen

6. Wandgestaltung mit Steintapete und Schlagmetall

1. Beipackzettel mit wichtigen Informationen

Verarbeitungsanleitung
Kontrolle: Beachten Sie bitte die Anfertigungs-Nummer auf diesem Etikett und auf der Rückseite der Rolle (z. B. 7 A). Gleiche Nr. bedeutet gleiche Anfertigung. Rollen mit verschiedenen Anfertigungs-Nummern dürfen nicht gemeinsam auf einer Wand verarbeitet werden. Auf Rapport achten. Gestürzt kleben, wenn, ↑ hinter Anfertigungs-Nummer.
Untergrund: soll sauber, trocken, fest, eben, neutral und leicht saugfähig sein.
Kleister: Marken-Spezialkleister lt. Anweisung des Herstellers verwenden. Eine Zugabe von 25–30 % Ovalit T oder Dextra TB wird empfohlen.
Einkleistern: Satt und gleichmäßig. Danach zusammenlegen. **Nicht knicken!** Weichen lassen, bis die Bahn sich geschmeidig anfühlt. Auf gleichmäßige Weichzeit aller Bahnen achten.
Ankleben: Auf Stoß kleben. Mit Moosgummirolle blasenfrei andrücken. Blasen zur Naht wegstreichen. Keinen tonnenförmigen Nahtroller verwenden.
Überlappungen: Beim Übereinanderkleben (z. B. Fensternischen, Ecken) zusätzlich Ovalit T oder Dextra TB im Nahtbereich auf noch feuchten Kleister auftragen.
Nachwaschen: Ausgetretene Kleisterreste, auch von Ovalit T oder Dextra TB, sofort mit klarem Wasser nachwaschen.
Abziehen: Vor einer Neutapezierung kann diese Tapete trocken von der Wand abgezogen werden. Kleben Sie diesen Zettel an unauffälliger Stelle (z. B. hinter dem Schrank, Vorhang) an die Wand, damit er Sie später daran erinnert, dass diese Tapete trocken abziehbar ist.
Besonderer Hinweis: Bitte überprüfen Sie die Ware vor der Verarbeitung, da für spätere Beanstandungen keine Verarbeitungs- und Klebekosten übernommen werden.
Ermitteln Sie Ihren genauen Tapetenbedarf, denn ausgepackte und Einzelrollen können nicht zurückgenommen werden.
Material nicht mit scharfen Gegenständen bearbeiten, da die Schaumstruktur nicht kratzfest ist.
Wir wünschen Ihnen viel Erfolg bei der Verarbeitung dieses Qualitätsproduktes.
Eurorolle 10,05 x 0,53 m.
Auch in **anderen Rollenmaßen** wie 25 x 1,06 m oder 25 x 0,75 m lieferbar.

2. Text eines Beipackzettels

3. Fächerprobe

8.20 Das Prüfen der Tapeten

Die Wandbekleidungsrollen für die Neutapezierung einer Wohnung werden vom Großhändler angeliefert (Bild 1).

Was ist vor Beginn der Tapezierung zu beachten?

Zunächst sind die Schutzhüllen der Rollen zu entfernen. Es muss dem Maler bewusst sein, dass er diese Rollen nicht mehr dem Handel zurückgeben kann. Daher sind **vor dem Öffnen** folgende Prüfungen vorzunehmen:

- Die Mengenkontrolle soll vor Ort auf der Baustelle sicherstellen, dass tatsächlich die bestellten Rollen für den Raum ausreichen.
- Sind es doch zu wenig, muss der Maler Rollen mit der gleichen Dessinnummer (Bestellnummer, im Bild 1: 1334) und Anfertigungsnummer (Bild 1: 28) bestellen. Gleiche Anfertigungsnummern erhalten Rollen des gleichen Druckvorganges. Zwischen verschiedenen Anfertigungsnummern können aber Farbtonunterschiede auftreten.

Daher gilt hier die Regel:

Eine Wand oder ganze Räume dürfen immer nur mit Rollen der gleichenv Anfertigungsnummer tapeziert werden.

Nach dem Öffnen wird der Beipackzettel gelesen (Bild 2).

Die **Fächerprobe** dient dazu, Abweichungen im Druckbild oder Beschädigungen festzustellen und dann zu reklamieren. Außerdem finden sich auf dem Beipackzettel erste Hinweise auf Muster, die im Anschluss an die Fächerprobe direkt überprüft werden können (Bild 3). Hierzu sind vier kurze Abrollungen nebeneinanderzulegen und durch genaues Betrachten des Rapports (Musterlänge) ist festzustellen, ob mit oder ohne Versatz gearbeitet werden kann.

Aufgaben

1. *Für einen Raum reichen die gelieferten Rollen nicht aus. Welche Angaben machen Sie dem Händler bei einer Nachbestellung?*
2. *Nennen Sie Arbeitsschritte, die vor und nach dem Öffnen der Rollen durchzuführen sind.*
3. *Nennen Sie Angaben des Beipackzettels.*
4. *Welche Anforderungen müssen Tapeten mit den RAL-Gütezeichen (siehe folgende Seite) erfüllen?*

EXKURS Qualitätszeichen für Wandbekleidung nach DIN EN 235

Diese Zeichen werden europaweit von allen Wandbekleidungsherstellern einheitlich verwendet und sollen dem Verarbeiter eine fachgerechte Verklebung ermöglichen. Aber auch der Kunde wird bei vielen Zeichen auf wichtige Gebrauchsqualitäten seiner Ware hingewiesen.

Reinigungsfähigkeit

Wasserbeständigkeit	Waschbarkeit			
❶	❷	❸	❹	❺
wasserbeständig zum Zeitpunkt der Verarbeitung	waschbeständig	hoch waschbeständig	scheuerbeständig	hoch scheuerbeständig

Die unterste Stufe bedeutet, dass frische Kleisterflecken mit einem feuchten Schwamm abgetupft werden können. Leichte Verschmutzungen können mit feuchtem Schwamm bei Waschbeständigkeit entfernt werden.

Farbbeständigkeit gegen Licht

❻	❼	❽	❾	❿
ausreichend	befriedigend	gut	sehr gut	ausgezeichnet

Für die Bewertung werden die Messverfahren wie bei Textilien angewandt (Wollskala). Eine gute Tapete sollte mindestens „gut“ aufweisen.

Ansatz des Musters

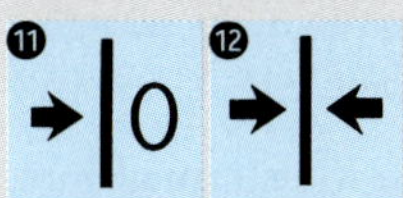

⓫	⓬		⓭	⓮
ansatzfrei	gerader Ansatz*	* (Rapport in cm einfügen, z. B. 50) ** (Rapport und Versatz in cm einfügen, z. B. 50 / 25)	versetzter Ansatz**	gestürztes Kleben

Eine ansatzfreie Tapete ist zum Beispiel die Raufaser, aber auch viele kleinmustrige Dessins. Hier muss nicht auf das Muster geachtet werden. Beim geraden Ansatz müssen jedoch gleiche Muster nebeneinander auf gleicher Höhe geklebt werden. Beim versetzten Ansatz ist das Muster auf der nächsten jeweils wie im Beispiel um 25 cm zu verschieben. Dadurch wird das fertige Wandbild lebendiger. Seltener ist der Hinweis auf gestürztes Kleben, bei dem jede zweite Bahn „auf dem Kopf steht“. Qualitätshersteller drucken auf die Rückseite der Bahnen Zeichen, die den Maler auf den Beginn eines Musters hinweisen. Rapport ist die Musterlänge.

Klebstoffauftrag

Verarbeitung

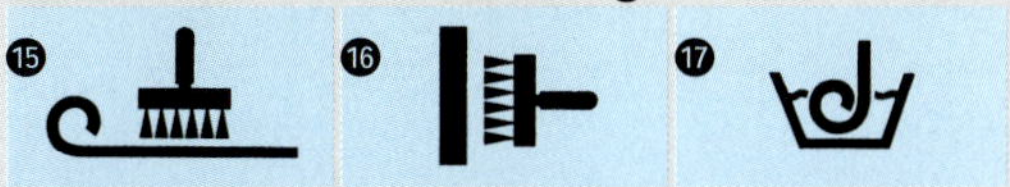

⓯	⓰	⓱
Der Klebstoff ist auf die Wandbekleidung aufzutragen.	Der Klebstoff ist auf den zu tapezierenden Untergrund aufzutragen.	vorgekleisterte Wandbekleidung

Es werden Angaben des Herstellers zur Kleistersorte und zur „ungefähren“ Weichzeit gegeben.

Entfernung

Verfahren für das Entfernen

⓲	⓳	⓴
restlos abziehbar	spaltbar	nass zu entfernen

Die Verfahren zur Entfernung sind für den Kunden von Bedeutung, da er hier schon erkennen kann, welche Arbeit beim Entfernen der Bahnen entstehen kann.

Hinweise

Verschiedenes

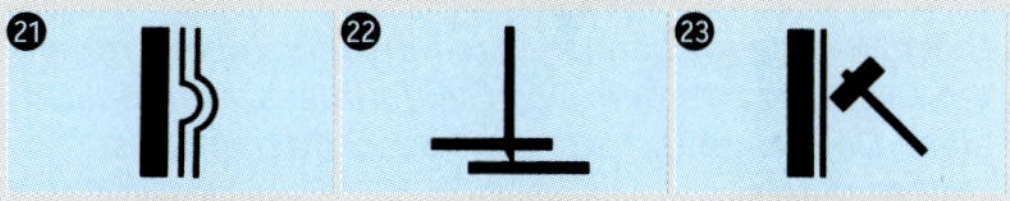

㉑	㉒	㉓
duplierte Prägewandbekleidung	Überlappung und Doppelschnitt	Stoßfestigkeit

Duplierte Prägewandbekleidung ist sehr empfindlich, da ihre Prägung im eingekleisterten Zustand, z. B. durch Nahtroller, zerstört werden kann. Vorsichtiges Verschieben und Andrücken mit Hand ist empfehlenswert. Wenn zwei Bahnen wenige Zentimeter übereinander geklebt und durch einen genauen Schnitt in Übereinstimmung gebracht werden müssen, ist Zeichen 22 zu beachten.

RAL GÜTEZEICHEN TAPETEN

Das RAL Gütezeichen GZ 479 sowie die Vergabekriterien DE-UZ 35 des Umweltzeichens Blauer Engel garantieren die Einhaltung bestimmter Standards wie die Nichtverwendung von chlorierten Lösemitteln, FCKW sowie schwer metallhaltigen Pigmenten.

1. *Die Tapeten sind in diesem Wohnzimmer abgelöst, Löcher und Risse mit Gipsspachtelmasse gespachtelt worden.*

2. *Diese Werkzeuge können vom Maler für Tapezierarbeiten eingesetzt werden. Das Gleitfußmesser ermöglicht einen Doppelnahtschnitt ohne Beschädigung des Untergrundes.*

3. *Klumpenfreies Einrühren eines Kleisters erfolgt, indem der Packungsinhalt in kaltes Wasser eingeschüttet und kräftig gerührt wird. Der Ansatz, d.h. wie viel Liter Wasser je Packung erforderlich werden, ist aus der Tabelle der Packung ersichtlich. Nach drei Minuten nochmals umrühren. Nach 30 Minuten durchschlagen. Instantkleister sind nach drei Minuten gebrauchsfertig.*

8.21 Der Arbeitsablauf der Tapezierung

Die alte Wandbekleidung im Wohnzimmer ist entfernt worden (Bild 1). Der Boden ist von alten Resten gründlich gereinigt worden. Die Prüfung der Rollen ergibt eine ausreichende Anzahl, gleiche Dessin- und Anfertigungsnummern. Der Beipackzettel zeigt folgende Piktogramme:

Es wird der Hinweis gegeben, Spezialkleister mit 10 % Dispersionskleberzusatz zu verwenden.

Mit welchen Klebstoffen werden Wandbekleidungen tapeziert?

Normalkleister bestehen aus Methylzellulose und werden mit Wasser angemacht (Bild 3). Wesentliche Auswirkung auf die Leistungsfähigkeit und das Einsatzgebiet des Kleisters hat der Ansatz. Damit ist das Verhältnis zwischen Wasser und Kleister gemeint. Für normale Tapeten kann die Gebrauchsanweisung auf der Kleisterpackung das Verhältnis 1:60, also 1 Teil Kleister, 60 Teile Wasser vorschreiben. Spezialkleister enthalten Zusätze von Kunstharzdispersionspulver, die eine höhere Klebkraft und weniger Wasser im Klebstoff ergeben. Sie können eingesetzt werden für Vinylwandbekleidungen und Raufaser. Kleister für Vliestapeten werden direkt auf die Wand aufgebracht.

Wasserdampfundurchlässige Bekleidungen wie Vinyltapeten und Wandbeläge erfordern saugende Untergründe und weniger Wasser im Klebstoff, also Spezialkleister. Sonst bleibt die Tapezierung zu lange nass stehen, es können Gelbverfärbungen, Wasserränder und offene Nähte entstehen.

Tapeziergerätekleister sind für Kleistermaschinen vorgesehen, bei denen über Gummiwalzen der Kleister auf die Rückseite der Tapete verteilt wird. Der Kleister ist so zusammengesetzt, dass er durch bakterizide und fungizide Zusätze in der Wanne nicht schimmelt. Die Beschaffenheit der Kleisterlösung ist hochviskos.

Lösemittelfreie **Dispersionsklebstoffe** sind wasserarm und werden für wasserdampfundurchlässige Bekleidungen wie Metalltapeten und Wandbeläge benötigt. Beim Tapezieren werden sie eingesetzt, um die Klebkraft zu erhöhen und um in Problembereichen (wie z.B. Außenecken) schwere Wandbekleidungen zu verarbeiten.

Wie werden Wandbekleidungen verarbeitet?

Die Verarbeitung erfolgt vom Fenster ausgehend. Damit wird ein sich Abzeichnen der Nähte verhindert. Die erste Bahn wird grundsätzlich **gelotet** (Bild 4). Heutige Formate werden ab Werk geschnitten geliefert, sodass die Bahnen auf Stoß geklebt werden (Bild 5). Soll eine Wandbekleidung auf schmale Naht geklebt werden, so werden die nachfolgenden Bahnen geringfügig aufeinander geklebt. Die Innenecken werden besonders bearbeitet (Bild 6).

Weichzeiten: Die Tapete wird durch das Weichen nach dem Einkleistern geschmeidiger. Sie quillt auf, vor allem in der Breite. Beim Trocknen spannt sich die Tapete blasenfrei und stramm. Je nach Typ werden Weichzeiten zwischen 5 und 20 Minuten benötigt (Beipackzettel lesen!). Unterschiedliche Weichzeiten der einzelnen Bahnen können unterschiedliche Quellungen und damit Musterverschiebungen zur Folge haben.

Um die richtige Weichzeit einzuhalten, ist der Blick zur Uhr wichtig. Noch wichtiger ist aber ein ruhiges und gleichmäßiges Arbeiten ohne Unterbrechungen im immer gleichen Rhythmus.

Andrücken: Die Bahnen werden mit einer Tapezierbürste (Bild 2) von der Mitte der Bahn nach außen angedrückt. Moosgummiwalze oder Tapezierspachtel können bei Vinyl- und Metalltapeten zum Ausstreichen der Luftblasen eingesetzt werden. Lappen, die um den Tapezierspachtel gewickelt sind, werden bei Velourstapeten empfohlen, um Kleisterreste aufzusaugen und um die Oberfläche nicht zu beschädigen. Konische glatte Nahtroller sind vorsichtig einzusetzen, da sie Kleister ausquetschen und die Prägung z.B. von Prägetapeten glatt walzen können.

Aufgaben

1. *Welche Überlegungen zur Arbeitssicherheit sprechen dafür, nach dem Entfernen einer Wandbekleidung den Boden zu reinigen?*
2. *Eine Decke soll mit Raufaser geklebt werden. Welchen Kleisteransatz werden Sie verwenden?*
3. *Ordnen Sie die benötigten Werkzeuge dem jeweiligen Arbeitsschritt zu.*

4. Loten der ersten Bahn mit dem Senklot (links). An der Decke ist mit einer Schlagschnur ein Schnurschlag zu ziehen (rechts).

5. Kleben der ersten Bahn auf Stoß

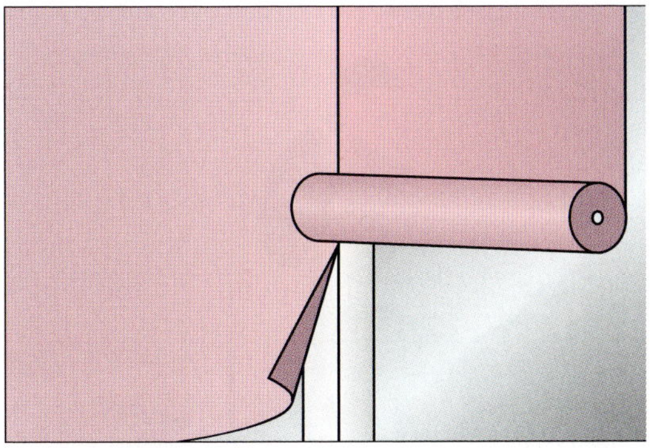

6. Ein besonderes Problem stellen Innenecken dar, da sich hier die Bahn verziehen kann. Deshalb wird höchstens 3 cm um die Ecke und die neue Bahn ganz in die Ecke tapeziert. Diese Lösung ist jedoch bei hochwertigen Mustern nicht befriedigend, da vom Muster 3 cm fehlen. Tapeteneckschienen ermöglichen hier eine saubere Lösung.

8.22 Arbeitsplan Tapezierung

1. *Mit der Traufel und mit Spachtelmasse, z. B. auf Gipsbasis, wird die Fläche geglättet. Weiß abgetönte Grundierung schafft nicht nur einen gleichmäßig saugenden Untergrund, sondern auch eine gleichmäßig helle Fläche.*

2. *Nach Herstellervorschrift wird Kleister angerührt. Das Tapezierwerkzeug wird bereitgelegt, der Strom wird abgeschaltet und mit einem Phasenprüfer festgestellt, ob wirklich alle Steckdosen stromlos sind.*

3. *Das Markieren langer gerader Linien geschieht mittels Schlagschnur. An dieser Linie wird die erste Bahn angelegt.*

4. *Das lotgerechte Ausrichten der ersten Bahn geschieht durch ein Senklot. Die Markierungen erfolgen mit einem Bleistift, nicht mit einem Kugelschreiber oder Filzstift!*

5. *Die Kleistermaschine erlaubt zügiges Arbeiten und bietet auch brauchbare Einstellungen wie z. B. Meterzähler, Regelung der Auftragsmenge an Kleister.*

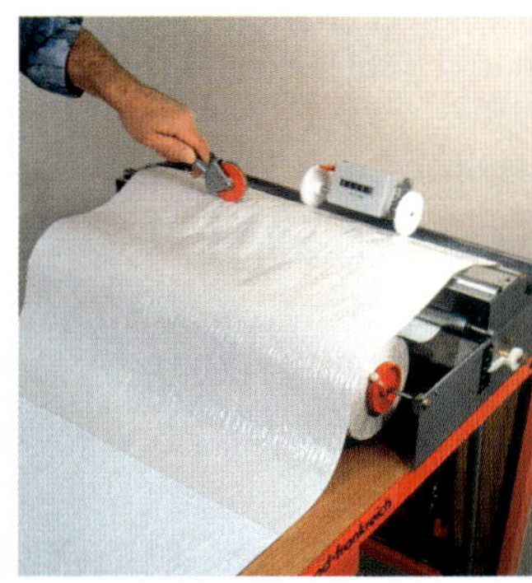

6. *Nach dem Zusammenlegen wird die Bahn abgeschnitten.*

7. *Die Bahnen müssen zum Einweichen zusammengelegt werden. Auf die richtige Weichzeit ist unbedingt zu achten.*

8. *Halbe Bahnen, z. B. für die Ecken, werden ausgemessen und auf dem Stahllineal, das eine Kerbe hat, geschnitten.*

9. *Vliesfasertapeten benötigen keine Weichzeit und werden direkt in Wandklebetechnik tapeziert. Die Bahnen werden mit Zugabe geklebt.*

10. Mit dem Tapezierwischer wird die Bahn angedrückt und blasenfrei ausgestrichen. Eine Tapezierbürste kann auch verwendet werden.

11. Die Tapete wird blasenfrei ausgestrichen. Die Arbeitsrichtung ist immer von der Mitte der Bahn nach außen.

12. Mit der Moosgummiwalze kann ebenfalls tapeziert werden. Im Foto sind noch einige Blasen zu sehen, die mit der Rolle ausgestrichen werden müssen.

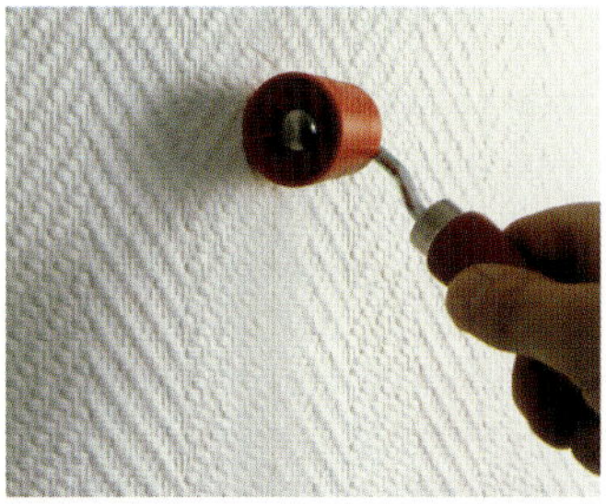

13. Dieser konisch aufgebaute Nahtroller hat die Form eines Kegelstumpfes. Bei dieser Prägetapete drückt er jedoch die Prägung flach und damit ist die Tapezierung ruiniert. Besser vorsichtig mit der Hand oder mit der Moosgummiwalze andrücken.

14. Mit dem Tapezierspachtel und dem Cuttermesser wird die obige Zugabe abgeschnitten.

15. Mit dem Tapetenabreißer (Schwedenblech) wird dort die Zugabe entfernt, wo z. B. noch eine Hohlkehlleiste montiert wird.

16. Diese Außenecke ist mit einem Profil ausgebildet worden. Daran kann der Tapezierer mit dem Cuttermesser den Überstand entfernen.

17. Knifflige Ecken werden auch weiterhin mit der Schere tapeziert.

18. Ist die Tapete überstreichbar, so wird sie mit einer Innenfarbe bearbeitet. Die Farbe soll aber die Strukturen nicht zuschlämmen.

1. *Glasgewebe wird in beanspruchten Bereichen wie Treppenhäusern, Arztpraxen und Krankenhäusern verwendet. Bei der Altbaurenovierung wird es auch wegen seiner rissüberbrückenden Eigenschaft eingesetzt.*

2. *Glasgewebe wird in unterschiedlichen Webstrukturen hergestellt (links: Lackierung mit Acryllack, Mitte: roh, rechts: mit Dispersionsfarbe gerollt).*

3. *Glasgewebe, das eine gelbe Grundbeschichtung erhalten hat. Nach der Trocknung ist mit blauer Farbe gestrichen worden, die aber abgerakelt worden ist.*

8.23 Wandbeläge

Im Treppenhaus soll ein Glasgewebe ohne Trägermaterial verarbeitet werden (Bild 1). Dieser Wandbelag soll in Sockelhöhe von 120 cm mit Dispersionsklebstoffen geklebt werden.

Worin unterscheiden sich Wandbeläge von Wandbekleidungen (Tapeten)?

Wandbeläge haben keine Papierunterlage. Sie benötigen keine Weichzeit, sondern können in der Wandklebetechnik geklebt werden. In der Praxis wird jedoch selten in der Wandklebetechnik gearbeitet. Der Tapezierer arbeitet ohnehin mit der Kleistermaschine, die in einem Arbeitsgang zuschneidet und einkleistert.

Beim Glasgewebe werden Unterlagsstoffe wie Makulatur nicht verarbeitet, da das Gewebe dimensionsstabil ist.

Wie wird das Glasfasergewebe verarbeitet?

Die Verarbeitung von Glasgewebe (aber auch des sehr prägestabilen Vlieswandbelages) erfordert die gleichen **Untergrundprüfungen** wie Wandbekleidungen: Prüfung auf sandende und stark saugende Untergründe (Grundieren), Ebenheit der Flächen (Spachteln), Wasserflecken (Absperren).

Glasgewebe ist verrottungsfest, rissüberbrückend, feuchtigkeitsbeständig und sehr stoßfest. Es wird in verschiedenen Webstrukturen aus mineralischen Fasern hergestellt (Bild 2) und ist der Baustoffklasse B1 zugeordnet.

Das Glasgewebe wird nach dem Dispersionskleberauftrag mit Moosgummirolle oder Tapetenspachtel an die Wand angedrückt. Nach der Durchtrocknung erfolgt das **Oberflächenfinish**:

- Beschichtungen mit Kunststoffdispersionsfarben, Nassabrieb Klasse 3, oder mit Acryllatexfarben, Nassabrieb Klasse 2 nach DIN EN 13300
- Beschichtungen mit Acrylharzlacken, beständig gegen wässrige Desinfektionsmittel (Arztpraxen)
- Beschichtungen mit wasserverdünnbaren 2-K-Epoxidharzdispersionen, die desinfektionsmittel- und chemikalienbeständig sind
- gestalterische Beschichtungen (Bilder 2 bis 3)

Im Treppenhaus (Bild 1) wird die Beschichtung mit Acryllatexfarbe ausgeführt, weil sie in Nassabrieb Klasse 2 eingestuft ist.

Die Schlussbeschichtung bestimmt das Aussehen des Wandbelages Glasgewebe, seine Reinigungsfähigkeit und die Beanspruchungsqualität.

Glasgewebe werden bei Neutapezierungen nicht entfernt, sondern übergespachtelt und tapeziert. Vliesfaser kann dagegen trocken abgezogen werden.

Vliesfaser

Diese Wandbekleidungen bestehen aus speziellen Zellstoff- und Polyesterfasern, die mit polymeren Bindemitteln gefestigt sind. Sie sind frei von PVC, formaldehyd- und lösemittelfrei sowie ohne Schwermetallverbindungen (Bild 4 und 5).
Vliesfasermaterialien sind extrem strapazierfähig, abriebfest, strukturstabil, unempfindlich gegen Druck und rissüberbrückend. Sie können ohne Tapeziertisch in Wandklebetechnik verarbeitet werden. Statt der Tapete muss hierbei nur die Fläche eingekleistert werden. Die zugeschnittenen Bahnen werden trocken in das Kleisterbett gelegt, mit einer Walze angedrückt und abschließend mit einem Cutter an Boden und Decke angepasst. Die Verarbeitung erfolgt ohne Einhaltung einer Weichzeit. Das spart enorm viel Zeit. Der Grund ist, dass sich das Material nicht unter Wassereinfluss in den Dimensionen verändert.

Vliesfasertapeten werden ohne Weichzeit verarbeitet. Sie können in Wandklebetechnik geklebt werden.

Unterschiedliche Weichzeiten, wie sie beim Verarbeiten mehrerer Bahnen herkömmlicher Papiertapeten vorkommen, führen bei Papiertapeten zu aufgegangenen Nähten. Das ist bei der Vliesfaser nicht möglich. Beim späteren Renovieren lässt sich die Tapete rückstandslos und trocken von der Wand abziehen.
Angeboten werden fertige Vlieswandbekleidungen sowie Vliesmaterialien zum Überstreichen in einer Vielzahl an Dekoren, Dessins, und in unterschiedlichen Abmessungen. Die Produkte von Markenherstellern sind frei von schädlichen Substanzen und bei der Entsorgung nicht umwelt- oder gesundheitsgefährdend, da biologisch abbaubar.

Aufgaben

1. *Begründen Sie den Einsatz eines Kunstharzdispersionsklebstoffes für das Kleben von Glasgewebebelägen.*
2. *Nennen Sie Gemeinsamkeiten und Verschiedenheiten zwischen Wandbekleidungen (Tapeten) und Wandbelägen (wie Glasfasergewebe).*

4. Nahaufnahme einer Vliesfasertapete, Vorderseite oben, Rückseite unten mit aufgedrucktem Hinweis: Ansatzfrei, Rapport ist Null

5. Vliesfaserbeläge werden trocken abgezogen.

1. *Dieser Raum gehört zu einer Fünfzimmerwohnung, die mit Raufaser tapeziert worden ist. Der Kunde weiß noch nicht, welches Anstrichsystem mit welchem Glanzgrad und welcher Beständigkeit aufgebracht werden soll.*

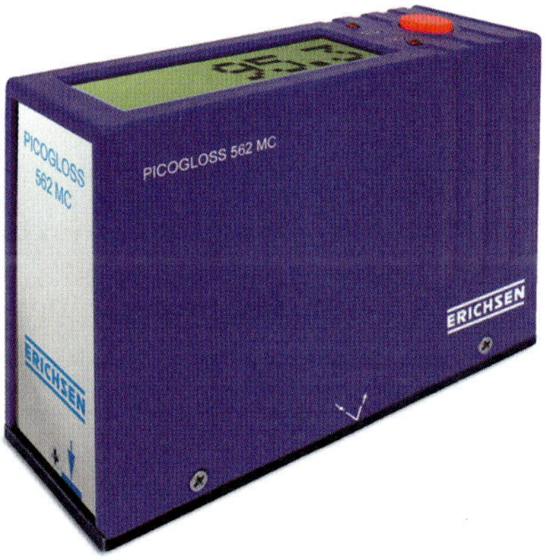

2. *Der Glanzgrad eines Beschichtungssystems wird mit dem Glanzgradmessgerät gemessen und dann nach DIN EN 13300 festgelegt. In der Baustellenpraxis hängt der Glanzgrad jedoch auch von der Oberfläche des Untergrundes ab.*

Anstrichsystem	Glanz	Nass-abrieb-bestän-digkeit
Kunststoffdispersionsfarbe	m, sm	2, 3
Latexdispersionsfarbe	mG, g	2
Acryldispersionslacke	g, m	1
Alkydharzlacke	g, m	1
Kaseinfarben	sm	5, 4
Kalkfarben	sm	5, 4

3. *Glanzgrade und Nassabriebbeständigkeiten nach DIN EN 13300. Die Abkürzungen bedeuten:*
g = glänzend, mG = mittlerer Glanz, m = matt, sm = stumpfmatt
Klassen 1 bis 5: siehe rechte Seite

8.24 Innenwandfarben

Eine Fünfzimmerwohnung ist in allen Räumen – außer Bad – mit Raufaser tapeziert worden. Der Kunde wünscht einen Anstrich, bevor Sockelleisten und Bodenbeläge verlegt werden.

Die Beschichtung bestimmt bei allen Wandbekleidungen und -belägen, die nach der Klebung bearbeitet werden müssen, das Aussehen, die Reinigungsfähigkeit und die Beanspruchungsqualität.

Welches Anstrichsystem könnte der Kunde auswählen?

Kunststoffdispersionsfarbe ist der universelle Beschichtungsstoff für den Innen- und Außenbereich. Den Namen hat sie von ihrem physikalischen Zustand erhalten.

Eine **Dispersion** liegt dann vor, wenn zum Beispiel ein fester Stoff so fein zerteilt ist, dass er sich in einer Flüssigkeit nicht absetzt. Eine Dispersionsfarbe enthält fein zerteilte Kunststoffteile in einer Flüssigkeit mit hohem Wassergehalt. Das Bindemittel kann bei KD-Innenwandfarben die Kunststoffverbindung Polyacrylat sein.

KD-Farben trocknen durch Kalten Fluss.

Lösemittelfreie (LF) KD-Farben sind eine Weiterentwicklung der KD-Farben, die immer noch einen geringen organischen Lösemittelanteil (5 bis 8%) als Filmbildungshilfen benötigen. Die Kunden verlangen jedoch vor allem bei den Innenarbeiten umweltfreundliche und geruchsarme Materialien. **Kalk- und Kaseinfarben** (Tabelle 4) können im Innenbereich verarbeitet werden.

Latexdispersionsfarben sind Farben, deren kunstkautschukartige Bindemittel wässrige Dispersionen von besonderen Polymeren sein können. Die damit erzielten Anstrichschichten sind besonders strapazierfähig und gut reinigungsmittel- und desinfektionsmittelverträglich.

Auch **Lackfarben** können auf Raufaser aufgebracht werden. Sie ergeben lackartige außergewöhnliche Oberflächen, die besonders strapazierfähig sind.

Auch der Glanzgrad bestimmt die Auswahl

Er kennzeichnet den Glanz einer Beschichtung (Bild 2 und Tabelle 3). Der Kunde möchte zum Beispiel im Flur einen Anstrich mit mittlerem Glanz haben. Farben und Lacke werfen Licht unterschiedlich gerichtet zurück. Streut der Beschichtungsstoff das Licht sehr stark, so erscheint die Oberfläche matt, wird es gerichtet zurückgeworfen, so wird der Glanzgrad mit glänzend bezeichnet. Die Streuung ist auch abhängig von der Untergrundvorbehandlung und vom Wandbelag. **Glanzgradmessgeräte** (Bild 2) messen den Glanzgrad. Die DIN EN 13300 verwendet Bezeichnungen von glänzend über mittlerer Glanz, matt bis stumpfmatt. Klarheit erhält man nur durch **Versuchsfelder**, die auf dem endgültigen Untergrund durchgeführt werden.

Welche Nassabriebbeständigkeiten kann der Kunde erwarten?

Der Nassabrieb wird nach DIN EN 13300 mit einem motorgetriebenen Scheuervlies gemessen. Bei der Klasse 1 beträgt der Abrieb der Schichtstärke weniger als 5 µm bei 200 Hüben, in der Klasse 2 liegt der Wert zwischen 5 und 20 µm und in der Klasse 3 zwischen 20 und 70 µm. Klasse 2 entspricht dem früheren „scheuerbeständig", Klasse 3 dem früheren „waschbeständig".

Der Kunde (Bild 1) wählt eine glänzende Latexfarbe mit Nassabrieb Klasse 2.

Wie kann der Farbauftrag erfolgen?

Er kann in der Wohnung mit Farbroller und Pinsel erfolgen. Gerade für kleinere Flächen und bei häufigen Farbwechseln hat sich der Farbroller bewährt. Ebenfalls geeignet ist ein innengespeister Farbroller, mit dem jedoch nur größere Flächen mit einer Farbe zu rollen sind, um die Reinigungszeiten rentabel zu machen.
Möglich ist auch die Beschichtung im Niederdruckverfahren (Bild 5).

Eigenschaft	Kalkfarbe	Kaseinfarbe
Bindemittel (BM)	mineralisches BM gelöschter Pulverkalk	eiweißhaltiges BM (Käsestoff) in Leinöl
pH-Wert	stark alkalisch – Pigmente müssen alkalibeständig sein, max. 5 % Pigmente	gering alkalisch
Härtung	durch Carbonatisierung (Aufnahme von Kohlendioxid)	vorwiegend physikalisch durch Verdunsten des Wassers
Untergründe	Putzmörtelgruppen P I bis P III, nicht für Gips-Wandbekleidung	Putze, Wandbekleidungen, GKB, Dispersionsfarben
Wasserdampfdiffusion	Anstriche sehr diffusionsfähig	siehe links
Arbeitsschutz	sehr ätzend: Schutzbrille und Schutzhandschuhe tragen	entfällt
Hinweise	Zelluloseleim verbessert die Verstreichbarkeit	als Kalk-Kaseinfarbe bedingt wetterbeständig

4. Kalk- und Kaseinfarben sind Naturmaterialien, die nicht nur im Denkmalpflegebereich eingesetzt werden. Sie gelten heute nicht mehr als wetterbeständig.

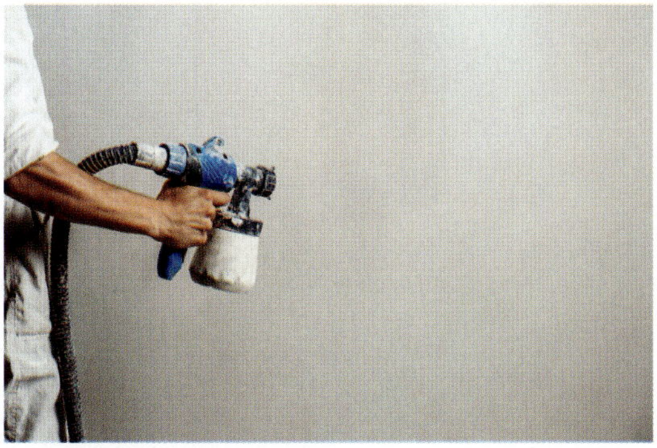

5. Niederdruckspritzverfahren

Aufgaben

1. *Unterscheiden Sie die vier möglichen Standardfarbsysteme voneinander.*
2. *Stellen Sie Unterscheidungsmerkmale zwischen Nassabrieb Klasse 1 und 5 fest.*
3. *Warum soll zur Glanzfeststellung das Versuchsfeld auf dem endgültigen Untergrund angelegt werden?*

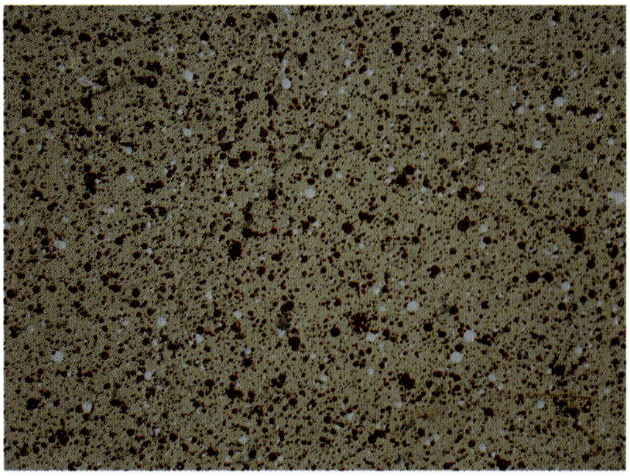

1. Der Sprenkeleffekt ist mit einer Pinsellackierung nicht umsetzbar.

2. Darstellung der Lackführung (gelb) und der Luftführung (blau) in einer ND-Pistole

3. Floc-Wandbeschichtungen

8.25 Dekorative Techniken und Innenputze

Ein Kunde möchte in seinem Haus nicht nur Standardfarben, sondern auch dekorativere Gestaltungen durch Maler ausgeführt haben.

Welche Techniken können eingesetzt werden?

Bei der **Mehrfarbeneffekt-Beschichtung** wird ein Beschichtungsmaterial auf Dispersionsbasis verwendet. Nach dem Farbauftrag mit der Spritzpistole bewirkt die Farbe einen **Sprenkeleffekt** (Lupe, Bild 1). Diese Beschichtung ermöglicht eine dekorative Oberfläche. Die Wirkung ist abhängig von der Farbstellung der Pigmente und der eingesetzten **Fondfarbe** (Hintergrundfarbe).

Mehrfarbeneffektfarben dürfen nie mit Schnellrührer aufgerührt werden, sondern nur manuell.

Diese Farbe kann mit dem **Niederdruckverfahren** (ND), aber auch mit dem HVLP-Verfahren, nicht aber im Airlessverfahren aufgebracht werden. Das Niederdruckverfahren arbeitet mit einem Luftdruck von max. 0,3 bar, aber mit hohen Luftmengen. Ein Motorgebläse liefert die warme Luft, die über einen dicken Schlauch (ähnlich einem Staubsaugerschlauch) zur Spritzpistole geführt wird. Die Farbspritzpistolen haben Fließbecher, die oben eine Luftzuführung haben. Diese soll den Materialausfluss verbessern (Bild 2). Die Düsenöffnungen betragen für Lacke 1,5 mm, für höherviskose Mehrfarbeneffekt- und Wandfarben 3,5 mm, für Spritzputze und flüssige Raufaser 6 bis 8 mm.

Übrigens: Mehrfarbeneffektfarben haben sich bei unterschiedlichen Untergründen bewährt, da sie zu einem einheitlichen Erscheinungsbild führen.

Die Floc-Wandbeschichtung

Dies sind dispersionsgebundene farbige Beschichtungen, deren Erscheinungsbild dem der Effektfarbenbeschichtung ähnelt. Sie unterscheiden sich in dem Oberflächeneindruck, da die Flocken sehr scharfkantig begrenzt sind (Bild 3). Der Anstrichaufbau erfolgt in drei Schritten:

- Eine weiße Dispersions-Einbettungsmasse wird auf die gespachtelte Wand gerollt.
- Mit einer ND-Pistole (Bild 4) werden Flocken – das sind zerbröselte Dispersionsfarbschichten – auf die frische Grundbeschichtung geblasen.
- Zur Erhöhung der Strapazierfähigkeit wird ein Acryl-Klarlack aufgespritzt oder aufgerollt.

Dieser Beschichtungsaufbau kann auch auf Glasgewebebelägen bei Renovierungen durchgeführt werden. Problematisch ist aber, dass auf der Wand immer dickere und dadurch weniger dampfdurchlässige Schichten entstehen.

4. *Mit dieser Beflockungspistole werden in kreisenden Bewegungen die Flocs oder Chips auf die nasse Beschichtung an der Wand gepustet.*

Auch Spezialbeschichtungen können eingesetzt werden

Plastische Innenbeschichtungsstoffe ergeben dickschichtige, hornharte, sehr strapazierfähige, plastische Innenbeschichtungen, deren Bearbeitung entscheidend für die Wirkung der Oberfläche ist.

Der Auftrag erfolgt im ND-Verfahren, aber auch mit Glättkelle oder Rolle. Die anschließende Modellierung kann zum Beispiel durch Strukturwalzen aus Moltopren mit Erbsloch erfolgen. Aber auch Spachteltechniken lassen sich herstellen.

5. *Kellenputz in einem griechischen Restaurant*

Kunstharzputze innen sind mit den Kunstharzputzen außen (P Org 1) chemisch verwandt, sind aber nicht nicht wetterbeständig. Sie werden in Treppenhäusern, in Wohnräumen und Restaurants mit rustikaler Ausstrahlung eingesetzt. Die Oberflächenstruktur wird bestimmt durch das Material, aber auch durch die Verarbeitung.

Kellenputze lassen sich nach dem Auftragen mit der Rolle, der Glättkelle oder dem Spritzgerät modellieren. Hier bieten sich die gleichen Werkzeuge an wie beim Plastik (Bild 5).

Reibeputze müssen mit einer nicht rostenden Edelstahlglättkelle aufgezogen und mit einer Kunststoffglättkelle rund, senkrecht oder waagerecht strukturiert werden. Die Rillenstruktur ist abhängig vom Korn, das im Putz eingebettet ist und innerhalb einer gewissen Zeit durch den angezogenen Putz gerollt wird. Die Korngrößen können 1,2; 2,0 oder 3,8 mm betragen (Bild 6).

6. *Kunstharzputzoberflächen: links oben: Reibeputz, rechts oben: Kellenputz, links unten: Kellenputz gerollt, rechts unten: Kratzputz.*

Aufgaben

1. *Erklären Sie den Unterschied zwischen einer Mehrfarbeneffekt- und einer Floc-Wandbeschichtung.*
2. *Für welche Beschichtungen lassen sich Niederdruckgeräte einsetzen?*
3. *Nennen Sie Verarbeitungstechniken mit putzähnlichen Materialien.*
4. *Nennen Sie Vorteile, die die angewärmte Luft (40 °C) beim ND-Verfahren hat.*

1. Esszimmer mit einer Stuckdecke, bei der einige Schäden vorhanden sind

2. Stuckprofile werden mithilfe einer Gehrungslade zugeschnitten.

3. Stuck kann mit vielfältigen Techniken bearbeitet werden. Die Vergoldung und die Marmorierung (Steinimitation) bzw. Maserierung (Holzimitation) wird vom Maler als historische Technik ausgeführt.

8.26 Stuck und andere Profile

In einem Esszimmer sind an der Decke (Bild 1) und den Wänden Profile aus Stuck vorhanden.

Stuckprofile

Sie werden aus einem besonderen Gips – dem Stuck – hergestellt und sind in zahlreichen Profilformen verfügbar. Für ein Zimmer müssen zunächst anhand eines Katalogs die entsprechenden Profile ermittelt und bestellt werden. Der Putz muss ausreichende Tragfähigkeit besitzen und frei von Tapeten und Farbresten sein.
Für die gewünschte Aufteilung fertigt man bei neuen Stuckmontagen ganzer Räume einen maßstabgerechten Verlegeplan an. Mit Bleistift und Schlagschnur wird der geplante Sitz der Profile markiert. Die so gekennzeichneten Klebestellen werden ebenso wie die Rückseiten der Profile mit einem Spachtel aufgeraut und leicht angefeuchtet. In den Ecken müssen die Elemente mit einem feingezahnten Fuchsschwanz in einer Gehrungslade im entsprechenden Winkel geschnitten werden (Bild 2). Der Klebegips ist nur auf das Stuckelement aufzutragen und an der Wand oder Decke mit leichtem Druck in die richtige Position zu bringen.

Große Gesimse sind mit Nägeln vor dem Abrutschen zu sichern. Der Stoß zwischen zwei Profilen wird beigestuckt.

Nach dem Zusammendrücken wird herausquellender Gips mit dem Stuckateureisen abgenommen und mit einem nassen Pinsel beigearbeitet. Große Elemente wie Rosetten können an der Decke zusätzlich mit Dübeln befestigt werden. Nach „Anziehen" des Klebegipses können die Nägel entfernt werden.

Weiterbearbeitung von Profilen

Stuck hat einen fast weißen Farbton, er könnte also unbehandelt bleiben. Im Esszimmer ist er jedoch mit Farbe beschichtet worden, sodass mit Dispersionsfarbe – vor einer neuen Tapezierung – gestrichen wird. Vorher ist ein lösemittelhaltiger Tiefgrund aufzubringen, um das ungleichmäßige Saugvermögen des Stucks zu egalisieren. Stuck kann auch mit Alkydharz- und mit Acryldispersionslacken beschichtet werden.

Die **Ölvergoldung** (Bild 3) bietet sich bei Stuck an, wenn das Besondere und Edle des Raumes betont werden soll. Die auf dem Bild sichtbaren Säulen gibt es als in der Gipsmasse gefärbte fertige Elemente oder aber mit **Imitationstechniken** (Nachahmungstechniken) vom Maler bearbeitet. Hierbei greift der Maler Techniken auf, die vor allem im Barock entstanden sind. Ihre Schlösser statteten die Alleinherrscher mit solch einem umfangreichen Prunk aus, dass er nicht mehr mit echten Materialien wie Marmor oder Holz bezahlbar war. Maler imitierten die Oberflächen mit Lasuren und schufen täuschend echte Abbilder.

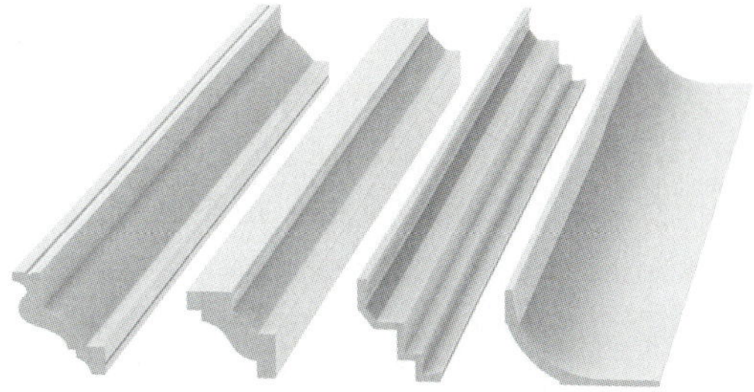

4. Profile aus Polystyrol-Hartschaum

Profile aus Polystyrol-Hartschaum und Polyurethanschaum

Diese Profile werden als preiswerte Alternative zu den Stuckprofilen verarbeitet (Bild 4). Die Untergrundvorbehandlung und die Verarbeitung sind gleich, nur dass statt des Klebegipses ein Dispersionsklebstoff verwendet wird.

Der Montagekleber wird auf das Profil aufgespritzt und dieses anschließend an die Wand oder Decke angedrückt. Herausquellender Kleber wird mit einem Schwamm glatt gewischt, die in der Regel vorhandene geringfügige Fuge zwischen Profil und Decke oder Wand dabei ausgefüllt. An den Stößen wird ebenfalls Kleber aufgespritzt und mit dem Schwamm glatt gestrichen (Bild 5).

5. Das Profil wird vorsichtig entlang der Markierungslinie angedrückt.

Da Klebstoff und Profil aus unterschiedlichem Material bestehen und damit unterschiedliche Weißfärbungen haben, sind diese Kunststoffprofile in jedem Falle mit Beschichtungsstoffen zu bearbeiten. Ölvergoldungen auf Kunststoffprofilen werden wegen des leicht porösen Untergrundes, aber auch aus denkmalpflegerischen Überlegungen von vielen Malern abgelehnt.

Mineralschaumprofile werden aus Glas hergestellt, können nach den Vorgaben des Kunden (Denkmalpflege) gefräst werden oder werden als Katalogware geliefert (Bild 6). Montiert werden sie mit Klebern im Innen- und Außenbereich.

6. Mineralschaumprofil

Aufgaben

1. Beschreiben Sie die Arbeitsgänge für die Neufassung einer Decke mit Stuckprofilen.
2. Nennen Sie mögliche Weiterbearbeitungen von Stuck- bzw. Kunststoffprofilen.
3. Nennen Sie Gründe für und gegen den Einsatz von Kunststoffprofilen.

1. Diese Rosette aus Stuck soll vergoldet werden.

2. Der Untergrund wird mit Grundanstrich vorbereitet.

3. Das Blattgold wird auf den Bilderrahmen angelegt.

8.27 Ölvergoldung

An einer Decke befindet sich eine Rosette (Bild 1), die, so ergab die Untergrundprüfung, vergoldet gewesen war. Die neue Vergoldung wird zum Schluss der Arbeiten durchgeführt, um eine Verunreinigung mit Beschichtungsstoffen zu vermeiden.

Steine, aber auch andere Untergründe wie Kunststoffe, Metalle und Holz können ölvergoldet werden. Glas wird durch die Glanzvergoldung mit Gelatine als Bindemittel vergoldet.

Untergrundvorbereitung

Der Untergrund soll fest, trocken, tragfähig, frei von Unebenheiten und nicht saugend sein. Der Untergrund darf nicht hochalkalisch sein, weil die Mixtion (Anlegeöl) verseifen könnte. Ist der Untergrund zu rau, sollte er mit Dispersionsspachtelmassen gespachtelt werden, denn damit wird der Glanzgrad des fertigen Goldes gesteigert.

Ein glatter Untergrund steigert den Glanzgrad einer Vergoldung.

Der Stuckuntergrund für eine Ölvergoldung kann nach einer Grundierung einen goldfarbenen Anstrich, z. B. mit Alkydharzlack erhalten (Bild 2). Damit wird verhindert, dass bei Beschädigungen der helle Stuckuntergrund zu sehen ist. Durch beide Vorarbeiten erhält das Blattgold eine höhere Leuchtkraft und einen höheren Glanzgrad.

Metallische Untergründe müssen mit den entsprechenden Grundbeschichtungsstoffen gegen Korrosion geschützt werden.

Das Blattgold

Für die Vergoldung der Rosette wird Blattgold verwendet, das in Büchlein von der Größe acht mal acht Zentimeter geschnitten wird. Es enthält 25 Blätter. Echtes Blattgold wird in sehr vielen Qualitäten, die in Karat von sechs bis 24 angegeben werden, hergestellt.

Für Außenvergoldungen kommen nur 23,5 bis 24 Karat infrage, da die Beimischungen anderer Metalle zu Oxidation führen.

Andere Goldqualitäten, z. B. das Orange-Doppelgold mit 22 Karat, werden wegen ihrer farbigen Anmutung für Innenvergoldungen verwendet. Die Goldblätter sind sehr empfindlich, weil sie nur wenige tausendstel Millimeter (3 bis 8 µm) dick sind.

Verarbeitung

An der Rosette wird das **Loseblattgold** verwendet (Bild 3). Vor dem Vergolden muss eine Mixtion angelegt werden. Dieses Anlegeöl aus Leinöl gibt es mit verschiedenen Trocknungszeiten, wie z. B. drei Stunden. Die Stundenzahl bedeutet, dass drei Stunden nach dem Auftrag mit der Vergoldung begonnen werden kann. Um zu verhindern, dass das Gold im Öl ersäuft, ist ein Testen des Trocknungsgrades erforderlich: Beim Darübergehen mit dem Fingerrücken soll ein leicht pfeifendes Geräusch zu hören sein. Das Blattgold wird mit dem Vergoldermesser aus dem Goldbüchlein genommen und auf das Vergolderkissen gelegt.

Das Anschießen erfordert viel Übung

Mit dem Vergoldermesser wird das Blattgold in das gewünschte Maß geschnitten. Dann wird es mit dem Anschießpinsel aufgenommen und auf den für die Vergoldung entsprechend vorbereiteten Untergrund angeschossen (Bild 4). Mit dem Vergolderpinsel aus reinem Fehhaar wird die fertige Vergoldung nach einer Trockenzeit eingekehrt. Da das Gold in den Erhebungen durch das Anstupfen mit dem Vergolderpinsel reißt und die Tiefen meist nicht vergoldet sind, muss noch ein zweites Mal angeschossen werden.
Wenn das Öl vollständig getrocknet ist, wird die Vergoldung mit Watte angerieben.

Die Vergoldung mit **Transfergold** (Sturmgold) geschieht ähnlich wie bei Abziehbildern. Das Gold ist auf Seidenpapier aufgepresst und wird mit der Schere geschnitten. Anschließend wird es auf den Untergrund aufgedrückt, das Papier wird abgezogen. Transfergold ist gut für außen geeignet.

Mit Rollengold werden vor allem Profile im Innen- und im Außenbereich vergoldet.

Polimentvergoldung: Poliment – ein Gemisch aus Tonerde, Leim und Eiweiß – wird aufgebracht. Das Blattgold (Blattsilber) wird dann in eine Netze (Wasser-Spiritus-Gemisch) eingelegt. Mit einem Achat-Stein wird poliert.

4. Anschießen eines Blättchens Gold auf den Untergrund. Vor dem Anschießen streift der Maler den Anschießer durchs Haar, um den Pinsel elektrostatisch aufzuladen. Dadurch haftet das Gold besser am Pinsel.

5. Das Gold ist im Anlegeöl „ersoffen".

6. Mit dem Achat-Stein kann die Polimentversilberung poliert werden. Nach dem Polieren kann ein Klarlacküberzug z. B. mit Schellack erfolgen, um die Reinigungsfähigkeit zu erhöhen.

Aufgaben

1. *Erläutern Sie die Fachbegriffe „Anlegen", „Einkehren", „Polieren" und „Anschießen".*
2. *Nennen Sie Unterschiede in der Verarbeitung von Sturm-, Loseblattgold und Polimentvergoldung.*

KUNDENAUFTRAG Innenausbau eines Chefbüros

passend zu Lernfeld 8: Oberflächen bekleiden und gestalten
Lernfeld 12 GI: Innenräume bearbeiten und gestalten

1. Vorstellung
Das Büro des Geschäftsführers einer Softwarefirma soll von einem Malerbetrieb renoviert werden. Es sollen drei Wände gestaltet werden. Dort ist eine Papiertapete geklebt worden. Es handelt sich um einen Putz Mörtelgruppe P IV.
Zustand der Wände:
- Papiertapete vorhanden
- Putzmörtelgruppe P IV
- kaum Risse
- Nagellöcher

2. Foto

3. Planung
Erstellen Sie eine Liste mit möglichen Wandbelägen und Wandbekleidungen. Listen Sie alle Arbeiten nach VOB DIN 18366 und den BFS-Merkblättern 10 und 20 auf, die für die Bearbeitung der Flächen notwendig sind. Beraten Sie den Kunden. Listen Sie hierzu Argumente für das von Ihnen ausgewählte Material auf.

4. Untergrundprüfung
Erstellen Sie eine Prüftabelle nach den BFS-Merkblättern 10 und 20. Bei der Prüfung der Ebenheit können Sie einen Rotationslaser einsetzen. Informieren Sie sich hierzu.

5. Arbeitstechniken
Informieren Sie sich über Arbeitstechniken, mit denen die vorhandene Wandbekleidung entfernt werden kann. Begründen Sie Ihre Auswahl.

KUNDENAUFTRAG Innenausbau einer Küche

passend zu Lernfeld 8: Oberflächen bekleiden und gestalten
Lernfeld 12 GI: Innenräume bearbeiten und gestalten

1. Vorstellung
Die Küche hat eine alte Tapete. Das Malerteam Klaus ist auf Kleinaufträge spezialisiert und führt den Auftrag der Neutapezierung aus.
Zustand der Wände:
- eben
- Vliesfasertapete
- Gipsputz
- Nagellöcher

2. Foto

3. Planung
Erstellen Sie eine Liste aller Arbeiten und bringen Sie diese in einen zeitlichen Zusammenhang. Die Küche ist noch nicht ausgeräumt.

4. Werkzeuge und Geräte
Listen Sie Werkzeuge und Geräte auf, die Sie bei diesem Auftrag benötigen und deshalb in den Malerwagen packen müssen.

5. Untergrundvorbehandlung
Wählen Sie eine Spachtelmasse für die Wände aus und begründen Sie ihre Auswahl.

6. Tapezierung
a) Erklären Sie den Begriff Wandklebetechnik.
b) Welche Prüfungen müssen Sie **vor** dem Öffnen der Tapetenrollen durchführen?
c) Welche Prüfungen müssen Sie **nach** dem Öffnen der Tapetenrollen durchführen?

KUNDENAUFTRAG Innenausbau mit Montagewänden

passend zu Lernfeld 6: Trockenbauelemente verarbeiten
Lernfeld 12 AO: Ausbau- und Montagearbeiten ausführen

1. Vorstellung

Der Neubau eines Bürohauses ist erstellt, der Innenausbau erfolgt mit Montagewänden (Wanddicke ca. 125 mm, mit Mineralwolle, F 90, doppelte Beplankung).

Zustand der Büros:

- schwimmender Zementestrich
- Schwundrisse
- Flecken auf dem Estrich
- Höhe 3,15 m

2. Zeichnung

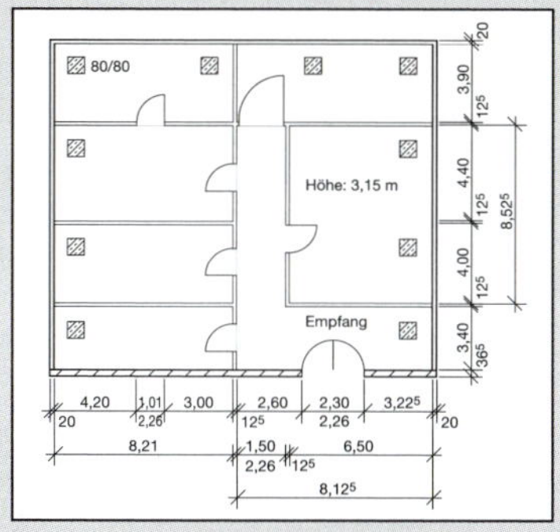

3. Planung

Erstellen Sie eine Liste aller Arbeiten und bringen Sie diese in einen zeitlichen Zusammenhang. Planen Sie Zeit für das Einziehen der Elektro- und Computerkabel in den Trockenbauwänden ein.

4. Untergrundprüfung

Erstellen Sie eine Prüftabelle für den Estrich.

5. Werkzeuge und Anlagen

Listen Sie Werkzeuge und Maschinen auf, die Sie für die Arbeiten je nach Baufortschritt benötigen. Bei der Prüfung der Ebenheit können Sie einen Rotationslaser einsetzen. Informieren Sie sich hierzu.

6. Berechnungen

Berechnen Sie nach VOB DIN 18340 das Aufmaß der Montagewände. Berechnen Sie weiterhin die für die Montagewände benötigten Materialien einschließlich Profile.

KUNDENAUFTRAG Tapezierung der Montagewände

passend zu Lernfeld 8: Oberflächen bekleiden und gestalten
Lernfeld 12 GI: Innenräume bearbeiten und gestalten

1. Vorstellung

Montagewände, die von einem anderen Betrieb aufgestellt worden sind, sind von Ihrem Malerbetrieb zu bearbeiten. Der Kunde möchte eine hochwertige Tapezierung erhalten.

Zustand der Montagewände:

- lot- und fluchtgerecht: nicht bekannt
- CW- und UW-Profile aus Stahl
- herausstehende Schrauben

2. Foto

3. Planung

Erstellen Sie eine Liste aller Arbeiten. Bringen Sie die Arbeiten in einen zeitlichen Zusammenhang.

4. Untergrundprüfung

Erstellen Sie eine Prüftabelle zur Prüfung der erstellten Montagewände mit folgenden Spaltenüberschriften: Prüfung auf, Prüfmethode, Maßnahmen.

5. Untergrundvorbehandlung

Nach der Untergrundprüfung erfolgt die Vorbehandlung. Welche der Qualitätsstufen Q 1 bis Q 4 müssen Sie erreichen? Beschreiben Sie den Aufbau einschließlich der Werkzeuge und Auswahl der Spachtelmassen.

KUNDENAUFTRAG Innenausbau mit Deckensystemen

passend zu Lernfeld 6: Trockenbauelemente verarbeiten
Lernfeld 12 AO: Ausbau- und Montagearbeiten ausführen

1. Vorstellung

Die alte Maschinenbaufabrik aus dem Jahr 1925 wird zu Studentenwohnungen umgebaut. Die Malerfirma soll in dieser Etage (siehe Zeichnung unten) ein Trockenbau-Deckensystem verarbeiten. Das fugenlose Deckensystem soll 50 cm abgehängt werden.
Zustand der Decke:

- Rohbaudecke aus Beton
- leichtes Tonnengewölbe
- Höhe 3,80 m
- winkelgerecht

2. Zeichnung

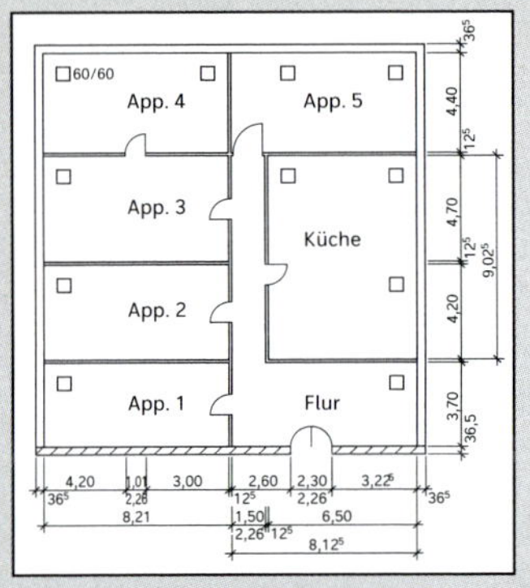

3. Planung

Erstellen Sie eine Liste aller Arbeiten. Bringen Sie die Arbeiten in einen zeitlichen Zusammenhang. Planen Sie auch Zeit für das Verlegen von Kabeln und für die Montage von Deckeneinbauleuchten ein.

4. Informationsbeschaffung

Informieren Sie sich zunächst über den grundsätzlichen Aufbau von fugenlosen Deckensystemen. Teilen Sie Ihre Informationen in folgende Systemteile ein:

- Aufbau der Unterkonstruktion
- Arten von Abhängern
- Arten von Dübeln
- Plattensysteme
- Endbeschichtung mit Putz bzw. Farben

Beachten Sie unbedingt, dass Sie ein System von nur einem Hersteller verwenden. Das Zusammensuchen von Systemteilen von unterschiedlichen Herstellern ist nicht üblich und baurechtlich äußerst bedenklich.

5. Montage

Beschreiben Sie nun die Auswahl und die Montage der oben angegebenen Systemteile. Beziehen Sie sich wiederum nur auf das System eines Herstellers. Schreiben Sie die Ergebnisse auf ein Plakat.

KUNDENAUFTRAG Innenausbau von Decken

passend zu Lernfeld 6: Trockenbauelemente verarbeiten
Lernfeld 12 AO: Ausbau- und Montagearbeiten ausführen

1. Vorstellung

Der Malerbetrieb erhält den Auftrag, eine fugenlose Systemdecke mit einem Abstand von 40 cm zu montieren. Ein Akustikputz ist aufzubringen. Die Auswahl des Systems ist erfolgt, das Material liegt nun auf der Baustelle.
Zustand der Rohbaudecke:

- Stahlbeton
- Höhe 3,60 m
- winkelgerecht

2. Zeichnung

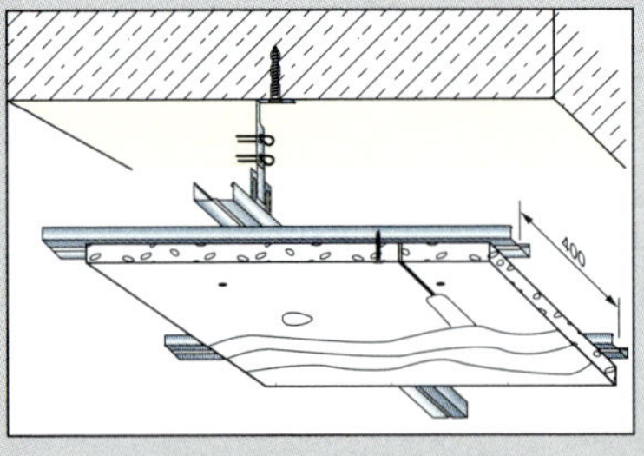

3. Planung

Erstellen Sie eine Liste aller Arbeiten. Bringen Sie die Arbeiten in einen zeitlichen Zusammenhang. Planen Sie auch Zeit für das Verlegen von Kabeln und für die Montage von Deckeneinbauleuchten ein.

4. Erstellen einer ebenen Deckenfläche

Um eine ebene Deckenfläche zu erhalten, müssen die Abhänger auf einer Höhe ausgezogen sein. Um das zu erreichen, stehen Ihnen folgende Methoden zur Verfügung:

- Wasserwaage bzw. Richtscheit
- Schlauchwaage
- Rotationslaser

Informieren Sie sich über die Methoden und ihre Vor- und Nachteile. Wählen Sie begründet für den Kundenauftrag eine Methode aus.

5. Unfallverhütung bei einem Laser

Der Rotationslaser ist für die Trockenbaumontage eine Möglichkeit, die geforderten Ebenheiten zu erhalten. Er hat aber ein Belastungs- und Gefährdungspotenzial durch Laserstrahlen. Informieren Sie sich, welchen Gefährdungen Sie als Laserbediener ausgesetzt sind.

6. Präsentation

Präsentieren Sie Ihre Ergebnisse auf Plakaten und mit einem Präsentationsprogramm.

KUNDENAUFTRAG Montagewand

passend zu Lernfeld 6: Trockenbauelemente verarbeiten
Lernfeld 12 AO: Ausbau- und Montagearbeiten ausführen

1. Vorstellung

Ein bekannter Modehersteller plant, künftig Werksverkäufe durchzuführen. Zu diesem Zweck will er seine Lagerhalle in einen Ausstellungs- und einen Lagerraum untergliedern. Diese beiden Räume sollen über zwei Türen miteinander verbunden sein. Um sein Vorhaben möglichst schnell umsetzten zu können, entscheidet sich der Firmeninhaber dazu, eine Einfachständerwand einbauen zu lassen. Diese Lösung hält ihm auch die Möglichkeit offen, die Halle eines Tages schnell und kostengünstig in den alten Zustand zurückzuversetzen.

2. Zeichnung

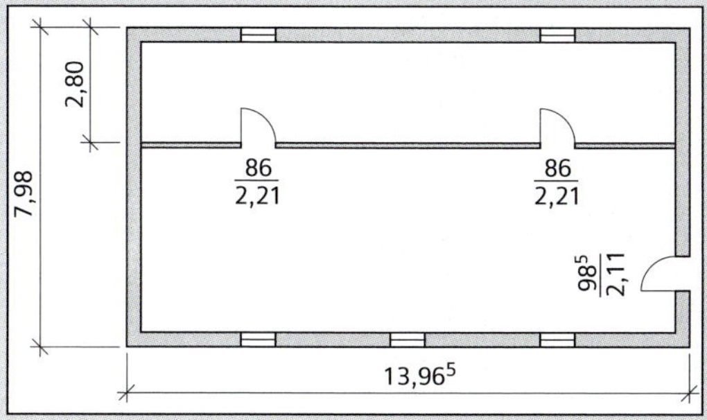

Höhe 4,00 m

3. Die Planung

Bei der Planung des Bauvorhabens wurde aufgrund des zu erwartenden Menschenaufkommens eine Montagewand des Einbaubereiches II gewählt. In die Montagewand sollen Steckdosen und Schalter eingebaut werden. Weiterhin möchte der Kunde, dass eine maximal mögliche Schalldämmung erreicht wird.
Die Türen, die in der Montagewand verbaut werden, haben ein Türblattaußenmaß von 860 mm x 2210 mm (DIN 18101) und ein Gewicht von 27 kg. Die Decke des Gebäudes besteht aus Beton, der Fußboden aus einem schwimmenden Zementestrich.

4. Leistungsverzeichnis

Pos. Nummer	Pos. Bezeichnung	Text
1	__________ m^2 Metallständerwand einbauen, 52 dB, F 30 A	Nichttragende innere Trennwand DIN 4103, 1 als Montagewand Bauart: Einlagig beplankte Stahl-Einfachständerwand aus verzinkten CW-/UW-Profilen 100 x 06 Trennwanddicke: ________________ Einbauhöhe: ________________ Beplankung je Wandseite: 12,5 mm Gipsfaserplatten. Befestigung mit Schnellbauschrauben 3,9 x 30 mm. Plattenstöße als Klebe- oder Spachtelfuge ausbilden. Alternativ: 12,5 mm Gipsfaserplatte mit TB-Kante und stumpf gestoßener Spachtelfuge ausführen. Hohlraumdämmung aus mineralischem Faserdämmstoff: Dicke ______________, Rohdichte ≥ 20 kg/m^3. Montagewand aus Gipsfaserplatten entsprechend den Herstellervorschriften einschl. aller Materialien, Anschlussdichtungen und Befestigungsmittel liefern und montieren, Verspachtelung gemäß Qualitätsstufe Q 3 Vorbereitung der Montagewand für Elektroeinbauten von 5 Steckdosen und 2 Lichtschaltern in die Wand nach Angabe der Bauleitung.
2	Beschichtung	Montagewand mit einer Innendispersionsfarbe nach DIN EN 13300 streichen, Farbton nach Angaben der Bauleitung

KUNDENAUFTRAG Montagewand

passend zu Lernfeld 6: Trockenbauelemente verarbeiten
Lernfeld 12 AO: Ausbau- und Montagearbeiten ausführen

5. Aufgaben

1. Informieren Sie sich über Einbaubereiche von Montagewänden und vervollständigen Sie im Leistungsverzeichnis folgende Angaben:
   - notwendige Trennwanddicke
   - Einbauhöhe der Montagewand
   - Dicke der Hohlraumdämmung
2. Informieren Sie sich bei bekannten Herstellern (Knauf, Protektor, Rigips, Xella) über die fachgerechte Befestigung der Türen und präsentieren Sie der Klasse die Arbeitsabfolge einschließlich des verwendeten Materials.
3. Zeichnen Sie die Frontalansicht der Unterkonstruktion im Bereich einer Tür in einem geeigneten Maßstab, z. B. 1:50 auf ein DIN-A3-Blatt. Bemaßen Sie die Zeichnung und benennen Sie die Profile.
4. Berechnen Sie die Fläche der Montagewand. Ergänzen Sie die Flächenangabe im Leistungsverzeichnis und erstellen Sie anschließend eine vollständige Materialliste. Verwenden Sie hierbei die standardisierten Mengenangaben der Hersteller (siehe Verarbeitungshinweise).
5. Nennen Sie die notwendigen Untergrundprüfungen, die vor Beginn der Arbeiten durchgeführt werden müssen.
6. Nennen Sie die Art der genutzten Arbeitsbühne und begründen Sie Ihre Entscheidung.
7. Erstellen Sie eine Liste nach folgendem Muster und füllen Sie sie für Ihr Vorhaben aus.

Arbeitsschritt	Beschreibung des Arbeitsschritts	Werkzeuge	Geräte/ Maschinen

Hinweis: Schnittstellen mit anderen Gewerken (z. B. Elt) werden in Rot in die Spalte Arbeitsschritte eingetragen, Erläuterungen zu Werkzeugen usw. können bei diesen Gewerken entfallen.

6. Zusatzaufgaben

a) Beschreiben Sie die Ausbildung der Anschlüsse zwischen Montagewand und Decke sowie zwischen Montagewand und Estrich.
b) Nennen Sie Dübel, die im Deckenbereich eingesetzt werden. Zählen Sie die Anforderungen auf, denen die Dübel gerecht werden müssen.
c) Nennen Sie Einsatzgebiete einer Q3-Spachtelung.

KUNDENAUFTRAG Dachgeschossausbau

passend zu Lernfeld 6: Trockenbauelemente verarbeiten
Lernfeld 12 AO: Ausbau- und Montagearbeiten ausführen
Lernfeld 12 EG: Gebäude energetisch instand setzen

1. Vorstellung

Ein Privatkunde hat Anfang 2008 ein Einfamilienhaus erworben. Das Dachgeschoss war zu diesem Zeitpunkt zwar über eine bereits vorhandene Treppe zugänglich, jedoch nicht ausgebaut.
Die EnEV 2009 schrieb vor, dass die oberste Geschossdecke in Wohngebäuden bis zu 2 Wohneinheiten, soweit sie zugänglich sind, im Falle eines Eigentümerwechsels nachträglich so gedämmt werden muss, dass der *U*-Wert 0,3 Watt/(m²K) nicht mehr überschreitet. Alternativ zu einer Dämmung der Rohbaudecke können auch die ungedämmten Dachschrägen mit einem identischen *U*-Wert gedämmt werden.
Da der Kunde jetzt von dem zusätzlichen Wohnraum profitieren möchte, hat er beschlossen, das Dachgeschoss nachträglich zu einem Studio ausbauen zu lassen. Die EnEV 2014 schreibt nun vor, dass die Dachschrägen mit einem *U*-Wert von 0,24 W/(m²K) gedämmt werden.

2. Objekt

Das Dachgeschoss ist ein sogenannter Spitzboden ohne Kehlbalkendecke. Der Abstand der Sparren beträgt 1,00 m, jedoch fluchten die Sparren mit 2 bis 3 cm Höhenunterschied. Die Tiefe der Sparren beträgt 180 mm. Die Höhe des Kniestocks beträgt 400 mm.

3. Zeichnung

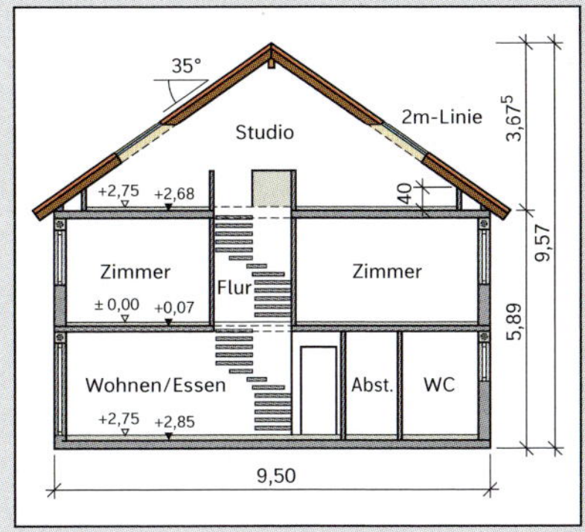

Der Schnitt

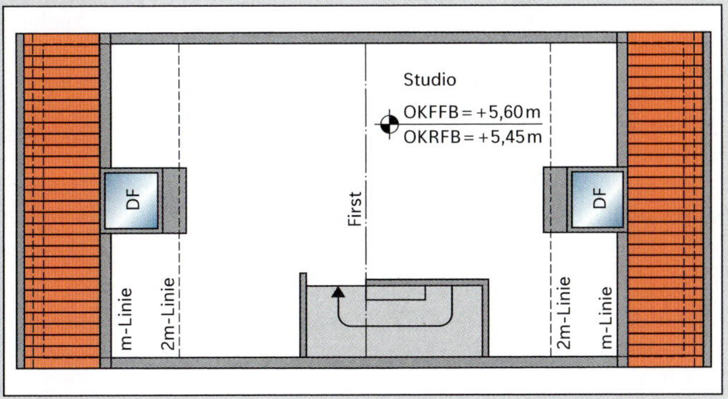

Der Grundriss

4. Leistungsverzeichnis

Pos. Nummer	Pos. Bezeichnung	Text
1	Mineralwolle-dämmung und Dampfsperre	Hohlraumdämmung aus mineralischem Faserdämmstoff KMF mit einer Rohdichte ≥ 40 kg/m³ Ausführung als Zwischensparrendämmung mit zusätzlicher 40 mm Dämmstofflage unter den Sparren Vollflächige Dampfsperre über der letzten Dämmstofflage
2	Beplankung Dachschräge System Rigips 4.70.05 oder gleichwertig	Direkt befestigte Dachbekleidung nach DIN 18181, Holzunterkonstruktion als Tragprofil, Konstruktionsholz bestehend aus gehobeltem, trockenem Fichten-/Tannenständerwerk, 60 x 40 mm, Sortierklasse S 10. Die Unterkonstruktionsebene muss komplett fluchtgerecht ausgerichtet sein. Hohlraumdämmung aus Mineralwolle Dicke 40, Dichte 30 kg/m³ einbringen

KUNDENAUFTRAG Dachgeschossausbau

passend zu Lernfeld 6: Trockenbauelemente verarbeiten
Lernfeld 12 AO: Ausbau- und Montagearbeiten ausführen

Pos. Nummer	Pos. Bezeichnung	Text
Fortsetzung von Pos. 2		Beplankung mit OSB/3 Platten der Dicke 15 mm als aussteifende Platte auf die Unterkonstruktion, Verwendung mit korrosionsbeständigen Befestigungsmitteln, z. B. aus verzinktem, nicht rostendem Stahl, wie Flachkopfnägel mit Ringnut, Schraubnägel oder Rillennägel, Klammern sollten mindestens einen Drahtdurchmesser von 1,5 mm haben und 50 mm lang sein, anschließend Montage einer Profilholzverbretterung aus Kiefernholz mit Softlineprofil 12,5 x 121 mm Nennmaß. Holzauswahl und Oberflächenbehandlung nach Maßgabe der Bauleitung, Befestigung mit Klammern in die OSB Platte
3	Drempelwände	Höhe 1,00 m An der Ostseite mit Revisionsklappen, Westseite Standard

5. Aufgaben

1. Begründen Sie, warum für den Auftrag eine Holzunterkonstruktion gewählt wurde, indem Sie Vor- und Nachteile der jeweiligen Unterkonstruktionen aus Metall und Holz einander gegenüberstellen.
2. Erstellen Sie einen Feinplan zur Ausführung des Auftrags und ordnen Sie den einzelnen Arbeitsschritten Werkzeuge und Geräte zu. Die Leistungen anderer Gewerke wie Elektro oder SHK werden nur genannt.
3. Suchen Sie bei bekannten Anbietern (z. B. Knauf, Rigips, Xella) geeignete Systeme für die genutzte und für die ungenutzte Drempelwand. Überlegen Sie sich eine geeignete Präsentationsform, um der Klasse das gewählte System vorzustellen.

   Einigen Sie sich in der Klasse auf ein System und vervollständigen Sie die fehlenden Angaben im Leistungsverzeichnis.
4. Planen Sie die Anzahl und die Größe der Revisionsklappen/-türen. Stellen Sie dabei sicher, dass der Drempel sinnvoll als Abstellraum genutzt werden kann.
5. Berechnen Sie die Flächen von Dachschräge und Drempelwänden und tragen Sie die errechneten Werte in das Leistungsverzeichnis ein.
6. Stellen Sie eine Liste mit dem benötigten Material zusammen. Listen Sie dabei den Materialbedarf für jeden Arbeitsschritt einzeln auf (z. B. Materialbedarf für die Dachschräge). Verwenden Sie die Herstellerangaben.
7. Nennen Sie stichwortartig Unfallverhütungsvorschriften, die bei der Verarbeitung von KMF zu beachten sind.
8. Skizzieren Sie die Ausführung der Dämmung im Bereich zwischen Dachschräge und Kniestock, und zwar für die genutzte und für die ungenutzte Drempelwand.
9. Beschreiben Sie die Verarbeitung und Befestigung der Dampfsperrfolie.
10. Entscheiden Sie sich für eine Möglichkeit, die Anschlussfugen zwischen Dachschräge und Drempelwand auszuführen. Beschreiben Sie die gewählte Ausführung stichwortartig.

KUNDENAUFTRAG Eine Arztpraxis wird erstellt

passend zu Lernfeld 6: Trockenbauelemente verarbeiten
Lernfeld 12 AO: Ausbau- und Montagearbeiten ausführen

1. Vorstellung

Ein Chirurg möchte in einem ehemaligen Fabrikgelände, das zu einem Stadtteilzentrum ausgebaut wird, auf einer Etage eine chirurgische Praxis errichten. Die Decke ist 3,50 hoch und als Tonnengewölbe mit Stahlträgern ausgebildet. Der Arzt hat gemeinsam mit einem Architekten einen Grundriss erarbeitet (Bild 1). Alle Wände, Böden und Decken werden in Trockenbautechnik erstellt. Die Rohbaudecke besteht aus Stahlbeton.

2. Zeichnung

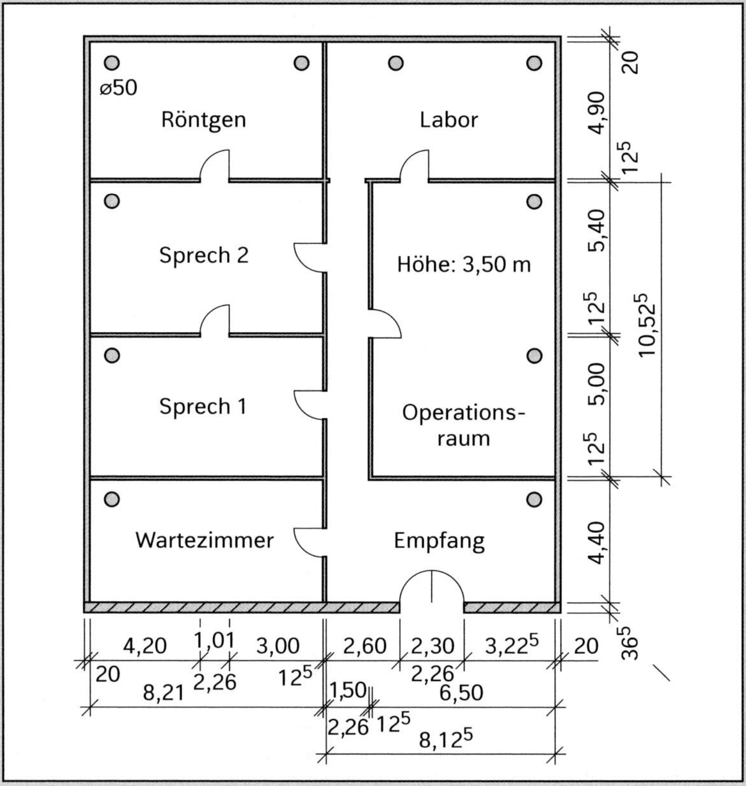

1. Der Grundriss

Hinweise zu den Aufgaben:

Bei der Bearbeitung dieses Auftrages werden Sie von Ihrem Chef in die Planung mit einbezogen. Zu jedem zu erstellenden Bauteil, also zu den Wänden, den Decken und den Böden, werden im jeweiligen Aufgabenblock Aufgaben gestellt. Fassen Sie Ihre Ergebnisse zu den jeweiligen Aufgabenblöcken zusammen und stellen Sie sie Ihrer Klasse mit Plakaten, Wandzeitungen, Zeichnungen, PC und Beamer, Folien usw. vor.

KUNDENAUFTRAG Eine Arztpraxis wird erstellt

passend zu Lernfeld 6: Trockenbauelemente verarbeiten
Lernfeld 12 AO: Ausbau- und Montagearbeiten ausführen

3. Auszug aus dem Leistungsverzeichnis

Pos. Nr. 8	Positionsbezeichnung	? m² Metallständerwand einbauen 125 mm, 52 dB, F 30 A
Erläuterungstext des Architekturbüros		
Nichttragende innere Trennwand DIN 4103, 1 als Montagewand Bauart: Einlagig beplankte Stahl-Einfachständerwand aus verzinkten CW-/UW-Profilen 100 x 06 Trennwanddicke: 125 mm Einbauhöhe: ≤ 500 cm (Einbaubereich I) ≤ 425 cm (Einbaubereich II) ≤ 500 cm (Brandschutz nach DIN 4102) Beplankung je Wandseite: 12,5 mm Gipsfaserplatten. Befestigung mit Schnellbauschrauben 3,9 x 30 mm. Plattenstöße als Klebe- oder Spachtelfuge ausbilden. Alternativ: 12,5 mm Gipsfaserplatte mit TB-Kante und stumpf gestoßener Spachtelfuge ausführen. Hohlraumdämmung aus mineralischem Faserdämmstoff: Dicke ≥ 60 mm, Rohdichte ≥ 20 kg/m³. Montagewand aus Gipsfaserplatten entsprechend den Herstellervorschriften einschl. aller Materialien, Anschlussdichtungen und Befestigungsmittel liefern und montieren, Verspachtelung gemäß Qualitätsstufe Q 3 Vorbereitung der Montagewand für Elektroeinbauten von Steckdosen und Netzwerk-LAN-Dosen in die Wand nach Angabe der Bauleitung.		

4. Aufgaben zu dieser Position

1. Bei Position 8 hat das Architekturbüro vergessen, die m²-Fläche zu berechnen. Wie viel m² Fläche sind zu erstellen? Die Türen werden übermessen (also nicht abgezogen).
2. Welche Bedeutung hat der Einbaubereich für diesen Auftrag?
3. Beschreiben Sie die vorgestellten Fugen. Begründen Sie, für welche Fugenausbildung Sie sich entscheiden würden.
4. Die beiden Trockenbauwände des Röntgenraums müssen aus Gründen des Strahlenschutzes besonders gebaut werden. Erstellen Sie eine neue Position Nr. 8a für das Leistungsverzeichnis.
5. Erkundigen Sie sich bei den Herstellern (wie Xella, Rigips, Knauf) nach dem erreichten Luftschalldämmwert der von Ihnen zu errichtenden Wand. Welchen Wert für das Luftschalldämmmaß verwenden Sie?
6. Im Labor werden Fliesen auf der Wand verlegt. Legen Sie die Feuchtigkeitsbeanspruchungsklasse fest und wählen Sie die geeigneten Platten aus.
7. Welche Informationen brauchen Sie noch, um die UW-Profile im Estrich befestigen zu können?
8. Welche Arbeitsschritte sind nötig, um die Elektroeinbauten im Röntgenraum durchzuführen?
9. Welche Baustellendokumente sind in der Projektmappe abzulegen?

5. Auszug aus dem Leistungsverzeichnis

Pos. Nr. 15	Positionsbezeichnung	? m² Trockenestrich-Element 40 mm dick
Erläuterungstext des Architekturbüros		
Trockenunterboden als schwimmender Estrich auf einer vollflächigen Auflage und tragfähigem, trockenem Untergrund verlegen, Bauart: Estrich Systemaufbau 40 mm dick, bestehend aus einem Estrichelement 20 mm dick mit umlaufendem Stufenfalz und rückseitig aufkaschiertem EPS DES 100, 20 mm dick, Fugenbereiche und Befestigungsmittel sind abzuspachteln (Ausnahme: harte Oberbeläge, z. B. Parkett oder Fliesen) Brandschutz: F 30 nach DIN 4102 bei Beflammung von oben. Anwendungsbereich: 3.		

KUNDENAUFTRAG Eine Arztpraxis wird erstellt

passend zu Lernfeld 6: Trockenbauelemente verarbeiten
Lernfeld 12 AO: Ausbau- und Montagearbeiten ausführen

6. Aufgaben zu dieser Position

1. Bei Position 15 hat das Architekturbüro vergessen, die m²-Fläche zu berechnen. Wie viel m² Fläche sind zu erstellen. Die Säulen werden übermessen (also nicht abgezogen).
2. Welche Bedeutung hat der Anwendungsbereich für diesen Auftrag? Ist die im Leistungsverzeichnis (LV) vorgeschlagene Platte überhaupt in der Arztpraxis einsetzbar?
3. Im Labor werden auf dem Boden Fliesen verlegt und in der Raummitte wird ein Abfluss installiert. Legen Sie die Feuchtigkeitsbeanspruchungsklasse fest und wählen Sie die geeignete Platte für den Trockenestrich-Boden im Labor aus.
4. Erkundigen Sie sich bei den Herstellern (wie Xella, Rigips, Knauf) nach dem erreichten Trittschallpegel des vom Architekten vorgeschlagenen Trockenestrichs auf dieser Rohbaudecke.
5. Nennen Sie Gründe, warum es wichtig ist, eine Randfuge und einen Randdämmstreifen zu verarbeiten.

7. Auszug aus dem Leistungsverzeichnis

Pos. Nr. 22	Positionsbezeichnung	? m² Deckenbekleidung DIN 18168-1, Decklage aus gelochten Gipsplatten DIN 18180, Verarbeitung DIN 18181, einlagig, Plattendicke 12,5 mm

Erläuterungstext des Architekturbüros

Einbauhöhe in m ... Schallabsorptionsgrad DIN EN ISO 11654 $\alpha_w = 0{,}50$,
Befestigungsuntergrund Stahlbeton, Achsmaß in cm .../ Stahlträger, Profil ... , Achsmaß in cm ...,
Unterkonstruktion aus verzinkten Stahlblechprofilen DIN 18182-1, als Grund- und Tragprofil, abhängen mit Direktabhängern, befestigen mit bauaufsichtlich zugelassenen Befestigungsmitteln.
Dämmschicht aus Mineralwolle DIN EN 13162, einlagig, dicht stoßen, Wärmeleitfähigkeitsstufe 035,
Rückseite der Platten kaschiert mit schallabsorbierendem Knauf-Standardvlies,
Farbe weiß, befestigen mit Schnellbauschrauben DIN 18182-2.
Ausführung der Fugen: gespachtelt

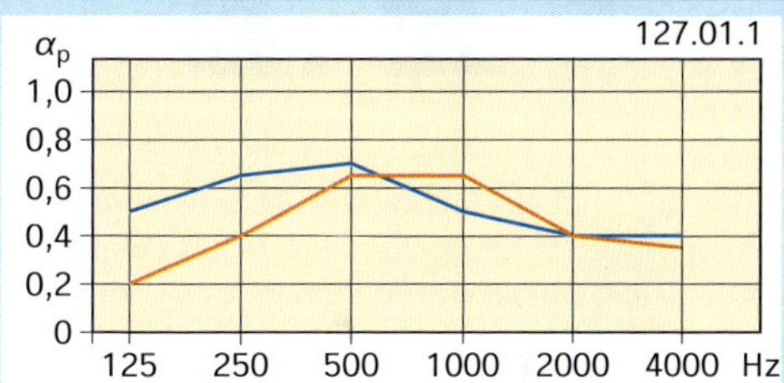

Abstand 60 mm (orange)

α_p	0,2	0,4	0,65	0,65	0,4	0,35

$\alpha_w =$ **0,45** Klasse: **D** (absorbierend)

Abstand 200 mm (blau)

α_p	0,5	0,65	0,7	0,5	0,4	0,4

$\alpha_w =$ **0,50 mm (L)** Klasse: **D** (absorbierend)

8. Aufgaben zu dieser Position

1. Bei Position 22 hat das Architekturbüro vergessen, die m²-Fläche zu berechnen. Wie viel m² Fläche sind zu erstellen? Die Säulen werden abgezogen.
2. Beschreiben Sie die Grafik, beurteilen Sie die dargestellte Schallabsorption.
3. Welche Funktionen hat die aufzubringende Mineralwolle?
4. Welche Befestigungsmittel würden Sie für die Decke verwenden? Beachten Sie die Situationsbeschreibung zu diesem Auftrag.
5. Schauen Sie auf der Website des Herstellers der Decke (Knauf, Decke D 127) die Achsmaße nach.
6. Schauen Sie auf der Website (siehe Aufgabe 5) nach, welche Änderungen notwendig sind, wenn es sich um eine Brandschutzdecke handelt.
7. Welche Baustellendokumente sind in der Projektmappe abzulegen?

KUNDENAUFTRAG Wandgestaltung bei Dr. Erics

passend zu Lernfeld 4: Oberflächen gestalten
Lernfeld 8: Oberflächen bekleiden und gestalten
Lernfeld 12 GI: Innenräume bearbeiten und gestalten

1. Vorstellung

Das Wartezimmer von Dr. Erics ist viele Jahre nicht mehr von einem Malerteam gestalterisch bearbeitet worden. Dies soll sich nun ändern.

2. Fotos

Frau Dr. Erics hat sich schon ihre Gedanken gemacht und einige Objekte fotografiert, die ihr gut gefallen. So hat sie z. B. ein Objekt von Friedensreich Hundertwasser gesehen.

Außerdem hat Frau Dr. Erics eine Wandgestaltung fotografiert, die mit sehr farbintensiven Flächen gestaltet ist.

Ihre Aufgabe als Maler ist es, für eine Wand in dem Wartezimmer eine Wandgestaltung zu entwickeln, die den Vorstellungen von Frau Dr. Erics nahe kommt.

3. Planung

Beschreiben Sie zunächst die beiden Beispielgestaltungen hinsichtlich Farbauswahl, Flächengröße und Gestaltungsidee. Die Wand hat die Größe 4 x 2,8 m und ist mit Vlies beklebt. Sie ist grundiert. Zeichnen Sie die Wand im Maßstab 1 : 20 auf Karton.

4. Die Gestaltungsentwürfe

Erstellen Sie zunächst drei Gestaltungsentwürfe – auch Scribbles genannt – in einer Zeichentechnik Ihrer Wahl oder nach Angaben des Lehrers.
Stellen Sie die Entwürfe Ihrer Klasse vor.
Anschließend erstellen Sie eine Reinzeichnung, die Sie farbig gestalten. Schreiben Sie einen Text von mindestens einer halben Seite, in dem Sie Ihre Gestaltung begründen. Nehmen Sie Bezug zu den Ideen von Frau Dr. Erics.

5. Die Ausführung der Arbeiten

Die Kundin entscheidet sich für Ihren Entwurf. Sie bearbeiten nun folgende Aufgaben:

a) Erstellen Sie einen Arbeitsplan, in dem Sie Schritt für Schritt ihre jeweiligen Arbeiten mit Werkzeugen beschreiben.
b) Beschreiben Sie, wie Sie Ihren Entwurf auf die Fläche aufzeichnen.
c) Treffen Sie eine Auswahl an Materialien, schauen Sie hierzu in den Technischen Merkblättern der Farbenhersteller nach.

6. Projektmappe

Ordnen Sie alle Unterlagen in einer Projektmappe.

Fußböden

9

1. Der Maler trifft auf eine Rohbaudecke in der alten Fabriketage, die zu einer Wohnung umgebaut wird.

9.1 Die Rohbaudecke

Ein Malerbetrieb erhält den Auftrag, auf einer Rohbaudecke einen Trockenestrich aufzubringen (Bild 1).

Welche Aufgaben hat eine Rohbaudecke?

Eine Rohbaudecke wird durch das Bauhauptgewerbe erstellt und hat folgende Aufgaben:

- Sie dient dem Abschluss von Räumen nach oben.
- Sie dient der Aufnahme von Lasten.
- Sie dient je nach Konstruktion der Schaffung von großen Flächen wie Lagerhallen.
- Sie erfüllt Anforderungen hinsichtlich Brandschutz, Schalldämmung (vor allem Trittschalldämmung) und Wärmedämmung.

Eine Rohbaudecke allein erfüllt aber nicht alle Anforderungen der Bauaufsicht, z. B. hinsichtlich Wärmedämmung und Schallschutz. Erst durch den Estrich können diese Werte verbessert werden (s. folgende Kapitel).

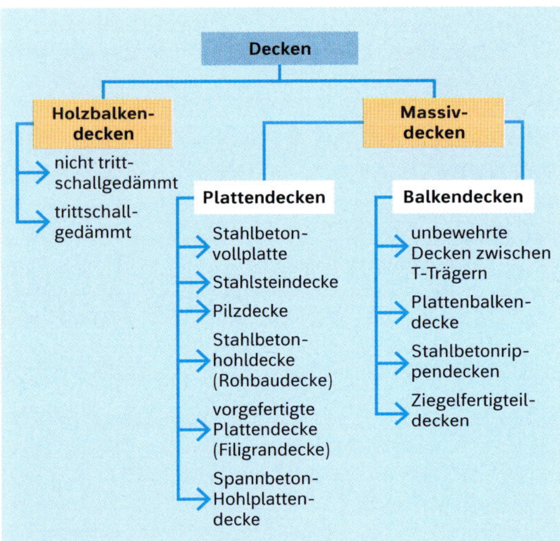

2. Aufbauten von Rohbaudecken

Die Aufbauten von Rohbaudecken

Rohbaudecken lassen sich einteilen in Holzbalkendecken und Massivdecken (Bild 2).
Holzbalkendecken (Bild 3) haben im Laufe der Baugeschichte sehr unterschiedliche Aufbauten erfahren. Die Konstruktion, bei der auf der Balkenlage die Rauspundbretter verlegt werden, könnte der Maler in alten Fachwerkhäusern noch antreffen. Balkendecken in heutigen Holzhäusern könnten den in Bild 3 gezeigten Aufbau haben.
Der Statiker berechnet den Abstand der Balken, um die darauf gestellten Lasten aufzufangen. Der Zimmerer erstellt diese Decke. Die Schallübertragung ist ein Grundproblem der Holzbalkendecke. Sie gilt als hellhörig.

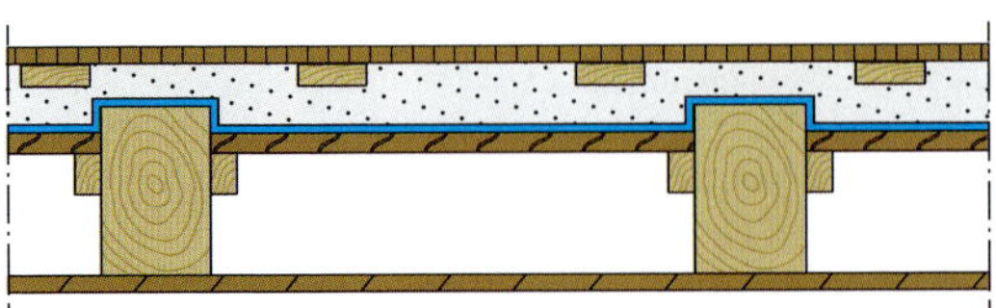

3. Eine Holzbalkendecke mit aufgebrachter Schüttung

Bei Massivdecken, wie z. B. einer Stahlbetonvollplatte, ist das Gewicht wesentlich höher, die Schalldämmung ist dadurch besser. Massivdecken wie z. B. die Hohlsteindecke findet der Maler in Bauten, die um 1950 erstellt worden sind. Auf Stahlträger werden Ziegelsteine gelegt und auf der Oberseite mit einem Estrich begossen.

Die Stahlbetonvollplatte ist ein Verbundkörper aus Betonstahl und z. B. Kiesbeton. Sie wird nach DIN 1045 gefertigt. Je nach Stützweite werden die Armierung und die Dicke der Decke vom Statiker errechnet. Der Stahlbetonbauer erstellt zuerst die Schalung, stützt sie ab, baut die Armierung ein und betoniert mit Ortbeton. Alternativ können diese Platten auch als Fertigteile in Betonwerken erstellt werden und auf der Baustelle auf die Wand aufgelegt werden.

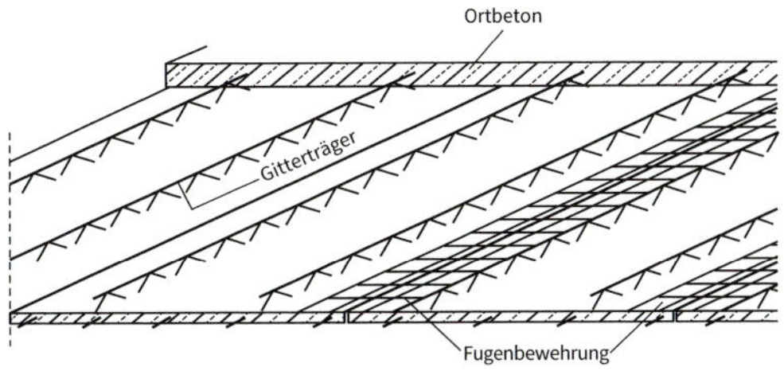

4. Eine Stahlbetonplatte im Querschnitt

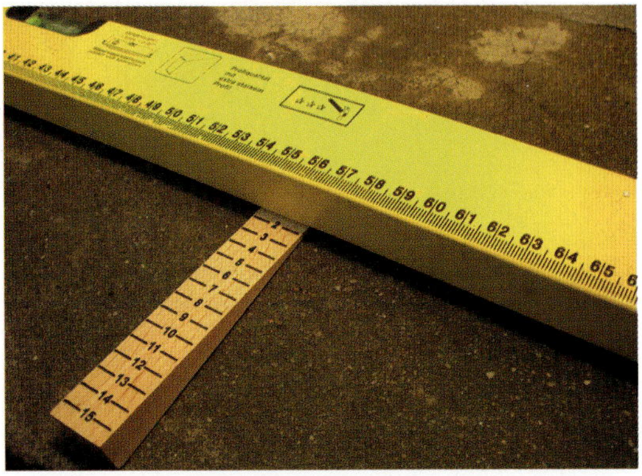

5. Die Messung der Ebenheit erfolgt mit einem Messkeil, der unter das Richtscheit geschoben wird.

Bei welchen Kundenaufträgen bearbeitet der Maler eine Rohbaudecke?

Der Maler bearbeitet Rohbaudecken in folgenden Arbeitssituationen:

- Er montiert Deckensysteme unter einer Rohbaudecke.
- Er verlegt Trockenestrichelemente auf der Rohbaudecke.
- Er spachtelt die Rohbaudecke und beschichtet den Boden z. B. in einer Garage.

Die Prüfung einer Rohbaudecke

Vor der Bearbeitung des beschriebenen Auftrags der Verlegung eines Trockenestrichs müssen folgende Voraussetzungen gegeben sein:

- Der Alt- bzw. Neubau muss trocken sein.
- Wand- und Deckenputze sind vorab aufgebracht worden.
- Die Decke wird auf Risse geprüft.
- Die Ebenheit nach DIN 18202 wird geprüft, die Toleranzen werden eingehalten. Die Messung erfolgt mit einem Messkeil (Bild 5), die Auswertung erfolgt mit der Tabelle (Tabelle 6).

Bauteile	**Abstand der Messpunkte**		
	1,0 m	**2,0 m**	**3,0 m**
Zeile laut DIN 18202	Ebenheitstoleranzen in mm		
1. nichtflächenfertige Oberseiten von Decken, Unterböden und Unterbeton	15	17	18
2. wie vor, aber: erhöhte Anforderungen wie: Aufnahme von Estrichen außerdem: fertige Oberflächen von Kellern und Lagern	8	9	11
5. nichtflächenfertige Wände und Unterseiten von Rohdecken	10	12	13

6. Tabelle für die Bestimmung der Ebenheit nach DIN 18202 (Auszug) ***Lesehilfe:*** *Bei einem 2 m Richtscheit, mit dessen Hilfe gemessen werden soll, ob die Rohbaudecke einen Estrich aufnehmen darf, darf maximal ein Spalt von 9 mm vorhanden sein (Zeile 2). Bei Nichteinhaltung sind Bedenken anzumelden und es ist eventuell zu spachteln.*

Aufgaben:

1. *Nennen Sie die Aufgaben, die eine Rohbaudecke zu erfüllen hat.*
2. *Unterscheiden Sie die Holzbalkendecke von der Massivdecke.*
3. *Informieren Sie sich in Büchern und im Internet über weitere Massivdeckenarten (Bild 2) und erklären Sie diese.*

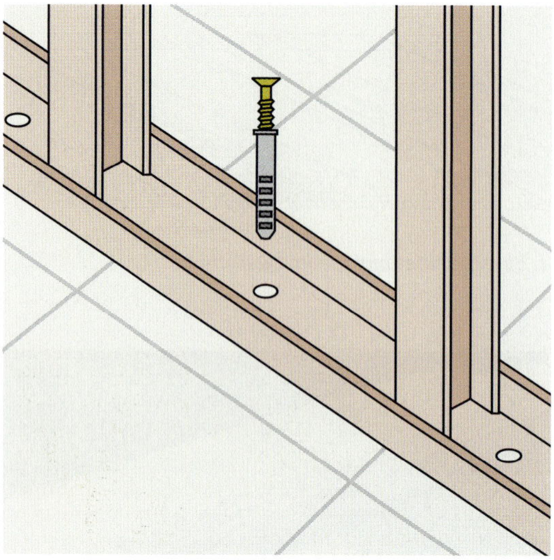

1. Das UW-Profil wird mit Dübeln auf dem Estrich befestigt. Welche Dübellänge wird genommen?

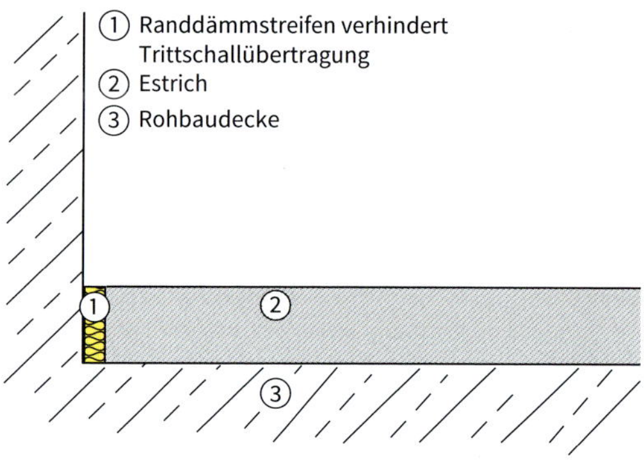

2. Der Verbundestrich hat zur Rohbaudecke eine direkte Verbindung, er wird direkt aufgebracht.

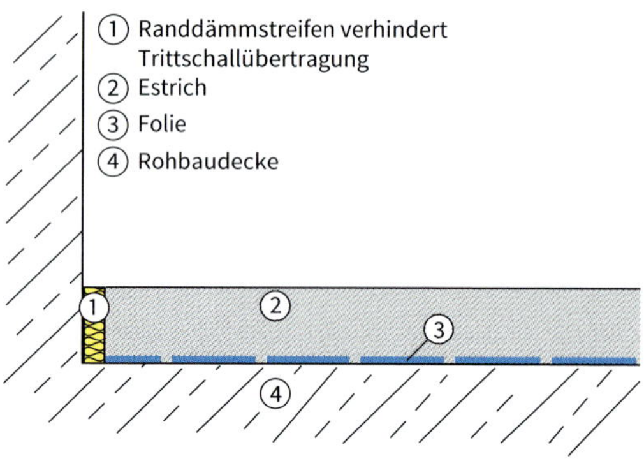

3. Der Estrich auf Trennlage hat eine Kunststofffolie als Trennlage zur Rohbaudecke.

9.2 Die Estricharten

In einer Wohnetage sollen Trockenbauwände montiert werden. Sie werden auf den Estrich gesetzt und hierbei verdübelt. Dabei stellen sich folgende Fragen: Wie dick ist der Estrich? Welche Dübellänge darf die Malerin nehmen (Bild 1)? Handelt es sich um einen Heizestrich?

Welche Estriche gibt es?

Ein Estrich ist eine lastverteilende Schicht auf einer Rohbaudecke,

- die eine sehr hohe Ebenheit aufweist,
- die die vorgegebene Höhenlage erreicht,
- die Zusatzaufgaben übernimmt wie Trittschall-, Wärmedämmung und Beheizung,
- die den Bodenbelag oder die Bodenbeschichtung aufnimmt.

Der Maler unterscheidet nach DIN 18560 die Estriche in folgende Konstruktionen:

- Verbundestrich (Bild 2)
- Estrich auf Trennschicht (Bild 3)
- schwimmender Estrich (Bild 4)
- Heizestrich (Bild 5)

Die Malerin muss zur fachgerechten Durchführung von Ausbau- und Belagarbeiten wissen, um welchen Estrich es sich bei einem Auftrag handelt.

Der **Verbundestrich** (Bild 2) hat eine direkte Verbindung zur Rohbaudecke. Er erfüllt keine Anforderungen an Trittschall- und Wärmedämmung und wird in hochbelasteten Bereichen wie Industrieanlagen eingesetzt. Die Malerin überprüft ihn vor allem auf Risse.

Der **Estrich auf Trennschicht** (Bild 3) wird auf eine Kunststofffolie aufgebracht. Dadurch wird er von der Rohbaudecke entkoppelt und ist bei Bewegungen der Decke nicht so rissanfällig. Außerdem soll dieser Estrich die Feuchtebelastung aus der Rohbaudecke unterbinden. In der Realität ist es aber oft so, dass die Folie durch eine schlecht abgezogene Decke reißt, Wasser kann dann aufsteigen. Die Malerin muss diesen Estrich sorgfältig auf Feuchte mit der CM-Methode prüfen. Sie darf die Folie nicht für Dübellöcher durchstoßen.

Der **schwimmende Estrich** liegt auf einer Folie, die auf einer Dämmplatte (z. B. aus Polystyrol oder aus Schaumglas) aufliegt. Die Dämmplatte hat wärme- und trittschalldämmende Eigenschaften. Die Folie wird auch „Schrenzlage" genannt und verhindert das Durchfeuchten der Dämmung beim Einbau. Am Rand ist eine Randfuge mit einem Randdämmstreifen ausgebildet. Dadurch findet keine Schallübertragung zu angrenzenden Räumen statt (Bild 4). Die Malerin muss den Estrich auf Feuchte und Risse prüfen, der Randdämmstreifen darf nicht entfernt sein, Befestigungen dürfen nur im Estrich erfolgen.

Der **Heizestrich** hat im schwimmenden Estrich Rohre für die Heizung. Bei Bauart A liegen die Rohre innerhalb des Estrichs, bei Bauart B innerhalb der profilierten Dämmschicht (Bild 5) und bei Bauart C im unteren Bereich eines zweilagigen Estrichs. Der Maler muss bei Befestigungsarbeiten wissen, wie hoch die Überdeckung der Rohre ist (z. B. 45 mm). Außerdem muss ein Aufheizprotokoll des Estrichlegers vorliegen. Der Maler muss wissen, dass bestimmte Bodenbeläge nicht für Heizestriche geeignet sind, da sie wärmedämmend sind bzw. die Wärme gar nicht durchlassen.

Bei einigen Heizungen ist das Aufheizprotokoll über das Steuerungsmenü der Anlage abrufbar.

Die Estricharten

Estriche können durch unterschiedliche Bindemittel erstellt werden. Die genaue Kenntnis der Art ist wichtig, um Beschichtungsstoffe, Spachtelmassen und Klebstoffe richtig auswählen zu können.

Die Malerin muss vor der Bearbeitung von Estrichen wissen, welche Estrichkonstruktion und welche Estrichart vorliegen.

Tabelle 6 erläutert die wesentlichen Eigenschaften der verschiedenen Estriche. Trockenestriche sind im folgenden Kapitel aufgeführt.

Aufgaben

1. *Warum muss die Malerin wissen, um welchen Estrich es sich handelt, den sie gerade bearbeitet?*
2. *Nennen Sie Gründe für den Einbau eines schwimmenden Estrichs.*
3. *Nennen Sie Gründe für den vermehrten Einbau eines CA-Estrichs.*

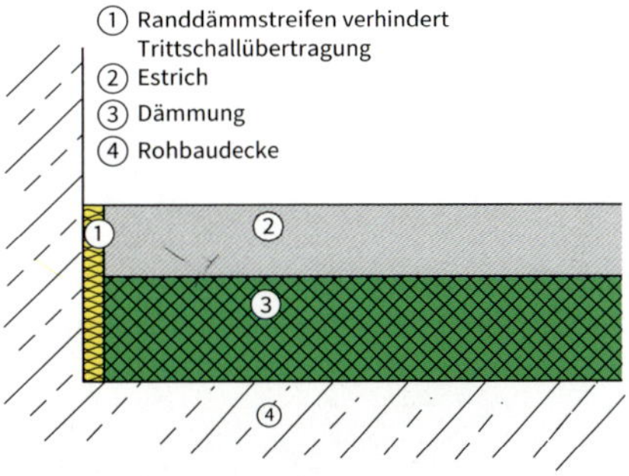

4. *Besonderes Kennzeichen des schwimmenden Estrichs ist die fehlende direkte Verbindung zur Rohbaudecke und zur Wand. Dämmplatten verhindern Schall- und Wärmeübertragungen. Dieser Estrich ist vor allem im Wohnungsbau zu finden.*

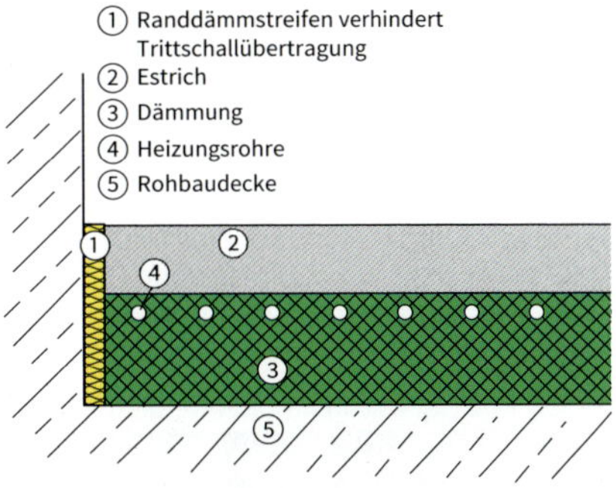

5. *Ein Heizestrich der Bauart A, bei der die Rohre in vorgefertigte Dämmplatten eingeklickt werden. Die Rohre werden in Schleifen verlegt.*

Estrichart	Zusammensetzung	Eigenschaften
Zementestrich CT	Körnung 0–16 mm, Zement, Zuschlagstoffe, Wasser	unempfindlich gegen Feuchte, universell von Wohnungsbau bis Industrie, auch als Heizestrich, Trocknung nach 28 Tagen
Calciumsulfatestrich CA	Körnung 0–8 mm, Calciumsulfat, Wasser	bis 200 m² ohne Fuge einbringbar, schnelle Trocknung: 7 Tage, feuchteempfindlich, nicht für Industrie
Magnesiaestrich MA	Sand, Korkmehl, Späne, Fasern, Hartstoffe, Magnesiumchlorid	leitfähig, gute Schall- und Wärmedämmung, hart, feuchteempfindlich
Gussasphaltestrich AS	Bitumen, Splitt, Sand, Gesteinsmehl	nach dem Erkalten sofort belegereif, fugenloser Einbau, wasserdampfdicht, feuchteunempfindlich, hart
Kunstharzestrich SR	Harz z. B. Epoxid, Polyurethan, Härter, Zuschlagstoffe	belegereif innerhalb von Stunden, hart, verschleißfest, chemikalienbeständig

6. *Die Estricharten nach der DIN EN 13813. Die Eigenschaften beziehen sich auf die Belange des Malerhandwerks. (Zur Prüfung der Estriche s. Kap. 9.5)*

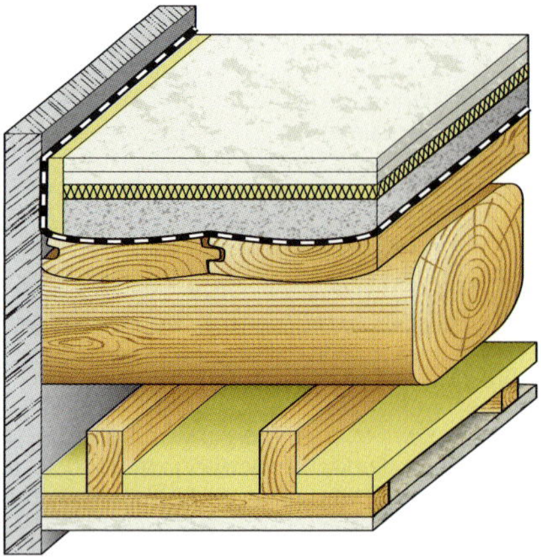

1 2 E 32 FERMACELL Estrich-Element mit 10 mm Mineralwolle
2 FERMACELL Ausgleichsschüttung Höhenausgleich und erhebliche Verbesserung der Trittschalldämmung
3 Rieselschutz, z. B. Kraftpapier
4 Holzdielen
5 Randdämmstreifen

1. Aufbaubeispiel Holzbalkendecke mit den Werten: R'w = 53 dB(A) und L'w = 62 dB(A) ohne Estrichaufbau, mit Estrichaufbau: R´w = 57 dB(A) (Verbesserung 4 db) und L'w = 53 dB(A) (Verbesserung 9 dB)

2. Den Rieselschutz 20 cm überlappen lassen und an den Wänden entsprechend der Schütthöhe hochziehen, um zu verhindern, dass die Schüttung zwischen Platte und Randdämmstreifen hochgedrückt wird.

3. Der eingebrachte Rieselschutz verhindert ein Wegrieseln der Schüttung (hier Wärmedämmschüttung) durch Spalten, Löcher und Risse.

9.3 Die Verlegung von Trockenestrichen auf Holzbalkendecken

Die Holzbalkendecke ist im Rahmen der Altbausanierung die am häufigsten anzutreffende Unterkonstruktion für Trockenestriche.

Die Untergrundvorbereitungen

Bei der Untergrundvorbereitung der Holzbalkendecke sind einige Dinge zu beachten:

- Mit einem Rotationslaser oder einer Schlauchwaage die Fertighöhe des Trockenestrichs ermitteln und auf die umliegenden Wände übertragen.
- Vorhandene Dielen und die Schüttung zwischen den Balken entfernen (es können Milben, Klopfkäfer oder der Kellerschwamm enthalten sein).
- Rieselschutz aus umweltfreundlichen Spezialpapieren (z. B. Natron- oder Bitumenpapier) einbringen (Bild 2).

Es sollte als Rieselschutz keine Dampfsperre zum Einsatz kommen, damit keine Feuchtigkeitsbildung (Kondensatbildung) im Holz stattfindet.

Beim Verlegen des Rieselschutzes ist darauf zu achten, dass die Schüttung nicht zwischen den Rieselschutz und das Bauteil gelangt (Bild 3).

Die Randdämmstreifen

Die Randdämmstreifen werden so an den Wänden angebracht, dass die Oberkante mindestens bündig mit dem später eingebrachten Bodenbelag abschließt (Bild 4). Die Streifen sollten mit einem Schlagtacker befestigt werden, um ein Wegrutschen zu verhindern.

Der Randdämmstreifen dient der Schallentkopplung sowie dem Abfangen der Dehnungsbewegungen der Platten, weshalb er mindestens 1 cm breit sein sollte.

Die Schüttungen auf Holzbalkendecken

Mit Ausgleichsschüttungen kann ein Höhenausgleich der Holzbalkendecke erreicht und eine vollflächige Auflage für die Trockenestrichelemente erzielt werden. Die Schüttungen in Holzbalkendecken können aber auch zur Verbesserung des Wärmeschutzes eingesetzt werden (Bild 3).

Die für die Bodenkonstruktion insgesamt verwendeten Materialien müssen von einem Hersteller sein, da sonst die Gewährleistung verfällt.

Das Einbringen der Schüttung

In die Balkenzwischenräume wird die Ausgleichschüttung eingefüllt (Bild 5). Um eine ebene Fläche zu erreichen, muss sie mit einem Abziehlehren-Set planeben abgezogen werden.

Die Schütthöhe muss an der dünnsten Stelle mindestens 1 cm betragen. Eine Überdeckung offen liegender Rohrleitungen muss ebenso 1 cm betragen.

Die Fläche darf nach dem Einbringen nicht begangen werden, da die Schüttung an den Auftrittstellen ansonsten weggedrückt wird.
Um Trockenestriche verlegen zu können, müssen mithilfe von kleinen Platten sogenannte Laufinseln geschaffen werden (Bild 6).

Ausgleichsschüttungen haben z. T. eine raue Kornoberfläche, sodass sich das Material ineinander verkrallt, wodurch es eine hohe Standfestigkeit erhält.

Das Verlegen der Platten

Die Trockenestrichplatten müssen immer auf einer tragfähigen, vollflächigen Schicht (z. B. Holzwerkstoffplatten, Dämmplatten) im Verbund gelegt werden. Sie dürfen nicht direkt von Balken zu Balken aufliegen. Bei Holzwerkstoffplatten als Unterkonstruktion müssen Schalldämmstreifen auf den Holzbalken verlegt werden, um eine Schallübertragung zu verhindern.

Sogenannte Verbundelemente sind mit einer Dämmlage zum Tritt- und Wärmeschallschutz ausgerüstet und ermöglichen somit einen schnellen Aufbau der Gesamtkonstruktion des Bodens.

Bevor die Trockenestrichplatten nach dem Verlegen begangen oder mit Bodenbelägen versehen werden können, müssen die Trocknungszeiten der verwendeten Plattenklebstoffe eingehalten werden.

Aufgaben

1. *Wie ermitteln Sie die Schütthöhe?*
2. *Wozu dient der Rieselschutz bei Holzbalkendecken?*
3. *Erläutern Sie den Zweck der Randdämmstreifen.*
4. *Informieren sie sich über weitere Sanierungsmöglichkeiten von Holzbalkendecken (z. B. bei Knauf oder Fermacell).*

4. Vor dem Einbringen der Schüttung müssen die Randdämmstreifen zur Schallentkopplung angebracht und mechanisch befestigt werden.

5. Die Ausgleichschüttung wird nach und nach in die Hohlräume eingefüllt und anschließend planeben abgezogen.

6. Um die Schüttungsoberfläche nicht zu beschädigen, können für weitere Arbeiten Laufinseln mithilfe von kleinen Platten geschaffen werden.

Unebenheit	Ausgleichsmöglichkeit mit
≤ 5 mm	Fließspachtel, Wellpappe, druckfeste Mineralwolle
bis 10 mm	Fließspachtel (bis 80 N/m², sonst mit vorheriger Grundierung)
≥ 10 mm	Ausgleichsschüttung nach DIN 18202
bis 100 mm	Ausgleichsschüttung unverdichtet
bis 200 mm	Ausgleichsschüttung zementgebunden

1. Je nach vorhandener Unebenheit des Untergrundes sind verschiedene Ausgleichsmöglichkeiten einsetzbar.

2. Selbstverlaufende Bodennivelliermassen werden auf die Massivdecke aufgebracht.

3. Um Feuchteschäden zu vermeiden, ist es immer sinnvoll, eine PE-Folie auf der Massivdecke zu verlegen.

9.4 Die Verlegung von Trockenestrichen auf Massivdecken

Nicht nur auf Holzbalkendecken, sondern auch auf Massivdecken (nicht unterkellert, neue Betonböden, Böden über Nassräumen) werden Trockenestriche verlegt, um z. B. Höhenunterschiede zu angrenzenden Räumen auszugleichen.

Die Vorbereitung des Untergrundes

Da auch Massivdecken Höhenunterschiede aufweisen können, sind diese im Vorfeld zu überprüfen.

Die Höhenunterschiede können mithilfe einer Schlauchwaage oder eines Lasergerätes und eines Meterrisses, welcher zur Orientierung angestellt wird, festgestellt und auf die umliegenden Wände übertragen werden.

Das Ausgleichen von Höhenunterschieden

Je nach Höhenmaß der Unebenheiten gibt es unterschiedliche Möglichkeiten, diese planeben auszugleichen (Tabelle 1). Bei einer Unebenheit von bis zu 10 mm geschieht dies z. B. mit kunststoffvergüteten, selbstverlaufenden Bodennivelliermassen (Bild 2).

Folgende Vorarbeiten müssen vor dem Einbringen der Bodennivelliermasse durchgeführt werden:

- Den Untergrund mit einer geeigneten Grundierung vorbehandeln.
- Die Randdämmstreifen anbringen und mechanisch befestigen.
- Bodennivelliermasse in einem sauberen Gefäß anrühren.

Nach den Vorarbeiten die Nivelliermasse auf die Massivdecke aufbringen und planeben ausgleichen.

Nivelliermassen sind geeignet für Untergründe aus Beton, Anhydrit oder Spanplatten, aber auch auf Estrichelementen.

Die Abdichtung gegen Feuchtigkeit

Auf Massivdecken muss zunächst eine Bauwerksabdichtung gemäß DIN 18195 in Form einer PE-Folie (0,2 mm) auf den Untergrund verlegt werden, um das Aufsteigen von Feuchtigkeit zu verhindern. Die Folie ist an ihren Stoßkanten mindestens 20 cm zu überlappen und an den Randanschlüssen und aufgehenden Bauteilen (z. B. Säulen, Pfeiler) auf das Fertigfußbodenniveau hochzuziehen.

Die Ausgleichsschüttung

Trockenestriche können keine Unebenheiten bei unebenen Fußböden im Alt- und Neubau ausgleichen. Daher kommen bei Unebenheiten von ≥ 10 mm Ausgleichsschüttungen zum Einsatz, die einerseits einen Höhenausgleich schaffen und andererseits auch den Wärme- und Trittschallschutz verbessern.

Das Aufschütten der Dämme

Nachdem alle Vorarbeiten, wie z. B. die Ermittlung der Fertighöhe des Trockenestrichs, die Anbringung des Randdämmstreifens etc., abgeschlossen sind, wird ein ca. 20 cm breiter Damm aus Schüttung an der Wand in der vorgesehenen Höhe ausgefüllt (Bild 4). Darauf ist die Niveauschiene der Abziehlehre mit den eingebauten Libellen auszurichten.

Neben sogenannten Abziehlehren können auch Niveauschienen aus Vierkantrohren (ca. 50 x 50 mm) oder geraden Kanthölzern verwendet werden, welche nicht in der Schüttung verbleiben dürfen.

Parallel zum ersten Damm wird ein zweiter Damm ausgelegt, der auf die Niveauschiene im Abstand der Abziehlehrenlänge auszurichten ist. Zwischen die Dämme wird nun die Schüttung aufgebracht und wiederum planeben abgezogen (Bild 5).

Die Verarbeitung der Schüttung sollte immer zur Tür hin erfolgen, da der Untergrund nach der Fertigstellung nicht mehr mit Schuhen begangen werden darf.

Auf dem Untergrund befindliche Installationsleitungen können mit einer Überdeckung von mind. 10 mm überschüttet werden.
Durch den abgestimmten Kornaufbau muss die Mindestschütthöhe ansonsten ebenfalls mind. 10 mm betragen.

Aufgaben

1. *Wie können Sie verschiedene Höhenlagen zwischen zwei Räumen ausgleichen?*
2. *Warum ist das Auslegen einer PE-Folie wichtig?*
3. *Aus welchen Gründen werden Trockenestriche auf Massivdecken verlegt?*
4. *Informieren Sie sich im Internet über verschiedene Aufbaukonstruktionen von Trockenestrichen (www.fermacell.de). Machen Sie sich dazu Notizen.*

4. Im Abstand von ca. 2 m wird der Damm mit Ausgleichsschüttung angelegt.

5. Die Ausgleichschüttung wird eingebracht und mit dem Abziehlineal auf das gewünschte Maß abgezogen.

6. Nach dem Einbringen der Ausgleichsschüttung kann mit der Verlegung der Trockenestriche begonnen werden.

CM-Feuchte %	Zement-estrich	Calcium-sulfat-estrich	Magnesia-estrich
beheizt	≤ 1,8	≤ 0,3	8–12
unbeheizt	≤ 2,0	≤ 0,5	8–12

1. Die CM-Werte für unterschiedliche Estricharten

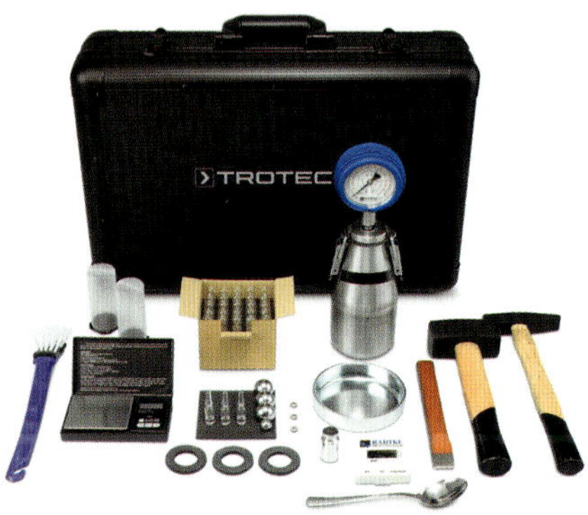

2. Die Messung der CM-Feuchte erfolgt mit dem CM-Prüfgerät. Links ist die druckdichte Flasche zu sehen, in die eine zerkleinerte Probe des Estrichs hineinkommt.

Bauteile	Abstand der Messpunkte		
	1,0 m	2,0 m	3,0 m
Zeile laut DIN 18202	Ebenheitstoleranzen in mm		
3. flächenfertige Böden, z. B. Estriche als Nutzestriche, bzw. Estriche zur Aufnahme von Belägen	4	6	8
4. flächenfertige Böden mit erhöhten Anforderungen	3	5	7

3. Die Ebenheitstoleranzen für flächenfertige Böden nach DIN 18202 (Auszug)
Lesehilfe: *Bei einem 2 m Richtscheit, mit dessen Hilfe gemessen werden soll, ob der Estrich eben ist, darf maximal ein Spalt von 6 mm vorhanden sein (Zeile 3). Bei Nichteinhaltung sind Bedenken anzumelden und es ist eventuell zu spachteln.*

9.5 Die Prüfung von Estrichen

Das Malerteam soll in einer Neubauwohnung einen Bodenbelag verlegen. Der Estrich ist neu eingebracht worden. Vor der Verlegung ist der Estrich zu prüfen.

Welche Untergrundprüfungen sind durchzuführen?

Nach VOB DIN 18365 Bodenbelagsarbeiten ist zunächst zu prüfen, um welche Estrichart es sich handelt. Handelt es sich um einen Zementestrich CT oder um einem Calciumsulfatestrich CA? Der Zementestrich härtet nach rund 20 Tagen aus und hat dann eine Feuchte von 1,8 % CM. Der CA ist schon nach rund 7 Tagen ausgehärtet und darf maximal eine Feuchte von 0,5 % CM haben. Die Feuchtewerte sind je nach Bindemittel unterschiedlich (Bild 1 und 2). Ist der Feuchtewert zu hoch, ist mit den Arbeiten zu warten und der Estrich ist auszutrocknen. Die Kenntnis des Bindemittels ist auch wichtig, weil auf den jeweiligen Estricharten nur bestimmte Spachtelmassen zugelassen sind – und falls das Spachteln entfällt nur bestimmte Kleber.

Die genaue Kenntnis der Estrichart, also des Bindemittels, ist wichtig für die Auswahl der Spachtelmasse und des Klebers.

Die **Ebenheit** ist anschließend zu prüfen. Hierzu wird mit einem Richtscheit und einem Messkeil gearbeitet (siehe Kap. 9.1). Für die flächenfertigen Böden gelten die in Tabelle 3 genannten Werte.

Die nicht genügend feste Oberfläche

Mit der **Gitterritzprobe** wird festgestellt (Bild 4), ob ein genügend fester Untergrund vorhanden ist. Hierzu wird ein Stahldorn so auf den Estrich aufgezogen, dass er durch eine Feder mit immer dem gleichen Druck den Boden einritzt. Die Feder ist je nach Belastung (Wohnbereich: Stufe 1, Objektbereich: Stufe 2, Industrie: Stufe 3) verschieden einstellbar.

Das Prüfergebnis ist einwandfrei, wenn die Oberfläche nicht ritzbar ist und die Prüfstriche keine Ausbrüche zeigen. Ist die Oberfläche nicht fest genug, so sind die Arbeitsgänge Schleifen, Bürsten, Saugen nötig. Anschließend wird bei einem CT-Estrich mit Epoxidharzgrundierung gearbeitet.

Die Prüfung auf **Risse** ist im ganzen Raum durchzuführen. Da vor allem der Zementestrich in den Ecken aufschüsselt und reißen kann, ist dort besonders genau hinzuschauen.
Risse werden genau untersucht hinsichtlich ihrer Breite (Bild 5), Tiefe (Geht der Riss z. B. durch den gesamten Estrich hindurch?) und Ursache (Handelt es sich um Schwundrisse?). Im Prüfprotokoll werden die Ergebnisse festgehalten. Die Sanierung der Risse erfolgt wie in Bild 6 dargestellt.
Der Maler hat weiterhin den Estrich auf **Fugen** zu untersuchen. Diese werden vom Estrichleger erstellt und sind vom Maler mit Schienen zu übernehmen.

Fugen, wie z. B. Bewegungsfugen, dürfen nicht geschlossen werden. Sie werden mit einer Schiene abgedeckt.

Die Prüfungen sollten in einem Prüfprotokoll vermerkt werden, um eine nachprüfbare Qualität zu erhalten.

Welche Prüfpflichten sind noch einzuhalten?

Die **Höhenlage**: Der Estrich darf einschließlich der Einbauhöhe des Belages (z. B. Laminat 9 mm) keine falsche Höhenlage gegenüber dem nächsten Raum haben. Höhenunterschiede von 4 mm werden noch toleriert.

Die **verunreinigte Oberfläche**: Verunreinigungen durch Öle, Lacke, Fette führen zu Haftungsproblemen mit den nachfolgenden Grundierungen und Klebstoffen. Sie sind zu entfernen.

Das **Aufheizprotokoll**: Es hat bei Heizestrichen (s. Kap. 9.18) vorzuliegen und wird vom Heizungsbauer erstellt. Er bestätigt, dass die Heizung über 19 Tage in Betrieb war.

Die **Messstellen**: Der Maler prüft die Feuchte mit einem CM-Messgerät. Um eine Beschädigung der Fußbodenheizungsrohre bei der Entnahme der Estrichprobe zu vermeiden, sind Messstellen vom Estrichleger zu setzen.

Der **Randdämmstreifen**: Sein Vorhandensein ist zu kontrollieren.

Aufgaben

1. *Warum müssen Sie vor der Bearbeitung des Estrichs das Bindemittel des Estrichs kennen?*
2. *Erstellen Sie eine Prüftabelle mit den Spaltenüberschriften „Prüfung auf ...“ und „Prüfmethode“ und prüfen Sie damit einen Raum.*

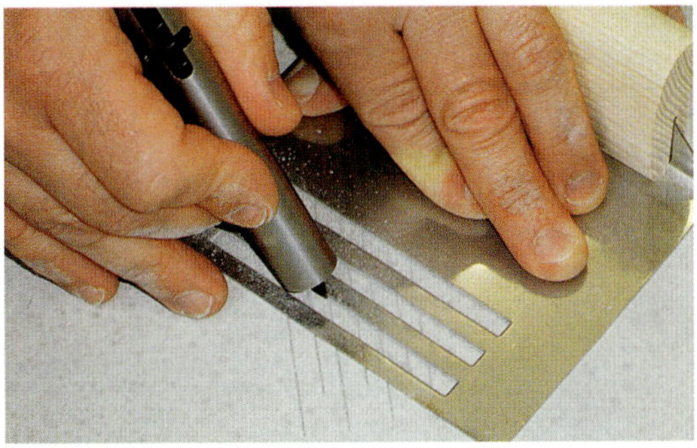

4. Gitterritzprüfgerät

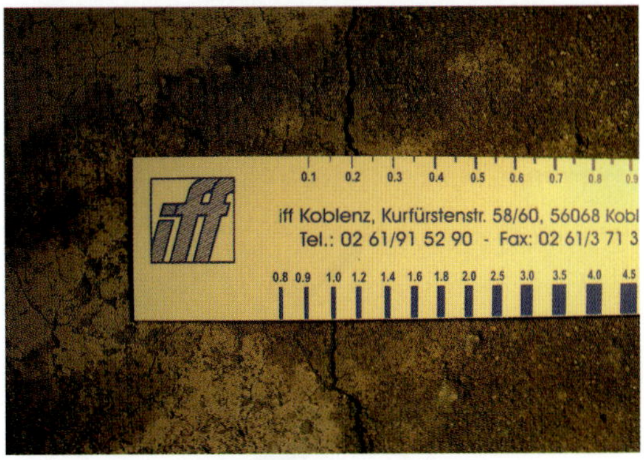

5. Messung der Risse mit einem Risslineal

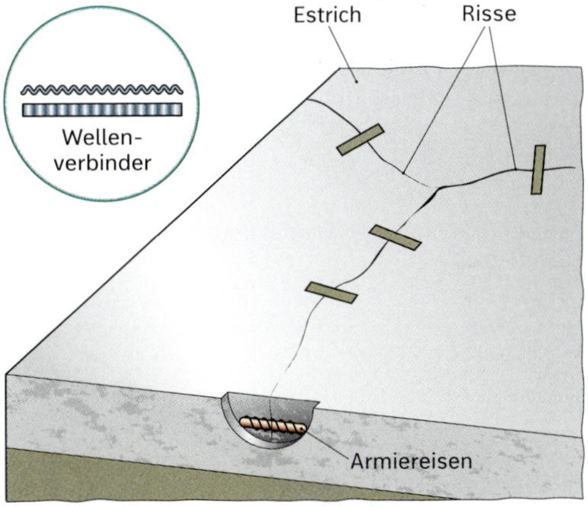

6. Risse im Rohbaubereich wie z. B. bei Estrichböden. Die Risse werden mit Geräten wie Winkelschleifern aufgeweitet und quer zum Rissverlauf alle 20 cm eingeschnitten. Darin werden Estrichklammern (Wellenverbinder) eingelegt und anschließend vollständig mit 2-K-Epoxidharz gefüllt. In der Frischphase wird das Harz im Überschuss mit Quarzsand abgestreut.

1. *In dieser Küche muss der alte PVC-Belag entfernt werden.*

2. *Dieser Fußbodenstripper löst Bodenbeläge durch Schälen ab.*

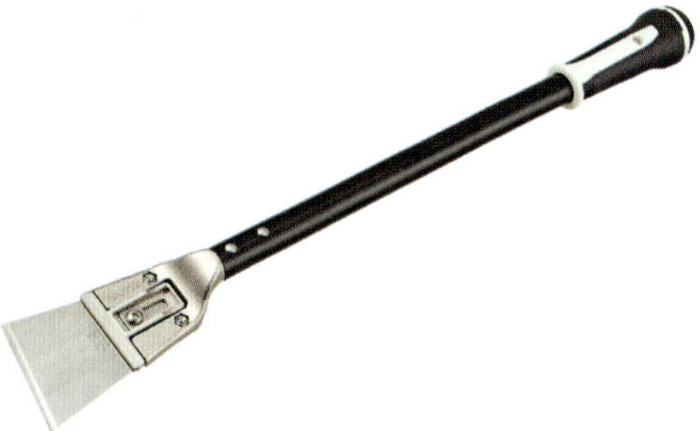

3. *Handschaber zur Entfernung von Bodenbelägen und Kleberresten*

9.6 Entfernen von Bodenbelägen

In der Küche (Bild 1) ist ein elastischer Bodenbelag aus PVC (Polyvinylchlorid) vorhanden. Die Prüfung ergibt, dass dieser Belag abgetreten und an einigen Stellen ohne Verbindung zum Unterboden ist (hohle Klopfgeräusche).

Nach der VOB DIN 18365 Bodenbelagarbeiten ist eine Neuverlegung nur auf trockenen, festen, sauberen und mit dem Deckenbildner (z.B. Betondecken) fest haftenden Unterboden (Estrich, Spanplatten) zulässig. Der elastische Bodenbelag in der Küche erfüllt diese Anforderungen nicht und muss also vollständig entschichtet werden.

Das Ablösen von elastischen Bodenbelägen

Das Abreißen des PVC-Belages mit der Hand erweist sich oft als nicht möglich.

Der **Fußbodenstripper** (Bild 2) ist so konstruiert, dass seine Stripperklinge auf dem Unterboden entlang geführt wird und der Belag abgelöst wird. Die abgelösten Belagbahnen werden aufgesammelt und in Behältern zur Entsorgung gebracht. Sind die Flächen klein, kann man mit Handschabern (Bild 3) den Unterboden bearbeiten.

Klebstoffreste sind ein Problem, da sie in der Regel gut auf dem Untergrund haften. Für Bodenbeläge, die vor längerer Zeit verlegt worden sind, wurden oft neoprene Kleber verwendet, die extrem hart und festsitzend sein können. Da in der Küche (Bild 1) der PVC-Belag kaum Verbindung zum Unterboden hat, genügt hier der Einsatz eines Schabers.

Das Entfernen textiler Bodenbeläge

Es erfolgt in der gleichen Arbeitstechnik. Hier ist jedoch der Schaumrücken ein besonderes Problem, weil nach dem Abreißen oft Reste auf dem Unterboden haften. Bevor mit mechanischen Schabern gearbeitet wird, sollte geprüft werden, ob ein wasserlöslicher Wiederaufnahmekleber verwendet wurde. Hierzu wird Wasser auf den Boden gegeben. Lösen sich die Reste, liegt dieser Kleber vor. Erfolgt keine Ablösung, ist zu schaben. Teppiche werden in Streifen geschnitten und mit der Reißklaue entfernt.

Die Reinigung des Unterbodens

Der Unterboden ist nach den Arbeiten zu reinigen. Hierzu werden **Industriesauger** verwendet (Bild 4), die größere Belagsreste aufsaugen, aber kleinere Teilchen wie Zementstaub durch deren Feinstaubfilter nicht in die Raumluft blasen.

Wichtig ist hierbei, dass der Sauger die **BGIA** zum Saugen von Stäuben erfüllt. BGIA heißt „Berufsgenossenschaftliches Institut für Arbeitssicherheit“. Diese Prüfung gibt dem Beschäftigten die Sicherheit, dass die Stäube tatsächlich zurückgehalten werden und ihn nicht belasten.

Das Staubproblem wird noch größer, falls der Untergrund mit einer Schleifmaschine geschliffen werden soll, um z. B. Grate zu entfernen oder Sinterschichten aufzurauen. Auch hier ist dafür Sorge zu tragen, die Feinstaubbelastung im Raum durch Verwendung von Saugern mit dem entsprechenden **Rückhaltevermögen** zu verhindern (Bild 5).
Besondere Vorsicht ist bei der Entfernung von Altbelägen mit asbesthaltiger Trägerschicht und PVC-Verschleißschicht geboten, die in den fünfziger Jahren verlegt worden sind. Hier ist die **TRGS 519** zu beachten, die genau regelt, wie mit asbesthaltigen Stoffen umgegangen werden muss.

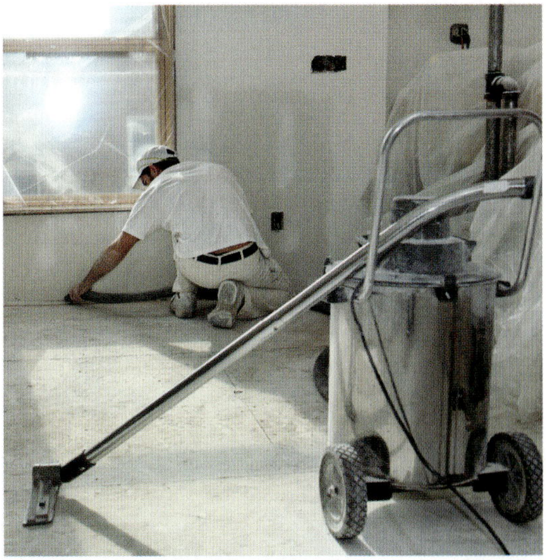

4. Ein Industriestaubsauer hat folgende Eigenschaften:
- *Bauartgeprüft nach DIN EN 60335 mit Zulassung der Staubklasse M für Stäube mit Arbeitsplatzgrenzwerten größer als 0,1 mg/m³*
- *Sicheres und vorschriftenkonformes Arbeiten dank Volumenstromüberwachung der Mindestluftgeschwindigkeit von 20 m/sec und Abschaltverzögerung zur vollständigen Schlauchentleerung*
- *Optimale Absaugung verschiedenster Späne und Stäube dank stufenloser Saugkraftregulierung*
- *Sicheres Arbeiten durch Schutz vor elektrostatischen Aufladungen beim Saugvorgang dank Antistatik-Ausrüstung*

Wie werden Belagreste entsorgt?

Die Entsorgung der Belagreste – und hier spielt es keine Rolle, ob es sich um elastische oder textile Bodenbeläge handelt – hat nach den gültigen Entsorgungsvorschriften zu erfolgen.

Das Kreislaufwirtschaftsgesetz (KrWG) stellt die Wiederverwertung in den Vordergrund.
Linoleum ist ein Naturprodukt, daher wird es über den Restmüll entsorgt. PVC wird über die Sammelstellen der „Arbeitsgemeinschaft PVC-Bodenbelag Recycling“ entsorgt (s. www.agpr.de).

Kleberreste gelten im ausgehärteten Zustand nicht als Sonderabfall und werden über die Deponie entsorgt. Dies gilt auch für Fräs-, Bürst- und Saugreste.

Aufgaben

1. *Erklären Sie den Arbeitsablauf bei der Entfernung eines textilen Bodenbelags mit Schaumrücken.*
2. *Erklären Sie die Bedeutung des Begriffs „Rückhaltevermögen“ beim Umgang mit Industriesaugern.*
3. *Beschreiben Sie, wie PVC-Abfall entsorgt werden muss, und informieren Sie sich auf der Website der Arbeitsgemeinschaft PVC-Bodenbelag Recycling www.agpr.de über das Recycling.*
4. *Informieren Sie sich zum Thema im Internet unter der Adresse www.dguv.de.*

Staubklasse	Eignung für Stäube mit Arbeitsplatzgrenzwerten	Durchlassgrad
L (leicht)	> 1 mg/m³	max. 1 %
M (mittel)	> 0,1 mg/m³	max. 0,1 %
H (hoch)	< 0,1 mg/m³	max. 0,005 %

5. Staubsauger zur Beseitigung gefährlicher Stäube werden in Verwendungskategorien eingeteilt. Für den Malerbereich wird ein Sauger der Staubklasse M gewählt, bei Asbestsanierungen die Staubklasse H-Asbest (Einteilung nach IEC/EN 60335-2-69).

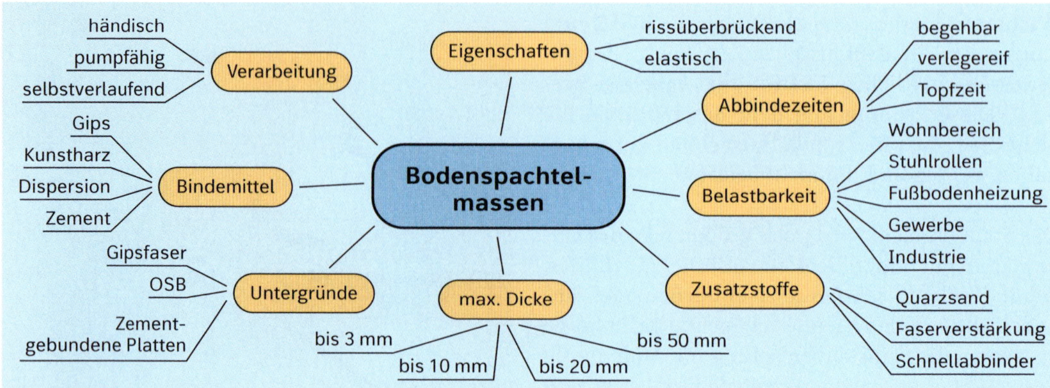

6. Eine Mindmap (Gedankenkarte) für Bodenspachtelmassen

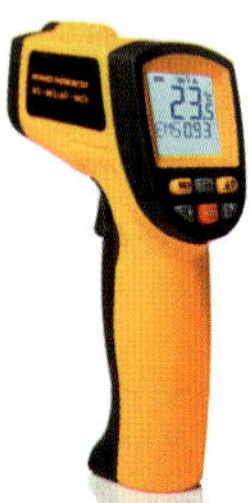

7. Infrarotthermometer zur berührungsfreien Messung

Technische Daten	
• **Topfzeit**	ca. 30 Minuten bei + 20 °C
• **Begehbar**[1)]	nach ca. 3 Stunden
• **Verlegereif**[1)]	– bis 5 mm nach ca. 24 Stunden für alle Belagsarten – bei Erhöhung um weitere 5 mm jeweils 24 Std. längere Trockenzeit (gilt auch für die gestreckte Spachtelmasse ab 10 bis 25 mm) – bis 10 mm nach ca. 24 Std. für dampfoffene und keramische Beläge
• **Verarbeitungs-temperatur**	nicht unter + 5 °C Bodentemperatur
• **Verbrauch**	ca. 1,5 kg/m²/mm

1) bei 20 °C und 65 % rel. Luftfeuchte, Bodentemperatur ≥ 15 °C

Alle Angaben sind ca.-Werte und unterliegen raumklimatischen Schwankungen.

Mischungsverhältnis

- Für 25,0 kg ca. 5,5 l Wasser.
- Gestreckte Spachtelmasse:
  max. 5,75 l Wasser für 25 kg
  Den Zuschlag als letzte Komponente hinzufügen.
  Schichtdicken 5 bis 15 mm:
  Streckgut bis 50 Gew.-%, entspricht einem halben Gebinde QUARZSAND 0,2–0,8 mm auf 25 kg

8. Auszug aus einem technischen Merkblatt eines Herstellers

Die Prüfungen vor dem Einbringen von Spachtelmassen und die Auswahl der Spachtelmasse

Nach dem Vorstrich (Grundierung) werden die Spachtelmassen aufgebracht. Die Mindmap (Bild 6) zeigt die unterschiedlichsten Einteilungen, die mittlerweile möglich sind. Wichtige Prüfungen vor dem Einbringen von Spachtelmassen sind:

- Der Randdämmstreifen muss bei der schwimmenden Verlegung fest in der Randfuge stecken. Er darf keine Unterbrechungen haben und muss ggf. ersetzt werden.
- Der Untergrund sollte, wenn einige Tage nach dem Rollen des Vorstrichs vergangen sind, abgesaugt werden.
- Die Untergrundtemperatur (Objekttemperatur) darf nicht unter der vom Hersteller im technischen Merkblatt ausgewiesenen Verarbeitungstemperatur liegen. Die Messung erfolgt mit einem berührungsfrei messenden Infrarotthermometer (Bild 7).

Trockenestrichplatten aus Gipsfaser

Die Hersteller weisen oft in ihren technischen Merkblättern **nicht** den Untergrund Gipsfaserplatten aus. Dann sollten Materialien verwendet werden, die für Calziumsulfatestriche geeignet sind, da diese ebenfalls gipsgebunden sind. Darunter fällt z. B. die Spachtelmasse auf Calziumsulfatbasis, deren technische Daten in Bild 8 abgedruckt sind.

Hinweise zum Merkblatt

Topfzeit: Dieser Begriff bezeichnet die Zeit, nach der die Masse im Topf gehärtet ist.

Fast ausgehärtete Spachtelmassen dürfen nicht durch Wasser nachträglich spachtelbar gemacht werden, da die Abbindung bereits begonnen hat. Die Endhärte wird sonst nicht erreicht.

Verlegereif bedeutet, dass nach der angegebenen Zeit auf der Spachtelschicht der Belag verlegt werden darf. Diese Zeit gilt aber nur, wenn die Spachtelmasse bei 20 °C Objekttemperatur aushärten konnte (Bild 8).

Mischungsverhältnis: Die Säcke sollten nur im Ganzen gemischt werden, da dann die Menge Wasser stimmt. Das Wasser wird nicht ungefähr mit dem Gartenschlauch zugegeben, sondern abgemessen. Diese Spachtelmasse (Bild 8) darf nur zwischen 5,5 und 5,75 Liter auf 25 kg erhalten (Bild 9 und Tabelle 10).

Streckgut ist Quarzsand, der die Menge auf preiswerte Weise erhöht und mehr Volumen schafft. 50 Gew.-% bedeuten: 50 % Gewicht der Spachtelmasse dürfen als Quarzsand beigefügt werden. Bei 25 kg Spachtelmasse sind das also 12,5 kg Quarzsand.

Die Spachtelung von OSB-Platten

Hierfür werden zementgebundene Spachtelmassen, die kunststoffvergütet sind und damit eine höhere Elastizität aufweisen, verwendet. Außerdem können faserverstärkte Massen auf Calciumsulfatbasis verwendet werden.

Die Spachtelung von zementgebundenen Feuchtraumplatten

Es eignen sich nur zementäre Spachtelmassen, da gipshaltige Massen im Feuchtraum weich werden.

Aufgaben

1. *Warum ist die Objektmessung beim Spachteln so wichtig?*
2. *Unterscheiden Sie Topfzeit von Verlegereife.*
3. *Warum müssen Spachtelmassen auf OSB-Platten elastisch bzw. faserarmiert sein?*
4. *Suchen Sie bei einem bekannten Hersteller, wie z. B. Schönox, für die jeweilige Trockenestrichplatte die optimale Spachtelmasse heraus. Vergleichen Sie die drei Massen hinsichtlich Verlegereife und Begehbarkeit.*
5. *Informieren Sie sich über die TRGS 610.*

9. Die meisten Spachtelmassen dürfen nur mit langsam laufendem Gerät gemischt werden (maximal 600 Umdrehungen pro Minute). Zuerst das Wasser einfüllen, dann die Spachtelmasse einrühren; das Streckgut kommt zum Schluss.

Material	Verarbeitung	Hinweise
Grundreiniger	mit Mopp, mit Wasser nachspülen	zum Entfernen von Kleberresten
Dispersionsvorstrich, LM frei	mit Rolle oder durch Sprühen auf saugfähigen Böden	Haftbrücke zur Spachtelmasse bzw. Kleber
Tunoprene Vorstrich, LM frei	wie vor nur auf nicht saugenden Böden	filmbildend, z. B. für Spanplatten
2-K-Epoxid Vorstrich LM haltig	auf saugenden porösen Böden	AUG beachten, Lüften!, Einsatz auch bei nicht festen Böden
zementäre, kunststoffvergütete Ausgleichsmasse	mit Kelle, auch selbstverlaufend, alkalisches Material	angegebene Schichtdicken unbedingt einhalten, AUG beachten, bei Dicken über 10 mm Quarzsand (0 bis 2 mm Korn) beimischen
2-K-Polyurethan-Spachtelmasse LM frei	mit Kelle und Zahnkelle	für hoch belasteten Bereich wie Gabelstaplerverkehr, AUG beachten
flexibler KD Spachtel LM frei	mit Kelle und Zahnspachtel, bis 1 mm Dicke	für Verlegung von Bodenbelägen auf PVC, CV und Spanplatten

LM Lösemittel, KD Kunststoffdispersion, AUG Arbeits-Umwelt-Gesundheitsschutz beachten

10. Vorstriche, Spachtelmassen und Bodenausgleichsmassen. Die TRGS 610 ist zu beachten! Die Vorbehandlung geschieht durch Schleifen, Bürsten, Saugen.

1. Mit dem elastischen Bodenbelag Linoleum ausgelegter Bürobereich

2. So sieht ein Linoleumbelag in der Vergrößerung aus: Nutzseite oben, Rücken unten.

Einteilung in Nutzungsklassen gemäß DIN EN ISO 10874 Linoleum Belag Colorette	
23	Klasse Wohnen – starke Nutzung, z. B. Wohnungsflur, Küche
34	Klasse gewerblich – sehr starke Nutzung, z. B. Flughafen, Kaufhaus
42	Klasse Industriell – normale Nutzung, z. B. Büro in der Fabrikhalle
CE EN 14041 : 2004 05/08 1658-CPD-1003	Hergestellt von: Ludwig-Kaufmann-Str. 13 D-27753 Delmenhorst
C_{fl}-s1 DS	

3. Technische Daten eines Linoleumbelags (Auszug)

9.7 Die elastischen Bodenbeläge

Der Büroraum (Bild 1) ist mit dem elastischen Bodenbelag ausgelegt worden. Der Kunde hat einen elastischen Belag gewählt, da dieser im Gegensatz zum textilen wesentlich besser zu reinigen ist, eine sehr glatte Oberfläche aufweist und sich Stuhlrollenlaufbahnen und Laufspuren nicht so schnell abzeichnen.

Welche elastischen Bodenbeläge kommen in Betracht?

Linoleum zählt zu den Belägen, die seit mehr als 100 Jahren ohne Probleme verlegt werden (Bild 2). Es wird aus Harz, Leinöl, Kork und Jutegewebe hergestellt. Linoleum ist ein Naturprodukt, antibakteriell und z. B. für Krankenhäuser geeignet.

Was sagt das Testat aus?

Für die Beläge werden Testate erstellt (Bild 3). Dieser Belag ist in verschiedenen Dicken lieferbar, und für starke, mittlere und leichte Beanspruchungen geeignet (Tabelle 4). Für das Büro wird die Gesamtdicke 3,2 mm ausgewählt. Das Brandverhalten ist in die Klasse C_n-S1, also schwer entflammbar, eingeordnet worden. Aus dem Testat ist weiterhin ablesbar, dass dieser Belag einige Zusatzanforderungen erfüllt. Hierzu zählen die **Stuhlrolleneignung** und die Eignung für Fußbodenheizung (Bild 3). Probleme gibt es bei elektrostatisch gefährdeten Bauelementen wie Computern. Hier sind **Ableiteigenschaften** nötig.

Ableitfähige Linoleumbeläge

Diese Beläge tragen das Piktogramm „ableitend“ (Tabelle 5). Dies wird durch ein unter dem Belag verlegtes Ableitsystem erreicht, das über die Erdung in die zusätzliche elektrische Schutzmaßnahme einzubeziehen ist. Hierfür stehen zur Verfügung:

- Kupferbänder; sie werden mit geeigneten leitfähigen Klebstoffen auf den Unterboden verlegt und an die Erdung vom Elektromonteur angeschlossen. Anschließend wird mit dem leitfähigen Klebstoff der leitfähige Linoleumbelag geklebt.
- Kupferfahnen; sie sind in den leitfähigen Vorstrich einzulegen und an die Erdung anzuschließen. Die Verlegung erfolgt mit leitfähigem Klebstoff und leitfähigem Belag.

Für die Verlegung im Büro wird nun ein ableitender und stuhlrollengeeigneter Belag gewählt. Die weiteren Eigenschaften (Bild 3) sind für das Büro nicht von Bedeutung. Gibt es eine Fußbodenheizung, so ist bei der Kleberauswahl auf entsprechende Eignung – siehe Merkblätter – zu achten.

Bei allen elastischen Bodenbelägen hat der Untergrund absolut eben und gratfrei zu sein.

Welche Bodenbeläge kommen noch in Betracht?

PVC-Beläge: Von vielen Umweltschützern und Verbraucherorganisationen wird der Einsatz von PVC-Belägen abgelehnt, weil die thermische Entsorgung Dioxine – ein gefährliches Umweltgift – freisetzt. Weiterhin entsteht hierbei aggressive Salzsäure.

Im PVC-Bodenbelag sind über 50 verschiedene Chemikalien vorhanden, ohne die der Belag nicht lange nutzbar wäre. Einige dieser Substanzen stehen im Verdacht, gesundheitsschädlich zu sein. PVC-Bodenbeläge werden in Oberflächendessins angeboten, die Linoleum sehr ähneln. Die Bahnen und Fliesen der elastischen Bodenbeläge werden mit einer **Schweißschnur** (Ceder bei PVC bzw. Schmelzdraht bei Linoleum) verschweißt.

Gut im Bild 6 zu sehen: An einer Nahtstelle geht die Schweißnaht auf, Wischwasser kann eindringen. Obere Bildhälfte: Die gewaffelte Rückseite des PVC. Die Beläge können ableitfähig verlegt werden. Außerdem gibt es den **Noppenboden aus Kautschuk**, der für Bereiche mit höchster Beanspruchung geeignet ist.

Polyolefinbeläge

Dieser Belagtyp ist chlorfrei. Viele Nachteile des PVC-Belages entfallen demnach bei diesem Belag. Er besteht aus elastischem Polyolefin-Schaumrücken und einer strukturierten Acrylat-Nutzschicht auf einem Glasvlies als Träger. Der Unterboden wird wie bei allen elastischen Bodenbelägen mit Schleifen, Bürsten, Saugen vorbehandelt, mit einem Vorstrich gestrichen und gepachtelt.

Aufgaben

1. *Welche Angaben können Sie dem Testat entnehmen?*
2. *Wählen Sie die entsprechenden Eignungen für einen Linoleumbelag, der in einem Krankenhaus einschließlich Operationssaal verlegt werden soll.*
3. *Beschreiben Sie die Bedeutung und Verarbeitung eines ableitfähigen Linoleumbelags für einen mit Computern arbeitenden Industriebetrieb.*

DIN EN ISO 10874	Einsatzbeispiel	Erläuterung zu Bild 3
	Schalterhalle, Fabrikhalle, Kaufhaus, Schulflur, Tanzfläche, Kaserne	Dieser Bodenbelag darf im Wohnungsbau in sehr intensiv genutzten Bereichen verlegt werden (verdeutlicht durch viele Menschen).
	Krankenhaus, Schul- und Lehrraum, Großraumbüro, Fachgeschäft, Restaurant, Theater	
	Ausstellungs-, Konferenzraum, Boutique, Altenheim, Kindergarten, Küche im Wohnbereich, Hotel	
	Wohnraum, Diele, Aufenthaltsraum	

4. Eignungsbereiche für Bodenbeläge

Eigenschaften		Anforderungen
	Chemikalienbeständigkeit	Für Räume, in denen mit chemischen Stoffen gearbeitet wird.
$\leq 10^9 \Omega$	ableitend	Beim Begehtest kaum Aufladungen
	Trittschallverbesserung	Verhindert die Ausbreitung des Trittschalls nach unten.
	fleckbeständig	Der Belag ist einfach zu reinigen.
$A1_{fl}$	brandbeständig	Das Brandverhalten wird noch weiter in 11 Klassen unterteilt.
	Lichtechtheit	Der Belag wird auf Veränderungen unter UV-Strahlung geprüft.

5. Eigenschaften von Bodenbelägen (Zusatzeignungen)

6. Elastischer Belag PVC (oben: Rücken, Mitte: offene Naht)

1. *Verschiedene elastische Beläge können verwendet werden: Linoleum (unten), PVC (links), Cushioned Vinyl CV (rechts)*

Technische Daten	
• **Basis**	Kunstharzdispersion mit klebeverstärkenden Zusätzen
• **Farbe**	beige
• **Spez. Gewicht (Dicke)**	1,10 kg/l
• **Lagerungstemperatur**	nicht unter +5 °C
• **Temperaturbeständigkeit bei Fußbodenheizung**	bis +50 °C
• **Verarbeitungstemperatur**	nicht unter +15 °C
• **Materialverbrauch**	Rolle ca. 200 g/m² Zahnung TKB A1-A4 200 – 300 g/m² Zahnung TKB B1-B3 300 – 500 g/m²
• **Ablüftezeit**	ca. 10 – 60 min
• **Einlegezeit**	ca. 20 – 60 min
• **Trocknungszeit**	ca. 24 Stunden
• **Endfestigkeit**	nach ca. 72 Stunden

Alle Angaben sind Circawerte, unterliegen raumklimatischen Schwankungen und unterscheiden sich je nach Saugfähigkeit, belastungsspezifischen Anforderungen und Auftragsgerät.

2. *Auszug aus dem technischen Merkblatt eines Standard-Dispersionsklebers, die Zahnung ist nach der Technischen Kommission Klebstoffe (TKB) genormt*

3. *Mit einem Zahnspachtel, hier mit auswechselbaren Leisten, wird der Kleber aufgebracht*

9.8 Die Verarbeitung elastischer Beläge

Auf Estrichen werden elastische Beläge wie PVC, Linoleum, Kautschuk, Polyolefin (PO), Cushined Vinyl (CV) verlegt. Sie verschönern den Raum, haben eine lange Lebensdauer und sind sehr gut reinigungsfähig (Bild 1).

Die Prüfung des Estrichs

Vor der Verlegung ist der Estrich hinsichtlich Ebenheit, Rissen, Verschmutzungen, Höhenlage, Neigung und Randfugen zu prüfen. Da bei elastischen Belägen aufgrund der geringen Dicken immer gespachtelt werden muss, ist auch zu prüfen, ob die Trockenzeiten des Spachtels eingehalten worden sind. Die Beläge sind vor der Verlegung in den Raum zu legen. Sie sind dann klimatisiert und planliegend.

Werden vom Verarbeiter Mängel festgestellt, hat er Bedenken nach VOB Teil B § 4 Absatz 3 bei der Bauleitung anzumelden.

Gemeinsam wird dann überlegt, wie der Mangel abgestellt werden kann und wer die Kosten trägt.

Die Arbeit mit dem Klebstoff

Der Kleber wird mit dem Zahnspachtel (Bild 3) aufgebracht, um die gleichmäßige Klebermenge zu erhalten. Die Zahnungen sind unterschiedlich groß. Die Kleberauswahl und die Ablüftezeit (Bild 2) richtet sich nach dem Untergrund, da elastische Beläge immer dampfdiffusionsdicht sind. Der Standardkleber ist der wasserbasierte Dispersionsklebstoff ohne Lösemittel. Es werden folgende Klebungen unterschieden:

Die Nassklebung

Auf saugenden Untergründen (Spachtelung mindestens 3 mm) wird der elastische Belag im Nassklebeverfahren mit Ablüftezeiten von rund 10 Minuten bei 20 °C Objekttemperatur verlegt.

Die Haftklebung

Auf nicht saugenden Untergründen, wie OSB-Platten, wird die Ablüftezeit auf ca. 40 Minuten verlängert, das Wasser verdunstet fast. Die Testung erfolgt mit der Fingerprobe: Der Kleber zieht bei Berührung Fäden. Ein Verschieben des Belags ist nach dem Einlegen nicht mehr möglich.

Die Kontaktklebung

Hierbei wird der Kontaktkleber auf den Boden **und** den Belagsrücken aufgebracht. Nach einer Ablüftezeit von ca. 30 Minuten wird der Boden aufgepresst. Die Haftfestigkeit ist abhängig vom Pressdruck. Der Kleber ist für beanspruchte Bereiche und auch für hohe Beanspruchungen geeignet.

Die Verlegung

Sie erfolgt im Raum, indem der Boden hälftig zurückgeschlagen wird (Bild 5). Nach dem Einlegen erfolgt das blasenfreie Anreiben mit Brett oder schwerer Rolle von innen nach außen. Mit dem Schweißautomaten oder einem Handschweißgerät werden die Fugen verschweißt (Bild 6).

Die ableitfähige ESD-Verlegung

Diese Verlegung ist so eingestellt, dass die elektrostatische Aufladung, die z. B. beim Begehen entsteht, abgeleitet wird. Diese Ableitung ist z. B. notwendig, um Computer und andere elektronische Geräte (z. B. Waagen, CNC-Maschinen) vor elektrischen Aufladungen zu schützen.

Der Aufbau sieht als ableitende Schicht den Kleber als Leitebene vor. Über Kupferbänder wird die Ladung zum Potenzialausgleich („Erde") geleitet.

Aufgaben

1. *Warum wird der Kleber mit dem TKB Zahnspachtel und nicht mit der Rolle aufgebracht?*
2. *Führen Sie weitere Fälle auf, bei denen Sie Bedenken anmelden sollten.*
3. *Der Estrich ist nicht gespachtelt worden. Der PVC ist dampfdicht. Welches Klebeverfahren nehmen Sie?*
4. *Suchen Sie sich bei einem Hersteller, wie z. B. Schönox, einen leitfähigen Kleber heraus. Wie wird er verarbeitet?*

4. Der Klebstoff in der Hohlkehle lüftet ab.

5. Der Boden wird hälftig zurückgeschlagen, blasenfrei eingelegt und mit der Andrückwalze angedrückt.

6. Nach 24 Stunden wird die Schweißnaht gelegt.

1. *In diesem Schlafzimmer ist ein Tufting-Schlingen-Bodenbelag verlegt worden.*

2. *Der Velours-Webteppich zeigt auf der Rückseite (unten) die gleiche Farbigkeit. Deutlich ist auch das Grundgewebe zu sehen. Die Polseite (oben) ist die Nutzschicht. Sie ist hier nicht als Schlinge, sondern als Velours hergestellt.*

3. *Das Wollsiegel darf derjenige Belag tragen, dessen Nutzschicht aus reiner Schurwolle – geschoren vom lebenden Schaf – besteht.*

9.9 Die textilen Bodenbeläge

Ein Schlafzimmer (Bild 1) soll einen textilen Bodenbelag erhalten. Die Kunden stellen Anforderungen an das Aussehen, an hohe Fußwärme, an Farbigkeit einschließlich eines großflächigen Musters.

Textile Bodenbeläge wie der Webteppich, der Tuftingteppich oder der Nadelvliesboden erfüllen einige dieser Anforderungen.

Der gewebte Teppich

Der Webteppich wird maschinell hergestellt, bei besonderen Ansprüchen kann er auch handgewebt geliefert werden.

Die Qualitäten, die auf der Maschine gewebt werden, gibt es z.B. in zwei Meter breiten Bahnen. Diese Teppiche bestehen aus einem textilen flächigen Grundgewebe als Unterlage. Dieses Trägermaterial wird durch **Kett- und Schussfäden** gebildet und aus besonders strapazierfähigen Garnen hergestellt. In einem Arbeitsgang wird auf der Maschine außerdem die Polschicht senkrecht in das Grundgewebe gewebt, sodass die Kett- und Schussfäden sowie die Nutzschicht miteinander verwebt werden. Wird dieser eingewebte **Polfaden** nicht weiter bearbeitet, handelt es sich um eine Schlingenware.

Für das Schlafzimmer ist es zwar möglich, diese Webware zu verlegen, aber die hohe Qualität ist doch eher für den Objektbereich wie Hotels, Büros, aber auch für private Wohnzimmer sinnvoll.

Tuftingteppiche – die Auslegeware

Sie bestehen aus einem textilen Gewebenetz (Vlies) als Träger, in das der Pol mit Nadeln eingearbeitet ist. Träger und Polschicht werden also getrennt hergestellt. Der Träger besteht aus belastbarem Kunststoff wie Polypropylen (PP). Wird die Schlingenware – auch Bouclé genannt – aufgeschnitten, entsteht ein Schnittflor (Velours). Auf vier oder fünf Meter breiten Maschinen wird diese Massenware hergestellt und in Räumen vollflächig ausgelegt. Es gibt aber wesentliche Qualitätsunterschiede, die dann zu verschiedenen Qualitätszeichen führen.

Welche Polgarne werden eingesetzt?

Für die Polschicht werden Naturfasern und Chemiefasern eingesetzt.

Die **Naturfasern** werden im Tuftingbereich wieder bevorzugt von Kunden verlangt, weil sie dem natürlichen Empfinden entgegenkommen. Pflanzliche Fasern wie Baumwolle, Jute oder Sisal sowie die tierischen Fasern wie Schurwolle (Bild 3), aber auch Seide haben Produkteigenschaften wie antistatisch, gute Reinigungsfähigkeit und hohe Fußwärme. Der Hinweis „Naturfasern" bietet aber keine Gewähr dafür, dass diese Fasern im Laufe der Verarbeitung und des Transports nicht mit Chemikalien gegen pflanzliche und tierische Schädlinge behandelt worden sind.

Chemiefasern, wie vor allem Polyamid, aber auch Polyacryl und Polyester, sind verschleißfest, widerstandsfähig auch bei aggressiver Reinigung, gut färbbar und nicht antistatisch.

Die Rücken bestimmen die Eigenschaften mit

Die Rückseite eines Tuftingteppichs kann wesentlich den Gehkomfort, die Trittschalldämmung und die Verlegetechnik bestimmen. Der Textilrücken wird auch als Zweitrücken bezeichnet. Es ist ein Vlies aus z. B. Polyestergewebe, welches für die Verbesserung des Gehkomforts auch Dicken bis 6 mm erreichen kann. Der Textilrücken wird mit Klettbändern oder Klebstoffen am Boden fixiert.

Im Schlafzimmer (Bild 1) kann die Nutzschicht aus fußwarmer Schurwolle und die Rückseite aus einem Textilrücken bestehen.

Aufgaben

1. *Nennen Sie optische und technologische Vor- und Nachteile eines Tuftingteppichs gegenüber einem Webteppich.*
2. *Ein Kunde möchte gerne einen natürlichen Teppich. Welche Nutzschicht und Rückenausrüstung empfehlen Sie?*
3. *Für welchen Bereich ist die Verlegung eines Nadelvliesbelages möglich?*

4. Ein Schlinge-Ziegenhaarteppich mit textilem Rücken

5. Ein Velours-Tuftingteppich mit textilem Rücken rechts, der mit selbstklebenden Klettbändern verlegt wird.

6. Nadelvliesbelag wird als sehr strapazierfähiger Boden in öffentlichen Gebäuden und Heimen verwendet. Die Oberfläche ist kraus und ohne Muster. Die Herstellung erfolgt durch Verfilzen von zerschredderten Gewebe-resten zu einem Belag. Muster können bei dieser Technik nicht entstehen. Farben entstehen durch Einfärben des gesamten Materials. Die Rückseite unterscheidet sich kaum von der Nutzseite.

1. Dieses Teppichsiegel findet sich auf der Rückseite einer Teppichprobe. Es gibt Auskunft über die Qualitätsmerkmale eines Teppichs.

2. Das ist der zum Teppichsiegel gehörende Tuftingteppich: Ein Veloursteppich mit textilem Rücken, in den Breiten 200 und 400 cm und in verschiedenen Farbstellungen erhältlich.

9.10 Qualitätszeichen textiler Bodenbeläge

In der eleganten Wohnung eines Kunden ist ein Teppichboden im Büro und angrenzenden Flur zu verlegen. Auf der Rückseite ist das Informationssiegel PRODIS (**PROD**ukt-**I**nformations-**S**ystem für textile Bodenbeläge) zu sehen. Es informiert über die geprüften Eigenschaften des Belages.

Was sagt das Teppichsiegel aus?

Es informiert über technische Daten zur Polschicht (Nutzschicht) und zur Eignung.

Die technischen Daten der Polschicht geben wichtige Hinweise auf die Qualität. Die Eignung für bestimmte Bereiche können aber nur Qualitätssymbole bestimmen.

Herstellungstechniken, Aufbau und Rohstoffe eines Teppichbodens sind so wenig überschaubar, dass zur Gütesicherung und Kundeninformation auf wesentliche „Werte" geprüft wird.

Eignungsbereiche sind in drei Hauptstufen eingeteilt:

- Wohnungsbau, womit die Nutzung im privaten Bereich gemeint ist
- Gewerbe, womit Hotels, Konferenzräume, Schulen, Büros oder Kaufhäuser gemeint sind
- Industrie, womit Werkstätten, Lagerräume oder Produktionshallen gemeint sind

Diese drei Hauptgruppen sind in vier Untergruppen unterteilt. Diese sind zu erkennen an der Anzahl der Personen. Die maximale Zahl von vier Personen bedeutet sehr starke Nutzung.
Weitere Hinweise zu dem Eignungsbereich von Belägen werden durch die Zusatzsymbole gegeben.

Der **Komfortwert** ist im Testat aufgeführt, damit der Kunde auch über den Komfort wie zum Beispiel Trittweichheit, Fußwärme und schalltechnische Eigenschaften informiert wird. Wesentlich ist zum Beispiel das Polschichtgewicht. Nadelvliesbeläge haben oft einen einfachen Komfortwert. Die Kennzeichnung erfolgt nach DIN EN 14041 durch 5 Symbole: Je mehr Kronen abgebildet sind, desto komfortabler der Belag.

Welche Zusatzeignungen gibt es?

Dieses Zeichen ist besonders für diejenigen Teppichböden wichtig, auf denen sich Bürostühle oder Möbelstücke auf Rollen befinden (Bild 3).
Für das Büro des Kunden ist diese Zusatzeignung unbedingt notwendig.

Diese Teppichqualitäten müssen elastisch (biegsam) und zugleich fest genug sein, um die Belastung auf Treppenstufen durch das Aufschlurfen von Schuhen auszuhalten. Bei Treppenstufen treten außerdem hohe Belastungen dadurch auf, dass Schuhe gegen die Kanten stoßen bzw. beim Abwärtsgehen oft nur auf den äußeren Kanten gegangen wird (Bild 4).

Diese Teppiche sind für Feuchträume wie Badezimmer geeignet, da sie durch Nässe und das anschließende Trocknen weder Form noch Farbe verlieren und nicht verrotten.

Der Wärmedurchlasswiderstand ist bei diesen Teppichböden so, dass sich bei einer Fußbodenheizung keine wesentliche Beeinträchtigung der Heizwirkung ergibt. Dieser Boden muss mit einem geeigneten Kleber verlegt werden.

Es bedeutet, dass der Boden sich beim Begehen nicht elektrostatisch auflädt. Textile Beläge können auch **ableitfähig** verlegt werden.

Schadstoffgeprüft: Mit diesem Testat (Bild 5) reagierte die Teppichindustrie auf Forschungsergebnisse von Umweltverbänden, die eine hohe Emission von Schadstoffen festgestellt haben.

Aufgaben

1. *Nennen Sie den Komfortwert für einen Teppich, der auf dem Flur einer Verwaltung verlegt werden soll.*
2. *Nennen Sie Eignungen eines Teppichbelages, der im Treppenhaus eines Zweifamilienhauses verlegt werden soll.*
3. *Erklären Sie den Nutzen der vorgestellten Testate und Siegel PRODIS und GUT für den Maler und für den Kunden. Informieren Sie sich auf den jeweiligen Websites.*

3. Teppichböden müssen die Drehbewegungen, z. B. von den Rollen der Bürosessel, aushalten.

4. Nicht jeder Teppich ist für die Belastung auf Treppen geeignet.

5. Dieser Teppichboden ist schadstoffgeprüft.

1. *Die Rücken verschiedener textiler Beläge: textiler Rücken (links), Kletträcken (oben), Schaumrücken (unten, eher selten)*

Technische Daten	
• **Basis**	Kunstharzdispersion mit klebeverstärkenden Zusätzen
• **Farbe**	beige
• **Spez. Gewicht (Dicke)**	1,10 kg/l
• **Lagerungstemperatur**	nicht unter +5 °C
• **Temperaturbeständigkeit bei Fußbodenheizung**	bis +50 °C
• **Verarbeitungstemperatur**	nicht unter +15 °C
• **Materialverbrauch**	Rolle ca. 200 g/m² Zahnung TKB A1-A4 200 – 300 g/m² Zahnung TKB B1-B3 300 – 500 g/m²
• **Ablüftezeit**	ca. 10 – 60 min
• **Einlegezeit**	ca. 20 – 60 min
• **Trocknungszeit**	ca. 24 Stunden
• **Endfestigkeit**	nach ca. 72 Stunden

Alle Angaben sind Circawerte, unterliegen raumklimatischen Schwankungen und unterscheiden sich je nach Saugfähigkeit, belastungsspezifischen Anforderungen und Auftragsgerät.

2. *Auszug aus dem technischen Merkblatt eines Standard-Dispersionsklebers, die Zahnung ist nach der Technischen Kommission Klebstoffe (TKB) genormt*

3. *Mit einem Zahnspachtel, hier mit auswechselbaren Leisten, wird der Kleber aufgebracht*

9.11 Die Verarbeitung textiler Beläge

Textile Bodenbeläge sind fußwarm und weisen einen hohen Gehkomfort auf. Aber auch die schalltechnischen Eigenschaften sind gut, sie reduzieren den Trittschall und die Halligkeit. Auf Trockenestrichen und Montagewänden werden textile Beläge wie Nadelfilz, Tuftingbeläge und gewebte Ware (Bild 1) verlegt.

Die Prüfung des Estrichs

Vor der Verlegung ist der Trockenestrich hinsichtlich Ebenheit, Rissen, Verschmutzungen, versenkten Schrauben, Höhenlage, Neigung und Randfugen zu prüfen. Falls gespachtelt worden ist, ist auch zu prüfen, ob die Trockenzeiten des Spachtels eingehalten worden sind. Die Beläge sind vor der Verlegung in den Raum zu legen, damit sie klimatisiert sind und planliegen.

Werden vom Verarbeiter Mängel festgestellt, hat er Bedenken nach VOB Teil B § 4 Absatz 3 bei der Bauleitung anzumelden.

Gemeinsam wird dann überlegt, wie der Mangel abgestellt werden kann und wer die Kosten trägt.

Die Klebeverfahren

Die Kleberauswahl und die Ablüftezeit (Bild 2) richten sich nach dem textilen Belag und dessen Rücken (Bild 1) und nach dem Untergrund. Der Standardkleber ist der wasserbasierte Dispersionsklebstoff ohne Lösemittel. Es werden folgende Klebungen unterschieden:

Das Nassklebeverfahren

Auf saugenden Untergründen (Spachtelung mindestens 3 mm, nicht gespachtelte Calciumsulfatestriche) wird der Textilboden im Nassklebeverfahren mit Ablüftezeiten von rund 10 Minuten bei 20 °C verlegt.

Die Haftklebung
Auf nicht saugenden Untergründen, wie OSB-Platten, wird die Ablüftezeit auf ca. 40 Minuten verlängert, das Wasser im Kleber verdunstet fast. Die Testung erfolgt mit der Fingerprobe: Der Kleber zieht bei Berührung Fäden (Bild 4). Ein Verschieben des Belags ist nach dem Einlegen nicht mehr möglich.

Handelt es sich z. B. um einen wasserdampfdichten PU-Schaumrücken, wird immer in Haftklebung verlegt.

4. *Das Fadenbild zeigt eine gute Anfangshaftung.*

Die Kontaktklebung
Hierbei wird der Kontaktkleber auf den Boden **und** den Belagsrücken aufgebracht. Nach einer Ablüftezeit von ca. 30 Minuten wird der Teppichboden mit der Rolle oder mit dem Spachtel aufgepresst. Die Haftfestigkeit ist abhängig vom Pressdruck. Der Kleber ist für beanspruchte Bereiche und auch für Korkbeläge geeignet.

Die Verlegung
Sie erfolgt im Raum, indem der Boden hälftig zurückgeschlagen wird (Bild 5). Nach dem Einlegen erfolgt das blasenfreie Anreiben mit Brett oder schwerer Rolle von innen nach außen.

5. *Der Boden wird hälftig zurückgeschlagen.*

Die ableitfähige ESD-Verlegung
Diese Verlegung ist so eingestellt, dass die elektrostatische Aufladung, die z. B. beim Begehen entsteht, abgeleitet wird. Diese Ableitung ist z. B. notwendig, um Computer und andere elektronische Geräte (z. B. Waagen, CNC-Maschinen) vor elektrischen Aufladungen zu schützen.
Der Aufbau sieht als ableitende Schicht den Kleber als Leitebene vor. Über Kupferbänder wird die Ladung zum Potenzialausgleich („Erde") geleitet.

Aufgaben
1. *Warum wird der Kleber mit dem TKB-Zahnspachtel und nicht mit der Rolle aufgebracht?*
2. *Führen Sie weitere Fälle auf, bei denen Sie Bedenken anmelden sollten.*
3. *Der Calciumsulfatestrich ist nicht gespachtelt worden. Der Teppichboden ist dampfdicht. Welches Klebeverfahren nehmen Sie?*
4. *Suchen Sie sich bei einem Hersteller, wie z. B. Schönox, einen leitfähigen Kleber heraus. Wie wird er verarbeitet?*

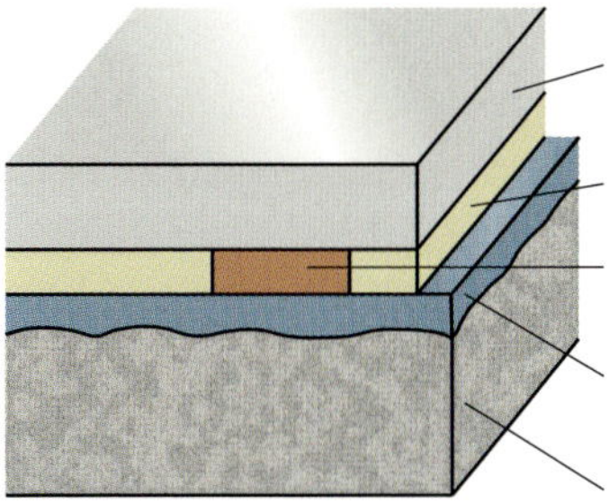

6. *Aufbau eines ESD Systems.*

Checkliste Parkettverlegung

1. Den Untergrund auf Ebenheit, Trockenheit etc. prüfen.
2. 2–3 Tage Akklimatisierung an die Raumtemperatur (mind. 18 °C) und rel. Luftfeuchtigkeit (< 60 %).
3. Pakete erst direkt vor der Verlegung öffnen.
4. Holzfeuchtigkeit des Parketts 9 % (± 2 %) bei Verlegung.
5. Verlegehinweise des Herstellers lesen.

1. Die Kriterien dieser Checkliste sind vor der Parkettverlegung zu beachten.

Mosaikparkett

Stabparkett

2. Zum Massivparkett zählen Stabparkett, Mosaikparkett, Hochkantlamellenparkett und Holzpflaster.

3. Verklebung von Einschicht-Parkettelementen

9.12 Die Verlegung von Massivparkett

Parkett wird aus den unterschiedlichsten Holzarten hergestellt. Je nach Art der Herstellung wird grundsätzlich in Massiv- oder Mehrschichtparkett unterschieden.

Vor der Verlegung sollten verschiedene Aspekte beachten werden, z. B. die Beachtung der Raumtemperatur und -luftfeuchtigkeit (Bild 1). Außerdem ist es hilfreich, die TKB-Merkblätter 1, 8 und 10 des Industrieverbandes Klebstoffe e. V. zu lesen (www.klebstoffe.com).

Die Untergrundprüfung

Grundsätzlich müssen Estriche auf Feuchtigkeit, Oberflächenfestigkeit, Unebenheiten, poröse und raue Oberflächen, Risse, Verunreinigungen etc. geprüft werden.

Sollte der Verarbeiter Mängel (z. B. einen unzureichend trockenen Untergrund, größere Unebenheiten im Untergrund) feststellen, muss er bei dem Auftraggeber Bedenken anmelden.

Der Aufbau von Massivparkett

Massivparkett besteht aus einer Vollholznutzschicht und wird als „echtes Parkett" bezeichnet. Aus Holz werden Stücke gesägt und gefräst, die dann verlegt werden können (Bild 2).

Der Verlegung von Massivparkett

In der Regel wird Massivparkett auf Estrichen verklebt, um einen ausreichend stabilen und festen Verbund zwischen dem Untergrund und dem Parkett herzustellen.

Das Verkleben von Massivparkett hat folgende Vorteile:

- Der Boden wird maßstabiler, dauerhafter und kann öfter renoviert werden, wodurch die Lebensdauer des Bodens verlängert wird.
- Eine Fugenausbildung wird durch die schubfeste Verbindung minimiert, das Parkett wirkt ebener und liegt ruhiger.
- Bei einem vorliegenden Heizestrich wird der Wärmeübergang durch den Verbund verbessert.
- Es ergibt sich eine deutliche Reduzierung des Raumschalls durch die Verklebung des Parketts.

Um Schäden zu vermeiden, sollte vor und nach der Verlegung die relative Luftfeuchtigkeit bei ca. 40–60 % liegen und die Raum- und Materialtemperatur sollten mindestens 18 °C betragen.

Die Parkettklebstoffe

Parkettklebstoffe werden nach DIN EN ISO 17178 in harte, hartelastische und elastische Klebstoffe unterschieden.

Zu den **harten Klebstofftypen** zählen Dispersionsklebstoffe (gebrauchsförmig und pulverförmig), Reaktionsharzklebstoffe (auf Polyurethan- und Silanbasis) und Epoxidharzklebstoffe als Zweikomponentensysteme.

Die **hartelastischen** und **elastischen Klebstofftypen** sind ähnlich wie die harten Klebstofftypen aufgebaut und binden auch in der gleichen Weise ab. Nach der CLP-Verordnung (**C**lassification, **L**abelling and **P**ackaging) können sie kennzeichnungspflichtig oder kennzeichnungsfrei sein (vgl. TKB 1, www.klebstoffe.com).

Die Verklebung sollte immer im System eines Anbieters (Grundierung, Spachtelmasse, Klebstoff) erfolgen, um nachfolgende Schäden durch Unverträglichkeiten zu vermeiden.

Die Eignung eines Parkettklebstoffs wird durch die Parkettart (Konstruktion, Maße etc.), die Holzart (z. B. Quell- und Schwindmaß, Inhaltsstoffe), die Art des Untergrundes und das langfristige Raumklima während der Nutzung bestimmt.

Der Klebstoffauftrag

Nachdem die Parkettelemente ausgewinkelt und die erste Reihe passgenau zugeschnitten wurde, erfolgt der Auftrag des Klebstoffes in einer vom Klebstoffhersteller angegebenen Menge und empfohlener Spachtelzahnung (z. B. Zahnung B 11) (Bild 4).

Die Verlegung des Massivparketts

Zu allen Wänden und festen Objekten im Raum muss mit Rastkeilen ein Abstand (Randfuge) von mindestens 10–15 mm eingehalten werden. Nach der Verlegung der ersten Reihe sind die weiteren Elemente jeweils knapp vor den bereits verlegten ins Kleberbett zu legen, an die bereits liegende Reihe zu schieben (Bild 5) und mit dem Handballen oder Schlagklotz und Hammer anzuklopfen.

Die Parkettelemente müssen immer einen Versatz von 30–40 cm aufweisen. Außerdem ist an den Stirnseiten der gesamten Fläche stets auf die Einhaltung der Dehnungsfugen zu achten. Abschließend können die Randfugen mit Sockelleisten oder Schienen (Bild 6) abgedeckt werden.

4. Zum Auftragen des Klebstoffes ist die richtige Wahl der Spachtelzahnung von besonderer Bedeutung. Die Klebstoffhersteller weisen die richtige Zahnung im Technischen Merkblatt aus.

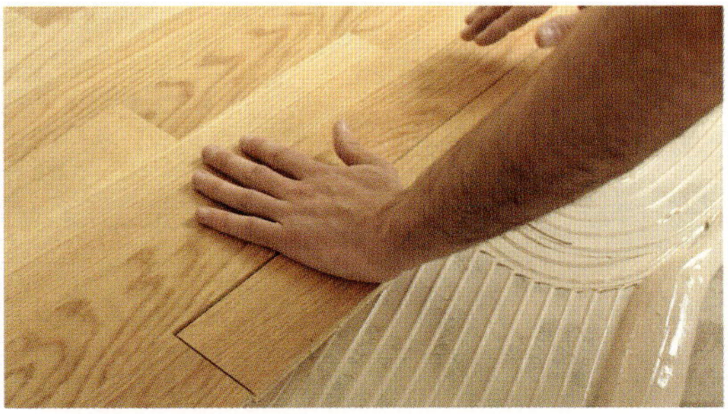

5. Die Elemente werden vorsichtig an die bereits verlegten Elemente geschoben.

6. Für die Übergänge zu anderen Bodenbelägen oder zur Überbrückung von Dehnungsfugen etc. gibt es verschiedene Schienen, die nach Herstellerangaben anzubringen sind.

Aufgaben

1. *Nennen Sie die Prüfungen, die vor der Verlegung durchgeführt werden sollten.*
2. *Welche Vorteile bietet das Verkleben von Massivparkett?*
3. *Wie werden Parkettklebstoffe unterschieden?*
4. *Beschreiben Sie die Verlegung von Massivparkett.*
5. *Informieren Sie sich im Internet über die geforderte CE-Kennzeichnung von Parkettböden.*

1. Versiegelung
2. Nutzschicht (Edelholz)
3. Unterlageschicht (Massivholzstäbchen aus Nadelholz)
4. Rückzugfurnier aus Nadelholz

1. Aufbau eines Zweischichtparketts

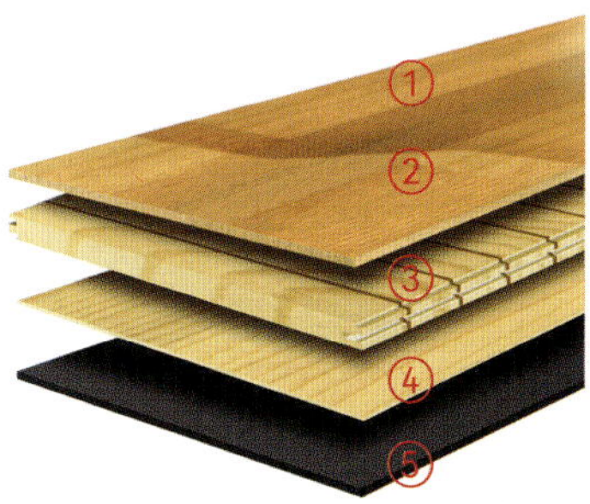

1. Versiegelung
2. Nutzschicht (Edelholz)
3. Mittellage (Massivholzstäbchen aus Nadelholz)
4. Rückzugfurnier aus Nadelholz
5. Dämmunterlage

2. Aufbau eines Dreischichtparketts

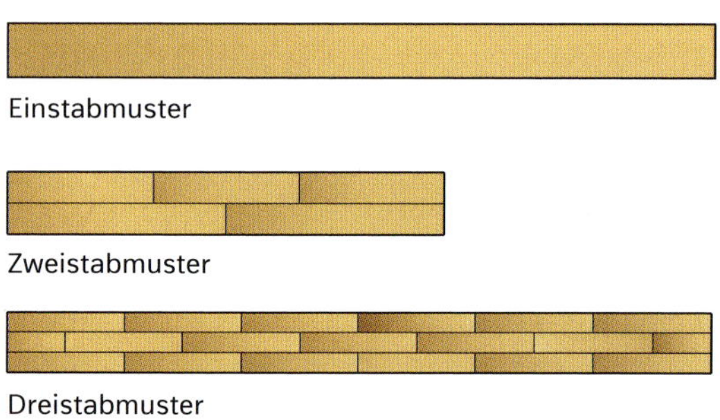

3. Nutzschichten aus Ein- oder Zwei- oder Dreistabmustern bei Zwei- und Dreischichtparkett

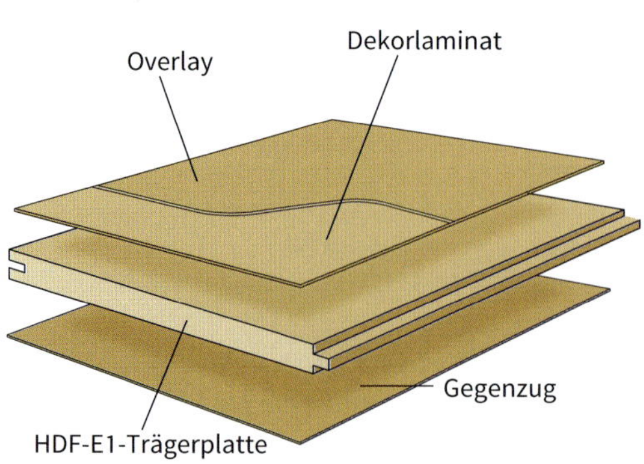

4. Der schematische Aufbau eines Laminatelements

9.13 Das Mehrschichtparkett und Laminat

Mehrschichtparkett wird industriell auf Fertigungsstraßen hergestellt und als Zwei- oder Dreischichtparkett angeboten (Bild 1 und 2). Die oberste Schicht (Nutzschicht) besteht immer aus Vollholz. Die unteren Schichten bestehen je nach Art des Mehrschichtparketts aus Vollholz oder Holzwerkstoffen, z. B. Sperrholz.

Die Mehrschichtelemente weisen durch den mehrschichtigen Aufbau eine besondere Formstabilität auf, wodurch sie Dehnungsbewegungen weniger ausgesetzt sind.

Die Oberfläche des Mehrschichtparketts

Die Nutzschicht der Zweischichtelemente besteht aus einem oder zwei Stabmustern (Einstab oder Zweistab). Die Nutzschicht der Dreischichtelemente besteht aus zwei oder drei nebeneinander liegenden Stabmustern (Bild 3). Mehrschichtparkett weist eine Oberflächenbehandlung in Form einer Versiegelung mit Lack, Öl oder Wachs auf (Bild 1 und 2).

Aufgrund der fertigen Oberfläche kann Mehrschichtparkett sofort nach der Verlegung durch Begehen belastet werden.

Das Laminat

Laminatbeläge bestehen aus dem Overlay (Kunstharzbeschichtung), einer Dekorschicht (bestimmt das Aussehen), einer Trägerplatte aus Holzwerkstoff (HDF) und einer imprägnierten Rückseite (Gegenzug genannt) zur Verbesserung der Formstabilität und des Feuchtigkeitsschutzes (Bild 4).

Die Untergrundvorbereitung

Nach eingehender Untergrundprüfung müssen die Estriche abgesaugt, gereinigt und ggf. geschliffen werden.

Eine vollflächige Spachtelung des Untergrundes mittels selbst verlaufender Spachtelmasse ist generell zu empfehlen, um einen ebenen Untergrund zu gewährleisten.

Die schwimmende Verlegung von Mehrschichtparkett und Laminat

Unter einer schwimmenden Verlegung versteht man die Entkoppelung des Belages vom Untergrund mittels Vliesen (kunstharzgebundene Polyestervliese) oder Entkopplungsbahnen (Bild 5).
Die schwimmende Verlegung erfolgt bei Mehrschichtparkett und Laminat in gleicher Weise.

Die schwimmende Verlegung von Mehrschichtparkett

Bei der schwimmenden Verlegung ist insbesondere auf die Einhaltung des Randabstandes durch den Einsatz von sogenannten Rastkeilen zu achten (Bild 6). Hierdurch wird gewährleistet, dass das Parkett in seinen natürlichen Dehnungsbewegungen nicht gehindert wird und eine spätere Ausdehnung zu den Randseiten möglich ist.

5. Auf dem vorbereiteten Untergrund wird der Unterboden ausgelegt.

6. Die Verlegefläche ausmitteln bzw. auswinkeln und eine erste Bezugslinie im Abstand von 4–6 Riemenbreiten mind. 10 mm Wandabstand vor der gewählten Längswand mit Richtlatte oder Schnurschlag markieren. Die 1. Dielenreihe durch Zuschneiden anpassen.

7. Mit Rastkeilen zu allen Wänden und festen Objekten im Raum einen Abstand von mind. 10 bis 15 mm bei der Verlegung der ersten Dielenreihe einhalten.

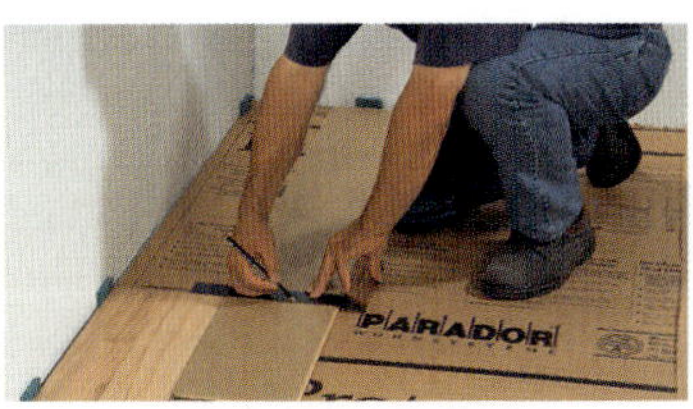

8. Kürzung der letzten Diele der 1. Reihe unter Beachtung des Wandabstands auf die notwendige Länge. Das abgeschnittene Stück wird als Beginn der nächsten Reihe verwendet.

9. Von links wird die nächste Reihe begonnen.

10. Zusammenfügen der Kopffugen mit einem Hammer und einem an die Feder angepassten Schlagschutz. Auf diese Weise im ganzen Raum weiterarbeiten.

11. Mit einem Reststück den Wandverlauf auf die letzte Dielenreihe übertragen und entsprechend zusägen.

12. Abdeckung der Randfugen mit passenden Sockelleisten nach Herstellerangabe.

13. Das fertig verlegte Parkett.

Aufgaben:

1. *Erläutern Sie den unterschiedlichen Aufbau von Zweischicht- und Dreischichtparkett im Vergleich zu Massivparkett.*
2. *Welchen Sinn hat die schwimmende Verlegung?*
3. *Erläutern Sie das Auswinkeln und die Längenanpassung der Parkettelemente bei der Verlegung.*
4. *Informieren Sie sich im Internet über das TKB-Merkblatt 1 zum Thema Untergrundprüfung (www.klebstoffe.com).*

Klasse	Beanspruchung	Bereiche
A	mäßige Beanspruchung	z. B. Wohn- und Schlafräume
B	starke Beanspruchung	z. B. Kindergärten und Vorräume
C	besonders starke Beanspruchung	z. B. Gaststätten, Schulräume, Verkaufsräume und öffentlich zugängliche Räumlichkeiten

1. Beanspruchungsklassen beinhalten die Eignung der Parkettoberfläche hinsichtlich einer Belastung durch Begehen, Stuhlrollen, Feuchtigkeit usw.

2. Besonders beim Einsatz in öffentlichen Räumen wird das Parkett sehr beansprucht. Daher ist schon bei der Planung und Auswahl des Bodenbelages auf spätere Oberflächenbelastungen zu achten.

Schleifschritte	Einsatzbereich
1. Grobschliff Bandschleifmaschine mit Körnung 16, 20, 24, 30 und 40 (vgl. Bild 5)	Bei neu verlegtem Klebe- oder Massivparkett aus Hölzern mittlerer Härte
2. Mittelschliff Körnungen 50, 60 und 80	Zur Beseitigung von Spuren des Grobschliffes und von Ansätzen
3. Kitten und Ausbessern	Abkitten lokaler Bereiche oder der gesamten Parkettfläche mit Fugenkittlösungen
4. Ränder schleifen	Schleifen der Ränder und Bereiche in Türnischen und unter Heizungen
5. Feinschliff Tellerschleifmaschine mit Körnungen 100 bis 150	Nach Reinigung mit dem Staubsauger in Richtung des Lichteinfalls bzw. längs der Holzfaserrichtung

3. Arbeitsabfolge des Schleifens bei neuem Massivparkett oder bei Renovierung von Parkettoberflächen. Auf die Holzstaubbelastung ist zu achten (TRGS 900), da Eichen- und Buchenholzstaub krebserregend ist.

9.14 Die Oberflächenbehandlung von Parkett

Aufgabe der Oberflächenbehandlung der Parkettböden ist es, das Parkettholz vor Verschmutzung und Abnutzung zu schützen (Bild 2).

Die Oberflächenbehandlung wird entweder werkseitig (Mehrschichtparkett) oder bauseitig (unbehandeltes Massivparkett oder rohes, vorgeschliffenes Fertigparkett) durchgeführt.

Die werkseitige Oberflächenbehandlung von Parkett

Bei der Herstellung von Mehrschichtparkett werden lösemittelfreie Acrylatlacke zur Versiegelung der Oberfläche auf die Parkettelemente aufgebracht. Eine zusätzliche Versiegelung (Nachversiegelung) ist in der Regel nicht notwendig.
Die werkseitig versiegelten Oberflächen müssen den Anforderungen der Beanspruchungsklassen nach Ö-Norm 2354 entsprechen (Bild 1).

Die bauseitige Oberflächenbehandlung von Parkett

Unbehandelte Parkettböden müssen nach dem Verlegen geschliffen werden, um Verschmutzungen und Klebstoffreste zu entfernen, eine gleichmäßige feine saubere Oberfläche zu erhalten und um Unebenheiten zwischen den Verlegeeinheiten zu beseitigen.

Je nach Art des Klebstoffes können die verklebten Parkettflächen nach ca. 48–72 Stunden geschliffen werden.

Die Untergrundvorbereitung vor dem Schleifen

Der Boden ist zuvor gründlich zu reinigen. Reparaturen, die nach dem Schleifen nicht mehr sichtbar sind (z. B. kleine Wasserschäden), müssen vor dem Schleifen durchgeführt werden.

Gerbsäurehaltiges Holz (z. B. Eiche) darf nicht mit eisenhaltigen Werkzeugen bearbeitet werden, da es durch Reaktion mit der Feuchtigkeit des Versiegelungslackes zu dunklen Verfärbungen kommt.

Das Schleifen der Parkettoberfläche

Die Art des Schleifvorganges hängt immer von der vorliegenden Parkettart (neues Massivparkett oder zu renovierendes Parkett) ab. Das Abschleifen erfolgt in mehreren Schleifgängen, mit unterschiedlichen Körnungen (Bild 3) und in verschiedenen Richtungen (Bild 4).

Die Anzahl der Schleifgänge

Die Anzahl der Schleifgänge hängt ab von der Holz- und Parkettart, der Qualität der Verlegung, der Art der Schleifmaschine (Bild 5), und bei einer Renovierung von dem Zustand der Parkettoberfläche (z. B. Kratzer, Eindrücke durch spitze Gegenstände).

Parkettsorten mit einer Nutzschichtdicke von ca. 2 mm können nur einmalig geschliffen werden, da sonst ein Durchschleifen auf die Mittellage entstehen kann.

Je nach Verlegeart sind unterschiedliche Richtungen beim Schleifen zu beachten (Bild 4).

Unebenheiten, die aus der Unterkonstruktion resultieren, können durch das Schleifen des Parketts nicht ausgeglichen werden.

Die Versiegelung des Parketts

Nach dem Schleifen muss von der Seite des Hauptlichteinfalls aus kreuzweise grundiert werden. Es folgt nach ca. 4 Stunden, je nach Herstellerangabe, der erste Lackauftrag (Bild 6). Durch das Aufstellen der Fasern muss ein Zwischenschliff (Körnung P 120, Tellerschleifmaschine) erfolgen.

Der zweite Lackauftrag erfolgt wie beim Grundieren. Begehbar ist das Parkett je nach Hersteller nach ca. 4 Stunden. Der Lack ist je nach Herstellerangabe nach ca. 7 bis 10 Stunden ausgehärtet.

Das Ölen – als Alternative

Das Parkett saugt das Öl auf, wodurch das Eindringen von Feuchtigkeit und Schmutz verhindert wird. In gewissen Zeitabständen muss diese Behandlung wiederholt werden.

Öle sind selbstentzündlich. Mit Öl getränkte Werkzeuge (Lappen, Walzen, Pads usw.) bis zum Austrocknen im Freien lagern.

Das Wachsen – als Alternative

Um eine Mattoptik zu erzielen, empfiehlt sich das Wachsen (heiß oder kalt). Hierdurch ist das Parkett geschützt und widerstandsfähig. Durch eine Unterhaltspflege wird der Schutz immer wieder aufgefrischt (Bild 7).

Aufgaben

1. *Erläutern Sie das Schleifen von Parkettoberflächen.*
2. *Informieren Sie sich über die Oberflächenbehandlungsmöglichkeiten von Parkett (unter www.casando.de, www.auro.de).*

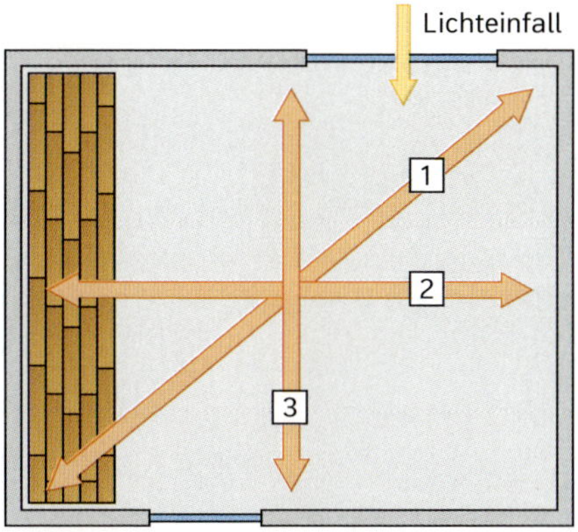

4. Grundsätzlich muss bei parallel zur Wand verlegtem Parkett in den dargestellen Richtungen geschliffen werden.

5. Der Grobschliff erfolgt mit dem Bandschleifgerät.

6. Die Versiegelung mit einer kurzflorigen Walze. Der Boden muss vorher sorgfältig gesaugt worden sein.

7. Mit einem Rakel wird das Wachs gleichmäßig auf die Oberfläche aufgetragen, um dann später poliert zu werden.

1. *Dieser Kellerraum soll eine Bodenbeschichtung erhalten.*

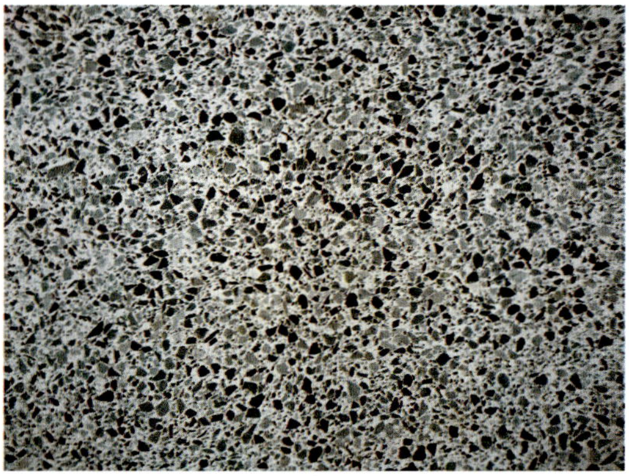

2. *Einfarbig muss die Fläche nicht mehr sein: Hier eine splittimitierende Oberfläche.*

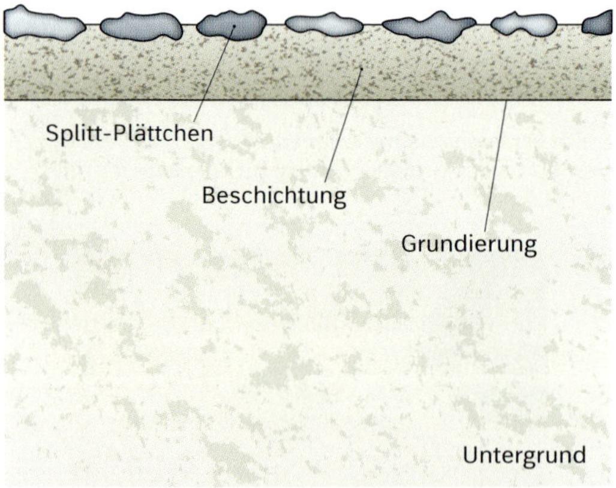

3. *Schematischer Aufbau der Fläche von Bild 2. Die Plättchen werden in die frische Beschichtung eingestreut. Die Beschichtung hat eine hohe Rutschhemmung.*

9.15 Die Bodenbeschichtung im Privatbereich

Nach der Verlegung eines Trocken- bzw. eines Fließestrichs hat mindestens ein Schutz der Oberfläche zu erfolgen. Im einfachsten Falle wird eine Bodenbeschichtung aufgebracht. Diese erhöht nicht nur die Reinigungsfähigkeit und beseitigt Risse, sondern sie erfüllt z. B. auch gestalterische Belange (Bild 1).

Die Funktionen einer Bodenbeschichtung

Eine Bodenbeschichtung kann die folgenden Funktionen im Privatbereich erfüllen:

- Reinigungsfähigkeit: Hierzu genügt es, den Trockenestrich mit einer Standardbodenbeschichtung zu versehen. Er wird dadurch wischbar.
- Rutschhemmung: Je nach Oberflächenbeschaffenheit der Beschichtung sollen Menschen beim Gehen auf der Beschichtung nicht rutschen (s. folgendes Kap.)
- mechanische Belastbarkeit: Einer z. B. vom Kunden geforderten Autobelastung mit auf der Stelle drehenden Reifen (Gummiabrieb) muss das Beschichtungssystem standhalten.
- Ableitfähigkeit: Fordert der Kunde für sein Homeoffice eine ableitfähige Bodenbeschichtung, weil z. B. umfangreiche Computeranlagen eingesetzt werden, so hat der Verarbeiter eine entsprechende Beschichtung aufzubringen (s. Kap. 9.17).
- Gestaltung: Die Bodenbeschichtung soll den Raum optisch aufwerten (Bild 2 und 3).

Der Estrich muss vom Hersteller für die zu erwartende Flächenbelastung und für den Feuchteanfall (z. B. bei Garagen) zugelassen sein.

Die Vorbehandlung

Der Estrichboden muss vor einer Beschichtung z. B. auf Ebenheit, Spachtelgrate, feuchte Stellen, Risse und Verunreinigungen geprüft werden (s. Kap. 9.5, nach VOB DIN 18363). Risse sind zu sanieren (s. Kap. 9.6). Leichtes Schleifen des Estrichs mit der Einscheibenschleifmaschine und sorgfältiges Absaugen sind fast immer notwendig. Es empfiehlt sich, eine selbstverlaufende Spachtelmasse aufzutragen, die für das Bindemittel des Estrichs zugelassen ist. Die Randfuge darf auf keinen Fall mit Material (Spachtelmasse, Staub, Lack) gefüllt werden.

Der Beschichtungsaufbau

Er besteht aus einer Grundierung, der Zwischenbeschichtung mit einer Bodenbeschichtung und der Schlussbeschichtung mit einer Bodenbeschichtung. Die Bodenbeschichtungen sind im Privatbereich im Regelfall wasserverdünnbar auf Epoxidharzbasis. Grundierungen sind auf Epoxidbasis.

Epoxidmaterialien sind nicht für Schlussbeschichtungen im Außenbereich geeignet, da sie unter UV-Belastung zum Kreiden neigen.

Das Material wird mit der Rolle aufgebracht. In die Schlussbeschichtung können Chips eingeblasen werden. Aufgestreute Sande (Bild 2 und 3) verbessern die Rutschhemmung. Die Versiegelung hat die Aufgabe, den Schutz vor Verschmutzungen vor allem hellerer Farbtöne zu verbessern. Die Reinigungsfähigkeit und die Lebensdauer des Systems werden erhöht, da die Schichtdicke erhöht wird.

Nach dem Auftrag von Beschichtungsmaterial ist mit der Nadelrolle zu entlüften.

Hierzu geht der Verarbeiter mit Nagelschuhen über die frisch lackierte Fläche und rollt mit der Nadelrolle die Luftblasen heraus (Bild 4 und 5).

Die rissüberbrückende Ausführung

Kleinere Risse können mit Gewebe armiert werden (Bild 6). Nach der Grundierung (1) erfolgt die Einbettung des Gewebes in den Bodenbeschichtungslack (2 und 3). Anschließend erfolgt die Zwischen- und Schlussbeschichtung mit dem Bodenbeschichtungslack (4 und 5). Die Versiegelung verbessert die Reinigungsfähigkeit und kann auch mit Zusätzen rutschhemmender eingestellt werden.

Aufgaben

1. *Schildern Sie die jeweiligen Arbeitsschritte bei der Beschichtung von Estrich mit einem einkomponentigen Material. Fügen Sie die jeweiligen Werkzeuge und Zeitangaben hinzu.*
2. *Stellen Sie die Vor- und Nachteile des Beschichtungssystems von Bild 2 gegenüber.*
3. *Erkundigen Sie sich bei einem Hersteller (z. B. Caparol, StoCretec) über die Belastbarkeiten der verschiedenen Bodenbeschichtungssysteme.*
4. *Informieren Sie sich im Internet unter dem Suchbegriff DGUV Regel 108-003 über die Rutschhemmung von Beschichtungen.*

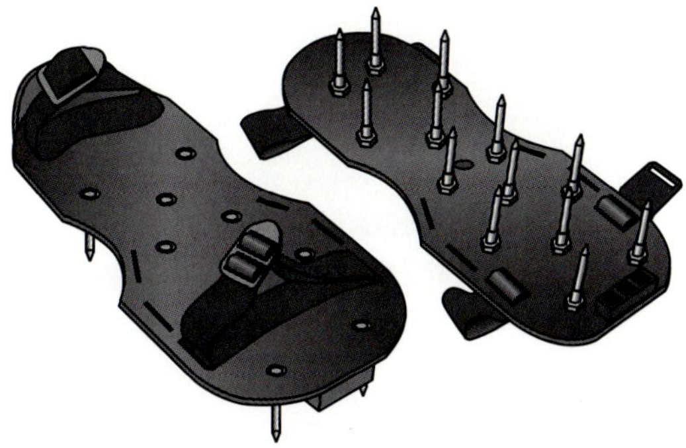

4. Mit den Nagelschuhen geht der Verarbeiter in die frische Beschichtung und rollt mit der Nadelrolle die Luftblasen heraus (links: Oberseite, rechts: Unterseite).

5. Nach jedem Lackauftrag wird mit der Nadelrolle entlüftet.

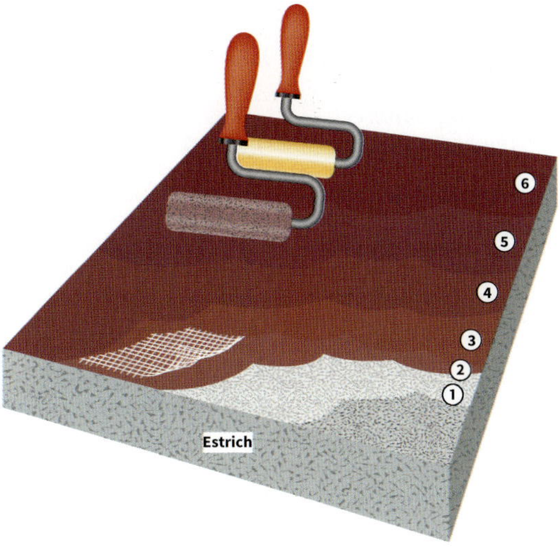

6. Der Beschichtungsaufbau bei rissigen Estrichen

1. Diese ehemalige Kantine soll zu einem Lifestylecafé umgebaut werden.

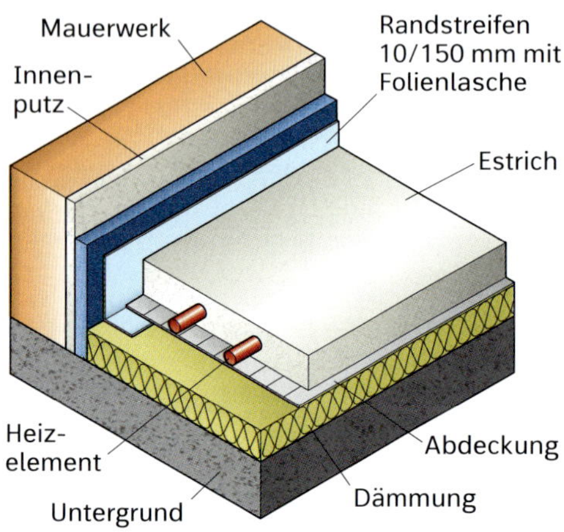

2. Systemaufbau eines Fließestrichs über einer Fußbodenheizung

Aufheizprotokoll

Bauherr: .... Baustelle: ....
Angaben zur Fußbodenheizung: ....
Angaben zum Fließestrich: ....
Einbaudatum: ....

Aufheizbeginn (7 Tage nach Verlegung des Estrichs): ......
Aufheiztemperatur (+ 20 °C Vorlauftemperatur 3 Tage halten): ....

Heizprogramm:

- Tägliche Temperaturerhöhung um 5 °C bis die max. Vorlauftemperatur (+ 50 °C) erreicht ist.
- Halten der max. Vorlauftemperatur bis die für die Verlegung des Oberbodens erforderliche Restfeuchte von < 1,0 CM % bzw. 0,5 CM % (CM-Gerät) erreicht ist.
- Nach Beendigung der Aufheizperiode ist ein schrittweises Abheizen um 10 °C/Tag bis auf Raumtemperatur (ca. 20 °C) erforderlich.

Unterschriften

- Datum: .... Bauherr: ....
- Datum: .... Architekt/Bauleiter: ....

2. Oberflächlich sandende Putze werden zunächst trocken abgebürstet und danach mit Wasser heiß hochdruckgestrahlt

3. Das Aufheizprotokoll bestätigt, dass der Estrich seine Belegreife erreicht hat.

9.16 Beschichten von Fußböden

Beim Umbau einer ehemaligen Firmenkantine (Bild 1) in ein Lifestylecafé wünschte der Kunde ein extravagantes, großzügig wirkendes Ambiente. Es soll eine Lasurtechnik mit einem Glanzeffekt in unterschiedlichen Farbtönen für Wände und Boden zum Einsatz kommen. Am Boden ist dies nur mit einer geeigneten Bodenbeschichtung zu realisieren.

Der neue Unterbau

Wegen der geplanten Fußbodenheizung wurde ein Fließestrich auf Basis von Calciumsulfat eingebaut. Aus Zeitgründen drängte der Kunde auf eine zügige Fertigstellung des Objekts, nachdem der Heizestrich eingebracht war.

Damit es bei den Beschichtungsarbeiten nicht zu Schäden durch verdunstendes Wasser kommt, ist eine vorschriftsmäßige Austrocknung des Fließestrichs unbedingt nötig.

Nach VOB Teil C und nach **DIN 18365 Bodenbelagarbeiten**, sind beheizte Fußbodenkonstruktionen vor der Belegung ausreichend aufzuheizen.
Der Estrichleger beschleunigte das Austrocknen des Heizestrichs durch gezieltes Aufheizen, wodurch der Estrich seine Feuchtigkeit schneller an die Umgebungsluft abgibt (Belegreifheizen). Nach Beendigung der vorgeschriebenen Aufheizzyklen wurden die vorgeschriebenen Feuchtigkeitsprüfungen mithilfe eines CM-Gerätes durchgeführt. Die danach festgestellte Belegreife wurde durch ein Aufheizprotokoll, das vom zuständigen Bauleiter unterschrieben wurde, dokumentiert (Bild 3).

Gestaltung mit Bodenbeschichtungen

Nachdem der Estrichzustand die Weiterarbeit zuließ, wurde durch Spachtelung eine ebene, glatte Oberfläche hergestellt. Darauf erfolgte der weitere Beschichtungsaufbau mit speziellen Grund- und Zwischenbeschichtungsmaterialien auf lösemittelfreier, wasserverdünnbarer Epoxidharzbasis. Danach erfolgte die eigentliche Gestaltung mittels einer Lasurtechnik mit Perlglanzpigmenten. Eine farblose, glänzende 2-K-Deckbeschichtung/Versiegelung lässt die jeweiligen Farben und Effekte erst richtig zur Geltung kommen und bildet die eigentliche Nutzschicht.
Neben dieser Gestaltung können auch mehrfarbige, bildhafte Beschichtungen, Firmenlogos, Farbmarkierungen, Beschriftungen, Gefahrenhinweise sowie steinähnliche Oberflächenstrukturen mit eingestreuten Chips (Bild 4) ausgeführt werden.

Beschichtungssysteme für hohe Beanspruchung

An Industrieböden werden vielfache Anforderungen gestellt. Neben hoher Beständigkeit gegen mechanische Belastungen, z.B. durch schwere Fahrzeuge oder das Bewegen schwerer Bauteile, wird auch die Beständigkeit gegen Chemikalien und Schmierstoffe verlangt.

- **Untergrundschutz**: vor Abnutzung, Verschmutzung und dem Eindringen von Schadstoffen
- **besondere Oberflächeneigenschaften**: Rutschhemmung für besseren Unfallschutz, größere Ebenheit zur Verbesserung von Betriebsabläufen (Transport)
- **Chemikalienbeständigkeit**: Chemikalien und Betriebsstoffe (Öle, Fette ...) dürfen den Boden nicht angreifen oder in seiner Nutzung beeinträchtigen.
- **Untergrundverbesserung**: Verhindern von Staub, bessere Reinigungsfähigkeit, Minderung von Lärmentwicklung
- **spezielle Problemlösungen**: Lebensmittelechtheit, Gewässerschutz, Ableitfähigkeit

Beschichtungsmaterialien

Um die aufgeführten Anforderungen zu erfüllen, bietet die Industrie eine Vielzahl aufeinander abgestimmter Beschichtungssysteme auf unterschiedlicher Bindemittelbasis an:

- transparente Imprägnierungen und Versiegelungen (Bild 5)
- Spachtelungen zum Ausgleich von Untergrundunebenheiten und -rauheiten (Bild 6)
- Beschichtungen für geringe bis extreme Belastungen
- lebensmittelechte Bodenbeschichtungen
- ableitfähige Bodenbeschichtungen
- Beschichtungen, die den Gewässerschutzbestimmungen entsprechen

Die Beschichtungssysteme müssen genau auf die zu erwartenden Beanspruchungen abgestimmt sein.

Wegen ihrer guten Werkstoffeigenschaften kommen in den Beschichtungen hauptsächlich mehrkomponentige, lösemittel- oder wasserverdünnbare Bindemittelsysteme auf Epoxidharz-, Polyurethanharz- oder Polymethylmethacrylatbasis, sowie Kombinationsmaterialien zum Einsatz.

Bei der Mischung von 2-K-Materialien müssen unbedingt die vorgeschriebenen Mischungsverhältnisse eingehalten werden!

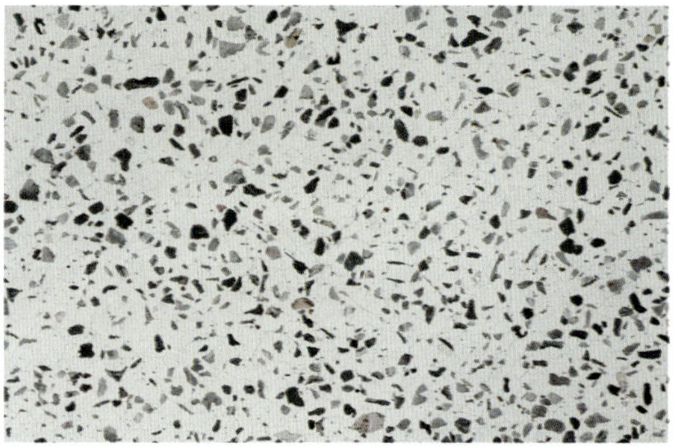

4. Dekorative Bodenbeschichtung

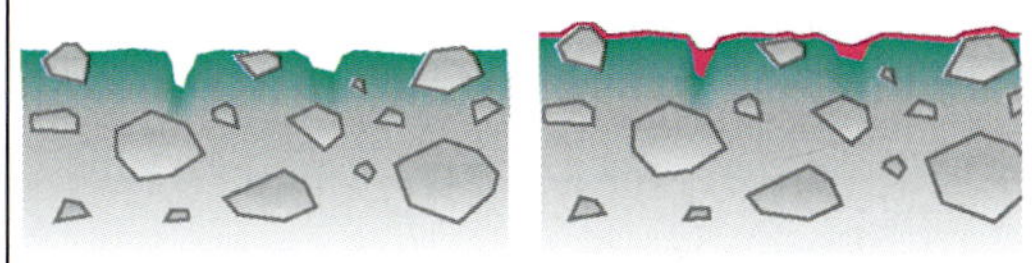

Imprägnierung Das Harz dringt tief in den Untergrund ein und verfestigt das Gefüge. Die Aufnahme von Flüssigkeiten und darin gelösten Schadstoffen wird reduziert.	**Versiegelung** Auf der Oberfläche des Untergrundes bildet sich ein fester Film. Einstreuen von Quarzsand macht die Versiegelung rutschhemmend.

5. Gegenüberstellung: Imprägnierung – Versiegelung

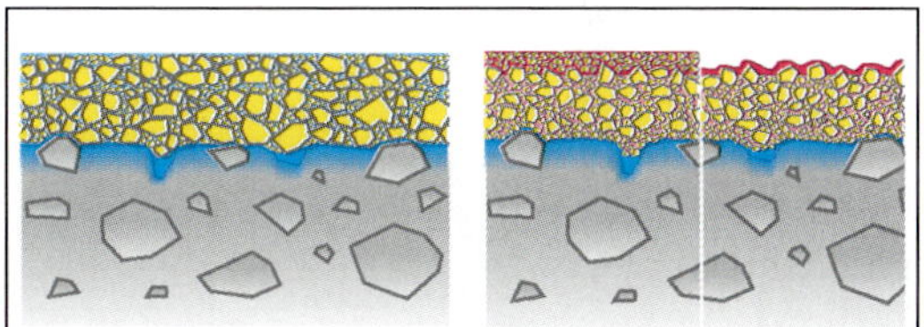

Der Verlaufmörtel füllt die Rautiefen des Untergrundes aus. Es entsteht eine ebene Oberfläche.	**Vollständige Absandung** des Verlaufmörtels mit abschließender glatter Verlaufmörtelschicht (links) oder **rutschhemmend** mit einer Deckbeschichtung (rechts)

6. Beschichtungsaufbau für hoch belastbare Industrieböden

7. *Dieser graue, unebene und beschädigte Balkonboden braucht dringend eine Überholung, damit es nicht zu größeren Schäden kommt.*

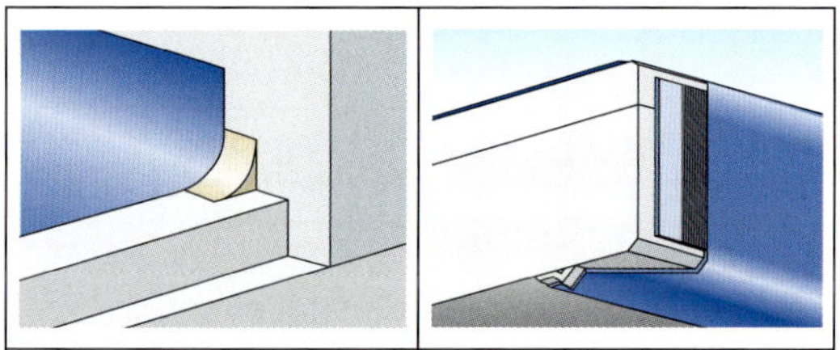

Bei den Vorarbeiten wurde auch eine Hohlkehle am Wandanschluss angelegt, damit das Wasser besser abgeführt wird.	Die Tropfkante an der Vorderseite der Balkonplatte verhindert, dass Wasser unter die Platte läuft und Schäden anrichtet.

8. *Im Rahmen der Renovierung wurden auch konstruktive Verbesserungen durchgeführt.*

©Caparol Farben Lacke Bautenschutz

9. *So sieht der Boden nach der Neubeschichtung mit eingestreuten farbigen Chips aus.*

Witterungsbeständige Beschichtungssysteme

Damit der in Bild 7 gezeigte Balkonboden vor weiterer Beschädigung geschützt wird, bedarf es einer Beschichtung. Dabei soll der dunkle Farbton durch einen freundlicheren Ton ersetzt werden. Für den Malerbetrieb, der sich auf Betoninstandsetzung und Bodenbeschichtung spezialisiert hat, ist das ein Routineauftrag.

Vorbereiten des Bodens

Weil der Estrich stellenweise netzartige Alterungsrisse und auch einige größere Risse zeigt, sind einige Instandsetzungsarbeiten nötig. Kleine Risse brauchen nicht behandelt zu werden, weil die Beschichtung diese überbrückt. Konstruktive Fehler am Gebäude müssen zunächst beseitigt werden: Am Übergang von der Bodenplatte zur Hauswand wird eine Hohlkehle angelegt, damit sich dort das Wasser nicht mehr staut. Damit das ablaufende Wasser nicht unter die Balkonplatte läuft, sondern vorne abtropft, wird nachträglich ein Tropfkantenprofil angebracht (Bild 8).

Beschichtungssysteme für außen

Für die Beschichtung des Balkons wählt die Fachfirma ein Bodenbeschichtungssystem aus, das neben dem Schutz auch eine ansprechende Optik bietet (Bild 9). Balkonböden unterliegen starken Belastungen: Frost, Hitze, Regen, Eis und Schnee aggressive Luft und mechanische Beanspruchungen durch die Benutzer. Diese Belastungen müssen von dem Beschichtungssystem aufgenommen werden.

Durch Witterungseinflüsse und UV-Strahlung können pigmentierte Epoxidharzbeschichtungen im Außenbereich zum Kreiden neigen.

Bodenflächen in Garagen und Parkhäusern unterliegen anderen Beanspruchungen als Balkonböden. Die Beschichtung muss Beanspruchungen durch Beschleunigungskräfte, Lenken und Bremsen sowie Auftausalze verkraften. Bei längeren Standzeiten von Fahrzeugen mit heißen Reifen dürfen sich die Beschichtungen nicht verfärben. Deshalb ist es wichtig, sich über geeignete Materialien in den Technischen Merkblättern der Hersteller oder bei deren Fachberatern vorher ausführlich zu informieren.

Die eingesetzten Beschichtungssysteme müssen außerdem beständig gegen Öle, Fette und Chemikalien sein. Durch Einstreuen von Quarzsand in die Schlussbeschichtung lässt sich die Rutschsicherheit erheblich erhöhen (Bild 12).

Beschichtungssysteme für besondere Beanspruchung

- Bodenbeschichtungen in **Krankenhäusern**, **Großküchen** und in Betrieben der Lebensmittelindustrie müssen besondere Hygienevorschriften (Keimfreiheit, gute Reinigungsfähigkeit) erfüllen.
- In Büroräumen und **Räumen mit elektronischer Ausstattung** darf es durch elektrostatische Aufladung nicht zu Fehlfunktionen von empfindlichen elektronischen Geräten kommen. Ableitfähige Beschichtungsaufbauten bieten hier Schutz (Bild 10).
- **Gewässerschutz**: Auffangwannen, in denen Behälter mit wassergefährdenden Stoffen stehen, müssen laut Gesetz durch Beschichtungen abgedichtet werden.

Der Beschichtungsaufbau

Wegen der oft sehr speziellen Abstimmung der Systeme lassen sich nur schwer allgemein gültige Verarbeitungshinweise geben. Deshalb müssen die **Technischen Merkblätter** der Hersteller unbedingt beachtet werden.

- Grundierungen dienen der Untergrundfestigung und Haftungsverbesserung.

Die Auswahl und fachgerechte Verarbeitung der Grundierung ist die Voraussetzung für die Qualität der gesamten Bodenbeschichtung.

- Spachtelungen ebnen und füllen Hohlräume und glätten Oberflächenrauheit.
- Zwischen- und Schlussbeschichtungen sorgen für eine gleichmäßige Untergrundfüllung und die erforderliche Schichtdicke.
- Eine rutsch- und abriebfeste Deckschicht (Deckversiegelung) bildet den Abschluss.

Die Beschichtungen werden meist mit einer Glättkelle aufgetragen, dabei ist neben der Schichtdicke auf eine blasenfreie Oberfläche zu achten (Bild 11). Farbige Dekorchips ergeben eine schönere Optik (Bild 9), eingestreuter Sand erhöht die Rutschfestigkeit (Bild 12).

Der **Grad der Rutschhemmung** wird mit dem **R-Wert** gekennzeichnet: Bodenbeläge mit der Bewertungsgruppe R9 besitzen die niedrigste, solche mit R13 die höchste Rutschhemmung (s. Technische Regel für Arbeitsstätten ASR A1.5/1,2 „Fußböden“ oder DGUV Regel 108-003).

Aufgaben

1. *Informieren Sie sich im Internet oder in Technischen Merkblättern über gebräuchliche, hochwertige Bodenbeschichtungssysteme.*
2. *Mit welchem Werkzeug werden Blasen und Lufteinschlüsse aus der nassen Beschichtung entfernt?*

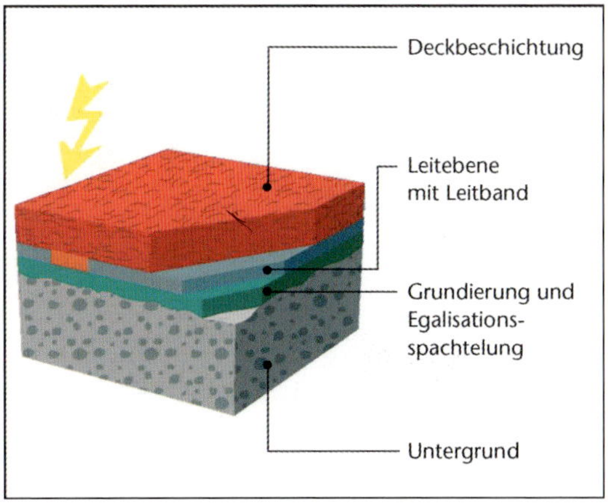

10. In PC-Räumen und Räumen mit mikroelektronischen Geräten muss die Beschichtung ableitfähig ausgeführt werden.

11. Das Entfernen von Lufteinschlüssen mit der Nadelrolle sorgt für eine gleichmäßige, blasenfreie Oberfläche.

12. Durch Einstreuen von Quarzsand lässt sich die Rutschgefahr verringern.

1. Diese Halle benötigt eine ESD-Beschichtung, um Computer und elektronische Baugruppen zu schützen.

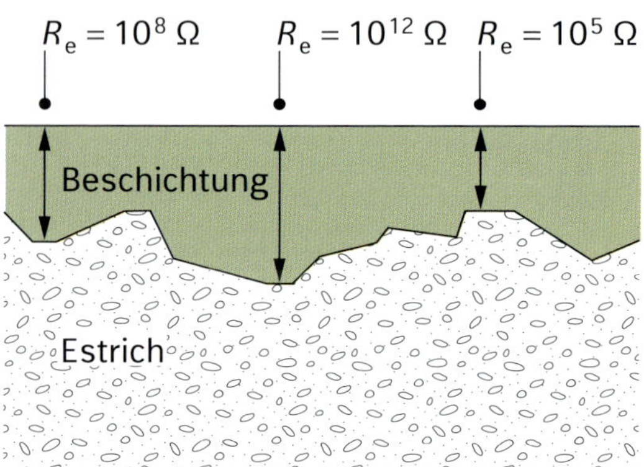

2. Ohne eine Spachtelung hat die Beschichtung (hier grün dargestellt) verschiedene Erdableitwiderstände R_e.

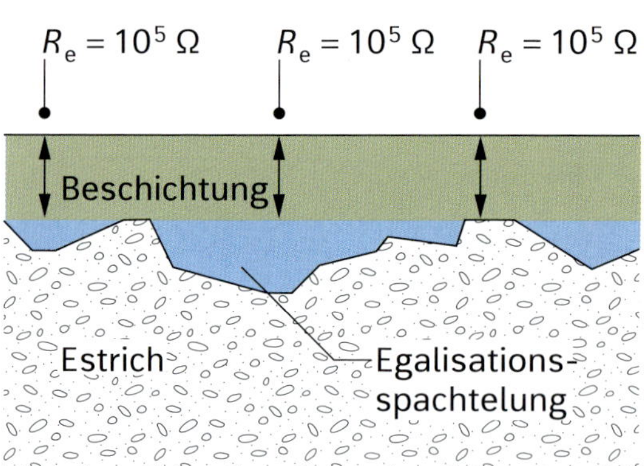

3. Die Egalisationsspachtelung (hier blau dargestellt) führt dazu, dass die Ableitung überall mit einem gleichmäßigen Erdableitwiderstand erfolgt.

9.17 Die ESD-Beschichtungen

Die Arbeitshalle eines Zulieferers von Airbus ist mit einem ESD-beschichteten Bereich ausgestattet (ESD = electrostatic discharge, elektrostatische Entladung). ESD-Beschichtungen sind so eingestellt, dass die elektrostatische Aufladung, die z. B. beim Begehen entsteht, abgeleitet wird. Diese Ableitung ist z. B. notwendig, um Computer und andere elektronische Geräte (Waagen, CNC-Maschinen usw.) vor elektrischen Aufladungen zu schützen. Außerdem werden Funken vermieden, die Explosionen auslösen können. Über Kupferbänder wird die Ladung zum Potenzialausgleich („Erde") geleitet.

Die Vorbehandlung

Der Estrichboden muss vor einer Beschichtung z. B. auf Ebenheit, Spachtelgrate, Risse, feuchte Stellen und Verunreinigungen geprüft werden (s. Kap. 9.5, nach VOB DIN 18363). Leichtes Schleifen mit der Einscheibenschleifmaschine und sorgfältiges Absaugen sind fast immer notwendig.

Es gelten bei der Erstellung eines ESD-Beschichtungssystems die gleichen Regeln wie bei den Normalsystemen.

Die Egalisationsspachtelung

Die Aufladungen sollen über das Beschichtungssystem gleichmäßig zum Potenzialausgleich abgeleitet werden. Bei rauen Estrichen sind die Erdableitwiderstände unterschiedlich (Bild 2). Um über die gesamte Fläche eine gleichmäßige Ableitung zu erhalten, muss die Schichtdicke der Beschichtung gleichmäßig sein. Außerdem ist eine glatte Oberfläche optisch besser und reinigungsfähiger. Um das bei einem rauen Untergrund zu erreichen, muss eine Egalisationsspachtelung (Ausgleichsspachtelung) erfolgen (Bild 3).

Der Beschichtungsaufbau

Die Beschichtung erfolgt ausschließlich nach den Angaben des Herstellers. Denn nur durch die Einhaltung der Verbrauchsmengen und durch die Verwendung der zugelassenen Materialien wird das ESD-Beschichtungssystem den Erdableitwiderstand bringen, den der Nutzer der Halle erwartet.

Nach der Egalisationsspachtelung erfolgt die Grundierung, die einen gleichmäßig saugenden Untergrund und einen Haftvermittler zur Leitebene ermöglichen soll (Bild 4). Nach der Grundierung wird das Kupferband in einem Schachbrettmuster aufgeklebt. Die Abstände richten sich nach den Herstellerangaben. Die Leitebene wird anschließend aufgebracht (Bild 5). Sie sorgt durch die Einlagerung von Carbonfasern dafür, dass auch die Bereiche, unter denen kein Kupferband liegt, ableitend sind. Die dann folgende Zwischen- und Schlussbeschichtung erfolgt mit zugelassenem Material, denn er muss die elektrische Aufladung von der Oberseite der Beschichtung zur Leitebene durchleiten.

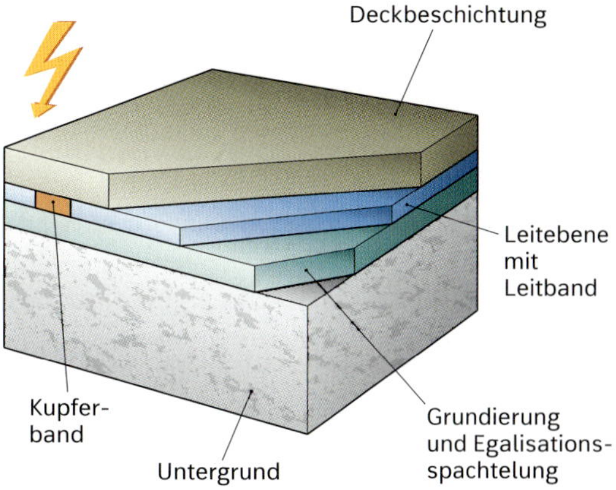

4. Der Gesamtaufbau des ESD-Systems

Die Messung

Der für den Hallenbesitzer wichtige Messwert ist der Erdableitwiderstand R_e (Bild 6). Nach DIN EN IEC 61340 gibt dieser Wert an, welchen Widerstand das Bodensystem der Ableitung von Elektrizität in die Erde entgegensetzt. Das Erdpotenzial befindet sich am Zählerkasten (gelb-grünes Kabel).

Der Anschluss der Leitbänder an die „Erdung", den Potenzialausgleich, darf nach VDE 0100 nur von einer Elektrofachkraft erfolgen. Anschlüsse an Heizungsrohre sind verboten, eine dauerhafte Verbindung ist nicht gewährleistet.

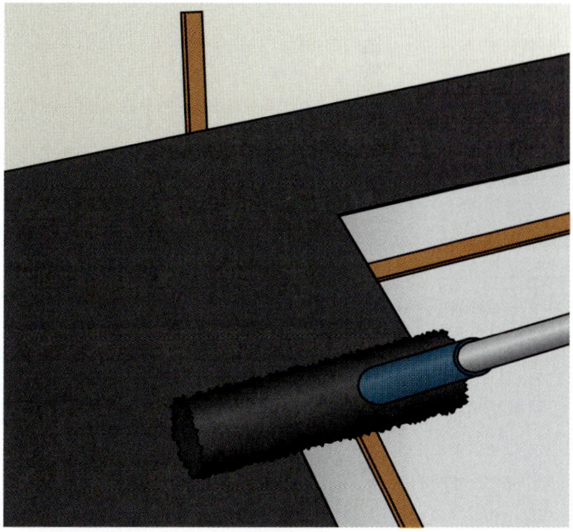

5. Die Leitebene wird aufgerollt, gut zu sehen sind die Kupferbänder. Je nach Raumgröße werden einzelne Kupferbänder ca. 50 cm an der Wand hochgezogen und von der Elektrofachkraft über ein Erdungskabel an den Potenzialausgleich angeschlossen.

Unterscheidung verschiedener ESD-Systeme

- ECF-Boden: Er stellt die beste Ausführung dar und hat einen R_e-Wert von $< 10^6\ \Omega$.
- DIF-Boden: Er ist für nicht so hohe Ansprüche vorgesehen und hat einen R_e-Wert von 10^6 bis 10^9 Ohm.
- ASF-Boden: Dieser astatische Boden (früher antistatische) leitet ohne Leitebene und Kupferbänder sehr geringe Aufladungen ab.

Aufgaben

1. *Schildern Sie die jeweiligen Arbeitsschritte bei der Beschichtung eines Estrichs mit einem ESD-Material. Fügen Sie die jeweiligen Werkzeuge und Zeitangaben hinzu.*
2. *Stellen Sie die Vor- und Nachteile der Egalisationsspachtelung von Bild 2 und 3 gegenüber.*
3. *Erkundigen Sie sich bei einem Hersteller (z. B. Caparol, StoCretec) über die Belastbarkeiten der verschiedenen ESD-Bodenbeschichtungssysteme.*

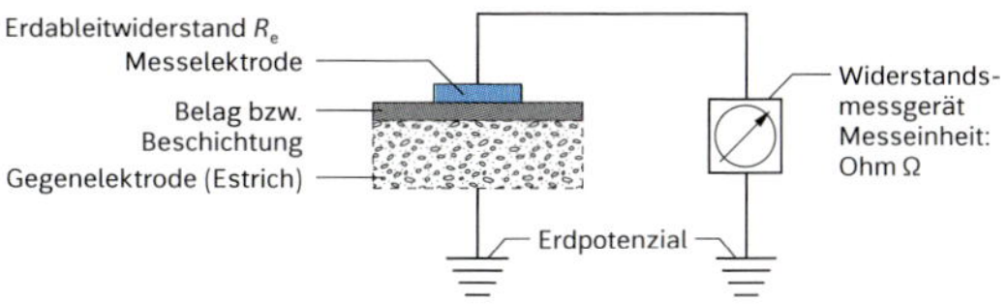

6. Das Messverfahren des Erdableitwiderstandes in einem Schemabild. Das Erdpotenzial befindet sich im Zählerkasten.

1. *Diese Halle hat durch ein Malerteam eine neue Beschichtung erhalten.*

Objekt-Protokoll

Ausführender Verlegebetrieb (Firmenstempel)

Dieser Leitfaden erhebt keinen Anspruch auf Vollständigkeit; im Einzelfall können weitergehende Prüfungen und/oder Hinweise erforderlich sein. Bitte wenden Sie sich im Zweifel an Ihren Fachberater.

Objekt/Auftrag ....
Bezeichnung/Anschrift: ....
Raum/Gebäudeteil: ....
Bauherr/Auftraggeber: ....
Architekt: ....
Vertragsbedingungen: ☐ BGB ☐ VOB Verlegefläche gesamt: ....m²

Untergrund

☐ Zementestrich ☐ Calciumsulfatestrich ☐ Gussasphalt ☐ Steinholzestrich
☐ Beton ☐ Trockenestrichelemente ☐ Magnesiaestrich ☐ Holzdielen/Parkett
☐ Holzspan-/OSB-platten ☐ auf Schüttung ☐ verschraubt/genagelt
Dicke: .... mm ☐ sonstiges: ....
☐ schwimmend ☐ im Verbund ☐ auf Trennlage
☐ Bauwerksabdichtung ☐ erdreichberührend ☐ Sonstiges: ....
☐ Fußbodenheizung ☐ Aufheizprotokoll liegt vor ☐ markierte Messstellen vorhanden

Nutzung/Belastungen/Anforderungen

☐ Werkstatt/Produktion ☐ Verkaufsfläche ☐ Büro ☐ Wohnraum
☐ Sporthalle/Sportraum ☐ Nassraum ☐ Stuhlrollen ☐ Trittschall-/Wärmedämmung
☐ Chemikalien ☐ Öle/Fette ☐ Gabelstapler/Hubwagen ☐ Hohe Punktlasten
☐ ableitfähige Verlegung, Anforderung ⊳ .... MΩ ☐ Sonstiges: ....

Prüfungen/Messungen

☐ größere Unebenheiten nach DIN 18 202, bis zu .... mm auf Stichmaß .... m
☐ Risse ☐ Scheinfugen ☐ Bewegungsfugen Breite: .... mm
☐ Feuchtigkeitsprüfung durchgeführt am ....
☐ Feuchtigkeitsmessung mit CM-Gerät: Einwaage: ....g Ergebnis: ....CM-%
☐ elektronische Feuchtigkeitsüberprüfung Fabrikat/Prüfgerät .... Anzeige ....Skt/Digits Ergebnis .... %

2. *Auszug aus einem Protokoll, das das Objekt in vielerlei Hinsicht erfasst: Angaben zum Objekt, Feststellung des Untergrundes, Bestimmung der Belastungen, der Beschichtung, Untergrundprüfungen, Bedenkenanmeldung, Aufmaß*

9.18 Die Qualitätssicherung von Bodenbeschichtungsarbeiten

Nach der Durchführung der Arbeiten, die eine neue Beschichtung in einer Produktionshalle umfassten, wird der Auftrag abgeschlossen. Nimmt der Kunde die Arbeiten ab?
Die Sicherung der Qualität ist eine wichtige Frage, die den aktuellen Auftrag betrifft, aber auch zukünftige Baustellen.

Was bedeutet Qualität?

Qualität ist für viele Handwerker eine Eigenschaft, die eine Arbeit haben soll. So soll z. B. eine Bodenbeschichtung gleichmäßig aufgetragen sein und ein gutes Oberflächenfinish haben, dann hat sie eine gute Qualität. Das ist die eine Seite des Begriffs Qualität.

Qualität bedeutet aber auch, Kundenanforderungen zu erfüllen.

Qualität ist also das, was der Kunde erwartet. Diese Erwartungen werden zunächst im Leistungsverzeichnis beschrieben. Dort hat der Bauherr bzw. Architekt festgehalten, welche Leistung die Bodenbeschichtung der Halle erbringen muss. Diese Qualität ist bei der Abnahme zu dokumentieren. Weiterhin muss bei evtl. Gewährleistungsansprüchen (bei einem VOB-Auftrag beträgt die Frist vier Jahre) nachgewiesen werden, welche Arbeiten durchgeführt worden sind.

Die Dokumente für die Projektmappe

Alle Unterlagen, die im Laufe der Auftragsbearbeitung anfallen, werden in einer Projektmappe gesammelt:

- das Leistungsverzeichnis des Bauherrn
- das Objekt-Protokoll (Bild 2)
- das Feuchte-Prüfprotokoll (Bild 3)
- der Arbeitsablaufplan, die Tageszettel
- das Aufheizprotokoll (Bild 4)
- Lieferscheine und Quittungen
- die Nachweiszettel für Facharbeiterstunden
- ein eventuelles Nachtragsangebot
- die Bedenkenanmeldungen nach VOB
- die Abnahmeprotokolle, unterschrieben vom Bauherrn und Meister

Im Baurecht hat es sich durchgesetzt, alle Vorgänge zu dokumentieren, um ggf. vor Gericht die erbrachten Leistungen beweisen zu können.

Die Qualitätssicherung erfolgt durch Protokolle, wie sie hier beispielhaft dargestellt sind.

Feuchtemessung-Protokoll

Ausführender Verlegebetrieb

Die Messungen sollten vom Verlegebetrieb in Gegenwart eines Zeugens durchgeführt und jeweils protokolliert werden. Im Einzelfall können weitere Messungen erforderlich sein, evtl. auch spezielle Maßnahmen zur Feuchte-Absperrrung. Bitte wenden Sie sich im Zweifel an Ihren Fachberater.

Angaben zum Objekt

Bezeichnung/Anschrift/Gebäudeteil/Raum ……………………

Bauherr/Auftraggeber ……………………

Angaben zum Estrich (bauseits)

Konstruktion: …………… Datum des Einbringens ……………

Bindemittel: …………… Bauart bei Fußbodenheizung ☐ A ☐ B ☐ C ☐ **ohne**

Estrichnenndicke: ………mm Messstellen ausgewiesen ……………

Bemerkungen ……………

Belegreife in CM-%: Textile/elastische Bodenbeläge, Parkett, Laminat	**Zementestrich** unbeheizt: ≤ 2,0 beheizt: ≤ 1,8	**Calciumsulfatestrich** unbeheizt: ≤ 0,5 beheizt: ≤ 0,3

Raumklimatische Bedingungen während der Messung:

Relative Luftfeuchte: ………%

Lufttemperatur: ………°C Untergrund-Oberflächentemperatur: ………°C

Ermittelte Feuchtigkeitsgehalte mit CM-Gerät – Prüfergebnis
Durchführung nach DIN 18560-4, Abschnitt 5.3

Messung/ Probestelle	1	2	3
Raum/Bezeichnung			
Prüfer			
Datum			
Estrichdicke* mm			
Einwaage g			
Manometeranzeige in bar			
Feuchtegehalt in CM-%**			

Bestätigung:

*Messung mit dem Zollstock an der Probestelle (±5 mm) **aus Umrechnungstabelle des CM-Gerät-Herstellers

Prüfer (Stempel/Unterschrift)

Architekt/Auftraggeber/Bauherr/Bauleiter (Stempel/Unterschrift)

3. *Das Protokoll zur Feuchtemessung umfasst neben den formalen Angaben zur Baustelle vor allem die Werte, die bei der CM-Prüfmethode erfasst worden sind.*

Aufheizprotokoll

Ausführender Verlegebetrieb

Bei flächenbeheizten Bodenkonstruktionen ist unbedingt ein Protokoll zum Belegreifheizen des Estrichs zu führen. Es muss vom Auftraggeber und/oder vom Heizungsbauer rechtsgültig unterzeichnet werden und ist dem Verleger des Oberbelages vor Beginn der Verlegearbeiten auszuhändigen (siehe VOB, Teil C/DIN 18 365, DIN 18 356).

Angaben zum Objekt

Bezeichnung/Anschrift/Gebäudeteil/Raum ……………………

Bauherr/Auftraggeber ……………………

Angaben zu Estrich und Fußbodenheizung

Datum der Einbringung: …………… ☐ Zementestrich (CT, vormals ZE)

Mittlere Dicke: ………mm ☐ Calciumsulfatestrich (CA, vormals AE)

☐ sonstige ……………

Bauart der Fußbodenheizung

Nach DIN 18 560/Teil 2 ☐ A ☐ B ☐ C

Nach dem Funktionsheizen (siehe Anmerkungen) wurde mit der Belegreifheizen am ………… begonnen.

1. Tag: aufgeheizt auf	+25°C Vorlauftemperatur	☐
2. Tag: aufgeheizt auf	+35°C Vorlauftemperatur	☐
3. Tag: aufgeheizt auf	+45°C Vorlauftemperatur	☐
4. Tag: aufgeheizt auf	+55°C maximale Vorlauftemperatur	☐
5. Tag: bis einschließlich 15. Tag geheizt mit maximaler Vorlauftemperatur		☐
16. Tag: abgesenkt auf	+45°C Vorlauftemperatur	☐
17. Tag: abgesenkt auf	+35°C Vorlauftemperatur	☐
18. Tag: abgesenkt auf	+25°C Vorlauftemperatur	☐
19. Tag: Feuchtemessung	(Belegreife: siehe Tabelle auf der Rückseite)	☐

Bestätigungen

Ort, Datum Heizungsbau-Firma (Stempel+Unterschrift)

Ort, Datum Bauherr/Auftraggeber (Stempel+Unterschrift)

4. *Das Aufheizprotokoll ist ein wichtiges Dokument, da es nachweist, dass der Heizungsbauer über einige Tage den Heizestrich aufgeheizt hat. Hierdurch hat der Maler die Sicherheit, dass der Estrich nicht mehr feucht ist. Er ist nun beschichtungs- bzw. belegereif. Hinweis: In vielen Heizungsanlagen ist das Aufheizprotokoll über die Steuerung abrufbar und liegt dann nicht mehr in Papierform vor.*

Aufgaben

1. *Warum muss eine Projektmappe geführt werden?*
2. *Beschreiben Sie die Bedeutungen des Wortes „Qualität".*
3. *Nennen Sie aus Ihrem beruflichen Alltag Beispiele, bei denen die Qualität nicht den Kundenanforderungen genügte. Erstellen Sie eine Liste mit den Gründen.*
4. *Warum ist es sinnvoll, die Protokolle im Betrieb einzusetzen?*
5. *Erstellen Sie eine Liste der Dokumente, die Sie in Ihrem Betrieb verwenden.*

KUNDENAUFTRAG Fußbodenerneuerung eines Klassenraums

passend zu Lernfeld 12 GI: Innenräume bearbeiten und gestalten

1. Vorstellung
Der Landkreis beauftragt einen Malerbetrieb mit der Fußbodenerneuerung von fünf Klassenräumen der Malerabteilung einer Berufsbildenden Schule.
Zustand des Bodens:
- Zementestrich
- Feuchtegehalt unbekannt
- Schwundrisse
- leicht sandend

2. Foto
Fotografieren Sie Ihren Klassenraum, drucken Sie das Bild aus und kleben Sie es auf Ihr Arbeitsblatt.

3. Planung
Erstellen Sie eine Liste mit möglichen Bodenbelägen. Da der Raum hallt, müssen Sie hierfür ebenfalls eine malertechnische Lösung für die Decke finden. Begründen Sie Ihre Auswahl.

4. Informationsbeschaffung
Informieren Sie sich bei den Herstellern über die Materialien. Informieren Sie sich auf den Internetseiten von Fachzeitschriften. Ziehen Sie auch Fachbücher des Parkettlegerhandwerks zurate.

5. Untergrundprüfung
Prüfen Sie den Boden. Achten Sie darauf, möglichst keine Beläge zu schädigen. Beschreiben Sie mit eigenen Worten das Prüfverfahren „CM-Feuchtemessung".

6. Arbeitstechniken
Informieren Sie sich über Arbeitstechniken, mit denen der vorhandene Bodenbelag entfernt werden kann. Wählen Sie nun z. B. nach folgenden Kriterien aus: Größe der Fläche, örtliche Gegebenheiten, Härte und Haftung des vorgefundenen Belags u. a.

7. Werkzeuge und Anlagen
Listen Sie Werkzeuge und Maschinen auf, die Sie für die Arbeiten je nach Baufortschritt benötigen.

KUNDENAUFTRAG Verlegung eines textilen Bodenbelags in einem Sprechzimmer

passend zu Lernfeld 12 GI: Innenräume bearbeiten und gestalten

1. Vorstellung
Das Sprechzimmer des praktischen Arztes Dr. Haus ist mit einem neuen Schlingenteppichboden zu belegen. Der alte Boden soll von Ihnen entfernt werden, der neue Boden wird in Klebetechnik verlegt.
Maße: 4,54 x 3,89 m.
Zustand des Bodens:
- Anhydritestrich
- keine Risse
- leichte Unebenheit

2. Foto

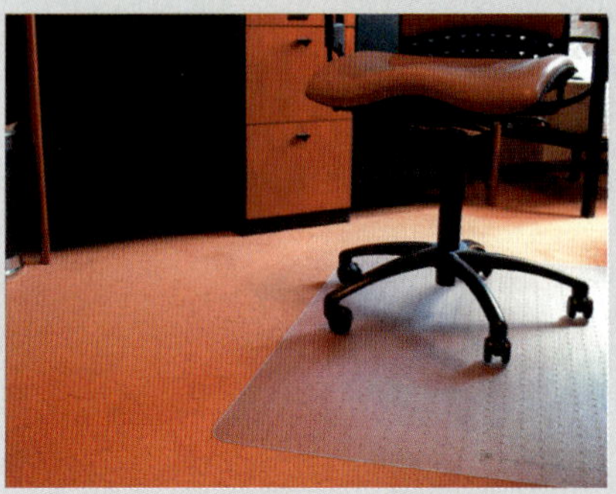

3. Planung
Erstellen Sie eine Liste aller Arbeiten und bringen Sie diese in einen zeitlichen Zusammenhang. Planen Sie auch Zeit für die Trockenzeiten der Materialien ein.

4. Berechnungen
Berechnen Sie die Bodenfläche nach VOB DIN 18365.
Für 1 m^2 Fläche werden benötigt:
- 450 g Spachtelmasse
- 230 ml Vorstrich
- 450 g Kleber

Berechnen Sie den Verbrauch für das Sprechzimmer.

5. Untergrundvorbehandlung
Bei dem Boden handelt es sich um einen Zementestrich.
a) Wählen Sie eine Spachtelmasse für diesen Unterboden aus.
b) Begründen Sie die Auswahl.
c) Beschreiben Sie die Verarbeitung des Materials.

6. Werkzeuge
Welche Werkzeuge und Geräte müssen Sie für diesen Auftrag im Malerfahrzeug haben?

KUNDENAUFTRAG Innenausbau mit Trockenestrich

passend zu Lernfeld 6: Trockenbauelemente verarbeiten
Lernfeld 12 GI: Innenräume bearbeiten und gestalten

1. Vorstellung

Die alte Maschinenbaufabrik aus dem Jahr 1925 wird zu Studentenwohnungen umgebaut. Die Malerfirma soll in dieser Etage (siehe Zeichnung) einen Trockenestrich verarbeiten.

Zustand der Rohbaudecke:

- Ebenheit nicht bekannt
- Stahlbetondecke
- hoher Verschmutzungsgrad mit Gummiabrieb und Ölen
- einige Stellen bröselig

2. Zeichnung

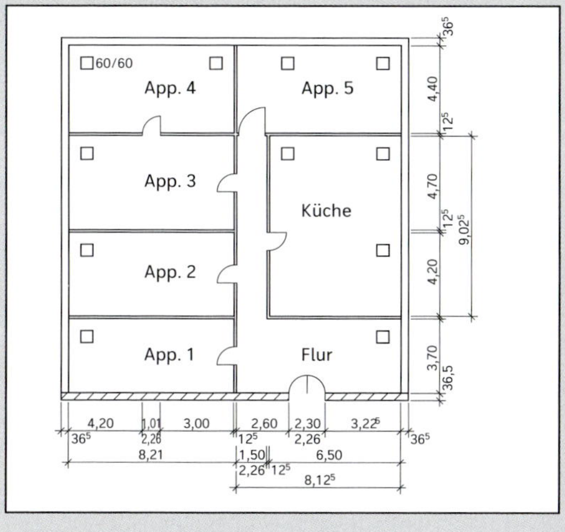

3. Planung

Erstellen Sie eine Liste aller Arbeiten. Bringen Sie die Arbeiten in einen zeitlichen Zusammenhang. Planen Sie auch Zeit für das Verlegen von Kabeln und Rohren ein.

4. Untergrundprüfung

Erstellen Sie eine Prüftabelle mit folgenden Spaltenüberschriften: Prüfung auf, Prüfmethode, Maßnahmen.

5. Informationsbeschaffung

Es gibt mehrere Estrichsysteme, um den Auftrag durchzuführen:

- Trockenestrichplatten,
- Trockenestrichplatten auf einer Schüttung,
- Trockenestrichplatten auf einer Wabenunterlage und
- den Hohlraumboden (Fotos in den Kapiteln).

Informieren Sie sich zunächst anhand von Informationsmaterial der Hersteller bzw. deren Internetseiten über die genannten Systeme. Erstellen Sie dann eine Tabelle mit folgenden Spaltenüberschriften:

Name des Estrichsystems	Beschreibung des Systems	Mindesteinbauhöhe in cm	Maximaleinbauhöhe in cm	Vor- und Nachteile

6. Berechnungen

Errechnen Sie die gesamte zu bearbeitende Fläche (VOB DIN 18340). Übermessen Sie die eingezogenen Trockenbauwände.

KUNDENAUFTRAG Innenausbau mit einem Trockenestrichsystem

passend zu Lernfeld 6: Trockenbauelemente verarbeiten
Lernfeld 12 GI: Innenräume bearbeiten und gestalten

1. Vorstellung

Die Arbeiten an der oben auf dieser Seite beschriebenen Baustelle gehen voran. Die Flächen sind aufgemessen. Der Malerbetrieb muss nun die Arbeiten ausführen.

Zustand der Rohbaudecke:

- Ebenheit nicht bekannt
- Stahlbetondecke
- hoher Verschmutzungsgrad mit Gummiabrieb und Ölen
- einige Stellen bröselig

2. Foto

3. Untergrundvorbehandlung

Laut Beschreibung ist die Rohbaudecke durch Öl, Fett und anderen Flüssigkeiten stark verschmutzt. Informieren Sie sich über die Vorbehandlungsmethode „Fräsen mit der Estrichfräse" (siehe Foto). Erstellen Sie für Ihre Ergebnisse einen Informationstext.

4. Unfallverhütung

Erstellen Sie für die Vorbehandlungsmaschine „Beton- und Estrichfräse" eine Belastungs- und Gefährdungsanalyse. Überlegen Sie hierbei, welchen Gefährdungen Sie als Maschinenbediener ausgesetzt sind. Listen Sie mögliche Gefährdungen auf und beschreiben Sie, wie Sie die Belastungen vermeiden können.

KUNDENAUFTRAG Bodenbeschichtung

passend zu Lernfeld 5: Überholungs- und Erneuerungsbeschichtungen ausführen
Lernfeld 8: Oberflächen bekleiden und gestalten

1. Vorstellung
In einer Großküche soll der beschädigte Fußboden erneuert werden. Aufgrund der Hygienevorschriften entscheidet sich der Architekt für eine Kunststoff-Bodenbeschichtung. Der Kunde möchte im Rahmen der Renovierungsarbeiten die Arbeitsflächen und Verkehrswege farbig voneinander abheben und dadurch das Arbeiten sicherer machen.

2. Foto

3. Zustand des Bodens
Die bei der Entfernung des alten PVC-Bodens entstandenen großflächigen Ausbruchstellen wurden fachgerecht mit einem speziellen Reparaturmörtel ausgebessert, sodass jetzt mit der Neubeschichtung des Bodens nach Kundenwunsch begonnen werden kann.

4. Informationsbeschaffung
Informieren Sie sich im Buch sowie in Technischen Merkblättern der Werkstoffhersteller über geeignete Bodenbeschichtungssysteme. Vielleicht besteht außerdem die Möglichkeit, einen Fachberater eines Herstellers zu einem Fachvortrag mit Vorführung in Ihre Schule einzuladen.

5. Produktauswahl
Entscheiden Sie sich für ein Beschichtungssystem, das die Vorgaben des Kunden erfüllt, und listen Sie folgende Punkte schriftlich auf:

- Hersteller/Bezeichnung des Systems
- Produkteigenschaften des Systems

6. Gestaltungsvorschlag
Erstellen Sie einen Farbvorschlag nach folgendem Muster:

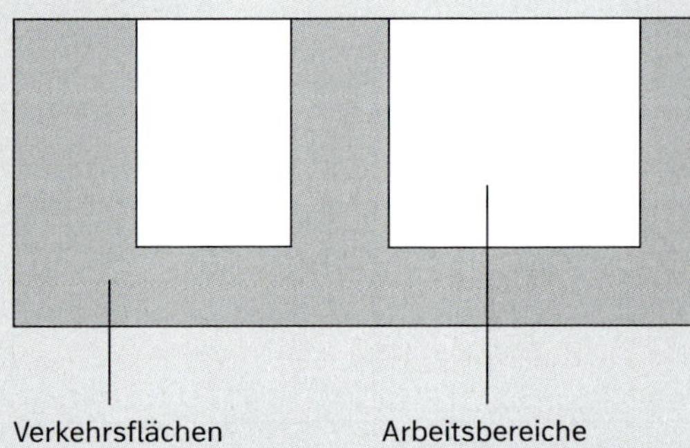

Begründen Sie Ihren Vorschlag.

7. Ausführung der Beschichtungsarbeiten
Erstellen Sie eine Skizze, die den geplanten/vorgeschriebenen Beschichtungsaufbau zeigt und benennen Sie die einzelnen Schichten.

Listen Sie alle erforderlichen Arbeiten in richtiger Reihenfolge in einer Tabelle auf. Beginnen Sie mit den Arbeiten auf der ausgebesserten Estrichfläche.

Nr.	Arbeiten und Werkstoffe	Werkzeuge
1.		
2.		

KUNDENAUFTRAG Die Verlegung eines Trockenestrichs

passend zu Lernfeld 12: Innenräume bearbeiten und gestalten

1. Vorstellung

In einem altem Gutshof soll in sehr kurzer Zeit im Erdgeschoss ein exklusives Restaurant mit zwei Speiseräumen, einer Küche sowie sanitären Anlagen entstehen. Die alten Terrazzo-Böden im Eingangs- und Empfangsbereich sollen erhalten bleiben. In der Küche sowie in den beiden Speiseräumen müssen die alten Böden komplett entfernt werden, wodurch unterschiedliche Höhenlagen im Untergrund von bis zu 70 mm entstehen. Diese Bereiche müssen daher wieder auf ein Niveau gebracht werden. Der Kunde möchte Fertigteilestriche aus Gipsfaserplatten auf dem vorhandenen Gussasphaltestrich verlegen lassen.

2. Foto

1. Der Gutshof ist von außen bereits saniert worden.

Untergeschoss		
Raum		**Bodendifferenz**
Eingangsbereich/Empfangsbereich		Referenzhöhe ± 0
	Fläche	
Speiseraum 1	84 m²	– 45 mm
Speiseraum 2	45 m²	– 70 mm
Küche	28 m²	– 35 mm
Gästetoiletten	16 m²	– 35 mm

2. Die Raummaße des Gutshofes

3. Aufgaben

1. Erstellen Sie eine Prüftabelle mit folgenden Überschriften:

Prüfen auf...	Prüfmethode	Abhilfe
Ebenheit	Richtscheit und Messkeile	
...		

2. Beschreiben Sie mögliche Gründe für die Höhenunterschiede in allen Räumen und deren Ausgleichsmöglichkeiten. Erstellen Sie zu den Ausgleichsmöglichkeiten eine Verarbeitungsliste nach folgendem Muster und füllen Sie sie für Ihr Vorhaben aus. Beziehen Sie auch die Untergrundvorarbeiten mit ein.

Arbeitsschritte	Werkzeuge	Material	Geräte/ Maschinen	Kleinteile

3. In den beiden Speiseräumen, die durch einen Durchgang miteinander verbunden sind, weist der Untergrund Höhenunterschiede von bis zu 70 mm auf. Wählen Sie von einem Anbieter ein geeignetes System zum Höhenausgleich aus und beschreiben Sie die Aufbauarbeiten des Untergrundes in den Speiseräumen einschließlich der Verlegung des Fertigteilestrichs. Anbieter sind z. B. Knauf, Xella.
Stellen Sie Ihr System anhand einer Präsentation der Klasse vor. Verarbeiten Sie auf Ihren Folien die Inhalte der Aufgaben 1 bis 3.

4. Es ist nicht zulässig, in der Küche Trockenestriche aus Gipsfaserbasis zu verlegen. Entscheiden Sie sich begründet für einen geeigneten Trockenestrich.

5. Erstellen Sie nun Materiallisten für die Speiseräume (Bild 2 – Maße). Listen Sie alle von Ihnen ausgewählten Materialien einschließlich der Fertigteilestriche auf (Verschnitt beachten). Verwenden Sie hierbei die standardisierten Mengenangaben der Hersteller (siehe Verarbeitungshinweise).
Vergleichen Sie Ihre Ergebnisse der Aufgabe 5 im Plenum und ergänzen Sie sie, falls Sie noch nicht alle Punkte beachtet haben.

6. Im Obergeschoss soll ein Aufenthaltsraum (12 m²) für die Mitarbeiter und ein Büro (16 m²) für den Geschäftsführer entstehen. Sie finden eine Kehlbalkendecke vor, die in ihren Höhen ausgeglichen werden muss.
   a) Beschreiben Sie die Vorgehensweise, wie Sie die Bodenkonstruktion auf der Kehlbalkendecke aufbauen müssen und entscheiden Sie sich begründet für einen Trockenestrich.
   b) Berechnen Sie alle von Ihnen benötigten Materialien einschließlich der Trockenestriche für beide Räume (Verschnitt beachten). Verwenden Sie hierbei die standardisierten Mengenangaben der Hersteller (siehe Verarbeitungshinweise).

7. Der Kunde erwartet von Ihnen einen Gestaltungsvorschlag (Farben, Muster, Belag) zu den 2 Räumen im Untergeschoss (Bild 2). Erstellen Sie jeweils auf einem DIN-A4-Blatt eine Farb- und Musterprobe von den 2 Räumen.

8. Die Verlegung der von Ihnen vorgeschlagenen Bodenbeläge soll ausgeführt werden.
   a) Erstellen Sie für den jeweiligen Bodenbelag eine Tabelle nach folgendem Muster und füllen Sie sie für Ihr Vorhaben aus.

Arbeitsschritte	Werkzeuge	Material	Geräte/Maschinen	Kleinteile

Hinweis: *Je nach Klassenzusammensetzung kann die Verlegung der entsprechenden Bodenbeläge arbeitsteilig bearbeitet werden.*

   b) Erläutern Sie die wichtigsten Punkte, die bei der Verlegung der von Ihnen gewählten Bodenbeläge auf Trockenestrichen zu beachten sind.
   c) Vergleichen Sie im Plenum die Ergebnisse der Aufgaben 7 und 8 und ergänzen Sie diese, falls notwendig.

Zusatzfrage:

a) Begründen Sie, warum im gesamten Bodenbereich der Villa der Einsatz von PE-Folien (Dampfsperre) sinnvoll ist, wenn dieser nicht unterkellert ist.

Marketing und Qualitätssicherung

10

1. Die Kunden wünschen sich von der Malermeisterin eine Beratung über die Neugestaltung der Anwaltskanzlei.

Erwartungen der Kunden an	Mindestanforderungen der Kunden sind	was noch wünschenswert ist
Meister	• fachgerechte Beratung	• Verdeutlichung durch Musterplatten/ Beratungsstudio
	• angemessener Preis	• verständliches Angebot (Rechnung)
	• vertragsgemäße Erfüllung	• termingetreues Arbeiten
Gesellen und Auszubildende	• fachgerechte Ausführung mit Terminabsprachen	• Abstimmung der Abfolge mit den Kunden
	• sauberes Arbeiten	• Meldung von Beschädigungen beim Kunden
	• korrektes Auftreten	• Kundenansprache mit Namen
	• Abmelden vom Kunden nach Arbeitsende	• Nachfrage nach offenen Wünschen

2. Was erwarten die Kunden vom Malermeister und den Gesellen?

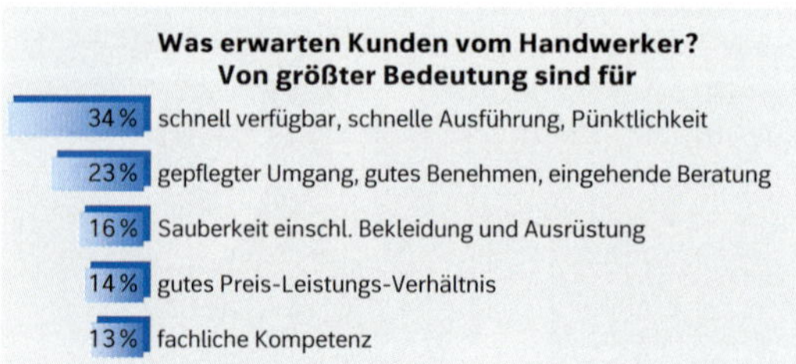

3. Umfrageergebnisse

10.1 Ohne den Kunden „läuft" nichts

Ein Rechtsanwaltsehepaar lässt sich in seiner Kanzlei von einer Malermeisterin beraten (Bild 1). Das Ehepaar arbeitet seit Jahren mit der Malerfirma zusammen. Schon der Vater der heutigen Besitzerin des Malerfachbetriebes arbeitete im Privathaus des Ehepaares und in der Kanzlei.

Welche Erwartungen haben diese Kunden an den Betrieb?

Es ist kaum möglich, alle **Erwartungen** dieser Kundschaft aufzulisten, da von dem Ehepaar viele gar nicht geäußert werden (Tabelle 2). An die Meisterin haben sie die Erwartung,

- dass sie kompetente und fachgerechte **Beratung** über die auszuführenden Arbeiten durchführt,
- ein Angebot und eine Abrechnung erstellt, die einen angemessenen **Preis** für die abgelieferte **Qualität** haben,
- in der Lage ist, die Qualität zu einem bestimmten **Zeitpunkt** pünktlich und vertragsgemäß zu erstellen.

An die Gesellen haben sie die Erwartung, dass

- die Arbeiten in der richtigen Abfolge und in der vereinbarten **Qualität** fachgerecht durchgeführt werden,
- die Arbeiten **sauber** und ohne Schädigung der Einrichtung bzw. Beeinträchtigung des Kanzleibetriebs durchgeführt werden,
- sie ein höfliches und korrektes **Verhalten** bei der Arbeit zeigen (Bild 3).

Kunden erwarten vom Gesellen: höflichen Umgang, Sauberkeit, Termintreue, Ausführung fachlich korrekter Arbeiten. Die Erfüllung dieser Erwartungen sichert den Betrieb und damit den Arbeitsplatz des Gesellen.

Sind diese Erwartungen zu hoch?

Wird hier nicht zu viel vom Gesellen verlangt? Ist das Verhalten der Gesellen nicht deren Privatsache? Beobachtet man nicht in jedem Betrieb Mitarbeiter, die sich kaum zu benehmen wissen?

So ähnlich könnten sich die Kommentare von Mitarbeitern anhören, angesichts der Perfektion, die von ihnen gefordert wird.

Aber welche Forderungen haben denn die Mitarbeiter eines Malerbetriebs an die Mitarbeiter eines Kiosks, einer Kneipe, eines Supermarkts oder einer Boutique?

Was soll ein Betrieb angesichts dieser Kundenwünsche machen?

Seit der Übernahme des Betriebs von ihren Eltern hat die Malermeisterin ihren Betrieb so ausgerichtet, dass er am Markt und beim Kunden erfolgreich ist.

Marketing bedeutet die Ausrichtung des Betriebs an den Forderungen, die seine Kunden – der Markt – stellen (Bild 4). Geht der Betrieb auf seine Kunden nicht ein, ist er nicht konkurrenzfähig (Bild 5).

Sie bietet nur die Leistungen an, die sie und die Gesellen kompetent beherrschen: Kanzlei- und Praxenrenovierungen, Altbaurenovierungen mit den Leistungen: Tapezierungen, Lackierungen, Bodenbeläge, Außenanstriche und Wärmedämmverbundsysteme. Arbeiten wie Gerüstbau und Trockenausbau bietet sie nicht an.

Gesellen und Auszubildende arbeiten im Team

Die beim Kunden arbeitenden Malerinnen und Maler arbeiten zusammen, um die Kundenanforderungen zu erfüllen. Sie müssen hierzu, um sich wirklich Malerteam nennen zu dürfen, einige Voraussetzungen erfüllen:

- Sie arbeiten nicht gegeneinander.
- Sie akzeptieren den Vorarbeiter, sagen ihm aber auch, wenn z.B. ein anderer Arbeitsschritt vorgezogen werden muss.
- Maler im Team korrigieren sich gegenseitig, z.B. wenn einer eine Arbeit nicht richtig ausführt.

Den Malerbetrieb zeigen

Der Betrieb ist für Kunden durch ein einheitliches Erscheinungsbild (Corporate Design) erkennbar. Der Briefkopf, die Wagenbeschriftung usw. sind erkennbar gleichmäßig gestaltet.

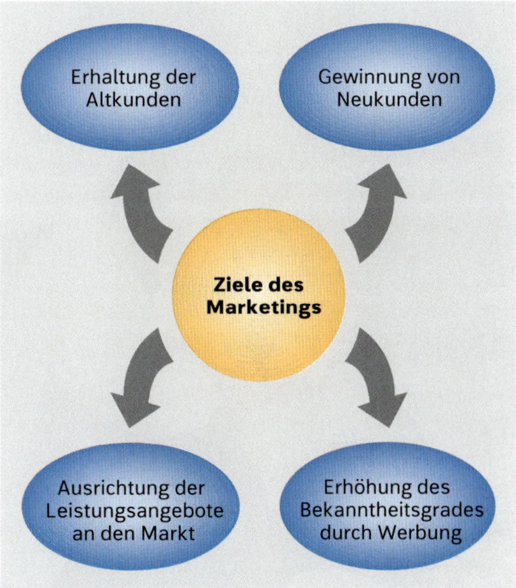

4. Ziele des Marketings. Marketing (englisch) bedeutet marktgerechtes Arbeiten. Dies erfordert die Beachtung der Kundenwünsche und das Eingehen auf sie.

5. Der Betrieb Grotjahn ist nicht allein am Markt. Er tritt in Konkurrenz zu anderen Betrieben, die ebenfalls Aufträge erhalten wollen.

Aufgaben

1. *Nennen Sie Erwartungen Ihrer Kunden an Sie und an den Malerbetrieb.*
2. *Nennen Sie weitere Leistungsbereiche, die gut zu dem Marketing der Malermeisterin passen.*
3. *Was hat der Geselle mit Marketing zu tun?*
4. *Beschreiben Sie das Corporate Design eines Malerbetriebes.*

1. Der Malergeselle bespricht mit der älteren Kundin die Arbeiten, die in der Küche und im Wohnzimmer auszuführen sind. Im Beratungsgespräch zwischen Meister und Kundin sind die Tapeten bereits ausgesucht worden.

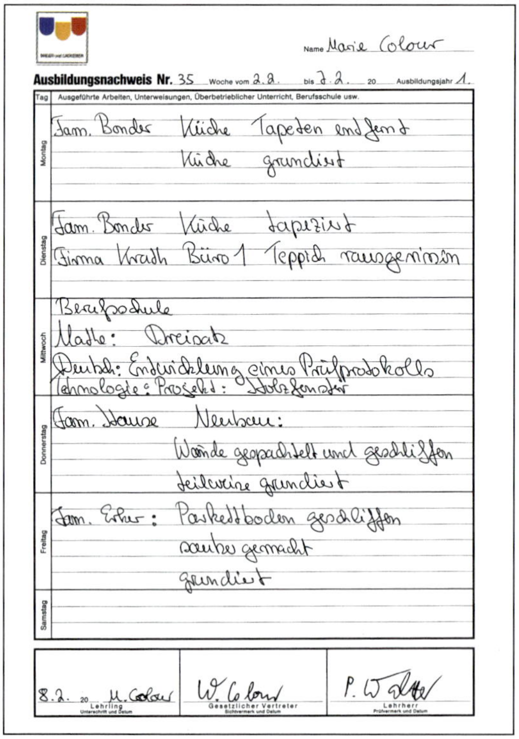

Name Marie Colour

Ausbildungsnachweis Nr. 35 Woche vom 2.2. bis 7.2. 20 Ausbildungsjahr 1.

Tag	Ausgeführte Arbeiten, Unterweisungen, Überbetrieblicher Unterricht, Berufsschule usw.
Montag	Fam. Bonder Küche Tapeten entfernt Küche grundiert
Dienstag	Fam. Bonder Küche tapeziert Firma Kradh Büro 1 Teppich rausgerissen
Mittwoch	Berufsschule Mathe: Dreisatz Deutsch: Entwicklung eines Prüfprotokolls Technologie: Projekt: Holzfenster
Donnerstag	Fam. Hause Neubau: Wände gespachtelt und geschliffen teilweise grundiert
Freitag	Fam. Ester: Parkettboden geschliffen sauber gemacht grundiert
Samstag	

8.2. 20 M. Colour Lehrling Unterschrift und Datum	W. Colour Gesetzlicher Vertreter Sichtvermerk und Datum	P. Walter Lehrherr Prüfvermerk und Datum

2. Das Berichtsheft einer Auszubildenden, die in einem Malerbetrieb ausgebildet wird, der vorwiegend für Privatkundschaft arbeitet.

10.2 Kunden sind nicht alle gleich

Ein Malergeselle soll bei einer älteren Dame die Küche und das Wohnzimmer neu tapezieren (Bild 1). Zwei Tage später ist der Auftrag erledigt und der Geselle arbeitet an der Fassade eines Einfamilienhauses. Entsprechend sieht das Berichtsheft einer Auszubildenden (Bild 2) desselben Betriebs aus. Welche Kundengruppen (Zielgruppen) gibt es im Bereich der Privatkundschaft?

Von der Oma bis zum Kleinkind: die Privatkundschaft ist vielfältig

Der Malergeselle arbeitet gern bei der älteren Dame, die zwei Enkelkinder hat. Die Frau ist viel unterwegs, also nicht regelmäßig in der Wohnung und hat dann noch weitere Termine. So lässt sie jedes Jahr denselben Maler kommen, der der Reihe nach ihre Fünfzimmerwohnung durcharbeitet. Sie verlangt neben sauberer Arbeit Zuverlässigkeit und Freundlichkeit, dass die Möbel vom Gesellen abgerückt und die Gardinen abgehängt werden. Der Einrichtungsstil ist eher altmodisch und traditionell. Die eben beschriebene Frau gehört zur **Zielgruppe Senioren.**

Zielgruppen sind Menschengruppen mit gemeinsamen Merkmalen wie Alter, Einkommen, Wertvorstellungen, Einrichtungsstil, Arbeitsverhalten und Erwartungshaltungen.

Die Zielgruppe Senioren wird wegen der Bevölkerungsentwicklung immer größer. Auch die Malerbetriebe und die Gesellen müssen sich hierauf einstellen. Besondere Merkmale sind:

- Wunsch nach **Full Service** (Möbel abrücken, Gardinen abnehmen, kleinere Nebenarbeiten wie Bilder anders aufhängen usw. bis hin zur Übernahme von Leistungen anderer Gewerke wie Beauftragung eines Elektrikers, um Steckdosen umzusetzen),
- gute Verlässlichkeit in Bezug auf **Pünktlichkeit, Sauberkeit und Ehrlichkeit,**
- sich auf die **Gestaltungswünsche** der Senioren einstellen und entsprechende Farben mischen,
- der wohlhabende Senior möchte es schön haben und seinen Wohlstand nach außen zeigen.

Die berufstätigen Singles

Jeder fünfte Deutsche lebt alleine, viele arbeiten Vollzeit. Da der **Lebens- und Arbeitsstil** kaum Zeit lässt, sich mit Malerarbeiten zu beschäftigen und außerdem das Einkommen gut ist, wird ein Maler mit den Arbeiten in der Wohnung beauftragt. Hinzu kommt, dass viele Menschen handwerklich unbegabt sind. Auf welche besonderen Merkmale müssen sich Gesellen einstellen?

- Singles wollen etwas für ihr Geld sehen, die Wohnung ist ein Aushängeschild ihrer Stellung. Die Arbeiten sind anspruchsvoll auszuführen, neue Techniken können eingesetzt werden.
- Perfektion kann für Gesellen eine Herausforderung sein: Umsetzung der gewünschten Gestaltungstechnik wie Spachteltechnik muss gekonnt sein.
- Für hochwertige Techniken wird viel bezahlt, entsprechend sind handwerklich einwandfreies Arbeiten und gute Umgangsformen ein Muss.

Welchen Vorteil hat es für den Gesellen, wenn er sich auf die Zielgruppe einstellt?

Kann sich der Geselle gut auf Kunden einstellen, ihre Wünsche von den Augen ablesen und hat er entsprechende Umgangsformen auf der Baustelle, ist das Verhältnis stressfreier. Der Kunde bezieht gerne die Dienstleistung von diesem Betrieb und empfiehlt den Betrieb weiter (Bild 3 bis 5).

Stellt sich der Geselle gut auf die Kunden ein, wird der Betrieb weiterempfohlen. Die Arbeitsplatzsicherheit für den Gesellen steigt.

3. Kunden werden beraten.

4. Eine Beratung der Kunden zum Teppichboden.

5. Die Bewohner dieses Hauses fordern Malerleistungen.

Aufgaben

1. *Nennen Sie Merkmale der Zielgruppe „Senioren“.*
2. *Beschreiben Sie die Zielgruppe Familien und überlegen Sie, auf welche besonderen Merkmale sich Gesellen hier einstellen müssen.*
3. *Welche Gründe sprechen dafür, sich auf die jeweilige Privatkundschaft einzustellen?*
4. *Beschreiben Sie für die Zielgruppe „berufstätige Singles“ die Erwartungshaltungen.*

1. *Das Arbeiten im Objektbereich wie dieser Neubau einer Berufsgenossenschaft unterscheidet sich sehr von der Arbeit bei der Privatkundschaft.*

Position	Leistungsbeschreibung	Einheitspreis	Gesamtbetrag
11	Wärmedämmplatten mit stumpfem Rand aus expandiertem Polystyrolhartschaum nach DIN, PS 15 SE, Anwendungstyp W, Wärmeleitfähigkeitsstufe 038 DIN 4108, B 1 nach DIN 4102, mit Klebemörtel auf tragfähigem Untergrund kleben, Platten im Verband, planeben und pressgestoßen verlegen. Eventuell offene Fugen mit Füllschaum ausschäumen, Unebenheiten mit einem Schleifbrett abschleifen, Dicke 120 mm, Einbauort: EG, 1. OG 310 qm		

2. *Leistungsverzeichnisse geben genau an, welche Arbeiten durchzuführen sind. Das Lesen erfordert einige Übung.*

10.3 Die Großbaustelle

Auf einer großen Baustelle (Bild 1) arbeiten in den oberen Geschossen noch die Elektriker, Heizungsbauer und Fliesenleger, während unten die Maler die ersten Räume bearbeiten.

Was muss der Geselle auf einer Großbaustelle besonders beachten?

Auf Baustellen wie bei einem Hochhaus wird nach genauen **Ausschreibungstexten** gearbeitet, die das Architekturbüro erstellt (Bild 2). In einer bestimmten Kalenderwoche ist mit den Arbeiten zu beginnen und termingerecht hat die **Abnahme bzw. Teilabnahme** durch das Büro zu erfolgen. Hier gibt es jedoch für die Gesellen ein besonderes Problem:

Der Maler ist ein Finish-Beruf: Es ist eines der letzten Gewerke vor der Vollendung eines Gebäudes.

Der Geselle wird aber oft gar nicht die Untergründe oder die erstellten Wand- und Bodenflächen vorfinden, die in dem Ausschreibungstext vorgegeben sind. Rücksprachen mit dem Malervorarbeiter oder Malerbaustellenleiter (siehe Exkurs) sind nötig, um falsche Leistungen erst gar nicht zu erbringen und um Zeit zu sparen.

Im Objektbereich ist es sehr häufig notwendig, mit dem Baustellenleiter des Malerbetriebs oder mit dem Architekturbüro in Kontakt zu treten. Jede Änderung gegenüber dem Ausschreibungstext muss durch das Büro genehmigt werden.

Ohne Leistungsverzeichnisse keine Arbeit

Das Arbeiten nach Leistungsverzeichnissen (Bild 2) ist auf Großbaustellen üblich. Der Malerbaustellenleiter hilft weiter, ist aber oft nicht erreichbar, wenn man ihn braucht. Der Geselle muss das Leistungsverzeichnis durcharbeiten, um festzustellen, was in dem Raum zu bearbeiten ist. Er muss genau die Vorgaben des Leistungsverzeichnisses beachten:

- Welche Untergrundvorbehandlung ist durchzuführen?
- Welches Material soll verarbeitet werden (Farbton, Tapetensorte, Bindemittelbasis, Glanzgrad)?
- Wie viele Anstriche sollen aufgebracht werden?
- Welche Schichtdicke wird verlangt?
- Gibt es Änderungen, die handschriftlich eingetragen worden sind?

Gibt es weitere Unterschiede zum Privatkunden?

Bei Privatkundschaft kann auch nach Leistungsverzeichnissen gearbeitet werden, wenn auch die mündliche Absprache hier noch einiges gilt. Vor allem die Arbeit innerhalb einer **Hierarchie** (Exkurs) und der **Termindruck** sind im Objektbereich wie Hotels, Industrie, Einzelhandel bedeutsam. Der Geselle, der neu auf eine Baustelle kommt, sollte versuchen, sich zunächst einen Überblick über die Arbeiten zu beschaffen und sich im Gebäude zurecht zu finden (Tabelle 3).

Im Objektbereich wird weiterhin sehr oft mit **Qualitätsstandards** (Schichtdicken, Farbtongenauigkeit, Glanzgrad, Entrostungsgrad) gearbeitet, die unbedingt eingehalten werden müssen.

Qualitätsprüfungen finden durch den verantwortlichen Malermeister und durch das Architekturbüro statt. Sie werden genau protokolliert.

Aufgaben

1. *Erklären Sie den Begriff Finish-Beruf und seine Bedeutung für eine Großbaustelle.*
2. *Was muss beachtet werden, wenn z. B. eine Hoteletage nach einem Leistungsverzeichnis bearbeitet werden soll?*
3. *Listen Sie weitere Qualitätsstandards auf, die ein Auftraggeber erfüllt haben möchte.*
4. *Warum werden alle Prüfungen und Abnahmen schriftlich festgehalten?*

Gewerbliche Auftraggeber haben Erwartungen	Was aber auch noch wünschenswert ist
Pünktlichkeit und Termintreue	Anpassung des Geselleneinsatzes an Arbeitslage
vereinbarte Qualitätsstandards einhalten	Prüfungen selber durchführen
Umweltgerechtes Entsorgen und Sauberkeit	eigene Entsorgung
auf Änderungswünsche eingehen	in der laufenden Arbeit Änderungen erfüllen
Arbeiten in der Hierarchie	
Umgang mit Formularen	genaues Einhalten der Abgabefristen
störungsfreies Arbeiten mit vielen anderen Gewerken und Nationalitäten	genaues Einhalten der Abgabefristen

3. Zielgruppe gewerbliche Auftraggeber: Welche Erwartungen hat diese Zielgruppe an das Malerteam?

EXKURS Hierachien

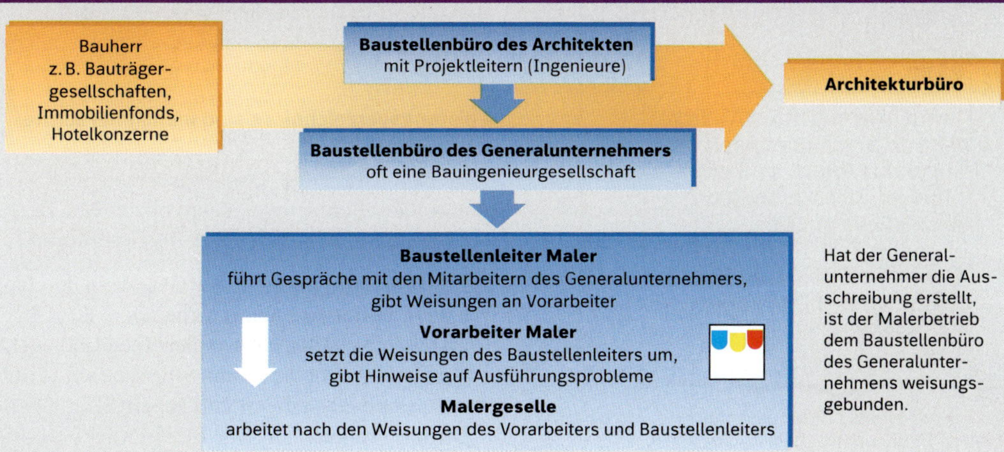

Hat der Generalunternehmer die Ausschreibung erstellt, ist der Malerbetrieb dem Baustellenbüro des Generalunternehmens weisungsgebunden.

1. Montage eines WDVS

Position	Leistungsbeschreibung	Einheitspreis	Gesamtbetrag
14	Sturzausbildung (Brandschutz) Kleben von Wärmedämmplatten im Sturzbereich. Wärmedämmplatten aus Steinwolle nach DIN, Anwendungstyp WD, Faserrichtung senkrecht zur Oberfläche, erhöhte Abrissfestigkeit über 100 kn/m², W 040, auf tragfähigem Untergrund kleben. Platten im Sturzbereich 20 cm hoch, beidseitig 30 cm über die Öffnung der Fenster hinaus, planeben, pressgestoßen verlegen, Dicke: 12 cm 63 m		
19	Schlagregendichtes Abdichten von Anschlussfugen mit Fugendichtband, vorkomprimiert, incl. Herstellen des Kellenschnittes, Fugenbreite 10–12 mm Einbauorte: Anschluss zum Dach, Vordach, Balkonunterseite 70 m		

2. Auszug aus einem Leistungsverzeichnis. Hinweis: Die Position 11 befindet sich im Kapitel 10.3.

10.4 Planung von Arbeitsabläufen

Ein Malerteam aus drei Gesellen und einer Auszubildenden soll ein Wärmedämmverbundsystem bei einem Volksbankneubau (Bild 1) verarbeiten. Der Chef des Betriebs gibt den Gesellen immer das Leistungsverzeichnis (Tabelle 2) mit, das von dem Architekturbüro erstellt worden ist.

Was sind Leistungsverzeichnisse?

Die Volksbank beauftragt ein Architekturbüro mit dem Neubau. Nach Klärung der Nutzung, aber auch der Gestaltung erarbeitet das Büro Leistungsverzeichnisse für die Gewerke wie Dachdecker, Maler. Das Leistungsverzeichnis wird vom Malermeister mit Preisen versehen an das Büro zurückgeschickt. Erhält der Malermeister den Zuschlag, kann er zu dem festgelegten Preis die Arbeiten durchführen.

Welche Bedeutung haben Leistungsverzeichnisse für die Gesellen?

Leistungsverzeichnisse sind rechtsverbindliche Auflistungen von Leistungen zu vereinbarten Preisen. Sie dürfen nicht ohne Zustimmung des Auftraggebers geändert werden.

Malermeister geben den Gesellen die Leistungsverzeichnisse mit, damit die Gesellen auf der Baustelle genau wissen, was zu tun ist.

Gesellen erhalten somit mehr Verantwortung und entlasten die Meister von Rückfragen.

Änderungen von Positionen des Leistungsverzeichnisses bedürfen der schriftlichen Genehmigung durch den Auftraggeber.

Leistungsverzeichnisse sind manchmal schwer verständlich

Das nebenstehende Leistungsverzeichnis ist für einige Gesellen schwer nachvollziehbar. Deshalb sind folgende Arbeitsschritte durchzuführen:

- Zunächst unterstreicht der Geselle in den jeweiligen Positionen wichtige Angaben. So z. B. sind folgende Angaben im Beispiel (Tabelle 2) wichtig: Die Steinwolleplatten im Sturzbereich (Firebrickets) sind 20 cm hoch und gehen 30 cm über die Öffnung hinaus.

- Hinweise auf die DIN-Normen haben oft eine große Bedeutung und sollten vom Gesellen nicht überlesen werden.
- Der Geselle markiert sich immer die Mengen bzw. die Quadratmeter. So hat die Position 14 die Menge: 63 Meter Sturzausbildung. Die Mengen sind bei der Bestellung der Materialien wichtig, aber auch bei dem abschließenden Aufmaß.
- Der Geselle bespricht nun mit dem Auftraggeber den Arbeitsablauf und trägt neben dem Text des Leistungsverzeichnisse die Kalenderwoche bzw. den Tag ein. Er kann auch einen eigenen Arbeitsplan erstellen.
- Checklisten erleichtern sehr die Arbeit und werden bei komplizierten Arbeiten erstellt.

Der Geselle sollte bei Unklarheiten zum Inhalt des Leistungsverzeichnisses beim Meister bzw. beim Architekturbüro nachfragen.

Das Führen einer Projektmappe

Das Leistungsverzeichnis ist nicht das einzige Dokument, das Gesellen beim Baustellenschriftverkehr führen müssen. Andere Formulare sind:

- Der Ablaufplan (Bild 4)
- Der Tageslohnzettel (Bild 3): Er muss alle Angaben wie Stunden, Materialverbrauch enthalten. Er muss in der Regel vom Auftraggeber unterschrieben werden. Der Auftraggeber behält einen Durchschlag.
- Der Nachweiszettel für Facharbeiterstunden (Tabelle 5): Falls eine Arbeit nicht im Leistungsverzeichnis steht, hat der Geselle hierüber einen Nachweiszettel zu führen. Er trägt die geleistete Arbeit genau ein, listet die Stunden und das Material auf und lässt ihn vom Auftraggeber unterschreiben.
- Weiterhin: Lieferscheine, Aufmaßzettel, Quittungen, Wochenzettel, Tankquittungen

Aufgaben

1. Besprechen Sie in Ihrer Gruppe, welche Dokumente in Ihrem Betrieb in einer Projektmappe geführt werden.

2. Erklären Sie jeweils die Bedeutung des Leistungsverzeichnisses für den Auftraggeber, für den Gesellen und für den Meister.

3. Erstellen Sie auf einem gesonderten Blatt ein Leistungsverzeichnis mit den Pos. 14, 19 und 24 und arbeiten Sie dann die Positionen nach der angegebenen Vorgehensweise durch.

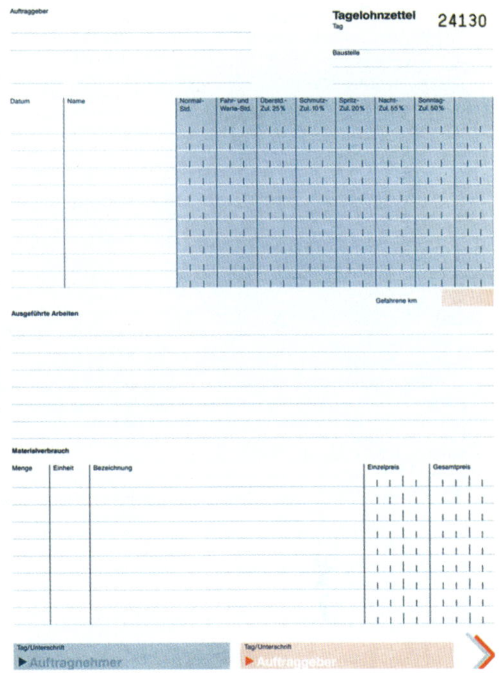

3. Der Tageslohnzettel

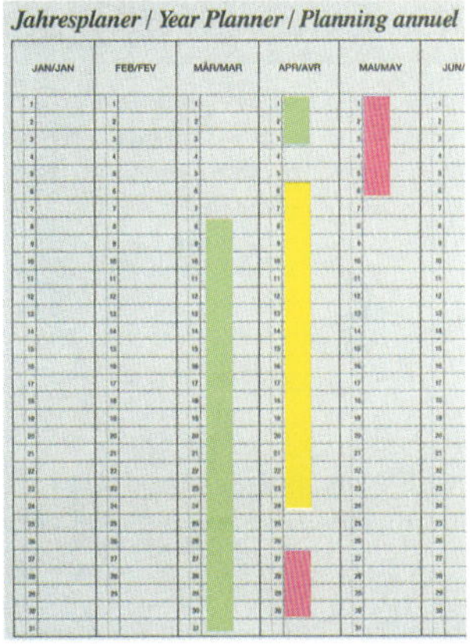

4. Arbeitsablaufplan

Position	Leistungsbeschreibung	Einheitspreis	Gesamtbetrag
24	Facharbeiterstunden, die auch bei eventuell vorkommenden Tagelohnarbeiten berechnet werden, inklusive aller sozialer Kosten und Gewinn ca. 15 Stunden		

5. Auszug aus dem Leistungsverzeichnis: Facharbeiterstunden

1. Dieses Haus soll ein Wärmedämmverbundsystem erhalten. Bei der Baustelleneinrichtung von diesem Großauftrag sind Auflagen der Behörden, aber auch des Eigentümers zu erfüllen.

2. Baustelleneinrichtung: Hier findet ein Ortstermin mit Verwaltungsvertretern und Polizei statt, um eine Lösung für eine sichere Nutzung des angrenzenden Straßenraumes zu finden.

10.5 Die Einrichtung von Baustellen

Ein Malerteam aus 14 Gesellen und einem Auszubildenden soll ein Wärmedämmverbundsystem bei einem Neubau (Bild 1) verarbeiten. Der Chef des Betriebs gibt den Gesellen das Leistungsverzeichnis (s. Kap. 10.4). Sie sollen nun die Baustelle einrichten.

Auch die Kommune ist über die Einrichtung von Malerbaustellen zu informieren.
Die Baustelle liegt an einer Hauptstraße. Bewohner gehen in das Haus, Passanten laufen auf dem Bürgersteig. Das Belegen von Bürgersteigen und von Straßenraum durch eine Baustelle ist der Kommune bzw. dem zuständigen Straßenverkehrsamt anzuzeigen. Da die Straße stark befahren ist und eine Nebenstraße einmündet, vereinbart der Meister einen Ortstermin mit der örtlichen Polizei (Bild 2). Man einigt sich auf ein Gerüst, das den Bürgersteig bis an den Bordstein überdacht. Die zur Straßenseite stehenden Gerüstholme werden mit rotweißem Absperrband markiert und mit vier Baustellenleuchten versehen.

Die von den Behörden festgesetzten Auflagen sind unbedingt einzuhalten und regelmäßig durch den vom Meister beauftragten Malergesellen zu kontrollieren.

Bei Fassadenarbeiten mit Hochdruckreiniger, bei denen Baustellenwasser in den Kanal eingeleitet wird, ist die untere Abwasserbehörde zu unterrichten. Diese teilt im Einleitungsbescheid mit, welche Qualität das eingeleitete Wasser haben muss. Die Deutsche Vereinigung für Wasserwirtschaft, Abwasser und Abfall e.V. hat im Merkblatt DWA-M 370 Hinweise gegeben (www.dwa.de).

Die **Baustelleneinrichtung** umfasst:

- Das Aufstellen von Baucontainern, wofür mit der Kommune bzw. mit dem Auftraggeber ein Ort gefunden werden muss.
- Das Bereitstellen von Toiletten nach den Vorschriften der Arbeitsstättenverordnung. Sie müssen auf jeder Baustelle oder in der Nähe zur Verfügung stehen. Arbeiten mehr als 15 Beschäftigte länger als zwei Wochen auf der Baustelle, so sind auf der Baustelle in der Regel Toilettenhäuschen vorzusehen (Bild 3).
- Die Einrichtung bzw. Benutzung von Baustellenstromverteilern.
- Die Entsorgung von Materialien gemäß Abfallgesetzgebung durch einen Entsorgungsplan.

Was ist bei der Lagerung von Materialien auf der Baustelle zu beachten?

Die Lagerung brennbarer Flüssigkeiten wie Kunstharzverdünnung oder Lacken ist in Durchgängen, Treppenhäusern oder Arbeitsräumen unzulässig. In Kellern von Wohnhäusern dürfen z. B. nur 20 Liter Testbenzin in Metallgefäßen gelagert werden.

Weiterhin sind folgende Punkte zu beachten:

- Materialien werden am besten in Containern gelagert. Diese sind abschließbar und entsprechen den Vorschriften über den Brandschutz (s. Kap. 10.8, Bild 8).
- Die Lagerung von Materialien auf dem offenen Arbeitswagen ist wegen möglichen Diebstahls problematisch.
- Bei der Lagerung von brennbaren Flüssigkeiten nach Betriebssicherheitsverordnung sind Feuerlöscher vorgeschrieben (siehe Exkurs unten).

3. Toilettenhäuschen sind nach der Arbeitsstättenverordnung vorgeschrieben.

Aufgaben

1. Nennen Sie Besprechungspunkte bei der Einrichtung einer Baustelle mit der Polizei, der Kommune und der Bauleitung.

2. Welche Bedeutung hat ein Einleitungsbescheid?

3. Sie sollen für Ihren Chef für eine größere Baustelle folgende Punkte klären. Sie sitzen bei ihm im Büro und haben einen Internetzugang.
   a) Wer entsorgt den Polystyrolplattenmüll, der bei der Montage eines WDVS anfällt?
   b) Wer bringt dem Malerteam eine Baustellentoilette zu welchem Preis?
   c) Wer kann Auskunft geben, wie das Abwasser, das bei der Reinigung der Fassade nur mit Hochdruckreiniger anfällt, entsorgt wird.

EXKURS Techniken der Informationsbeschaffung

Eine Malergesellin möchte weitere Informationen über die Lagerung von brennbaren Flüssigkeiten haben. Woher bekommt sie das Wissen?

- Die Bauberufsgenossenschaften sind für die Arbeitssicherheit zuständig. Auf der Internetseite dguv.de findet sie über die Suchmaschine die entsprechenden Hinweise.
- Sie kann aber auch mit dem technischen Aufsichtsbeamten der BauBG in ihrer Nähe telefonischen Kontakt aufnehmen und mündliche Informationen erhalten.
- Eine Internetsuchmaschine kann helfen.

Woher kann ein Malergeselle Informationen über einen Lack erhalten?

- Auf dem Gebinde sind die wesentlichsten Informationen abgedruckt.
- Technische Merkblätter und Sicherheitsdatenblätter enthalten noch mehr Details. Der Geselle erhält sie von der Firma in schriftlicher Form oder über das Internet. Die Internetadresse ist auf den Gebinden aufgedruckt.
- Informationen, z. B. über einen Lack, findet der Geselle auch auf der CD-ROM WinGIS. Das ist das Gefahrstoffinformationssystem der Bauberufsgenossenschaften für das Betriebsprogramm Windows. Die dort abgespeicherten Betriebsanweisungen enthalten eine Fülle an wichtigen Sicherheitshinweisen.

Digitaler Schriftverkehr

Der tragbare Computer – der Laptop und das Smartphone – findet immer mehr Benutzer im Malerhandwerk. Die Gesellen verwenden Laptops z. B. für die Erstellung von Wochenzetteln. Das Aufmaß von Häusern und Wohnungen mit noch kleineren Computern, wie den PDAs, vereinfacht den Aufwand erheblich. Der angehende Geselle sollte sich schon in der Ausbildung mit dem Computer beschäftigen und Referate, aber auch Berichtsheftaufgaben in der Berufsschule mithilfe des Computers erstellen. Auch die Präsentationen für die im Buch abgedruckten Kundenaufträge können hiermit erstellt werden.

1. Auf jeder Baustelle kann es Ärger geben. In diesem Büro haben Maler Leistungen erbracht, von denen der Kunde behauptet, dass er sie nicht verlangt habe.

2. Rummeckern und seine Unschuld beteuern: Dieses Verhalten von Gesellen möchte der Kunde nicht sehen, da es das Problem der falschen Tapete nicht löst.

Regeln für Reklamationsgespräche
• Durch Nachfragen feststellen, was der Kunde genau meint
• Sachlich bleiben, rumschreien bringt noch mehr Ärger
• Höflich bleiben
• Mit dem Kunden herausfinden, wie der Fehler entstanden sein könnte
• Mit dem Kunden klären, wie das Problem weiterhin behandelt wird, z. B. einen Hinweis geben, dass der Chef den Kunden anruft
• Auf jeden Fall den Chef über die Reklamation informieren. Stellen Sie beide Seiten deutlich dar: Was der Kunde meint und was Sie meinen

3. Wie soll sich der Malergeselle richtig verhalten? Die Abfolge ist nicht auswendig zu lernen. Besser ist, in einem Rollenspiel das eigene Verhalten zu testen.

10.6 Mit Kunden sprechen

Ärger auf der Baustelle: Ein Kunde hat den Auftrag gegeben, sein Geschäftsführerbüro neu zu gestalten (Teppichboden, Tapeten, Lackierungen, Bild 1). Doch als gerade die letzte Tapetenbahn geklebt worden ist, kommt er rein und sagt, dass es die falsche sei.

Wie soll der Geselle sich hier verhalten?

Die Gesellen sind zunächst völlig ratlos, als der Kunde ihnen verdeutlicht, dass sie die falsche Tapete verwendet hätten. Sie beteuern, dass das nicht sein könne (Bild 2).

Die Reklamation ist eine Chance, Fehlerquellen zu erkennen und dem Betrieb Kunden zu erhalten.

Genaues Zuhören: Das ist oft sehr schwer, da der Kunde selbstverständlich verärgert ist. Meint der Kunde z.B.,

- dass eine völlig falsche Tapete beschafft wurde (hat jemand die Kollektionsnummern vertauscht?),
- dass diese Tapete überhaupt nicht seinen Vorstellungen entspricht (die Wirkung eines kleinen Musterausschnittes ist anders als die Raumwirkung),
- sich eine andere Tapete ausgesucht zu haben (während eines **Beratungsgesprächs** mit dem Meister werden ja viele Muster in Erwägung gezogen)?

Verständnisvolles Fragen: Ein sachlicher Tonfall und Höflichkeit sind angebracht, um festzustellen, was der Kunde genau meint. Hier kann auch helfen, die **Ausführungsanweisungen** bzw. Leistungsverzeichnisse, die der Chef den Malern mitgegeben hat, nochmals anzuschauen. Ist dort die Kollektionsnummer vermerkt? Hat der Kunde eventuell eine Angebotsunterlage mit der Nummer?

Dann ist eine schnelle Klärung möglich. Tatsächlich hat der Kunde die Raumwirkung der ausgesuchten Tapete vollkommen falsch eingeschätzt. Er hat einen großformatigen Rapport ausgesucht, obwohl, wie er sich nun erinnert, der Malermeister ihn anders beraten hatte.

Über Reklamationen berichten

Der Chef sollte vom Vorarbeiter über diesen Vorfall informiert werden. Da die Tapeten noch nicht angezogen haben, wäre in diesem Fall sogar die Möglichkeit, nach Absprache mit dem Kunden den Chef direkt zur Baustelle zu holen. Falls der Kunde die Mehrarbeit bezahlt, wäre eine Neutapezierung möglich.

Reklamationen sind wahrheitsgemäß und sachlich weiterzugeben, denn nur dann kann angemessen reagiert werden.

Es ist ein Fehler, nicht über Fehler zu sprechen.

Reklamationen, die gehäuft auftreten, sind oft auch ein Hinweis auf Probleme im betrieblichen **Ablaufplan**. Kommt es z. B. häufiger vor, dass der Großhändler seidenglänzende Lacke mit glänzenden Lacken vertauscht, sind die Reklamationen der Vorarbeiter wichtig.

Für gutes Gelingen unersetzlich: das Baustellengespräch

„Achtung, der Kunde kommt schon wieder und will bestimmt eine Farbtonänderung, Erich."
„Wart's doch ab!", zischelt Erich zurück.

Und tatsächlich, der Kunde hat einen Wunsch. Ist aber ein **Kundengespräch** auf der Baustelle abzulehnen? Sicher kann es vorkommen, dass Kunden lästig sind: Sie schauen zu (Bild 4), stellen Fragen zum Ablauf, haben Änderungswünsche. Und trotzdem:

Gespräche zwischen dem Kunden und dem Gesellen dienen dazu, die Arbeit besser zu organisieren und die Ergebnisse besser auf die Kundenwünsche abzustellen.

Auch beim Baustellengespräch gibt es Überlegungen, die zu beachten sind (Text 5).

Aufgaben

1. *Nennen Sie wichtige Regeln, die bei einem Reklamationsgespräch einzuhalten sind.*
2. *Nennen Sie Unterscheidungsmerkmale zwischen einem Reklamations- und einem Baustellengespräch.*
3. *Stellen Sie weitere Überlegungen zu den aufgeführten Regeln an (Tabelle 3 und Text 5).*

4. *Dieser Kunde schaut zu und möchte sich über die handwerkliche Leistungsfähigkeit der Gesellin informieren. Es ist also gut, wenn der Kunde merkt, dass viel Erfahrung für gute Arbeit notwendig ist.*

Was ist beim Baustellengespräch zu beachten?

– Je nach Größe der Baustelle sind Fragen der Organisation (z. B. wann die Baustelle am Morgen betreten wird, wann sie vorübergehend geschlossen wird) schriftlich festzuhalten.

– Änderungen der Leistungen bedürfen in den Fällen, bei denen Leistungsverzeichnisse vorliegen, der schriftlichen Form. Sind mündliche Absprachen bei Privatkunden getätigt, sollte der Geselle neue Leistungsänderungen schriftlich festhalten und mit seinem Meister besprechen.

– Es ist sicherzustellen, dass die anderen Gesellen, die nicht beim Gespräch dabei sind, von den Ergebnissen wie Farbtonänderungen usw. informiert werden.

– Steht eine Baustelle vor dem Abschluss, ist mit dem Kunden die Abnahme zu vereinbaren. Diese ist häufig mit dem Meister durchzuführen, kann aber auch durch den Malerbaustellenleiter erfolgen.

5. *Kundengespräche auf der Baustelle sind für den Erfolg der Arbeit sehr wichtig. Hier einige Hinweise für den Ablauf.*

1. Auf dieser Baustelle hat der Kunde während der Betonsanierungsarbeiten festgestellt, dass die Stahlarmierung nicht fachgerecht entrostet worden ist. Die Ausführungsqualität zeigt Überwachungsfehler, aber auch schludriges Arbeiten und mangelnde Einsicht in fachgerechtes Arbeiten.

betriebliche Wirkung	Außenwirkung
• die Arbeit muss nachgebessert werden	• der Kunde ist verärgert
• die Kosten erhöhen sich	• der Kunde verliert das Vertrauen
• die Arbeitsplatzsicherheit wird geringer	• der Kunde wählt einen anderen Betrieb
• das Betriebsklima wird durch den Ärger schlechter	• der Ruf in der Region wird in Mitleidenschaft gezogen
• bei Wiederholung ist der Betrieb im Bestand gefährdet	• weitere Aufträge könnten zurückgezogen werden

2. Probleme in der Ausführung und im betrieblichen Ablauf haben immer eine Außen- und eine Innenwirkung.

3. Der Malermeister kontrolliert in der Teilkontrolle die durchgeführten Entrostungen. Bei den Endkontrollen beurteilt er die fertige Betonoberfläche, kann aber die Entrostung nicht mehr prüfen.

10.7 Qualität muss erarbeitet werden

Auf der Baustelle eines Parkhauses werden Betonsanierungsarbeiten (Bild 1) durchgeführt. Aber es gibt Probleme, denn der Kunde hat durch sein Ingenieurbüro festgestellt, dass beim Entrosten der Stahlarmierung nicht der vorgeschriebene Normreinheitsgrad Sa 2½ erreicht worden ist.

Ein Problem – zwei Seiten

Es gibt zu diesem Problem zwei Betrachtungsseiten, die die Gesellen immer beachten müssen:

- Auf die schlechte Ausführungsqualität muss in einem **Reklamationsgespräch** mit dem Kunden eingegangen werden. Je nach der Betriebshierarchie kann dies der Baustellenleiter, Vorarbeiter oder der Meister sein. Es geht also zunächst um die **Außenwirkung** des Problems (Tabelle 2). Um den Kunden bzw. den Auftrag nicht zu verlieren, sollten das intensive Fachgespräch und Lösungsmöglichkeiten gesucht werden.
- Um zukünftig diesen Fehler zu vermeiden, sind aber auch im innerbetrieblichen Bereich (**Innenwirkung**, Tabelle 2) Überlegungen anzustellen. Es muss geklärt werden, wie die im Leistungsverzeichnis ausgeschriebene Qualität auch wirklich erreicht wird.

*Treten bei bestimmten Arbeiten oder betrieblichen Abläufen wie Materialbestellung häufiger Fehler auf, kann das ein Hinweis auf **Qualitätsprobleme** sein.*

Wie ist das Problem konkret zu lösen?

Jeder Malerbetrieb hat eine Malermeisterin bzw. einen Malermeister, die bzw. der für die Qualität der erstellten Leistungen durch die Mitarbeiter verantwortlich ist.

Die Lösung ist auf zwei Wegen möglich:
- durch Qualitätskontrolle
- durch Qualitätszirkel (siehe nächste Seiten)

Die Qualitätskontrolle

Sie wird durch Malermeister und durch Kunden bzw. Prüfingenieure durchgeführt.

Die **Teilkontrolle** umfasst die Kontrolle der aufgestemmten Betonstellen und wird nach jedem Arbeitsschritt durchgeführt. Das ist sehr aufwendig und teuer.

Die **Endkontrolle** wird am Ende aller Arbeiten durchgeführt. Der Malermeister kontrolliert in der Regel gemeinsam mit dem Bauherrn und fertigt das Abnahmeprotokoll an.

Welche Vorteile hat die Qualitätskontrolle?

- Der Meister hat einen Überblick darüber, ob die Arbeiten bei der Entrostung fachgerecht durchgeführt worden sind.
- Der Meister zeigt den Gesellen, dass ihre Arbeiten kontrolliert werden. Sie wissen, dass **Pfusch** entdeckt werden kann und Konsequenzen hat.
- Der Meister kontrolliert wenige Male bzw. bei der Endkontrolle nur einmal und spart hierdurch auch Zeit.

Welche Nachteile hat die Qualitätskontrolle?

- Der Meister kann nicht jeden Fehler bei der Teilabnahme sehen.
- Die mangelnde Entrostung (Bild 1) hätte er bei der Endkontrolle überhaupt nicht bemerkt.
- Die Gesellen fühlen sich kontrolliert und können den Eindruck erhalten, dass ihnen nichts zugetraut wird.
- Die Gesellen fühlen sich bevormundet.
- Teil- und Endkontrollen kosten Arbeitszeit des Meisters und nehmen ihm dadurch auch Zeit, sich z. B. um neue Kunden zu kümmern.

Die Nachteile der Qualitätskontrolle können vermieden werden. Der Geselle wird verstärkt in die Verantwortung für die Malerleistungen genommen. Er hat für die Qualität geradezustehen.

Aufgaben

1. *Beschreiben Sie die zwei Seiten eines Reklamationsfalles.*
2. *Nennen Sie Vor- und Nachteile von Qualitätskontrollen am Beispiel „Wärmedämmverbundsysteme".*
3. *Wie entsteht auf einer Baustelle „Pfusch"?*
4. *Wie wird in Ihrem Betrieb die Qualität geprüft?*

4. Der Bewehrungsstahl wird freigelegt.

5. Eine Balkonplatte wird neu aufgebaut.

1. Der Stahl ist bei der Betonsanierung zum überwiegenden Teil nicht dem Normreinheitsgrad Sa 2½ gemäß entrostet worden. Aus einem vermeintlich kleinen Arbeitsfehler können große Folgen entstehen. Der Kunde verlangt Nachbesserung. Den Betrieb kostet es viel Geld, und darüber hinaus kann der Kunde sich vom Betrieb trennen. Die Gesellen haben weniger Arbeit und eventuell einen Arbeitsplatzverlust.

2. Gesellen und Auszubildende haben in einem Qualitätszirkel (Gesprächsrunde) diese betrieblichen Abläufe und fachlichen Probleme als verbesserungswürdig erachtet.

10.8 Schritt für Schritt besser werden

Die Betonsanierungsarbeiten an einem Parkhaus (Bild 1) sind trotz Teil- und Endkontrollen nicht mit der gewohnten und dem Kunden zugesicherten Qualität erfolgt.

Kontrollen führen nicht immer zum Ziel

Die Qualitätskontrollen haben somit nicht die gewünschten Ergebnisse gebracht:

- **Kundenzufriedenheit** zu erreichen. Im Gegenteil, der Kunde kann die Geschäftsbeziehungen zu diesem Malerbetrieb beenden. Einen Kunden zu verlieren, bedeutet für den Gesellen weniger Arbeit und weniger Arbeitsplatzsicherheit.
- Die **Kundenforderung** nach fachlich einwandfreier Arbeit zu erfüllen. Eine weitere Kundenforderung ist, sich auf den Betrieb verlassen zu können und damit Prüfkosten zu sparen.
- Die Gesellen zu einem höheren **Verantwortungsbewusstsein** zu bewegen.

Jeder Fehler verursacht nicht nur hohe Behebungskosten, sondern stört auch die Terminplanung und den betrieblichen Ablauf. Je später Fehler entdeckt werden, umso höher sind die Kosten.

Wie kann darauf reagiert werden?

Bisher ist in dem Betrieb so verfahren worden, dass der Meister die Entscheidungen gefällt hat. Weitere Überlegungen zur **Fehlerentstehung** wurden kaum gemacht. Der Vertreter des Kompressorherstellers ist öfter auf das Problem angesprochen worden.

Der Qualitätszirkel – Gesellen tauschen ihre Erfahrungen aus

Der obige Fall stammt aus einem Malerbetrieb mit 55 Gesellen, der auch noch andere Arbeiten ausführt. Der Malermeister und die Aufmaßmeister möchten nun die Fehler und Probleme im Betrieb Schritt für Schritt bearbeiten. Die Gesellen und Auszubildenden treffen sich hierzu in kleinen Gruppen zu **Qualitätszirkeln** und besprechen betriebliche Abläufe und fachliche Probleme (Bild 2). Diese Zirkel können gemäß dem in Bild 3 und Tabelle 4 dargestellten Ablauf durchgeführt werden.

*Die Gesellen erarbeiten im Qualitätszirkel **Verbesserungsvorschläge**, um betriebliche Abläufe und fachliche Probleme zu verbessern.*

Arbeitsschritt: Ursachen

In einem Qualitätszirkel besprechen die Maler die Probleme mit dem Strahlen des Armierungsstahls. Sie tauschen ihre Vermutungen über die Entstehung des Fehlers aus:

- Das Granulat der Anlage erzeugt viel Staub.
- Die Pflege der Pistolen geschieht nicht gründlich genug, vor allem an Tagen mit hoher Flächenleistung.
- Die Kompressoranlage ist veraltet.
- Die Leistung der Kompressoranlage ist nicht konstant.
- Die Verbindungskupplungen sind nicht dicht.
- usw.

Arbeitsschritt: Lösungsvorschläge

Damit ist aber die Arbeit der Qualitätszirkel nicht erschöpft. So können andere Fehler wie Bedienungsprobleme und Ermüdungen Anlass zur Weiterarbeit geben.

Die Ergebnisse des Qualitätszirkels zum Bereich Betonsanierung (Bild 1) lauten:

- Die Kompressoranlage für die Strahlarbeiten wird erneuert, da die alte nicht genügend Volumen für zwei Arbeitsplätze bietet.
- Das Granulat erzeugt sehr viel Staub, der die Sicht einschränkt. Zusammen mit dem Granulathersteller soll hier eine neue Mischung ausprobiert werden.

Zu jeder der Ursachen nennen die Gesellen Lösungsvorschläge. Um aber alle Vorschläge dauerhaft und für immer umzusetzen, erstellen sie Formulare (Bild 5). In diese Formulare tragen sie z. B. ein, wann die jeweiligen Granulate eingesetzt worden sind. Treten nach dem Einsatz Abweichungen auf, muss überlegt werden, welche Ursache infrage kommt.

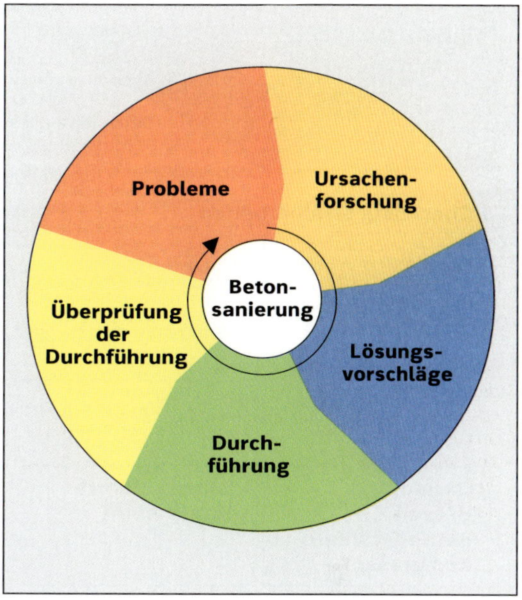

3. Und so geht es weiter: Nach den allgemeinen Überlegungen (Bild 2) greift sich eine Gruppe ein konkretes Problem heraus (Betonsanierung). Sie bespricht zunächst die Vielzahl der Probleme. Anschließend werden Ursachen besprochen, deren Lösungsvorschläge den Meistern vorgetragen werden. Die Ergebnisse werden von den Beteiligten in weiteren Qualitätszirkeln besprochen.

Arbeitsschritt	Inhalt	Teilnehmer	ungefähre Zeitdauer
Problembeschreibung	Eingrenzung der Probleme	Gesellen, Meister	eine Gesprächsrunde
Ursachen	vermutete Ursachen	Gesellen	2 bis 3 Runden
Lösungen/ Vorbeugung	Verbesserungsvorschläge, Formulare	Gesellen, Meister	2 bis 4 Runden
Durchführung	Umsetzung der Vorschläge	Gesellen	im laufenden Betrieb
Überprüfung	Diskussion über die durchgeführten Vorschläge	Gesellen, Meister	nach einigen Wochen und Monaten der Durchführung

4. Wie wird in einem Qualitätszirkel mit Fehlern umgegangen?

Malermeister
Funke

Krelke 12
30000 Hang

Fon 08 06 /99 98
Fax 08 06 / 99 99
Funke. Mal @ t-online
www.funke.de

Checkliste Strahlarbeiten

Kunde: *Parkhaus GmbH*

Ort: *Stadtrand*

Vorarbeiter: *Günter Rand*

Gesellen: *Peter Nawrod, Amin Enze*

Datum Uhrzeit Betriebszähler Kompressor	Durchgeführte Strahlarbeit
15.4.2013 *7.00 - 16.00* *2345 - 2354*	*Westseite* *Parkhaus*

eingesetztes Material	Namenszeichen
Granulat *von Peters*	*Enze*

Besondere Vorkommnisse, Schäden:

5. *Die Gesellen haben ein Formular für die Strahlanlage erstellt. Es enthält die Daten über neu eingesetzte Granulate und über aufgetretene Fehler.*

Der Kompressorhersteller und der Granulathersteller werden ebenfalls in die Überlegungen einbezogen.

Sie müssen, wollen sie nicht den Kunden verlieren, mit eigenen Ideen die anfallenden Probleme lösen.

Arbeitsschritt: Durchführung

Die Formulare müssen bei jedem Einsatz ausgefüllt werden! Je genauer die Eintragungen, umso genauer auch die Auswertung. Oft wird von Gesellen vorgetragen, dass ihre Leistungen mit diesen Formularen genauestens überprüfbar werden. Sie befürchten, dass Fehler zu ihren Lasten ausgelegt werden könnten, nur weil sie mit ihrem Namen abgezeichnet haben. Erfahrungen zeigen jedoch, dass hierdurch Mitarbeiter verantwortungsbewusster mit Maschinen und Werkstoffen umgehen.

Arbeitsschritt: Überprüfung

In bestimmten Abständen wird im Qualitätszirkel über die Erfahrungen gesprochen und versucht, die Ursache anhand der Formulareintragungen herauszufinden.

Es kann somit durchaus sein, dass durch die Umstellung auf ein neues Granulat die Arbeitsergebnisse wesentlich verbessert worden sind.

Qualitätssicherung – mit System Probleme lösen

Die Zusammentreffen der Malermitarbeiter sind Teil einer Verbesserung der Qualität.

- Qualität bedeutet zum einen die Qualität der gelieferten Leistung, in diesem Fall die gute Durchführung einer Betoninstandsetzung.
- Zum anderen bedeutet Qualität aber auch die Umsetzung der Ansprüche, die der Kunde vor allem in seinem Leistungsverzeichnis schriftlich niedergeschrieben hat. Diese Ansprüche muss der Geselle auf der Baustelle aus dem Leistungsverzeichnis herauslesen können.

Qualitätssicherung bedeutet, dass die Anforderungen, die der Kunde an den Malerbetrieb stellt, vom Malerteam erfüllt werden.

Wie kann der Geselle eine Qualitätssicherung umsetzen?

Es gibt auf der Baustelle viele Möglichkeiten, den Anforderungen des Kunden zu entsprechen (Bild 6 bis 8):

- Der Geselle muss sich in Leistungsverzeichnisse einlesen können (Kap. 10.4).
- Malergesellen müssen mit Formularen (Bild 5) umgehen können. Diese Formulare dienen dazu, gegenüber dem Kunden nachzuweisen, welche Arbeiten durchgeführt worden sind.
- Gesellen müssen nach Checklisten arbeiten.
- Gesellen müssen auf der Baustelle z. B. Untergrundprüfungen oder auch Schichtdickenprüfungen durchführen. Die Prüfungen sollen sicherstellen, dass der Kunde tatsächlich die im Leistungsverzeichnis angegebenen Leistungen, wie z. B. eine Mindestschichtdicke erhält. Ein Prüfplan, der jedem Auftrag beigefügt wird, stellt klar, wer welche Prüfungen wann und womit durchführen soll. Schulungen der Gesellen sollen den sicheren Umgang mit den Prüfgeräten sicherstellen.
- Gesellen müssen die für eine Baustelle benötigten Materialien bestellen und bei Anlieferung einer Eingangsprüfung unterziehen. Es wird festgelegt, wer auf der Baustelle prüft und was unternommen wird, wenn falsches oder beschädigtes Material ankommt.
- Gesellen müssen den Baustellenschriftverkehr beherrschen. Jedes Schriftstück wie Wochenzettel, Baustellenbericht, Leistungsbeschreibung, Lieferschein muss im laufenden Betrieb in der Projektmappe abgelegt werden.
- Das Besprechen von Problemen im Qualitätszirkel.

6. Der Kunde und das Malerteam sprechen auf der Baustelle über die Punkte, die im Leistungsverzeichnis stehen.

7. Sehr genau wird die Betonüberdeckung über dem Bewehrungsstahl gemessen und in Formularen dokumentiert.

8. Silos können zum besseren Materialfluss auf der Baustelle beitragen.

Aufgaben

1. *Beschreiben Sie die Arbeitsweise von Qualitätszirkeln.*
2. *Begründen Sie, warum Fehler, die sehr spät entdeckt werden, bei der Korrektur hohe Kosten verursachen.*
3. *Nennen Sie weitere Fehlerursachen (siehe Arbeitsschritt Ursachen).*
4. *Nennen Sie Vor- und Nachteile für den Einsatz von Formularen bei der Qualitätssicherung.*

KUNDENGESPRÄCH Reklamation einer Lackierung

passend zu Lernfeld 5: Überholungs- und Erneuerungsbeschichtungen ausführen

1. Vorstellung
Auf einer Baustelle haben der Geselle und die Auszubildende gerade die Lackierarbeiten an den beiden Holzaußentüren abgeschlossen, als der Kunde erscheint.
Problem des Kunden:
- falscher Farbton
- Zeitverzug durch Nacharbeiten

2. Foto

3. Planung
Versetzen Sie sich in die Lage des Malerteams und überlegen Sie, wie Sie reagieren würden. Erstellen Sie einen Dialog, der über die Probleme unter Punkt 1 hinausgeht. Erstellen Sie hierzu eine Tabelle mit den Spaltenüberschriften „Kundenäußerungen" und „Maleräußerungen". Notieren Sie nun eine Abfolge eines möglichen Gesprächs. Tragen Sie das Gespräch in Ihrer Lerngruppe vor. Notieren Sie die Reaktionen der anderen Auszubildenden.

4. Informationsbeschaffung
Informieren Sie sich im vorliegenden Buch über das Reklamationsgespräch und fragen Sie die anderen Auszubildenden in Ihrer Lerngruppe nach deren Erfahrungen.

5. Das ideale Kundengespräch
Erarbeiten Sie auf der Grundlage der zahlreichen Informationen ein ideales und damit kundenorientiertes Reklamationsgespräch. Fertigen Sie hierzu, wie bereits unter Punkt 3 beschrieben, eine Tabelle an und tragen Sie den Dialog ein. Achten Sie auf einen guten Verlauf. Hierbei kann aber der Kunde weiterhin die Rolle des aufgebrachten Auftraggebers einnehmen. Überlegen Sie sich auch hierauf höfliche, freundliche Antworten.

6. Auswertung
Tragen Sie das Rollenspiel vor Ihrer Lerngruppe vor. Bedenken Sie, dass Sie nicht nur vorlesen, sondern auch die Rolle ausfüllen sollen. Der Kunde ist aufgebracht, er will nicht mit einem unmöglichen Farbton (er wird hierbei lauter) leben. Die Zuhörer werten das Gespielte aus, geben Hinweise zum Dialog und machen darüber hinaus Verbesserungsvorschläge.

KUNDENGESPRÄCH Strategien für eine Konfliktlösung

passend zu allen Lernfeldern

1. Vorstellung
Aufgrund Ihrer eigenen Erfahrung im Beruf, aber auch im Alltag, wissen Sie, dass Konflikte einer Lösung bedürfen. Im Umgang mit Kunden kann es häufig zu Konflikten kommen, deren Lösung oft nicht einfach ist und bei denen alle Mitarbeiter des Betriebs gefordert sein können.
Befindlichkeit des Kunden:
- Er erhält nicht die Leistung, die er sich vorgestellt hat.
- Er ist aufgeregt.
- Der Kunde hat durch den Konflikt Mehrarbeit und Zeitverzug.

2. Foto

3. Mögliche Konflikte
Erstellen Sie eine Liste mit möglichst vielen Konflikten. Oft genügen schon Stichworte, wie z. B. „verspätete Ankunft auf der Baustelle": Der Kunde wartet, möchte dringend weg und Ihnen den Schlüssel zum Haus geben, aber Sie stecken im Stau. Notieren Sie weitere Beispiele auf einer Folie und besprechen Sie die Situationen in der Lerngruppe.

4. Konfliktlösung
Lesen Sie hierzu vorab das Kapitel 10.6. Wählen Sie aus der Liste (siehe Punkt 1) einige Situationen aus und schreiben Sie auf, wie Sie die Konflikte lösen würden.

5. Präsentation
Stellen Sie ihre Lösungen in der Klasse vor und diskutieren Sie die Lösungen auf ihre Umsetzbarkeit.

QUALITÄTSSICHERUNG Das Wärmedämmverbundsystem

passend zu Lernfeld 5: Überholungs- und Erneuerungsbeschichtungen ausführen
Lernfeld 10: Energiesparmaßnahmen ausführen
Lernfeld 12 EG: Gebäude energetisch instand setzen

1. Vorstellung
Bei der Ausführung eines Auftrages mit einem Wärmedämmverbundsystem hat es mit dem Bauleiter der Kreiswohnungsbaugesellschaft großen Ärger gegeben.
Problem des Bauleiters:
- Statt sechs Dübel sind nur vier Dübel gesetzt worden.
- nicht bündiges Einschlagen der Dübelteller
- Unterbrechung der Arbeiten
- Zeitverzug

2. Foto

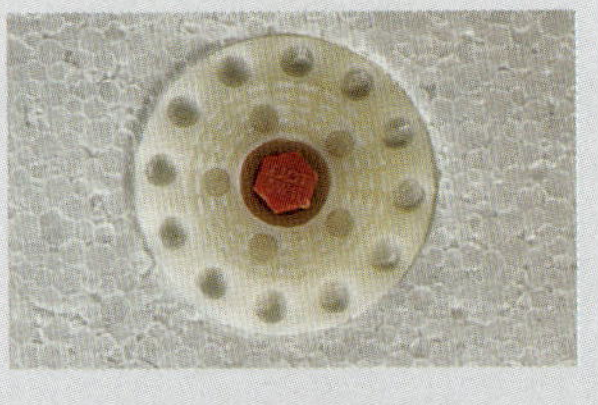

3. Planung
Äußern Sie sich in der Arbeitsgruppe spontan zu der Situation. Nennen Sie Punkte, wie diese Situation von dem Auftraggeber aufgefasst wird. Versetzen Sie sich also in die Lage des Baustellenleiters („Außenwirkung"). Notieren Sie Auswirkungen, die der beanstandete Mangel für Ihren Betrieb und für Sie hat („Innenwirkung").

4. Informationsbeschaffung
Informieren Sie sich ebenfalls über das Setzen von Dübeln und über die Dübelanzahl (Dübelbild). Beschreiben Sie die Bedeutung des Setzens der Dübel für die Güte eines WDVS (BFS-Merkblatt Nr. 21).

5. Problemlösung
Entwickeln Sie Überlegungen, wie sich in einem Malerbetrieb die falsche Ausführung eines Wärmedämmverbundsystems vermeiden lässt.

QUALITÄTSSICHERUNG Der Qualitätszirkel

passend zu allen Lernfeldern

1. Vorstellung
Der Malermeister eines Betriebs mit 25 Mitarbeitern möchte regelmäßige Schulungen durchführen, um eine bessere Kundenzufriedenheit beim „Malertest" zu erhalten und um die Anforderungen der beiden Wohnungsbaugenossenschaften zu erfüllen. Diese schreiben qualitätssichernde Maßnahmen (siehe Kap. 10.7) vor.
Zustand des Betriebes:
- Der Betrieb hat mit der Ausführungsqualität Probleme.
- Der Betrieb möchte sich verbessern.

2. Abbildung

3. Informationsbeschaffung
Informieren Sie sich im Kapitel 10.8 über das System „Qualitätszirkel". Informieren Sie sich auf der Internetseite www.malertest.de über dieses Qualitätsberichtssystem. Schauen Sie nach, welche Punkte die Kunden bewerten.

4. Vergleich
Vergleichen Sie die beiden Maßnahmen, indem Sie die folgende Tabelle bearbeiten und dann diskutieren.

Merkmale	Qualitätszirkel	Malertest
Wer führt durch?		
Zielsetzung?		
Außenwirkung vorhanden?		
Innenwirkung vorhanden?		
Vorteile für Gesellen		
Nachteile für Gesellen		

Zu den Begriffen Außen- und Innenwirkung siehe Kap. 10.7.

QUALITÄTSSICHERUNG Die Projektmappe

Lernfeld 9: Schutz- und Spezialbeschichtungen ausführen
Lernfeld 12 BK: Bauten- und Korrosionsschutzmaßnahmen ausführen

1. Vorstellung

Die Baustelle „Arkaden Pfeiffer“ wird von bis zu acht Malergesellen bearbeitet. Aufgrund der Betonschäden in Form von abplatzenden Betonteilen hat sich der Besitzer dazu entschlossen, das Einkaufszentrum einer Betoninstandsetzung zu unterziehen. Im Leistungsverzeichnis sind folgende Arbeiten ausgeschrieben: Stemmarbeiten, Neuaufbau mit dem Normalsystem und anschließende Beschichtung der Fahrbahn und der Wände.

Die Arbeiten dauern schon einige Wochen. Der Bauleiter möchte ein Treffen durchführen, um anstehende Arbeiten und damit zusammenhängende Termine zu koordinieren. Der Malermeister, der Vorarbeiter und der Altgeselle finden sich zum Treffen ein. Sie sind auch dabei.

2. Foto

3. Planung der Arbeiten

Erstellen Sie zunächst eine Liste mit den Arbeiten, die auf dieser Baustelle durchgeführt werden müssen. Nehmen Sie hierzu vor allem die Kapitel 2.36 bis 2.42 und die Kapitel in diesem Abschnitt zu Hilfe.

Arbeiten Sie die Liste nun mit den Arbeiten aus, die bei dem Auftrag schon angefallen sind.

Die Tabelle soll Ihnen die Auflistung erleichtern.

Arbeitsschritt	Material	Geräte, Maschinen	Hilfsmittel (Container, Abdeckmaterial)

4. Die Projektmappe

Das angesprochene Treffen findet einige Wochen nach Arbeitsbeginn statt. Stellen Sie in Ihrer Gruppe zusammen, welche Dokumente zu diesen Arbeiten in der Projektmappe vorhanden sein müssen.

Denken Sie daran, dass bei dem Gespräch auch besprochen wird, welche Arbeiten vor einigen Wochen auf der Baustelle durchgeführt worden sind. Auch diese müssten Sie in Ihrer Projektmappe wiederfinden.

Nehmen Sie hierzu die Überlegungen in diesem Kapitel zu Hilfe.

5. Die Dokumentation von Maschinenarbeiten

Die Arbeiten werden von Ihrem Team auch mit einem Hochdruckreiniger durchgeführt.

Für die Projektmappe und für die Erstellung der Rechnung benötigt Ihr Chef einige Angaben zu den Arbeiten mit dieser Maschine.

Welche Angaben benötigt er?

Informieren Sie sich auf den Websites der bekannten Hersteller wie Falch und Kärcher z. B. über Wartung und Ersatzteile.

6. Die Projektmappe

Stellen Sie die Liste mit den Inhalten der Projektmappe und die Liste mit den Angaben für die Maschinenarbeiten der Lerngruppe vor.

Gestaltung

11

1. In einem Kindergarten werden freundliche, helle Farbtöne eingesetzt.

2. Auch in Altenheimen werden frische und freundliche Farben eingesetzt.

Farbton	positiv	negativ
	Freude, Glück, Macht, Feuer, Liebe, Tatkraft ...	Wut, Hass, Lärm, Aggressivität, Rache ...
	Sonne, Optimismus, Lebensfreude, Wärme ...	Geiz, Eifersucht, Neid, Unsicherheit, Lüge ...
	Harmonie, Ruhe, Freundlichkeit, Sympathie ...	Kälte, Passivität, Depression, Furcht ...
	Aufmunterung, Freude, Spaß, Energie ...	Unwissenheit, Trägheit, Unterlegenheit ...
	Leben, Hoffnung, Natürlichkeit, Wachstum ...	Beengung, Habsucht, Neid, Schuld ...
	Reichtum, Würde, Macht, Magie, Religion ...	Untreue, Unnatürlichkeit, Eitelkeit, Zweideutigkeit ...
	Sauberkeit, Friede, Weisheit, Helligkeit ...	Leere, Distanz, Winter, Kälte, Blindheit ...
	Seriosität, Klassik, Dramatik, Formalität ...	Einsamkeit, Trauer, Tod, Leere, Ignoranz ...

3. Auswahl positiver und negativer Bedeutungen verschiedener Farbtöne

11.1 Das kreative Gestalten mit Farben

Im Maler- und Lackiererhandwerk ist das Gestalten mit Farbtönen von zentraler Bedeutung. Die Kunden haben ihre jeweils eigenen Vorstellungen davon, wie sie ihre Räume gestaltet haben möchten. Jedoch sind diese Vorstellungen nicht unbedingt sinnvoll im Hinblick auf Farbkontraste, Gestaltungsregeln oder Farbharmonien und Raumwirkungen. Daher muss der Fachmann sich mit den unterschiedlichsten Auswahlkriterien und Gestaltungsmöglichkeiten auskennen und diese einzusetzen wissen.

Die Zielgruppen für die Farbgestaltung

Da es z. B. wenig sinnvoll ist, in einem Kindergarten, in Schulen oder in einem Altersheim dunkle, gedeckte Farbtöne wie Grau oder Beige einzusetzen, müssen für jede Zielgruppe die passenden Farben bzw. Farbkombinationen gefunden werden (Bild 1 und 2).

Die Farbsymbolik

Den verschiedenen Farbtönen werden bestimmte positive und negative Symbolwirkungen zugeschrieben (Tabelle 3). Unsere Gefühle und Empfindungen können bestimmten Farbtönen zugeordnet werden, weil wir im Laufe unseres Lebens zu spezifischen Farbtönen spezifische Erfahrungen gesammelt haben. Wenn wir eine Farbe wahrnehmen, erinnern wir uns an eine bestimmte Erfahrung und automatisch werden unbewusste Reaktionen und Assoziationen ausgelöst. So wird z. B. eine grüne Erdbeere mit der unreifen Frucht assoziiert. Die grüne Natur steht demgegenüber für das Frische, Gesunde und Erholsame.

Die Merkmale einzelner Farbtöne werden in der Farbsymbolik auf Gegenstände, Themen, Gefühle oder Charaktereigenschaften übertragen (Tabelle 3).

Die Wirkung von Farbtönen auf die Psyche des Menschen

Die psychologischen Empfindungen, die beim Betrachten eines Farbtons entstehen, sind nicht nur abhängig von den individuellen Erfahrungen, sondern auch von dem jeweiligen Kulturkreis, der Erziehung und von Traditionen.

In einem zartgelb gestrichenen Raum fühlen wir uns behaglich. Weiß gekleidete Ärzte verbinden wir mit Reinheit und Gesundheit und Schilder mit rotem Inhalt erkennen wir im Straßenverkehr als Warnhinweis. Da Farben direkt auf die Psyche wirken, lässt sich das seelische Empfinden des Menschen durch den Einsatz gezielter Farbtöne beeinflussen.

Diese Beeinflussung geschieht unbewusst oder bewusst und wird nicht nur in der Raumgestaltung, sondern auch in der Werbe- und Modebranche eingesetzt.

Die Beeinflussung des seelischen Befindens durch die Farbtonauswahl

Warme Farbtöne, wie Rot, Orange und Gelb, haben generell eine anregende Wirkung auf den Betrachter. Orange wirkt fröhlich, appetitanregend, harmonisch und kommunikativ (Tabelle 4). Daher empfehlen Fachleute diesen Farbton z. B. in Räumen einzusetzen, in denen viele Menschen zusammenkommen (z. B. als Grundfarbton im Esszimmer). Restaurants, die mit warmen und gedeckten Farbtönen wie Gelb- und Brauntönen eingerichtet sind, laden die Gäste zum Verweilen ein, da sie die Gäste beruhigen und entspannen und so einen Ausgleich zum stressigen Alltag schaffen können (Bild 5).

Auf der anderen Seite sollte man es z. B. bei unruhigen Kindern vermeiden, das Kinderzimmer mit viel Rot zu gestalten, da Rot die meisten Menschen nur noch aktiver oder sogar aggressiver machen kann.

Grün, Blau und Violett zählen zu den kühlen Farbtönen, die eher beruhigend auf den Betrachter wirken. In Kliniken oder Arztpraxen wird daher bewusst darauf geachtet, diese Farbtöne einzusetzen, um die entsprechende Wirkung auf die Patienten zu erzielen.

Auch in Schlafzimmern oder Badezimmern werden häufig kühlere Farbtöne eingesetzt. Sie tragen zu einer ruhigen und entspannten Grundstimmung bei.

Violette Farbtöne wirken fördernd bei geistigen und kreativen Arbeiten. Sie liegen momentan im Trend und werden daher in Bibliotheken oder Meditationsräumen eingesetzt.

Aufgaben

1. *Warum ist es sinnvoll, zunächst die Zielgruppe für die Farbgestaltung zu betrachten?*
2. *Erklären Sie den Begriff Farbsymbolik.*
3. *Nennen Sie Beispiele dafür, wie die Farbtonauswahl das seelische Befinden des Menschen beeinflussen kann.*

Farbton	positiv	negativ
	aktivierend, energisch, stark, beweglich, kräftigend, mobilisierend, alarmierend	aggressiv, hitzig, belästigend, beengend
	anregend, belebend, heiter, befreiend, raumauflösend, aktiv, jugendlich	oberflächlich, leichtsinnig, aufdringlich, cholerisch, frech
	beruhigend, erfrischend, vertiefend, ausgleichend, abkühlend, unendlich, intellektuell	empfindsam, leblos, langweilig, steril, unpersönlich
	anregend, festlich, fröhlich, erheiternd, freundlich, aktivierend, auffällig	aggressiv, aufdringlich, billig, grell, störend
	natürlich, beruhigend, angenehm, harmonisierend, ruhig, konzentrationsfördernd	passiv, zurückhaltend
	je nach Rot- bzw. Blauüberschuss erregend oder anspruchsvoll, erhaben, sensibel	zwiespältig, traurig
	festlich, zeitlos, friedlich, schwebend, erhebend, rein, sachlich, sicher, endlos	unwirklich, kontaktarm, leblos, blendend
	elegant, feierlich, würdig, chic, vornehm	traurig, verneinend, zwingend, bedrückend, langweilig, unheimlich

4. Auswahl positiver und negativer Wirkungen von Farbtönen auf die Gefühle und Stimmungen des Betrachters

5. Die Gestaltung eines Restaurants in warmen, gedeckten Farben

1. *Durch die Verwendung von Weiß und Schwarz wird der Farbe-an-sich-Kontrast noch intensiver.*

2. *Hell-Dunkel-Kontrast*

3. *Kalt-Warm-Kontrast*

11.2 Die sieben Farbkontraste

In der Gestaltung werden die sieben Farbkontraste verwendet, die auf Johannes Itten (1888–1967) zurückgehen. Sie beschreiben die wichtigsten Farbwirkungen, da sich die unterschiedlichen Farbtöne gegenseitig beeinflussen sowie voneinander abhängig sind.

Der Farbe-an-sich-Kontrast

Dieser Kontrast ist der einfachste der sieben Farbkontraste bei dem alle reinen, ungetrübten (nicht mit Schwarz oder Weiß abgetönten) Farbtöne für diesen einfachen Kontrast zusammengestellt werden. So werden gute Kontrast- und Fernwirkungen erreicht. Außerdem stellt er an das Farbensehen keine großen Ansprüche. Die Farbtöne, die bei diesem Kontrast am stärksten wirken, sind die reinen Grundfarben Rot, Blau und Gelb (Bild 1). Wichtig ist, dass sich die verwendeten Farbtöne deutlich voneinander abgrenzen. Je mehr die verwendeten Farbtöne von den drei Grundfarben abweichen, desto schwächer wird der Farbe-an-sich-Kontrast in seiner Wirkung.

Die Wirkung des Farbe-an-sich-Kontrastes sollte immer bunt und kraftvoll sein.
Die Farbtöne des Farbe-an-sich-Kontrastes sind z. B.:
- *Gelb, Rot, Blau*
- *Orange, Violett, Grün*
- *Schwarz und Weiß*

Der Hell-Dunkel-Kontrast

In der Farbgestaltung spielt der Kontrast zwischen Licht und Schatten, Hell und Dunkel eine große Rolle. Die als unbunt bezeichneten Farben Schwarz und Weiß sind das stärkste Ausdrucksmittel für den Hell-Dunkel-Kontrast, weil sie in ihrer Wirkung sehr gegensätzlich sind. Dieser Kontrast entsteht durch die unterschiedliche Farbhelligkeit zweier Farbtöne. Unsere Augen sind sowohl für die Abstufungen der Grautöne zwischen Schwarz und Weiß als auch für die Abstufungen der reinen, bunten Farben sensibilisiert (Bild 2).

Farbtöne des Hell-Dunkel-Kontrastes sind z. B.:
- *Schwarz und Weiß*
- *Gelb und Violett*
- *Gelb und Dunkelblau*

Der Kalt-Warm-Kontrast

Der Farbkreis nach Itten wird in warme und kalte Farbtöne eingeteilt. Diese Einteilung bezieht sich auf die beim Anblick der Farbtöne gefühlte Wirkung auf den Menschen (Bild 3).

So werden im Allgemeinen die Farbtöne Gelb, Gelborange, Orange, Rotorange, Rot und Rotviolett als warme Farben und Gelbgrün, Grün, Blaugrün, Blau, Blauviolett und Violett als kalte Farben bezeichnet. Eine derartige Unterscheidung ist allerdings irreführend, da die Wirkung einer Farbe als warm oder kalt je nach Kontrastierung mit wärmeren oder kälteren Farben variieren kann.

Bei Versuchen wurde festgestellt, dass beispielsweise blaue Wände als „kalt" empfunden werden. Orangerote Wände allerdings bei gleicher Zimmertemperatur als angenehm „warm". Die beiden Extremwerte dieses Kontrastes sind Blaugrün und Rotorange (Bild 4).

4. *Die Abbildung zeigt die extremsten Farbkombinationen des Kalt-Warm-Kontrastes.*

Eine praktische Anwendung findet der Kalt-Warm-Kontrast z. B. in einer sinnvollen Innenraumgestaltung. In der Werbung wird er als überzeugendes Mittel eingesetzt, um Temperatureindrücke im Betrachter auszulösen.
Der Charakter der warmen und kalten Farbtöne kann noch auf andere Weise beschrieben werden, z. B. als kalt-warm, schattig-sonnig, luftig-erdig, fern-nah sowie leicht-schwer.

5. *Innenraumgestaltung im Komplementärkontrast*

Der Komplementärkontrast

Im Farbkreis (nach Itten) stehen sich die Komplementärfarbtöne gegenüber (Bild 6). Diese komplementären Farbenpaare sind:

- Gelb – Violett
- Gelborange – Blauviolett
- Orange – Blau
- Rotorange – Blaugrün
- Rot – Grün
- Rotviolett – Gelbgrün

In den komplementären Farbenpaaren sind immer die drei Grundfarben Gelb, Rot und Blau enthalten:
Gelb – Violett = Gelb – Rot und Blau
Blau – Orange = Blau – Gelb und Rot
Rot – Grün = Rot – Gelb und Blau

Wie die Mischung aus Gelb, Rot und Blau ein Grau ergibt, so ergeben auch zwei komplementäre Farben in ihrer Mischung Grau.

6. *Die Komplementärfarbenpaare*

7. *Der Qualitätskontrast*

Der Qualitätskontrast (Sättigungskontrast)

Bei diesem Farbkontrast geht es um den Reinheits- und Sättigungsgrad der Farbtöne. Dazu werden reine, gesättigte Farbtöne den getrübten Farbtönen gegenübergestellt. Die Verringerung des Reinheitsgrades wird durch das Zumischen von Schwarz, Weiß, Grau und/oder der entsprechenden Komplementärfarbe erreicht. Dadurch wird die Intensität der Farbtöne abgeschwächt, wodurch sie ihre Leuchtkraft verlieren und entweder vergrauter, trüber, stumpfer oder je nach ihrem Mischungspartner auch heller bzw. dunkler oder wärmer bzw. kühler wirken (Bild 7). Die Farbintensität lässt sich also beim Qualitätskontrast wirkungsvoll durch das Nebeneinanderstellen von reinen und getrübten Farbtönen erreichen.

8. *Der Quantitätskontrast*

Der Quantitätskontrast (Mengenkontrast)

Dieser Kontrast bezieht sich auf das Mengenverhältnis der verwendeten Farbtöne zueinander. Damit ist die zahlenmäßige Flächengröße von zwei oder mehreren Farbflächen zueinander gemeint. Er kann auch als ein Gegensatz von „viel und wenig" oder „groß und klein" beschrieben werden (Bild 8).

Der Quantitätskontrast beschreibt die Menge, also die zahlenmäßige Flächengröße, der verwendeten Farben.

9. *Der Simultankontrast*

Der Simultankontrast

Simultan bedeutet wechselseitig oder gleichzeitig. Dies bedeutet, dass die nebeneinander liegenden Farbflächen in einer Wechselbeziehung zueinander stehen. Die Farbtöne beeinflussen sich gegenseitig, indem sie sich in ihrer Kontrastwirkung entweder vermindern oder verstärken.

Betrachtet man zwei Farbtöne nebeneinander, so wird gleichzeitig (simultan) die komplementäre Ergänzung ebenso wahrgenommen, da unser Auge den Komplementärfarbton selbsttätig erzeugt. Betrachtet man z. B. eine rote Fläche, ergänzt das Auge automatisch den Komplementärfarbton Grün. Das graue Feld in Bild 9 erscheint dem Betrachter leicht grün. Der Simultankontrast beeinflusst somit unser Farbensehen von allen Kontrasten am meisten.

Der Simultankontrast beschreibt eine Farbempfindung des Betrachters, die nicht real vorhanden ist. Die Farbtöne werden zwar gesehen, sind aber auf der Oberfläche als Körperfarbe nicht vorhanden.

Aufgaben

1. *Beschreiben Sie die Besonderheiten des Farbe-an-sich-Kontrasts.*
2. *Worauf bezieht sich die Einteilung in warme und kalte Farbtöne?*
3. *Erklären Sie, wie der Komplementärkontrast zustande kommt.*

In seiner Anwendung ist der Simultankontrast besonders bei der Beurteilung ganzer Farbseiten oder Abbildungen wichtig, da sich alle abgebildeten Farbtöne gegenseitig beeinflussen. Die Farbtöne sind dann nur sehr schwer als eigenständig wahrnehmbar. Jedoch ergeben sie durch ihre gegenseitige Beeinflussung den Gesamteindruck bzw. die eigentliche Farbwirkung der Abbildungen.
Dies wird besonders dann deutlich, wenn Farbtöne gewählt werden, die nach Ittens Farbkreis genau daneben liegen, z.B. wenn einem Grün ein Orangerot (Bild 10) oder einem Blau ein Gelborange gegenüber gestellt wird (Bild 11).

EXKURS Der Sukzessivkontrast

Der Sukzessivkontrast entsteht, wenn man eine Weile eine Farbfläche betrachtet hat und anschließend die Augen schließt oder sie auf eine weiße Fläche richtet. Es entsteht sukzessiv (nach und nach/allmählich) ein Abbild des betrachteten Farbtons in Form seines Komplementärfarbtons, wobei die Form der betrachteten Fläche die gleiche bleibt (Bild 12).
Der Sukzessivkontrast ist ein normaler biologischer Korrekturvorgang des Sehorgans. Er kann hilfreich sein, um Farbphänomene und Farbwirkungen auch in ästhetischer Hinsicht zu erklären.

EXKURS Der Flimmerkontrast

Der Flimmerkontrast entsteht, wenn zwei deutlich unterschiedliche Farbtöne, die möglichst ungetrübt mit gleicher oder ähnlicher Helligkeit vorhanden sind, aufeinander treffen. Da die Farbtöne in ihrer Leuchtkraft gleichwertig sind, konkurrieren sie miteinander, sodass sie vor unseren Augen zu flimmern beginnen.
Dieses Flimmern ist eine Reaktion unseres Auges, welches bei Farbtönen mit gleicher Helligkeit bzw. Dunkelstufe auftritt. Durch feine Strukturen (z.B. dünne Linien) wird der Kontrast noch verstärkt (Bild 13). Je nach Buntheit der beteiligten Farben und der Stärke des Lichts kann das Flimmern entweder als schwaches Vibrieren oder als starkes Zittern wahrgenommen werden.

Aufgaben

4. Wie lässt sich beim Qualitätskontrast die reine Farbqualität verringern?
5. Beschreiben Sie mit eigenen Worten, wie der Quantitätskontrast definiert wird.
6. Erklären Sie, wie der Simultankontrast erzeugt wird.
7. Gestalten Sie zu jedem der sieben Farbkontraste ein weiteres Beispiel mit Volltonfarben.

10. Beeinflussung des Gesamteindrucks durch eine abgewandelte Farbauswahl am Beispiel Grün gegenüber Orangerot.

11. Die Beeinflussung des Gesamteindrucks durch eine abgewandelte Farbauswahl am Beispiel Blau gegenüber Gelborange.

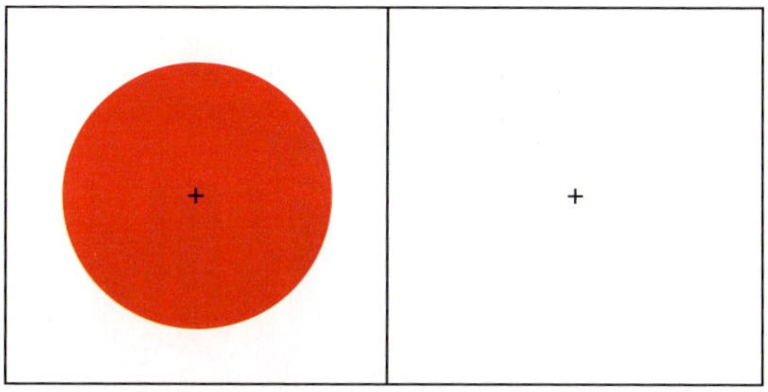

12. Der Sukzessivkontrast – betrachten Sie eine Weile den roten Kreis und schauen Sie dann auf die weiße Fläche.

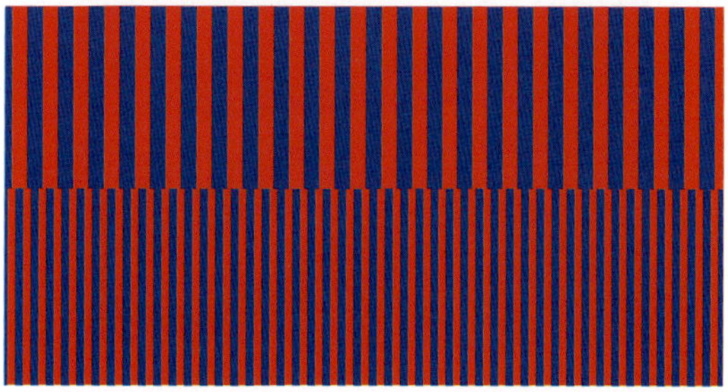

13. Der Flimmerkontrast

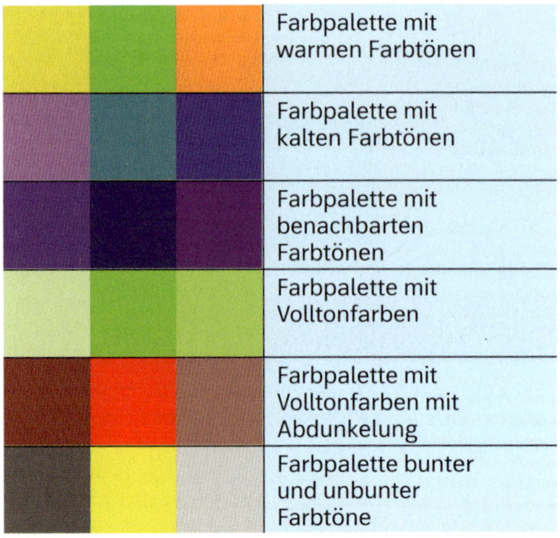

1. Beispiele für gute Farbharmonien

2. Farbfächer für die Gestaltung von Fassaden

3. Die farblich harmonische Gestaltung eines Straßenzuges

4. Die Farbgestaltung eines Clubs mit Farbtönen gleicher Ausmischung

11.3 Die Farbharmonien

Durch unterschiedliche Zusammenstellungen verschiedener Farbtöne lassen sich entweder harmonische bzw. angenehme oder disharmonische bzw. unangenehme Wirkungen auf den Betrachter erzielen. Dabei können die Empfindungen oder die Geschmäcker von Betrachter zu Betrachter unterschiedlich sein.

Die Wahl der Farbharmonien

Auch im Maler- und Lackiererhandwerk geschieht es leicht, dass durch Unkenntnis und durch ein fehlendes Gefühl für Farbharmonien die Farbtonzusammenstellungen einfach nicht zusammenpassen. Wenn dazu dann noch die Farbtöne an den Kundenanforderungen vorbei ausgesucht werden, kann das Ergebnis nicht zufriedenstellend sein.

Wichtig sind in der Farbgestaltung eine passende Farbtonauswahl und eine harmonische Zusammenstellung der Farbtöne. Nur so kann eine Farbtongestaltung harmonisch auf den Betrachter wirken. Außerdem wird verhindert, dass die Farbtongestaltung im Betrachter ggf. eine Abneigung hervorruft.

Zunächst ist es also wichtig, dass Farbtöne gewählt werden, die harmonisch zueinander sind (Bild 1). Man sollte z. B. die Einrichtung mit den Möbeln der jeweiligen Kunden beachten. Manche Kunden mögen dunkle Eichenmöbel, zu denen helle Farbtöne passen.

Die harmonischen Farbreihen

Damit es gelingt, die Farbharmonien unabhängig vom Empfinden und Geschmack des Betrachters zu bestimmen, gibt es die Einteilung der Farbtöne nach gleicher Sättigung, Helligkeit oder Ausmischung.

Die Farbreihen gleicher Sättigung

Farbreihen mit Farbtönen gleicher Sättigung ergeben sich aus gleich reinen Farbtönen. Ohne die Zumischung von unbunten Farbtönen, wie Weiß, Schwarz, Grau und/oder weiteren bunten Farbtönen, ist ein Farbton rein bzw. gesättigt. Sobald er mit anderen Farbtönen gemischt wird, nimmt seine Sättigung ab (Bild 2).

Wichtig ist, dass die Farbtöne den gleichen Sättigungsgrad haben. Sie müssen in gleicher Weise rein oder unrein sein, wobei ihre Helligkeit unterschiedlich sein kann.

Die Wirkung von Farbreihen gleicher Sättigung ist kraftvoll, frisch und lebendig (Bild 3).

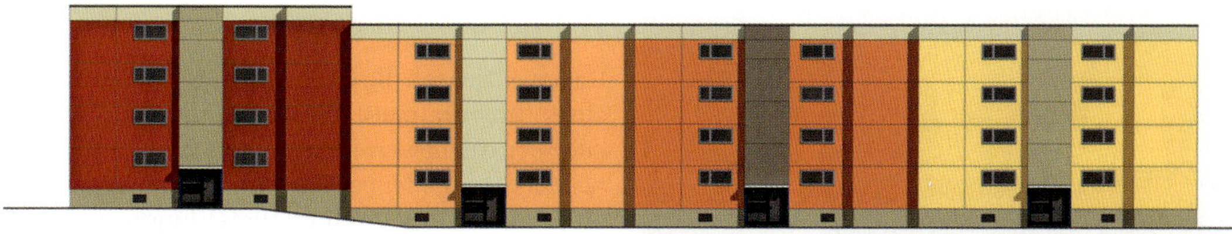

©Caparol Farben Lacke Bautenschutz

5. Farbharmonie, die an eine Kalk-Sandstein-Optik erinnert und im Betrachter ein behagliches Gefühl auslöst.

Die Farbreihen gleicher Helligkeit

Farbreihen mit Farbtönen gleicher Helligkeit erhält man mit Farbtönen, die den gleichen Hellbezugswert haben. (Der Hellbezugswert gibt an, wie weit ein Farbton vom Schwarzpunkt 0 und vom Weißpunkt 100 entfernt ist.) Dies wird dadurch erreicht, dass beliebige Ausgangsfarbtöne (z.B. Orange und Braun) solange mit Weiß aufgehellt werden, bis sie die gleiche Helligkeit erreicht haben (Bild 5 und 6).

Als Vergleichsmaßstab dient hierbei eine Graureihe (Bild 7), wobei der zu vergleichende Grauton mit der Helligkeit des gemischten Oranges und Brauns übereinstimmt.

6. Gestaltungsbeispiel eines Gebäudes mit gleichen Helligkeitswerten

Es können aus den verschiedensten Ausgangsfarbtönen harmonische Farbreihen hergestellt werden, die sich für die Gestaltung von Straßenzügen bzw. Fassaden ebenso eignen wie für die Aufteilung von größeren Flächen. Ihre Wirkung auf den Betrachter ist ausgleichend, dämpfend und beruhigend.

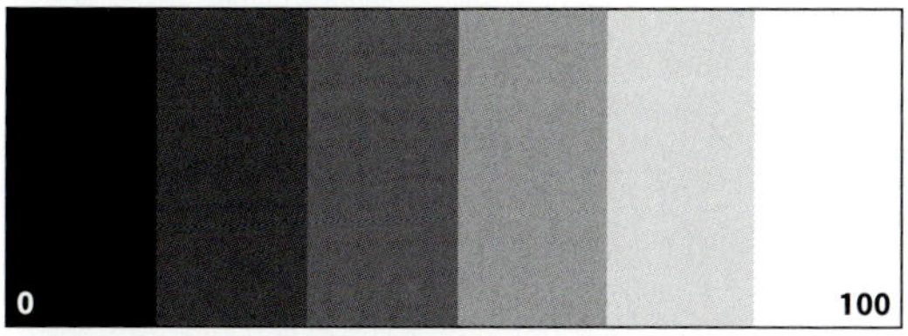

7. Graureihe mit Hellbezugswert vom Schwarzpunkt (0) bis Weißpunkt (100)

Die Farbreihen gleicher Ausmischung

Indem man zu einem beliebigen Grundfarbton einen anderen Farbton mischt, erhält man Farbreihen mit Farbtönen gleicher Ausmischung (Bild 4).

Der so erzeugte zweite Farbton ergibt mit dem Grundton einen Gleichklang. Dadurch wirken die Farbtöne gleicher Ausmischung in der Gestaltung auf den Betrachter aufeinander abgestimmt und harmonisch (Bild 8).

Durch Zumischen weiterer Farbtöne werden ebenso harmonische Farbreihen erzeugt.

8. Beispiel einer Raumgestaltung nach den Grundsätzen der Farbharmonie

Aufgaben

1. *Nach welchen Kriterien sollten Farbpaletten gewählt werden?*
2. *Wie entstehen Farbreihen gleicher Sättigung?*
3. *Wozu dient eine Graureihe?*
4. *Erklären Sie, was man unter Farbreihen gleicher Ausmischung versteht.*

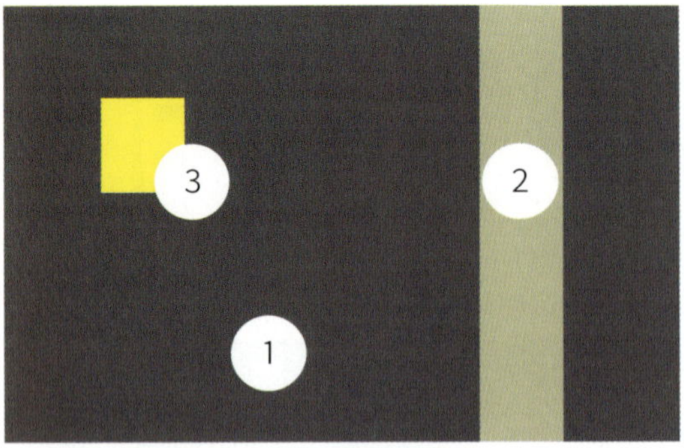

1. *Aufteilung einer farbigen Fläche mit Dominante (1), Subdominante (2) und Akzent (3)*

2. *Gestaltete Fassade unter Beachtung der Gestaltungsregeln: Hauptfassadenfarbton = Dominante, Sockel = Subdominante, farbige Strichbänder und farbige, kleinere Flächen = Akzente*

3. *Beispiel einer Fassadengestaltung mit gestalteter Flächenaufteilung*

11.4 Die Gestaltungsregeln

Da jeder Mensch die Gestaltung einer Fassade oder eines Innenraumes unterschiedlich als positiv oder negativ bewerten kann, gibt es als Hilfsmittel neben verschiedenen Gestaltungsregeln auch die Möglichkeit, eine größere Farbfläche fachgerecht aufzuteilen.

Die fachgerechte Flächenaufteilung

Eine Fläche, z. B. die einer Fassade, kann mithilfe von Dominante (1), Subdominante (2) und sogenanntem Akzent (3) farblich aufgegliedert werden (Bild 1).

Der bei einer Fassadengestaltung verwendete Hauptfarbton wird Dominante genannt. Den Farbton, der dem Hauptfarbton untergeordnet ist, nennt man Subdominante (Vorbauten, Balkone, Sockelflächen, Nischen usw.). Unter dem Akzent versteht man ein farbliches Schmuckdetail bzw. eine Hervorhebung (z. B. Strichbänder und Ornamente), die sich deutlich von der restlichen Farbgestaltung (Bild 2) absetzt.

Die Gestaltungsregeln bei Fassaden

Neben der fachgerechten Flächenaufteilung ist die Kenntnis über die Regeln, die ebenfalls zur Farbgestaltung notwendig sind, sehr wichtig. Folgende Grundregeln sollten bei der Fassadengestaltung beachtet werden:

- Die Fassadengestaltung sollte sich der vorliegenden architektonischen Gestaltung anpassen und darf diese nicht stören bzw. nicht durch Farbigkeit überladen wirken lassen.
- Die Fassadengestaltung sollte sich in die Umgebung einfügen. Lichtverhältnisse, Umweltfaktoren und benachbarte Farbtöne nehmen ebenfalls Einfluss darauf, wie Farben wahrgenommen werden.
- Bei der Fassadengestaltung müssen Art und Funktion des Gebäudes beachtet werden – so wird ein Bürogebäude anders gestaltet als z. B. eine Schule oder ein Kindergarten.

Die Fassadengestaltung sollte sich außerdem dem vorherrschenden Baustil der Umgebung und dem Gebäudealter anpassen, damit kein sogenannter Stilbruch entsteht.

Wichtig ist insgesamt eine eindeutige Gliederung der Fassade unter Beachtung der fachgerechten Flächenaufteilung in Dominante, Subdominante, Akzent (Bild 3).

In Bezug auf die Farbgebung sollte daher der Einsatz mehrerer gleichwertiger Farbtöne vermieden werden, da diese eine klare Struktur und Ordnung der Fassade oder Fassadenreihe verhindern. Werden zu viele Akzente gesetzt, kann die Fassadengestaltung schnell überladen und unharmonisch wirken.

Die Größe und Form einer Fläche bestimmt, wie gesättigt oder hell der Farbton ausfallen kann (Bild 4).

Je größer oder detailreicher bzw. komplizierter eine Fassade ist, desto heller und ungesättigter sollten die Farbtöne sein. Je kleiner die Fassadenfläche ist, desto reiner können die Farbtöne ausfallen.

4. Beispiel einer neuen und modernen Fassadengestaltung.

Worauf ist bei der Gestaltung von Innenräumen zu achten?

Grundsätzlich sollte bei der Gestaltung von Innenräumen darauf geachtet werden, welche Farbtöne in den Räumlichkeiten bereits durch den Fußboden, die Möbel, Türen, Zargen und Fenster usw. vorgegeben sind (Bild 5). Des Weiteren sind die Lichtverhältnisse und die vorhandenen Leuchten zu beachten und es ist wichtig, um welchen Raum es sich handelt, der gestaltet werden soll.

Ebenso wichtig ist auch die Frage, um welchen Kundentyp es sich handelt. Ist der Kunde altmodisch, neumodern, schlicht, extravagant, luxuriös oder legt er Wert auf natürliche Materialien und Farbtöne?

5. Wohnraumgestaltung unter Beachtung der gegebenen Möbel, Fenster usw.

Neben den räumlichen Gegebenheiten und den verschiedenen Kundentypen spielt auch die Nutzung der Innenräume eine Rolle für ihre Gestaltung (Bild 6). Im medizinischen oder gastronomischen Bereich sollten andere Farbtöne als in Kindergärten oder Schulen gewählt werden.

6. Die Gestaltung des Anmeldebereichs einer Arztpraxis

Aufgaben

1. *Erläutern Sie mit eigenen Worten, was man unter Dominante, Subdominante und Akzent versteht.*
2. *Nennen Sie die für Sie wichtigsten Regeln bei der Fassadengestaltung.*
3. *Welche Grundsätze gelten in Bezug auf die Farbgebung einer Fassade, je nach ihrer Flächenform und Flächengröße?*
4. *Welche Aspekte sind bei der farblichen Gestaltung von Innenräumen zu beachten?*

1. Die Blickrichtung des Betrachters im Raum

2. Helle Decken lassen niedrige Räume höher erscheinen.

3. Hohe Räume wirken durch eine dunkel gestaltete Decke niedriger.

4. Kleine Räume wirken größer durch helle, kühle Pastelltöne.

11.5 Die Raumwirkung durch Farbtongestaltung

Farbtöne, ihre flächenmäßige Aufteilung sowie ihre Position beeinflussen Form und Atmosphäre des Raumes. Daher sollte sich der Fachmann intensiv mit dem Raum, seiner Funktion und seinen Nutzern auseinandersetzen.

Die Blickrichtung des Betrachters

Die Auswahl des Farbtons ist ein wesentliches Gestaltungsmittel im Raum. Hinzu kommt die Blickrichtung des Bewohners (Bild 1). Zuerst fällt der Blick auf den Fußboden (1), dann auf die Wände (2) und schließlich auf die Möblierung (3). Die Decke wird erst zum Schluss beachtet, um den Raum als Ganzes wahrzunehmen.

Wie können Räume durch Farbtöne gestaltet werden?

Um Räume zu gestalten, kann darauf geachtet werden, dass ein vorherrschender Farbton gewählt wird. Außerdem kann ein besonderes Möbelstück oder Wandbild durch die Wahl eines ruhigen Wandfarbtons hervorgehoben werden. Des Weiteren ist es möglich, einen Farbkontrast für die Gestaltung auszuwählen. Ein starker Kontrast bietet sich an, wenn man z. B. eine Tür oder eine Nische des Raumes betonen möchte.

Durch den gezielten Einsatz von Farbtönen auf den jeweiligen Flächen können die Dimensionen oder die Größe eines Raums beeinflusst werden.

Die Wirkung bei Boden, Wand und Decke

Helle Decken bieten sich z. B. an, wenn ein niedriger Raum höher erscheinen soll (Bild 2). Dann sollte man ebenfalls auf einen dunklen Bodenbelag Wert legen. Eine dunkle Decke lässt den Raum schwer und bedrückend wirken (Bild 3). Jedoch lässt sich in sehr hohen Räumen die Decke optisch herunterziehen, indem man sie dunkel streicht und die Farbe auf die Wände ausdehnt.

Soll ein Raum größer wirken, empfiehlt es sich, ihn mit kühlen, hellen Pastelltönen (z. B. in einem zarten Grün, Hellblau usw.) zu streichen (Bild 4).

Gibt es bei der Farbwahl einen Favoriten, man weiß aber nicht, welche anderen Farben dazu passen, so kann der Maler Folgendes machen:
Je nachdem, wie kräftig der ausgewählte Farbton ist, hellt er ihn durch Zugabe von Weiß auf oder er dunkelt ihn durch Zugabe von Schwarz ab. Somit bleibt er in einer Farbfamilie und die Töne wirken harmonisch miteinander.

Ein dunkler Fußboden verleiht einem Raum Stabilität. Werden insgesamt warme Farbtöne verwendet, so wirkt ein großer Raum gemütlich (Bild 5). In kleinen Räumen kann diese Auswahl jedoch schnell ungemütlich und wenig harmonisch erscheinen.

Gesättigte Farbtöne erregen Aufmerksamkeit, bestimmen die Blickrichtung und können zur Bewegung anregen. Durch diesen Effekt lässt sich der Weg beeinflussen, den Menschen beim Durchschreiten eines Raumes wählen.

Wichtig ist, den Raum nicht erschlagend wirken zu lassen. Es sollten eher kleinere Akzente gesetzt werden. Dies kann z. B. dadurch geschehen, dass man nur einen Deckenspiegel (Bild 6) oder einen Akzent in der hellsten Raumecke setzt.

Neben der Farbigkeit bestimmen die verwendeten Materialien sowie deren Oberfläche und Struktur unsere Raumwahrnehmung. Dies liegt oftmals an den von den Materialien hervorgerufenen Assoziationen, die wir mit ihnen verbinden. Während die meisten Metalle, Glas, Stein und einige Kunststoffe als kalte Materialien empfunden werden, können andere synthetische Materialien sowie Holz und Textilien als warm oder trocken empfunden werden.

Die Raumwirkung durch den Einsatz von Tapeten

Durch den Einsatz von Tapeten kann die Raumwirkung hoch oder tief, groß oder klein sein. Sollen niedrige Räume optisch an Höhe gewinnen, so sollten helle Tapeten mit senkrechten Streifen gewählt und die Decke in Weiß gehalten werden. Dieser Effekt wird durch den Einsatz eines Deckenfluters als Raumbeleuchtung zusätzlich unterstrichen.

Schlussendlich kann man durch einen gezielten Einsatz von Beleuchtungsmitteln die Raumwirkungen noch verfeinern und ausbauen (Bild 8).

Aufgaben

1. *Erklären Sie, wie die Blickrichtung des Betrachters in einem Raum verläuft.*
2. *Welche Möglichkeiten gibt es, um einen Raum größer erscheinen zu lassen?*
3. *Wie lassen sich passende Farbtöne zu einer Lieblingsfarbe herstellen?*
4. *Informieren Sie sich im Internet, wie man die Raumwirkung durch Tapeten verändern kann.*

5. Warme Farbtöne lassen große Räume gemütlich wirken.

6. Stimmung wie im hochherrschaftlichen Altbau: Der weiß gestrichene Rahmen um den Deckenspiegel lässt den Raum höher wirken.

7. Damit Dachschrägen nicht so auffallen, streicht man sie am besten in demselben Farbton wie die Wände.

8. Der gelungene Einsatz von Beleuchtungsmitteln erhöht die Raumgestaltung um ein Vielfaches.

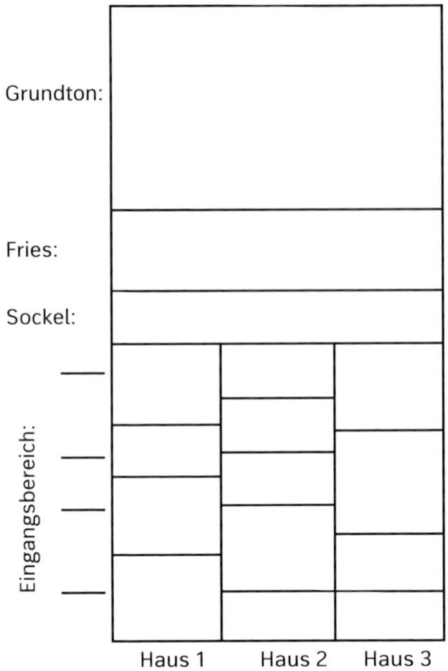

1. Beispiel für einen Farbleitplan eines Gestaltungsauftrages, wie er in einer Prüfung vorkommen kann

2. Der farblich ausgestaltete Plan eines Gebäudes

3. Die fertige Gebäudefassade, die nach dem zuvor erstellten Farbleitplan beschichtet wurde

11.6 Die Farbleitpläne

Farbleitpläne dienen im Rahmen einer Fassadengestaltung im Vorfeld dazu, die passenden Farbtöne z. B. für den Fassadengrundton, den Fries, den Sockelbereich und den Eingangsbereich zu veranschaulichen (Bild 1).

Wozu sind Farbleitpläne sinnvoll?

Farbleitpläne sind wichtig, damit sich die Hauseigentümer bzw. Auftraggeber ein besseres Bild der Fassadenneugestaltung machen können. Erst in der Zusammenschau entsteht meist ein objektives Bild der gestalterischen Arbeit. Oft fällt es Kunden schwer, sich die Farbtöne im Zusammenspiel vorzustellen. Des Weiteren kann der Fachmann durch die Erstellung eines Farbleitplans zusätzlich das Vertrauen des Kunden in seine Arbeit gewinnen.

Die Farbleitpläne als Prüfungsbestandteil

Farbleitpläne sind ein unerlässliches Mittel zur Veranschaulichung der Gestaltungsarbeit. Daher sind sie auch ein Prüfungsbestandteil der Gesellenprüfungen im Maler- und Lackiererhandwerk (Bild 1).

An Farbleitplänen lässt sich schnell erkennen, ob der zukünftige Facharbeiter die Gestaltungsregeln und den Umgang mit bzw. den gezielten Einsatz von Farbtönen verstanden hat und umsetzen kann (Bild 2 und 3).

Wie werden Farbleitpläne erstellt?

Es gibt verschiedene Möglichkeiten, Farbleitpläne zu erstellen. Je nachdem, ob sie für eine Gesellenprüfung, von großen Malereibetrieben oder von Innenraumgestaltern angefertigt werden.

Die Farbleitpläne in der Gesellenprüfung

In der Regel werden von den angehenden Gesellen des Maler- und Lackiererhandwerks Farbleitpläne nach den vorgegebenen Kundenaufträgen angefertigt. Die zukünftigen Facharbeiter stellen dabei ihre Gestaltungsarbeiten so dar, wie sie von ihnen in ihren Prüfungsboxen anschließend ausgeführt werden. Die Form der Farbleitpläne wird in diesem Fall von der Prüfungskommission passend zum gestellten Kundenauftrag vorgegeben. Die Farbleitpläne werden dann von den Prüflingen mit Volltonfarben bzw. deren individuellen Mischungen ausgelegt.

Es ist grundsätzlich sinnvoll, die Kriterien der Farbkontraste, Farbharmonien, Gestaltungsregeln und Raumwirkungen zu beachten und umzusetzen.

Die Farbleitpläne großer Malereibetriebe

Größere Malereibetriebe bzw. Architekten haben die Möglichkeit, mittels bestimmter Softwareprogramme Farbleitpläne für Fassaden- oder Innenraumgestaltungen anzufertigen. Dazu werden architektonische Zeichnungen der zu gestaltenden Objekte erstellt und als Grundlage für die Gestaltung in das Programm geladen. Diese Programme verfügen bereits über die im Großhandel erhältlichen Farbtöne der Beschichtungen, sodass die späteren Farbtöne realistisch auf die Oberflächen übertragen werden können (Bild 2 und 3).

Farbleitpläne stellen eine gute Veranschaulichung für den Kunden dar. Auf diese Weise kann sich der Kunde ein gutes Bild von der Fassade oder dem Innenraum machen und zu einer Entscheidung über die gewünschten Farbtöne kommen.

Die Farbleitpläne in der Innenraumgestaltungsplanung

Farbleitpläne, die von Innenraumgestaltern angefertigt werden, beinhalten neben den Farbtönen, die für die Gestaltung des jeweiligen Raumes ausgesucht werden, z. T. auch Materialcollagen (Bild 4). Dies sind z. B. Zusammenstellungen der vorliegenden Möbelstoffe, Möbelfarbtöne, Tapeten- und Bodenbelagsmuster. Außerdem können die ausgesuchten Farbtöne in den Plänen dargestellt werden (Bild 5).

Je nachdem, ob es sich z. B. um die Gestaltung eines Kindergartens, eines Cafés oder um eine Hotellounge handelt, können sich auch die Inhalte bzw. Flächenaufteilungen des Farbleitplans oder der Collage ändern (Bild 5).

Eine weitere Möglichkeit, Projektpläne für Innenräume farblich zu gestalten, besteht darin, sie mit speziellen Stiften zu colorieren. Diese Methode findet besonders in der Innenarchitektur ihre Anwendung (Bild 7).

4. Materialcollage, die die verwendeten Farbtöne aller eingesetzten Materialien beinhaltet

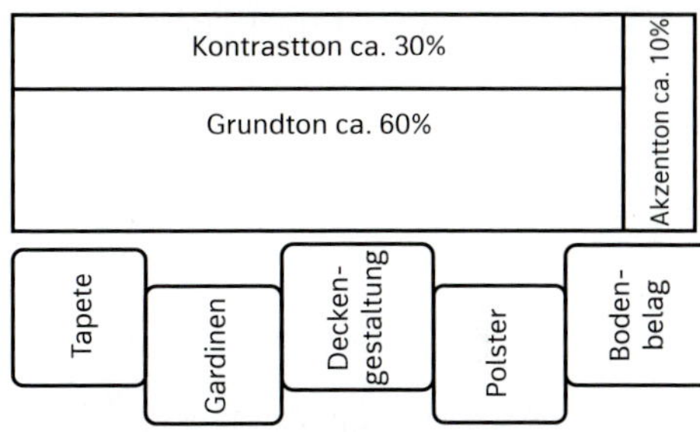

5. Vorlage für einen Projektplan zur Gestaltung eines Cafés, der die verschiedenen Farbtöne sowie Materialkomponenten enthalten soll

6. So könnte das Café nach der Erstellung des Farb- und Materialplanes aussehen.

7. Darstellungstechnik mit sog. Copic-Markern

Aufgaben

1. *Warum sind Farbleitpläne sinnvoll?*
2. *Nennen Sie Bereiche, in denen Farbleitpläne zum Einsatz kommen.*
3. *Erstellen Sie nach der Vorlage (Bild 5) einen Projektplan für ein modernes Café.*

©Caparol Farben Lacke Bautenschutz

1. Mit der Gestaltungssoftware können Wohnräume am PC gestaltet werden.

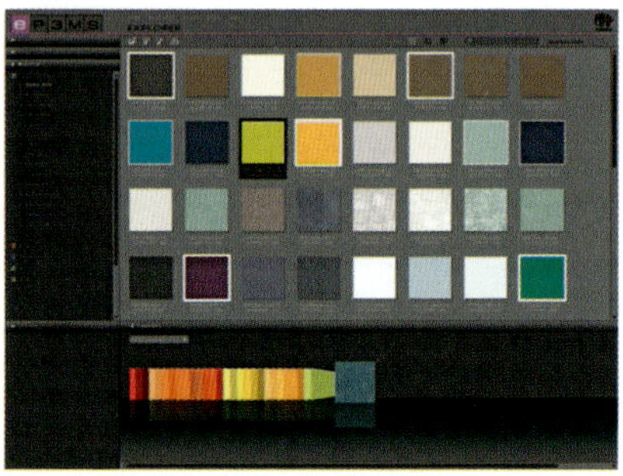

©Caparol Farben Lacke Bautenschutz

2. Auswahlmöglichkeiten verschiedener Oberflächenstrukturen

©Caparol Farben Lacke Bautenschutz

3. Dieses Bild zeigt die unbehandelten Raumwände, die sich in das Onlineprogramm hochladen lassen.

©Caparol Farben Lacke Bautenschutz

4. Diese Fotografie zeigt den Gestaltungsvorschlag, wie er zusammen mit dem Kunden am PC erarbeitet wurde und anschließend zur Ausführung kam.

11.7 Die Gestaltungssoftware

Eine professionelle Möglichkeit, um dem Kunden seine Innenräume oder Fassadenansichten im Vorfeld farblich gestaltet zu zeigen, bieten verschiedene Gestaltungsprogramme.

Was leisten diese Programme?

Durch die Programme ist es möglich, dem Kunden schon zuvor am Bildschirm fotorealistisch zu zeigen, wie sein Büro, seine Wohnräume und Hausfassaden usw. mit den von ihm und dem Fachberater ausgewählten Farbtönen aussehen könnten (Bild 1). Neben der Farbtonauswahl ist es auch möglich, verschiedene Materialoberflächen darzustellen, um ihre optische Wirkung zu demonstrieren (Bild 2).

Es gibt Programme mit größerem Gestaltungsrahmen für Firmeninhaber, aber auch Programme, die online für jeden frei zugänglich sind.

Die Vorteile solcher Programme liegen in der fotorealistischen Darstellung der zu gestaltenden Objekte. Per Hand und mit Farbstiften ist eine solche Darstellung einfach nicht möglich. Außerdem zeigen die Anwender solcher Software, dass sie auf dem aktuellen Stand der Technik sind, was eine positive Wirkung auf viele Kunden hat.

Die Gestaltung von Innenräumen

Durch Anklicken verschiedener Oberflächen und Oberflächenfarbtöne und Hinziehen zu den gewünschten Wand- und Bodenbereichen usw. kann man die Aufträge der Kunden darstellen und gestalten. Auf diese Weise wird es möglich, sich und den Kunden zu inspirieren und schließlich auf ein gelungenes Ergebnis zu kommen (Bild 3 und 4).

Um die eigenen Räume bzw. die Räumlichkeiten der Kunden zu gestalten, bieten diese Software-Produkte die Möglichkeit, online Bilder der Räume hochzuladen und diese dann zu bearbeiten.

Die Gestaltung von Fassaden

Für die Gestaltung von Fassaden oder Straßenzügen ist es wichtig, sich im Vorfeld zu informieren, welche Farbtöne in die Umgebung passen, ob bestimmte Farbtöne in Städten und Gemeinden nicht erwünscht sind (wird in der Gestaltungssatzung der Städte/Gemeinden ausgewiesen) und ob das Gebäude unter Denkmalschutz steht. In diesem Fall ist die Farbtonauswahl auf vorgegebene Farbtöne beschränkt. Sind diese Aspekte geklärt, kann mit der Fassadengestaltung am PC begonnen werden.

Wie wird eine Fassade am PC gestaltet?

Die Fassade oder der Straßenzug wird per Foto oder als architektonische Zeichnung in das Programm geladen. Anschließend werden die zuvor ermittelten Farbtonmöglichkeiten ausgewählt und unter Beachtung der Gestaltungskriterien (Farbharmonien usw.) auf die Vorlage projiziert (Bild 5 und 6). Wenn das Ergebnis passt, kann es zusammen mit dem Kunden begutachtet werden und die Arbeit am Objekt kann beginnen.

©Caparol Farben Lacke Bautenschutz

5. Fassade in ihrem Ursprungszustand

Welche Probleme bringt die Gestaltungssoftware mit sich?

Ohne die Kenntnis der vorherrschenden Gestaltungskriterien, wie Farbkontraste, Farbharmonien und Gestaltungsregeln, bringt eine Gestaltungssoftware den Fachmann nicht weiter.

Eine Gestaltungssoftware für Innenräume und Fassaden kann die notwendige Fachkenntnis nicht ersetzen. Diese muss in jedem Fall erlernt werden.

Außerdem sind fachliches Know-how und die Einarbeitung in die Software nötig, da diese z. T. sehr viele Möglichkeiten und Details zur Verfügung stellt.

Des Weiteren können die Farbtöne in der Realität ggf. anders aussehen, als sie auf dem Monitor erscheinen. Besonders wenn Fassaden nur in grafischer Form als Zeichnung vorliegen, erscheint der gewählte Farbton im Programm anders als in der Realität.

Hersteller und Anbieter der verwendeten Farben usw. bieten Ansichtsmuster an, damit man die Auswahl vor Ort prüfen kann und das Ergebnis für alle Beteiligten am Ende perfekt wird.

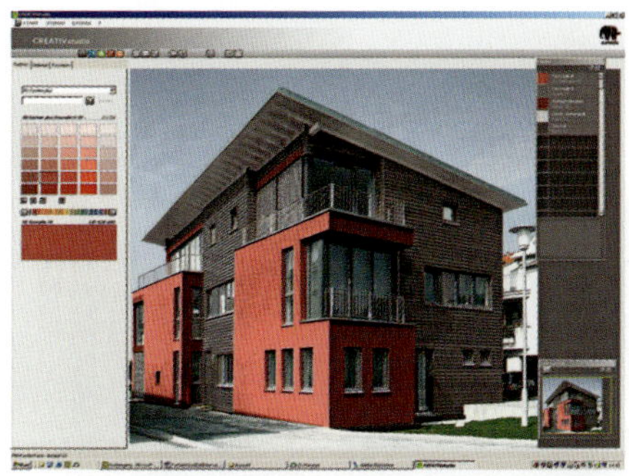

©Caparol Farben Lacke Bautenschutz

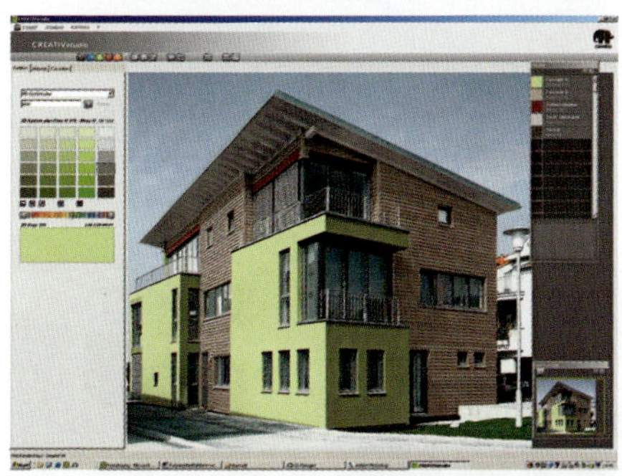

©Caparol Farben Lacke Bautenschutz

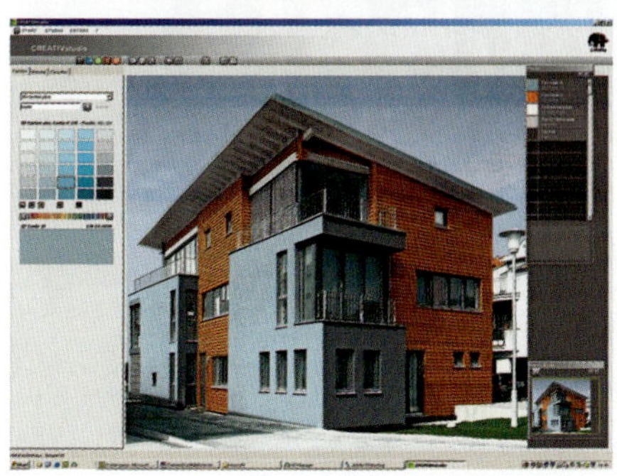

©Caparol Farben Lacke Bautenschutz

6. Gestaltungsentwürfe mittels eines Programmes

Aufgaben

1. *Beschreiben Sie, was eine Gestaltungssoftware leisten kann.*
2. *Welche Möglichkeiten bieten die Programme bei der Innenraumgestaltung?*
3. *Welche Aspekte sind in Bezug auf Fassadengestaltungen zu beachten?*
4. *Informieren Sie sich im Internet (z. B. bei Caparol, Brillux) über Gestaltungsprogramme und testen Sie die Onlineversionen.*

1. Beispiel für eine Fassadenbeschriftung

2. Beispiel für eine Schriftgestaltung im Innenraum

3. Beispiel für den Einsatz von Typografie in der Öffentlichkeit

11.8 Die Typografie

Die Typografie ist einer der wichtigsten Bereiche in der Gestaltung. Man versteht darunter die Kunst, die richtigen und optimalen Proportionen und Farben für Textgestaltungen festzulegen.

*Das Wort Typografie setzt sich zusammen aus den griechischen Worten ,**typos**' (= Gestalt) und ,**graphein**' (= Schreiben). Es meint also die gezielte Verteilung von Schriftzeichen in einem vorgegeben Raum.*

Die Grundregeln guter Typografie haben sich trotz der Vielzahl heute erhältlicher Schriften und der Entwicklung neuer Medien, wie dem Internet und mobiler Endgeräte, kaum verändert.

Was hat der Maler mit Typografie zu tun?

Im Maler- und Lackiererhandwerk spielen Schriften, z. B. bei der Beschriftung von Fassaden oder bei dekorativen Schriftgestaltungen im Innenraum, eine Rolle (Bild 1 und 2). Grundsätzlich begegnet uns Typografie in allen Bereichen des Lebens, z. B. in Büchern, auf Webseiten, in Zeitschriften, auf Plakaten, bei Firmenlogos, in der Werbung und bei Einladungstexten. Kenntnisse über die richtige Gestaltung und den guten Einsatz von Schriften bzw. Typografie sind daher wichtig.

Wie kann man Typografie umsetzen?

Heutzutage bietet der PC eine gute Hilfe, um Typografie umzusetzen. Allerdings sind auch dabei gewisse Grundkenntnisse vonnöten, da besonders durch die Darstellung von Schrift auf dem Bildschirm neue typografische Herausforderungen entstehen.

Die Aufgaben der Typografie sind, einen Text optimal lesbar zu machen, die Textinhalte zu vermitteln, zu ordnen und ihre inhaltlichen Strukturen sichtbar zu machen. Außerdem ist es ihre Aufgabe, einen emotionalen Eindruck beim Betrachter zu erzeugen.

Je nach Zielgruppe verschiebt sich der Vorrang der Aufgaben. So ist z. B. für die Werbung die emotionale Wirkung wichtig und für technische Dokumentationen ist die Lesbarkeit von besonderer Bedeutung. Für den Anfänger ist eine schlechte Typografie häufig nicht sofort erkennbar. Einflüsse wie die Ermüdung und Konzentrationsschwäche beim Lesen oder das Augenflimmern werden häufig nicht in einen ursächlichen Zusammenhang mit der Typografie gebracht.

Weitere Einsatzgebiete der Typografie

Die Typografie spielt also für die Beschriftung von Fassaden oder für die textliche Gestaltung von Innenräumen mit Wandtattoos eine Rolle. Außerdem werden Autos beschriftet (Bild 5) und auch die Werbung kommt nicht ohne Typografie aus (Bild 6).
Ebenso ist sie für die Verständigung unter Handwerkern in Form der Normschrift wichtig.

5. Lkw-Beschriftung

EXKURS Ursprung der Typografie

Neben den bisher genannten Beispielen bezieht sich die Typografie auf die Kunst des Druckens, besonders des Hochdrucks. Somit legte der Erfinder des Buchdrucks Johannes Gutenberg (ca. 1400–1468 in Mainz) den Grundstein für die Typografie. Durch die Verwendung von beweglichen Lettern (Buchstaben) und die Erfindung der Druckerpresse (Bild 4) revolutionierte er die Methoden des Buchdrucks und löste in Europa eine Medienrevolution aus.

4. Buchdruckerwerkstatt im 15. Jahrhundert

6. Typografie in der Werbung

7. Auszug aus der Gutenberg-Bibel, die mithilfe beweglicher Lettern hergestellt wurde

Aufgaben

1. *Definieren Sie mit eigenen Worten, was man unter Typografie versteht.*
2. *In welchen Bereichen kommt die Typografie zum Einsatz?*
3. *Warum ist es wichtig, die Zielgruppe für die Typografie zu beachten?*
4. *Informieren Sie sich im Internet über den sog. Hochdruck und notieren Sie Ihre Ergebnisse.*

1. Eine Höhlenmalerei, wie sie an den Felswänden vor Jahrtausenden von den Menschen gemalt wurde

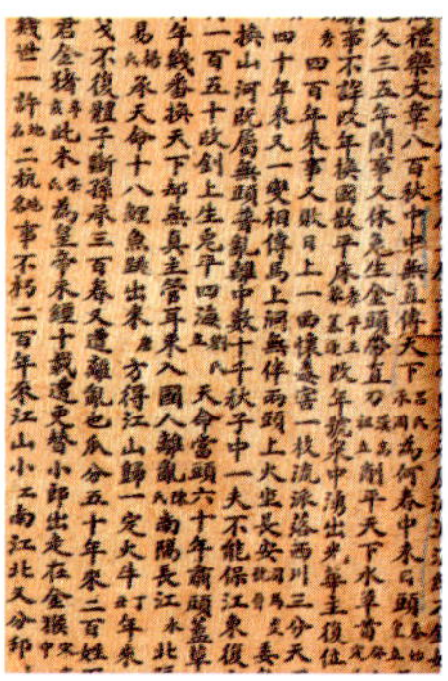

2. Die Wortbildschrift aus China (links) und die erste Schrift der Welt – die Keilschrift (rechts)

3. Hieroglyphen aus Ägypten

4. Das phönizische Alphabet

5. Ein mit Runen geschriebenes Wort

11.9 Die Entwicklung der Schrift

Die Schrift, wie wir sie heute kennen, entstand zunächst über Bilder, Zeichen und Linien, Wortbildschriften und die Keilschrift. Im Laufe der Jahrtausende entwickelte sie sich also immer weiter.

Die Höhlenmalereien

Um ca. 20000 v. Chr. entstanden sehr viele Höhlenmalereien an Felswänden. Erste Malereien gab es schon vor ca. 50000 Jahren auf allen Kontinenten dieser Erde. Dargestellt wurden meistens Beziehungen zwischen Mensch und Tier. Später wurden die Bilder durch Zeichen und Linien ergänzt, die schon damals als sog. Kurzzeichen zur Verständigung genutzt wurden.

Die Wortbildschrift und die Keilschrift

Nachdem sich um 4000 v. Chr. die Wortbildschrift entwickelt hatte, bei der jedes Bild für ein Wort steht (Bild 2, links), entstand in der Region zwischen Euphrat und Tigris (dem heutigen Irak) ca. 3200 v. Chr. die Keilschrift, als erste Schrift der Welt. Sie wurde mit einem Griffel aus Holz oder Schilfrohr in Tafeln aus Lehm oder Ton geritzt (Bild 2, rechts).

Die Hieroglyphen und das phönizische Alphabet

Die ägyptische Schrift (um 3000 v. Chr.) ist bekannt durch ihre Bildgestalt, die sich im Laufe der Zeit der Buchstabenform annäherte. Das Wort Hieroglyphen kommt aus dem Griechischen und bedeutet „heiliges Alphabet“. Bei dieser Schrift lässt sich teilweise vom Zeichen direkt auf seine Bedeutung schließen. Die Worte und Buchstaben, aber auch ganze Sätze wurden durch kleine Bilder symbolisiert (Bild 3).

Das phönizische Alphabet (Bild 4) gilt als das erste Alphabet mit seinen 21. Buchstaben, da es keine Bildzeichen darstellt. Es entstand um 1300 v. Chr. im heutigen Libanon. Die Phönizier waren ein sehr reges Handelsvolk, die im gesamten Mittelmeerraum unterwegs waren, um ihre Waren zu kaufen und zu verkaufen.

Die Runen

Das Runenalphabet hat 24 Zeichen, die als Schriftzeichen der Germanen gelten (Bild 5). Es wird auch „Futhark“ genannt, weil sich dieses Wort aus den ersten sechs Buchstaben des Alphabetes zusammensetzt: Fehu, Uruz, Thurisaz, Ansuz, Raidho, Kenaz. Das Wort „Alphabet“ wurde übrigens genauso gebildet: aus den ersten beiden Buchstaben des griechischen Alphabetes, Alpha und Beta.

Die griechische Schrift

Das griechische Alphabet entstand aus dem phönizischen Alphabet. Es ist die erste Alphabetschrift im engeren Sinne (Bild 6). Es umfasst heute 24 Buchstaben, die wie in unserem heutigen Alphabet aus Großbuchstaben (Majuskeln) und Kleinbuchstaben (Minuskeln) bestehen.

Die kyrillische Schrift

Diese Schrift wiederum hat sich im 10. Jh. v. Chr. durch den Missionar Kyrillos in Byzanz aus der griechischen Schrift entwickelt (Bild 7). In vielen slawischen Sprachen stellt das kyrillische Alphabet die verwendete Schriftform dar.

Die römische Capitalis

Diese Schriftart wurde von den Römern im 1. Jh. n. Chr. ebenfalls aus der griechischen Schrift entwickelt. Sie wurde mit Meißeln in Stein gehauen und steht als Pate für unsere heutigen Großbuchstaben (Bild 8). Im 3. Jh. n. Chr. sind aus der römischen Capitalis noch die Capitalis Quadrata und die Capitalis Rustica entstanden (Bild 9).

Die Unzialis und die Halbunziale

Die Unzialschrift entstand ca. im 2. Jh. n. Chr. (Bild 10). Es gibt keine Unterscheidung zwischen Groß- und Kleinbuchstaben. Ab dem 7. Jahrhundert entwickelte sich die sog. Halbunziale, die zwar als Prachtschrift dekorativer, aber aus heutiger Sicht schwerer lesbar ist (Bild 11).

Die karolingische Minuskel

Diese Schriftform entwickelte sich im Umfeld von Karl dem Großen in Frankreich im 8. Jahrhundert und wurde als einheitliche Buch- und Verwaltungsschrift benutzt (Bild 12). In den folgenden beiden Jahrhunderten verdrängte diese Schriftform nahezu alle anderen Schriften. Sie zeichnet sich durch Klarheit und Einfachheit des Schriftbildes aus. Aus ihr entwickelten sich die Kleinbuchstaben der nachfolgenden deutschen und lateinischen Schriften.

Α Β Γ Δ Ε F Ζ Η Θ Ι Κ Λ Μ Ν

Ξ Ο Π Μ Ϙ Ρ Σ Τ Υ Φ Χ Ψ Ω

6. Auszug der griechischen Schrift

7. Kyrillische Schriftzeichen

8. Capitalis Quadrata mit ihren Großbuchstaben

9. Capitalis Rustica mit ihren Großbuchstaben

10. Unzialis, bestehend aus reinen Großbuchstaben

11. Halbunziale, bestehend aus Kleinbuchstaben

12. Die karolingische Minuskel

13. *Die Rotunda-Schrift mit ihren durch das Schreiben mit Feder oder Pinsel entstandenen gebrochenen Bögen*

14. *Kennzeichnend für den gotischen Baustil war das Bauen in die Höhe, dem Himmel entgegen*

Gutenberg Textura

15. *Die Textur-Schrift als Beispiel für die gebrochenen Schriften der Gotik*

Schwabacher

16. *Die Schwabacher-Schrift der Renaissance*

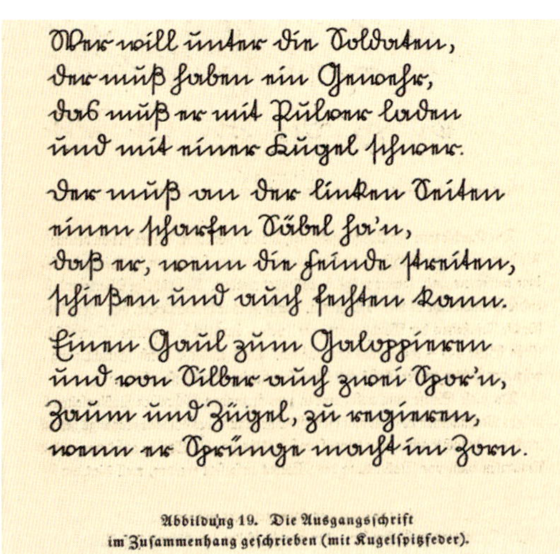
Wer will unter die Soldaten,
der muß haben ein Gewehr,
das muß er mit Pulver laden
und mit einer Kugel schwer.

Der muß an der linken Seiten
einen scharfen Säbel ha'n,
daß er, wenn die Feinde streiten,
schießen und auch fechten kann.

Einen Gaul zum Galoppieren
und von Silber auch zwei Spor'n,
Zaum und Zügel, zu regieren,
wenn er Sprünge macht im Zorn.

Abbildung 19. Die Ausgangsschrift
im Zusammenhang geschrieben (mit Kugelspitzfeder).

17. *Die Sütterlin-Schrift*

Die deutschen gebrochenen Schriften

Unter gebrochenen Schriften versteht man solche, deren Buchstabenbögen gebrochen dargestellt werden (Bild 13). Zunächst schrieb man sie mit Feder oder Pinsel, wodurch beim Absetzen oder Richtungswechsel des Schreibwerkzeuges die Buchstabenformen gebrochen wurden.

Die Gotik und ihre Schrift

Genauso wie im Baustil der Gotik (1250–1500) (Bild 14) wurde auch die Schrift in die Höhe gezeichnet, weshalb die Buchstaben schmal erscheinen. Durch die gebrochenen Bögen wirken die Buchstaben sehr eckig (Bild 15).

Die Renaissance und ihre Schriften

Zur Zeit der Renaissance (1450–1600) wurden die alte Schwabacher- (Bild 16) und die Fraktur-Schrift entwickelt. Zu dieser Zeit wurden die Schriften wieder runder. So ist die Schwabacher-Schrift derber, breitlaufender und offener als die gotische Textura. Sie wurde dann von der Fraktur-Schrift weitestgehend verdrängt. Die Fraktur ist eine Schrift der Spätgotik; sie war bis Anfang des 20. Jahrhunderts die am meisten gebrauchte Schrift des Buchdrucks.

Was ist Sütterlin?

Unter Sütterlin wird eine gebrochene Schriftart verstanden, die im Jahre 1911 im Auftrag des preußischen Kultur- und Schulministeriums von Ludwig Sütterlin entwickelt wurde. Um das Schreibenlernen zu erleichtern, vereinfachte Sütterlin die Buchstabenformen, stellte die relativ breiten Buchstaben aufrecht und ließ sie mit einer Kugelspitzfeder schreiben.

*Die Erfindung der **Kugelspitzfeder** ermöglichte die Entwicklung der heute verwendeten Schriften mit gleicher Strichbreite. Durch sie wurde das Erlernen der heute üblichen Ausgangsschriften möglich. Mit ihrem kugeligen Kopf ist sie auch heute noch die meistverwendete Schreibfeder (Füllfederhalter) in der Schule.*

Die Sütterlinschrift wurde ab 1915 in Preußen eingeführt. 1935 wurde sie in einer abgewandelten Form mit einer leichten Schräglage und weniger Rundformen als Deutsche Volksschrift Teil des offiziellen Lehrplans. Um eine bessere Lesbarkeit der deutschen Schrift in den besetzten Gebieten zu erzielen, wurde sie jedoch im Jahre 1941 verboten, nachdem die NSDAP schon zu Beginn des Jahres die Verwendung gebrochener Druckschriften (Frakturtypen) untersagt hatte.

Die lateinischen Schriften
Neben den deutschen gebrochenen Schriftarten entwickelten sich die lateinischen Schriften. Sie sind dadurch gekennzeichnet, dass sie nicht gebrochen sind.

Der Klassizismus und die klassizistische Antiqua
Im Klassizismus (Bild 18) entstand die Antiqua, eine gut lesbare klassische Schrift, nach dem Vorbild der römischen Capitalis. Die Antiqua entstand durch das Schreiben mit einer schräggeschnittenen Feder, wodurch die für die Antiqua charakteristischen unterschiedlichen Strichstärken in der Senkrechten und in der Waagrechten entstanden sind, wodurch das Lesen flüssiger verläuft (Bild 19).

Die Grotesk
Die Grotesk ist eine serifenlose Schriftart, die aus der Antiqua Anfang des 19. Jahrhunderts entstanden ist (Bild 20). Sie besitzt eine nahezu gleiche Strichstärke der Buchstaben. Da das Weglassen der Serifen allen damaligen Lesegewohnheiten widersprach, empfanden die Betrachter diese Schrift zunächst als sonderbar bzw. grotesk, worauf ihr Name zurückzuführen ist.

Die Egyptienne
Sie entstand ebenfalls Anfang des 19. Jahrhunderts in England als Antwort auf den gestiegenen Bedarf an auffälligen Werbeschriften. Ein Beispiel für Egyptienne-Schriften ist die Schreibmaschinenschrift, die sich dadurch auszeichnet, dass sowohl die Serifen als auch die Grundstriche dieselbe Breite haben (Bild 21). Sie wird auch als serifenbetonte Linear-Antiqua bezeichnet.

Die Jugendstilschrift
Sie wurde auf Grundlage der Antiqua durch handschriftliches Schreiben an die Formen des Jugendstils angepasst und hat demnach ebenso sehr natürliche und geschwungene Formen (Bild 22).

Aufgaben
1. *Definieren Sie den Begriff Wortbildschrift.*
2. *Was ist das Besondere an den Hieroglyphen?*
3. *Was versteht man unter Minuskeln und Majuskeln?*
4. *Was haben die römische Capitalis und die Unzialschrift gemeinsam?*
5. *Was ist das Besondere an gebrochenen Schriften?*
6. *Worin liegt der Unterschied zwischen der klassischen Antiqua und der Grotesk-Schrift?*
7. *Was versteht man unter Serifen?*
8. *Informieren Sie sich im Internet über den Baustil der Renaissance und den des Jugendstils. Was sind die Besonderheiten? Notieren Sie Ihre Erkenntnisse.*

18. Im Baustil des Klassizismus – die Neue Wache in Berlin

„Sprache wird durch Schrift erst schön“

19. Die klassische Antiqua

20. Unter Serifen versteht man die kleinen Füßchen an den Buchstaben (links mit Serife, rechts serifenlose Grotesk-Schrift).

Egyptienne

21. Die Egyptienne-Schrift

22. Fassade im Jugendstil

23. Die Jugendstilschrift auf einer Fassade

1. Darstellung der einzelnen Fachbegriffe zur Schrift

KAPITÄLCHEN

2. Darstellung der Kapitälchen

11.10 Der Aufbau von Schriften

Wer sich mit Schriften befasst, sollte auch die einzelnen Begriffe kennen, mit denen man den Aufbau von Schriften definiert.

Die Begriffe rund um die Schrift (Bild 1)

a) Kegelhöhe: Sie bezeichnet den vertikalen Raumbedarf, auf dem die Buchstaben sitzen. Die Buchstaben können in digitalen Schriften über den Kegel hinausragen, wodurch die Akzente von Großbuchstaben oft teilweise oder gänzlich außerhalb der eigentlichen Kegelhöhe liegen.
b) Versalhöhe: Sie bezeichnet die gesamte Höhe eines Großbuchstabens innerhalb eines Schriftbildes.
c) Mittellänge: Sie beschreibt die Höhe des Kleinbuchstabens ohne die Ober- und Unterlänge.
d) Oberlänge: Sie beschreibt den Abstand eines Kleinbuchstabens, der über die Mittellänge hinausragt.
e) Unterlänge: Sie beschreibt den Teil eines Buchstabens, der unterhalb der Mittellänge liegt.
f) Grundlinie: Auf der Grundlinie stehen die Buchstaben einer Schrift.
g) Zeilenabstand: Er bezeichnet den Abstand zwischen zwei Grundlinien.
h) Dickte: Sie beschreibt die Buchstabenbreite mit ihrer Vor- und Nachbreite, auch „Fleisch" genannt.
i) Punze: Sie beschreibt die nicht gedruckte Innenfläche eines Buchstabens. Geschlossene Punzen sind die Bereiche von umschlossenen Innenflächen der Buchstaben a, b, d, e, g, o, p, q. Offene Punzen sind die Innenflächen der restlichen Buchstaben, wie h, m, n oder u.

Weitere Begriffe rund um die Schrift

Kapitälchen sind Großbuchstaben, die der Gesamthöhe der Kleinbuchstaben (auch Mittellänge oder x-Höhe genannt) entsprechen. Sie dienen der Hervorhebung anstelle von Kleinbuchstaben (Bild 2). Die Höhe von falschen Kapitälchen liegt zwischen der Mittellänge der Kleinbuchstaben und der Versalhöhe der Großbuchstaben.

__Versalie__ oder __Majuskel__: Damit werden Großbuchstaben bezeichnet. Eine Versalienschrift besteht also nur aus Großbuchstaben (lat. major = größer).
__Gemeine__ oder __Minuskel__: Damit werden Kleinbuchstaben des Alphabets bezeichnet (lat. minor = kleiner).

Der optische Schriftweitenausgleich

Der optische Schriftweitenausgleich (Laufweitenausgleich) bezeichnet den Ausgleich von Buchstaben, Sonderzeichen und Zahlen. Die Worte bzw. Texte werden optisch (nicht rechnerisch) ausgeglichen bzw. vermittelt, damit keine hässlichen Lücken oder Komprimierungen im Text bzw. bei kritischen Buchstabenkombinationen entstehen. Auf diese Weise wird die Lesbarkeit verbessert.

Der optische Ausgleich durch die Unterschneidung bzw. das Kerning

Bei der Unterschneidung wird bei Texten, Wörtern oder Buchstabenpaaren der waagerechte Abstand zwischen den einzelnen Buchstaben verringert (Bild 3). Dabei wird ein Buchstabe so an den ihm vorausgehenden Buchstaben herangerückt, dass ästhetisch störende bzw. zu große Buchstabenabstände vermieden werden.

Zu diesen „kritischen" Buchstaben gehören die Großbuchstaben A, L, T, V, W und Y. Bei den Kleinbuchstaben sind es f, j, r, v, w und y. Wird hier nicht ausgeglichen, kann der Lesefluss gestört werden. Weitere typische Unterschneidungspaare sind Av, AV, Aw, AW, LT, LV, Ly, Ta, To, Ty, Te, T., Va, Vo, V., Ya, Yo, Y., ff und fl.

Worin liegt der Unterschied zwischen optischem und metrischem Kerning?

Beim optischen Kerning werden die Abstände aufgrund der sich darstellenden Zeichenform abgestimmt. Beim metrischen Kerning werden die Unterschneidungspaare angewendet, die in einem Schriftsatz von Computerschriften bereits enthalten sind. Sie bringen in den meisten Fällen die besten Ergebnisse (Bild 4).

Der optische Ausgleich durch Tieferstellen einzelner Buchstaben

Eine weitere Möglichkeit, Schriften optisch auszugleichen, besteht darin, bestimmte Buchstaben in ihrer Position auf der Grundlinie auszugleichen. Runde Buchstaben, wie „a" und „o", müssen z. T. etwas tiefer gestellt werden, damit sie ins Gesamtbild der Schrift passen (Bild 5). Dazu werden sie ein wenig über die Grundlinie hinaus nach unten verschoben.

Was versteht man unter Spationierung?

Durch Unterschneidung wird der Buchstabenabstand verringert. Durch das Spationieren wird der Abstand zwischen den Buchstaben vergrößert.

3. Darstellung der Unterschneidung durch Verringerung des Abstandes: Der Abstand vom V zum A wäre in der oberen Darstellung optisch zu groß.

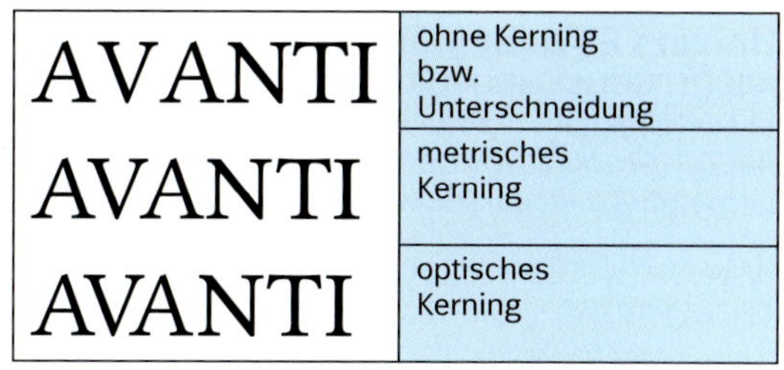

4. Die Unterschneidung zwischen metrischem und optischem Kerning zwischen zwei Buchstaben

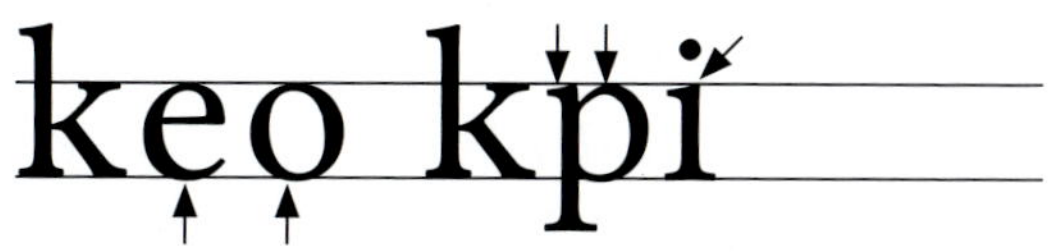

5. Optischer Ausgleich durch Tieferstellen runder Buchstaben: Das „o" und das „e" stehen nicht direkt auf der Grundlinie, sondern werden etwas nach unten über die Grundlinie gezogen.

6. Manuelles Spationieren der Buchstaben durch Erweiterung ihrer Abstände

Aufgaben

1. *Worin liegt der Unterschied zwischen Versalien und Kapitälchen?*
2. *Beschreiben Sie mit eigenen Worten, was man unter dem Unterschneiden beim optischen Schriftweitenausgleich versteht.*
3. *Worin liegt der Unterschied zwischen dem Unterschneiden und dem Spationieren?*

Univers 45 Light (leicht)
ABCDEFGHIJKLMNOPQRSTUVWXYZ
abcdefghijklmnopqrstuvwxyz0123456789
ABCDEFGHIJKLMNOPQRSTUVWXYZ
abcdefghijklmnopqrstuvwxyz0123456789

Univers 55 Roman (normal)
ABCDEFGHIJKLMNOPQRSTUVWXYZ
abcdefghijklmnopqrstuvwxyz0123456789
ABCDEFGHIJKLMNOPQRSTUVWXYZ
abcdefghijklmnopqrstuvwxyz0123456789

Univers 65 Bold (halbfett)
ABCDEFGHIJKLMNOPQRSTUVWXYZ
abcdefghijklmnopqrstuvwxyz0123456789
ABCDEFGHIJKLMNOPQRSTUVWXYZ
abcdefghijklmnopqrstuvwxyz0123456789

Univers 47 Condensed Light (schmal leicht)
ABCDEFGHIJKLMNOPQRSTUVWXYZ
abcdefghijklmnopqrstuvwxyz0123456789
ABCDEFGHIJKLMNOPQRSTUVWXYZ
abcdefghijklmnopqrstuvwxyz0123456789

1. Auszug aus der Schriftfamilie Univers in verschiedenen Schnitten

abcdefghijklmnopqrstuvwxyz
ABCDEFGHIJKLMNOPQRSTUV
WXYZ1234567890?&%/()!“§
‘*_:;>#+ß–.,œ@Δºª©ƒ∂,å∑¤
®†Ω¨/øπ•«¡¶¢[[]]|||{{}≠¿‘±‘

2. Die Hausschrift von Daimler Benz ist die serifenlose Corporate S. Sie ist prägend für den Stil der Unternehmensmarke Daimler Benz.

Helvetica Neue 25 Ultra Light
Helvetica Neue 35 Thin
Helvetica Neue 45 Light
Helvetica Neue 55 Roman
Helvetica Neue 65 Medium
Helvetica Neue 75 Bold
Helvetica Neue 85 Heavy
Helvetica Neue 95 Black

3. Unterschiedliche Schriftstärken der Schriftart Helvetica Neue

Schriftlage	normal
Schriftlage	kursiv

4. Schriftlagen normal und kursiv

11.11 Die Schriftfamilie

Als Schriftfamilie bezeichnet man die Zusammenfassung einer Gruppe von Schriftstilen (bzw. Schriftschnitten). Sie enthalten unterschiedliche Schriftbreiten, -stärken und -lagen. In der Regel stammen sie vom gleichen Schriftgestalter und weisen gemeinsame Formmerkmale auf. Beispiele für Schriftfamilien sind u. a. die Linotype Syntax® von Hans Eduard Meyer oder die Univers von Adrian Frutiger (Bild 1).

Als Expertensatz wird eine Schriftfamilie bezeichnet, die sämtliche Grundstile (normal, kursiv, halbfett, fett), mehrere Auszeichnungsstile (digitale Schriftschnitte einer Schriftfamilie) sowie wissenschaftliche Sonder- und Satzzeichen (@, €, & usw.) aufweist (z. B. die Minion von Robert Slimbach).

Was sind Schriftsysteme?

Schriftsysteme beinhalten mehrere Schriftfamilien aus unterschiedlichen Schriftarten (Untergruppen wie Antiqua, Französische Renaissance Antiqua). Die Schriftarten weisen ihrerseits unterschiedliche Schriftstile (Druckschriften mit Serifen [Antiqua], mit betonten Serifen [Egyptienne], ohne Serifen [Grotesk] usw.) auf. Schriftsysteme heißen auch Corporate Fonts (Font) oder Schriftsippen, wie z. B. die Corporate ASE von Kurt Weidemann (Bild 2).

Der Schriftschnitt

Schriften werden wie beschrieben in Schriftfamilien zusammengefasst. Da innerhalb einer Schriftfamilie unterschiedliche Schriftstärken, Laufweiten (Abstand zwischen den Zeichen einer Schrift) und Schriftlagen vorkommen, werden sie zusätzlich nach ihrem Schriftschnitt unterschieden. Standardmäßig hat fast jede Schriftfamilie einen fetten und einen kursiven Schnitt.

Die Unterscheidung der Schriftschnitte

In Deutschland unterscheidet man:

Schriftbreiten	extraschmal, schmal, normal, breit und extrabreit
Schriftstärken	ultraleicht, extraleicht, leicht, mager, normal, halbfett, fett, extrafett, ultrafett
Schriftlagen	normal, kursiv

Für jede Schriftart stehen normalerweise wenigstens die Schriftschnitte fett und kursiv zur Verfügung (Bild 3 und 4).

Soll eine Schrift typografisch höchsten Anforderungen gerecht werden, muss sie sorgfältig ausgewählt werden.

Die Schriftklassifikation nach DIN 16518

In Deutschland werden auch die Schriften nach dem Deutschen Institut für Normung (DIN) klassifiziert. Die Schriftklassifikation stammt aus dem Jahr 1964 und ist noch heute gültig.

Die elf Schriften der DIN 16518

Nachfolgend werden die Merkmale der einzelnen Gruppen beschrieben.

Gruppe I: Venezianische Renaissance-Antiqua; *Merkmale:* Charakteristisch ist der schräge Strich des „e", geringe Unterschiede in den Strichstärken.

Gruppe II: Französische Renaissance-Antiqua; *Merkmale:* Deutliche Unterschiede in den Strichstärken sowie schräge Ansätze und Endstriche der Minuskeln.

Gruppe III: Barock-Antiqua; *Merkmale:* Unterschiede in der Strichstärke, die Rundungsachsen sind fast senkrecht, die Serifen oben schräg, unten gerade angesetzt und wenig ausgerundet.

Gruppe IV: Klassizistische Antiqua; *Merkmale:* Durch Spitzfeder entstandene Buchstabenformen mit starken Strichstärkenunterschieden, Serifen sind meist im rechten Winkel angesetzt.

Gruppe V: Serifenbetonte Linear-Antiqua; *Merkmale:* Auffallende Betonung der Serifen, geringe Strichstärkenunterschiede.

Gruppe VI: Serifenlose Linear-Antiqua (Grotesk); *Merkmale:* Fehlende Serifen bei Groß- und Kleinbuchstaben, optisch einheitlich.

Gruppe VII: Antiqua-Varianten; *Merkmale:* Alle Schriften, die nicht der Gruppe I bis VI zugeordnet werden, Versalschriften für dekorative Zwecke.

Gruppe VIII: Schreibschriften; *Merkmale:* Schriften mit Schreibschriftcharakter, untereinander verbundene Kleinbuchstaben.

Gruppe IX: Handschriftliche Antiqua; *Merkmale:* Individuell abgewandelte Antiqua-Schriften mit handschriftlichem Charakter, Buchstaben sind nicht vollständig miteinander verbunden.

Gruppe X: Gebrochene Schriften; *Merkmale:* Sammelgruppe aller gebrochenen Schriften z. B. Schwabacher, Fraktur usw.

Gruppe XI: Fremde Schriften; *Merkmale:* Schriften nicht lateinischen Ursprungs wie Griechisch, Kyrillisch, Chinesisch, Japanisch.

Neuentwickelte Schriften für den modernen Einsatz im DTP (Desktop-Publishing = Erstellen von Satz und Layout mithilfe der Datenverarbeitung) sind Comic Sans, Hobo, Stop usw. (Bild 6).

6. Beispiele für die einzelnen elf Schriftklassifikationen und moderne Schriften

Aufgaben

1. *Was versteht man unter einer Schriftfamilie?*
2. *Was ist ein Expertensatz?*
3. *Definieren Sie den Begriff Schriftschnitt.*

1. Ein Bild sagt mehr als tausend Worte – die Aussage, die hier übermittelt werden soll, wird jedem schnell deutlich.

2. Die weiße Taube auf einem blauen Hintergrund kennt jeder Mensch als Symbol für den Frieden.

3. Das Piktogramm ist international bekannt und seine Bedeutung daher jedem bewusst.

11.12 Das Bildzeichen, Logo, Signet und Co

Das visuelle Erscheinungsbild von Drucksachen wird durch verschiedene Elemente dargestellt: Typografie, Logo, Bilder, Farben und Papier.
Es ist nicht einfach, sich in dem Wirrwarr an Begriffen rund um Zeichen, Logos, Signets usw. zurechtzufinden. Allerdings sollte man in gestalterischen Berufen über die unterschiedlichen Begriffe Bescheid wissen.

Die Zeichen

Bilder nehmen neben der Schrift einen ebenso großen Bereich in der indirekten Kommunikation ein: „Ein Bild sagt mehr als 1000 Worte!" Der Spruch beschreibt, dass ein Bild sehr schnell viele Informationen übermitteln kann, was in der Schriftform länger dauern würde (Bild 1).

Während das Auge bereits die Form und die Farbe eines Zeichens oder Bildes erkennt, sucht das Gehirn gleichzeitig nach etwas Bekanntem, was es wiedererkennt und mit dem Zeichen an Bedeutung in Verbindung bringen kann.

Die Unterscheidung verschiedener Zeichen

Das **Symbol** ist ein Sinnbild für etwas anderes. Der Begriff stammt aus dem Griechischen und bedeutet: etwas Zusammengefügtes. Die weiße Taube auf dem blauen Hintergrund versinnbildlicht den Frieden, obwohl es sich eigentlich nur um einen Vogel handelt. Hinter Symbolen steckt immer eine Geschichte, ein Unternehmen, eine Marke usw., die die meisten Menschen kennen und zu der sie sofort eine Verbindung herstellen können (Bild 2).
Die **Piktogramme** (von lateinisch pictum ‚gemalt', ‚Bild' und griechisch γράφειν gráphein ‚schreiben'), z. B. Sicherheitskennzeichen, sind einzelne Symbole bzw. Icons, die eine Information durch eine vereinfachte grafische Darstellung vermitteln. Ihre Bedeutung sollte man erkennen und sie sind international bekannt (z. B. auf Flughäfen, Bild 3) und helfen so bei der Verständigung.

Soll über Zeichen kommuniziert werden, dann müssen diese einprägsam, leicht verständlich und prägnant sein.

Piktogramme sind Vorläufer verschiedener Schriften (z. B. der Keilschrift) und sie haben sich später zu Schriftzeichen (Logogrammen) weiterentwickelt, wie z. B. der chinesischen Sprache oder der hieroglyphischen Schrift, die eine Bilderzeichenschrift darstellt und die älteste geschriebene Form von antiker ägyptischer Sprache ist.

Der Unterschied zwischen Logo und Signet

Aus einem Buchstaben alleine wird noch kein **Logo** (Wortzeichen). Es muss dazu erst das Zeichen verfremdet werden, damit ein neues Original (Bild 4) entstehen kann. Ein Logo ist eine Zusammensetzung aus der schriftgewordenen Bezeichnung eines Objektes (Firma, Produkt, Person, Symbolik) durch Hinzufügen von grafischen Zusatzbestandteilen, z. B. Linien, Figuren, modifizierten Schriftarten oder Einzelbuchstaben. Außerdem kann es eine Kurzangabe oder Begrifflichkeit des Dienstleistungsgewerbes als Information (z. B. Slogan oder Claim genannt) beinhalten.

Ein Logo ist ein Zeichen, das aus Wörtern, Buchstaben, Zahlen oder Bildern besteht (z. B. das Beck`s-Logo mit dem Bremer Schlüssel) (Bild 5).

Das **Signet** ist ein Bildzeichen und ein Begriff für Zeichenarten von Bild, Wort, Buchstaben, Zahlen- und Kombinationszeichen. Was beim Logo der Slogan ist, ist beim Signet das Credo (Auffassung, Gelöbnis). Das Wort Signet kommt von lat. signum und bedeutet Zeichen. Es ist sinngemäß ein Zeichen für eine Unterschrift oder ein Siegel und dem Logo grundsätzlich sehr ähnlich.

Ein Signet ist ein abstrahiertes, formales Zeichen ohne Buchstaben (z. B. Nike) und somit selbstverkaufend. Es kann z. B. als Qualitätsmerkmal, Warenzeichen, Markenzeichen oder Gütesiegel für sich alleine stehen (Bild 6 und 7).

Die Eigenschaften von Signets

Signets sind einzigartig, d. h., sie haben eine gewisse Originalität. Außerdem sind sie prägnant (einprägsam und verständlich) und weisen eine Produktzugehörigkeit (Stimmigkeit von Zeichen und Bezeichnetem) auf. Des Weiteren sind sie aussagekräftig, langlebig, einfach gehalten, leicht wiedererkennbar und verständlich. Schließlich besitzen sie einen hohen Informationsgehalt, durch den sie schnell aussagen, auf was sie hindeuten bzw. was sie vermitteln (Firma, Produkt usw.)

Aufgaben

1. Unterscheiden Sie die Begriffe Symbol und Piktogramm.
2. Was versteht man unter dem Begriff Logo?
3. Welche Besonderheiten zeichnen Signets aus?
4. Nennen sie Eigenschaften eines Signets.

4. Das Commodore-Logo würden die meisten Menschen auch ohne die Bezeichnung Commodore als solches erkennen.

5. Das Beck's-Logo als sogenanntes Wortzeichen

6. Das Nike-Zeichen als Signetbeispiel (Bildzeichen)

Bildmarke	Wortmarke

Buchstabenmarke	**Kombination**

7. Verschiedene Signet-Arten als Bild-, Wort- und Buchstabenmarke sowie eine Kombination

1. Beispiel einer historischen Werbeschrift aus den 1950er-Jahren

2. Die Übertragung eines Motivs mithilfe eines OH-Projektors

3. Ein Schneideplotter

11.13 Die Übertragung von Schriften, Logos und Signets

Früher wurden Schriften auf Fassaden usw. mithilfe von Schablonen oder frei Hand von einer Vorlage übertragen. Die Möglichkeiten zur Übertragung haben sich bis heute ein wenig verändert.

Die Möglichkeiten der Schriftübertragung

So wie damals werden auch heute noch Schriften usw. per Hand z. B. auf Fassaden übertragen (Bild 1). Möglichkeiten, um die Vorlage auf den Untergrund zu projizieren, stellen der Overheadprojektor und der Beamer dar. Dafür werden Folien mit den Motiven oder den Schriftzügen ausgedruckt und mithilfe des OHP/Beamers vergrößert an die Wand projiziert (Bild 2).

Die Übertragung mittels Plotter

Eine moderne Variante der Schriften- und Motivübertragung stellt der Plotter dar, mit dem die Folien zunächst geplottet werden.

Welche Plotterarten gibt es?

Die verschiedenen Plotterarten unterscheiden sich im Wesentlichen in ihrer Funktionsweise. So gibt es Stiftplotter, Schneideplotter, Laserplotter und Fotoplotter. Der **Schneideplotter** dient hauptsächlich der Darstellung von Logos und Schriftzügen. Statt eines Stifts kommt bei diesem Gerät ein Messer (Schleppmesser/Tangentialmesser) zum Einsatz. Der Vorteil des Schleppmessers ist die simple Bauweise des Schneidekopfs, was einen günstigeren Anschaffungspreis und eine höhere Plotgeschwindigkeit bewirkt. Das Tangentialmesser weist einen aufwendigeren Schneidekopf auf und arbeitet etwas langsamer, dafür ist es vielfältigen Anforderungen gewachsen und kann wesentlich stärkere und dickere Materialien viel genauer verarbeiten (Bild 3).

Wie funktioniert ein Plotter?

Die zu plottenden Dateien werden am PC erstellt und dann direkt an den Plotter gesendet. Der Plotter schneidet dann die Vorlagen direkt auf die Folie. Die so perforierten Folien können anschließend weiterverarbeitet werden.

Die Anforderungen an die Untergründe

Damit die geplotteten Folien ein gutes Bild auf dem Untergrund ergeben, ist es ratsam, dass der Untergrund so glatt und eben wie möglich ist.

Unebene Untergründe ergeben unter den Folien kleine Beulen, die das optische Erscheinungsbild und die Qualität beeinträchtigen.

Die Übertragungstechnik von geplotteten Folien
Die mittels Schneideplotter geplotteten Folien müssen nun auf die Wand gebracht werden. Doch wie funktioniert das?

Die Arbeitsschritte der Folienübertragung
Der gewünschte Farbton und die gewünschte Folienqualität werden in den Schneideplotter eingespannt und der Auftrag wird an den Plotter gesendet. Dieser schneidet das Motiv in die Folie, wobei das Trägermaterial unberührt bleibt (Bild 3).

Das Entgittern
Nachdem der Auftrag in die Folie geplottet wurde, muss entgittert werden, d.h. die überflüssigen Folienteile werden mit einem Skalpell entfernt (Bild 4).

Das Motiv oder die Schrift muss sehr sorgfältig entgittert werden, damit keine Schäden im Vorfeld entstehen.

Das Aufbringen des Übertragungspapiers
Wenn das Entgittern abgeschlossen ist, wird ein Übertragungspapier (Applikationstape) aufgebracht und mit einer Gummirolle festgerollt (Bild 5). Daraufhin wird das Motiv nach Bedarf noch weiter mit einer Schere zugeschnitten.

Das Entfernen des Aufklebers
Der Schriftzug wird auf einen sauberen, trockenen, fettfreien und tragfähigen Untergrund übertragen, nachdem das Trägermaterial vom Aufkleber entfernt wurde. Alle vorhandenen Blasen werden mit einem Rakel sorgfältig herausgearbeitet.

Das Entfernen der Übertragungsfolie
Nach einer kurzen Zeit kann dann das Übertragungspapier entfernt werden. Nach einer Weile ist die Beschriftung trocken und nach ca. 72 Stunden abwaschbar.

Das Aufbringen eines Schriftzugs an Fassaden
Auf rauen Fassadenflächen können die Buchstaben des Schriftzugs mit dem Schablonierpinsel ausgemalt werden. Für glatte aber auch raue Fassaden werden Folienschablonen in der beschriebenen Weise hergestellt und aufgebracht (Bild 7).

Aufgaben
1. *Welche Möglichkeiten gibt es, Motive und Schriften auf Wände zu übertragen?*
2. *Wie funktioniert ein Schneideplotter?*
3. *Beschreiben Sie, wie man einen Schriftzug auf eine Wand überträgt.*
4. *Informieren Sie sich im Internet über einen Stiftplotter und einen Fotoplotter und notieren Sie Ihre Ergebnisse.*

4. Die Schrift wird entgittert

5. Das Aufbringen des Übertragungspapiers

6. Entfernen des Übertragungspapiers

7. Die Folie muss auf rauen Fassaden mit einem Heißluftföhn in die Fassade eingeföhnt werden.

1. Eine technische Zeichnung, für die eine Normschrift benötigt wird

Normschrift – Schriftform B gerade
A B C D E F G H I J K L M N O P Q R S T U V W X Y Z
a b c d e f g h i j k l m n o p q r s t u v w x y z
0 1 2 3 4 5 6 7 8 9 [( )] ! ? ; : = + – Σ Ø ± & %
Normschrift – Schriftform B schräg
A B C D E F G H I J K L M N O P Q R S T U V W X Y Z
a b c d e f g h i j k l m n o p q r s t u v w x y z
0 1 2 3 4 5 6 7 8 9 [( )] ! ? ; : = + – Σ Ø ± & %

2. Die Normschrift in der Variante B in gerader und schräger Schriftform

Strichstärke **0,25 mm**	– Schriftgröße $h = 2{,}5$ mm – Höhe der Kleinbuchstaben 7/10 h (1,75 mm)
Strichstärke **0,5 mm**	– Schriftgröße $h = 5$ mm – Höhe der Kleinbuchstaben 7/10 h (3,5 mm)
Strichstärke **0,7 mm**	– Schriftgröße $h = 7$ mm – Höhe der Kleinbuchstaben 7/10 h (4,9 mm)

3. Die Strichstärken der Zeichengeräte bestimmen die Schriftgrößen

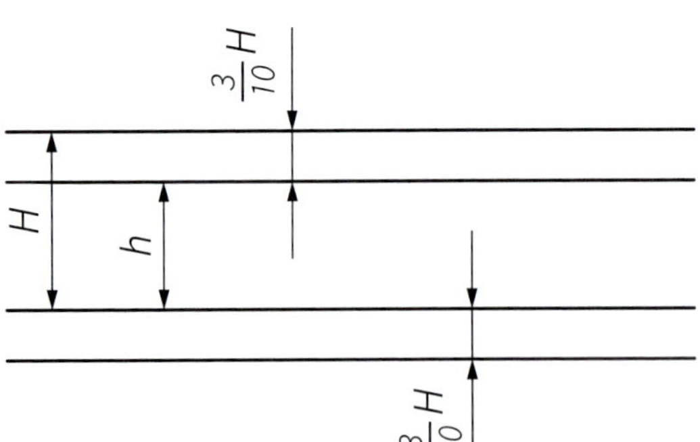

4. Die Zeilen, in denen in Normschrift geschrieben wird, bestehen aus einer Ober- und Unterzeile für die Großbuchstaben sowie einer Mittelzeile für die Kleinbuchstaben.

11.14 Die Normschrift

Die Normschrift wird in der DIN EN ISO 3098 geregelt und ist ein Ausdruckmittel für die technische Kommunikation im Bauwesen und in der technischen Fertigung, z. B. im Metallbau (Bild 1). Diese Schrift gibt es sowohl in der geraden Variante als auch in der schrägen Form, um Bezeichnungen und Messgrößen auf technischen Zeichnungen zu vereinheitlichen (Bild 2).

Die Bedeutung der Normschrift

Zwar werden heutzutage technische Zeichnungen im Architekturbüro mit dem PC angefertigt, jedoch ist es von Vorteil, das Schreiben der Normschrift zu beherrschen und mit den Grundlagen vertraut zu sein. Denn auch von Hand angefertigte Zeichnungen müssen sauber und deutlich und für alle lesbar beschriftet werden.

Die Eigenschaften der Normschrift

Es werden verschiedene Strichstärken verwendet. Gebräuchlich sind Strichstärken mit den Werten 0,25 mm, 0,5 mm und 0,7 mm (Tabelle 3). Je nach eingesetzter Strichstärke ergibt sich die passende Schrifthöhe.

Die Schrifthöhe ist immer ein Zehnfaches der Strichstärke. Wenn mit einem Stift der Stärke 0,5 mm geschrieben wird, ist die Schrifthöhe 5 mm, wobei sich die 5 mm auf die Größe der Großbuchstaben (Versalhöhe) beziehen.
In einer Zeichnung dürfen allerdings nur drei aufeinanderfolgende Schrifthöhen verwendet werden.

Die Normschriftlinien

Schriftlinie (1): Untergrenze aller kleinen und großen Buchstaben, die keine Unterlänge haben (wie a, c, B und H)
Grundlinie (2): Untergrenze aller Buchstaben mit Unterlängen (wie f, g und p)
Mittellinie (3): Obergrenze der Kleinbuchstaben
Oberlinie (4): Obergrenze der Klein- und Großbuchstaben. Die Versalhöhe ist der Abstand zwischen der Oberlinie und der Schriftlinie.

Benötigt man für die Beschriftung mehrere Linien untereinander, so ist darauf zu achten, dass die Grundlinie einen Abstand von 11/7 der Schrifthöhe zur nächsten Oberlinie haben muss.

Berechnungsbeispiel bei einer Schrifthöhe von 5 mm: 5 mm x 11 = 55 mm : 7 = 7,86 mm
Der Abstand der Grundlinie beträgt aufgerundet 8 mm.

Die Normschrift von Hand oder mit Schablone?

Um die Normschrift von Hand auszuführen, bedarf es einiger Übung. Eine Erleichterung stellen die Normschriftschablonen dar, auf denen die Buchstaben und Sonderzeichen in der benötigten Schriftgröße und -form ausgestanzt sind (Bild 4). Auf diese Weise lassen sich Zeichnungen schnell und exakt bemaßen und beschriften.

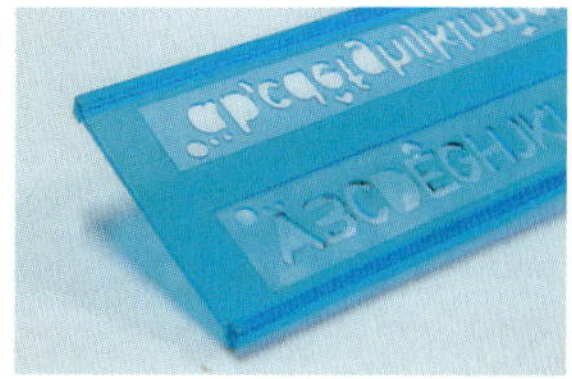

4. Normschriftschablone zur Erleichterung der Beschriftung und Bemaßung von technischen Zeichnungen

Die Grundregeln der Bemaßung

Natürlich ist es nicht nur wichtig, Bauzeichnungen beschriften zu können, man muss sie auch lesen können. Darstellungen von Türen, Fenstern usw. sind ebenfalls genormt, damit alle auf dem Bau arbeitenden Personen wissen, was die Zeichnung darstellt und wie ihre Maße zu lesen sind.

Die Bemaßung von Bauteilen

Die Bemaßung beschreibt die Abmessungen einer Baugruppe oder eines einzelnen Bauteils. Im Allgemeinen werden die Maße in Millimeter, in der Architektur auch in Meter angegeben.

In Bauzeichnungen werden alle Maße unter 1 m in Zentimeter auf den Maßlinien angegeben, Maße über 1 m werden als Dezimalzahlen geschrieben. Beispiele: 5 = 5 cm; 5,00 = 5 m, 5^5 = 5,5 cm.

Daher befinden sich auf einer Maßkette sowohl Meter- als auch Zentimeterangaben nebeneinander. Millimeter werden stets als kleine Hochzahl an das Maß angehängt und normalerweise auf 5 mm gerundet (Bild 6).

Neben der Darstellung von Fenstern (Bild 6 [4]) und Türen (Bild 6 [5]) wird dargestellt, welche äußeren (Außenmaß) und inneren Maße (Innenmaß, Öffnungsmaß) das Bauwerk hat. Alle Maße befinden sich auf den sogenannten Maßlinien (Bild 6).

Bei mehreren Maßlinien beträgt der erste Abstand vom Objekt 1 cm, alle weiteren Maßlinien werden mit einem Abstand von 0,7 cm zur ersten Maßlinie gezeichnet.

Linienart	Linienbreite/ Strichstärke	Verwendung
breit	0, 5	sichtbare Kanten und Umrisse
mittel	0,35	verdeckte Kanten und verdeckte Umrisse, Schrift (für Maße und andere Beschriftungen)
schmal	0,25	Maßlinien/Maßhilfslinien, Bezugslinien, Schraffuren, Zeichen für Oberflächenangaben, Mittellinien, Teilkreise/Lochkreise, Freihandlinien

5. Um Elemente wie Schrift, Bemaßungslinien, Körperkanten usw. besser unterscheiden zu können, zeichnet man sie in unterschiedlichen Breiten mit Tuschestiften in verschiedenen Strichstärken.

Außenmaß	Nr. 1
Innenmaß	Nr. 2
Öffnungsmaß	Nr. 3
Maßlinie besteht aus:	
Maßhilfslinie: Linie, die die äußeren Begrenzungen angibt	
Maßlinienbegrenzung: Schrägstrich (45°), der die Einzelmaße eingrenzt	
Maßzahl: z. B. 49 cm oder 5,99 m	

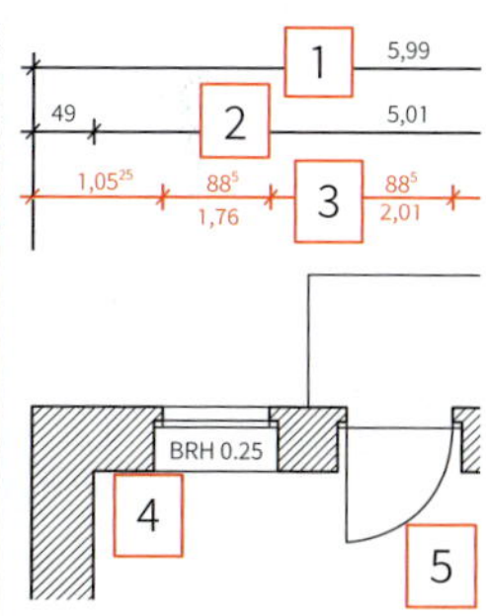

6. Auszug einer Grundrisszeichnung mit Maßkette, Mauerwerk und Fenster- (4) und Türöffnung (5)

				Nr.
Maßstab	Geprüft	Datum	Gezeichnet	Klasse

7. Technische Zeichnungen werden stets mit einem Schriftfeld versehen.

Aufgaben

1. Warum ist es wichtig, die Normschrift zu beherrschen?
2. Wie berechnet man die Normschrifthöhe?
3. Erklären Sie, wie die Baumaße auf eine Maßlinie geschrieben werden.
4. Informieren Sie sich im Internet genauer über die Bemaßung von Bauteilen und fertigen Sie dazu Notizen an.

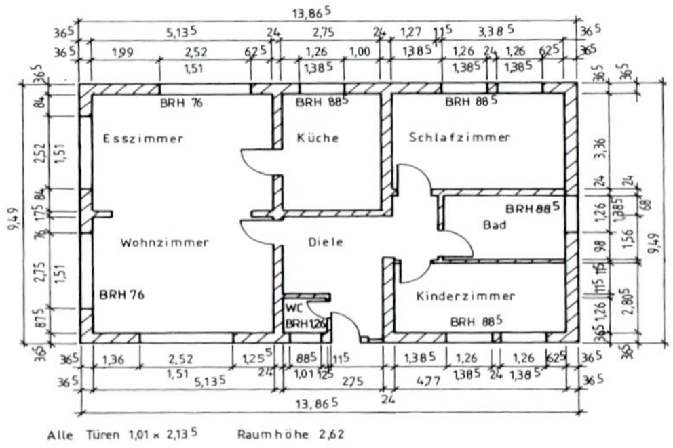

1. Grundriss eines Neubaubungalows, dessen Fassade und Innenräume vom Malerbetrieb gestaltet werden sollen

Schrägbildprojektion (Kavalierperspektive)	
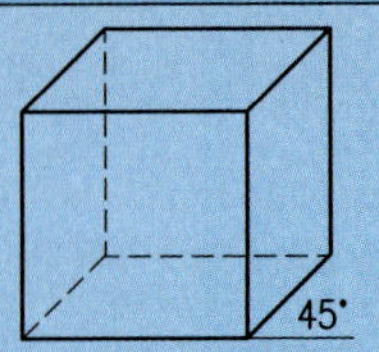 (nicht genormt)	Höhe H: wahre Größe Breite B: wahre Größe Tiefe T: verkürzt (Verkürzung i. d. R. 0,5 : 1) Winkel α: 45° (nicht genormt)
Isometrische Projektion	
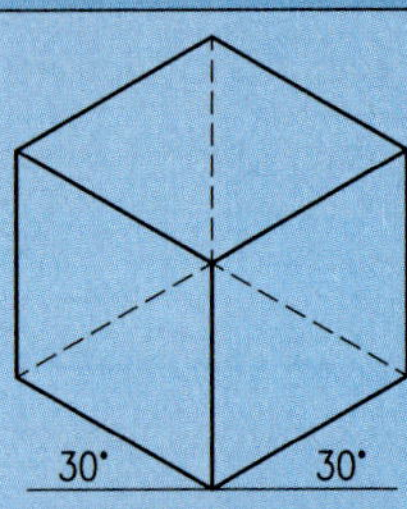 (axonometrische Projektion nach DIN ISO 5456)	Höhe H: wahre Größe Breite B: wahre Größe Tiefe T: wahre Größe (keine Verkürzung) Winkel α: 30° Winkel β: 30° (alle Winkel und Seitenverhältnisse sind gleich)
Dimetrische Projektion	
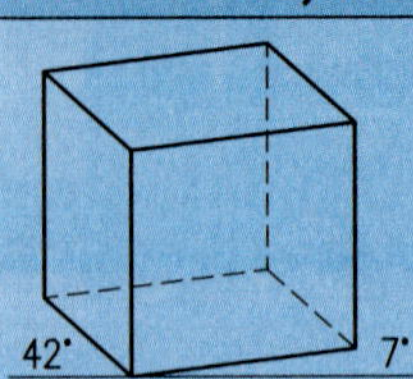 (axonometrische Projektion nach DIN ISO 5456)	Höhe H: wahre Größe Breite B: wahre Größe Tiefe T: verkürzt (Verkürzung 0,5 : 1) Winkel α: 7° Winkel β: 42° (Verwendung von zwei unterschiedlichen Winkeln und zwei Seitenverhältnissen)

2. Verschiedene Parallelprojektionsmöglichkeiten, mit denen die Entwicklung eines Schrägbildes aus einem Grundriss heraus möglich ist

11.15 Objekte zeichnen

Im Malerhandwerk kommen gezeichnete Abwicklungen u. a. in den Bereichen Oberflächen gestalten und bekleiden, Fassadengestaltung, in der Innenraumgestaltung sowie allgemein beim Schreiben eines Aufmaßes vor.

Auch im Rahmen der Gesellenprüfung kommt es vor, dass die Auszubildenden anhand von Abwicklungen das Aufmaß berechnen oder relevante Inhalte einzeichnen müssen.

Der Grundriss

In den meisten Fällen liegen durch den Architekten oder den Bauherrn die Grundrisse der Immobilien vor (Bild 1). Da es jedoch schwierig ist, dem Kunden anhand des Grundrisses aufzuzeigen, wie die Fassade oder die Innenräume gestaltet werden sollen, bietet es sich an, in einer Projektion zu zeichnen.

Hinweise zum Zeichnen bzw. Lesen von Bauzeichnungen befinden sich unter dem Stichwort „Normschrift“.

Die Schrägbildprojektion

Es bietet sich an, zunächst eine räumliche Ansicht zu skizzieren. Dies kann z. B. mithilfe der Schrägbildprojektion geschehen. Dabei nutzt der Maler den Winkel von 45° zur waagerechten Grundlinie der Immobilie, um die Ansicht räumlich zu zeichnen. Die Hauptansichtsfläche der Immobilie bleibt dabei unverändert. Das Tiefenmaß des Gebäudes wird aus optischen Gründen in der Zeichnung um die Hälfte der wahren Größe verkürzt (Bild 2).

Die Abwicklung einer Fassade

Die Anfertigung einer räumlichen Skizze in Schrägbildprojektion als Zwischenschritt vor der Zeichnung einer Fassadenabwicklung der Immobilie mit ihren äußeren Maßen, erleichtert das eigene räumliche Vorstellungsvermögen. Durch diese Skizze lassen sich die für die Abwicklung notwendigen Fassadenabschnitte bereits ablesen (Bild 3).
Räumliche Ansichten zu skizzieren empfiehlt sich ebenfalls vor dem Zeichnen einer Innenraumabwicklung oder auch vor dem Zeichnen eines Raumausschnittes.

Unter einer Abwicklung versteht man die Aneinanderreihung der einzelnen Fassaden- oder Innenraumwandflächen. Als gesamte Fläche ergibt sich ein Rechteck, wenn die Geschoss- oder Raumhöhen gleich sind.

Der beispielhafte Bungalowgrundriss hat keine besonderen Vorsprünge, Nischen oder Erker, was dem Maler die Erstellung einer Abwicklung vereinfacht. Außerdem gibt es nur eine Geschosshöhe, woraus sich für die Abwicklung ein Rechteck als gesamte Fläche ergibt.

Auch der Kunde profitiert von schnell angefertigten Fassaden- oder Raumskizzen, anhand derer der Maler Gestaltungsdetails verdeutlichen kann.

Für die Fassadenabwicklung werden vom Maler alle vorhandenen Fassadenflächen in einem geeigneten Maßstab aneinandergereiht, wobei er die Maße der Grundlinien addiert und die Geschosshöhe verwendet, die er dem Grundriss entnehmen kann (Bild 4).

Für das Rechteck einer Abwicklung gilt die Regel: Grundlinien x Höhe. Der Boden und die Decke werden ggf. an den entsprechenden Stellen angefügt.

Die Abwicklung eines Innenraumes

Abwicklungen für Innenräume dienen dazu, den Werkstoffbedarf für Wandbekleidungen oder Beschichtungsstoffe zu berechnen. Des Weiteren können sie dem Maler dazu dienen, die geplante farbliche Gestaltung der Wände dem Kunden gegenüber aufzuzeigen (Bild 5).

Das Prinzip zur Erstellung einer Innenraumabwicklung ist das Gleiche wie bei einer Fassadenabwicklung. Auch hier kann im Vorfeld eine räumliche Ansicht skizziert werden.

Die Raummaße werden ebenfalls aus dem vorliegenden Grundriss entnommen oder aus dem von ihm erstellten Raumaufmaß.

Aufgaben

1. *Wählen Sie den Grundriss einer Immobilie und entwickeln Sie daraus in einem geeigneten Maßstab eine räumliche Ansicht der Fassade. Zeichnen Sie Fenster und Türen mit ein.*
2. *Zeichnen Sie mithilfe der in Aufgabe 1 angefertigten Ansicht die Abwicklung der Fassade einschließlich aller Öffnungen.*
3. *Fertigen Sie anhand eines Raumgrundrisses die Abwicklung des Raumes an. Beachten Sie die Raumöffnungen.*

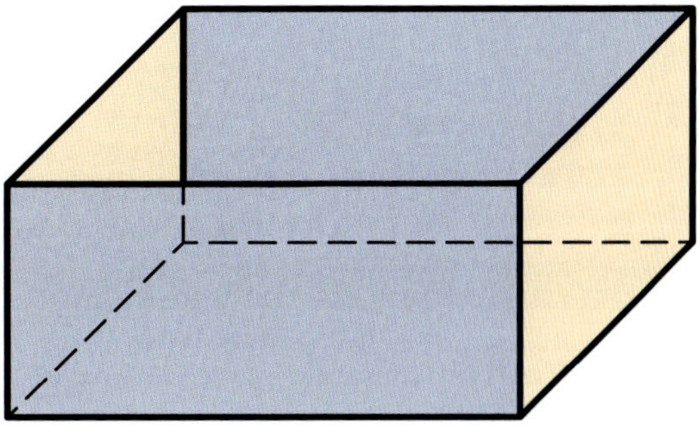

3. Räumliche Skizze der Fassade aus den Grundrissmaßen des Bungalows ohne Öffnungen.

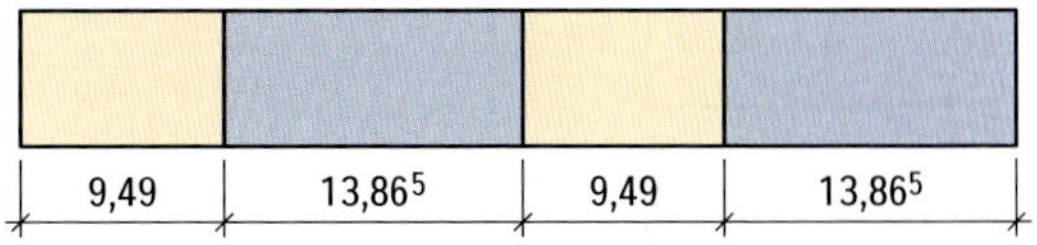

4. Einfache Fassadenabwicklung ohne Öffnungen, die der Maler aus den Grundrissdaten heraus entwickelt hat.

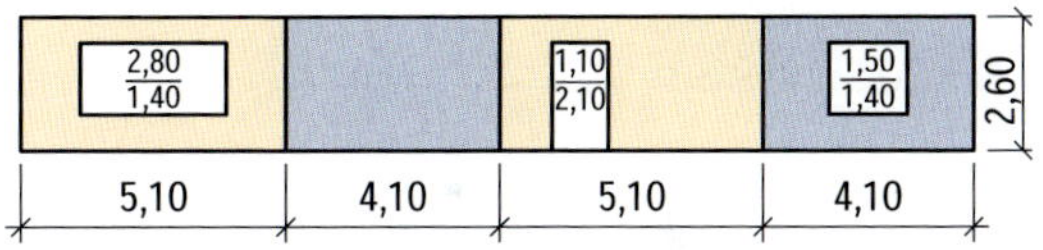

5. Die vom Maler erstellte Raumabwicklung, einschließlich der Maße der Fenster- und der Türöffnungen

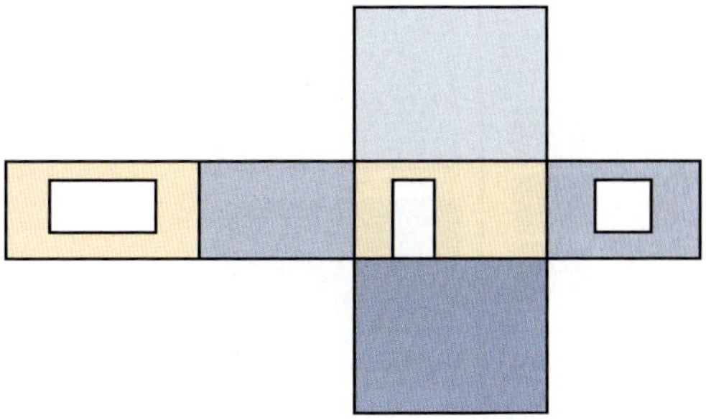

6. Die vom Maler erstellte Raumabwicklung (Bild 5) mit der Darstellung der Decke und des Bodens

1. Als mögliche Gestaltungsaufgabe könnte dieses Mehrfamilienhaus dienen. Es soll saniert und farblich neu gestaltet werden.

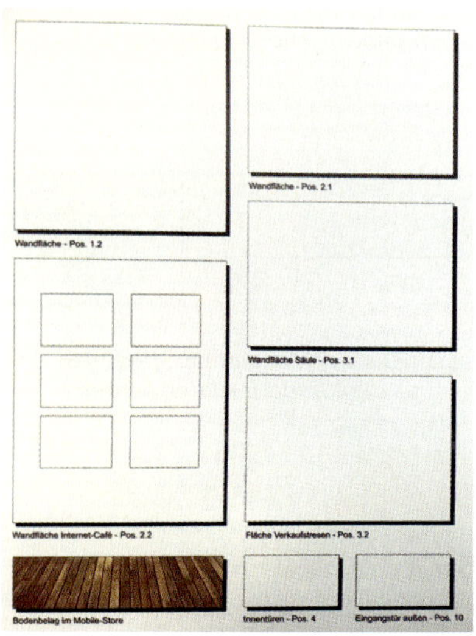

2. Farbleitplanvorlage aus einer Gesellenprüfung/ Unterrichtssituation

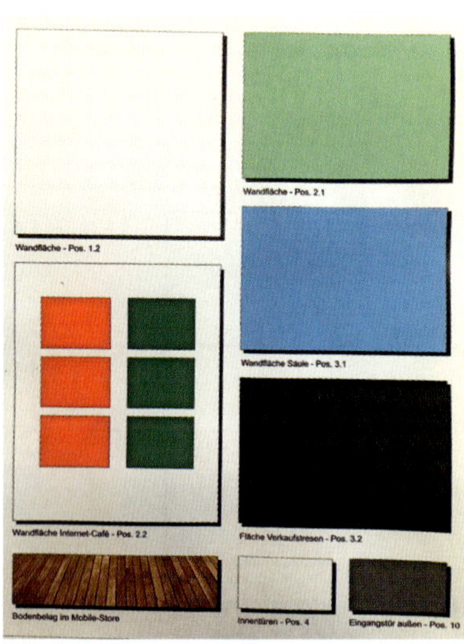

3. Umsetzung der Farbleitplanvorlage aus einer Gesellenprüfung/Unterrichtssituation

11.16 Die Präsentationstechniken für Gestaltungsentwürfe

Die in Teamarbeit erstellten Gestaltungsentwürfe (Bild 1) sind im Unterricht vorzustellen, wozu sich verschiedene Präsentationstechniken anbieten. Des Weiteren können die erstellten Gestaltungsentwürfe im Unterricht dazu genutzt werden, für die Gesellenprüfung im Malerhandwerk zu üben.

Neben der Anfertigung von ansprechenden Plakaten o. Ä. kann das Team die verschiedenen Entwürfe mittels eines Farb- und Materialplans, einer Materialcollage oder einer Powerpoint-Präsentation zeigen.

Die Anforderungen an die Präsentation eines Farb- und Materialplans

Im Rahmen der Gesellenprüfung im Malerhandwerk werden bestimmte Anforderungen an die Umsetzung eines Farb- und Materialplanes gestellt. Zu diesen Anforderungen zählen:

- Dem Prüfling muss die Vorlage des Farb- und Materialplanes im DIN-A3-Format ausgehändigt werden.
- Der Farb- und Materialplan soll die Farbtonzusammenstellung und die in der Prüfung tatsächlich verwendeten Materialien darstellen.
- Mit dem Farb- und Materialplan soll die Gestaltung dokumentiert werden und er kann im Rahmen der Gesellenprüfung als Grundlage für das Fachgespräch herangezogen werden.

Um für die Gesellenprüfung vorbereitet zu sein, bietet es sich an, im Unterricht anhand einer prüfungsähnlichen Kundensituation einen Farb- und Materialplan im Hinblick auf die genannten Anforderungen zu erstellen und zu präsentieren (s. Bild 3).

Der Farb- und Materialplan und das Fachgespräch

Um im Rahmen der Gesellenprüfung während des Fachgesprächs vor der Prüfungskommission sicher aufzutreten, bieten sich die im Unterricht erstellten Farb- und Materialpläne als Gesprächsgrundlage an. Auf diese Weise kann exemplarisch die Ernstsituation geübt werden.

Die Präsentation einer Materialcollage

Der Malerbetrieb hat den Auftrag bekommen, für eine junge Familie den alten Ess- und Wohnzimmerbereich neu zu gestalten (Bild 4).

Damit die Kunden einen guten Überblick über die geplante Umgestaltung durch neue Materialien, Farben und Strukturen bekommen, bietet sich die Erstellung von Mustercollagen an.

Eine Collage ist ein Kunstwerk, das aus zahlreichen Materialien zusammengesetzt ist. Das Wort „Collage“ kommt aus dem Französischen von „coller“ und bedeutet „kleben“.

Der Sinn einer Materialcollage ist es also, dem Kunden den erstellten Gestaltungsvorschlag für sein Objekt, einschließlich aller Materialien für Boden, Wand, Decke und Möbel, visuell und haptisch darzulegen, damit er ein Gesamtbild der Gestaltung erhält (Bild 5).

Tipps zur Umsetzung und Präsentation einer Materialcollage

- Materialcollagen sollten alle eingesetzten Materialien für Boden, Wand, Decke und Möbel beinhalten.
- Die Materialien sollten ansprechend und sinnvoll zusammengestellt werden, damit sich der Kunde die spätere Umsetzung möglichst genau vorstellen kann.
- Es besteht die Möglichkeit, die einzelnen Materialien sauber zu beschriften, am besten mit Computerausdrucken.
- Anhand der Materialcollage lassen sich die ausgewählten Materialien leicht präsentieren. In der Präsentation kann man sich an ihnen orientieren, ohne auf einen Notizzettel schauen zu müssen.
- Es ist sinnvoll, sich über die Eigenschaften der Materialien zu informieren, um mögliche Fragen dazu im Kundengespräch beantworten zu können.

Die angefertigten Materialcollagen können nicht nur als Gestaltungsentwurf präsentiert werden, sondern auch als Grundlage für ein Kundengespräch dienen (Bild 6).

Die Präsentationstechniken für Gestaltungsentwürfe – Powerpoint

Neben der manuellen Erstellung der Gestaltungspräsentationen, wie dem Farb- und Materialplan oder der Materialcollage, kann das Team die Gestaltungsentwürfe mithilfe einer Powerpoint-Präsentation digital darstellen.

4. Das Ess- und Wohnzimmer des Kunden im Ursprungszustand.

5. Eine Schülerin bearbeitet abschließend ihre erstellte Materialcollage zum Thema Umgestaltung des Ess- und Wohnzimmerbereiches

6. Dieses Foto zeigt eine weitere Möglichkeit, Materialien für eine Raumgestaltung zu präsentieren: die Nachbildung einer Raumecke.

7. Die Abbildung zeigt die Erstellung einer Präsentation zum Farbleitplan des Mehrfamilienhauses.

8. Um die Folien der Präsentation schlicht und übersichtlich zu halten, sollten nur Schlüsselbegriffe gesetzt werden.

9. Erregen Sie z. B. durch unbekannte Fakten zum Thema Aufsehen bei Ihrem Publikum, denn es möchte von Ihnen unterhalten werden.

Tipps zur Erstellung einer digitalen Präsentation

- Im besten Fall wird nur eine Botschaft bzw. ein Inhalt pro Folie gezeigt, um die Präsentation nicht zu überfrachten (KISS = keep it straight and simple).
- Als Überschriften werden Schlüsselbegriffe gesetzt. Der Rest wird mündlich erklärt (Bild 8).
- Eine gute Präsentation sollte nicht mehr als zehn Folien umfassen, nicht länger als 20 Minuten dauern und eine Schriftgröße von nicht weniger als 30 Punkt verwenden.
- Es sollten nicht mehr als zwei Schrifttypen verwendet werden und möglichst nur Farben aus einer Familie (z. B. Rot, Zinnober, Orange). Auf überflüssige Spielereien wie Überblend- oder Soundeffekte sollte in der Präsentation verzichtet werden, da sie nur vom Inhalt ablenken.
- Zur Reihenfolge: Geben Sie zunächst mündlich einen Überblick über den Inhalt und untermauern Sie den Inhalt anschließend mithilfe der Folie.

Präsentationstrick: *Verwenden Sie in der digitalen Präsentation ab und zu „schwarze Folien", also Folien ohne Inhalt. Das Publikum sieht in diesem Moment nichts Ablenkendes und die volle Aufmerksamkeit ist auf Sie gerichtet.*

Der Einstieg in die digitale Präsentation

Das Team hat die Präsentation zum Unterrichtsthema erstellt. Nun stellt sich die Frage: Wie gelingt ein guter Einstieg in die Präsentation?

Die ersten Minuten Ihrer Präsentation entscheiden darüber, ob Sie Ihre Zuhörer begeistern und für sich gewinnen oder ob diese sofort abschalten.

Bevor Sie sich selbst und Ihr Thema vorstellen, sollten Sie die Aufmerksamkeit Ihrer Zuhörer mit einem guten Einstieg erregen. Dazu hier fünf Anregungen:

- **Interaktiv**: Beziehen Sie Ihr Publikum durch spontane Umfragen mit ein: „Wer von Euch hat bereits eine Fassade beschichtet?" (Bild 10)
- **Anregend**: Lassen Sie Ihr Publikum selbst über Ihr Thema nachdenken, indem Sie eine Frage stellen, z. B.: „Was denkt ihr, ist für die Gestaltung einer Fassade wichtig?"
- **Visuell**: Zeigen Sie Ihrer Klasse einen thematisch passenden Filmausschnitt per Beamer (z. B. Begutachtung der Fassade vor Ort) oder spielen Sie einen Telefonmitschnitt (Gespräch zwischen dem Kunden und Ihnen) vor. (Achtung: Beides sollte selbst erstellt sein.)
- **Nachrichtlich**: Beziehen Sie sich auf den Inhalt eines aktuellen Artikels aus einer Fachzeitschrift, z. B.: „Heute habe ich im Malerblatt etwas über die „farbige Schutzhülle" gelesen." (Bild 11)
- **Überraschend**: Sie können eine aktuelle Nachricht auch bewusst fälschen und eine Falschaussage treffen, um eine Art Was-wäre-wenn-Szenario aufzubauen: „Die Studie zeigt: Innendispersionsfarben eignen sich ebenfalls als Fassadenbeschichtung."

Wichtig sind bei digitalen Präsentationen eher die Bilder als die geschriebenen Worte, da sie das Gesagte visuell unterstützen, sogar verstärken oder auch Emotionen wecken können. Damit kann die Merkfähigkeit der Botschaft verbessert werden.

Aufgaben

1. *Wählen Sie aus dem Internet ein zu sanierendes Gebäude und erstellen Sie einen Farbleitplan zur Neugestaltung der Fassade.*
2. *Notieren Sie sich Stichpunkte, die Sie in Bezug auf Ihren Farbleitplan im Fachgespräch ansprechen würden, und spielen Sie das Fachgespräch im Unterricht durch.*
3. *Wählen Sie einen Innenraum und erstellen Sie einen Gestaltungsvorschlag für eine Modernisierung mithilfe einer Materialcollage.*
4. *Wählen Sie ein Unterrichtsthema z. B. „Gestaltungsregeln bei der Fassadengestaltung". Fertigen Sie eine digitale Präsentation zu diesem Thema an und präsentieren Sie diese Ihrer Klassengemeinschaft.*
5. *Entwickeln Sie ein Feedback über die Erstellung und Darstellung Ihrer Präsentation und informieren Sie sich in diesem Zusammanhang zum Thema „konstruktive Kritik".*

10. Ein derartiges Baustellenbild lässt sich gut in die Präsentation integrieren.

11. Im Internet gibt es zahlreiche Seiten, die aktuelle Artikel zu den jeweiligen Themen anbieten.

12. Eine Schülerin hält eine Powerpoint-Präsentation.

KUNDENAUFTRAG Die Wandgestaltung in einem Kindergarten (1)

passend zu Lernfeld 4: Oberflächen gestalten
Lernfeld 8: Oberflächen bekleiden und gestalten
Lernfeld 12: Innenräume bearbeiten und gestalten

1. Vorstellung
In dem Kindergarten „Blumenwiese" sollen die Gruppenräume neu gestaltet werden. Die drei einzelnen Gruppenräume haben dieselbe Größe und denselben Aufbau. Ihre Firma ist mit der Neugestaltung beauftragt worden. Sie haben die Aufgabe, Gestaltungsvorschläge für die Gruppenräume zu entwickeln.

2. Abbildungen

Die folgende Zeichnung zeigt einen Gruppenraum in der Zentralperspektive. Die Abbildung dient als Grundlage für den Gestaltungsauftrag.

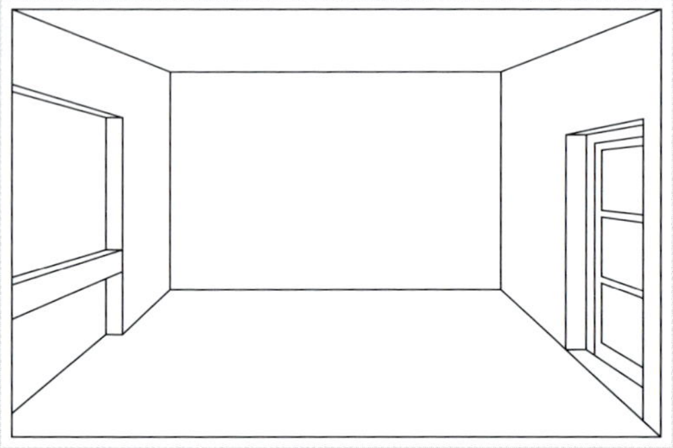

3. Planung
a) Beschreiben Sie zunächst Ihren Gestaltungsvorschlag für einen Gruppenraum hinsichtlich des Einsatzes von Farbkontrasten, Farbharmonien, Gestaltungsregeln und Raumwirkungen.
b) Wählen Sie eine geeignete Vergrößerungsmethode und übertragen Sie die Raumperspektive auf einen DIN-A4-Karton.

4. Die Gestaltungsentwürfe
a) Erstellen Sie zunächst zwei Gestaltungsentwürfe mit Volltonfarben für die Gruppenräume des Kindergartens. Stellen Sie die Entwürfe Ihrer Klasse vor.

b) Anschließend entscheiden Sie sich, nach Absprache in der Klasse für einen Ihrer Entwürfe. Schreiben Sie einen Text von mindestens einer halben Seite, in dem Sie Ihre Gestaltung für einen Gruppenraum begründen.

5. Die Ausführung der Arbeiten
Die Kindergartenleiterin hat sich für Ihren Entwurf entschieden. Sie bearbeiten nun folgende Aufgabe:

Erstellen Sie einen Arbeitsplan, in dem Sie Schritt für Schritt ihre Beschichtungsarbeiten in einem Gruppenraum mit Werkzeugen beschreiben. Die Wände sind mit Vlies beklebt und grundiert.

6. Projektmappe
Ordnen Sie alle Unterlagen in einer Projektmappe.

KUNDENAUFTRAG Die Wandgestaltung in einem Kindergarten (2)

passend zu Lernfeld 4: Oberflächen gestalten
Lernfeld 8: Oberflächen bekleiden und gestalten
Lernfeld 12: Innenräume bearbeiten und gestalten

1. Vorstellung

In dem Kindergarten „Blumenwiese" sollen neben den Türen zu den Gruppenräumen Mandalas nach der Vorgabe gestaltet werden. Die Blumenmandalas sollen für jede Tür jeweils etwas anders gestaltet werden. Sie haben die Aufgabe, Gestaltungsvorschläge für die Blumenmandalas zu entwickeln.

2. Abbildungen

Die folgende Zeichnung zeigt die Vorlage des Blumenmandalas, die die Kindergartenleitung ausgewählt hat. Die Abbildung dient als Grundlage für den Gestaltungsauftrag.

3. Planung

a) Formulieren Sie ein Gestaltungskonzept für zwei Blumenmandalas unter Beachtung der Farbkontraste.
b) Wählen Sie eine geeignete Vergrößerungsmethode und übertragen Sie das Mandala auf einen DIN-A4-Karton.

4. Die Gestaltungsentwürfe

a) Erstellen Sie Ihre beiden Gestaltungsentwürfe mit Volltonfarben für die Blumenmandalas nach Ihrem Gestaltungskonzept. Stellen Sie die Entwürfe Ihrer Klasse vor.
b) Besprechen Sie in der Klasse Ihre Entwürfe. Anschließend entscheiden Sie sich nach Absprache in der Klasse für einen Ihrer Entwürfe. Schreiben Sie einen Text von mindestens einer halben Seite, in dem Sie Ihre Gestaltung für das Blumenmandala begründen.

5. Die Ausführung der Arbeiten

Die Kindergartenleitung hat sich für Ihren Entwurf entschieden. Sie bearbeiten nun folgende Aufgabe: Erstellen Sie einen Arbeitsplan, in dem Sie Schritt für Schritt die Übertragungsarbeiten der Mandalas neben den Türen beschreiben. Die Wände sind bereits glatt und gestrichen.

6. Projektmappe

Ordnen Sie alle Unterlagen in einer Projektmappe.

KUNDENAUFTRAG Die Schriftgestaltung für ein historisches Café

passend zu Lernfeld 4: Oberflächen gestalten
Lernfeld 8: Oberflächen bekleiden und gestalten
Lernfeld 12: Innenräume bearbeiten und gestalten

1. Vorstellung

In einem historischen Gebäude in einem Kurort soll ein historisches Café eingerichtet werden. Der Café-Eigentümer Herr Julius hat Ihre Firma damit beauftragt, den Eingangsbereich entsprechend zu beschriften. Das Café wird im Stil der Jugendstilepoche eingerichtet werden. Der Schriftzug soll unterhalb der Fenster im Obergeschoss angebracht werden.
Herr Julius beauftragt Sie, einen Entwurf für den Café-Schriftzug zu erstellen, der zur Fassade und zur Einrichtung passt. Außerdem soll zusätzlich ein passendes Signet entworfen werden, welches neben dem Schriftzug als dekoratives Element eingesetzt werden kann.

2. Foto

3. Planung

a) Informieren Sie sich zunächst im Internet oder in der Literatur über die wesentlichen Merkmale der Jugendstilepoche und der Schriftart dieser Zeit und notieren Sie Ihre Ergebnisse.
b) Formulieren Sie auf mindestens einer halben Seite, welche Stilelemente zur Schrift- und Signetgestaltung wichtig sind. Begründen Sie Ihre Antwort.

4. Die Gestaltungsentwürfe

a) Erstellen Sie einen Gestaltungsentwurf für den Schriftzug auf einem DIN-A4-Karton. Stellen Sie Ihren Entwurf Ihrer Klasse vor. Besprechen Sie Ihre unterschiedlichen Ergebnisse im Klassenverband. Notieren Sie anschließend stichpunktartig, welche Verbesserungsvorschläge in Ihre weitere Arbeit einfließen könnten. Integrieren Sie die Veränderungsvorschläge ggf. in Ihrem Schriftzug.
b) Entwerfen Sie ein Signet auf einem DIN-A4-Karton, das zu dem Schriftzug passt. Besprechen Sie auch diese Ergebnisse im Klassenverband und halten Sie anschließend Ihre Erkenntnisse stichpunktartig fest. Integrieren Sie ggf. die Veränderungsvorschläge in Ihrem Signet.

5. Die Ausführung der Arbeiten

Herr Julius hat Ihren Schrift- und Signetvorschlag ausgewählt. Sie bearbeiten nun folgende Aufgaben:
a) Erstellen Sie Mustervorlagen Ihres Schriftzuges und Ihres Signets auf DIN-A4-Karton.
b) Wählen Sie eine für die Fassade geeignete Übertragungstechnik für die Beschriftung und das Signet aus. Erstellen Sie daraufhin einen Arbeitsplan für die Beschriftungsarbeiten.

6. Projektmappe

Ordnen Sie alle Unterlagen in einer Projektmappe.

A+B GipsDesign UG Stuck-Tümmers, Gelsenkirchen: 320.2, 320.3.
adidas AG, Herzogenaurach: 431.7. (The adidas Badge of Sport is a registered trade mark of the adidas Group, Used with permission)
Adolf Würth GmbH & Co. KG, Künzelsau-Gaisbach: 291.1.
AGTOS Gesellschaft für technische Oberflächensysteme mbH, Emsdetten: 225.1.
akg-images GmbH, Berlin: akg-images / Schütze / Rodemann 132.2.
Akos Styropor Stuckleisten GmbH, www.stuckleistenstyropor.de, Ortenburg: 108.2, 109.1.
Akzo Nobel Deco GmbH/Sikkens, Köln: 43.1, 46.1, 55.1, 112.3, 113.2, 113.3, 113.4, 113.5, 113.6, 113.7, 114.2, 116.1, 118.1, 118.2, 118.3, 119.1, 119.2, 158.2, 158.4, 160.1, 160.2, 160.3, 414.2, 414.3, 414.4, 415.1, 415.2, 415.3.
Alamy Stock Photo, Abingdon/Oxfordshire: Andrew McInnes 79.3; Arcaid Images 146.1; Avalon/ Construction Photography 297.1; Bagnall, David 226.1; Bratanova, Oksana 251.1; Creative Nature Media 79.2; Gagg, Andrew N. 425.3; Gravante, Antonio 269.3; Horizonphoto 42.2; imageBROKER 209.1; Mitev, Dimitar 349.1; Okulov, Stanislav 219.3; Schneider, Robert 107.2; Sokurenko, Oleksandr 44.1; songtao liu 422.2; Sutandio, Alexius 435.1; Tannagashev, Aleksandr 106.3; Taunton, Geoffrey 211.1; TheresaLynne 224.1; tradewinds 235.1; Zoonar GmbH 223.2.
Alfred Kärcher SE & Co. KG, Winnenden: 45.1, 45.4, 80.2, 402.3.
alsecco GmbH, Wildeck: 35.1.
Apholz, Talke, Bremen: 23.1, 23.2, 432.2, 439.2, 439.3, 440.1, 440.3, 441.3.
AURO Pflanzenchemie AG, Braunschweig: 198.2, 198.3, 198.4.
BC GmbH Verlags- und Medien-, Forschungs- und Beratungsgesellschaft, Ingelheim: 40.4, 45.2, 51.3, 67.1, 68.3, 161.1, 161.2, 161.3, 161.4, 161.5, 161.7, 161.10, 161.11, 161.12, 161.13, 161.14, 183.2, 195.1.
Beermann, Werner, Elze: 12.1, 18.1, 27.1, 48.1, 48.2, 61.1, 62.1, 64.1, 85.2, 90.1, 90.2, 92.1, 102.1, 103.2, 104.1, 108.1, 112.1, 112.2, 114.5, 120.1, 123.1, 128.1, 128.2, 130.1, 130.2, 130.3, 131.3, 131.4, 131.5, 131.6, 132.1, 132.3, 134.1, 134.2, 134.3, 135.1, 136.1, 136.2, 136.3, 137.1, 137.2, 138.1, 138.2, 138.3, 139.2, 140.1, 140.2, 142.1, 142.2, 143.1, 143.4, 144.1, 144.2, 144.3, 145.3, 146.2, 146.3, 147.2, 147.3, 147.4, 150.1, 150.2, 152.1, 166.1, 167.1, 168.1, 168.2, 168.3, 168.4, 168.5, 169.1, 169.2, 169.3, 170.1, 172.1, 172.2, 173.1, 173.2, 173.3, 174.1, 174.2, 174.3, 175.1, 175.2, 176.1, 178.1, 180.1, 180.2, 188.2, 188.3, 189.1, 189.2, 189.3, 190.1, 191.1, 191.2, 191.3, 192.1, 193.1, 193.2, 194.1, 196.1, 196.2, 198.1, 199.1, 200.2, 200.3, 201.1, 202.2, 202.3, 203.1, 203.2, 203.3, 204.1, 204.2, 205.1, 205.2, 206.2, 208.1, 208.2, 210.1, 210.2, 212.1, 212.2, 213.3, 221.1, 221.2, 243.1, 279.1, 280.1, 280.2, 288.1, 288.2, 298.1, 302.1, 302.2, 303.1, 303.2, 303.3, 304.1, 305.1, 306.1, 306.2, 306.3, 307.1, 307.2, 307.3, 307.4, 308.1, 308.2, 310.1, 310.7, 311.3, 314.2, 314.3, 315.1, 315.2, 316.1, 318.1, 318.3, 319.2, 319.3, 322.2, 323.1, 323.2, 323.3, 324.2, 329.1, 334.1, 334.2, 334.3, 337.1, 345.2, 346.1, 350.2, 351.8, 352.1, 353.1, 354.1, 354.2, 354.3, 355.1, 355.2, 355.3, 356.2, 357.1, 357.2, 358.1, 359.1, 366.1, 376.1, 384.1, 384.2, 384.3, 389.1, 389.2, 393.1, 394.1, 394.2, 401.1, 438.2, 438.3.
Berufsgenossenschaft der Bauwirtschaft (BG BAU), Berlin: 49.2.
Beuth Verlag GmbH, Berlin: 309.1, 309.2, 309.3, 309.4, 309.5, 309.6, 309.7, 309.8, 309.9, 309.10, 309.11, 309.12, 309.13, 309.14, 309.15, 309.16, 309.17, 309.18, 309.19, 309.20, 309.21, 309.22, 309.23, 310.2, 310.3, 310.4, 310.5, 310.6, 350.3, 350.4, 350.5, 350.6, 350.7, 351.1, 351.2, 351.3, 351.4, 351.5, 351.6, 351.7, 356.3.
Bildredaktion1, G. Schneider-Albert, Berlin: 256.1, 258.3, 262.1, 266.1.
BIONADE GmbH, Ostheim/Rhön: 421.1, 421.2.
Brillux GmbH & Co. KG, Münster: 17.1, 19.1, 19.3, 40.1, 48.3, 55.2, 63.1, 63.2, 65.2, 66.2, 70.2, 75.1, 86.1, 86.2, 86.3, 86.4, 87.1, 87.2, 87.3, 87.4, 87.5, 95.1, 95.2, 95.3, 96.1, 100.1, 100.2, 100.3, 111.2, 156.2, 242.1, 242.2, 319.1, 404.1, 404.2, 411.2, 416.1, 416.2, 420.2.
CAPAROL Farben Lacke Bautenschutz GmbH, Ober-Ramstadt: 44.2, 44.3, 46.3, 47.1, 50.1, 50.2, 50.3, 51.1, 51.4, 52.3, 68.1, 71.2, 110.2, 124.1, 263.2, 369.2, 369.3, 369.4, 369.5, 370.1, 370.2, 370.5, 370.6, 411.1, 413.3, 418.1, 418.2, 418.3, 418.4, 419.1, 419.2, 419.3, 419.4.
Collomix Rühr- und Mischgeräte GmbH, Gaimersheim: 285.3.
deckermedia GbR, Rostock: 45.3.
DEKOZELL GmbH + Co. KG, www.dekozell.de, Hansestadt Wismar: 286.1.
Deutsches Tapeten-Institut GmbH, Düsseldorf: 145.1.

Di Gaspare, Michele (Bild und Technik Agentur für technische Grafik und Visualisierung), Bergheim: 91.1, 91.2, 102.2, 102.3, 103.1, 103.3, 104.2, 105.1, 120.2, 436.1, 436.2, 436.3.
DIBt (Deutsches Institut für Bautechnik), Berlin: 92.2, 92.3.
Dürr Systems AG, Bietigheim-Bissingen: 247.1, 247.2.
EINDRUCK e. K. werbeagentur, Feuchtwangen: 432.3, 433.1, 433.2, 433.3.
Erfurt & Sohn KG, Wuppertal: 312.1, 312.2, 312.3, 312.4, 312.5, 312.6, 312.7, 312.8, 312.9, 312.10, 313.1, 313.2, 313.3, 313.4, 313.5, 313.6, 313.7, 313.8, 313.9.
ERICHSEN GmbH & Co. KG, Hemer: 316.2.
eswerderaum, München: 417.1.
Falch GmbH, Merklingen: 49.1, 81.2, 228.2, 228.3, 228.4.
Festool Deutschland GmbH, Wendlingen: 177.2, 177.3.
fotolia.com, New York: 3darcastudio 414.1, 415.4; Akue 74.1, 75.2; Alberich 406.1; Angelika Möthrath 422.4; beugdesign 46.2; Costin79 410.3; elxeneize 425.1; Foto Flare 422.5, 422.6; Fotolyse 406.2; Franz Pfuegl 434.1; G. Schwarz 410.1; kramanovic 407.1; krsmanovic 405.1; Marco2811 32.1; markus_marb 430.3; S.Külcü 420.3; slava296 417.2; Tobif82 403.1; tournee 28.3; Ulf Gähme 417.3; virtua73 411.3, 413.2; Waldteufel 424.1; wladi 20.2, 20.3, 20.4, 20.5, 20.6, 20.7, 20.8, 20.9, 20.10; yellowj 33.3.
FRIESS-TECHNO-PROFI GmbH, Essen: 66.1, 352.2, 358.2.
Future Mindset 2050 GmbH, Gehrden: 54.3, 97.1, 119.3, 281.1, 285.2, 287.1, 287.2, 287.3, 287.4, 287.5, 287.6, 290.1, 293.1, 301.1, 311.4, 318.2, 338.1, 359.3, 367.1, 373.1.
Galas, Elisabeth, Schwelm: 34.2, 51.2, 57.1, 57.2, 57.3, 59.3, 59.4, 60.3, 61.4, 62.2, 62.3, 70.3, 113.1, 183.1, 269.2.
GLÄSNER Sandstrahl Maschinenbau GmbH, Ibbenbüren: 225.2.
Grafische Produktionen Neumann, Rimpar: 29.3, 30.2, 31.2, 31.3, 31.4, 148.2, 149.1, 170.2, 172.3, 195.2, 368.2.
Guard KG, Wiesbaden: 81.3.
Günter Krause gutSIGN One, Leingarten: 433.4.
Günzburger Steigtechnik GmbH, Günzburg: 40.2, 40.3, 40.5, 40.6, 40.7.
GUT Gemeinschaft umweltfreundlicher Teppichboden e.V., Aachen: 356.1, 357.3.
Häfele GmbH & Co. KG, Nagold: 19.2.
Hamberger Flooring GmbH & Co. KG, Stephanskirchen: 362.1, 362.2.
Hartmann, Benjamin, Cottbus: 381.1, 382.1, 392.1, 392.2.
Heinrich Klar Schilder- u. Etikettenfabrik GmbH & Co. KG, Wuppertal: 161.6, 161.8, 161.9.
Hermann Otto GmbH, Fridolfing: 84.2, 85.1.
Hild, Claudia, Angelburg: 187.1, 240.3, 256.2, 437.1, 437.2, 437.3, 437.4.
Höfer Chemie® GmbH, Kleinblittersdorf: 18.2, 20.1.
Indupro AG, Schweiz, Dietlikon: 41.1.
iStockphoto.com, Calgary: alacatr 215.3; Avalon_Studio 38.2; diephosi 53.3; Firmafotografen 228.1; fotolinchen 234.2, 241.2; GeorgePeters 347.1; gustyx 379.1; ilbusca 70.1; kingkrunch 441.1; maforke 378.1; manx_in_the_world 311.1; MarcoMarchi 72.2; MHjerpe 431.1; Oliver Hoffmann 147.1; OptoX 237.1; simazoran 232.1, 232.2; STEEX 262.2; weberand 226.2.
James Hardie Europe GmbH, Düsseldorf: 340.1, 340.2, 341.1, 341.2, 341.3, 342.1, 342.2, 343.1, 343.2, 343.3.
Janser GmbH, Ehningen: 346.2, 346.3.
Jouve Germany GmbH & Co. KG, München: 374.2, 375.1, 429.2, 429.3, 440.2.
Jugendwerkstatt des Diakonischen Werkes Kronach-Ludwigsstadt/Michelau e.V., Küps: 420.1.
KAISER GmbH & Co. KG, Schalksmühle: 281.2.
KEIMFARBEN GmbH, Diedorf: 68.2, 68.4, 69.1, 69.2, 69.3, 78.3, 117.1, 124.2, 125.3, 125.4, 141.5.
Knauf PFT GmbH & Co KG, Iphofen: 34.1, 34.3, 35.3, 55.3.
Koch, Wilfried, Rietberg: 131.1, 131.2, 131.7, 131.8, 131.9, 133.3, 133.4, 133.5, 135.3, 135.4, 139.4, 141.1, 141.2, 141.3, 141.4, 143.2, 143.3.
Konradin Medien GmbH, Leinfelden-Echterdingen: 441.2.

Kreimeyer, Boris, Nienburg/Weser: 265.2, 265.3.
Kroschke-sign International GmbH, Braunschweig: 227.3.
Kühlwetter, Achim, Köln: 14.1, 59.1.
Maler und Lackierer Innungsverband Westfalen, Dortmund: 76.3.
MARTY Korrosionsschutz AG, Jona: Müller, Urban 217.1.
Messer Cutting Systems GmbH, Groß-Umstadt: 223.3, 227.1.
Müglich, Till, Hannover: 56.1, 56.2, 219.4, 259.2, 261.1, 261.2, 274.1, 285.1, 294.1.
PantherMedia GmbH (panthermedia.net), München: 229.2; bogdan.hoda 249.3; Kingan77 43.3; kiriak09 240.2; lorakss 249.1; Nyvlt_art 162.1; Sergej Seemann 224.3; SergeyChayko 238.1; teptong 223.1; uatp12 162.3.
Parador GmbH, Coesfeld: 363.1, 363.2, 363.3, 363.4, 363.5, 363.6, 363.7, 363.8, 363.9.
PETA Deutschland e.V., Stuttgart: 430.1.
Peter-Michel, Wolfgang, Overath: 96.3, 96.4, 106.1, 107.4, 200.1, 210.3, 210.4, 211.2, 212.3, 213.2, 214.2.
Picture-Alliance GmbH, Frankfurt/M.: 432.1; akg-images 421.3; Hacken, Rainer 425.2; Jaspersen, Carmen 444.1; KorneliaT 422.3, 430.2; Lohmeyer, Hartwig 442.1; Schulze, Jens 421.4.
qih Qualität im Handwerk Fördergesellschaft mbH, Köln: 401.2.
RAL Deutsches Institut für Gütesicherung und Kennzeichnung e. V., Bonn: 309.24.
Rudolf Hensel GmbH, Börnsen: 201.2, 245.1.
Ruhrstadtmedien, Castrop-Rauxel: 424.2, 429.1, 429.4, 429.5.
Saint-Gobain Weber GmbH, Düsseldorf: 345.1.
SAPI Sandstrahl und Anlagenbau GmbH, Möttingen: 83.1.
Scafom-rux Deutschland - Rux GmbH, Hagen: 37.1, 37.2, 37.3, 37.4, 37.5, 37.6, 37.7, 37.8.
Schlüter-Systems KG, Iserlohn: 361.3.
Schmuck, Prof. Friedrich, Dinslaken: 158.1, 158.3.
Schulte, Claudia, Wachtberg: 77.1.
Science Photo Library, München: Seymour 155.3.
Shutterstock.com, New York: Kondrat, Aleksandr 249.2; Mr.1 246.2; prokopenko, Alex 82.3; Skrypnykov Dmytro 259.3; Vinten, Paul 439.1; wong gebang 284.3.
SNA Europe [Germany], ein Geschäftsbereich der SNA Germany GmbH, Mettmann: 224.2.
Sperling Reinigungstechnik GmbH, Berlin-Tempelhof: 80.3.
STEICO SE, Feldkirchen: 96.2.
Sto SE & Co. KGaA, Stühlingen: 42.3, 54.2, 65.1, 71.1, 98.1, 98.2, 98.3, 98.4, 98.5, 98.6, 98.7, 98.8, 98.9, 99.1, 99.2, 99.3, 99.4, 99.5, 99.6, 99.7, 99.8, 99.9, 107.3, 109.2, 114.1, 114.3, 114.4, 114.6, 114.7, 114.8, 115.1, 115.2, 115.3, 115.4, 115.5, 115.6, 115.7, 115.8, 115.9, 124.3, 125.1, 125.2, 127.1, 165.1, 184.1, 186.1, 188.1, 321.3, 370.3, 370.4, 371.1, 388.1, 395.1, 395.2, 399.1, 399.2, 399.3.
stock.adobe.com, Dublin: 217.2; Alex Koch 215.1; alexandre zveiger 284.2; alexeg84 28.2; Alexey 84.1; andre 35.2; AndreasJ 139.1; andrey gonchar 371.2; Angelov 282.1; Animaflora PicsStock 53.1, 54.1, 148.1; anix 12.2; apparence 214.3; araho 215.2; ArtHdesign 270.2; ArTo 142.3; auremar 385.1, 400.2; Bartussek, Ingo 29.2; Benter, Kristina 270.1; Beres, Silvia 314.1; Bernd S. 156.1; Biebel, Harald 139.5; BigBlueStudio 372.1; bildlove 292.1; Bits and Splits 72.1; Blickfang 133.1; by-studio 259.1; Carter, Joe 324.1; castenoid 139.3; CCat82 30.1; chalongrat 73.1; cherokee4 238.2; Chris 322.3; contrastwerkstatt 268.1, 385.2; Cookie Studio 317.1; coralimages 400.1; creativenature.nl 163.1; czarny_bez 52.2; Czauderna, Henry 133.2; Daisy Daisy 38.3; damiripavec 213.1; DanBu.Berlin 36.1; Dennis Pikarek 208.3; dero2084 238.3; detailfoto 39.1, 76.1; didesign 360.3; dmitrypk 181.1; dude_lea 263.1; Dusko 13.3; DW labs Incorporated 431.3; Dziurek 244.2; elxeneize 385.3; evgeniya_s 366.2; Federico 110.1; focus finder 42.1, 78.2, 82.1, 82.2, 88.1, 236.1, 254.1; fotosr52 116.2, 235.2; freepeoplea 269.1; Fröch, Ewald 117.2; Frofoto 240.1; frog 321.1; Furian, Peter Hermes 162.2; galaxy67 61.2; gonchar, andrey 276.1, 353.3; Gracchus, Tiberius 129.1; gunterkremer 73.2; hanohiki 222.1; hayo 353.2; hcast 16.1; hedgehog94 177.1; Hermann 391.1; Herrmann, Manfred 29.1; Hillebrand, Christian 267.1; Hohenschue 52.1; imageBROKER 219.2; insemar 41.2; INTHEBLVCK 219.1; J5M 377.1; jozsitoeroe 231.1; JRJfin 220.1; Jule_Berlin 234.3; julia700702 302.3; Kadmy 13.1, 250.1, 321.2; Kamender, Jakob 386.1; karitap 246.1; Khathawuth

76.2; khorixas 272.1, 336.1; Kolodziej, Kalle 252.1, 390.1; Kostic, Dusan 365.2; Kranendonk, Jan 364.1; Küverling, Heiko 359.2; laurine45 209.2; Liveoak, Iryna 229.3; luzulee 410.2; made_by_nana 31.1; Marco2811 11.1, 248.1, 278.1; Marcus Kretschmar 335.1; marcus_hofmann 438.1; Marunov, Zakhar 12.3; mekcar 59.2; Menhard, Ingo 253.1; Messinger, Philipp 360.1; Mi.Ti. 80.1; Michael 236.2; miket 209.3, 214.1; miladrumeva 155.2; Milevska, Elena 18.3; Minerva Studio 390.2; mitifoto Titel, Titel, Titel; monticellllo 431.2; namaw Titel, Titel; navintar 163.2; naxaso 28.1; nielskliim 230.1; Nik_Merkulov 371.3; nikkytok 348.1; nordroden 248.2; Nowack, Andy 15.2; Olaf 135.2; pattilabelle 61.3; Pavel 413.1; Phakkakorn 207.1; photo 5000 284.1, 402.2; Photographee.eu 297.2; photolia67 412.2; pitb_1 111.1; pixs:sell 81.1; PiyawatNandeenoparit 402.1; pramot48 369.1; Pregizer, Dieter 53.2; Quality Stock Arts 241.1; quka 216.3; Raths, Alexander 1.1, 2.1; Redkin, Yuriy 227.2; Reitz-Hofmann, Birgit 431.5; rilueda 202.1, 206.1; Ro 311.2; RobbinLee 252.2; rogkoff 412.1; Romsky 14.2; Ron-Heidelberg 264.1; roostler 79.1; Ryzhov, Sergey 217.3; Sabine 43.2; saiko3p 147.5; sakarin14 225.3; Samantha ROCHE 155.1; Sanders, Gina 110.3; savoieleysse 294.2, 296.1; Seizinger, Corri 107.1; shaprod20092018 256.3; Shark, Mitch 94.1; Sigaev, Roman 431.4; sima 237.3, 365.3; Simone 431.6; Smileus 26.2; Srdjan 265.1; Stephan 78.1, 126.1; steuccio79 38.1; StockphotoVideo 378.2; studio306fotolia 116.3; sveta 374.1; Tap10 216.2; Thanakon 396.1; THIERRY 422.1; thostr 14.3, 14.4, 14.5, 14.6, 14.7, 14.8, 14.9, 14.10, 14.11; Tiburzy, Reinhard 255.1; Timo 13.2; Titi Matei 77.2; Tom 233.1; tonysk 216.1; traza 15.1; trek6500 Titel, Titel; trmt 322.1; U. J. Alexander 25.1; Vereshchagin, Dmitry 163.3, 237.2; view7 277.1; Vivida Photo PC 244.1; Vjatscheslav 361.2; VRD 361.1, 365.1; vvoe 26.1; wabeno 360.2; warloka79 320.1; WestPic 234.1; WoGi 16.2; yunaval 58.1; zdshooter 325.1; zorandim75 229.1; zveiger, alexandre 106.2, 350.1; ¿¿ ¿¿ 56.3; ¿¿¿¿¿¿ ¿¿¿¿¿¿¿¿ 26.3; ¿¿¿¿¿¿¿¿ ¿¿¿¿¿¿¿ 368.1.

StoCretec GmbH, Kriftel: 367.2.
STORCH Malerwerkzeuge & Profigeräte GmbH, Wuppertal: 49.3.
Susanne Troll Fotografie, Köln: 154.1, 154.2, 154.3.
tesa SE, Norderstedt: 60.1, 60.2.
The Woolmark Company Pty Ltd., Sydney: 354.4.
Trotec GmbH, Heinsberg: 344.1.
Weinhuber, Karl, Königsdorf: 230.2, 230.3, 231.2, 258.1, 258.2, 260.1, 260.2, 261.3.
WSW Wuppertaler Stadtwerke GmbH, Wuppertal: 145.2.
Xella International GmbH, Duisburg: 32.2, 33.1, 33.2.